普通高等教育“十二五”规划教材
精品课程教材

化学工艺学

张秀玲　邱玉娥　主编

化学工业出版社
·北京·

本书在系统阐述化学工艺学研究范畴及化学工艺共性知识的基础上，重点以基本有机化工和基本无机化工典型产品的生产工艺为主线，着重介绍化学反应原理、工业生产方法、工艺影响因素及工艺条件的确定、工艺流程的组织及评价等，对化工产品的技术经济指标、副产物的回收利用及安全技术、节能减排技术，近年来的新工艺、新技术和新方法等也进行了简要的分析和论述，还介绍了不同类型反应过程中典型设备的结构特点和选型计算等。

本书可作为普通高等学校化工类专业教材，尤其适用于新建地方本科院校化学工程与工艺专业的教学，同时可供从事化工生产、管理、科研和设计的工程技术人员参阅，也可作为师范类院校师生的参考书。

图书在版编目（CIP）数据

化学工艺学/张秀玲，邱玉娥主编．—北京：化学工业出版社，2012.6（2018.7 重印）
普通高等教育“十二五”规划教材　精品课程教材
ISBN 978-7-122-14111-8

Ⅰ．化…　Ⅱ．①张…②邱…　Ⅲ．化工过程-工艺学-高等学校-教材　Ⅳ．TQ02

中国版本图书馆 CIP 数据核字（2012）第 078617 号

责任编辑：赵玉清　　　　装帧设计：尹琳琳
责任校对：陶燕华

出版发行：化学工业出版社（北京市东城区青年湖南街 13 号　邮政编码 100011）
印　　装：北京虎彩文化传播有限公司
787mm×1092mm　1/16　印张 20½　字数 534 千字　　2018 年 7 月北京第 1 版第 2 次印刷

购书咨询：010-64518888　　　　售后服务：010-64518899
网　　址：http://www.cip.com.cn
凡购买本书，如有缺损质量问题，本社销售中心负责调换。

定　　价：38.00 元

本书编写人员

主　　编　张秀玲　邱玉娥

副 主 编　王福明　商书波　刘爱珍　范晋勇　郭　锋

编写人员　张秀玲　邱玉娥　王福明　商书波　刘爱珍　范晋勇　郭　锋　张亚丽

前言

《化学工艺学》是根据化学工程与工艺专业的培养目标，遵循化学工程与工艺专业教学指导分委员会普通高等学校“化学工程与工艺专业规范”要求，在全面总结近十年我国“教学型”普通本科院校《化学工艺学》课程建设和教学体系改革成果的基础上，深入细致地研究和比较国内外优秀《化学工艺学》教材及相关参考书，充分吸纳其精华，博采众长，并结合我国某些大型化工企业的发展特点及产品种类，系统地搜集化学工业各分支学科及交叉学科的进展后编写的。本书在系统阐述化学工艺学研究范畴及化学工艺共性知识的基础上，重点以基本有机化工和基本无机化工典型产品的生产工艺为主线，着重介绍化学反应原理、工业生产方法、工艺影响因素及工艺条件的确定、工艺流程的组织及评价、各类典型反应设备的结构特点和选型计算等，同时还对化工产品的技术经济指标、副产物的回收利用及安全技术、节能减排技术，近年来的新工艺、新技术和新方法等也进行了简要的分析和论述，使教材内容更具有工程特色，也更适应现代化工类人才知识、能力和素质结构的要求，力求成为一本知识结构合理、内容新颖、语言精练、图表清晰，适合我国化工高等院校尤其是新建地方本科院校化学工程与工艺专业的教学，突出工程特色，注重能力培养的工科教材。

本书由德州学院化学系化工教研室教师编写。其中，第1章由范晋勇、邱玉娥编写，第2章由张秀玲、商书波编写，第3章由邱玉娥编写，第4、5章由郭锋编写，第6、9章由刘爱珍编写，第7章由王福明编写，第8章由范晋勇编写。教材中的插图主要由商书波绘制完成，张亚丽绘制了第3章的部分工艺流程图。张秀玲教授/博士、邱玉娥教授担任本书主编，并统稿定稿。

教材主编张秀玲是中国高校化工教育协会理事、青岛科技大学兼职硕士生导师、山东省高等学校配位化学与功能材料重点实验室主任、德州学院重点学科带头人；邱玉娥是中国高校化工教育协会会员、山东省禁止化学武器公约履约工作专家、德州学院教学名师、《化学工艺学》校级精品课程建设负责人。本教材是编写者在总结近几年来主持研究全国高教研究中心“十一五”研究课题（FIB070335-A4-03）、山东省教育科学规划办公室“十二五”研究课题（2010GZ081）、山东省教育科学规划办公室“十一五”研究课题（2008GG112）、山东省教育厅课题“德州市化学工业发展状况与人才需求研究”研究成果的基础上，针对地方本科院校的教学特点，从化工生产实际出发，以培养学生专业技能为主线编写而成的。

由于编者水平有限，书中可能存在不足之处，敬请读者指正。

编　者

于德州学院（山东德州）

2012年3月

目录

第1章 绪论 1

第2章 化学工艺基础 18

第3章 合成氨 53

第4章 烃类热裂解 134

第5章 芳烃转化过程 178

第6章 催化加氢与脱氢 209

第7章 烃类选择性氧化 237

第8章 羰基合成 281

第9章 氯化 296

第1章　绪　论

1.1　概述

1.1.1　化学工艺学的研究范畴和任务

化学工业（chemical industry）泛指生产过程中化学方法占主要地位的过程工业，又称化学加工工业，可以详细表述为运用化学工艺、化学工程及设备，通过各种化工单元操作，高效、节能、经济、环保和安全地将原料生产成化工产品的特定生产部门。

化学工业根据化学特性可以粗略地分为无机化学工业和有机化学工业。无机化学工业是以无机物为原料生产化工产品的化学工业，主要包括基本无机工业、硅酸盐工业、无机精细化学品等。有机化学工业是以有机物为原料生产化工产品的化学工业，又可分为石油炼制、石油化学工业、基本有机化学工业、高分子化学工业、有机精细化学品工业、生物化学制品工业、油脂工业等。

化学工艺（chemical technology）即化工生产技术，是指将各种原料主要经过化学反应转变为产品的方法和过程，包括实现这种转变的全部化学的和物理的措施。为适应化学工艺的需要，以化学、物理、数学为基础，结合化学工业和其他过程工业生产中的共同规律，用以指导化工装置的放大、设计和生产操作的工程学科，称为化学工程（chemical engineering）。

化学工业、化学工艺、化学工程都简称为“化工”，它们出现于不同历史时期，各有不同涵义，却又关系密切、相互渗透，具有连续性，并在其发展过程中被赋予新的内容。

在早期，人类进行化工生产仅处于感性认识的水平。随着生产规模的发展、各种经验的积累，特别是许多化学定律的发现和各种科学原理的提出，人们从感性认识提升到理性认识的水平，利用这些定律和原理研究和指导化工生产，从而产生了化学工艺学这门学科。

化学工艺学是根据化学、物理和其他科学的成就，研究综合利用各种原料生产化学产品的方法原理、操作条件、流程和设备，以创立技术上先进、经济上合理、生产上安全的化工生产工艺的学科。

化学工艺具有过程工业的特点，即生产不同的化学产品要采用不同的化学工艺，即使生产相同产品但原料路线不同时也要采用不同的化学工艺。尽管如此，化学工艺学所涉及的内容是相同的，一般包括原料的选择和预处理，生产方法的选择及方法原理，设备（反应器、换热器等其他设备）的作用和结构、操作原理和选型计算，催化剂的选择和使用，其他物料的影响，操作条件的影响和选定，流程组织，生产控制，产品规格和副产物的分离与利用，能量的回收和利用，对不同工艺路线和流程的技术经济评价等问题。

化学工艺学与化学工程学都是化学工业的基础学科，这两门学科的发展可为化学工业的发展提供坚强的支撑。化学工艺学主要研究化工生产工艺，其任务一是解决生产具体化工产品的工艺流程的组织、优化，二是将各单个化工单元操作在以产品为目标的前提下集成并合理匹配、链接，三是在确保产品质量的前提下实现全系统的能量、物料及安全环保诸因素的最优化。化学工程学主要研究化学工业和其他过程工业生产中所进行的化学过程和物理过程的共同规律，它的一个重要任务就是研究有关工程因素对过程和装置的效应，特别是放大中的效应。化学工艺与化学工程相配合，可以解决化工过程开发、装置设计、流程组织、操作原理及方法等方面的问题；此外，解决化工生产实际中的问题也需要这两门学科的理论指导。化学工业的发展促进了这两门学科不断发展和完善，它们反过来也能更加促进化学工业迅速发展和提高。

1.1.2 化学工业的历史、现状及其在国民经济中的作用

1.1.2.1 化学工业的历史和现状

化学工业是应人类生活和生产的需要发展起来的，化工生产的发展也推动了社会的发展。

(1) 世界化学工业的发展历史和现状 有史以来，化学工业一直是同发展生产力、保障人类社会生活必需品和应付战争等过程密不可分的。为了满足这些方面的需要，最初是对天然物质进行简单加工以生产化学品，后来是进行深度加工和仿制，以致它创造出自然界根本没有的产品。化学工业对于历史上的产业革命和当代的新技术革命等起着重要作用，在国民经济发展中占有重要地位。

化学加工在形成工业之前的历史可以从18世纪中叶追溯到远古时期，从那时起人类就能运用化学加工方法制作一些生活必需品，如制陶、酿造、染色、冶炼、制漆、造纸以及制造医药、火药和肥皂。

从18世纪中叶至20世纪初是化学工业的初级阶段。在这一阶段无机化工初具规模，有机化工正在形成，高分子化工处于萌芽时期。

第一个典型的化工厂是18世纪40年代在英国建立的铅室法硫酸厂。该厂先以硫黄为原料，后以黄铁矿为原料，其产品主要用于制造硝酸、盐酸及药物，当时产量不大。在产业革命时期，纺织工业发展迅速，它和玻璃、肥皂等工业都大量用碱，而植物碱和天然碱供不应求。1791年N. 吕布兰以食盐为原料建厂，制得纯碱，并且带动硫酸工业的发展；生产中产生的氯化氢用以制备产业界急需的盐酸、氯气、漂白粉，纯碱又可苛化为烧碱，把原料和副产品都充分利用起来，这是当时化工企业的创举；用于吸收氯化氢的填充装置、煅烧原料和半成品的旋转炉，以及浓缩、结晶、过滤等设备，逐渐运用于其他化工企业，为化工单元操作打下了基础。吕布兰法于20世纪初逐步被索尔维法取代。19世纪末叶出现了电解食盐的氯碱工业，至此整个化学工业的基础——酸、碱的生产已初具规模。

1895年建立以煤与石灰石为原料、用电热法生产电石（即碳化钙）的第一个工厂，电石再经水解发生乙炔，以此为起点生产乙醛、醋酸等一系列基本有机原料，制药工业、香料工业也相继合成与天然产物相同的化学品，至此有机化学工业初步形成。1839年美国C. 固特异用硫黄及橡胶助剂加热天然橡胶，使其交联成弹性体，应用于轮胎及其他橡胶制品。1891年法国建成第一个硝酸纤维素人造丝厂，这是高分子化工的萌芽时期。这些萌芽产品在品种、产量、质量等方面都远不能满足社会的要求，所以上述基础有机化学品的生产和高分子材料生产在建立起石油化工以后都获得了很大发展。

从20世纪初至战后的60～70年代，是化学工业真正大规模生产的阶段，一些主要领域都是在这一时期形成的。合成氨和石油化工得到了发展，高分子化工进行了开发，精细化工逐渐兴起。单元操作概念的提出，奠定了化学工程的基础。

20世纪初期，用物理化学的反应平衡理论提出氮气和氢气直接合成氨的催化方法以及原料气与产品分离后经补充再循环的设想，进一步解决了设备问题，因而德国能在第一次世界大战时建立第一个合成氨生产工厂以应战争之需。合成氨开始以焦炭作原料，40年代以后改为石油或天然气，使化学工业与石油工业两大部门更密切地联系起来，原料和能量利用也更加合理。

石油化工的发展与石油炼制工业、以煤为基本原料生产化工产品和三大合成材料的发展有关。石油炼制起源于19世纪20年代。20世纪20年代汽车工业飞速发展，带动了汽油生产，为扩大汽油产量，以生产汽油为目的的热裂化工艺开发成功，随后40年代催化裂化工艺开发成功，加上其他加工工艺的开发，形成了现代石油炼制工艺。20世纪50年代，在裂化技术基础上开发了以制取乙烯为主要目的的烃类水蒸气高温裂解（简称裂解）技术，裂解工艺的发展为发展石油化工提供了大量原料。同时，一些原来以煤为基本原料（通过电石、煤焦油）生产的产品陆续改由石油为基本原料，如氯乙烯等。

20世纪30年代，高分子合成材料大量问世。按工业生产时间排序为：1931年为氯丁橡胶和聚氯乙烯；1933年为高压法聚乙烯；1935年为丁腈橡胶和聚苯乙烯；1937年为丁苯橡胶；1939年为尼龙66。第二次世界大战后石油化工技术继续快速发展，1950年开发了腈纶，1953年开发了涤纶，1957年开发了聚丙烯。

20世纪60～70年代以来，化学工业各企业间竞争激烈，随着对反应机理的深入了解，一些传统的基本化工产品的生产装置日趋大型化。同时，由于新技术革命的兴起，对化学工业提出了新的要求，推动了化学工业的技术进步，发展了精细化工、超纯物质、新型结构材料和功能材料。化学工程与生物技术相结合，形成了具有广阔发展前景的生物化工产业，给化学工业增添了新的活力。80年代以来，随着社会的发展、生产工艺技术的改进，化工产品出现多样化、功能化、精细化的特点，也由此成为化学工业的新起点，使化学工业由发展基础化工转向重点发展精细化工，化学工业发展达到了一个新的历史时期。

近年来，世界各国都高度重视发展新技术、新工艺，开发新产品，增加高附加值产品的品种和产量，而且新材料的开发与生产成为推动科技进步、培植经济新增长点的一个重要领域，重点发展复合材料、信息材料、纳米材料以及高温超导体材料等，这些材料的设计和制备的许多技术必须运用化工技术和工艺。由此可见，不断创新的化工技术在新材料的制造中发挥了关键作用。同时，化学工程与生物技术相结合引起世界各国的广泛重视，已经形成具有宽广发展前景的生物化工产业，给化学工业增添了新的活力。

(2) 我国的化学工业　我国的化学工业在1949年以前基础非常薄弱，只在上海、南京、天津、青岛、大连等沿海城市有少量的化工厂和一些手工作坊，而且只能生产为数不多的硫酸、纯碱、化肥、橡胶制品和医药制剂，基本没有有机化学工业。中华人民共和国建立以后，化学工业发展很快，逐步形成了由石油化工、煤化工、基本有机合成、无机化工、精细化工、高分子材料化工、生物化工、微电子化工、能源与资源化工、环境化工等组成的产品门类比较齐全、品种大体配套、具有相当规模的化学工业体系。进入90年代后，我国化学工业的增长速度年平均约为9%，近年来达到了13%左右。上海、南京、青岛、北京、天津、大连、沈阳、吉林、兰州，化学工业产值约占全国化学工业总产值的30%以上。20世纪末，我国有10余种化工产品的产量居世界前列：化肥、合成氨、染料居世界第一；硫酸、纯碱、制药占世界第二；硫铁矿、磷矿、磷肥、烧碱、醋酸、涂料、轮胎、乙烯、合成材料等也在较前位次。尤其是近20年来，我国化学工业的发展速度远远超过发达国家。20世纪90年代，石油化工是我国优先发展的支柱产业之一，精细化工和农用化学品也是化工发展重点。21世纪，石油化工、新型合成材料、精细化工、生物化工、微电子化工、纳米材料、橡胶加工业、化工环保业将是我国化学工业的主要增长点。化学工业必将在我国国民经济建设和提高人民物质文化生活水平中发挥越来越重要的作用。

与发达国家相比，我国的化学工业结构还不近合理，生产技术相对落后，产品成本较高，环境污染较严重。所以，我国化学工业的发展还面临着艰巨的任务，需要进一步优化产业结构，建立现代企业制度，培养大批技术人才，积极引进新技术和新装备，开发新工艺和新产品，努力提高产品质量，节能降耗，降低生产成本，搞好环境保护，赶超世界先进水平。

1.1.2.2 化学工业在国民经济中的作用

化学工业是国民经济基础产业之一，与国民经济各个领域及人民生活密切相关。

（1）发展农业的支柱 长期以来，人类的食物和衣着主要依靠农业。而农业自远古的刀耕火种开始，一直依靠大量人力劳作，受各种自然条件制约，发展十分缓慢。19世纪农业机械的运用逐步改善了劳动状况。然而，在农业生产中单位面积产量的真正提高则是施用化肥、农药以后的事。实践证明，农业的各项增产措施中化肥的作用达40％～65％。在石油化工蓬勃发展的基础上，合成氨和尿素生产大型化，使化肥的产量在化工产品中占据很大的比重。1985年世界化肥总产量约达140Mt，成为大宗化工产品之一。近年来，氮、磷、钾复合肥料和微量元素肥料的开发进一步满足了不同土壤结构、不同作物的需求。

早期，人类采用天然动植物及矿物来防治农作物病虫害。直到19世纪末，近代化学工业形成以后，采用巴黎绿（砷制剂）杀马铃薯甲虫、波尔多液防治葡萄霜霉病，农业才开始了化学防治的新时期。20世纪40年代开始生产有机氯、有机磷、苯氧乙酸类等杀虫剂和除草剂，广泛用于农业、林业、畜牧业和公共卫生。但这代农药中有些因高残留、高毒，造成生态污染，已被许多国家禁用。近年来开发了一些高效、低残留、低毒的新农药，其中拟除虫菊酯（除虫菊是具有除虫作用的植物）是一种仿生农药，每亩用量只几克，不污染环境，已经投入农业生产中。此外，生物农药目前在农药研究中是最活跃的一个领域。

现代农业应用塑料薄膜（如高压聚乙烯、线型低密度聚乙烯等）作为地膜覆盖或温室育苗，可明显地提高作物产量，正在进行大面积推广。

（2）工业革命的助手 化学工业从其形成之时起，就为各工业部门提供必需的基础物质。作为各个时期工业革命的助手，正是化学工业所担负的历史使命。18～19世纪的产业革命时期，手工业生产转变为机器生产，发明了蒸汽机，开始了社会化大生产，近代化学工业开始形成。面临产业革命的急需，吕布兰法制纯碱等技术应运而生，这使已有的铅室法制硫酸也得到发展，解决了纺织、玻璃、肥皂等工业对酸、碱的需要。同时，随着炼铁、炼焦工业的兴起，以煤焦油分离出的芳烃和以电石生产乙炔为基础的有机化工也得到发展。合成染料、化学合成药物、合成香料等相继问世，橡胶轮胎、赛璐珞和硝酸纤维素等也投入生产。这样，早期的化学工业就为纺织工业、交通运输业、电力工业和机器制造业提供了必需的原材料和辅助品，促成了产业革命的成功。

20世纪经过两次世界大战，一方面石油炼制工业中的催化裂化、催化重整等技术先后出现，使汽油、煤油、柴油和润滑油的生产有了大幅度增长，特别是丙烯水合制异丙醇工业化以后，烃类裂解制取乙烯和丙烯等工艺相继开发成功，使基本有机化工生产建立在石油化工雄厚的技术基础之上，从而得以为各工业部门提供大量有机原料、溶剂、助剂等。从此，人们常以烃类裂解生产乙烯的能力作为一个国家石油化工生产力发展的标志。另一方面，哈伯-博施法合成氨高压高温技术在工业上实现，硝酸投入生产，使大量的硝化物质出现，尤其是使火炸药工业从黑火药发展到奥克托今（环四亚甲基四硝胺），炸药的能量提高了十几倍，这不仅解决了战争之急需，更重要的是在矿山、铁路、桥梁等民用爆破工程上得到了应用。此外，对于核工程中同位素分离和航天事业中火箭推进剂的应用，化学工业都做出了关键性的贡献。

（3）战胜疾病的武器 医用化学和药物化学是化学工业的重要组成部分，也一直是人类努力探求的领域。古代人们使用天然植物和矿物治疗疾病，在我国最早的药学著作《神农本草经》（公元1世纪前后编著）中就记载了365种药物的性能、制备和配伍。明代李时珍的《本草纲目》中所载药物已达1892种。这些药采自天然矿物或动植物，多数须经炮制处理，突出药性或消除毒性后才能使用。19世纪末至20世纪初，生产出解热镇痛药阿司匹林、抗梅毒药606（砷制剂）、抗疟药阿的平等，这些化学合成药成本低、纯度高、不受自然条件影响，表现出明显的疗效。30年代，人们用化学剖析方法鉴定了水果和米糠中维生素的结构，用人工合成方法生产出维生素C和维生素B_1等，解决了从天然物质中提取维生素产量不够、质量不稳的问题。1935年磺胺药投产以后，拯救了数以万计的产褥热患者。青霉素的发现和投产，在第二次世界大战中救治伤病员，收到了惊人效果。链霉素以及对氨基水杨酸钠、雷米封等战胜了结核菌，结束了一个历史时期这种蔓延性疾病对人类的威胁。天花、鼠疫、伤寒等直到19世纪一直是人类无法控制的灾害，抗病毒疫苗投人工业生产以后才基本上消灭了这些传染病。现在疫苗仍是人类与病毒性疾病斗争的有力武器。另外，各种临床化学试剂和各种新药物剂型不断涌现，使医疗事业大为改观，人类的健康有了更加可靠的保证。

（4）改善人类生活的手段　化学工业为人类提供的产品丰富多彩，除了生产大量材料用于制成各种制品为人类使用以外，还有用量很少但效果十分明显的产品，使人们的生活得到不断改善，例如用于食品防腐、调味、强化营养的各种食品添加剂，提高蔬菜、水果产量和保持新鲜程度的植物生长调节剂和保鲜剂，促使肉、蛋丰产的饲料添加剂，生产化妆品和香料、香精的基础原料和助剂，房屋、家具和各种工具、器具装饰用的涂料，各种印刷油墨用的颜料以及洗涤用品用的表面活性剂等，不胜枚举。另外如电影胶片（感光材料）、录音（像）磁带（磁记录材料）以及激光电视唱片（光盘）等，利用这些传播声像的手段可加强通信联络，再现历史场景，表演精湛艺术。借助于信息记录材料，人们的视野扩展到宇宙空间、海底深处或深入脏腑内部，甚至于解剖原子结构，为提高人类的精神文明、揭开自然界的奥秘提供了条件。

综上所述，发展化学工业，对于改进工业生产工艺（如以化学工艺代替繁重的机械工艺）、发展农业生产、扩大工业原料、巩固国防、发展尖端科学技术、改善人民生活以及开展综合利用都有很大的促进作用。

1.1.3　现代化学工业的特点和发展方向

1.1.3.1　现代化学工业的特点

（1）原料、生产工艺和产品的多样性与复杂性　化学工业是一个多行业、多品种的生产部门，既包括生产资料的生产，又包括生活资料的生产，由此决定了化学工业具有多样性与复杂性的显著特点。

化学工业的多样性主要表现在化工生产过程中可采用同一种原料制造多种不同的化工产品，同一种产品也可采用不同原料或不同生产方法和工艺路线生产，例如以乙烯为原料可以制备高压聚乙烯、低压聚乙烯、苯乙烯和环氧乙烷等多种化工产品，工业上制备乙炔既可采用电石法又可采用天然气部分氧化法，由对二甲苯制备对苯二甲酸二甲酯既可以采用老的四步法又可以采用新的两步法。另外，一个产品可以有不同用途、不同产品可能有相同用途也是化学工业多样性的一个重要表现。由于这些多样性，化学工业能够为人类提供越来越多的新物质、新材料和新能源。同时，多数化工产品的生产过程是多步骤的，有的步骤很复杂，其影响因素也是多种多样的。也正是由于化工生产技术的这些多样性与复杂性，决定了任何一个大型化工企业的生产过程要能维持正常运行就需要多种技术综合运用。

（2）多学科合作、生产技术密集　化学工业装备复杂、技术密集，属于高度自动化和机械化的生产部门，并进一步朝着智能化发展。现代化学工业的持续发展越来越多地依靠采用高新技术和迅速将科研成果转化为生产力。如生物与化工、微电子与化学、材料与化工等不同学科的相互结合，可创造出更多优良的新物质和新材料；计算机技术的高水平发展，已经使化工生产实现了远程自动化控制，也将给化学品的合成提供强有力的智能化工具；将组合化学、计算化学与计算机方法结合，可以准确地进行新分子、新材料的设计与合成，节省大量实验时间和人力。

近年来，化学工业在新型材料等方面的研究中不断取得新成果，反应器的设计和制造日臻完善，越来越多地利用高温、高压、催化等技术以强化生产。例如压力可自高度真空至几十兆帕，温度范围可从零下几十、几百摄氏度至零上数百、数千摄氏度。在现代化工生产中，催化剂的品种越来越多，其作用有些是广谱的，有些是非常专一的。例如合成氨厂里不仅有气体的制备、净化、压缩和反应等过程，而且要用高温、高压设备（许多设备由蒸汽透平驱动），主要设备必须大容量、成系列，要求长周期稳定操作。又如石油化学工业，加工深度不断发展，生产方法、单元过程、分离技术和催化剂日新月异，加工产品种类呈现多样化，化工设备的结构日趋复杂，对化工材料的要求也日益提高。因此化学工业的发展需要高水平、有创造性和开拓能力的多种学科不同专业的技术专家，以及受过良好教育及训练、懂得生产技术操作和具备现代化管理知识的化工技术人才。

（3）高能耗、高风险、高投入、高利润　化工生产是由原料主要经化学反应转化为产品的过程，同时伴随有能量的传递和转换，必须消耗能量。化工生产部门是耗能大户，合理用能和节能显得尤为重要，许多生产过程的先进性体现在采用低能耗工艺或节能工艺。例如以天然气为原料的合成氨生产过程，近年来出现了许多低能耗工艺、设备和流程，也开发出一些节能型催化剂，并将每生产1t液氨的能耗由35870MJ降低至28040MJ。耗能大的方法或工艺已经或即将淘汰。例如聚氯乙烯单体的生产，过去用乙炔与氯化氢合成氯乙烯，而乙炔由耗电量很大的电石法获得并产生大量废渣，这种工艺已逐渐由能耗和成本均较低的乙烯氧氯化法取代。同样，食盐水溶液电解制烧碱和氯气的石棉隔膜法也因耗能高且生产效率低，已被先进的离子膜法取代。其他一些诸如膜分离、膜反应、等离子体化学、生物催化、光催化和电化学合成等具有提高生产效率和节约能源前景的新方法、新过程的开发和应用均受到高度重视。

化工生产具有易燃易爆、有毒、高温高压、低温负压、腐蚀性强等特点，工艺过程多变，不安全因素很多，不严格按工艺规程生产就容易发生事故，由此可以看出化学工业属于一个高风险行业，因此安全生产非常重要。化工生产过程中虽然存在着一些危险因素，但只要采用安全的生产工艺，有可靠的安全技术保障、严格的规章制度及监督机构，事故是可以避免的。尤其是连续性的大型化工装置，要想发挥现代化生产的优越性，保证高效、经济地生产，就必须高度重视安全，确保装置长期、连续地安全运行。

现代化学工业的工艺复杂性和装置大型化决定了其高投入的特征。如年产值30万吨合成氨、45万吨尿素的化肥厂，投资达到40亿～50亿元；年产30万吨的乙烯厂，需投资60亿～80亿元。化学工业的高投入还表现在化工研究和开发投入大。由于工业技术发展加快、化工产品更新换代快以及化学工业产业结构的调整，研发费用占工业总支出的1/6，仅次于电子和通讯业。以新医药和农药为例，开发成功率约为万分之一，完成一个新品种研制在美国需10年左右时间，耗资6000万美元。2003年德国BASF公司投入研究费用11.05亿欧元，占销售额的3.3%，其中38%用于新产品开发、20%用于改进产品、31%用于新工艺、11%用于新方法（分析、计算和测试）。

化工技术更新速度快，化工厂设备的寿命一般不超过15年。然而化工产品产值较高，成本低，利润高，一旦工厂建成投产，可很快收回投资并获利。化学工业的产值是国民经济总产值指标的重要组成部分。

（4）生产过程综合化、装置规模大型化、化工产品精细化　化工生产存在着不同形式的纵向和横向联系。生产过程的综合化既可以使资源和能源得到充分、合理的利用，就地将副产物和“废料”转化成有用产品，做到没有废物排放或排放最少，又可以表现为不同化工厂的联合及与其他产业部门的有机联合。例如，在核电站附近建化工厂，就可以利用反应堆的尾热使煤转变成合成气（$CO+H_2$），进而用于生产汽油、柴油、甲醇以及许多C_1化工产品。

装置规模增大，其单位容积、单位时间的产出率随之显著增大，有利于降低产品成本和能量综合利用。例如，在20世纪50年代中期，乙烯生产规模仅有年产乙烯5万吨，而且成本很高，经济效益很低；到70年代初扩大为年产20万吨，成本降低了40%，利润也有所提高；而70年代以后，工业发达国家新建的乙烯装置年产乙烯均在30万吨以上，许多国家是年产50～100万吨乙烯的大型厂。当然，考虑到设计、仓储、运输、安装、维修和安全等诸多因素的制约，装置规模的增大也应有度。

精细化不仅指生产小批量的化工产品，更主要的是指生产技术含量高、附加产值高的具有优异性能或功能并能适应快速变化的市场需求的产品。化学工艺和化学工程也更精细化，人们已能在原子水平上进行化学品的合成，使化工生产更加高效、节能和绿色化。

1.1.3.2　现代化学工业的发展方向

高科技的发展对现代化学工业提出了更高更新的要求，也促进了化工科技的进步，同时化学工业提供的物质技术基础又为高新技术的发展创造了条件。21世纪，化学工业的发展趋势是：产品结构精细化和功能化；生产装置微型化和柔性化；生产过程绿色化和高科技化；市场经营国际化、信息化。

(1) 产品结构的精细化和功能化

①“精细化”是化学工业、化学工艺和化学工程的发展方向　高新技术精细化工是当今化学工业中最具活力的新兴领域之一，也是当今世界化学工业激烈竞争的焦点。精细化工产品具有性能或功能优异、技术知识密集度高、附加价值高、品种多、批量小、使用周期短的特点。化工产品的精细化是以化学工艺和化学工程的精细化为基础的，随着对产品性能和功能要求的不断提高，对化学工艺和化学工程也提出了更高的要求。早期的精细化强调的是技术本身的深化与密集，为竭力满足消费者的需求，对精细化工产品在功能或性能上均有较全面的要求。而现代精细化发展趋势则表现为在环境友好、生态相容的前提下追求技术的高效、专一，同时对产品的要求是对环境、生态、使用对象作用上的高度和谐统一。准确地说，精细化工技术目前正经历着由“人与技术”概念向“人与技术及生态环境”概念转变的过程。精细化工产品的分子设计由完全依赖经验进行随机合成筛选的定性阶段发展到由经验性随机筛选与定量构效关系相结合的半定量阶段，未来将是以三维定量构效关系为基础进行合理分子设计的定量阶段。构效关系是分子设计的基础，它强调的是结构与应用性能间的关系，并在此基础上借助量子力学、分子力学探索基于生物应用性能、物理应用性能及化学应用性能的合理的分子设计。

② 产品结构的精细化和功能化　近几年，随着社会生产水平和人们生活水平的提高，面对新技术的挑战，工业发达国家化工产品的结构已发生明显的变化，主要趋势是减少大宗、通用产品的生产，从提高产品性能、增加产品附加值、适应市场要求出发，由大宗化工产品向精细化工产品发展，由通用产品向专用产品发展，由单一组分向多组分复合与复配产品发展，由合成向处方转变。

(ⅰ) 产品精细化、专用化和多样化　为了适应市场变化的要求，满足不同用户的需要，提高市场份额的占有率，化工产品的精细化、专用化和多样化成了一种世界趋势。例如洗涤剂或表面活性剂属于精细化工产品，只有制成专用于洗发的洗发剂、各种特殊用途的清洗剂，即考虑到专一的消费群体的需求，生产具有特定功能的产品，才是专用化工品。当然，大宗化工产品也能转化为专用化工产品，如普通氮肥（尿素、硝酸铵等）、磷肥（磷酸铵、硝酸磷肥等)、钾肥（如氯化钾、硫酸钾等）是大宗产品，但若针对具体土壤和作物的性质和需要，将这几种化肥按一定比例掺混或再加上某些其他有机肥料、营养素、微量元素及化肥增效剂，配制出具有特定用途的复合肥料，成为专用化工产品，则更具意义。再比如精细化工产品中的表面活性剂，我国过去品种很单调，只有肥皂和十二烷基苯磺酸钠合成洗涤剂等几种大路货，性能较差，不能满足不同用户的需要。实际上表面活性剂或合成洗涤剂并不是仅用于洗涤，其用途较广，如作为发泡剂、消泡剂、乳化剂、破乳剂、润湿剂、分散剂、柔软剂、渗透剂、抗静电剂等，需不断开发新品种，即使现有品种，其商品也是针对不同用途甚至用户的需要，因此，可将一种或几种表面活性剂与各类助剂如增白剂、着色剂等混配起来，商品形态也应有块状、粒状、片状、膏状和液体。

同样，大宗化工产品的品种、规格、牌号的多样化也是大势所趋。例如，聚乙烯是石油化工、高分子材料的主要大宗产品，世界产量几千万吨，用途极为广泛，既可用来生产薄膜，也可用来制造容器，还可用来制造纤维、管道、电线电缆、高频绝缘材料和日用品等。薄膜既可以用来作为绝缘材料，又可作为包装材料；包装材料有的要求强度高，有的要求透明度好，有的要防潮，有的却要保鲜等。用户要求如此繁多，绝不是一两个通用品种所能适应的，因此，如何通过不同的生产方法，采用不同的工艺条件或配方，以及通过化学改性、物性共混等生产出尽可能多的具有特定性能和用途的聚乙烯商品，已是当务之急。

总之，只有不断创新，增加品种，保持特色和优势，才能在市场竞争中立于不败之地。

（ⅱ）产品功能化和高附加值化　产品专用化的基础是具有特定的性能或功能，一是用量小但效果十分显著，二是能满足高新技术或其他用途苛刻的要求。例如，染料属于精细化工之列，品种繁多，颜色各异，用途广泛，但不一定是高性能产品。高性能功能化染料一是指着色效果好、用量小、耐洗耐磨的高档品种，二是指用于高新技术或特殊领域的品种，如用于液晶显示、热敏或压敏及其他特殊用途的高精类染料等。高性能和功能化产品用途特殊、技术含量高、生产难度大，因而其附加值和利润率也高。

（ⅲ）产品复合化和处方化　过去化工产品多为单一组分，其他成分被视为杂质。目前的趋势是从单一组分向多组分复合和复配产品发展，这是由市场对化工产品性能和功能的要求越来越多和越来越高决定的。它是从协同效应的角度出发，将几种已有化合物复配起来，不仅可以发挥各个组分自身的特长，又有协同增效的效果，即复合物的有关性能高于所含各组分各自性能的平均值。因为研制一种全新的、由单一组分构成的、具有所要求的特定功能的全新化合物是十分困难的。

由于复合产品的效果非常突出，配方研究也正从盲目的经验筛选向有理论指导的科学方法过渡。今后开发新产品的重点将不仅是合成新的化合物，更多的是按用户的要求，根据产品结构与性能的关系给不同对象开出不同处方，即从合成向处方转变。即使合成，也是根据需要和特殊用途从分子和原子水平出发设计产品。

(2) 生产装置微型化和柔性化　20世纪上半叶，化工工艺经历了从间歇生产向连续生产、从小规模生产向大规模生产的历史性转变，大型化和连续化成为20世纪一个重要特征。现在，人们又看到小型化、间歇化和柔性化将重放光彩，它是在高新技术基础上的新的高水平重现。

① 生产装置的微型化　微化学工程包括微型单元操作设备、微型传感技术以及微化学工艺体系，其中微反应技术代表了新的化学加工途径。现代化工生产由于受规模经济性的驱动，以及对化工产品特别是石油化工产品的巨大需求，导致20世纪中叶石油化工装置大型化的潮流。如今，随着产品向精细化、专用化、多品种化和高性能化方向发展，一种产品的市场需求量将变得较小且会经常波动，因此，若仍然采用大规模生产装置，一旦市场需求波

动，就会被迫在低负荷下运行，成本将显著上升，而且传统化工厂的生产、工作条件较差，环境恶劣。这种形象虽然在提高自动化程度后的新型石化厂有很大改变，但仍未根本改观。从建设投资分析来看，用于大型装置及其建设的投资一般占总数的80%左右，如果装置微型化、流程密集化、生产过程精细化，就能重组化工生产。同时传统化工生产属于资源、能源消耗型，与环境、生态和持续发展不相容，其根源也在于这种生产实践本身。

21世纪的高新技术，如分子生物学，材料学的分子设计、分子剪裁，环境科学要求的“零排放”、原子经济性等，都要求化工生产在分子水平的基础上操作。尤其是纳米材料和纳米科技属于21世纪的战略材料与新技术，这种技术的最终目标是实现微型化，与之配合并为其服务的化工技术也必须走微型化的道路，同时当代高新技术的发展也为生产装置小型化创造了条件。

② 生产工艺间歇化和柔性化　连续生产工艺因生产能力大、产品质量均一，早已在大多数化工生产中取代了间歇法工艺。但随着市场经济的发展，间歇工艺对市场的应变能力强等一些优点又重新为人们所认识，例如间歇操作设备可以很容易地改变配方，甚至改变品种，在一套设备中就可以实现多品种、小批量生产，从而对多变的市场需求做出灵活及时的反应。装置在产量、品种上灵活多变，就是工艺装置的柔性化。

(3) 发展绿色化工　绿色化工就是用先进的化工技术和方法减少或消除对人类健康、社区安全、生态环境有害的各种物质的一种技术手段。它是人类和化工行业可持续发展的客观要求，是控制化工污染的最有效手段，是化工行业可持续发展的必然选择。

发展绿色化工，主要包括：采用无毒、无害的原料、溶剂和催化剂；应用反应选择性高的工艺和催化剂；将副产物或废物转化为有用的物质；采用原子经济性反应，提高原料中原子的利用率，实现零排放；淘汰污染环境和破坏生态平衡的产品，开发和生产环境友好产品等。

目前，化工行业的环保措施主要还是采用末端治理的方法，末端治理是在生产过程的末端即在污染物排入环境前增加的治理污染环节，它只是为防治污染采取的一种补救措施，确实能对环境质量的改善起到非常大的作用。但是化工污染物主要产生于生产过程，而末端治理却偏重于污染物产生后的处理上，忽视全过程控制，治标而不治本，而且治理投资和运行费用高，企业负担重，甚至难以承受，资源、能源得不到有效利用，企业缺乏应有的积极性，环境质量难以得到根本的改善，以致化工污染成为阻碍社会、经济共同发展的制约因素。这就要求人们必须采取绿色化工的有效方法彻底控制化工污染，从根本上缓解经济发展与环境保护之间的矛盾，有效地改善生存环境，保证人类和化工行业持续、稳定、健康地发展。

绿色化工强调通过技术革新使物料得到有效利用，将污染物消灭在生产过程中，从源头上减少或消除污染，使废物不再产生，不再有废物处理问题，彻底改变过去被动滞后的污染物末端治理手段，是化工污染控制过程由末端控制向生产全过程控制转变的最佳途径。这样不仅环境效益高，而且有明显的经济效益，可实现环境效益与经济效益同步增长，能在环境资金投入不多和较短的时间内显著地削减污染物，彻底缓解化工行业经济发展与环境保护之间的矛盾，是控制化工污染的有效手段。发展绿色化工，改进工艺技术和设备，最大限度地提高资源、能源的利用率，将环境保护与合理利用资源、降低物耗、提高经济效益有机地结合起来，有利于化工企业走内部挖潜的道路，有利于提高化工企业的管理水平和技术水平，达到节能降耗、减少污染物的产生量和排放量的目的，有效地促进化工行业经济增长方式由粗放型向集约型转变，从而实现经济、社会与环境保护之间的协调发展。

21世纪绿色化工技术将会全面取代传统化工，使化学工业真正走上可持续发展之路。

另外，化工过程的高效、节能、智能化及废弃物的再生利用也都是未来化学工业的发展趋势。总之，当前科学技术的进步正把世界推向一个信息经济时代，化学工业正经历着技术的快速更替、创新以及管理的重大改革，并向高附加值、高智力、高技术含量及高发展潜力的方向进步，前程无比广阔。

1.2 化学工业的原料资源和主要产品

1.2.1 化学工业的原料资源

生产化工产品的起始物料称为化工原料。化工原料主要包括基础原料和基本原料两大类。

化学工业的基础原料指可以用来加工生产化工基本原料或产品的在自然界天然存在的资源。它们既有有机的，又有无机的。有机原料有石油、天然气、煤和生物质；无机原料有空气、水、盐、矿物质和金属矿。这些天然资源来源丰富、价格低廉，经过一系列化学加工即可得到很有价值的化工基本原料和化工产品。在从天然资源加工得到的产物中，往往还可以利用价格低廉的副产物进一步生产化工基本原料，这对降低原料成本更有意义，如利用石油炼制副产的轻汽油和炼厂气、煤焦化副产的焦炉气和煤焦油进一步生产化工原料等。

化学工业的基本原料指低碳原子的烷烃、烯烃（包括双烯烃）、炔烃、芳香烃和合成气、三酸、二碱、无机盐等，如最常用的乙烯、丙烯、丁烯、丁二烯、苯、甲苯、二甲苯、乙炔、萘、甲烷、乙烷、一氧化碳、氢气、氮气、水、氯化钠等。由这些基本原料出发，可以合成一系列有机中间产品和最终产品，也可以合成一系列无机产品如氨等。

化工原料还可区分为有机化工原料和无机化工原料。有机化工原料包括石油、天然气、煤和生物质等。石油、天然气和煤等有机原料同时又都是矿物能源或化石燃料，在过去、现在和将来的相当长时期内都是构成能源的主题。因此，对化学工业来说，化石燃料的供应情况和价格对化学工业有重大影响。无机化工原料包括空气、水、盐、无机非金属矿物和金属矿物等。

在化工企业中，除消耗原料生产目的产品以外，还要消耗辅助材料，这些材料与原料一起统称为原材料。辅助材料是相对主要原料而言的，它是反应过程中的辅助原料成分，如助剂和各种添加剂；有些辅助材料不进入产品分子中，如催化反应使用的催化剂、溶液聚合法使用的溶剂等。

化学工业的原料资源是多种多样的，如何选定原料路线是一项复杂而重要的工作，对国民经济的发展也有深远的影响。一般来说，选择原料时必须考虑以下几个原则：原料资源充足可靠，成本较低，易于开采或收集；原料含杂质少，能用比较简易的方法加工成质量较好的产品；原料资源运输方便；尽可能避免直接使用粮食作物或日用轻工业原料，利用矿物质和农林业副产物或废弃物较为合适；便于和其他工业配合，尽可能地进行综合利用，充分发挥物质资源的作用；其他特殊条件和地区因素等。以上六个因素是错综复杂的，如果不能同时满足，一定要按具体情况满足最关键的条件。

1.2.2 化学工业的主要产品

化工产品一般是指由原料经化学反应、化工单元操作等加工方法生产出来的新物料（品）。化学工业部门极其广泛，相互关系密切，产品种类繁多。按产品性质界定，主要包括无机化工产品、基本有机化工产品、高分子化工产品、精细化工产品及生物化工产品等。

1.2.2.1 无机化工产品

无机化工是无机化学工业的简称，是以天然资源和工业副产物为原料生产硫酸、硝酸、盐酸、磷酸等无机酸、纯碱、烧碱、合成氨、化肥以及无机盐等化工产品的工业。无机化工曾以提供重要的基础原料和辅助材料为特点发挥了巨大作用。

无机化工产品主要包括：酸类，如硫酸、盐酸、硝酸、磷酸等无机酸；碱类，如氢氧化钠、碳酸钠、氢氧化钾等无机碱；无机盐类，品种众多，应用广泛，有1300多种，如硫酸盐、硝酸盐、碳酸盐等；无机氧化物类，包括各种金属氧化物以及过氧化氢、五氧化二磷等；单质类，包括各种金属单质和非金属单质；工业气体类，如氩气、氦气、氪气、氮气、氢气、氧气、二氧化碳、硫化氢、一氧化碳等。

无机化工产品用途极其广泛，是许多化工行业如涂料、油墨、造纸、纺织、电子、颜料、催化剂等的基本原料，因此它在化学工业中长期扮演着重要的角色，特别是随着电视、录音、录像、复印等技术的飞速发展，无机化学品及无机材料已成为电子、磁性材料、光电材料等不可缺少的重要原材料。

1.2.2.2　基本有机化工产品

基本有机化工是基本有机化学工业的简称，也称基本有机合成工业。它是以煤、石油、天然气及生物质等自然资源为基础原料，通过各种化学加工方法制备以碳氢化合物及其衍生物为主的基本有机化工产品（有机化工的基础原料，如乙烯、丙烯、丁二烯、苯、甲苯、二甲苯、乙炔、萘、合成气等）的工业。基本有机化学工业是发展各种有机化学品生产的基础，是现代工业结构中的主要组成部分。

基本有机化工产品品种繁多，按所用原料分类可以分为以下五大类。

（1）碳一系统的主要产品　碳一系统的产品主要包括从甲烷和合成气出发生产的两大类产品。

甲烷系列的主要产品见表1-1。

表1-1　甲烷系列主要产品

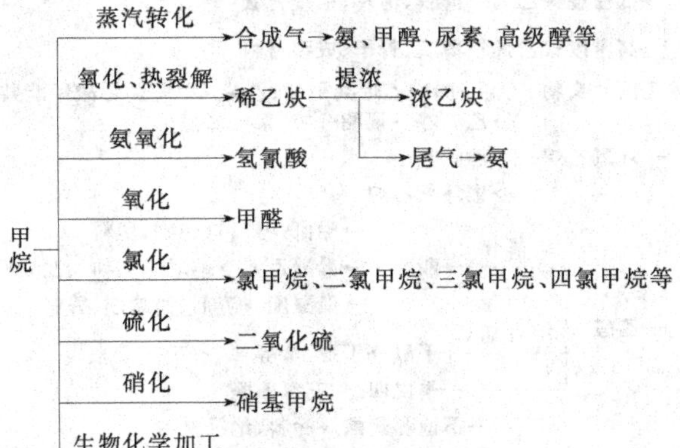

原料	加工方法	产品
甲烷	蒸汽转化	合成气→氨、甲醇、尿素、高级醇等
	氧化、热裂解	稀乙炔—提浓→浓乙炔；→尾气→氨
	氨氧化	氢氰酸
	氧化	甲醛
	氯化	氯甲烷、二氯甲烷、三氯甲烷、四氯甲烷等
	硫化	二氧化硫
	硝化	硝基甲烷
	生物化学加工	单细胞蛋白

合成气系列的主要产品是指以合成气（$CO+H_2$）、甲醇为原料生产的产品，见表1-2。

（2）碳二系统的主要产品　碳二系统的产品主要包括从乙烯和乙炔出发生产的两大类产品。

乙烯是碳原子数最少的烯烃，它具有极其活泼的双键结构，其反应能力很强，而且成本低、纯度高，易于加工利用，所以是有机化工中最重要的基本原料。通过乙烯的氧化、卤化、烷基化、水合、羰基化、聚合等反应可以制得一系列极有价值的乙烯衍生物，如环氧乙烷、乙二醇、乙醛、醋酸、醋酸乙烯、乙苯、聚乙烯等，由乙烯出发还可生产溶剂、表面活性剂、增塑剂、合成洗涤剂、农药、医药等。乙烯系列的主要产品见表1-3。

表 1-2 合成气系列产品

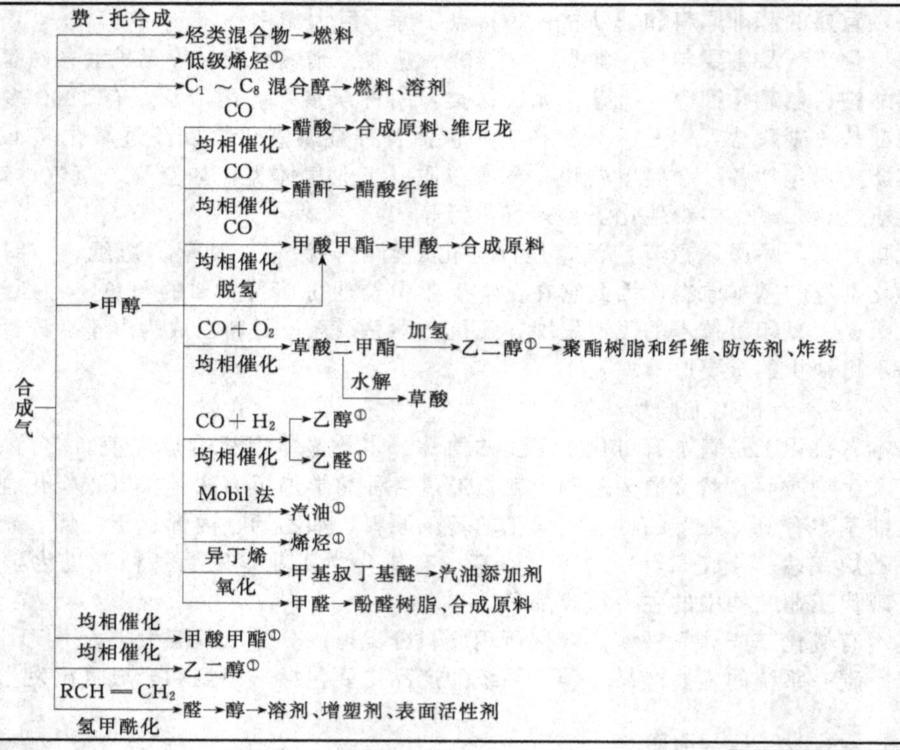

① 尚在研究中。

表 1-3 乙烯系列主要产品

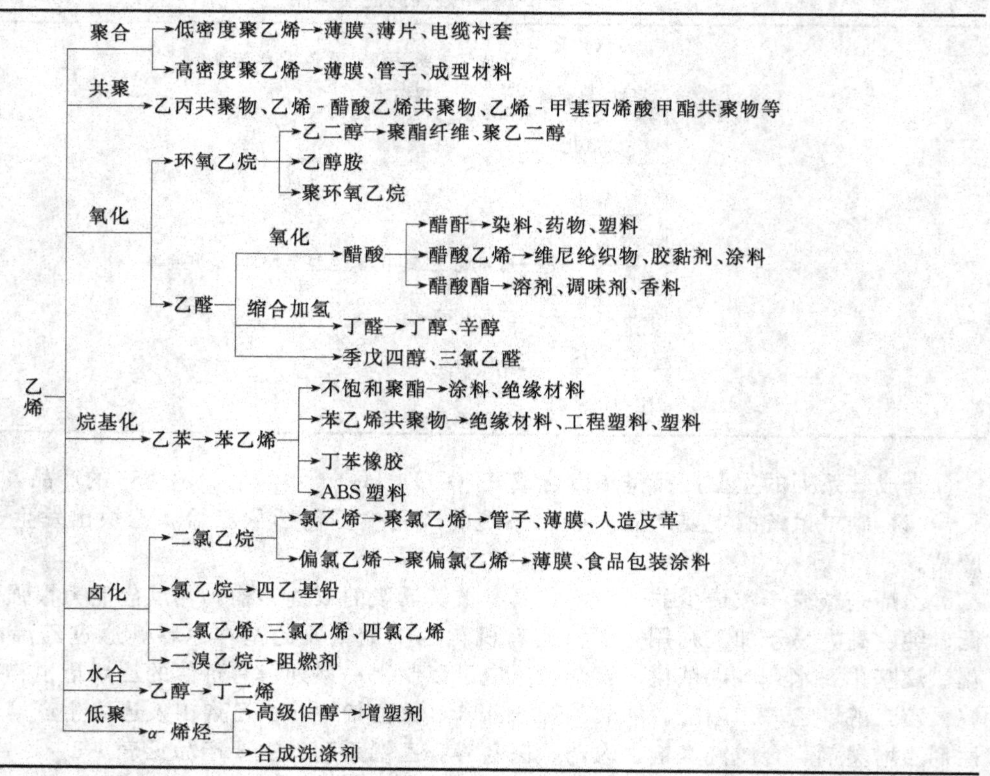

乙炔俗称电石气，是最简单的炔烃。乙炔化工在20世纪50年代以前一直占主导地位，自60年代起随着石油化工的兴起一部分以乙炔为原料生产的产品逐步转向以乙烯和丙烯为原料，但目前我国产量较大的氯乙烯和醋酸乙烯仍是有的使用乙烯作原料、有的使用乙炔作原料。乙炔系列的主要产品见表1-4。

表1-4　乙炔系列主要产品

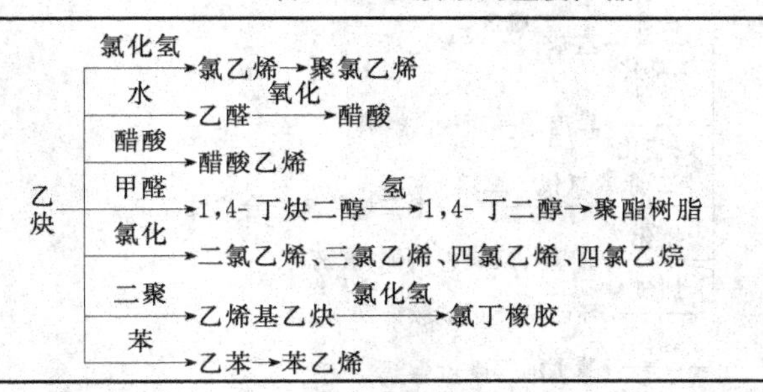

（3）碳三系统的主要产品　碳三系统的产品主要是指从丙烯出发生产的产品，在基本有机化学工业中的重要性仅次于乙烯系统的产品。丙烯系列的主要产品见表1-5。

表1-5　丙烯系列主要产品

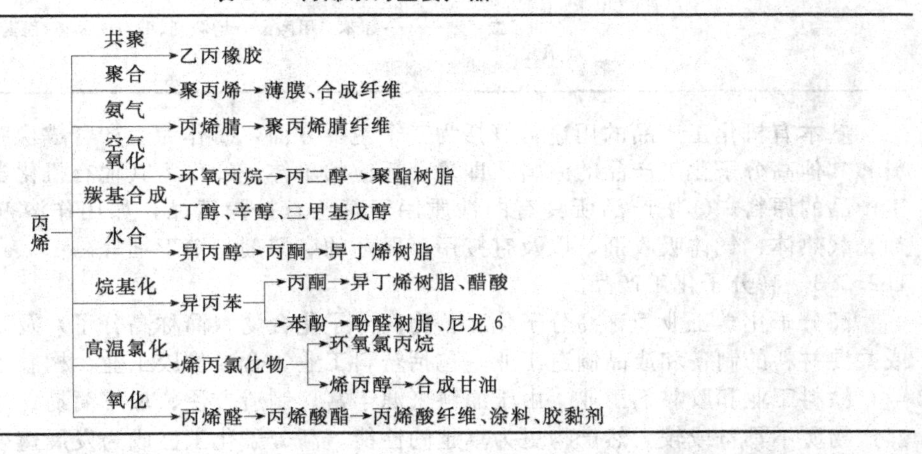

（4）碳四系统的主要产品　碳四烃可以从油田气、炼厂气及烃类裂解制乙烯副产的碳四馏分中获得，是基本有机化学工业的重要原料，其中正丁烯、异丁烯和丁二烯最重要，其次是正丁烷。碳四烃系列的主要产品见表1-6。

表1-6　碳四烃系列主要产品

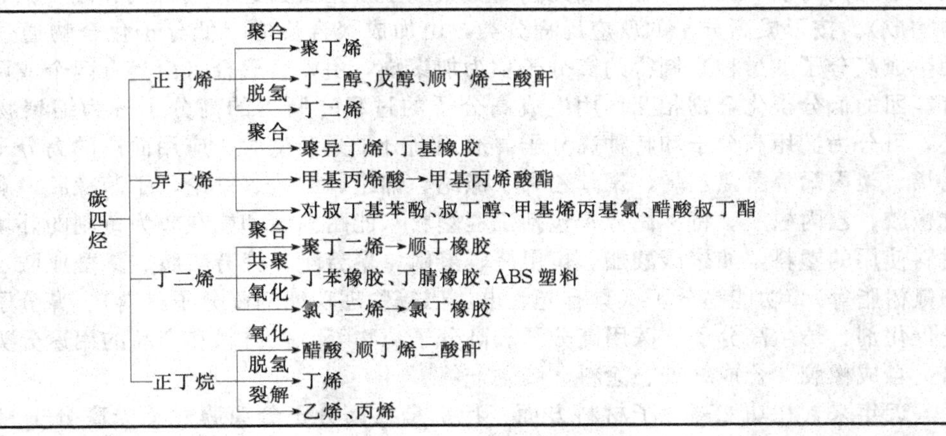

(5) 芳烃系统的主要产品　芳烃中以苯、甲苯、二甲苯和萘最为重要。苯、甲苯和二甲苯既可直接作溶剂使用，也可进一步加工成各种基本有机化工产品。芳烃系统的主要产品见表 1-7。

表 1-7　芳烃系统主要产品

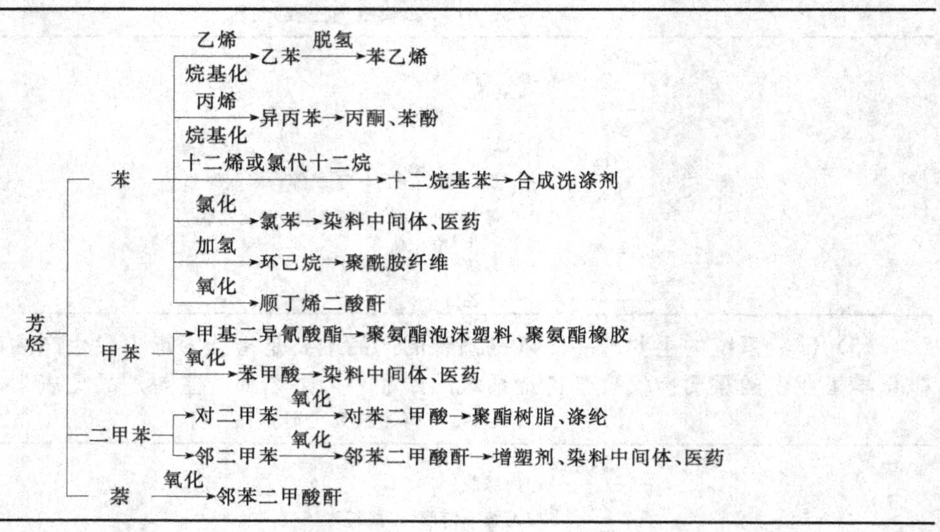

基本有机化工产品的用途可概括为三个主要方面：①作为生产合成橡胶、合成纤维、塑料和其他高分子化工产品的原料，即聚合反应的单体；②作为其他有机化学工业包括精细化工产品的原料；③按产品所具有的性质用于某些直接消费品，如用作溶剂、冷冻剂、防冻剂、载热体、气体吸收剂，以及直接用于医药的麻醉剂、消毒剂等。

1.2.2.3　高分子化工产品

高分子化学工业简称高分子化工，为高分子化合物（简称高分子）及以其为基础的复合或共混材料的制备和成品制造工业，包括塑料工业、合成橡胶工业、橡胶工业、化学纤维工业、涂料工业和胶黏剂工业。由于原料来源丰富、制造方便、加工简易、品种多，并具有天然产物所不具备或较天然产物更为卓越的性能，高分子化工已成为发展速度最快的化学工业部门之一。

高分子化合物是由单体经过加聚反应或缩聚反应生成的聚合物，相对分子质量高达 10^4～10^6。按主链元素结构分类，产品可分为碳链（主链全由碳原子构成）、杂链（主链除碳原子外尚有氧、氮、硫等）和元素高分子（主链主要由硅、氮、氧、硼、铝、硫、磷等元素构成)。按形成高分子的反应历程分类，由加成聚合反应（低分子化合物通过连锁加成作用生成高分子的过程）制得的高分子称为加聚物，由缩合聚合（由具有两个或两个以上反应官能团的低分子化合物相互作用生成高分子的过程）制得的高分子称为缩聚物。按功能分类，可分为通用高分子和特种高分子。通用高分子是产量大、应用面广的高分子，主要有聚乙烯、聚丙烯、聚氯乙烯、聚苯乙烯、涤纶、锦纶、腈纶、维纶、丁苯橡胶、顺丁橡胶、异戊橡胶、乙丙橡胶。特种高分子包括工程塑料（能耐高温和能在较为苛刻的环境中作为结构材料使用的塑料，如聚碳酸酯、聚甲醛、聚砜、聚芳醚、聚芳酰胺、聚酰亚胺、有机硅树脂和氟树脂等)、功能高分子（具有光、电、磁等物理功能的高分子材料)、高分子试剂、高分子催化剂、仿生高分子、医用高分子和高分子药物等。按材料和产品的用途分类，可分为塑料、合成橡胶、合成纤维、涂料、胶黏剂等。

近年来，在功能高分子材料方面，特别是在高分子分离膜、感光高分子材料、光导纤维、高分子液晶、超导高分子材料、医用高分子材料、仿生高分子材料等方面的应用、研究、开发工作受到高度重视。

1.2.2.4　精细化工产品

精细化工是生产精细化学品工业的通称。精细化工是当今化学工业中最具活力的新兴领域之一，其产品是新材料的重要组成部分。大力发展精细化工已成为世界各国调整化学工业结构、提升化学工业产业能级和扩大经济效益的战略重点。

精细化工产品种类多、附加值高、用途广、产业关联度大，直接服务于国民经济的诸多行业和高新技术产业的各个领域。

1986年，我国原化学工业部颁布了《关于精细化工产品分类的暂行规定和有关事项的通知》，规定我国精细化工产品包括11个产品类别：农药；染料；涂料（包括油漆和油墨）；颜料；试剂和高纯物；信息用化学品（包括感光材料、磁性材料等能接受电磁波的化学品）；食品和饲料添加剂；黏合剂；催化剂和各种助剂；化工系统生产的化学药品（原料药）和日用化学品；高分子聚合物中的功能高分子材料（包括功能膜、偏光材料等）。其中，催化剂和各种助剂包括了20个产品系列。上述暂行规定中并不包括国家医药管理局管理的药品和中国轻工总会所属的日用化工产品以及其他有关部门生产的精细化学品。

随着国民经济的发展，精细化学品的开发和应用领域将不断开拓，新的产品门类也将不断增加。

1.2.2.5　生物化工产品

生物化工是生物学、化学、工程学等多学科组成的交叉学科，研究有生物体或生物活性物质参与的过程中的基本理论和工程技术。

生物化工产品主要是以动物、植物、微生物为原料，采用生物化学工程、物理、化学的方法加工而成的产品。生物化工产品按产品性质可分为：①大宗化工产品，如乙醇、丙酮、正丁醇、甘油、柠檬酸、乳酸、葡萄糖酸等；②精细化工产品，如各种氨基酸、酶制剂、核酸产品等；③医药产品，如各种甾体、常规菌苗、疫苗等；④其他产品，如生物农药、食用及药用酵母、饲料蛋白（单细胞蛋白）、沼气等；⑤现代生物技术产品，即以生命科学为基础，利用生物（或生物组织、细胞及其他组成部分）的特性和功能，设计、构建具有预期性能的新物质或新品系，利用工程原理加工生产出来的产品，如干扰素、单克隆抗体、新型疫苗等。

生物化工产品广泛应用在医药、食品、饲料、基本有机化工原料、有机酸、生物农药等领域。

1.3　化工厂基本知识

1.3.1　化工厂的定义及组织结构

1.3.1.1　化工厂的定义

早期工厂被狭义地定义为用大型机器或设备生产货物的大型工业建筑物，即制造厂。最初的工厂（如在18世纪建于英国殖民地的工厂）并没有大型的自动化机器，那时的工厂是将从事手工业（如纺织业）的工人聚集起来，一起进行生产。直到蒸汽机和自动织布机等机械发明后，开始出现以机器生产的工厂。

随着工业经济的发展，目前工厂被定义为直接从事工业生产活动的经营单位。各类工厂所从事的生产活动各不相同，化工厂是从事化工产品生产活动的经营单位。

进入20世纪80年代，随着市场经济的不断发展和完善，我国进入了工厂企业转型发展时期，所以工厂的概念有淡化的趋势，转型后的企业大都以有限责任公司命名。

1.3.1.2　化工厂的组织结构

组织结构是指企业中有形的组织方式和无形的信息系统结构，是为实现既定的经营目标和战略目标确立的一种内部权力、责任、控制和协调关系的形式。

组织结构有不同的类型，分别具有优缺点。常见的有如下几种。

① 直线型。企业的一切管理工作均由企业的厂长或公司经理直接指挥和管理，不设专门职能机构的组织形式。组织中每一位管理者对其直接下属有直接职权，组织中每一个人只能向一位直接上级报告。

② 职能型。各职能机构在自己的业务范围内可以向下级下达命令和指示，直接指挥下属。

③ 参谋型。按照组织职能划分部门和设置机构，实行专业分工。这种组织结构实行高度集权。

④ 分部式。按地区、按产品设置分部，或按用户、按生产过程设置分部。每个分部单位都是自治的，由分部经理对全面绩效负责，同时拥有充分的战略和运营决策的权利。

⑤ 战略事业部制。在一个企业内对具有独立产品市场、独立责任和利益的部门实行分权管理的一种组织形式，是将类似的分公司或部门组成战略事业部，委派高级管理人员对其负责，并直接向公司首席执行官报告。

⑥ 矩阵式。将按职能划分和按产品划分结合起来。这种方式使用职能部门化获得专业化经济，将职能部门化和产品部门化的因素交织在一起。

传统上，化工企业采用的正式组织结构通常是垂直的、职能化的组织结构。常见的化工厂组织结构如图 1-1 所示。

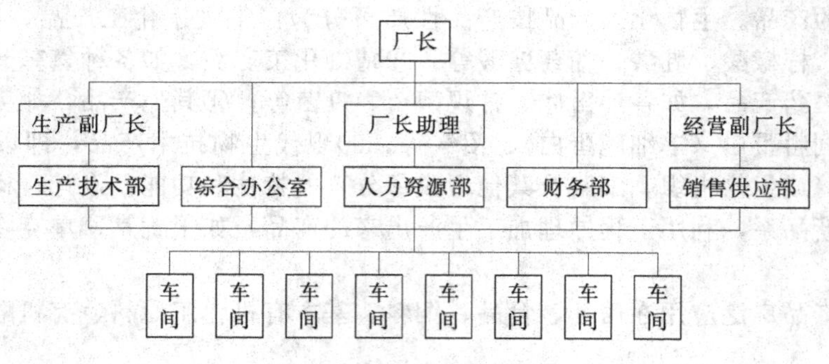

图 1-1　化工厂组织结构

1.3.2　化工厂内的技术专业及从业人员的任务

化工厂内的技术专业较多，从事各专业的技术人员分工既具体又明确。

1.3.2.1　化学工程与工艺专业及从业人员的任务

化学工程与工艺专业是化工厂内的核心专业，其任务是管理原料→半成品→成品的加工生产过程，主要解决原料路线，正确选择生产方法、生产工艺，合理配置设备，优化工艺参数等问题。

化学工程与工艺专业的技术骨干的主要任务是承担化工工艺及产品的研究、开发、放大、建设、制造任务，除此之外还可兼做销售、技术服务、经营管理、教育、咨询等其他工作。

1.3.2.2　化工机械专业及从业人员的任务

化工机械是化学工业生产中所用的机器和设备的总称。化工生产中为了将原料加工成一定规格的成品，往往需要经过原料预处理、化学反应以及反应产物的分离和精制等一系列化工过程，实现这些过程所用的机械设备常常都划归为化工机械。

为了保质保量地完成工艺任务，化工机械专业的技术人员应当对各种化工机械设备的作用、结构、材料、性能、制造工艺、操作条件、安装、检修等有很好的了解。正常生产时，应保证设备的完好率；提高生产能力时，应充分挖掘设备的潜力，保证设备运行可靠、安全、高效。

1.3.2.3 化工自动化专业及从业人员的任务

自动化主要是研究自动控制的原理和方法、自动化单元技术和集成技术及其在各类控制系统中的应用。自动控制是相对人工控制而言的，是指在没有人直接参与的情况下利用外加的设备或装置使机器、设备或生产过程的某个工作状态或参数自动地按照预定的程序运行。自动控制技术的实施有利于将人类从复杂、危险、繁琐的劳动环境中解放出来并大大提高控制效率，在化工生产过程中该作用尤为突出。

化工自动化是化工、炼油、食品、轻工等化工类型生产过程自动化的简称。在化工设备上设置一些自动化装置代替换操作人员的部分直接劳动，使生产在不同程度上自动地进行，这种用自动化装置管理化工生产过程的办法称为化工自动化。该专业的技术人员应熟练掌握自动控制系统的组成、基本原理及各环节的作用；能根据工艺要求、综合考虑工艺与控制两方面的因素，合理设计自动控制方案；在生产控制、管理和调度中能正确选用和使用常用的测量仪表和控制装置，使它们充分发挥作用；能在自动控制系统运行过程中发现和分析出现的一些问题和现象，以便提出正确的解决办法；能在处理各类技术问题时应用一些控制论、系统论、信息论的观点分析思考，寻求考虑整体条件、考虑事物间相互关联的综合解决方法。自动控制辅助化工生产过程顺利进行，同时也决定着化工生产效率。

1.3.2.4 其他专业及任务

化工厂内除上述列出的几个主要专业外，还包括给排水专业、电气专业、供热供汽专业、土建专业、总图运输专业等，这些专业在化工生产过程中各自担负着不同的任务。

综上所述，化工企业的运转就像一台大机器，需要各个不同的专业零部件密切配合，才能协调运转。

参 考 文 献

[1] 米镇涛. 化学工艺学. 第2版. 北京：化学工业出版社，2006.
[2] 曾之平，王扶明. 化工工艺学. 北京：化学工业出版社，2001.
[3] 黄仲九，房鼎业. 化学工艺学. 第2版. 北京：高等教育出版社，2008.
[4] 徐绍平等. 化工工艺学. 大连：大连理工大学出版社，2004.
[5] 韩冬冰等. 化工工艺学. 北京：中国石化出版社，2008.
[6] 吴玉萍. 合成氨工艺. 北京：化学工业出版社，2008.
[7] 杨师棣. 当今精细化工产品的发展趋势. 化工时刊，1995，(8)：20-22.
[8] 刘建兰等. 简论21世纪化学工业的发展趋势. 化工时刊，2000，(12)：28-32.
[9] 陈俊平，吴翠霞. 绿色化工是实现化工行业可持续发展的必然趋势. 辽宁化工，2003，(3)：112-115.
[10] 苏砚溪. 绿色化学技术的发展及应用. 安徽化工，2000，(1)：7-10.
[11] 杨锦宗. 新世纪的精细化工. 中国工程科学，2002，4 (10)：21-25.
[12] 邝生鲁. 新世纪化工发展方向. 现代化工，2001，21 (2)：1-6.
[13] 杨秀清. 以原子经济性概念为依据指导设计绿色化学实验. 新乡师范高等专科学校学报，2007，21 (5)：105-108.

第2章 化学工艺基础

2.1 化学工业原料资源及其加工利用

原料是化工产品生产的物质基础，种类繁多，用途广泛。化工原料在化工生产中具有非常重要的作用，在产品生产成本中有时原料所占的费用高达60%～70%。

化工原料根据物质来源可分为无机原料和有机原料两大类，无机原料主要包括空气、水、盐、化学矿物等，有机原料主要包括石油、天然气、煤和生物质等。这些自然资源来源丰富，价格低廉，经过一系列化学加工后可得到很有价值的化工基本原料和化工产品。

2.1.1 无机化学矿及其加工

我国化学矿资源丰富，现已探明储量的有20多个矿种，主要包括磷矿、硫铁矿、自然硫、钾长石、含钾页岩、明矾石、硼矿、天然碱、化工灰岩、重晶石、芒硝、钠硝石、蛇纹石、钾矿、锶矿、金红石、镁盐、溴、碘、沸石等。

目前，我国已经形成了一个比较完整的矿石加工利用工业体系，生产的化学肥料和无机化工产品品种齐全。但由于多数矿产属两种以上矿物伴生，是含多种有用组分的综合性矿床，因此提高矿石资源的综合利用，实施科学的矿床开发技术，其经济效益必将会大大提高。由于我国磷矿、硫铁矿及硼矿的储量居世界前列且产量很大，下面以硫、磷、硼矿为重点介绍其资源及加工利用情况。

2.1.1.1 磷矿

磷矿是生产磷肥、磷酸、单质磷、磷化物和磷酸盐的原料，85%以上的磷矿用于制造磷肥。多数磷矿为氟磷灰石 [$Ca_5F(PO_4)_3$]，经过分级、水洗脱泥、浮选等方法除去杂质，成为商品磷矿。但我国高品位磷矿储量较少，不仅选矿和矿石富集任务繁重，而且原料成本随之升高。因此，立足我国磷矿资源的特点，开发适宜的工艺技术，对合理有效地利用我国磷资源具有重要的意义。

磷肥按生产工艺可分为酸法与热法两大类。

(1) 酸法磷肥　酸法磷肥又称湿法磷肥，是用无机酸的化学能分解磷矿制成的磷肥。最常用的是硫酸，硫酸分解磷矿后可直接制得普通过磷酸钙，也可经分离硫酸钙后制得湿法磷肥。主反应式为：

$$Ca_5F(PO_4)_3 + 5nH_2O + 5H_2SO_4 \longrightarrow 3H_3PO_4 + 5CaSO_4 \cdot nH_2O + HF$$

通过萃取和分离得到磷酸，再用氨中和制得磷酸铵，或将磷酸再与磷矿反应制得水溶性的重过磷酸钙 [$Ca(H_2PO_4)_2 \cdot H_2O$]。

此外，硝酸分解磷矿可制得硝酸磷肥，盐酸分解磷矿可得沉淀磷酸钙或磷酸。

(2) 热法磷肥　热法磷肥是指添加某些助剂在高温下分解磷矿石，经进一步加工处理后制成的可被农作物吸收的磷酸盐。热法还可以生产单质磷、五氧化二磷和磷酸。热法磷肥主要有钙镁磷肥、脱氟磷肥及钢渣磷肥。

2.1.1.2 硫铁矿

硫铁矿是一种重要的化学矿物原料，主要用于制造硫酸，部分用于化工原料以生产硫黄及各种含硫化合物等，在橡胶、造纸、纺织、食品、火柴等工业以及农业中均有重要用途，特别是国防工业上用以制造各种炸药、发烟剂等。以硫铁矿为原料制取硫酸，其矿渣可用来炼铁、炼钢。若炉渣含硫量较高、含铁量不高时，可以用作水泥的附属原料——混合料。另外，硫铁矿又常与铜、铅、锌、钼等硫化矿床共生，并含有金、钴、钼及稀有元素硒等，可综合回收利用。

硫铁矿生产硫酸的过程如下所示：

2.1.1.3　硼矿

硼矿是生产硼酸、硼砂、单质硼及硼酸盐的原料。我国硼资源相对较丰富，但绝大多数硼矿品位较低，加工利用难度较大。目前用于生产硼酸和硼砂的是硼镁矿，采用的主要工艺有碳碱法加工硼镁矿制硼砂、盐酸分解萃取分离和硫酸分解盐析制硼酸。

2.1.2　煤、石油、天然气及其加工利用

2.1.2.1　煤及其加工利用

煤是自然界中储量最丰富的化石燃料，它是由含碳与氢的多种结构的大分子有机物和少量硅、铝、铁、钙、镁等无机矿物质组成。根据成煤过程时间的不同，可将煤分为泥煤、褐煤、烟煤、无烟煤等。不同品种的煤所含的主要元素组成见表 2-1。

表 2-1　煤的主要元素组成

煤的种类		泥煤	褐煤	烟煤	无烟煤
组成/%	C	60～70	70～80	80～90	90～98
	H	5～6	5～6	4～5	1～3
	O	25～35	15～25	5～15	1～3

煤的储量比石油储量大十几倍，煤的综合利用可为能源、化工和冶金提供非常有价值的原料。以煤为原料，经过化学加工转化为气体、液体和固体燃料及化学品的工业，称为煤化学工业（简称煤化工）。从煤加工过程区分，煤化工包括煤的干馏（包括炼焦和低温干馏）、气化、液化和合成化学品等。

通过热加工和催化加工，可以使煤转化为各种燃料和化工产品，如图 2-1 所示。

在煤的化工利用技术中，炼焦是应用最早的工艺，而且至今仍然是煤化工的重要组成部分。煤的气化用于生产各种燃料气，在煤化工中也占有重要的地位。煤直接液化，即煤高压加氢液化，可以生产人造石油和化学产品，这些液化产品将替代紧缺的天然石油。煤低温干馏过程仅是一个热加工过程，常压生产，不用加氢，不用氧气，即可制得煤气和焦油，实现了煤的部分气化和液化。低温干馏比煤的气化和液化工艺过程简单，加工条件温和，投资少，生产成本低。

（1）煤的干馏　煤的干馏是指在隔绝空气条件下将煤加热，使其分解生成焦炭、煤焦油、粗苯和焦炉气的过程，也称煤的焦化。根据加热温度不同，煤的干馏分为低温干馏和高温干馏两类。

① 低温干馏　指在较低温度（500～600℃）下进行的干馏过程。低温干馏生产中的主要设备是干馏炉，根据加煤和煤料移动方式不同分为立式炉、水平炉、斜炉和转炉等。低温干馏的固体产物为结构疏松的黑色半焦；气体产物为煤气，但产率较低；液体产物为焦油，产率高且比高温焦油含有较多的烷烃，是人造石油的重要来源之一。

② 高温干馏　煤的高温干馏又称炼焦，是指将煤在炼焦炉内隔绝空气加热到 900～1100℃左右，获得焦炭、焦煤气和粗苯及煤焦油的过程。煤高温干馏获得的焦炭可用于冶金

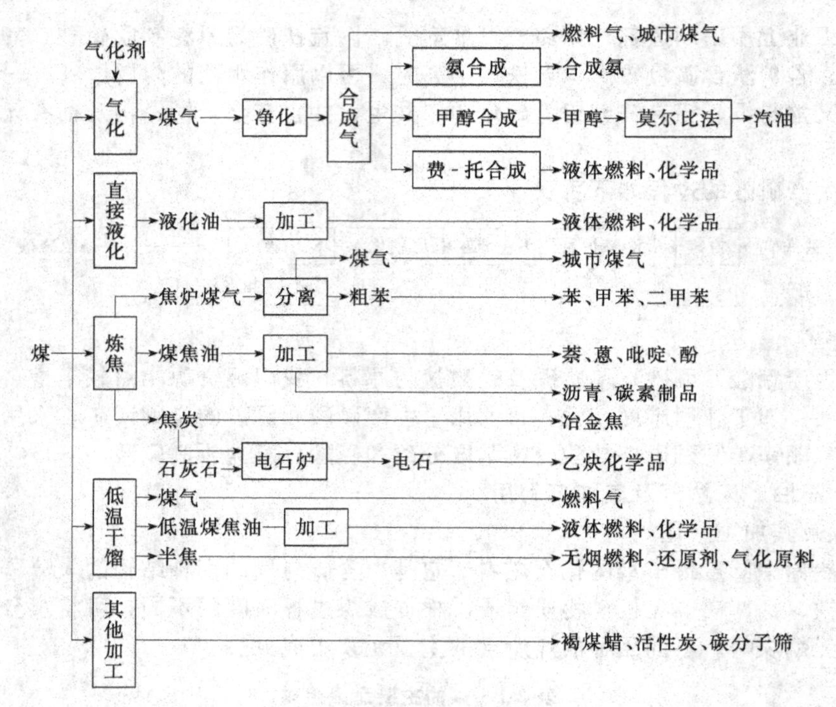

图 2-1 煤的化工利用途径

炼铁，或用来生产电石；焦炉气是热值很高的气体燃料，同时也是宝贵的化工原料，其主要成分（体积分数）是氢（54%～63%）和甲烷（20%～32%）；粗苯中主要含苯、甲苯、二甲苯、三甲苯、乙苯等单环芳烃，以及少量不饱和化合物（如戊烯、环戊二烯、苯乙烯等）和含硫化合物（二硫化碳、噻吩等），还有少量酚类和吡啶等；煤焦油是黑褐色的油状黏稠液体，组成十分复杂，目前已鉴定出含有 400～500 种有机物，主要含有多种重芳烃、酚类、烷基苯、吡啶、萘、蒽、菲及杂环化合物等，是生产有机原料较有价值的高温干馏产品之一，可用来生产塑料、染料、香料、农药、医药、溶剂等。

（2）煤的气化　煤的气化是指在高温（900～1300℃）下使煤、焦炭或半焦等固体燃料与气化剂（水蒸气、空气或氧气）反应，转化成主要含有氢、一氧化碳、二氧化碳等混合气体的过程。生成的气体的组成随固体燃料性质、气化剂种类、气化方法、气化条件的不同而有所差别。煤的干馏制取的化工原料只能利用煤中一部分有机物质，而煤的气化可利用煤中几乎全部含碳、氢的物质。煤气化生成的 H_2 和 CO 是合成氨、合成甲醇以及 C_1 化工的基本原料；另外还可用来生产甲烷，称为替代天然气（SNG），可作为城市煤气、工业燃气和化工原料气。

煤气化是今后发展煤化工的主要途径。煤气化机理、气化方法和工艺将在第 3 章介绍。

（3）煤的液化　煤的液化是指煤经化学加工转化为液体燃料的过程。煤的液化又可分为直接液化和间接液化两类过程。

① 煤的直接液化（又称加氢液化）　是将煤在较高温度（420～480℃）和较高压力（10～20MPa）下与氢反应，使其降解和加氢，从而转化为液体烃的过程。液化产物亦称为人造石油，可进一步加工成各种液体燃料。氢气通常用煤与水蒸气气化制取。由于供氢方法和加氢深度的不同，有不同的直接液化法。煤的直接液化氢耗高、压力高，因而能耗大、设备投资大、成本高。

② 煤的间接液化　是将煤预先制成合成气（$CO+H_2$），然后通过催化剂作用将合成气

转化成烃类燃料、含氧化合物燃料（如低碳混合物、二甲醚等）的过程。属于间接液化的费-托合成（F-T）和甲醇转化制汽油的Mobil工艺已实现工业化生产。

费-托合成可能得到的产品包括气体和液体燃料，以及石蜡、乙醇、丙酮和基本有机化工原料，如乙烯、丙烯、丁烯和高级烯烃等。费-托合成采用的催化剂主要有铁、钴、镍和钌，工业生产主要用铁。反应设备有多种，常用的有固定床反应器、气流床反应器和浆态床反应器。Mobil法是在催化剂的作用下将甲醇转化为汽油的方法，催化剂是Mobil法的关键，所用的催化剂是合成沸石分子筛ZSM-5。Mobil法将甲醇转化成汽油，具有过程简单、热效率高以及能获得高产率的优质汽油等优点。

总的来说，直接液化热效率比间接液化高，对原料煤的要求高，较适合生产汽油和芳烃；间接液化允许采用高灰分的劣质煤，较适合生产柴油、含氧的有机化工原料和烯烃等。两种液化工艺各有所长，都应得到重视和发展。

2.1.2.2 石油及其加工利用

从油井中开采出来没有经过加工处理的石油叫原油，它是一种有气味的棕黑色或黄褐色黏稠液体。原油是由分子量不同、组成和结构不同、数量众多的化合物构成的混合物，其性质因产地而异，密度与组成有关，相对密度大约为0.75～1.00，黏度范围很宽，凝固点差别很大，沸点范围为常温到500℃以上，溶于多种有机溶剂，不溶于水，但可与水形成乳状液。

石油中所含的化合物大致可分为烃类、非烃类、胶质和沥青三大类。由碳和氢化合形成的烃类构成石油的主要组成部分，约占95%～99%；含硫、氧、氮的化合物对石油产品有害，在石油加工中应尽量除去。不同产地的石油中，各种烃类的结构和所占比例相差很大，但主要属于烷烃、环烷烃、芳香烃三类。通常以烷烃为主的石油称为烷基石油（石蜡基石油）；以环烷烃、芳香烃为主的石油称为环烷基石油（沥青基石油）；介于二者之间的称为中间基石油。

自20世纪50年代开始，石油化工蓬勃发展，至今基本有机化工、高分子化工、精细化工及氮肥工业等的产品大约有90%来源于石油和天然气。90%左右的有机化工产品上游原料可归结为三烯（乙烯、丙烯、丁二烯）、三苯（苯、甲苯、二甲苯）、乙炔和萘，还有甲醇。其中三烯主要由石油制取，三苯、萘和甲醇可由石油、天然气和煤制取。

原油一般不能直接使用，需要进行一次加工和二次加工，加工后可提高其利用率。

（1）一次加工 一次加工方法主要包括常压蒸馏和减压蒸馏。蒸馏是一种利用液体混合物中各组分挥发度的差别（沸点不同）进行分离的方法，是一种没有化学反应的传质、传热物理过程，主要设备是蒸馏塔。原料油在蒸馏塔里按蒸发能力分成沸点范围不同的油品（称为馏分），这些油有的经调和、加添加剂后以产品形式出厂，相当大的部分是后续加工装置的原料，因此常减压蒸馏又称为原油的一次加工。

原油的常减压流程如图2-2所示，由原油预处理（图中未画出）、常压蒸馏和减压蒸馏三部分组成。原油经预热至200～240℃后进入初馏塔，轻汽油和水蒸气由塔顶蒸出，冷却到常温后进入分离器，分掉水和未凝气体，得轻汽油（石脑油），不凝气体称为原油拔顶气。石脑油是催化重整生产芳烃或生产乙烯的原料；原油拔顶气占原油质量的0.15%～0.4%，其中乙烷占2%～4%，丙烷约30%，丁烷40%～50%，其余为C_5及C_5以上组分，可用作燃料或生产烯烃的裂解原料。初馏塔底原油经常压加热炉加热至360～370℃，送入常压塔，分割出轻气油、煤油、轻柴油、重柴油（AGO）等馏分，它们都可作为生产乙烯的原料。轻汽油和重柴油也分别是催化重整和催化裂化的原料。

留在常压塔底的重组分即常压渣油再进入减压加热炉，加热至380～400℃，然后进入减压蒸馏塔。采用减压操作是为了避免在高温下重组分的分解（裂解）。减压塔侧线油和常压塔三、四线油总称为常减压馏分油，用作炼油厂催化裂化和加氢裂化的原料；减压渣油可

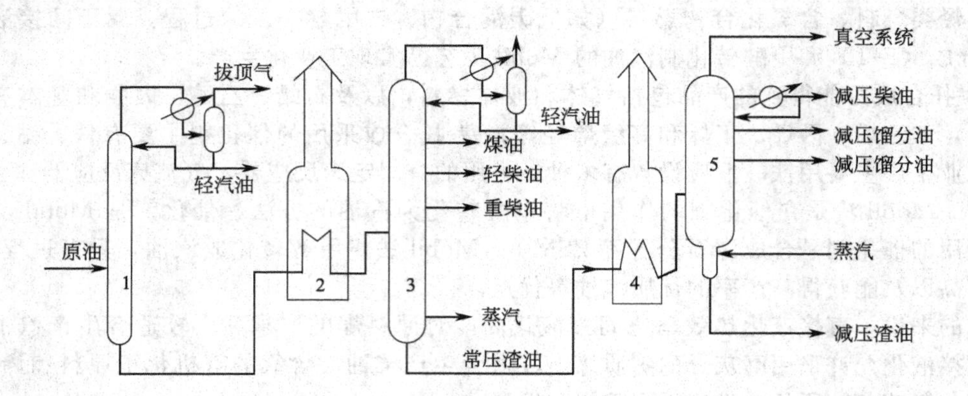

图 2-2 原油常减压蒸馏流程

1—初馏塔；2—常压加热炉；3—常压塔；4—减压加热炉；5—减压塔

作为加氢裂化的原料，或者用于生产石油或石油沥青。

根据目的产品不同，常减压蒸馏流程分为燃料型、燃料-润滑油型和燃料-化工型三种。燃料型以生产汽油、煤油、柴油等为主，不能充分利用石油资源，现已很少采用；燃料-润滑油型除生产轻质和重质燃料油外，还生产各种品种的润滑油和石蜡；燃料-化工型除生产汽油、煤油、柴油等燃料油外，还从石脑油馏分抽提芳烃，利用石脑油或柴油热裂解制取烯烃和芳烃等重要的有机化工基本原料，炼油副产的气体也是化工原料。大型石油化工联合企业中的炼油厂蒸馏装置多采用燃料-化工-润滑油型流程。

（2）二次加工　原油经过常减压蒸馏只能切割成几个馏分，生产的燃料品种数量有限，不能满足需求，而且直接能作为化工原料使用的也只是塔顶出来的气体。为了生产更多的燃料和化工原料，需要对各个馏分油进行二次加工。常用的二次加工方法主要有催化重整、催化裂化、催化加氢裂化和烃类热裂解四种。

① 催化重整（catalytic reforming）　催化重整是在铂催化剂作用下加热汽油馏分（石脑油），使其中的烃类分子重新排列形成新分子的工艺过程。催化重整装置能提供高辛烷值汽油，还为化纤、橡胶、塑料和精细化工提供苯、甲苯、二甲苯等芳烃原料，以及提供液化气和溶剂油，并副产氢气。

催化重整的原料是石脑油，以生产高辛烷值汽油为目的时一般采用80～180℃馏分，以生产苯、甲苯和二甲苯为目的时宜分别采用60～85℃、85～110℃和110～145℃馏分，生产苯-甲苯-二甲苯时宜采用60～145℃馏分，生产轻质芳香烃-汽油时宜采用60～180℃馏分。重整过程对原料杂质的含量也有严格要求，因为原料油中若含有砷、硫、铅、钼、汞、有机氮化物等杂质会使催化剂中毒，原料油中砷含量应小于0.1mg/kg。

在催化重整过程中，主要发生环烷烃脱氢、烷烃脱氢环化等生成芳烃的反应，还有烷烃的异构化和加氢裂化等反应。加氢裂化反应可降低芳烃收率，应尽量加以抑制。

催化重整催化剂由活性组分铂、助催化剂和酸性载体（如经 HCl 处理的 Al_2O_3）三部分组成。其中铂构成脱氢活性中心，促进脱氢反应；酸性组分提供酸性中心，促进裂化、异构化等反应。改变催化剂中的酸性组分及其含量可以调节其酸性功能。为了改善催化剂的稳定性和活性，自20世纪60年代末以来出现了各种双金属或多金属催化剂，这些催化剂中除铂外还加入铼、铱或锡等金属组分作助催化剂，以改进催化剂的性能，提高芳烃的收率。

经重整后得到的重整油含有30%～60%的芳烃，还含有烷烃和少量环烷烃。将重整油中的芳烃经抽提分离后余下部分称为抽余油，它既可作商品油，也可作为裂解原料。重整副产的氢气纯度可达75%～95%，一小部分氢送回重整反应器，用于抑制烃类深度裂解，以保证高的汽油产率，其余大部分氢是炼油厂中加氢精制、加氢裂化的重要氢源。

根据生产目的产品的不同，催化重整的工艺流程也不一样。以生产高辛烷值汽油为目的时，其工艺流程主要包括原料预处理和重整反应两部分；以生产轻质芳香烃为目的时，工艺流程还包括芳香烃分离部分（包含芳香烃溶剂抽提、混合芳香烃精馏分离等几个单元过程）。工业生产中，催化重整工艺根据催化剂的再生形式分为固定床半再生式、固定床循环再生式和移动床连续再生式三种。固定床半再生式是目前应用较广泛的一种催化重整工艺，其流程如图 2-3 所示。

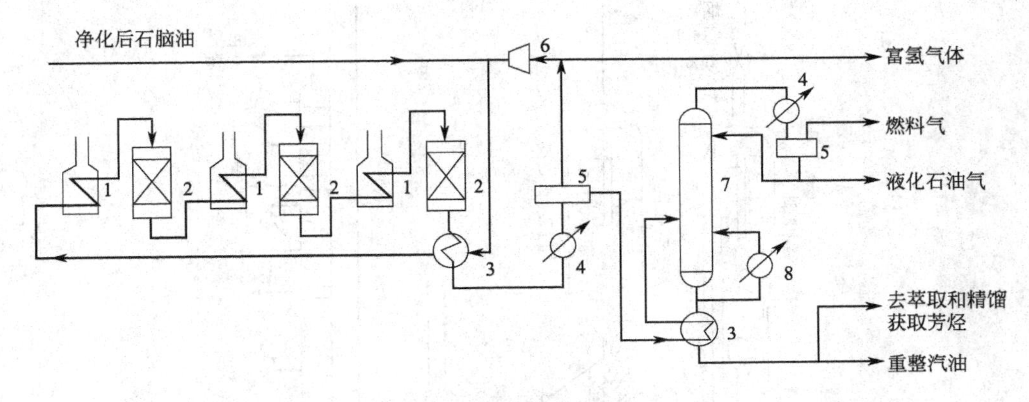

图 2-3 固定床半再生式铂重整工艺流程

1—加热炉；2—重整反应器；3—热交换器；4—冷却冷凝器；
5—油气分离器；6—循环氢压缩机；7—分馏塔；8—再沸器

半再生式重整会因催化剂积炭而停工进行再生。为了能持久保持催化剂的高活性，并且随炼油厂加氢工艺的日益增加，需要连续地供应氢气。美国的 UOP 公司和法国的 IFP 公司分别研究和发展了移动床反应器连续再生式重整（简称移动床连续再生）工艺，主要特征是设有专门的再生器，反应器和再生器都采用移动床，催化剂在反应器和再生器之间连续不断地进行循环反应和再生。

② 催化裂化（catalytic cracking） 催化裂化是在催化剂作用下加热重质馏分油，使大分子烃类化合物裂化而转化成高质量的汽油，并副产柴油、锅炉燃油、液化气和气体等产品的加工过程。

催化裂化的原料可以是直馏柴油、重柴油、减压柴油或润滑油馏分，甚至可以是渣油焦化制石油焦后的焦化馏分油，它们所含烃类分子中的碳数大多在 18 个以上。

催化裂化的催化剂有人工合成的无定形硅酸铝、Y 型分子筛、ZSM-5 型沸石以及用稀土改性的 Y（或 X）型分子筛。由于使用催化剂，裂化反应可以在较低的压力（常压或稍高于常压）下进行，而且能促进异构化、芳构化、环构化等反应发生。裂化产物的一般分布如下：汽油（C_5～C_9）产率 30%～60%，催化裂化汽油的辛烷值比常压直馏汽油高；柴油（C_9～C_{18}）产率≤40%，该馏分中含有较多的烷基苯和烷基萘，可以提取出来作为化工原料；气体产率约 10%～20%，包括烯烃、烷烃和氢气，其中 C_3、C_4 烯烃可达一半左右，是宝贵的化工原料，C_3、C_4 烷烃可用作民用液化气，甲烷和氢气是合成氨、甲醇及烃类化工产品的原料；焦炭产率约 5%～7%，是 C∶H＝1∶(0.3～1)（原子比）的缩合产物。

催化裂化技术的发展与催化剂的发展密切相关，有了微球催化剂才出现流化床催化裂化装置，出现了分子筛催化剂才发展出提升管式催化裂化装置。选用适宜的催化剂对于催化裂化过程的产品产率、产品质量以及经济效益具有重大影响。

催化裂化装置常用的反应器有固定床、移动床和流化床三类，目前多采用流化床反应器。流化床催化裂化装置按反应器（包括反应部分和沉降部分）和再生器相对位置的不同可分为并列式和同轴式两大类，前者反应器和再生器分开布置，后者反应器和再生器架叠在一起。并列式按反应器和再生器位置高低的不同又分为等高并列式催化裂化工艺（图 2-4）和高低并列式（错列式）催化裂化工艺（图 2-5）两种；同轴式装置的沉降器位于同一垂直轴的再生器上，两者外侧连有提升反应管。

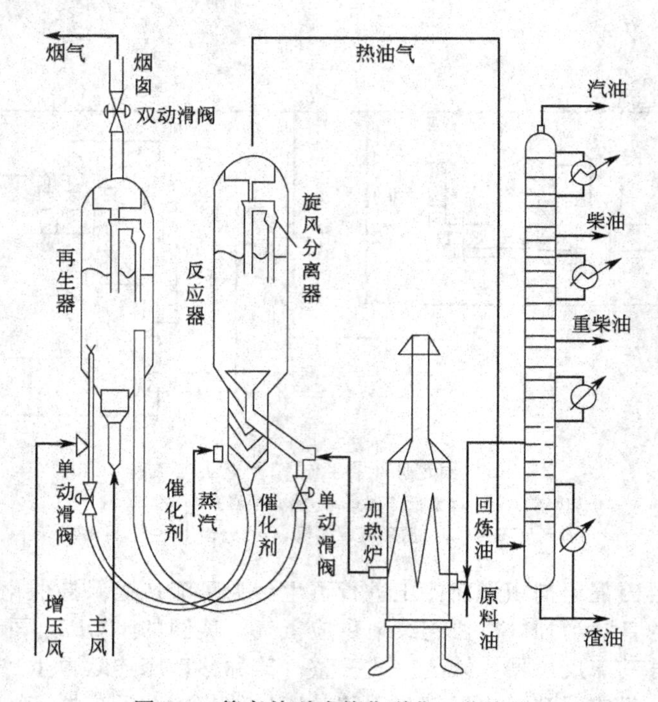

图 2-4 等高并列式催化裂化工艺流程

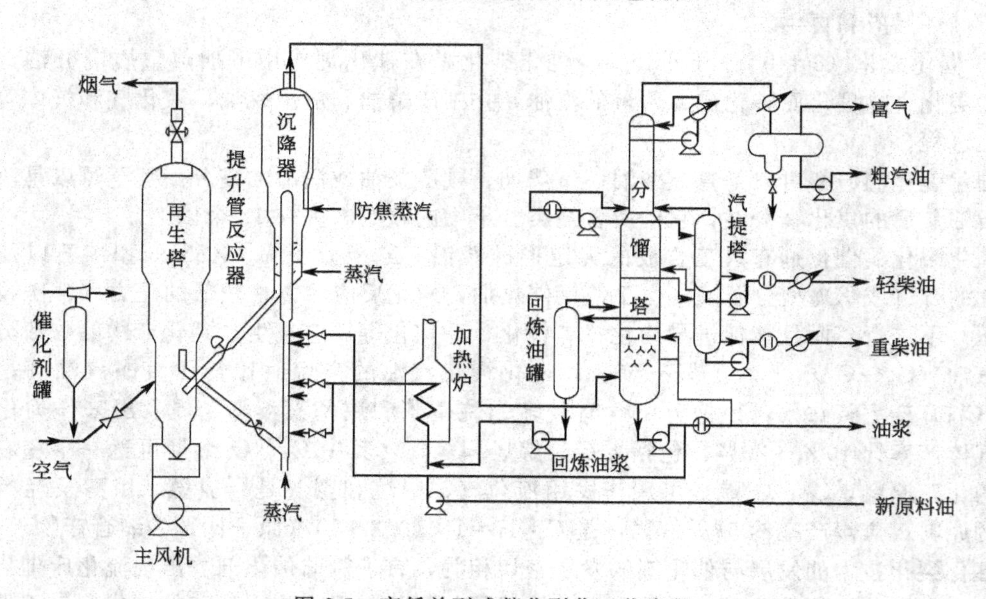

图 2-5 高低并列式催化裂化工艺流程

催化裂化装置通常由三大部分组成，即反应-再生系统、分馏系统和吸收-稳定系统。其中反应-再生系统是全装置的核心。

③ 催化加氢裂化（catalytic hydrocracking）　催化加氢裂化是在催化剂及高氢压下加热重质油，使其发生一系列加氢和裂化反应，转变成航空煤油、柴油、汽油（或重整原料）和气体等产品的加工过程，它是催化裂化技术的改进。催化加氢裂化不仅可以防止如催化裂化过程中大量积炭的生成，还可以将原油中含的氮、氧、硫等原子的有机化合物杂质通过加氢从原料中除去，并且可以使反应过程中生成的不饱和烃转化为饱和烃。所以，加氢裂化可以将低质量的原料油转化成优质的轻质油。

催化加氢裂化的原料油可以是重柴油、减压柴油，甚至减压渣油，另一原料是氢气。

工业上应用的加氢裂化催化剂有非贵金属（Ni，Mo，W）催化剂和贵金属（Pd，Pt）催化剂两种，这些金属与氧化硅-氧化铝或沸石组成双功能催化剂，催化剂的裂化功能由氧化硅-氧化铝或沸石提供，加氢功能由上述金属或这些金属的氧化物提供。

目前，催化加氢裂化工艺绝大多数采用固定床反应器。根据原料性质、产品要求和处理量大小，催化加氢裂化流程分为一段流程、二段流程和串联流程三种。除固定床加氢裂化外，还有沸腾床加氢裂化和悬浮床（浆液床）加氢裂化等工艺。沸腾床工艺复杂，自控要求高，国内尚未工业化；悬浮床工艺目前还处于研发阶段。

一段催化加氢裂化流程如图 2-6 所示。一段催化加氢裂化流程只有一个加氢反应器，原料油的加氢精制和加氢裂化在一个反应器内进行，反应器上部为加氢精制，下部为加氢裂化。该流程的特点是工艺流程简单，但对原料的适应性及产品的分布有一定限制。

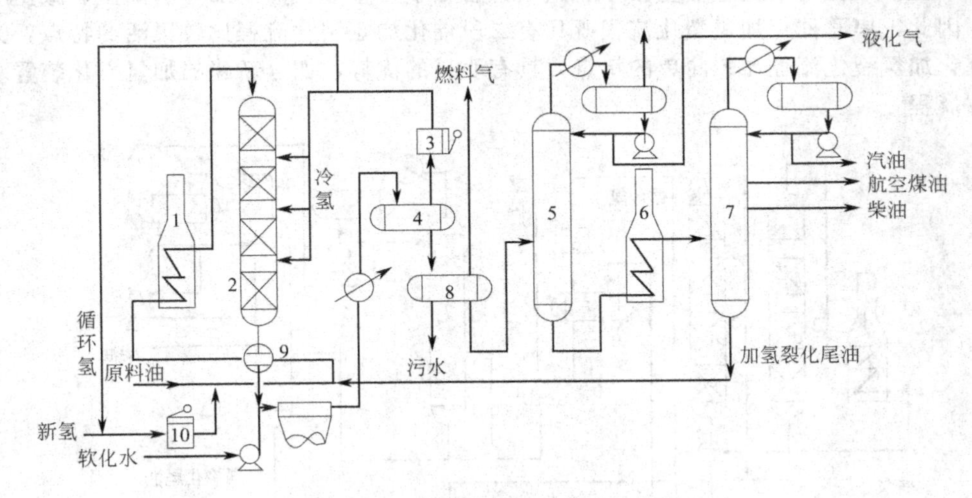

图 2-6　一段催化加氢裂化工艺流程

1—加氢裂化加热炉；2—加氢裂化反应器；3—循环氢压机；4—高压分离器；5—稳定塔；6—加热炉；7—分馏塔；8—低压分馏塔；9—换热器；10—新氢压缩机

二段催化加氢裂化流程如图 2-7 所示。二段催化加氢裂化流程有两个加氢反应器，第一个加氢反应器中装加氢精制催化剂，第二个加氢反应器中装加氢裂化催化剂，两段加氢形成两个独立的加氢体系。该流程对原料的适应性强，操作灵活性较大，产品分布可调节性较大，但该工艺流程复杂，投资及操作费用较高。

与一段流程相比，二段流程灵活性大，而且可以处理一段流程难以处理的原料，并能生产优质航空煤油和柴油。目前用二段催化加氢裂化流程处理重质原料生产重整原料油，用以扩大芳烃的来源，这种方案已受到许多国家重视。

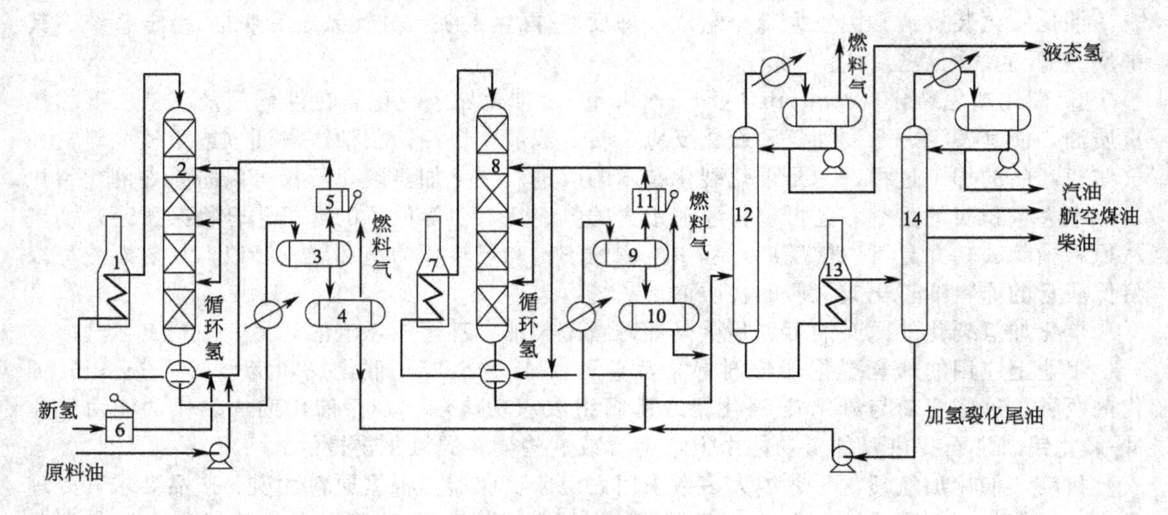

图 2-7 二段催化加氢裂化工艺流程

1—一段加热炉；2—一段反应器；3—一段高压分离器；4—一段低压分离器；
5—一段循环氢压缩机；6—新氢压缩机；7—二段加热炉；8—二段反应器；9—二段高压分离器；
10—二段低压分离器；11—二段循环氧压机；12—稳定塔；13—蒸馏加热炉；14—分馏塔

串联催化加氢裂化流程如图 2-8 所示。串联催化加氢裂化流程也分为加氢精制和加氢裂化两个反应器，但两个反应器直接串联连接，省去了一整套换热、加热、加压、减压等分离设备。因此，串联催化加氢裂化流程既具有二段催化加氢裂化流程比较灵活的特点，又具有一段催化加氢裂化流程比较简单的特点，具有明显的优势，如今新建的加氢裂化装置基本选择此种流程。

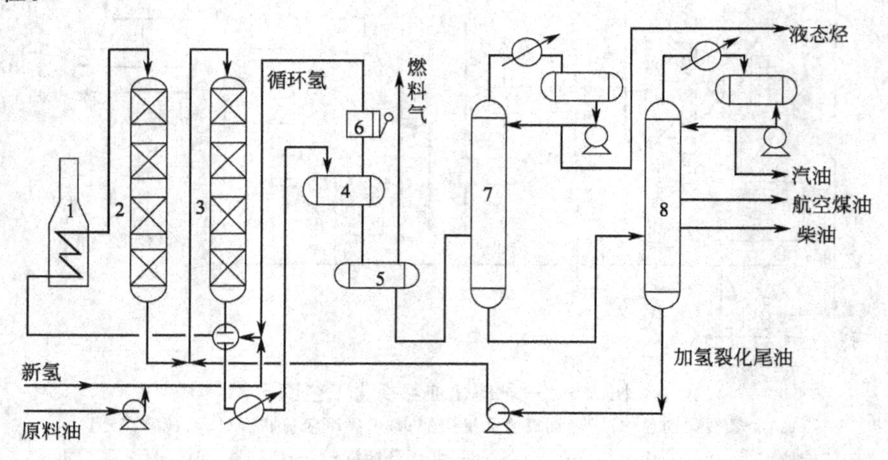

图 2-8 串联催化加氢裂化工艺流程

1—加热炉；2—第一反应器；3—第二反应器；4—高压分离器；
5—低压分离器；6—循环氢压缩机；7—稳定塔；8—分馏塔

④ 烃类热裂解（heat breakdown of hydrocarbon） 烃类热裂解的主要目的是生产乙烯，同时可得丙烯、丁二烯以及苯、甲苯、二甲苯、乙苯等芳烃及其他化工原料，是石油化工厂必不可少的加工过程。

烃类热裂解不用催化剂，将烃类加热到 750～900℃使其发生热裂解。反应相当复杂，主要是高碳烷烃裂解生成低碳烯烃和二烯烃，同时伴有脱氢、芳构化和结焦等许多反应。热裂解的原料较优者是乙烷、丙烷和石脑油，因为碳数少的烷烃分子裂解后产生的乙烯产率高。为了拓展原料来源，目前已经发展到用煤油、柴油和常减压瓦斯油作为原料的裂解工艺。

对裂解后产物进行冷却冷凝，得到裂解气和裂解汽油两大类混合物。裂解气中含有大量的乙烯、丙烯、丁二烯等烯烃，还有氢气、C_1～C_4烷烃。对裂解气进行分离可获得烯烃、烷烃等各种重要的有机化工原料，C_3、C_4烷烃可用作民用液化气；裂解汽油中约含40%～60%的C_6～C_9芳烃，还有烯烃和C_{10}^+芳烃，用溶剂可从裂解汽油中抽提出各种芳烃。

基于烃类热裂解产品在有机化工中的重要性，其详细内容将单独列章（第4章）进行阐述。

石油的二次加工除了上述常用的四种方法外，还有烷基化、异构化、焦化等，这些加工过程都可以获得高辛烷值汽油和各种化工原料。

从石油经过一次和二次加工获取燃料和化工原料的主要途径如图2-9所示。

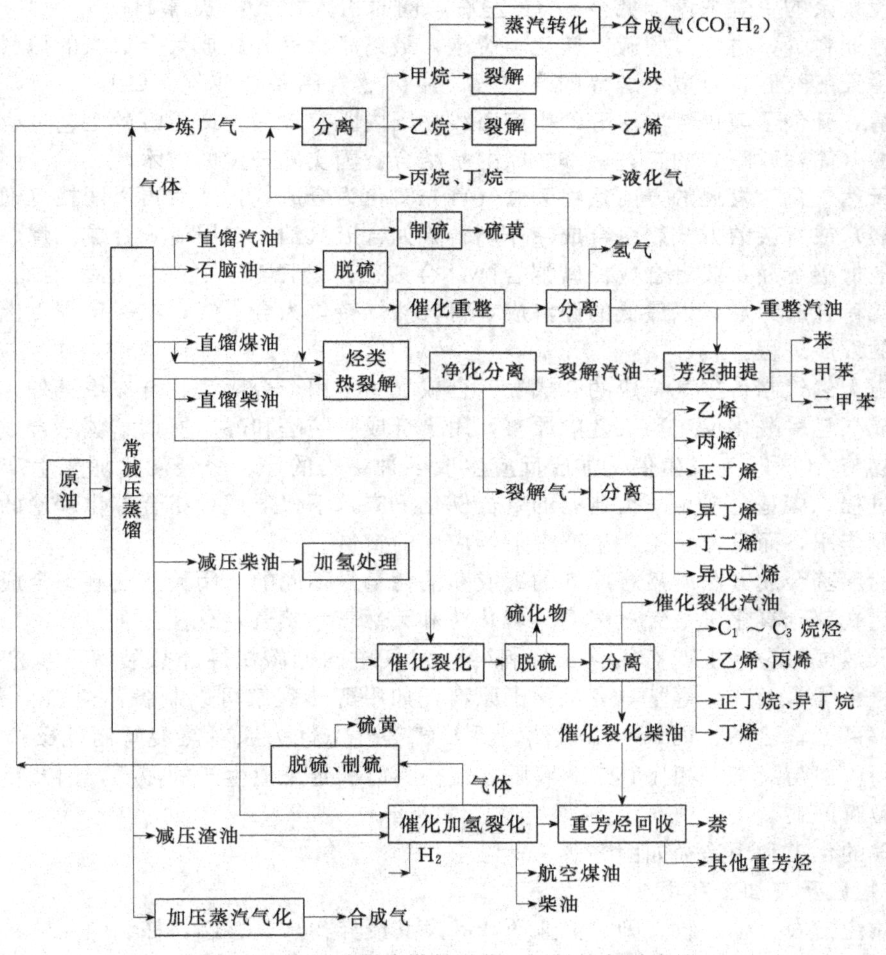

图2-9 由石油制取燃料和化工原料的主要途径

2.1.2.3 天然气及其加工利用

天然气是埋藏在地下的古生物经过亿万年高温和高压等作用形成的可燃性气体，是一种无色无味无毒、热值高、燃烧稳定、洁净环保的优质能源。天然气的主要成分是甲烷，另有少量乙烷、丙烷、丁烷，此外一般还含有硫化氢、二氧化碳、氮以及微量惰性气体。天然气按组成可分为干气和湿气两类。干气中甲烷含量高于 90 %，还含有 C_2～C_4烷烃及少量 C_5以上重组分，稍加压缩不会有液体析出，所以称为干气；湿气中除含甲烷外还含有 15%～20%或以上的 C_2～C_4烷烃及少量轻汽油，稍加压缩有汽油析出，所以称为湿气。有的天然气与石油或煤共生（称为油田气或煤层气）。

我国天然气资源较丰富，现已有陕甘宁、新疆地区、四川东部三个大规模气区，海上油田也有较大的天然气储量。但我国天然气化工起步较晚，以天然气为原料制取的合成氨仅占合成氨总生产能力的 17.8%，制取合成甲醇的生产能力也不大。因此，我国天然气化工发展空间巨大。

目前天然气主要用于生产合成氨的原料气、合成甲醇的合成气、羰基合成的合成气、热裂解生产低碳炔烃和烯烃及甲烷的各种衍生物。

（1）由天然气制备合成氨原料气　目前国内天然气 50%以上用于制备合成氨的原料气，即采用烃类蒸气催化转化工艺将甲烷等低碳烷烃转化为 H_2 和 CO，再引入空气进行部分燃烧转化，使残余的甲烷浓度降低至 0.3%左右，同时引入氮气，获得 $H_2/N_2=3/1$（物质的量比）的粗原料气，再经过脱硫、转化、脱碳，最终净化后，就成为合成氨的原料气。

（2）由天然气制备合成甲醇等的合成气　由天然气制备合成气（$CO+H_2$），再由合成气合成甲醇，开创了廉价制造甲醇的生产路线。国内既有单一生产甲醇的工艺，也有与合成氨联产甲醇（简称联醇）的工艺，其中联醇是结合我国实际开发的技术。

目前天然气化工发展的方向是将天然气首先转化为合成气，然后再以间接（通过合成甲醇或二甲醚）或直接的方式制备合成液体燃料，如合成汽油、二甲醚，合成乙烯、丙烯、丁二烯等其他低碳烯烃，或者合成低碳混合醇，合成乙醇、乙醛、乙酸、乙酸乙酯等 C_2 含氧化合物，或者合成芳烃。以最低的经济成本将天然气转化为合成气，在一定程度上左右着天然气化工的发展进程。

（3）由天然气制备羰基合成的合成气　合成气除了用于合成氨、合成甲醇外，还可以作为羰基合成（氢甲酰化反应）工艺的原料，用于合成脂肪醛和醇。所谓“羰基合成”是指不饱和化合物与 CO 和 H_2 发生催化加成反应生成各种结构的醛，醛经催化加氢生产各种脂肪醇的合成过程。羰基合成是一类典型的络合催化反应，不仅对现代络合催化理论的形成和发展起到重要作用，而且也是工业生产中最早应用的实例。

不同的羰基合成方法所需合成气的组成和消耗量是不同的。用天然气制备合成气的方法主要有天然气部分氧化法、天然气 CO_2 转化法和天然气水蒸气转化法三种。

（4）天然气热裂解生产有机化工原料　天然气中的低碳烷烃经热裂解可生产乙炔、乙烯、丙烯、丁烯、丁二烯等基本有机化工原料，如甲醇热裂解可以制备乙炔和炭黑，乙烷、丙烷热裂解可制备乙烯、丙烯等。虽然以天然气等气态烃为原料热裂解制低碳烯烃工艺简单、收率高，但与液态烃相比其来源有限，往往不能满足工业生产的需要，因此目前主要以液态烃为裂解原料。

天然气的化工利用途径如图 2-10 所示。

2.1.3 生物质及其加工利用

生物质泛指农、林、牧、副、渔业的产品及其废弃物（壳、芯、杆、糠、渣）等，不同于化石燃料，生物质是可再生资源。

利用生物质资源获取化工原料和产品历史悠久，生物质不但可以直接燃烧利用，还可以通过化学或生物化学方法转变为基础化学品或中间产品，如葡萄糖、乳酸、柠檬酸、乙醇、丙酮、高级脂肪酸等。加工过程涉及一系列化学工艺，如化学水解、酶水解、微生物水解、皂化、催化加氢、气化、裂解、萃取等，有些还用到 DNA 技术。

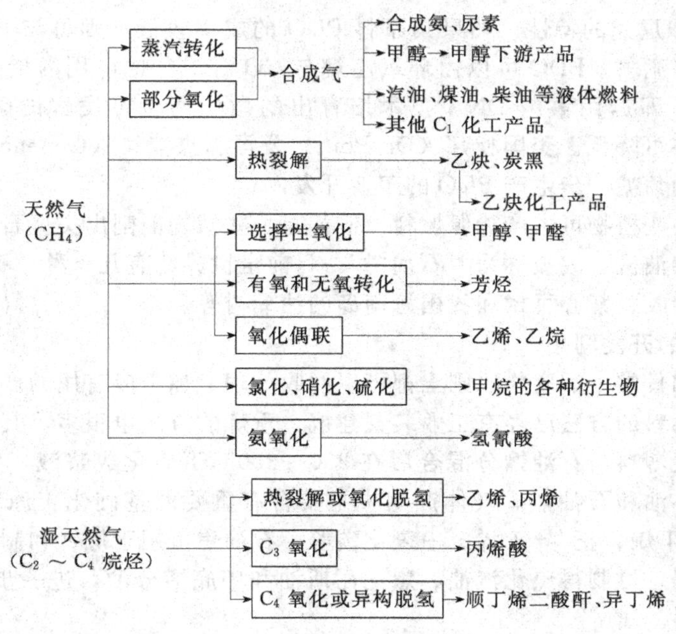

图 2-10 天然气的化工利用途径

(1) 糠醛的生产 农副产品废渣的水解是工业生产糠醛的唯一路线。糠醛主要用于加氢制糠醇、甲基呋喃，脱羰制呋喃和氧化制糠酸，还广泛用作选择性溶剂，并用来进一步生产糠醛树脂、杀虫剂、抗菌防腐剂、脱色剂等。其生产过程是：将含多缩戊糖的玉米芯、棉子壳、花生壳、甘蔗渣等投入反应釜内，用含量为6%的稀硫酸作催化剂，通入蒸汽加热，控制温度在180℃左右、压力为0.6～1.0MPa，反应5～8h。其反应过程为：多缩戊糖先用酸加热水解为戊糖，再在酸性介质中加热脱水转化为糠醛。

$$\underset{\text{多缩戊糖}}{(C_6H_8O_4)_n} \xrightarrow{\text{水解}} \underset{\text{戊糖}}{C_5H_{10}O_5} \xrightarrow{\triangle} \text{糠醛（呋喃-CHO）}$$

(2) 乙醇的生产 虽然工业生产乙醇是用乙烯水合法，但用农产品生产乙醇仍是重要方法之一。方法是将含淀粉的谷类、薯类、植物果实经蒸煮糊化，加水冷却至60℃，加入淀粉酶使淀粉依次水解为麦芽糖和葡萄糖，再加入酵母使之发酵，则转变成乙醇（食用酒精）。

$$\underset{\text{淀粉}}{2(C_6H_{10}O_5)_n} \xrightarrow[\text{淀粉酶}]{H_2O} \underset{\text{麦芽糖}}{C_{12}H_{22}O_{11}} \xrightarrow[\text{淀粉酶}]{H_2O} \underset{\text{葡萄糖}}{2C_6H_{12}O_6}$$

$$C_6H_{12}O_6 \xrightarrow{\text{酵母菌}} 2C_2H_5OH + 2CO_2$$

乙醇进一步转化可得烯烃、芳烃、醛和羧酸等产品。

目前，有人利用遗传工程培育出一种重组酵母，可将上述两步法简化成一步法。

近年来，农林废料（甘蔗渣、稻草、秸秆、木屑等）的加工利用受到高度重视。例如，美国BC International Corp. 公司利用遗传工程培育的细菌可将甘蔗渣转化成工业级乙醇，该技术首先将甘蔗渣中半纤维素和纤维素水解成包含戊糖在内的5种糖，然后用一种插入了活动发酵单胞菌两个基因的细菌使这些糖的混合物发酵转变成乙醇。普通酵母菌不能使戊糖发酵，所以不能将纤维素转变为乙醇。该公司建造了一套日处理2000t甘蔗渣的工业装置，工业级乙醇产量每年达75700m³。

(3) 丙二醇的生产 1,3-丙二醇（PDO）是生产聚对苯二甲酸丙二酯（PPT）的原料。

PPT 具有许多类似尼龙的特性，如果其原料 PDO 的成本较低，则可与 PET 聚酯（聚对苯二甲酸乙二醇酯）竞争。PDO 可以由环氧乙烷与 CO 合成，也可用丙烯醛生产。最近颇受重视的是生化法，即运用重组 DNA 技术培育出的微生物将可发酵的碳源生物质转化成 PDO，生产成本亦可降低。美国杜邦（Du Pont）公司和杰能科（Genencor）公司正在利用这一技术进行用葡萄糖一步生产 PDO 的工业开发。

此外，还有一些植物可生产能源燃料。例如有一些植物能割出类似石油成分的胶汁，不需提炼即可用于柴油机，故被称为“石油树”。目前全世界约有几十种“石油树”，例如巴西热带树林中的三叶胶、紫心豆树和我国海南岛的油楠树等。

2.1.4 再生资源的开发利用

工农业生产和日常生活废物原则上都可以回收处理、加工成有用的产品。例如将废塑料重新炼制成液体燃料的方法已经有工业装置建成，重炼的方法也很多，其中最常见的是焦化法。焦化法是将废塑料与石油馏分混合后在 250～300℃下熔化成浆液，然后送焦化炉加热处理，产生气体、油和石油焦。气体产物中主要含有重要的基础化工原料如氢、甲烷、乙烷、丙烷、正/异丁烷、正/异丁烯、一氧化碳等；石油焦可用于炼铁和制造石墨电极等；液体产物送至分馏塔，可制得焦化汽油、焦化瓦斯油和塔底馏分油，进一步加工可生产汽油、煤油和柴油等燃料。

含碳的废料也可通过部分氧化法转化为小分子气体化合物，然后再加工利用。例如对聚烃类塑料的处理，先使一部分聚烯烃类塑料废渣在富油雾化燃料的火焰内发生部分氧化反应，放出大量热形成高温，剩余的聚烯烃在此高温下发生裂解反应，产生氢气、一氧化碳、甲烷、乙烷、乙烯、乙炔等气体混合物。

2.1.5 空气和水

(1) 空气　空气的体积组成为 78.16% N_2、20.90% O_2 和 0.93% Ar，其余 0.01%为 He、Ne、Kr、Xe 等稀有气体。空气中的 O_2 和 N_2 是重要的化工原料，经过提纯可广泛应用于冶金、化工、石油、机械、采矿、食品以及军事和航天等领域。从空气中提取的高纯度 Ar、He、Ne、Kr 等气体广泛应用于高科技领域。

将空气分离制取纯氧和纯氮最常用的方法是深度冷冻分离法。此外，还有分子筛变压吸附法，可在常温下制备含氧 70%～80%的富氧空气和纯氮。近年来膜技术的发展提供了利用膜分离空气的可能性。

(2) 水　水是一种宝贵的资源，也是化工生产的重要原料。例如，作为溶剂溶解固体、液体，吸收气体；作为反应物参加水解、水合、气化等反应；作为载体用于加热或冷却物料和设备；可吸收反应热并汽化成具有做功本领的高压蒸汽。地球上水的面积约占地球表面的 70%以上，但是可供使用的淡水只有总体积的 0.3%，因此节约和保护水资源、提高水的循环利用率十分重要。

天然水中除含有泥沙、细菌外，还含有无机物和有机物等，利用前应根据工艺要求进行必要的混凝、沉淀、澄清、过滤、消毒等处理。其中水中溶解的氧及酸性气体对设备有较强的腐蚀性，一般可采用加热除去 CO_2 和部分 O_2，通常还用联氨（N_2H_4）与残余的 O_2 反应转化为 H_2O 和 N_2。水中的钙、镁在加热过程中分别生成碳酸钙或氢氧化镁沉淀，在设备或管壁上易形成水垢，使传热性能恶化，堵塞管道，对于锅炉则有导致爆炸的隐患。为防止生成水垢而对水进行预处理的过程称为水的软化，现在最常用的方法是离子交换法，其次是化学法，此外还有加热法和电渗析法等。另外水作为反应物时更应净化，许多反应严禁水中含有氯、硫等杂质。

2.2 化工生产过程及流程

2.2.1 化工生产过程

化工生产从原料开始到制成目的产物要经过一系列物理的或化学的加工处理步骤，这一系列加工处理步骤总称为化工生产过程。化工生产过程一般可概括为原料预处理、化学反应和产品分离与精制三大步骤，其中化学反应是化工生产的核心步骤，它决定产品的收率，对生产成本也有重要影响。

2.2.1.1 原料预处理

原料预处理的主要目的是使初始原料达到反应所需要的状态和规格。例如固体需破碎、过筛；液体需加热或汽化；有些反应物要预先脱除杂质，或配制成一定的浓度。在多数生产过程中，原料预处理本身就很复杂，要用到许多物理的或化学的方法和技术，有些原料预处理成本占总生产成本的大部分。

2.2.1.2 化学反应

通过化学反应实现由原料到产物的转变，因此化学反应是化工生产的核心。反应温度、压力、浓度、催化剂（多数反应需要）或其他物料的性质以及反应设备的技术水平等各种因素对产品的数量和质量有重要影响，是化学工艺学研究的重点内容。

化学反应类型繁多。若按反应特性分，有氧化、还原、加氢、脱氧、歧化、异构化、烷基化、脱基化、分解、水解、水合、偶合、聚合、缩合、酯化、磺化、硝化、卤化、重氮化等众多反应；若按反应体系中物料的相态分，有均相反应和非均相反应（多相反应）；若根据是否使用催化剂分，有催化反应和非催化反应。

实现化学反应过程的设备称为反应器（釜或塔）。工业反应器类型众多，不同反应过程所用的反应器形式不同。反应器若按结构特点分，有管式反应器（可装催化剂，也可是空管）、床式反应器（装填催化剂，有固定床、移动床、流化床及沸腾床等）、釜式反应器和塔式反应器等；若按操作方式分，有间歇式、连续式和半连续式 3 种；若按换热状况分，有等温反应器、绝热反应器和变温反应器，换热方式有间接换热式和直接换热式两种。

2.2.1.3 产品分离与精制

产品分离与精制目的一是获取符合规格的产品，二是回收、利用副产物。在多数反应过程中，由于诸多原因，反应后产物是包括目的产物在内的许多物质的混合物，有时目的产物的浓度甚至很低，必须对反应后的混合物进行分离、提浓和精制才能得到符合规格的产品。同时要回收剩余反应物，使其返回系统循环使用，以提高原料利用率。

分离与精制的方法和技术多种多样，经常使用的有冷凝、吸收、吸附、冷冻、闪蒸、精馏、萃取、渗透膜分离、结晶、过滤和干燥等，不同生产过程可以有针对性地采用相应的分离和精制方法。分离出来的副产物和“三废”也应加以利用或处理。

化工生产过程常常包括多步反应转化过程，除了起始原料和最终产品外尚有许多中间产物生成，原料和产品也可能是多个，所以化工生产过程通常可能是由上述 3 个步骤交替组成，以化学反应为中心，将反应和分离过程有机地组合起来。

2.2.2 化工生产工艺流程

2.2.2.1 工艺流程和流程图

原料需要经过包括物质和能量转换的一系列加工过程，才能转变成目的产品。实施这些转换需要有相应的功能单元来完成，按物料加工顺序将这些功能单元有机地组合起来，就构成工艺流程。将原料转变成化工产品的工艺流程称为化工生产工艺流程（或将一个化工生产过程的主要设备、机泵、控制仪表、工艺管线等按其内在联系结合起来，实现从原料到产品的过程所构成的工艺流程）。

化工生产中的工艺流程是多姿多彩的，不同产品的生产工艺流程固然不同，同一产品用不同原料生产，工艺流程也大不相同；有时即使原料相同、产品也相同，若采用的工艺路线或加工方法不同，在流程上也有很大区别。

化工工艺流程多采用图示方法表达，称为化工工艺流程图（flowsheet 或 process flowsheet）。化工工艺流程图是化学工程与化工产品信息的载体，属于特定的工程技术语言，是交流工程技术信息的工具。

化工工艺流程图按用途可分为方框流程图、工艺流程示意图（也叫方案流程图或工艺流程草图）、物料流程图（简称物流图）和带控制点的工艺流程图（也叫施工工艺流程图）四种。方框流程图用方框表示车间或设备，各方框之间用带箭头的直线联结，代表车间或设备之间的管线联结，箭头的方向表示物料流动的方向，该图是在工艺路线选定后进行概念性设计时完成的一种图纸，不列入设计文件；工艺流程示意图以形象的图样（设备外形）、符号和代号表示化工设备、管道和主要附件等，该图实际上是方框流程图的一种变体和深入，只带有示意的性质，供化工计算时使用，也不列入设计文件；物料流程图是以工艺流程示意图作为基础，再以方框的形式绘制出物料衡算和热量衡算的结果，使设计流程定量化，该图是在初步设计阶段完成物料衡算后绘制的一种图纸，一般列入初步设计阶段的设计文件中；带控制点的工艺流程图一般需要画出所有工艺设备（按一定比例）、工艺物料管线、辅助管线、阀门、管件以及工艺参数的测量点，并表示出自动控制方案，该图列入施工设计阶段的设计文件。

在化学工艺学教科书中主要采用工艺流程示意图，它简明地反映出由原料到产品过程中各物料的流向和经历的加工步骤，从中可了解每个操作单元或设备的功能以及相互间的关系、能量的传递和利用情况、副产物和“三废”的排放及其处理方法等重要的工艺和工程知识。

2.2.2.2 化工生产工艺流程的组织

化工生产工艺流程的组织或合成是化工过程开发和设计中的重要环节。组织工艺流程需要有化工生产的理论基础以及工程知识，要结合生产实践，借鉴前人的经验，同时还要在遵循一定配置原则的基础上运用推论分析、功能分析、形态分析等方法论进行流程的设计。

（1）组织工艺流程的一般原则　一个实际化工生产过程，要求其工艺流程必须技术上先进、经济上合理、安全上可靠，而且应该符合国情地情，切实可行。因此，组织工艺流程时应遵循以下原则。

① 工艺路线技术先进，生产运行安全可靠，经济指标先进合理。

组织工艺流程时，首先要满足产品性能和规格的要求，即生产的产品必须优质、高产，达到设计要求；第二，要采用先进的生产技术，注意吸收国内外同类产品生产厂家的先进生产技术和装置，积极开发新技术、新工艺；第三，选用的工艺路线必须具备现代化生产条件，关键性技术成熟可靠，操作方法和控制手段应做到稳定、有效；第四，应注意从基建投资、产品成本、消耗定额和劳动生产率等方面进行比较，从而选择出技术水平领先、成熟可靠和经济指标先进合理的工艺路线。只有达到了上述要求，才能使一个化工生产过程真正做到物料损耗少、循环量小、能量消耗低，设备投资少、生产能力大、生产效率高。

② 原料和能量利用充分合理。

组织工艺流程时，在原料和能量的利用方面要注意以下四点：第一，尽量提高原料的转化率和主反应的选择性，这就要求采用先进的工艺技术、合理的功能单元、有效的生产设备、最适宜的工艺条件和高效的催化剂；第二，充分利用原料，对未参加反应的原料应采用分离、回收等措施循环利用以提高总转化率，反应副产物也要加工成副产品，对生产过程中使用的溶剂、助剂等有条件的也应建立回收系统，减少废物的产生与排放；第三，要尽量组建物质和能量的闭路循环系统，力争实现清洁生产；第四，合理利用能量，降低单位产品能耗。化工过程需要消耗大量的能量，尤其是热能，组织工艺流程时要合理匹配冷热物流，充分利用系统自身的冷量和热能，减少外部供热或供冷，以达到节能的目的。

③ 单元操作适宜，设备选型合理。

根据化工过程的需要正确选择适宜的单元操作，确定每个单元操作中的流程方案及所需的设备形式，合理配置各个单元操作过程和设备的连接顺序。同时还要通盘考虑全流程的操作弹性和每个设备的利用率，并通过调查研究和生产实践确定操作弹性的幅度，尽可能使所有设备的生产能力匹配，以免造成浪费。

④ 工艺流程连续化、自动化。

化学工业作为国民经济的支柱产业，其生产技术日新月异。生产能力的不断提高使得生产装置大型化、生产过程连续化、控制过程高度自动化成为化工生产的趋势。因此，组织工艺流程时，对于大吨位化工产品的生产，工艺流程应采用连续化操作，并尽量使设备大型化、仪表控制自动化，以提高生产效率，降低生产成本；对于小规模精细化工产品及小批量多品种产品的生产，工艺流程应具有一定的灵活性、多功能性，以便于改变产量和更换产品品种。

⑤ 安全措施得当，“三废”治理有效。

组织工艺流程时，对一些由于原料组成或反应特性潜在着易燃、易爆、有毒、对设备有较强的腐蚀性等危险因素的单元操作过程或工序要采取必要的安全防范措施，如在设备本体上或适当的管路上安装安全防爆装置、增设阻火器、保安氮气。根据反应情况，对工艺条件要做相应的严格规定，一般要安装自动报警及联锁装置以确保生产安全。对生产过程中可能产生的废气、废水和固废要加以回收，无法回收的要设置相应的处理设施进行综合处理，以避免造成环境污染。

(2) 组织工艺流程的方法

① 推论分析法：是从生产“目标”出发，寻找实现此“目标”的“前提”，将具有不同功能的单元进行逻辑组合，形成一个具有整体功能的系统。对于一个具有化学反应发生的化工过程来讲，其工艺流程的组织要以主反应产品为中心，寻找参与反应原料的制备工艺和产物分离精制的功能单元，并配置合理的换热网络，形成一个具有整体功能的操作系统。

② 功能分析法：是缜密地研究每个单元的基本功能和基本属性，然后组成几个可以比较的方案以供选择。因为每个功能单元的实施方法和设备形式通常有许多种可供选择，所以可组织出具有相同整体功能的多种流程方案。

③ 形态分析法：是把由功能分析法得到的每种可供选择的方案进行精确的分析和评价，择优汰劣，选择其中最优方案。评价需要有判据，而判据是针对具体化工过程而定的，原则上应包括是否满足所要求的技术指标、技术资料的完整性和可信度、经济指标的先进性、环境、安全和法律等。

组织具体工艺流程时，应在遵循一般原则的基础上，充分利用推论分析法、功能分析法和形态分析法，对每个化工生产过程所包含的原料预处理、化学反应和产品的分离与精制三大步骤进行分析梳理，找出各功能单元的最佳组合形式，形成最优工艺流程。

2.3 化工过程的主要效率指标

工艺过程和生产形式的特点使得化工生产企业在产品产量、原材料消耗和产品质量等方面都具有不可分割的内在联系，因此，对于一般化工生产过程来说，总是希望在保证产品质量的前提下生产一定量的目的产品消耗的原料和能量最少。化学反应是化工生产过程的核心，化学反应效果的好坏不仅直接关系到产品产量的高低及产品质量的优劣，也影响到原料的利用率。本节重点介绍评价化学反应效果的常用指标。

2.3.1 生产能力和生产强度

2.3.1.1 生产能力

生产能力是指一个设备、一套装置或一个工厂在单位时间内生产的产品量，或在单位时间内处理的原料量，其单位为 kg/h、t/d 或 kt/a 等。以化学反应为主的化工过程一般以产品产量表示生产能力，如 200kt/a 乙烯装置表示该装置生产能力为每年可生产乙烯 200kt；以非化学反应为主的化工过程一般以原料处理量表示生产能力，如 300kt/a 炼油装置表示该装置生产能力为每年可处理（加工）原油 300kt。

生产能力分为设计生产能力、查定生产能力和计划生产能力 3 种。设计生产能力是指新建或改建企业在设计任务书和技术文件中规定的正常条件下达到的生产能力，即装置或设备在最佳条件下可以达到的最大生产能力；查定生产能力是指经过技术改造或革新，原有设计生产能力发生实际变化，进行重新调整和核定后的生产能力；计划生产能力是指在计划年度内依据现有生产装置的技术条件和组织管理水平能够实现的生产能力。

2.3.1.2 生产强度

生产强度是指设备单位特征几何量的生产能力，即设备单位体积或单位面积的生产能力，其单位为 $kg/(m^3 \cdot h)$、$t/(m^3 \cdot d)$ 或 $kg/(m^2 \cdot h)$、$t/(m^2 \cdot d)$ 等。生产强度指标主要用于比较相同反应过程或物理加工过程的设备或装置的优劣。设备中进行的过程速率高，其生产强度就高。

在分析对比催化反应器的生产强度时，通常要看在单位时间内单位体积或单位质量催化剂所获得的产品量，即催化剂的生产强度，有时也称时空收率，其单位为 $kg/(m^3 \cdot h)$、$kg/(kg \cdot h)$。

2.3.2 转化率、选择性和收率

2.3.2.1 转化率

转化率是指在化学反应体系中参加化学反应的某种原料量占通入反应体系的该原料总量的百分数或分率，用符号 X 表示。

$$X=\frac{\text{某一反应物的转化量}}{\text{该反应物的起始量}}$$

对于同一反应，若反应物不止一个，那么不同反应组分的转化率在数值上可能不同。对于反应：

$$a\mathrm{A}+b\mathrm{B} \longrightarrow r\mathrm{R}+s\mathrm{S}$$

反应物 A 和 B 的转化率分别是：

$$X_\mathrm{A}=(n_{\mathrm{A},0}-n_\mathrm{A})/n_{\mathrm{A},0}$$

$$X_\mathrm{B}=(n_{\mathrm{B},0}-n_\mathrm{B})/n_{\mathrm{B},0}$$

式中 X_A，X_B——分别为组分 A 和 B 的转化率；

$n_{\mathrm{A},0}$，$n_{\mathrm{B},0}$——分别为组分 A 和 B 的起始量，mol；

n_A，n_B——分别为反应后组分A和B的剩余量，mol；

a，b，r，s——化学计量系数。

转化率表征原料的转化程度，反映反应进度。从设备的生产能力看，一般要求转化率越高越好，这样可以减少原料剩余，从而减少后续工段产品分离的负荷。任一情况下，参加反应的每一种物料都难以全部参加反应，所以转化率一般低于100%。在实际化工生产中，人们一般追求关键反应物（反应物中价值最高的组分）的转化率，为使其尽可能全部转化，常使其他反应组分过量。对于不可逆反应，关键组分的转化率最大为100%；对于可逆反应，关键组分的转化率最大为其平衡转化率。

对于采用循环式流程（图2-11）的生产过程，计算转化率时有单程转化率和全程转化率之分。

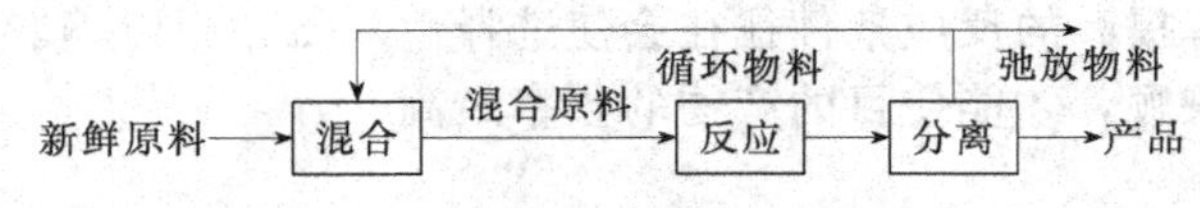

图2-11 循环式流程方框图

单程转化率：是以反应器为研究对象，指原料每次通过反应器的转化率。表达式为：

$$X=\frac{\text{某反应物在反应器中的转化量}}{\text{进入反应器的该反应物的总量}}$$

全程转化率：以包括循环系统在内的反应器、分离设备的反应体系为研究对象，指新鲜原料从进入反应系统到离开该系统时所能达到的转化率。表达式为：

$$X=\frac{\text{某反应物在反应器中的转化量}}{\text{进入反应体系的新鲜原料中该反应物的量}}$$

2.3.2.2 选择性

对于复杂反应体系，同时存在着生成目的产物的主反应和生成副产物的许多副反应，只用转化率衡量是不够的。这是因为，尽管有的反应体系原料转化率很高，但参加反应的大多数原料转变成了副产物，目的产物很少，这就意味着许多原料浪费了，所以需要用选择性这个指标评价反应过程的效率。

选择性是指体系中转化成目的产物的某反应物量与参加所有反应而转化的该反应物总量之比，用符号S表示。表达式为：

$$S=\frac{\text{转化为目的产物的某反应物的量}}{\text{该反应物的转化总量}}$$

选择性也可按下式计算：

$$S=\frac{\text{实际所得的目的产物量}}{\text{按某反应物的转换总量计算应得到的目的产物理论量}}$$

上式中的分母是按主反应式的化学计量关系计算的，并假设转化了的所有反应物全部转变成了目的产物。

在复杂反应体系中选择性是一个很重要的指标，它表达了主、副反应进行程度的相对大小，能确切反映原料的利用是否合理。

2.3.2.3 收率

转化率和选择性都是表示化学反应进行的情况。转化率高表示参加化学反应的原料较多，但并不说明反应生成目的产物多。有时转化率很高，但消耗的原料大多变成了副产物，目的产物并不多。选择性高表示转化的原料生成目的产物多，但并不能说明有多少原料参加了反应。有时选择性很高，转化率较低，未反应的原料很多，而实际得到的目的产物数量并不多。工业生产中总是希望获得高转化率的同时又有高选择性，即获得高收率。

收率是从产物角度描述反应过程的一个效率指标，它是指反应过程中生成目的产品所消耗的某种原料量占通入反应器的该原料总量的百分数。收率高说明单位时间内得到的目的产品产量大，即设备生产能力也大。收率用 Y 表示，其定义式为：

$$Y=\frac{\text{转化为目的产物的某反应物的量}}{\text{该反应物的起始量}}$$

具有循环物料时，也有单程收率和总收率之分。

由转化率、选择性和收率的定义可知，对于同一反应物而言，三者之间的关系是：

$$Y=SX$$

对于无副反应的体系，$S=1$，故收率在数值上等于转换率，转化率越高则收率就越高；对于有副反应的体系，$S<1$，只有在转化率和选择性都高的情况下才能获得较高的收率，但一般情况下使转化率提高的反应条件往往会使选择性降低，所以不能单纯追求高转化率或高选择性，而要两者兼顾，才能使目的产物的收率最高。

2.3.2.4 质量收率

质量收率是指投入单位质量的某原料所能生产的目的产物的质量，即：

$$Y=\frac{\text{目的产物的质量}}{\text{某原料的起始质量}}$$

2.3.3 平衡转化率和平衡产率

可逆反应达到平衡时的转化率称为平衡转化率，此时所得产物的产率为平衡产率。平衡转化率和平衡产率是可逆反应所能达到的极限值（最大值），但是反应达到平衡往往需要相当长的时间。随着反应的进行，正反应速率降低，逆反应速率升高，所以净反应速率不断下降，直到零。

在实际生产中应保持高的净反应速率，不能等待反应达到平衡，故实际转化率和产率比平衡值低。若平衡产率高，则可获得较高的实际产率。工艺学的任务之一是通过热力学分析寻找提高平衡产率的有利条件，并计算出平衡产率。

2.4 工艺技术经济指标

工艺技术管理工作的目标除了保证完成目的产品的产量和质量外还要努力降低消耗，因此，各化工企业都应根据产品设计数据和企业自身的条件在工艺技术规程中规定出各种原材料的消耗定额，作为本企业的工艺技术经济指标。如果超过了规定指标，必须查找原因，降低消耗，以达到生产强度大、产品质量高、单位产品成本低的目的。

所谓消耗定额指的是生产单位产品所消耗的各种原料及辅助材料——水、燃料、电力和蒸汽量等。消耗定额越低，生产过程越经济，产品的单位成本就越低。但是，消耗定额低到某一水平后，就难以或不可能再降低，此时的标准就是最佳状态。

在消耗定额的各个内容中，公用工程（水、电、汽）和各种辅助材料、燃料等的消耗均影响产品成本，应努力减少消耗。然而最重要的是原料的消耗定额，因为原料成本在大部分化学过程中占产品成本的60％～70％，所以降低产品的成本，原料通常是最关键的因素。

2.4.1 原料消耗定额

原料消耗定额是指生产单位产品所消耗的原料量，即每生产1吨100％（折纯）的产品所消耗的原料量。

原料消耗定额根据计算依据不同分可分为理论消耗定额和实际消耗定额两种。以反应方程式的化学计量为基础计算的消耗定额称为理论消耗定额，用 $A_{理}$ 表示。理论消耗定额是生产单位目的产品时必须消耗原料量的理论值，实际过程的原料消耗量绝不可能低于理论消耗定额。在实际生产过程中常常会有一些副反应发生，会多消耗一部分原料，在各个生产环节中也免不了损失一些物料（如随废气、废液、废渣带走的物料，设备及阀门等跑、冒、滴、漏损失的物料，由于生产工艺不合理而未能回收的物料以及由于操作事故而造成的物料损失等），因此与理论消耗定额相比自然要多消耗一些原料量。如果将原料损耗均计算在内，得出的原料消耗定额称为实际消耗定额，用$A_{实}$表示。

理论消耗定额与实际消耗定额之间的关系可用原料利用率表示：

$$\eta=(A_{理}/A_{实})\times100\%$$

式中，η为原料利用率，是指生产过程中真正应用于生产目的产品的原料量占总消耗原料量的百分数，说明原料有效利用的程度。

原料实际消耗定额是化工生产过程中非常重要的一个技术经济指标，其高低一方面说明生产工艺水平先进与否（装置性能），另一方面说明操作人员操作技术的好坏（人为因素）。在化工生产过程中必须根据现有生产条件严格控制各项工艺因素，降低原料消耗，才能获取更好的经济效益。

2.4.2　公用工程消耗定额

公用工程是指化工厂必不可少的供水、供热、冷冻、供电和供气等条件。公用工程消耗定额是指对在生产过程中所消耗的水、燃料、电力等制定的消耗指标。各企业在每种产品的工艺技术指标中，对所需使用的公用工程也与原料消耗定额一样要规定每一项目的消耗定额指标，以限制公用工程的使用量。

化工企业的原材料消耗定额数据是根据理论消耗定额，参考同类型生产工厂的消耗定额数据，考虑企业自身生产过程的实际情况（工艺允许的物料损失和生产中应该能达到的水平等）估算出来而编入工艺技术规程中作为本企业的控制指标。各企业对每年各种原材料的消耗量变化以及历史最低消耗均要有记载，根据设备实际运转情况、技术管理水平、工艺过程的改造结果等对本企业可达到的消耗定额标准在修订工艺技术规程时做符合实际的修订。化工企业工艺技术管理人员贯彻工艺技术规程的一项重要工作是定期（一般是每月）对产品产量、各种原辅料、公用工程用量、积存情况等全部进行工艺核算，进而计算出本月的产品产量、各种原材料的消耗量以及按单位产品计算的消耗量，最后与规程规定的消耗定额数据比较其经济效果。如果消耗量高于消耗定额指标，必须分析原因，提出改进措施，降低消耗。

在实际化工生产中降低消耗的措施有：选择性能优良的催化剂，工艺参数（反应温度、压力、停留时间等反应条件及非反应过程各项操作条件）控制在适宜范围，减少副反应，提高选择性和生产强度；提高生产技术管理水平，加强设备维修，减少泄漏；加强生产操作人员的责任心，减少物料浪费现象和防止出现生产事故。

2.5　化工生产中几种常用的产品质量标准

质量是产品的灵魂，没有质量，再低的成本也是徒劳的。成本控制是质量控制下的成本控制，没有质量标准，成本控制就会失去方向，也谈不上成本控制。

工业上应用的化工产品都要求有一定的质量标准。制订产品质量标准的目的在于促使生产企业保证并提高质量，便于用户选购所需要的产品，并根据不同的质量规格用到不同要求的工业生产中，以便做到物尽其用，避免物资浪费。此外，制订产品的质量标准有利于国际间的贸易和技术交流。

我国化工产品的质量标准分为国家标准、行业标准、地方标准、企业标准4级。

2.5.1 各级标准的含义

（1）国家标准　国家标准是由国务院标准化行政主管部门（现为国家质量技术监督检验检疫总局）制定（编制计划、组织起草、统一审批、编号、发布）的。国家标准的使用年限一般为5年，过了年限后就需要进行修订或重新制定。此外，随着社会的发展，国家需要制定新的标准来满足人们生产、生活的需要。因此，标准是一种动态信息。

国家标准在全国范围内适用，其他各级别标准不得与国家标准相抵触。国家标准分为强制性国标和推荐性国标。强制性国标是保障人体健康、人身和财产安全，以法律及行政法规规定强制执行的国家标准；推荐性国标是指生产、交换、使用等方面，通过经济手段或市场调节自愿采用的国家标准。但推荐性国标一经接受并采用，或各方商定同意纳入经济合同中，就成为各方必须共同遵守的技术依据，具有法律上的约束性。

对国计民生影响重大的化工产品都制订有国家标准，如烧碱、纯碱、硫酸和硝酸等产品。国家标准代号是用“国标”两字汉语拼音的第一个字母“GB”（推荐性国家标准为“GB/T”）表示。具体写法如“GB 534—82 工业硫酸”。其中“GB”为国家标准代号；“534”为顺序号，即表示国家标准第534号；“82”为年代号，即表示1982年批准发布的。

（2）行业标准　行业标准是由国务院有关行政主管部门制定的，在全国某个行业范围内适用。如化工行业标准（代号为HG）、石油化工行业标准（代号为SH）由国家石油和化学工业局制定，建材行业标准（代号为JC）由国家建筑材料工业局制定。行业标准也分为强制性标准和推荐性标准，推荐性标准的表示方法也是在行标符号后面加“T”，例如“HG/T”表示化工行业推荐性标准。行业标准编号由行业标准代号、行业标准顺序号和年代号三部分组成。

（3）地方标准　地方标准是由省、自治区、直辖市标准化行政主管部门制定的，在地方辖区范围内适用。地方标准代号由汉语拼音字母“DB”（地方推荐性标准为“DB/T”）加上省、自治区、直辖市行政区划代码前两位数组成。地方标准编号由地方标准代号、地方标准顺序号和年代号三部分组成。

（4）企业标准　没有国家标准、行业标准和地方标准的产品，企业应当制定相应的企业标准。企业标准应报当地政府标准化行政主管部门和有关行政主管部门备案。企业标准在该企业内部适用。企业标准代号，为了避免与国家标准和行业标准相混淆，规定在代号前一律加“Q”字母（“企”字汉语拼音的第一个字母），中间以一条斜线隔开，在字母“Q”之前再加上各省、自治区、直辖市简称的汉字。具体写法如“沪Q/HG 2—067—81 异丙苯法生产苯酚”。其中“沪Q”为上海企业标准代号。

2.5.2 化工产品质量标准的内容

化工产品的质量标准，其内容一般由以下几部分组成：

① 本标准适用范围，主要说明该标准的产品系用何种原料、何种生产方法制造的；

② 技术要求，包括外观、各项技术指标名称及其指标值；

③ 检验规则，包括检验权限、批样量及取样的方法等；

④ 试验方法，详细规定有关技术指标的具体检验分析方法；

⑤ 包装标志、贮存及运输的扼要说明。

此外新的产品标准还有附加说明，内容包括本标准的提出部门、归口部门、起草单位及主要起草负责人、首次发布该标准的年月日等。

2.5.3 化工产品质量标准中的常见指标项目

（1）外观　一般包括化工产品在常温时的状态、颜色及嗅味等。外观的变化往往反映内在质量的变化。例如固体烧碱外观要求为“主体白色，许可带浅色光头”，如果包装不严，烧碱会吸收空气中的水分和二氧化碳而溶化淌水或变成白色蓬起状物。又如工业硫酸应为无色透明油状液体，浓度提高时稠度增加，当混入杂质时硫酸外观可由无色变为黄色、棕红色甚至茶褐色，当浓度不够时硫酸黏度会明显下降。因此，通过对化工产品的外观检查，可对其质量进行初步鉴定。

（2）主要成分或有效成分含量　化工原料主要成分含量表示方法有多种，常用的是以其中主要成分所占的重量百分数表示。例如，隔膜固碱的一级品要求氢氧化钠含量≥96.00%，隔膜液碱一级品要求氢氧化钠含量≥42.00%、二级品为≥30.00%，水银液碱要求为≥45.00%等。这些都是以重量百分数含量表示的。但是在用这种方法计算含量时应首先指明是以哪种分子式为依据，否则容易发生误解。例如，表示元明粉的成分，若以含10个结晶水的硫酸钠为依据计算是99%，若以不含结晶水的硫酸钠为依据计算是43.66%。

有些化工原材料的纯度不以其主要成分含量多少表示，而是以它在使用时能起作用的有效部分的含量表示。例如，漂白粉是以使用时放出的有效氯的重量百分数表示；立德粉是硫化锌和硫酸钡的混合物，标准上以其含硫化锌的重量百分数表示；电石主要用于发生乙炔气，电石标准规定以发气量（即1kg电石与水作用在20℃和1atm压力下所发生的乙炔气的升数）间接表示电石中碳化钙的含量。

有些化工原料的主要成分是以体积百分数表示的。例如酒精，“市售酒精95%”表示按体积计算每100份酒精中含有95份乙醇。

（3）比重和密度　液体化工产品的标准中常有密度或比重的指标。所谓密度，指在规定温度下单位体积物质的质量，符号为ρ，单位为kg/m^3或g/cm^3。应该说明，根据国家标准GB 4472—82中的规定，我国化工行业在过去习惯用的“比重”这一名称将逐渐停止使用，而改为使用“相对密度”。

（4）熔点和凝固点　固体物质在常压下由固态转变为液态时的温度即为该物质的熔点。物质越纯，物质发生相变的温度变化范围越窄。若杂质含量增加，则使得熔融温度变化敏锐，熔点范围显著增大。所以在产品标准中熔点也是衡量物质纯度的一个重要物理指标。

凝固点是指在常压下物质由液态变为固态时的温度。纯物质有固定不变的凝固点，如含有杂质则凝固点也发生变化，因此凝固点也是判断物质纯度的一个物理指标。

2.6 反应条件对化学平衡和化学反应速率的影响

化学平衡研究可逆反应进行的程度，即反应所能达到的最大限度（最大转化率）；化学反应速率研究反应进行的快慢，即反应所需的时间。但反应速率快并不意味着转化率就高。化工生产就是要综合速率及平衡规律，选择适宜的反应条件，达到以尽可能快的速率得到尽可多的产品的目的。

反应温度、压力、浓度、反应时间、原料纯度和配比等众多条件是影响化学平衡和反应速率的重要因素。本书将在其他各章中详细讨论其对具体过程的影响情况，这里仅简述以下几个重要因素的影响规律。

2.6.1 温度的影响

（1）温度对化学平衡的影响　对于不可逆反应不需考虑化学平衡。而对于可逆反应，其平衡常数与温度的关系为：

$$\lg K=-\frac{\Delta H^{\ominus}}{2.303RT}+C \tag{2-1}$$

式中　K——平衡常数；

$\Delta H^{\ominus}$——反应标准焓变，J/mol；

R——气体常数，8.314J/(mol·K)；

T——反应温度，K；

C——积分常数。

对于吸热反应，$\Delta H^{\ominus}>0$，K 值随温度升高而增大，升温有利于反应进行，产物的平衡产率增加；对于放热反应，$\Delta H^{\ominus}<0$，K 值随温度升高而减小，平衡产率降低，故只有降低温度才能使平衡产率增高。

（2）温度对化学反应速率的影响　化学反应速率就是化学反应进行的快慢程度（平均反应速度），指单位时间、单位体积内某反应物组分的消耗量或某产物的生成量。

反应速率方程通常可用浓度的幂函数形式表示。例如对于反应：

$$b\mathrm{B}+d\mathrm{D}\rightleftharpoons g\mathrm{G}$$

其反应速率方程为：

$$r=\overrightarrow{k}C_{\mathrm{B}}^{b}C_{\mathrm{D}}^{d}-\overleftarrow{k}C_{\mathrm{G}}^{g} \tag{2-2}$$

式中，$\overrightarrow{k}$、$\overleftarrow{k}$ 分别为正、逆反应速率常数。

1889 年阿累尼乌斯（Arrhenius）提出了反应速率常数 k 与温度 T 之间的经验方程式：

$$k=A\exp(-E/RT) \tag{2-3}$$

式中　k——反应速率常数；

A——指前因子或频率因子；

E——反应活化能，J/mol；

R——气体常数，8.314J/(mol·K)；

T——反应温度，K。

由上式可知，反应速率常数 k 总是随温度升高而增加。反应温度每升高 10℃，反应速率常数 k 增大 2～4 倍。在低温范围增加的倍数比高温范围大一些，活化能大的反应其速率随温度升高增长更快一些。

温度对化学反应速率的影响也非常复杂。通常情况下，反应速率随温度升高而加快，但有一定的范围限制。对于不可逆反应，逆反应速率忽略不计，故产物生成速率总是随温度升高而加快；对于可逆反应，正、逆反应速率之差即为产物生成的净速率，温度升高时正、逆反应速率常数都增大，因此反应的净速率变化就比较复杂。

图 2-12 列出了常见的五类反应的反应速率随温度改变而变化的情况。

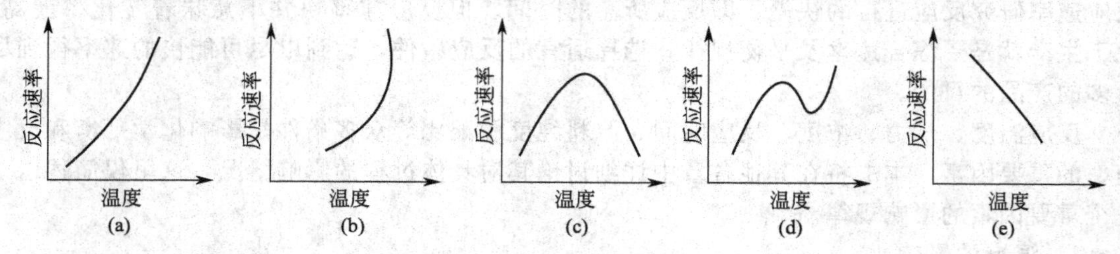

图 2-12　反应速率与温度的关系

图中（a）类反应是最常见的反应类型，符合阿累尼乌斯公式，反应速率随温度升高而逐渐加快，二者之间呈指数关系。（b）类反应属于有爆炸极限的化学反应，反应开始时反应速率随温度升高而加快，但影响不大，但当温度升高到某一温度时反应速率迅速加快，以“爆炸”速率进行。（c）类反应，温度较低时反应速率随温度升高而逐渐加快，但当温度升高到一定数值时，再升高温度，反应速率反而减慢。酶的催化反应就属于这种反应类型，因为温度太高和太低都不利于生化酶的活化。另外还有一些受吸附速率控制的多相催化反应过程，其反应速率随温度变化而变化的规律也是如此。（d）类反应是比较特殊的一类反应，当温度较低时反应速率随温度升高而加快，符合一般规律，当温度高达一定数值时反应速率随温度升高反而下降，但当温度继续升高到一定程度反应速率却又会随温度升高而加快，而且迅速加快，甚至以燃烧速度进行。某些碳氢化合物的氧化过程即属于此类反应，如煤的燃烧，由于副反应较多，使反应复杂化。（e）类反应，反应速率随温度升高而下降，如一氧化氮氧化为二氧化氮的反应就是这种少有的特例。

在化工生产中，对（a）类反应和（b）、（c）、（d）类反应，在比拐点温度低的温度范围内用提高温度的方法加快反应速率的方法是安全和有意义的，而接近拐点温度就应视为超温或不安全温度。实际化工生产过程应根据这一规律确定安全生产的适宜温度范围。

2.6.2　浓度的影响

根据反应平衡移动原理，反应物浓度越高，越有利于平衡向产物方向移动。在实际化工生产过程中，当有多种反应物参加反应时，往往使价廉易得的反应物过量，从而可以使价高或难得的反应物更多地转化为产物，提高其利用率。从反应速率式(2-2) 可知，反应物浓度越高，反应速率越快。一般在反应初期，反应物浓度高，反应速率快。随着反应的进行，反应物逐渐消耗，反应速率逐渐下降。

提高反应物浓度的方法有：对于液相反应，可采用能提高反应物溶解度的溶剂，或者在反应中蒸发或冷凝部分溶剂等方法；对于气相反应，可适当提高操作压力或降低惰性物质的含量等方法。

对于可逆反应，反应物浓度与其平衡浓度之差是反应的推动力，此推动力越大则反应速率越高。所以，在反应过程中不断从反应体系中取出生成物，使反应远离平衡，既可保持高速率，又可使平衡不断向产物方向移动，这对于受平衡限制的反应是提高产率的有效方法之一。近年来，反应-精馏、反应-膜分离、反应-吸附（或吸收）等新技术、新过程应运而生，这些过程使反应与分离一体化，产物一旦生成就立刻被移出反应区，因而反应始终是远离平衡的。

2.6.3　压力的影响

压力对固体和液体的浓度影响较小，所以对固相和液相反应来说压力对反应平衡影响较小。

气体的体积受压力影响较大，故压力对有气相物质参加的反应平衡影响很大，其规律为：

① 对分子数增加的反应，降低压力可以提高平衡产率；

② 对分子数减少的反应，压力升高，平衡产率增大；

③ 对分子数没有变化的反应，压力对平衡产率无影响。

在一定的压力范围内，加压可减小气体反应体积，而且对加快反应速率有一定好处。但压力过高，能耗增大，对设备要求高，反而不经济。

惰性气体的存在可降低反应物的分压，对加快反应速率不利，但有利于分子数增加的反应的平衡产率。

2.7　催化剂的性能及使用

人类有目的地使用催化剂（catalyst）已经有两千余年的历史，例如糖酶催化剂酿酒制醋。20 世纪下半叶，催化技术获得了空前的发展，化学工业产品种类的增多、生产规模的扩大无不借助于催化剂和催化技术。目前，催化技术已广泛应用于化学工业、食品加工、医药和环境保护等行业，为人类的生产、生活提供各种产品，在经济和社会发展中起到举足轻重的作用。表 2-2 列出了一些常用的工业催化过程。

表 2-2 一些常用的工业催化过程

工业催化过程	反应方程式	催化剂
合成氨	$N_2+3H_2 \longrightarrow 2NH_3$	$Fe-Al_2O_3-K_2O$
催化裂解	大分子烃 $\longrightarrow$ 小分子烃	$SiO_2-Al_2O_3$，沸石
催化重整	烷烃 $\longrightarrow$ 芳烃	Pt，Pt-Re
乙烯水合	$CH_2{=}CH_2+H_2O \longrightarrow C_2H_5OH$	H_3PO_4/硅藻土
乙烯氧化(Wacker 过程)	$CH_2{=}CH_2+\frac{1}{2}O_2 \longrightarrow CH_3CHO$	$PdCl_2-CuCl_2$
二氧化硫氧化	$SO_2+\frac{1}{2}O_2 \longrightarrow SO_3$	V_2O_5/硅藻土
氨氧化	$4NH_3+5O_2 \longrightarrow 4NO+6H_2O$	Pt
丙烯氨氧化	$CH_3CH{=}CH_2+NH_3+\frac{3}{2}O_2 \longrightarrow CH_2{=}CHCN+3H_2O$	P-Mo-Bi 系
丙烯聚合(低压)	$nCH_3CH{=}CH_2 \longrightarrow [CH(CH_3)CH_2]_n$	$\alpha-TiCl_3/AlEt_3$
氯乙烯合成(气相)	$CH{\equiv}CH+HCl \longrightarrow CH_2{=}CHCl$	$HgCl_2$/活性炭
乙炔选择加氢	$CH{\equiv}CH+H_2 \longrightarrow CH_2{=}CH_2$	Pt/Al_2O_3
甲烷化	$CO+3H_2 \longrightarrow CH_4+H_2O$	Ni/Al_2O_3
F-T 合成	$CO+H_2 \longrightarrow RH$($C_5$～$C_{50}$烷烃)	Fe，Co，Ni

据统计，当今 60％以上的化工产品和 90％以上的新工艺开发都离不开催化剂，使用的催化剂种类已经超过 2000 种。由此可见，催化剂在化工生产中占有相当重要的地位。

总结归纳其作用主要体现在以下几方面。

(1) 提高反应速率和选择性 有许多反应，虽然在热力学上是可能进行的，但反应速率太慢或选择性太低，不具有实用价值，一旦发明和使用催化剂则可实现工业化，为人类生产出重要的化工产品。例如近代化学工业的起点——合成氨工业，就是以催化作用为基础建立起来的。近年来合成氨催化剂性能得到不断改善，提高了氨产率，有些催化剂可以在不降低产率的前提下将操作压力降低，使吨氨能耗大为降低。

许多有机反应之所以得到化学工业的应用，在很大程度上依赖于开发和采用了具有优良选择性的催化剂。例如乙烯与氧反应，如果不用催化剂，乙烯会完全氧化，生成 CO_2 和 H_2O，毫无工业应用价值。当采用了银催化剂后，则促使乙烯选择性地氧化生成环氧乙烷，它可用于制造乙二醇、合成纤维等许多实用产品。

(2) 改善操作条件 采用或改进催化剂可以降低反应温度和操作压力，可以提高化学加工过程的效率。例如，乙烯聚合反应若以有机过氧化物为引发剂，要在 200～300℃及 100～300MPa 下进行，采用烷基铝-四氯化钛络合物催化剂后，反应只需在 85～100℃及 2MPa 下进行，条件十分温和。

高选择性催化剂可以明显地提高过程效率，因为副产物大大减少，从而提高了过程的原子经济性，可简化分离流程，减少污染。

(3) 有助于开发新的反应过程，发展新的化工技术 工业上一个成功的例子是甲醇羰基化合成醋酸的过程。工业醋酸早期是由乙醛氧化法生产，原料价贵，生产成本高。在 20 世纪 60 年代，德国巴斯夫（BASF）公司借助钴络合物催化剂开发出以甲醇和 CO 羰基化合成醋酸的新反应过程和工艺。美国孟山都（Monsanto）公司于 70 年代又开发出铑络合物催化剂，使该反应的条件更温和，醋酸收率高达 99％，成为当今生产醋酸的先进工艺。

近年来钛硅分子筛（TS-1）的研制成功，在烃类选择性氧化领域中实现了许多新的环境友好的反应过程。例如TS-1催化环己酮过氧化氢氨氧化直接合成环己酮肟，简化了己内酰胺合成工艺，消除了固体废物硫铵的生成。又如该催化剂实现了丙烯过氧化氢氧化制环氧丙烷的工业过程，没有任何污染物生成，是一个典型的清洁工艺。

(4) 在能源开发和消除污染中可发挥重要作用　前已述及催化剂在石油、天然气和煤的综合利用中的重要作用，借助催化剂从这些自然资源出发能够生产出数量更多、质量更好的二次能源；一些新能源的开发也需要催化剂，例如光分解水获取氢能源，其关键是催化剂。

在治理污染的各种方法中，催化法是具有巨大潜力的一种，例如汽车尾气的催化净化、工业含硫尾气的克劳斯（Claus）催化法回收硫、有机废气的催化燃烧、废水的生物催化净化和光催化分解等。

2.7.1 催化剂的基本特征

在一个反应系统中因加入了某种物质而使化学反应速率明显加快，但该物质在反应前后的数量和化学性质不变，称这种物质为催化剂。催化剂的作用是它能与反应物生成不稳定的中间化合物，改变了反应途径，活化能得以降低。由阿累尼乌斯公式(2-3)可知，活化能降低可使反应速率常数 k 增大，从而加速了反应。

有些反应所产生的某种产物也会使反应迅速加快，这种现象称为自催化作用。能明显降低反应速率的物质称为负催化剂或阻化剂。工业上用得最多的是加快反应速率的催化剂，以下阐述的内容仅与此类催化剂有关。

催化剂有以下3个基本特征。

① 催化剂是参与了反应的，但反应终了时催化剂本身未发生化学性质和数量的变化，因此催化剂在生产过程中可以在较长时间内使用。

② 催化剂只能缩短达到化学平衡的时间（即加速作用），但不能改变平衡。即是说，当反应体系的始末状态相同时，无论有无催化剂存在，该反应的自由能变化、热效应、平衡常数和平衡转化率均相同。由此特征可知：首先，催化剂不能使热力学上不可能进行的反应发生；其次，催化剂是以同样的倍率提高正、逆反应速率，能加速正反应的催化剂也必然能加速逆反应。因此，对于受平衡限制的反应体系，必须在有利于平衡向产物方向移动的条件下选择和使用催化剂。

③ 催化剂具有明显的选择性，特定的催化剂只能催化特定的反应。催化剂的这一特性在有机化学反应领域中起了非常重要的作用，因为有机反应体系往往同时存在许多反应，选用合适的催化剂可使反应向需要的方向进行。

2.7.2 催化剂的分类

(1) 按化学类型、化学组成、反应类型、市场类型分类　按化学类型可分成贵金属、分子筛、酸碱、酶、茂金属、氧化物、硫化物等催化剂；按化学组成可分成银、铜、镍、钯、铁等催化剂；按反应类型即催化剂功能可分成水解与水合、脱水、氧化、加氢、脱氢、聚合、酰化、卤化等催化剂；按市场类型可分成化肥、炼油、化工、环保四类催化剂。目前国内外均以功能划分为主，兼顾市场类型及应用产业。

(2) 按工艺和工程特点分类　可以分为均相催化剂、非均相催化剂和生物催化剂三大类。

均相催化剂：催化剂和反应物处于同一相，如都为气相或液相。均相催化剂主要包括液体酸、碱催化剂，可溶性过渡金属化合物（盐类和络合物）等。均相催化剂以分子或离子独立起作用，活性中心均一，具有高活性和高选择性。

非均相催化剂：催化剂和反应物属不同物相，催化反应在其相界面上进行。非均相催化剂一般为固体催化剂。非均相催化剂相对于均相催化剂而言其最大优点是容易从反应体系中分离出来，但催化效率不如均相催化剂，反应也不如均相催化剂容易控制。

生物催化剂：是活细胞和游离酶或固定化酶的总称。它包括从生物体主要是微生物细胞中提取的具有高效和专一催化功能的蛋白质，统称为酶催化剂。生物催化剂能在常温常压下反应，反应速率快，催化作用专一，选择性高。但生物催化剂不耐热，易受某些化学物质及杂菌破坏而失活，稳定性较差，寿命短，对温度及 pH 值范围要求较高。

（3）按材质分类　由于活性组分为催化剂的关键组分，可按活性组分的化合状态将固体催化剂材料分类。目前主要有金属催化剂、金属氧化物催化剂、硫化物催化剂、酸催化剂、碱催化剂、络合物催化剂等，其中金属催化剂、氧化物催化剂等固体催化剂是石油炼制、有机化工、精细化工、无机化工、环境保护等领域中广泛采用的催化剂。

2.7.3　工业催化剂使用中的有关问题

工业催化剂是特指具有工业生产实际意义的催化剂，它们必须能适用于大规模工业生产过程，可在工厂生产所控制的压力、温度、反应物流体速度、接触时间和原料中含有一定杂质的实际操作条件下长期运转。工业催化剂必须具有能满足工业生产所要求的活性、选择性和耐热波动、耐毒物的稳定性，此外还必须具有能满足反应器所要求的外形与颗粒度大小的阻力、耐磨蚀性、抗冲击和抗压碎强度等。对强放热或吸热反应用催化剂，还要求具有良好的导热性能与比热，以减少催化剂颗粒内的温度梯度和催化剂床层的轴向与径向温差，防止催化剂过热失活。对某些因中毒或碳沉积而部分失活或选择性下降的催化剂可用简单方法得以再生，恢复到原有活性及选择性水平，以保证催化剂具有相当长的使用寿命。在采用催化剂的化工生产中，正确地选择并使用催化剂是一个非常重要的问题，关系到生产效率和效益。

2.7.3.1　工业催化剂的性能指标

（1）活性　催化剂的活性指在给定的温度、压力和反应物流量（或空间速度）下催化剂使原料转化的能力。催化剂活性越高则原料的转化率越高，或者在转化率及其他条件相同时催化剂活性越高则需要的反应温度越低。因此，工业催化剂应有足够高的活性。化工生产中一般用原料的转化率表示催化剂的活性。

（2）选择性　催化剂的选择性是指反应所消耗的原料中有多少转化为目的产物。选择性越高，生产单位量目的产物的原料消耗定额越低，也越有利于产物的后处理，故工业催化剂的选择性应较高。当催化剂的活性与选择性难以两全其美时，若反应原料昂贵或产物分离很困难，宜选用选择性高的催化剂；若原料价廉易得或产物易分离，则可选用活性高的催化剂。化工生产中一般用产物的选择性表示催化剂的选择性。

（3）寿命　催化剂的寿命是指催化剂的有效使用期限，即从催化剂投入使用开始，直至经过再生也不能恢复活性，达不到生产所要求的转化率和选择性为止的时间。催化剂的寿命越长，催化剂正常发挥催化能力的使用时间就越长，目的产物的总收率也就越高。催化剂的寿命长可以减少更换催化剂操作以及由此带来的物料损失，同时可减少催化剂的消耗量，降低产品的生产成本。因此，合理地使用及保护催化剂，延长其使用寿命，具有重要意义。

催化剂的寿命主要受以下几个因素影响。

① 化学稳定性。指催化剂的化学组成和化合状态在使用条件下发生变化的难易程度。在一定的温度、压力和反应组分长期作用下，有些催化剂的化学组成可能流失，有的化合状态变化，都会使催化剂的活性和选择性下降，寿命缩短。

② 热稳定性。指催化剂在反应条件下对热破坏的耐受力。在长期受热的情况下，催化剂中某些物质的晶型可能转变、微晶逐渐烧结、络合物分解、生物菌种和酶死亡等，这些变化都会导致催化剂性能衰退。

③ 机械稳定性。指固体催化剂在反应条件下的强度是否足够。若反应中固体催化剂易破裂或粉化，会使反应器内阻力升高，流体流动状况恶化，严重时发生堵塞，迫使生产非正常停工，造成重大经济损失。

④ 耐毒性。指催化剂对有毒物质的抵抗力或耐受力。多数催化剂容易受到一些物质的毒害，中毒后的催化剂活性和选择性显著降低或完全失去，其使用寿命缩短。常见的毒物有砷、硫、氯的化合物及铅等重金属，不同催化剂的毒物是不同的。在有些反应中，特意加入某种物质以毒害催化剂中促进副反应的活性中心，从而提高选择性。

2.7.3.2 催化剂的活化

催化剂在销售流通环节一般处于稳定状态，因而不具备催化活性。催化剂使用厂家在使用之前需对其进行活化，使其转化成具有活性的状态。不同类型的催化剂要用不同的活化方法，有还原、氧化、硫化、酸化、热处理等，每种活化方法均有各自的活化条件和操作要求，应该严格按照操作规程进行活化，才能保证催化剂发挥良好的作用。

催化剂的活化可以在活化炉中进行，如果条件具备也可以在反应器中进行。催化剂的活化过程中温度控制非常关键，另外升温速率、活化时间及降温速率等也应严格控制。如果活化操作失误，轻则使催化剂性能下降，重则使催化剂报废，造成经济损失。

2.7.3.3 催化剂的失活和再生

催化剂的失活原因一般分为中毒、结焦和堵塞、烧结和热失活三大类。

(1) 中毒引起的失活

① 暂时中毒（可逆中毒） 毒物在活性中心上吸附或化合时生成的键强度相对较弱，可以采取适当的方法除去毒物，使催化剂活性恢复而不会影响催化剂的性质，这种中毒叫做可逆中毒或暂时中毒。

② 永久中毒（不可逆中毒） 毒物与催化剂活性组分相互作用，形成很强的化学键，难以用一般的方法将毒物除去以使催化剂活性恢复，这种中毒叫做不可逆中毒或永久中毒。

③ 选择性中毒 催化剂中毒之后可能失去对某一反应的催化能力，但对别的反应仍有催化活性，这种现象称为选择性中毒。在连串反应中，如果毒物仅使导致后继反应的活性位中毒，则可使反应停留在中间阶段，获得高产率的中间产物。

(2) 结焦和堵塞引起的失活 催化剂表面上的含碳沉积物称为结焦。以有机物为原料、以固体为催化剂的多相催化反应过程几乎都可能发生结焦。由于含碳物质或其他物质在催化剂孔中沉积，造成孔径减小（或孔口缩小），使反应物分子不能扩散进入孔中，这种现象称为堵塞。所以常把堵塞归并为结焦中，总的活性衰退称为结焦失活，它是催化剂失活中最普遍和常见的失活形式。通常含碳沉积物可与水蒸气或氢气作用经气化除去，所以结焦失活是一个可逆过程。与催化剂中毒相比，引起催化剂结焦和堵塞的物质比催化剂毒物多得多。

(3) 烧结和热失活（固态转变） 催化剂的烧结和热失活是指由高温引起的催化剂结构和性能的变化。高温除了引起催化剂的烧结外还会引起其他变化，主要包括化学组成和相组成的变化、半熔、晶粒长大、活性组分被载体包埋、活性组分由于生成挥发性物质或可升华的物质而流失等。事实上，在高温下所有的催化剂都将逐渐发生不可逆的结构变化，只是这种变化的快慢程度随催化剂不同而异。烧结和热失活与多种因素有关，如催化剂的预处理、还原和再生过程以及所加的促进剂和载体等。

综上所述，催化剂失活的原因是错综复杂的，并且每一种催化剂失活并不仅仅按上述分类的某一种进行，而往往是由两种或两种以上的原因引起的。

催化剂的再生是指使催化作用效率已经衰退的催化剂重新恢复其效率的过程。催化剂的再生取决于催化剂的性质和它的失活原因。如碳沉积可采用高温烧焦，将覆盖于催化剂金属表面或酸性中心的碳烧掉使其再生；对由于损失组分导致失活的，可采用补充损失的组分进行再生等。

2.7.3.4 催化剂使用注意事项

工业固体催化剂使用寿命的长短，除了取决于催化剂自身的性能、制备方法等因素外，在很大程度上还与使用过程是否合理、操作是否精心有关。因此，固体催化剂在使用中应注意以下几点。

① 要防止已还原或已活化好的催化剂与空气接触。

② 原料必须经过净化处理，使用过程中要避免毒物与催化剂接触。

③ 要严格控制操作温度，使其在催化剂活性温度范围内使用，防止催化剂床层温度局部过热，以免烧坏催化剂。

④ 要维持正常操作条件（如温度、压力、反应物配比、流量等）的稳定，尽量减少波动。

⑤ 开车时要保持缓慢的升温、升压速率，温度、压力的突然变化容易造成催化剂的粉碎，要尽量减少开、停车的次数。

2.7.3.5 催化剂的运输、储存和装卸

催化剂一般价格较高，要注意保护。在运输和贮藏中应防止其受污染和破坏。固体催化剂在装填于反应器中时，也要防止污染和破裂。装填前要清洗反应器内部；装填过程中要做到均匀，避免出现“架桥”现象，以防止反应工况恶化；装填后要将反应器进出口密封好，以防其他气体进入或催化剂受潮。许多催化剂使用后，在停工卸出之前需要进行钝化处理，尤其是金属催化剂一定要经过低含氧量的气体钝化后才能暴露于空气中，否则遇空气剧烈氧化自燃，会烧坏催化剂和设备。

2.8 反应过程的物料衡算和热量衡算

运用质量守恒定律对生产过程或设备的物料平衡进行定量的计算，计算出各股物流输入或输出的量及组分等，称为物料衡算。以热力学第一定律为依据对生产过程或设备的能量平衡进行定量的计算，计算过程中需要供给或移走的能量，称为能量衡算。能量是热能、电能、化学能、动能、辐射能的总称。化工生产中最常用的能量形式为热能，故一般把能量衡算称为热量衡算。

物料衡算和热量衡算是化学工艺的基础之一，通过物料衡算、热量衡算一方面可以计算生产过程的原料消耗指标、热负荷和产品产率等，为设计和选择反应器和其他设备的尺寸、类型及台数提供定量依据，另一方面可以核查生产过程中各物料量及有关数据是否正常、有否泄漏、热量回收和利用水平、热损失的大小，从而查出生产上的薄弱环节和瓶颈部位，为改善操作和进行系统的最优化提供依据。为了避免与化工原理和化工设计课程重复，这里只对涉及有反应过程的物料衡算、热量衡算的基本方法和步骤进行简单介绍。

2.8.1 反应过程的物料衡算

物料衡算是化工计算中最基本、最重要的内容之一，它是能量衡算的基础。一般在物料衡算之后，才能计算所需要提供或移走的能量。通常物料衡算有两种情况：一种是对已有的生产设备或装置，利用实际测定的数据算出另一些不能直接测定的物料量，用此计算结果对生产情况进行分析、做出判断、提出改进措施，提高装置的生产效益；另一种是设计一种新的设备或装置，根据设计任务先做物料衡算，求出进出各设备的物料量，然后再做能量衡算，求出设备或过程的热负荷，从而确定设备尺寸及整个工艺流程。

2.8.1.1 物料衡算的基本方程

物料衡算是研究某一个体系内进、出物料量及组成的变化。所谓体系就是物料衡算的范围，它可以根据实际需要人为地选定。体系既可以是一个设备、几个设备或设备的某个局部，也可以是一个单元操作或整个化工过程（一个产品的整套装置）。

进行物料衡算时，首先必须确定衡算范围。根据质量守恒定律，在具体的衡算范围内，输入体系的物料量应该等于输出体系的物料量与体系内积累及损耗量之和。所以，物料衡算的基本关系式应该表示为：

输入物料的总质量＝输出物料的总质量＋系统内积累的物料质量＋系统内损耗的物料质量 (2-4)

2.8.1.2 物料衡算的步骤

化工生产的许多过程是比较复杂的，即使一个简单的体系也会包含有若干个进入、流出体系的物流，每个物流可能含有若干种组分，有许多已知和未知的数据。因此，物料衡算应遵循一定的步骤才能给出清晰的计算过程和正确的结果。对于一些比较简单的问题，这些步骤似乎有些繁琐，但是训练这种有条理的解题方法可以培养逻辑思考问题的习惯，对今后解决复杂问题有所帮助。

物料衡算一般步骤如下。

① 确定衡算的范围，并画出衡算范围的流程示意图（或方框流程图）。

例如对某反应体系，可画出物料衡算方框图，如图 2-13 所示。物料衡算图主要包括求解系统、衡算范围、衡算边界等。

如果对整个系统进行物料衡算，即按 $A_1A_2A_3A_4$ 边界线范围进行，则该系统物料衡算式为：

$$进料(F_1+F_2)=出料(P+V+W)$$

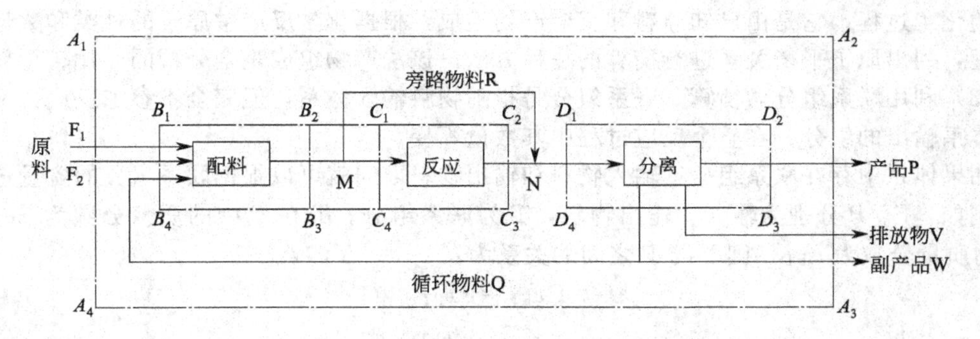

图 2-13 物料衡算范围示意图

为了求得系统内各设备单元间的物料流量，需将有关单元分割出来作为衡算系统。例如按边界 $C_1C_2C_3C_4$ 划分出来，其物料衡算式为：

$$配料\ M-旁路物料\ R=反应物\ N$$

② 写出主、副反应方程式并配平。

如果反应过于复杂，或反应不太明确，写不出反应式，可应用元素衡算法进行计算，不必写反应式。

③ 选定衡算基准。

进行物料衡算时，必须选择一个衡算基准，并在整个运算中保持一致。衡算基准是为进行物料衡算所选择的起始物理量，包括物料名称、数量和单位，衡算结果得到的其他物料量均是相对于该基准而言的。从原则上说选择任何一种衡算基准都能得到正确的解答。但是，衡算基准选择得恰当，可以使计算简化，避免错误。

对于不同的化工过程，采用什么基准适宜，需视具体情况而定，没有硬性规定。可以选取与衡算体系相关的任何一股物料或其中某个组分的一定量作为基准。例如，可以选取一定量的原料或产品（1kg，100kg，1mol，$1m^3$ 等）为基准，也可选取单位时间（1d，1h，1min，1s 等）为基准。用单位原料量为基准，便于计算产率；用单位时间为基准，便于计算消耗指标和设备生产能力。

④ 收集计算需要的各种数据，注意数据的适用范围和条件。

⑤ 设未知数，列方程组，联立求解。

有几个未知数就应列出几个独立的方程式，这些方程式除物料衡算式外有时尚需其他关系式，如组成关系约束式、化学平衡约束式、相平衡约束式、物料量比例等。

⑥ 进行数学计算，并核对计算结果。

⑦ 将衡算结果列成物料平衡表。

2.8.1.3 一般反应过程的物料衡算方法

化工生产中的化学反应，各反应物的实际用量并不等于化学反应式中的理论量。为了使所需的反应顺利进行，或使其中较昂贵的反应物全部转化，常常使价格较低廉的一些反应物用量过量。因此，物料衡算比无化学反应过程的计算复杂，尤其是当物料组成及化学反应较复杂时计算更应注意。

对一般的反应过程，可用下列几种方法进行求解。

（1）直接求解法　直接求解法适用于化学反应较简单的化工过程，它是利用给定的生产任务和工艺指标（转化率、收率），根据化学反应方程式，运用化学计量系数直接进行计算的一种方法。该法也是物料衡算常用的方法之一。

（2）原子平衡法　原子平衡法特别适用于反应非常复杂（无法准确写出主、副反应方程式）的化工过程，它是由已知原料和反应产物组成，根据化学反应中原子的种类和数量不变的原理，列出原子平衡关系进行衡算的一种方法。该法产物组成是全分析的，比较可靠。

（3）利用联系组分做衡算　联系组分是指随物料输入体系，但完全不参加反应，又随物料从体系输出的组分，在整个反应过程中其数量不变。

如果体系中存在联系组分，输入物料和输出物料之间就可以根据联系组分的含量进行关联。例如，F、P 分别为输入、输出物料，T 为联系组分。T 在 F 中的质量分数为 x_{FT}，在 P 中的质量分数为 x_{PT}，则 F 与 P 之间的关系为：

$$Fx_{FT}=Px_{PT}$$

即 $$\frac{F}{P}=\frac{x_{PT}}{x_{FT}}$$

用联系组分做衡算，尤其是对含未知量较多的物料做衡算，可以使计算简化。

选择联系组分时，如果体系中存在数种联系组分，就要选择一个适宜的联系组分，或联合采用，以减小误差。但应该注意，当某个联系组分数量很小且此组分的分析相对误差又较大时，则不宜选用。

（4）具有循环、排放及旁路过程的物料衡算　在化工生产中，有一些反应过程每次经反应器后的转化率不高，有的甚至很低，因此在反应器出口的产物中有大量原料未反应，为提高原料的利用率，把这部分未反应的原料从反应产物中分离出来，然后把它循环返回反应器（图 2-13 中的循环物料 Q），与新鲜物料一起再进行反应。此过程即为循环过程。

循环过程在稳定状态下操作时，物料的质量既不积累也不消失，各流股组分恒定。但是，如果原料中含有不反应的杂质或惰性物质，经长时间的循环会使其浓度逐渐增加，因此必须把一部分循环物料不断地排放掉（图 2-13 中的排放物 V），以维持进料中杂质的含量不再增大。具有旁路的过程，就是把一部分物料绕过一个或多个设备，直接与另一流股物料相混（图 2-13 中的旁路物料 R）。

在化工生产中，循环、排放、旁路有时单独存在，有时可能是同时存在。这类过程的物料衡算与上述介绍的 3 种方法相类似，只是需要先根据已知的条件及所求的未知量选择合适的衡算体系，列出物料衡算式，然后求解。如果存在联系组分，也可以利用联系组分进行计算。

2.8.1.4 反应过程物料衡算实例

【例 2-1】 拟将某原油中的有机硫通过催化加氢转变为 H_2S，进而脱除，油中不饱和烃也加氢饱和。若原料油的进料速率为 160m³/h，密度为 0.9g/mL，氢气（标准状态）的进料速率为 10800 m³/h，原料油和产品的摩尔分数组成为：

油品	$C_{11}H_{23}SH$	$C_{11}H_{24}$	$C_9H_{19}CH{=}CH_2$
原料油	5 %	70%	25%
产品油	0.1 %	96.8%	3.1%

求：（1）消耗氢气的总量；（2）分离后气体的摩尔分数。

解： ① 根据题意画出衡算方框图：

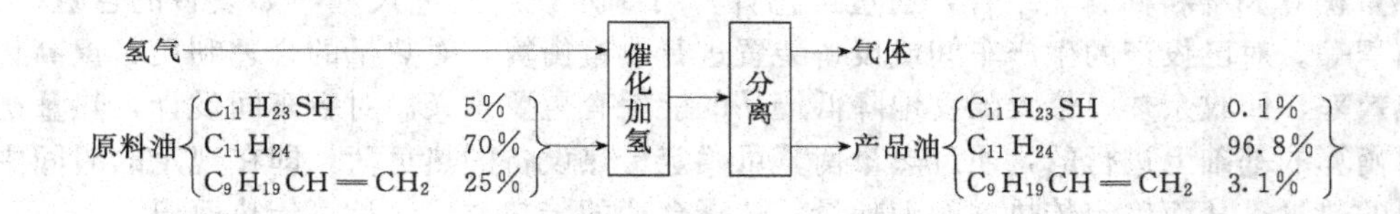

② 写出化学反应方程式：

$$C_{11}H_{23}SH + H_2 \longrightarrow C_{11}H_{24} + H_2S \tag{1}$$

$$C_9H_{19}CH{=}CH_2 + H_2 \longrightarrow C_{11}H_{24} \tag{2}$$

③ 选取衡算基准：选择 1h 为衡算基准。

④ 整理并计算衡算所需的基本数据：

$C_{11}H_{23}SH$ 摩尔质量为 188kg/kmol　　$C_{11}H_{24}$ 摩尔质量为 156kg/kmol

$C_9H_{19}CH{=}CH_2$ 摩尔质量为 154kg/kmol　　H_2S 摩尔质量为 34kg/kmol

H_2 摩尔质量为 2kg/kmol

原料油平均摩尔质量 $=188\times5\%+156\times70\%+154\times25\%=157.1$（kg/kmol）

原料油进料量 $=160\times(0.9\times10^3)/157.1=916.6$（kmol）

H_2 进料量 $=10800/22.4=482.1$（kmol）

⑤ 列衡算方程求解计算。

设脱硫后产品油的产量为 R，因为输入和输出的气体中无碳元素，由反应式（1）和（2）的化学计量系数可知原料油与产品油中碳元素原子的物质的量正好相等。因此，对碳元素的原子进行物料衡算，则有

$$916.6\times(11\times5\%+11\times70\%+11\times25\%)=R\times(11\times0.1\%+11\times96.8\%+11\times3.1\%)$$

$$R=916.6\text{kmol}$$

反应(1) 消耗的 H_2 气量 $=916.6\times5\%-0.1\%R=44.9$（kmol）

反应(1) 生成的 H_2S 气量 $=44.9$kmol

反应(2) 消耗的 H_2 气量 $=916.6\times25\%-3.1\%R=200.7$（kmol）

总耗 H_2 气量 $=44.9+200.7=245.6$（kmol）

剩余的 H_2 气量 $=482.1-245.6=236.5$（kmol）

反应后气体的总量＝44.9＋236.5＝281.4（kmol）

其中　H_2S的摩尔分数为44.9/281.4＝16.0％，H_2的摩尔分数为236.5/281.4＝84.0％

⑥ 核对衡算结果（略）。

⑦ 列物料衡算表：

组　分	输　入			输　出			
	物质的量/mol	油组成摩尔分数	质量/kg	物质的量/mol	油组成摩尔分数	气体组成摩尔分数	质量/kg
$C_{11}H_{23}SH$	45.8	5％	8616	0.9	0.1％	—	172
$C_{11}H_{24}$	641.6	70％	100093	887.3	96.8％	—	138414
$C_9H_{19}CH=CH_2$	229.2	25％	35289	28.4	3.1％	—	4376
H_2	482.1	—	964	236.5	—	84.0％	473
H_2S	0	—	0	44.9	—	16.0％	1527
合　计	1398.7		144962	1198.0			144962

2.8.2　反应过程的热量衡算

在化工生产中热耗量是一项重要的技术经济指标，它是衡量工艺过程、设备设计、操作方法是否先进合理的主要指标之一。

热量衡算和物料衡算相结合，通过工艺计算可确定设备工艺尺寸，如设备的台数、容积、传热面积等。对已投产的生产车间或设备装置进行热量衡算，对热量的合理利用、提高传热设备的热效率、回收余热、最大限度地降低产品的能耗有重要意义。对新车间设计，热量衡算是在物料衡算的基础上进行的，通过热量衡算可确定传热设备的热负荷，即在规定的时间中加入或移出的热量，从而确定传热剂的消耗量，选择合适的传热方式，计算传热面积。

2.8.2.1　反应过程热量衡算的方法与步骤

化学反应须在一定的温度下进行，而且大都伴有热效应，需及时地供热或移热，以保持反应在适宜的温度下进行，并合理地进行热量交换与利用。因此，如何准确地进行反应过程的热量计算，对反应器的设计、操作及热量利用都具有十分重要的意义。

反应过程的热量衡算一般是在物料衡算的基础上进行的，其计算步骤也与物料衡算基本相同，但在具体计算过程中需注意以下几点。

① 热量不仅由进出反应系统的物料带入，还透过设备、管道的壁面向外界散失和传入。因此，只要反应系统与环境有差异，就会有热量从外界输入或向外界散失的问题。

② 选定物料衡算基准。进行热量衡算之前一般要进行物料衡算，求出各物料的量，有时物、热衡算方程式要联立求解，均应有同一物料衡算基准。

③ 确定温度基准。各种焓值均与状态有关，多数反应过程在恒压下进行，温度对焓值影响很大，许多文献资料、手册的图表、公式中给出的各种焓值和其他热力学数据均有其温度基准，一般多以298 K（或273 K）为基准温度。

④ 注意物质的相态。同一物质在相变前后是有焓变的，计算时一定要清楚物质所处的相态。

一般来说，有化学反应过程的热量衡算，系统应提供或移走热量的多少等于过程的焓差，当$\Delta H>0$时应提供热量，当$\Delta H<0$时应移走热量。所以，化学反应过程中热量衡算通常情况下主要就是焓差的计算。因为焓是状态函数，所以只有当产物和反应物的状态确定后ΔH才有定值。

根据计算焓时所取的基准不同，主要有以下两种计算方法。

（1）以反应热效应为基础的计算方法　第一种基准：如果已知标准反应热，则可选298K、101.3kPa为反应物及产物的衡算基准，对非反应物质另选适当的温度为基准（如反应器的进口温度，或平均热容表示的参考温度）。

选好基准后，为了计算过程的焓变，可以画一张表，将进出口流股中组分的流率 n_i 和 H_i 填入表内，然后按下式计算过程的 ΔH：

$$\Delta H = n_A \frac{\Delta H_r^{\ominus}}{\mu_A} + \sum_{输出} n_i H_i - \sum_{输入} n_i H_i \tag{2-5}$$

式中，n_A、μ_A 可为反应物的物质的量（摩尔）和化学计量系数，也可为产物的物质的量（摩尔）和化学计量系数，当为反应物时 n_A 为消耗 A 物质的物质的量（摩尔），当为产物时 n_A 为生产 A 物质的物质的量（摩尔）。

$\Delta H_r^{\ominus}$ 为标准反应热，可由标准生成热 $\Delta H_f^{\ominus}$ 或标准燃烧热 $\Delta H_c^{\ominus}$ 求取，即：

$$\Delta H_r^{\ominus} = \sum_{产物} \mu_i \Delta H_f^{\ominus} - \sum_{反应物} \mu_i \Delta H \Delta H_f^{\ominus} \tag{2-6}$$

$$\Delta H_r^{\ominus} = \sum_{反应物} \mu_i \Delta H_c^{\ominus} - \sum_{产物} \mu_i \Delta H_c^{\ominus} \tag{2-7}$$

H_i 为输入或输出各物质相对于基准态的焓值，其计算方法可根据具体情况分别采用直接查表法或积分法等。

以反应热效应为基础的反应过程的热量计算方法适合于反应单一且过程标准反应热容易获取的情况。当反应体系复杂时，反应物的消耗量和产物的生成量都难以计算，标准反应热也要一一计算，计算量很大，因此用第一种基准计算这类问题就显得有困难。此时，可用下面介绍的第二种基准。

（2）以生成热为基础的计算方法　第二种基准：以组成反应物及产物的元素在 25℃、101.3kPa 时的焓为零，非反应分子以任意适当的温度为基准，也要画一张填有所有流股组分 n_i 和 H_i 的表，只是在这张表中反应物或产物的 H_i 是各物质在 25℃ 的生成热与物质由 25℃ 变到它进口状态或出口状态所需显热和潜热之和。

此时反应过程的总焓变用下式计算：

$$\Delta H = \sum_{输出} n_i H_i - \sum_{输入} n_i H_i \tag{2-8}$$

第二种基准中的物质是组成反应物和产物的以自然形态存在的原子。

2.8.2.2　热量衡算举例

化学反应根据反应体系与环境的热量交换情况一般包括绝热反应过程和具有热交换的反应过程两种情况。现以有热交换发生的气相连续反应过程的热量衡算为例，阐述反应体系与环境交换的热量和载热体用量的计算方法。气液相连续反应过程的热量衡算比气相连续反应过程的热量衡算复杂一些，但衡算的基本原理是一样的。

【例 2-2】 萘空气氧化制苯酐，物料衡算数据如下表所示（1mol 原料萘计）：

进料/mol		出料/mol	
萘	1	苯酐	1
空气	50.1(含 O_2 21%)	O_2	6.0
		N_2	39.6
		CO_2	2
		H_2O	2

萘进料温度 473K（200℃），液态；空气温度 303K（30℃）；反应温度控制在 723K（450℃）。求需从反应器移出的热量。（计算时注意物料相态）

解： 萘氧化反应式为：

萘 (l) + $\frac{9}{2}O_2$ ⟶ 苯酐 (g) + $2CO_2 + 2H_2O$(g)

萘　　　　苯酐

首先按其相态查各物料的生成热（或通过计算获得）：

物料名称	萘(液)	苯酐(气)	O_2	N_2	CO_2	H_2O(气)
$\Delta H^{\ominus}_{f298}$/(kJ/mol)	−87.3	−373.34	0	0	−393.51	−241.81

然后对反应器进行计算：

$$\Delta H_R = \sum \mu_i \Delta H^{\ominus}_{f,产物} - \sum \mu_i \Delta H^{\ominus}_{f,反应物}$$
$$= [1\times(-373.34)+2\times(-393.51)+2\times(-241.81)]-(-87.3)$$
$$= -1556.7\ (kJ)$$

再查出进、出物料的$\bar{c}_{pi}$，并计算 $\mu_i\ \bar{c}_{pi}$，结果如下：

物料名称	输入			输出		
	μ_i/mol	$\bar{c}_{pi}$/[kJ/(mol·K)]	$\mu_i\ \bar{c}_{pi}$	μ_i/mol	$\bar{c}_{pi}$/[kJ/(mol·K)]	$\mu_i\ \bar{c}_{pi}$
萘	1.0	0.2613	0.2613			
苯酐				1.0	0.2293	0.2293
O_2	10.5	0.0294	0.3087	6.0	0.0312	0.1872
N_2	39.6	0.0291	1.1524	39.6	0.0299	1.1840
CO_2				2.0	0.0445	0.0890
H_2O				2.0	0.0355	0.0710
合计			1.7224			1.7605

取基准温度 298 K；基准相态：萘液相，其余气相。

输入：萘　　0.2613×(473−298)=45.7 (kJ)

　　　空气　　(0.3087+1.1524)×(303−298)=7.3 (kJ)

输出：气体产物　　1.7605×(723−298)=748.2 (kJ)

$$\Delta H=\Delta H_R+\Delta H_{出}-\Delta H_{入}=-1556.7+748.2-(45.7+7.3)=-861.5\ (kJ)$$

计算表明，要保持反应器内反应温度在 723K，必须从每 1mol 萘的反应中取走 862kJ，或者每 1kg 萘反应时取走 6734kJ 热量。

参考文献

[1] 徐绍平等. 化工工艺学. 大连：大连理工大学出版社，2004.

[2] 陈俊文. 催化裂化工艺与工程. 第 2 版. 北京：中国石化出版社，2007.

[3] 黄仲九，房鼎业. 化学工艺学. 第 2 版. 北京：高等教育出版社，2008.

[4] 郭树才. 煤化工工艺学. 第 2 版. 北京：化学工业出版社，2009.

[5] 崔恩选. 化学工艺学. 第 2 版. 北京：高等教育出版社，2005.

[6] 谭天恩等. 化工原理. 第 3 版. 北京：化学工业出版社，2008.

[7] 曾繁芯. 化学工艺学概论. 第 2 版. 北京：化学工业出版社，2009.

[8] 米镇涛. 化学工艺学. 第 2 版. 北京：化学工业出版社，2006.

[9] 傅献彩等. 物理化学. 第 5 版. 北京：高等教育出版社，2008.

[10] 甄开吉等. 催化作用基础. 第 3 版. 北京：科学出版社，2004.

[11] 吕绍杰，杜宝祥. 化工标准化. 第 2 版. 北京：化学工业出版社，1999.

[12] 韩冬冰等. 化工工艺学. 北京：中国石化出版社，2008.

[13] 曾之平，王扶明. 化工工艺学. 北京：化学工业出版社，2001.

[14] 陈五平. 无机化工工艺学. 第 3 版. 北京：化学工业出版社，2010.

[15] 吴指南. 基本有机化工工艺学. 第 2 版. 北京：化学工业出版社，2010.

[16] 唐培堃，冯亚青. 精细有机合成化学与工艺学. 第 2 版. 北京：化学工业出版社，2008.

[17] 吴越，杨向光. 现代催化原理. 北京：科学出版社，2006.

[18] 马瑛. 无机物工艺. 北京：化学工业出版社，2008.

[19] 戴猷元. 化工概论. 北京：化学工业出版社，2006.

[20] 刘跃进. 反应器能量平衡的焓算法与热量衡算法. 化工设计通讯，1999，21 (3)：3-8.

[21] 张桂军. 化学反应过程中热量衡算——焓差计算技巧. 常州工学院学报，2005，18 (4)：59-61.

第3章 合 成 氨

3.1 概述

氨是一种重要的含氮化合物，在自然界中很少单独存在。氮是自然界中分布较广的一种元素，是组成动植物体内蛋白质的重要成分，但高等动物及大多数植物不能直接吸收存在于空气中的游离氮，只有把它与其他元素化合形成化合物后才能被动植物吸收利用。把空气中的游离氮转变成含氮化合物的过程称为“固定氮”。由氮气和氢气在高温高压和催化剂存在下直接合成氨，是当前世界上应用最广泛、最经济的一种固定氮的方法，此法简称合成氨。

3.1.1 氨的性质及用途

3.1.1.1 氨的性质

(1) 物理性质 氨在常温常压下是一种具有特殊刺激性臭味的无色气体。氨有强烈的毒性，空气中含0.5%（体积分数）的氨就能使人在几分钟内窒息而死。氨比空气轻，氨的密度为$0.771kg/m^3$，在标准状况下，氨的相对密度为0.5971（在空气中）。氨很易液化，在0.1MPa压力下将氨冷却到－33.5℃，或在常温下加压到0.7～0.8MPa，氨就能冷凝成无色的液体，同时放出大量的热。液态氨汽化时要吸收大量的热，使周围的温度急剧下降，所以液氨常用作制冷剂。若将液氨在0.1MPa下冷却到－77.7℃，就凝结为略带臭味的无色晶体。

氨极易溶于水，常温下1体积水可溶解700体积氨，在标准状况下1体积水可溶解1200体积氨。氨的水溶液呈弱碱性，易挥发。

(2) 化学性质

① 氨与酸或酸酐反应生成各种铵盐：

$$NH_3 + HCl \longrightarrow NH_4Cl \tag{3-1}$$

$$NH_3 + HNO_3 \longrightarrow NH_4NO_3 \tag{3-2}$$

$$NH_3 + H_2SO_4 \longrightarrow (NH_4)_2SO_4 \tag{3-3}$$

$$NH_3 + H_2O + CO_2 \longrightarrow NH_4HCO_3 \tag{3-4}$$

$$NH_4HCO_3 + NH_3 \longrightarrow (NH_4)_2CO_3 \tag{3-5}$$

② 氨与二氧化碳作用生成氨基甲酸铵，脱水生成尿素：

$$2NH_3 + CO_2 \rightleftharpoons NH_2COONH_4 \tag{3-6}$$

$$NH_2COONH_4 \rightleftharpoons CO(NH_2)_2 + H_2O \tag{3-7}$$

③ 氨在铂催化剂存在下与氧作用生成一氧化氮：

$$4NH_3 + 5O_2 \longrightarrow 4NO + 6N_2O \tag{3-8}$$

④ 液氨或干燥的氨气对大部分物质没有腐蚀性，但在有水的条件下对铜、银、锌等金属有腐蚀作用。

⑤ 氨自燃点为630℃，在空气中燃烧生成氮和水。氨与空气或氧的混合物在一定范围内能够发生爆炸。常温常压下，氨在空气中的爆炸范围为15.5%～28%，在氧气中为13.5%～82%。

3.1.1.2　氨的用途

氨是重要的无机化工产品之一，用途广泛，在国民经济中占有重要地位。除液氨可直接作为肥料外，农业上使用的氮肥，如尿素、硝酸铵、磷酸铵、氯化铵以及各种含氮复合肥，都是以氨为原料的。据统计，全世界每年合成氨产量已达到1亿吨以上，其中约有80%的氨用于生产化学肥料，20%作为其他化工产品的原料。

在工业方面，氨是一种重要的化工原料。基本化学工业中的硝酸、纯碱、各种含氮无机盐，有机化学工业中的含氮中间体，制药工业中的磺胺类药物、维生素、氨基酸，高分子工业中的合成纤维、合成塑料、合成橡胶等，都是直接或间接以氨为原料生产的。

在国防工业和尖端科学技术部门，氨用于制造三硝基甲苯、三硝基苯酚、硝化甘油、硝化纤维等多种炸药，生产导弹、火箭的推进剂和氧化剂同样也离不开氨。

在医疗、食品行业中，氨可作为冷冻、冷藏系统的制冷剂。

3.1.2　合成氨工业发展概况

1754年英国化学家约瑟夫·普利斯特利（Joseph Priestley）在加热氯化铵和石灰的混合物时发现了氨，30年后法国化学家伯托利（C. L. Berthollet）确定氨由氢和氮组成。

1909年德国物理化学家弗里茨·哈伯（Fritz Haber）用锇催化剂将氮气与氢气在17.5～20MPa和500～600℃下直接合成，反应器出口得到6%的氨，并于卡尔斯鲁厄大学建立了一个每小时产80g合成氨的试验装置。1910年巴登苯胺纯碱公司建立了世界上第一座合成氨试验工厂。1912年巴登苯胺纯碱公司在奥堡建成了世界上第一座日产30吨的工业化规模的合成氨厂，1913年开始运行。

第一次世界大战结束后，德国因战败而被迫将合成氨技术公开。有些国家在此基础上做了许多改进，实现了不同压力下的合成方法——低压法（10MPa)、中压法（30MPa)、高压法（70～100MPa)，大多数国家采用中压法。从此合成氨工业得到了迅速发展，并推动了许多技术领域（如高压、催化、特殊金属材料、固体燃料气化、低温等科学技术）的进展。目前，合成氨技术已发展到了相当高的水平，实现了原料品种多样化、生产规模大型化、生产操作高度自动化、热能综合利用合理化。

我国合成氨工业始于20世纪30年代。1949年前，全国仅在南京、大连有两家合成氨厂，在上海有一个以水电解法制氢为原料的小型合成氨车间，年生产能力为4.6万吨氨。中华人民共和国成立以后，合成氨的产量增长很快。为了满足农业发展的迫切需要，除了恢复并扩建旧厂外，50年代建成了吉林、兰州、太原、四川4个合成氨厂。以后，在试制成功高压往复式氮氢气压缩机和高压氨合成塔的基础上，于60年代在云南、上海、衢州、广州等地先后建设了20多座中型合成氨厂。此外，结合国外经验完成了“三触媒”流程（氧化锌脱硫、低温变换、甲烷化）合成氨厂年产5万吨的通用设计，并在石家庄化肥厂采用。同时开发了合成氨与碳酸氢铵联合生产新工艺，兴建大批年产0.5万～2万吨氨的小型氨厂，其中相当一部分是以无烟煤代替焦炭进行生产的。70年代开始到80年代又建设了具有先进技术，以天然气、石脑油、重质油和煤为原料的年产30万吨氨的大型合成氨厂，分布在四川、江苏、浙江、山西等地。1983年、1984年产量已分别达到1677万吨、1837万吨（不包括台湾省），仅次于当时的苏联而占世界第二位。现在已拥有以各种燃料为原料、不同流程的大型装置15座，中型装置57座，小型装置1200多座，年生产能力近2000万吨氨。目前，我国是世界上最大的化肥生产和消费大国，2007年氨产量已超过5000万吨，合成氨产量位列世界第一。

3.1.3　合成氨生产方法简介

生产合成氨的主要原料有天然气、石脑油、重质油和煤（或焦炭）等。根据所使用的原料不同，合成氨的生产方法有以下几种。

3.1.3.1 以煤（或焦炭）为原料的生产方法

随着石油化工和天然气化工的发展，以煤（或焦炭）为原料制取氨的方式在世界上曾有逐步被淘汰的趋势，但随着能源格局的变化，现在煤制氨技术再度得到重视，国外主要是粉煤气化技术发展很快，国内则转向型煤制气技术并已非常成熟。

以煤（或焦炭）为原料的生产方法，气化剂是水蒸气和空气，固体煤（或焦炭）气化制得粗原料气，经脱硫、变换、脱碳、精制、压缩、氨合成等步骤制得氨。以煤（或焦炭）为原料的制氨流程如图3-1所示。

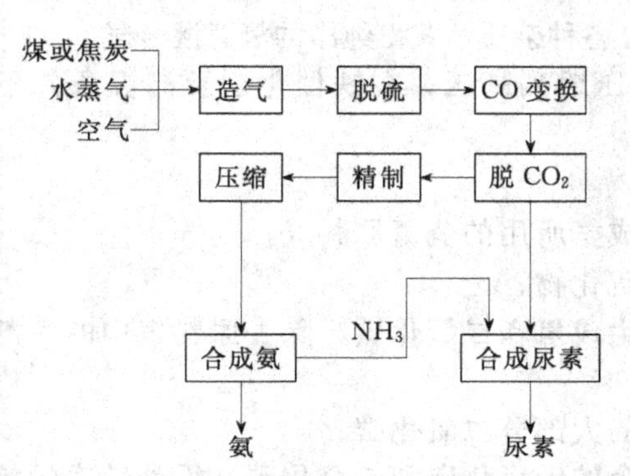

图3-1 以煤（或焦炭）为原料的制氨流程

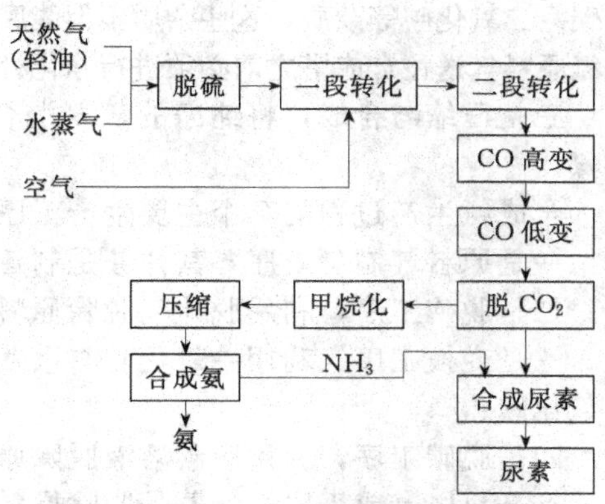

图3-2 以天然气为原料的制氨流程

3.1.3.2 以天然气或轻油为原料的生产方法

天然气先经脱硫，然后通过二次转化，再分别经过一氧化碳变换、二氧化碳脱除等工序，制得氮氢混合气，其中尚含有体积分数约0.1%～0.3%的一氧化碳和二氧化碳，经甲烷化作用除去后制得氢氮摩尔比为3的纯净气，再经压缩机压缩进入氨合成回路，制得产品氨。以天然气为原料的制氨流程如图3-2所示。

以轻油（石脑油）为原料的合成氨生产流程与此流程相似。

3.1.3.3 以重质油为原料的生产方法

重质油是多种高级烃类的混合物，主要包括重油、渣油及各种深度加工所得的残渣油。以重质油为原料制氨一般采用重油部分氧化法，气化剂是水蒸气和氧气（或富氧空气）。生产过程比天然气蒸汽转化法简单，但需要有空气分离装置，空气分离装置制得的氧用于重质油气化。氮除作为氨合成原料外，液态氮还用作脱除一氧化碳、甲烷及氩的洗涤剂。以重质油为原料的制氨流程如图3-3所示。

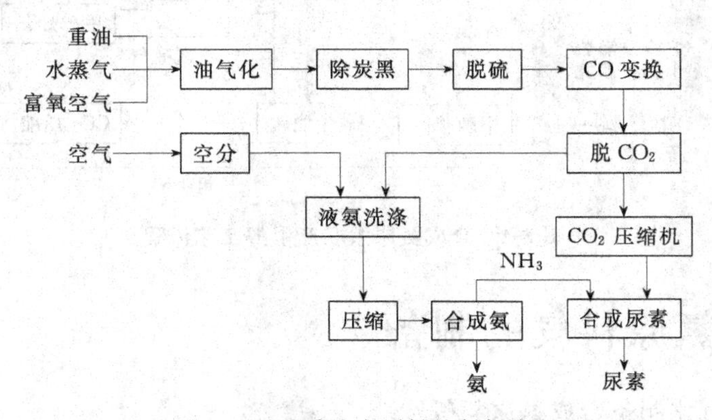

图3-3 以重质油为原料的制氨流程

3.1.4 合成氨生产的基本过程

合成氨生产所用的原料，按物质的状态可分为气体燃料、液体燃料和固体燃料3种。但无论采用哪种类型的原料生产合成氨，其生产过程均包括以下3个基本步骤和7个主要生产工序。

合成氨生产过程的3个基本步骤为：

一是造气，即以天然气、石脑油、重质油、煤（或焦炭）为原料，制备含氢、氮和一氧化碳的粗原料气；

二是净化，无论采用什么原料、选择何种方法制备氢氮原料气，粗气中均含有硫化物、一氧化碳、二氧化碳等杂质，这些杂质不但能腐蚀管道设备，而且能使合成氨催化剂中毒，因此在把氢氮原料气送往合成塔之前必须进行净化处理，除去各种杂质，获得纯净的氢氮混合气；

三是压缩与合成，将纯净的氢氮混合原料气压缩到高压，在铁催化剂及高温条件下合成氨。

合成氨生产过程的7个主要生产工序为：

一是原料气制备工序，其任务是制备生产合成氨所用的氢氮原料气；

二是脱硫工序，利用脱硫剂脱除原料气中的硫化物；

三是变换工序，利用一氧化碳与水蒸气反应生成氢和二氧化碳，除去原料气中的大部分一氧化碳；

四是脱碳工序，利用脱碳溶液脱除原料气中的大部分二氧化碳；

五是双甲合成工序，任务是脱除原料气中残余的一氧化碳和二氧化碳，得到纯净的氢氮混合气，并副产甲醇和烃化物；

六是压缩工序，首先将原料气压缩到净化所需要的压力，分别进行气体净化，得到纯净的氢氮混合原料气，然后将纯净的氢氮混合原料气压缩到氨合成反应所需的压力；

七是氨合成工序，在高温、高压和铁催化剂存在下将氢氮混合气合成为氨。

合成氨尿素联产甲醇工艺流程方框图如图3-4所示。

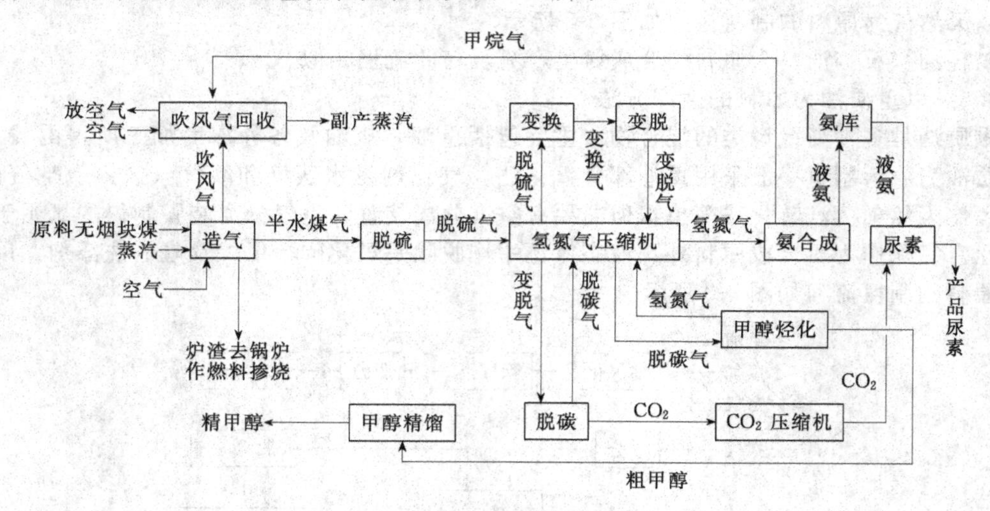

图3-4 合成氨尿素联产甲醇工艺流程

3.2 合成氨原料气的制备

3.2.1 固体燃料气化制备合成氨原料气

固体燃料气化是指用氧或含氧气化剂对固体燃料（煤、焦炭或水煤浆）进行热加工，使碳转变为可燃性气体的过程，在合成氨厂简称造气。气化所得的可燃气体称为煤气，进行气化的设备称为煤气发生炉（固体燃料气化器）。

固体燃料气化属于非催化气-固相反应，这类反应器有固定床（层）煤气发生炉、流化床煤气发生炉和气流床煤气发生炉等。国内使用较多的是间歇式固定床（层）煤气发生炉。

用来与固体燃料进行气化反应的气体统称为气化剂，常用的气化剂有空气、富氧空气、氧和水蒸气等。

（1）工业煤气分类　根据所使用的气化剂不同，可以生产出以下 4 种不同用途的工业煤气。

① 空气煤气：以空气为气化剂制取的煤气，在合成氨厂又称为吹风气。

② 水煤气：以水蒸气为气化剂制取的煤气。

③ 混合煤气：以空气和适量的水蒸气为气化剂制取的煤气。

④ 半水煤气：空气煤气与水煤气的混合物，其组成符合 $(CO+H_2)/N_2=3.1\sim3.2$（体积比）。

以上 4 种工业煤气的大致组成见表 3-1。

表 3-1　各种工业煤气的组成

煤气名称	气体组成(体积分数)/%						
	H_2	N_2	CO	CO_2	$CH_4$①	O_2	H_2S②
空气煤气	<1.0	65.0	33.0	1.0	0.5	—	—
水煤气	50.0	<6.0	35.0	6.0	0.3	0.2	0.2
混合煤气	11.0	55.0	27.5	6.0	0.3	0.2	—
半水煤气	40.0	22.5	31.0	8.0	<0.5	0.2	0.2

① CH_4 含量随燃料、气化炉及气化条件而变。
② H_2S 含量随固体燃料中含硫量而变。

（2）合成氨原料气生产方法　目前，工业上以固体燃料为原料生产合成氨原料气的方法主要有以下几种。

① 固定层间歇气化法：以固体燃料（无烟块煤、焦炭、煤球、煤棒）为原料，气化剂（空气和水蒸气）交替地通过固体燃料层，使燃料气化，制备合成氨原料气的过程。

② 固定层连续气化法：以富氧空气（或氧气）和水蒸气的混合物为气化剂，连续地通过固体燃料层进行气化，制备合成氨原料气的过程。

③ 气流层气化法：在高温下，以氧和水蒸气的混合物为气化剂，与粒度小于 0.1 mm 的粉煤并流气化，获得有效成分 $(CO+H_2)$ 高达 80%～85% 的煤气，灰渣呈熔融状态排除。

④ 水煤浆加压连续气化法：此法也称为德士古水煤浆气化法，将固体原料煤和水按一定比例加到磨煤机中磨成水煤浆，加压后和氧一起由喷嘴喷入气化炉内，进行气化反应，制得水煤气。

上述 4 种方法中，固定层间歇气化法和固定层连续气化法均可直接制备合成氨所需的半水煤气，并且工艺简单，技术成熟，另外我国煤炭资源相对天然气及油类原料丰富，所以国内以固体燃料为原料的中小型合成氨厂几乎都采用这两种方法。

3.2.1.1　固体燃料固定层间歇气化法制备半水煤气

固体燃料固定层间歇气化过程是在固定层煤气发生炉内进行的。固体块状燃料煤从炉顶间歇加入，气化剂通过燃料层进行气化反应，气化后的灰渣自炉底排出。

（1）固定层煤气发生炉内燃料层的分区（层）　在稳定的气化条件下，燃料层大致分为 4 个区域，如图 3-5 所示。

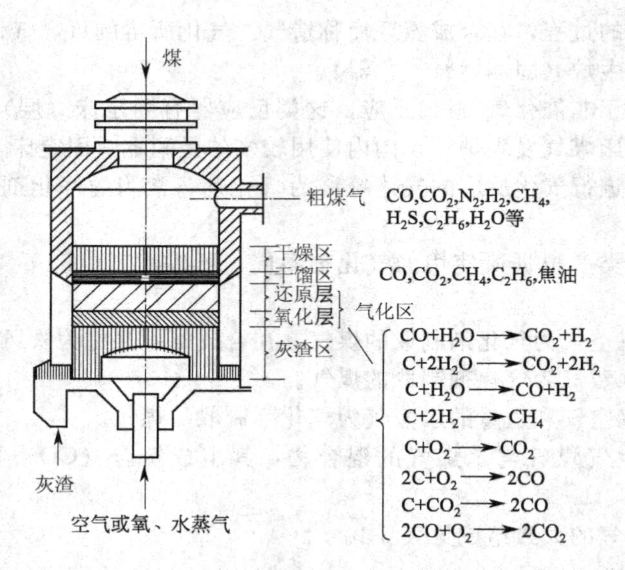

图 3-5 固定层煤气发生炉内燃料层的分区（层）

① 干燥区：在燃料层的最上部，新加入的燃料与煤气接触，燃料中水分蒸发，形成一个干燥区，该区高度与加入的燃料量有关。

② 干馏区：干燥层往下一个区域，燃料在此受热分解，放出低分子烃，燃料本身也逐渐焦化，这一区域叫干馏区，该区高度低于干燥区。

③ 气化区：干馏区向下依次是还原层和氧化层，二层相加为气化区，已成为游离碳状态的固体燃料在此区与气化剂反应。当气化剂为空气时，在气化层的下部主要进行碳的燃烧反应，称为氧化层；其上部主要进行碳与二氧化碳的反应，称为还原层。当气化剂为水蒸气时，在气化区进行碳与水蒸气的反应，不再区分氧化层与还原层。

④ 灰渣区：燃料经过气化区的气化反应后形成的灰渣留有一层在炉箅上，称为灰渣区。其作用是预热和均匀分布自炉底进入的气化剂，同时灰渣被冷却，以保护炉箅不致过热而变形。

燃料层里不同区（层）的高度随燃料种类、性质的差别和采用的气化剂、气化条件不同而异，而且各区（层）之间没有明显的分界，往往是互相交错的。

(2) 固体燃料气化的原理　固体燃料固定层间歇气化法生产半水煤气时，吹风和制气是交替进行的。首先使空气或富氧空气通过燃料层，碳与氧发生放热反应以提高炉温；然后蒸汽通过燃料层，碳与蒸汽发生吸热反应制得合成氨粗原料气。

① 以空气或富氧空气为气化剂，碳与氧的反应　在吹风阶段，当空气或富氧空气通过高温燃料层时，碳与氧发生下列反应：

$$C+O_2 \longrightarrow CO_2+393.7\text{kJ/mol} \tag{3-9}$$

$$2C+O_2 \longrightarrow 2CO+220.9\text{kJ/mol} \tag{3-10}$$

$$2CO+O_2 \longrightarrow 2CO_2+566.1\text{kJ/mol} \tag{3-11}$$

$$CO_2+C \rightleftharpoons 2CO-172.4\text{kJ/mol} \tag{3-12}$$

上述 4 个反应中，式(3-9)、式(3-10)、式(3-11) 是放热反应，式(3-12) 是吸热反应。

在吹风阶段，向炉内通入空气的目的是空气中的氧与燃料中的碳进行燃烧反应，放出的热量使燃料层温度升高，为水蒸气与碳的吸热反应提供热量。

从化学平衡的角度分析，在高温燃料层中不断送入空气的情况下，式(3-9)、式(3-10)、式(3-11)的平衡常数很大，反应主要向正向进行，可视为不可逆反应，反应结果使燃料层温度升高。而式(3-12)的平衡常数随温度的变化而变化，是一个可逆反应，正向反应的结果使燃料层温度降低。因此应选择适宜的操作条件，控制反应(3-12)的发生。

式(3-12)是可逆吸热反应，由化学平衡移动原理可知，随着反应温度的升高，平衡向右移动，一氧化碳平衡含量增加，二氧化碳平衡含量降低。一氧化碳与二氧化碳的平衡组成与温度的关系如图3-6所示。

从温度对化学平衡的影响可知，为了使反应(3-12)向左移动，提高吹风气中二氧化碳的含量，减少热量损耗，应该把反应温度控制得低一些，但这与吹风提高燃料层温度、为水蒸气与碳发生吸热反应提供热量的目的相矛盾。在生产过程中解决这一矛盾的方法是提高空气的流速，减少气体与碳层的接触时间，使二氧化碳还来不及与碳发生还原反应就离开了燃料层。另外，提高气速、增大流量还能减少属于不完全燃烧反应(3-10)的发生。这样既迅速提高了燃料层温度，缩短了吹风时间，又减少了热量损失和燃料消耗。

式(3-10)和式(3-12)为体积增大的反应，而且在吹风阶段都是不希望发生的反应。由化学平衡移动原理可知，适当提高入炉空气的压力，这两个反应的平衡均左移，从而减少碳的消耗和热量的损失。

从反应速率角度分析，吹风阶段在煤气炉的操作温度下，氧化层里碳与氧的反应速率非常快。因此，提高吹风速度、增加氧的加入量，对氧化层内发生的燃烧反应十分有利。在还原层里二氧化碳还原生成一氧化碳的反应速率相对氧化层里的燃烧反应速率较慢，提高反应温度能加快二氧化碳还原的反应速度率。

二氧化碳的还原反应速率与温度的关系如图3-7所示。由图可知，二氧化碳在1000℃与碳接触43s，生成气中一氧化碳含量为60%，当温度升至1100℃时只需6s就可达到同样的效果。因此，温度越高，二氧化碳的还原速率越快。

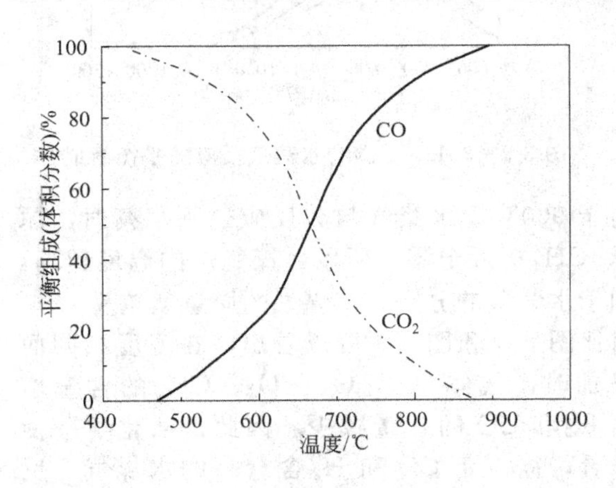

图3-6　CO、CO_2平衡组成与温度的关系

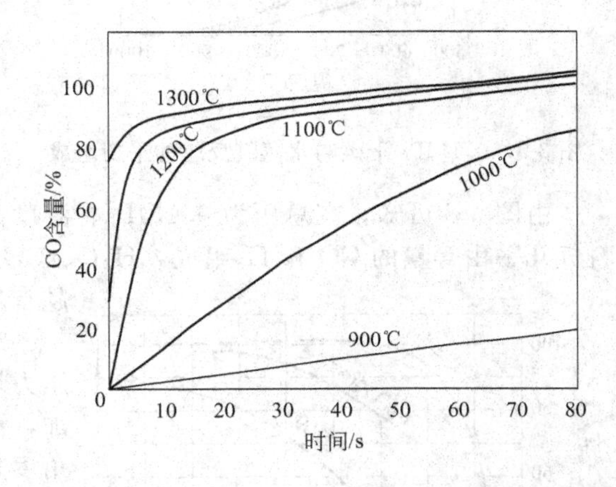

图3-7　CO_2的还原反应速率与温度的关系

另外，二氧化碳的还原反应速率还与燃料的化学活性、灰分含量等因素有关，燃料的化学活性越高、灰分含量越低，二氧化碳的还原速率越快。

综上所述，在吹风阶段，为了加快碳与氧的燃烧反应、减少二氧化碳的还原反应，应当提高空气的流速，并且燃料层的高度和燃料层的温度不能过高。

② 以水蒸气为气化剂，碳与水蒸气的反应　在制气阶段，当水蒸气通过高温燃料层时，碳与水蒸气首先发生下列反应：

$$C+H_2O(g) \rightleftharpoons CO+H_2-131.4kJ/mol \tag{3-13}$$

$$C+2H_2O(g) \rightleftharpoons CO_2+2H_2-90.2kJ/mol \qquad (3\text{-}14)$$

反应(3-14) 生成的二氧化碳还可与碳反应生成一氧化碳：

$$CO_2+C \rightleftharpoons 2CO-172.4kJ/mol \qquad (3\text{-}12)$$

当温度较低时还会发生生成甲烷和一氧化碳转化为氢的副反应：

$$C+2H_2 \rightleftharpoons CH_4+74.9kJ/mol \qquad (3\text{-}15)$$

$$CO+H_2O(g) \rightleftharpoons CO_2+H_2+41.2kJ/mol \qquad (3\text{-}16)$$

制气阶段通入水蒸气进行气化的目的是制得含氢和一氧化碳的原料气，即希望式(3-12)、式(3-13)、式(3-14) 按正向进行，尽量避免反应(3-15)、反应(3-16) 发生。

碳与水蒸气的化学反应中，式(3-12)、式(3-13)、式(3-14) 是吸热反应，式(3-15)、式(3-16) 是放热反应。由化学平衡移动原理可知，提高反应温度可使反应(3-12)、反应(3-13)、反应(3-14) 向右移动，使反应(3-15)、反应(3-16) 向左移动，即提高反应温度能提高原料气中一氧化碳和氢气的含量，减少二氧化碳和甲烷的含量。压力一定时，不同温度下，碳与水蒸气的反应达到平衡时，原料气的组成如图 3-8 和图 3-9 所示。

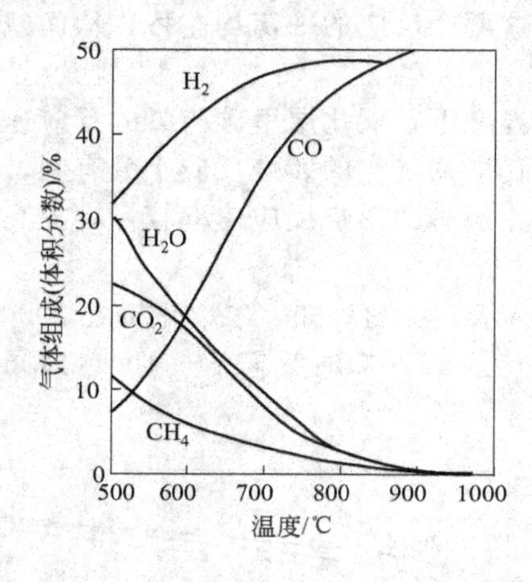

图 3-8 0.1MPa 下碳与水蒸气反应的平衡组成

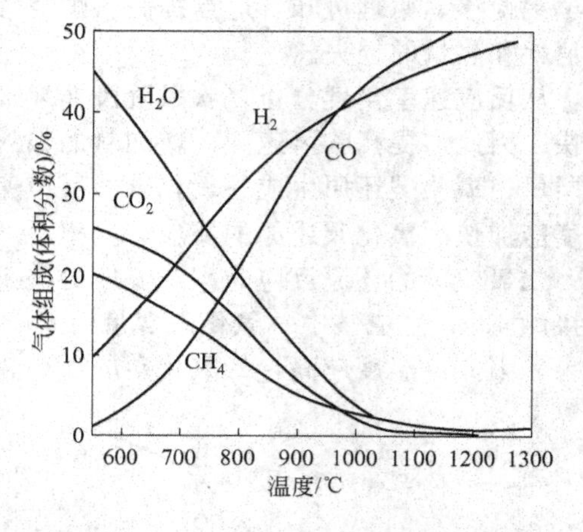

图 3-9 2MPa 下碳与水蒸气反应的平衡组成

由图 3-8 可知，在总压为 0.1MPa、温度高于 900℃、水蒸气与碳反应达到平衡时，原料气几乎由等量的 CO 和 H_2组成，H_2O、CO_2、CH_4接近于零。所以，煤气炉的温度越高，越有利于水蒸气的分解，水煤气的质量就越高。

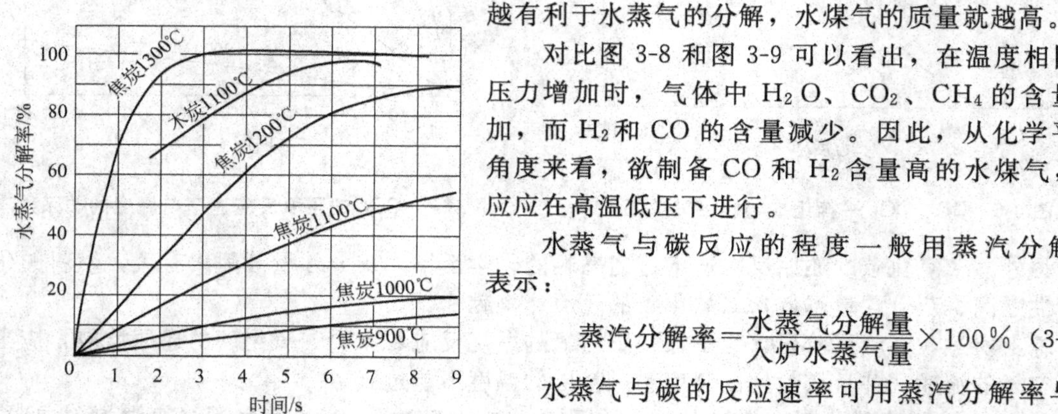

图 3-10 蒸汽分解率与温度、反应时间、燃料性质的关系

对比图 3-8 和图 3-9 可以看出，在温度相同而压力增加时，气体中 H_2O、CO_2、CH_4 的含量增加，而 H_2和 CO 的含量减少。因此，从化学平衡角度来看，欲制备 CO 和 H_2 含量高的水煤气，反应应在高温低压下进行。

水蒸气与碳反应的程度一般用蒸汽分解率表示：

$$蒸汽分解率=\frac{水蒸气分解量}{入炉水蒸气量}\times 100\% \qquad (3\text{-}17)$$

水蒸气与碳的反应速率可用蒸汽分解率与温度、反应时间、燃料性质的关系进行说明。

蒸气分解率与温度、反应时间、燃料性质的关系如图 3-10 所示。由图可知，碳与水蒸气的反应速率主要取决于煤气炉温度和燃料的化学活性。温度越高，反应速率越快；在相同的温度下，燃料的化学活性越高，反应速率越快。

③ 以空气和适量的水蒸气为气化剂，碳与氧、水蒸气同时反应 当空气和适量的水蒸气混合通过高温燃料层时，在气化层里同时发生碳与氧和碳与水蒸气的反应，虽然此时反应过程更加复杂，但是其反应过程、反应式及影响因素基本上与碳与氧和碳与水蒸气分别发生反应的情况一致。

以空气和适量的水蒸气为气化剂，气化区分为氧化层和还原层。在氧化层里，由于温度高，主要发生碳的氧化反应，氧含量急剧下降，二氧化碳的含量快速增长，同时也会发生碳与水蒸气的反应，生成一定量的一氧化碳，但水蒸气含量变化不大。而位于氧化层上面的还原层，反应情况与单独通过水蒸气时无原则上的区别，只是气体中除了氢外还有相当多的二氧化碳和氮气，氮气的存在降低了反应物和生成物的分压。由于碳与二氧化碳反应生成一氧化碳、碳与水蒸气反应生成一氧化碳和氢的反应都是体积增大的反应，由化学平衡移动原理可知，压力降低有利于反应向生成一氧化碳和氢的方向进行。从反应的热平衡角度看，碳与氧气的反应是放热过程，碳与水蒸气的反应是吸热过程，因此水蒸气与空气同时通入燃料层是热效应相互抵消的过程，对维持恒定的燃料层温度有利。

(3) 半水煤气的制造 半水煤气是生产合成氨的原料气，其生产方法可采用固定层间歇气化法或固定层连续气化法制备获得。但无论采用哪种方法，最终必须满足 $(CO+H_2)/N_2$（体积比）为 3.1～3.2 的工艺要求。

用空气和水蒸气作为气化剂制半水煤气时，若将两种气化剂同时通入高温燃料层，则碳与空气发生放热反应、与水蒸气发生吸热反应。如果控制空气与水蒸气的比例，使碳与空气反应放出的热量等于碳与水蒸气反应所需的热量，则制气过程可以维持自热运行，但产生的气体组成难以满足工艺要求。反之，在满足半水煤气组成时，系统将不能维持自热运行。

下面通过对空气、水蒸气同时通入燃料层的过程做一简单热量衡算加以说明。

为简化起见，碳与空气的反应用式(3-10) 表示，碳与水蒸气的反应用式(3-13) 表示，并忽略过程热损失。根据空气中氧与氮的比例，气化反应可写成：

$$2C+(O_2+3.76N_2)\longrightarrow 2CO+3.76N_2+220.9\text{kJ/mol} \quad (3\text{-}18)$$

$$C+H_2O(g)\rightleftharpoons CO+H_2-131.4\text{kJ/mol} \quad (3\text{-}13)$$

当碳与氧反应放出的热量等于碳与水蒸气反应吸收的热量时，则消耗 1mol O_2 的反应热可供 x mol 碳与水蒸气进行反应：

$$x=\frac{220.9}{131.4}=1.68(\text{mol})$$

当系统维持自热平衡时的总反应式为：

$$3.68C+O_2+1.68H_2O+3.76N_2\longrightarrow 3.68CO+1.68H_2+3.76N_2 \quad (3\text{-}19)$$

则半水煤气的组成为：

H_2 1.68/(3.68+1.68+3.76) =0.1842（摩尔分数）

N_2 3.76/(3.68+1.68+3.76) =0.4123（摩尔分数）

CO 3.68/(3.68+1.68+3.76) =0.4035（摩尔分数）

其中 $(CO+H_2)/N_2=(0.1842+0.4035)/0.4124=1.43$（摩尔分数）

由以上计算可知，空气与水蒸气同时进行气化反应时，如不提供外部热源，则气化产物中 $CO+H_2$ 的含量大大低于合成氨原料气配比要求。

为解决气体成分与热量平衡这一矛盾，可采用下列方法。

① 富氧空气气化法：用富氧空气（含 O_2 50%左右）和水蒸气作为气化剂同时进行气化

反应。由于富氧空气中含氮量较少，在保证系统自热运行的同时半水煤气的组成也可满足合成氨原料气的要求。此法的关键是要有较廉价的富氧空气来源。

② 蓄热法：将空气和水蒸气分别送入燃料层，也称间歇气化法。其过程大致为：先送入空气以提高燃料层温度，生成的气体（吹风气）大部分放空，再送入水蒸气进行气化反应，此时燃料层温度逐渐下降，所得水煤气配入部分吹风气即成半水煤气，如此间歇地送空气和送水蒸气重复进行。此法是目前用得比较普遍的补充热量的方法，也是我国大多数中小型合成氨厂的重要气化方法。

③ 外热法：如利用原子能反应堆余热或其他廉价高温热源，用熔融盐、熔融铁等介质为热载体直接加热反应系统或预热气化剂，以提供气化过程所需的热能。这种方法目前尚处于研究阶段。

(4) 固定层间歇气化法制半水煤气的工作循环　固定层间歇气化法制造半水煤气时，需要向煤气发生炉内交替地送入空气和水蒸气，燃料层温度随空气的加入逐渐升高，随水蒸气的加入又逐渐下降，呈周期性变化，生成煤气的组成亦呈周期性变化，这是工业生产过程中间歇制气的重要特点。工业上将自上一次开始送入空气至下一次再送入空气为止称为一个工作循环。

为了保持炉温的稳定及操作安全，每个工作循环一般包括 5 个阶段。

① 吹风阶段：自下而上地通入空气，提高燃料层温度，回收显热和潜热后吹风气放空。

② 一次上吹制气阶段：自下而上地送入水蒸气进行气化反应，燃料层温度逐渐下降，尤其下层燃料的温度下降较多。为保持正常炉温，可在水蒸气中配入部分空气进行气化，既有利于炉温的稳定，又可增加水煤气中的含氮量。配入的空气称为加氮空气。

③ 下吹制气阶段：水蒸气与加氮空气自上而下进行气化反应，使燃料层温度趋于均衡。

④ 二次上吹制气阶段：水蒸气再次自下而上吹入，将炉底的煤气排净，为吹入空气做准备。

⑤ 空气吹净阶段：空气自下而上吹入燃料层，此部分吹风气加以回收，作为半水煤气中氮的主要来源。

间歇式制气中各阶段气体的流向不同，需用自控装置控制各阀门，使之在规定的时间内启闭，以保证气化过程的正常进行。间歇式制气工作循环中各阶段气体的流向如图 3-11 所示。

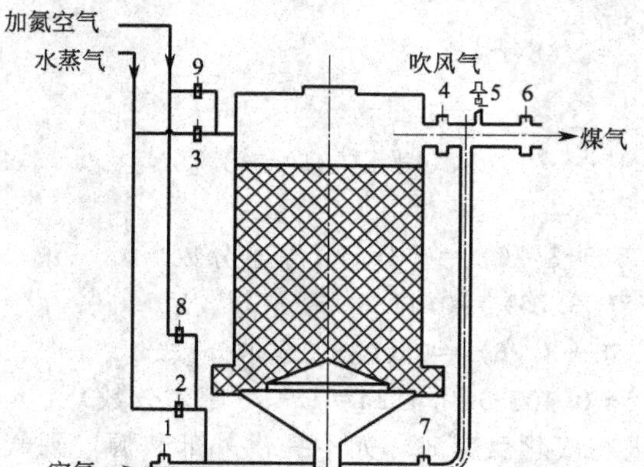

阶段	阀门开启状况								
	1	2	3	4	5	6	7	8	9
吹风	○	×	×	○	○	×	×	×	×
一次上吹	×	○	×	○	×	○	×	○	×
下吹	×	×	○	×	×	○	○	×	○
二次上吹	×	○	×	○	×	○	×	○	×
空气吹净	○	×	×	○	×	○	×	×	×

注：○表示阀门开启；×表示阀门关闭。

图 3-11　间歇法制半水煤气各阶段气体流向

目前，我国部分小型合成氨厂仍采用上下吹制气阶段只送入水蒸气、不送加氮空气的流程。该流程与上下吹制气阶段加氮流程相比，有的工艺增加了部分吹风气回收步骤（提供氮气），有的工艺适当延长了空气吹净时间。

（5）固定层间歇气化法制半水煤气的气化效率及工艺条件　如何选择最佳工艺条件，减少热量损失，最大限度地提高燃料的利用率，是制备半水煤气的关键。在工业生产过程中常以气化效率衡量燃料的利用率，气化效率高，燃料利用率高，生产成本低。

① 气化效率　间歇气化法制造半水煤气的过程中，吹风阶段的效率称为吹风效率，制气阶段的效率称为制气效率，吹风效率与制气效率综合起来称为气化过程的总效率。

（a）吹风效率　指积蓄于燃料层中的热量与吹风阶段消耗燃料煤的热值之比。若不考虑煤气发生炉的热损失，积蓄于燃料层中的热量应等于吹风阶段反应放出的热量与吹风气的热值之差，因此吹风效率可用下式表示：

$$\eta_{吹风}=\frac{Q'_{反}-Q'_{气}}{Q'_{燃}}\times 100\% \tag{3-20}$$

式中　$\eta_{吹风}$——吹风效率，%；

$Q'_{反}$——吹风时反应放出的热量，kJ；

$Q'_{气}$——吹风气带走的热量，kJ；

$Q'_{燃}$——吹风阶段消耗的燃料具有的热值，kJ。

（b）制气效率　指制气阶段所产煤气的热值与制气阶段消耗燃料煤的热值、蒸汽带入的热量及吹风时积蓄于燃料层中可以利用的热量三者之和之比，可用下式表示：

$$\eta_{制气}=\frac{Q_{气}}{Q_{燃}+Q_{蒸}+Q_{利用}}\times 100\% \tag{3-21}$$

式中　$\eta_{制气}$——制气效率，%；

$Q_{气}$——煤气的热值，kJ；

$Q_{燃}$——制气阶段消耗燃料煤的热值，kJ；

$Q_{蒸}$——蒸汽带入的热量，kJ；

$Q_{利用}$——吹风时积蓄于燃料层中可以利用的热量，kJ。

（c）气化总效率　指气化过程制得半水煤气的热值与气化过程所消耗燃料煤的热值和蒸汽带入热量的和之比，可用下式表示：

$$\eta_{总}=\frac{Q_{气}}{Q_{总燃}+Q_{蒸}}\times 100\% \tag{3-22}$$

式中　$\eta_{总}$——气化过程的总效率，%；

$Q_{气}$——煤气的热值，kJ；

$Q_{总燃}$——气化过程所消耗燃料煤的热值，kJ；

$Q_{蒸}$——蒸汽带入的热量，kJ。

提高制气效率和吹风效率，可以提高气化总效率。

② 工艺条件

（a）温度　煤气发生炉中燃料层的温度沿着炉的轴向变化，以氧化层温度最高。工业上所说的操作温度一般指氧化层温度，简称炉温。炉温高，对碳与水蒸气之间的反应有利，即制气时蒸汽分解率高，生成煤气中 CO 与 H_2 的含量高，而且高温能加快反应速率，总的表现为蒸汽分解率高，煤气产量高、质量好，制气效率高。但炉温是由吹风阶段确定的，高炉温将导致放空的吹风气中 CO 含量高。为解决这一矛盾，通常采用加大风速的方法，使生成 CO 的反应进行不完全，从而降低吹风气中的 CO 含量。在上述前提下，以略低（50℃）于燃料灰熔点的温度作为炉温，做到既保持炉内不结疤又有较高的煤气产量及质量。一般炉温维持在1000～1200℃。

(b) 吹风速度 提高吹风速度，氧化层反应加速，而且使CO_2在还原层停留时间减少，吹风气中CO含量降低，减少了热损失。但风量过大将导致飞灰增加，燃料损失加大，甚至燃料层出现风洞以致被吹翻，造成气化条件严重恶化。因此，吹风速度的大小应以炭层不被吹翻为原则；不同的原料选择不同的吹风速度，同时吹风速度的增大还受到风机能力的限制。实际生产中，内径为1.98 m的煤气发生炉吹风量为7000～10000m^3/h，内径为2.74m的煤气发生炉吹风量为18000～32000m^3/h。

(c) 蒸汽用量 吹风阶段结束后开始制气，蒸汽送入炉内，和灼热炭反应，生成水煤气。蒸汽刚入炉时，由于气化反应温度高，蒸汽分解率高，气体质量好。但随着时间加长，气化层温度逐渐降低，蒸汽分解率也逐渐降低，使制气效率下降。在生产中，选用适当蒸汽用量十分重要。若蒸汽用量过大，蒸汽通入炉内速度快，使蒸汽与燃料层接触时间变短，部分蒸汽来不及和原料反应而被带走，这不但降低了蒸汽分解率，同时未分解的蒸汽量增多，带走热量增多，热损失增加，温度降低，煤气质量差，制气效率低；若蒸汽用量过小，虽然满足了蒸汽与燃料层接触时间，能获得优质煤气，但在单位时间内通过燃料层的蒸汽用量过小，降低了煤气发生炉的生产能力，有时还会发生结块结疤，使气化层恶化。因此，选用蒸汽用量应以维持炉温为原则，可根据煤气中CO_2含量、灰渣情况综合判断蒸汽用量是否合适。实际生产中，内径为1.98m的煤气发生炉蒸汽的适宜用量为2.2～2.8t/h，内径为2.74m的煤气发生炉蒸汽的适宜用量为5～7t/h。

(d) 燃料层高度 煤气发生炉内的燃料层高度对气化反应有很大的影响。从吹风阶段看，燃料层高，会使吹风气与燃料层接触时间延长，CO_2被还原，CO含量增加，热损失增大，这是不利的一面；但当制气时，高燃料层可使气体与燃料层接触时间增长，能提高蒸汽分解率，同时还有利于CO_2的还原，可提高煤气的产量和质量，这是生产的主导方面。因此，选择高燃料层操作对整个生产是有利的。燃料层太薄，使气体质量变差，甚至引起吹翻，使气化状况恶化，严重时会使煤气中氧含量增高，威胁安全生产。

选择燃料层高度，还要根据鼓风机性能进行。风机压头高，燃料层可适当提高；风机能力小，则不宜采用过高的燃料层，否则会影响吹风速度。在选择燃料层高度时，还应根据燃料的不同粒度进行，粒度大、热稳定性好的燃料可适当提高燃料层高度，粒度小、热稳定性差的燃料则应适当降低燃料层高度。

(e) 循环时间及其分配 每一工作循环所需的时间称为循环时间。一般来说，循环时间长，气化层温度与煤气的产量、质量波动就大；循环时间短，则阀门开关占有的时间相对加长，即辅助生产时间增长，气化炉的气化强度就会降低，而且阀门因开关过于频繁而容易损坏。根据制气过程的自控水平及维持炉内工况稳定的原则，通常循环时间等于或略少于3min。循环时间一经确定基本不做调整，但可改变工作循环中各阶段的时间分配来改善气化炉的工况。气化炉循环时间的分配实例见表3-2。

表3-2 工作循环中各个阶段时间分配百分比范围

阶段名称	吹 风	一次上吹	下 吹	二次上吹	空气吹净
时间分配/%	25	25～26	36～37	9	3～4

注：根据不同煤种及操作状况，上述时间分配可稍做调整。

(f) 气体成分 主要调节半水煤气中$(CO+H_2)/N_2$的比值。调节方法是改变加氮空气或调整空气吹净时间。此外，在生产中还应经常注意保持半水煤气中的氧含量(≤0.5%)，否则将造成后续工序操作的困难。氧含量过高，不仅会与氢、一氧化碳等气体发生爆炸，而且还会使变换催化剂氧化，使变换反应器温度猛升，影响催化剂的活性及使用寿命。

(g) 二次空气的用量 加入二次空气的目的是充分回收吹风气中一氧化碳的燃烧热。若二次空气的用量不足，则不能充分回收一氧化碳的燃烧热；若二次空气的用量过大，不仅过剩的空气会将热量带走，而且还有爆炸的危险。实际生产中，要求加入二次空气后出燃烧室的吹风气中一氧化碳和氧的含量均小于1%。

(h) 间歇气化过程对固体燃料的要求 为了制备高产优质的半水煤气，必须使燃料层保持较高的温度，气化剂保持较高的流速，而且使燃料层同一截面上的气流速度和温度分布均匀。这些条件的获得，除了与炉子结构（如加料、排渣等装置）的完善程度有关外，与采用的燃料性质也有密切关系。

(ⅰ) 燃料的水分含量<5%。固体燃料中的水分有三种：游离水、吸附水和化合水。水分含量高使煤有效成分降低，不但增加运输费用，而且由于水分蒸发带走热量，使消耗定额增高，蒸汽分解率降低，另外水分含量高还可引起炉温下降，影响气体质量。因此，水分含量要求小于5%。

(ⅱ) 燃料的挥发分含量<6%。固体燃料在规定条件下隔绝空气加热，其中的部分有机物和矿物质发生分解并逸出，逸出的气体（主要是H_2，C_mH_n，CO，CO_2等）产物称为固体燃料的挥发分。气化挥发分含量较高的燃料所制得的煤气中甲烷、焦油含量也高。如果制得的煤气作燃料用，则增高甲烷含量能提高煤气热值；但如果制得的煤气作合成氨原料气用，则甲烷为惰性气体不仅增加动力和燃料消耗，而且降低炉子的制气能力。所以，在固定层煤气发生炉中，用于制取合成氨原料气的燃料，要求其挥发分含量以不超过6%为宜。

(ⅲ) 燃料的灰分含量为15%～20%。固体燃料完全燃烧后剩余的残留物称为固体燃料的灰分。灰分的主要组分为二氧化硅、氧化铁、氧化铝、氧化钙和氧化镁等无机物质。这些物质的含量对灰熔点有决定性影响。灰分含量高的燃料不仅增加运输费用，而且使气化条件变得复杂化。当灰分含量过高时，在气化过程中由于部分碳表面为灰分所覆盖（特别是块状燃料），可减小气化剂与碳表面的接触面积，因而降低了燃料的反应活性，同时随灰渣排出的碳量增加，使热效率降低。因此，燃料中灰分含量越低越好，一般要求小于25%。

(ⅳ) 燃料的硫分含量<1.5g/m^3。煤中的硫分在气化过程中转化为含硫的气体，不仅对金属设备有腐蚀作用，而且会使催化剂中毒。在合成氨生产系统中，根据流程的特点，对含硫量有一定的要求，并应在气体净化过程中将其脱除。

(ⅴ) 燃料的灰熔点>1250℃。灰渣成熔融状态时的温度称为燃料的灰熔点。燃料的灰渣达一定温度时会发生变形、软化，以至呈熔融状态。灰渣熔融后，能使煤气发生炉中同一水平截面各处阻力不一样，影响气体的均匀分布，使气化面积减少，生产能力下降。因此，要求气化燃料的灰熔点越高越好（煤的固定层气化工艺是在灰熔点以下进行的），一般要求不低于1250℃。

(ⅵ) 燃料的机械强度和热稳定性。机械强度是指固体燃料的抗破碎力。煤的机械强度低，在运输、破碎过程中，甚至在进入固定层煤气发生炉后，易于破裂而生成很多不能用于气化的煤屑，这不仅增大原煤的消耗和造气成本，增加处理煤屑的困难，而且还会影响气化过程的正常进行。燃料的热稳定性是指燃料在受高温后破碎的程度。气化方法不同，对燃料的热稳定性有不同的要求。热稳定性差的燃料，在气化过程中易于碎裂，产生的大量粉尘及微粒将被气流带走，或堵塞炉膛、炉管，使燃料层阻力增大，过多消耗动力，甚至影响制气产量。

(ⅶ) 燃料的粒度为25～100mm。入炉燃料粒度大小和粒度范围影响气化时的质交换和热交换条件。燃料粒度小，反应表面大，有利于气化反应，但是会使气化剂通过燃料层时的阻力增大，并限制气化剂的最大流速（因为气化剂的流速应在带出燃料量的允许范围以内)；燃料粒度范围大，易产生小粒填充大粒间隙的现象，使燃料层阻力增大，同时还会使加料入炉时大粒偏布炉壁、小粒集中中央，产生所谓“偏析”现象，影响气流分布。一般在制取水煤气或半水煤气的固定层煤气发生炉中所用的燃料采取分级过筛，分档使用。

综上所述，固定层间歇气化法要求所用燃料机械强度高、热稳定性好、粒度适当均匀、灰分及挥发分含量少、灰熔点及化学活性高。能满足以上要求的理想燃料是焦炭，其次是无烟煤。

(6) 固定层间歇气化法制半水煤气的工艺流程和主要设备

① 工艺流程　造气工艺流程按合成氨厂的生产规模分为小型合成氨厂造气流程和中型合成氨厂造气流程两种。随着合成氨工业的飞速发展，合成氨产能不断增加，经过合成氨企业多年来对小型合成氨厂造气流程的不断改进，两种流程的主要区别主要在于煤气发生炉的规格尺寸不同，小型氨厂所用煤气炉直径一般为1.98m和2.26m，中型氨厂所用煤气炉直径一般为2.75m和3.00m。

(a) 中型合成氨厂造气流程　该工艺流程一般包括煤气发生炉、余热回收装置，以及煤气的除尘、降温、贮存等设备。由于间歇制气，而且吹风气要经烟囱放空，故备有两套管线切换使用。图3-12为中型合成氨厂（UGI型）造气工艺流程。

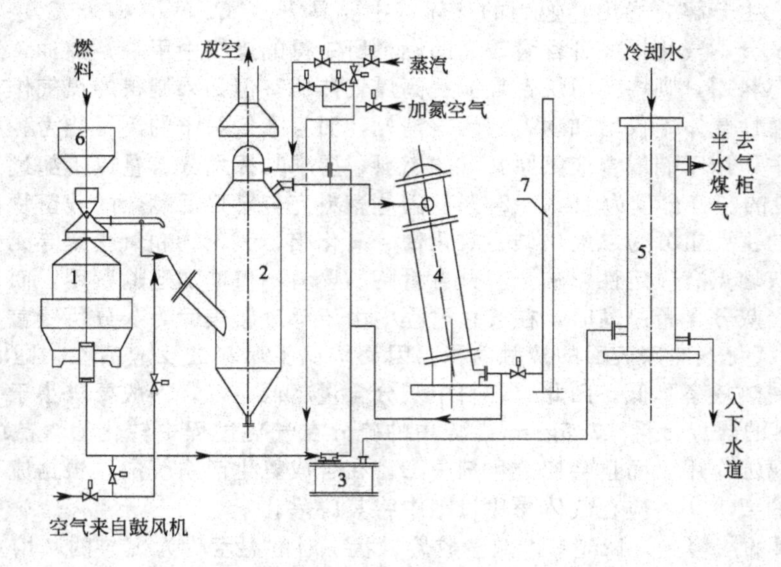

图3-12　中型合成氨厂（UGI型）造气工艺流程

1—煤气发生炉；2—燃烧室；3—水封槽（洗气箱）；4—废热锅炉；5—洗涤塔；6—燃料贮仓；7—烟囱

如图3-12所示，固体燃料由加料机从炉顶间歇加入炉内。进行吹风时，空气经鼓风机自上而下通过燃料层，吹风气先进入燃烧室，与加入的二次空气相遇燃烧，使燃烧室内的蓄热砖温度上升，然后经废热锅炉回收热量后由烟囱放空。

蒸汽上吹制气时，水蒸气与加氮空气混合后自炉底进入燃料层，与碳反应生成的半水煤气经燃烧室及废热锅炉回收余热后，再经洗气箱及洗涤塔进入气柜。

蒸汽下吹制气时，水蒸气与加氮空气混合后进入燃烧室，经预热后自上而下流经燃料层，由于煤气温度较低，直接由洗气箱经洗涤塔进入气柜。

二次上吹与空气吹净时，气化剂均自下而上通过燃料层，煤气的流向则与一次上吹相同，即经过燃烧室、废热锅炉、洗气箱及洗涤塔后进入气柜。燃料气化后生成的灰渣定期由炉底排除。

在上述操作中必须引起高度重视的是：在制气阶段，每当切换上下吹操作时，加氮空气阀要比蒸汽阀适当迟开早关一些，避免加氮空气与半水煤气相遇，发生爆炸事故或使半水煤气中氧含量增高。

(b) 带吹风气回收系统的节能型造气工艺流程　随着世界能源的短缺，能源价格不断上涨，能源的合理利用已成为合成氨（甲醇）行业进一步发展的制约因素之一。因此，在合成氨企业积极推广应用行之有效的造气吹风气回收节能技术是一项十分重要的任务，其节能、环保、经济效益十分可观。我国中小型合成氨厂经过十多年来的努力，对传统的UGI型间歇式制气工艺进行了一系列技术革新，已经取得了重大进展和成就。如山东文登化肥厂、山东胶南化肥厂、江苏溧阳化肥厂等一些节能先进厂实现了“两煤变一煤”的蒸汽自给新工艺，吨氨总能耗降至42665MJ，基本接近从国外引进的以煤制氨年产30万吨氨的某些大型厂的总能耗。图3-13和图3-14为我国自行研制的间歇式煤气化工艺流程及吹风气热能回收的新流程，二者结合组成带吹风气回收系统的节能型造气工艺流程。

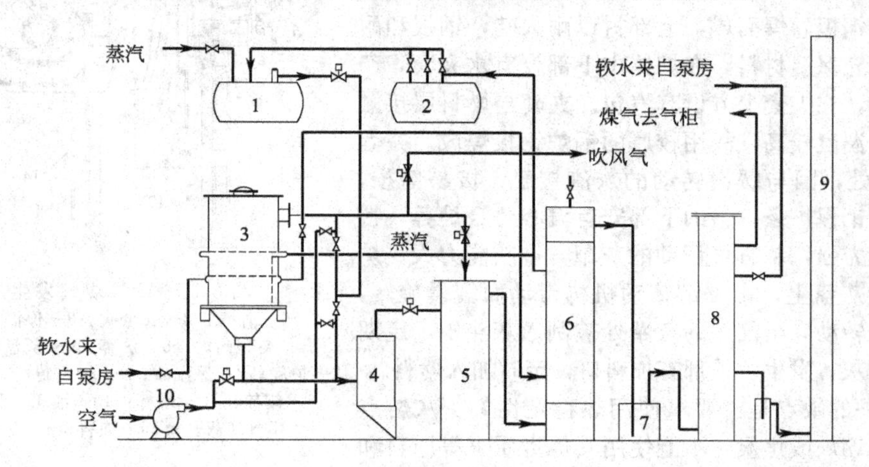

图3-13　造气系统工艺流程

1—蒸汽缓冲器；2—汽包；3—煤气发生炉；4—下行集尘器；5—上行集尘器；6—废热锅炉；7—洗气箱；8—洗气塔；9—烟囱；10—鼓风机

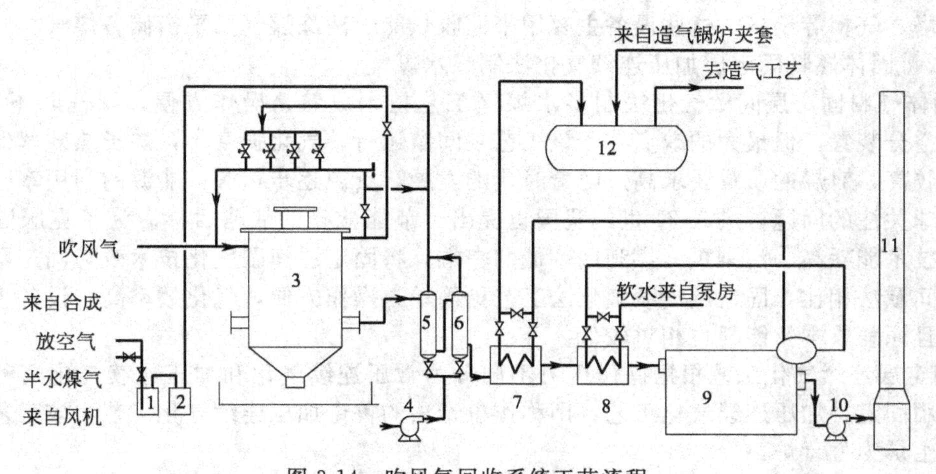

图3-14　吹风气回收系统工艺流程

1—安全水封；2—分离器；3—立式上燃式燃烧炉；4—空气鼓风机；5—第一空气预热器；6—第二空气预热器；7—蒸汽过热器；8—软水加热器；9—热管锅炉；10—引风机；11—烟囱；12—蒸汽缓冲罐

带吹风气回收系统的节能型造气工艺主要技术革新关键在于主要设备的选型及结构上。譬如造气部分煤气发生炉采用了阻力小、通风面积大、布风均匀、破渣力强、碳层下降均匀平稳、灰渣残碳少、对煤种适应性强的新型炉箅，而且扩大了废热锅炉的面积；吹风气回收部分采用了吸热快、传递快、热效率高、结构简单、占地面积少的热管锅炉换热技术；立式上燃式燃烧炉加配喷射器等。

② 主要设备　中小型合成氨厂造气工艺流程中的主要设备是煤气发生炉。

煤气发生炉简称煤气炉，最具代表性的是 UGI 炉，属于固定床气化炉。其结构如图3-15所示，主要由炉体、夹套锅炉、底盘、机械除灰装置、传动装置五部分组成。炉体由钢板卷焊而成，上部衬以耐火砖，钢板和耐火砖之间填充保温材料。在炉体中下部设有水夹套，产生低压蒸汽，在夹套上方设有汽包。夹套与燃料层接触部分，由于温度较高，故用较厚的锅炉钢板焊成。夹套下方 0.5m 处，因与缓慢转动的灰渣接触，极易磨损，须焊上特种钢保护条。炉的下部安有偏心叠合炉箅，特点是破渣能力强，装有可调动的灰犁，排灰能力大。炉箅连在齿轮灰盘上，由外部传动机构带动而缓慢旋转，灰渣也随之转动，至固定的灰犁处被刮入灰斗中，定期打开灰斗出灰。发生炉顶部有加料口，定时加入燃料。

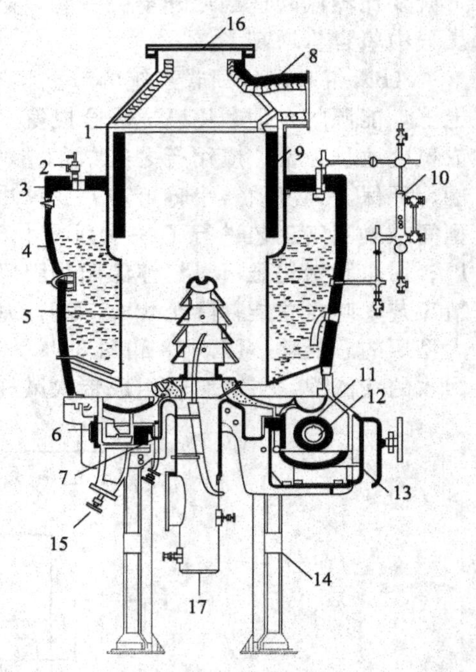

图 3-15　UGI 煤气发生炉

1—外壳；2—安全阀；3—保温材料；4—夹套锅炉；5—炉箅；6—灰盘接触面；7—炉底；8—保温砖；9—耐火砖；10—液位计；11—蜗轮；12—蜗杆；13—油箱；14—支腿；15—卸灰孔；16—加料口；17—风管

UGI 炉的缺点是：要求使用热稳定性好、灰熔点高的块状无烟煤或焦炭，不能使用其他劣质煤等原料和粉煤；齿轮转动部件磨损严重，维修量大，底盘内易结疤，清除困难；间歇生产，单炉生产能力低，不宜大型化；常压气化，原料气压缩功耗大；间歇操作，生产管理难度大。

中小型合成氨厂造气工艺流程中的主要设备除煤气发生炉外，还有废热锅炉、洗气箱和洗气塔、气柜等设备。这些设备主要用来回收热能、洗涤煤气及平衡储备煤气。

3.2.1.2　固体燃料固定层加压连续气化法制半水煤气

固体燃料固定层间歇气化法制半水煤气工艺技术成熟，操作方便，制气时不用氧气，不需要空分装置，但最大的缺点在于该工艺是间歇运行，气化强度小，炉子热效率低，炉渣含碳量较高，对煤的质量要求高。随着时代的发展，资源逐步枯竭，能源的利用率已是全社会及全球关注的问题，进入 21 世纪我国也提出了节能减排的战略目标。为了克服固定层间歇气化技术能耗高、污染重、煤利用率低的弊端，将固定层间歇气化技术改为固定层连续气化。与间歇法相比，固定层连续气化法工艺更简单，操作方便，气化效率高，设备生产能力大，而且原料成本及能耗也相对较低。

固定层连续气化工艺根据操作压力不同分为常压连续气化和加压连续气化两种。目前普遍采用固定层加压连续气化工艺，即称作鲁奇法的鲁奇加压连续气化工艺，该工艺使用的煤气发生炉为鲁奇炉。

（1）固定层加压连续气化炉内燃料分层及温度分布情况　在固定层加压连续气化工艺中，燃料煤由加压气化炉顶部加入炉内，气化剂（氧和蒸汽）由炉底连续通入燃料层，进行逆流气化。气化生成的煤气由上部连续排除，形成的灰渣由转动的炉箅进入灰锁，再定期排除。

固定层加压连续气化炉内燃料分层情况与间歇法大致相同，自下而上分为灰渣层、燃烧层、气化层、干馏层、干燥层5个区。燃料层的分布状况和温度之间的关系如图3-16所示。

(2) 固定层加压连续气化炉内各燃料层中发生的主要反应及变化情况

① 灰渣层　灰渣层位于气化炉的下部。氧和过热蒸汽混合后进入气化炉，通过炉箅均匀分布到灰渣层中，被离开燃烧层的高温灰渣预热到1000℃以上，而灰渣被冷却到400～500℃，排入灰锁。灰中含碳量一般在3%～5%之间。

② 燃烧层　在此层中气化剂中的氧与未被气化的碳发生燃烧反应，为水蒸气的气化反应提供热量。其反应为

$$C+O_2 \longrightarrow CO_2+393.7kJ/mol \quad (3\text{-}9)$$

$$2C+O_2 \longrightarrow 2CO+220.9kJ/mol \quad (3\text{-}10)$$

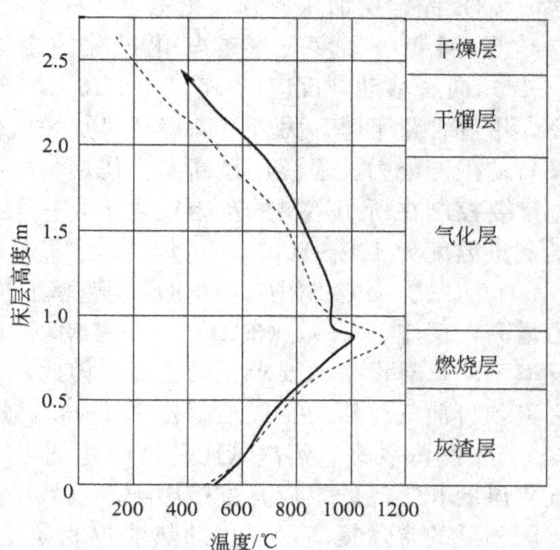

图3-16　燃料层的分布状况和温度之间的关系

在以上两个反应中，反应(3-9)是主要的。燃烧反应放出的热量将气化剂加热到1200～1500℃，以供应气化反应之需。燃烧层是燃料层中温度最高的区域，为了防止燃烧层发生结渣现象必须通入过量的水蒸气，因而气化过程蒸汽分解率较低，一般为35%～40%。

③ 气化层　从燃烧层上升的高温气体主要成分是水蒸气与二氧化碳，在气化层发生如下反应：

$$C+H_2O(g) \rightleftharpoons CO+H_2-131.4kJ/mol \quad (3\text{-}13)$$

$$C+2H_2O(g) \rightleftharpoons CO_2+2H_2-90.2kJ/mol \quad (3\text{-}14)$$

$$CO_2+C \rightleftharpoons 2CO-172.4kJ/mol \quad (3\text{-}12)$$

$$C+2H_2 \rightleftharpoons CH_4+74.9kJ/mol \quad (3\text{-}15)$$

$$CO+H_2O(g) \rightleftharpoons CO_2+H_2+41.2kJ/mol \quad (3\text{-}16)$$

$$CO+3H_2 \rightleftharpoons CH_4+H_2O+394.6kJ/mol \quad (3\text{-}23)$$

在上述反应中，反应(3-13)为控制反应。由于碳燃烧时产生大量的二氧化碳，不利于反应(3-14)的进行，而有利反应(3-12)的进行。当使用活性高的碳时，由反应(3-15)和反应(3-23)生成较多的甲烷，比干馏分解出来的甲烷高一倍多。式(3-16)为变换反应，决定出口煤气的组成。气化生成的粗煤气，一氧化碳和氢的含量约为60%～66%，在精制过程中再配入氮气。

在气化层中，二氧化碳还原和水蒸气的分解反应都是吸热反应，使气化层的温度自下而上迅速下降，反应速率也相应减小。生成甲烷时放出热量，因而降低了气化过程的热耗，减少了氧的消耗量。

加压气化有利于加快气化反应速率，提高气化炉的气化强度。但加压气化更有利于反应(3-15)和反应(3-23)正向进行，使粗煤气中甲烷的含量高达8%～10%。在生产中，一般采用蒸汽转化法将甲烷加工成合成氨原料气。

④ 干馏层　在干馏层，煤被上升的高温煤气由300℃加热到700～800℃。当温度上升到500～600℃时，燃料煤开始软化，其中的焦油被分解出来。当温度上升到700～800℃时，甲烷及其他烃类从煤中逸出。

⑤ 干燥层　干燥层在煤气炉的上部。加入气化炉的燃料煤被上升的煤气逐渐加热到

200～300℃，煤中的水分逐渐蒸发出来。

(3) 固定层加压连续气化工艺条件

① 温度　温度是影响气化过程的主要因素。气化温度高，反应(3-12)、(3-13)、(3-14)向右移动，反应(3-15)、(3-16)、(3-23)向左移动，煤气中的一氧化碳和氢含量升高，甲烷含量下降。另外，高温还可加快气化反应速率，降低蒸汽消耗，提高蒸汽分解率和设备的生产能力。但温度过高又会使燃料层结疤。因此，为了保证生产顺利进行，炉内最高温度要控制在所用燃料的灰熔点之下，一般气化炉出口煤气温度为650～700℃，排入灰锁的灰渣温度为400～500℃。

② 压力　压力增加，气化反应速率加快，气化强度随操作压力的1/2次方增加。但压力增高，反应(3-15)、(3-23)向右移动，甲烷含量上升。另外，压力过高也会造成蒸汽分解率下降，对设备的要求也会更高。因此，气化压力的选择要综合考虑工艺和经济两方面的因素，目前气化压力一般控制在2.4～3.1MPa之间。

③ 蒸汽氧比　蒸汽氧比是指气化剂中水蒸气和氧气的比例（简称汽氧比)。汽氧比对气化温度和煤气的组成有直接影响。汽氧比高，燃料层温度降低，生产的煤气中甲烷、一氧化碳和氢的含量提高，煤气的热值也相应增高。因此，汽氧比的选择与所产煤气的用途有关。当煤气用作合成氨原料气时，汽氧比一般为5～8kg/m³。

在生产中，汽氧比还与煤的灰熔点及活性有关。当采用灰熔点低、活性高的煤时，汽氧比应采用指标的上限；反之，应采用指标的下限。

④ 对原料煤的要求　原料煤的性质对气化工艺条件的选择有重要影响，加压连续气化过程对原料煤的要求主要有以下几点：(a) 机械强度及热稳定性好；(b) 原料煤的粒度大小适中且均匀，一般要求粒度为4～50mm；(c) 不宜黏结；(d) 灰分含量低，灰熔点高，一般要求灰熔点高于1200℃；(e) 化学活性高；(f) 氯含量低于质量分数0.5%，以免对设备造成严重腐蚀。

(4) 固定层加压连续气化工艺流程　固定层加压连续气化工艺流程如图3-17所示。

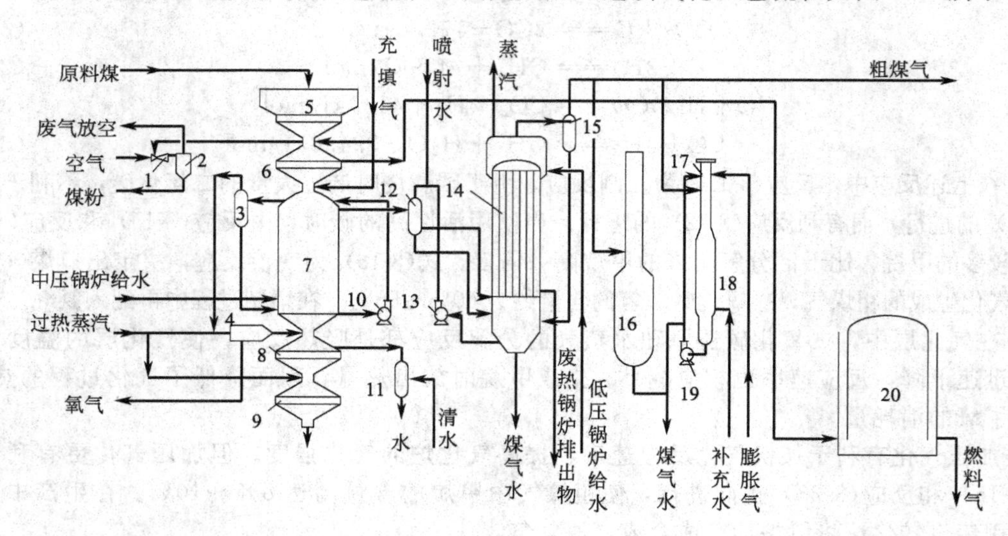

图3-17　固定层加压连续气化工艺流程

1—喷射器；2—旋风分离器；3—气液分离器；4—混合器；5—煤斗；6—煤锁；7—气化炉；8—灰锁；9—灰斗；10—夹套水循环泵；11—膨胀冷凝器；12—洗涤冷却器；13—洗涤冷却循环泵；14—废热锅炉；15—粗煤气气液分离器；16—冷火炬；17—热火炬；18—煤气洗涤塔；19—洗涤塔循环泵；20—煤锁气气柜

如图所示，经过破碎筛分后粒度为4～50mm的煤加入上部的储煤斗，然后通过自动操作煤锁定期加入煤气发生炉内进行气化。

压力为3.7MPa左右的过热蒸汽与纯度为88%～92%的氧气混合后，由气化炉下部进入燃料层，压力在3MPa左右时进行气化反应。生成的粗煤气（温度为650～700℃）由气化炉出口进入洗涤冷却器，用循环煤气水直接冷却到204℃，并除去灰尘、焦油、酚和氨等杂质，然后进入废热锅炉，温度降到180℃左右，同时产生0.55MPa左右的饱和蒸汽。冷凝水收集在废热锅炉下部的集水槽，用循环泵送往洗涤冷却器循环使用。由煤气水分离工序来的高压喷射水不断补充到循环煤气水中，含灰尘的煤气水由废热锅炉集水槽送往煤气水处理工序。由废热锅炉顶部出来的被蒸汽饱和的粗煤气经气液分离器除去液滴后送往粗煤气变换工序。

气化炉壁上设有夹套锅炉，向其通入中压锅炉给水，并设置夹套水循环泵进行强制循环。夹套内的水吸收燃料层的热量，降低气化炉壁温，同时产生中压蒸汽，从而减少了过热蒸汽的需求量。夹套锅炉产生的中压蒸汽经气液分离器除去液滴后与氧混合，作为气化剂通入气化炉内。

煤气化后残余的灰渣含碳量低于5%，由转动炉箅排到灰锁，再定期排入灰斗。灰锁的排灰周期取决于生产负荷及燃料煤中的灰分含量，一般情况下每小时排灰1次。当煤消耗量增加或所用燃料煤的灰分含量偏高时，每小时排灰2～3次。

年产30万吨的合成氨厂气化系统，一般同时配备4台3.8m的鲁奇加压气化炉。在正常生产情况下，3台运转，1台备用。4台气化炉共用一个冷火炬、一个热火炬和一台煤气洗涤塔。冷火炬实际上是一根高出屋顶的管子，用来排放气化炉开工时的含氧煤气。

煤气洗涤塔用于开工期间，当煤气不能导入生产系统时，用循环煤气水洗涤、冷却后导入开工热火炬。开工热火炬设有煤气点燃喷嘴和阻火器，用于处理气化炉开工期间的可燃性气体，并燃烧煤气水分离工序来的膨胀气。

每套气化炉都配备一套单独的自控系统，控制粗煤气总管压力维持不变，保证整套装置正常运行。发生事故时则切断每台气化炉氧和蒸汽的供应，并停止炉箅转动。

(5) 固定层加压连续气化系统的主要设备——鲁奇炉　鲁奇炉代表炉型是第三代MARK-Ⅳ型Φ3800mm加压气化炉，如图3-18所示。主要组成部件有炉体、夹套锅炉、布煤器及搅拌器、炉箅及传动装置、煤锁及灰锁等。

① 炉体　炉体是由耐热钢板焊制而成的立式圆筒，设有夹套锅炉。炉子的内径为3.8m，最大外径为4.1m，高为12.5m。工艺操作压力为3MPa，最高温度可达1500℃，生产粗煤气能力35000～50000m^3/h。

② 夹套锅炉　夹套内通软水冷却，防止内壳超温并副产中压蒸汽，中压蒸汽作为气化剂的一部分加入炉内。夹套内焊有纵向隔板，用以减少水的横向流动，强化传热效果，同时也起到加强内壳强度的作用。夹套锅炉不设汽包，而是在夹套上部设置足够的空间和分离挡板，内壳底部下部设有膨胀节。内壳底部衬有耐磨板，以免内壳被灰渣磨损。

③ 布煤器及搅拌器　布煤器和搅拌器安装在同一转轴上，速度一般为15r/h左右。布煤器、搅拌器及转轴内均通入锅炉水强制冷却。布煤器为圆盘形，直径约为3m，开有两个长形布料孔，当布煤器转动时燃料被均匀地分布在炉内。布煤器与冷圈构成贮煤空间，可贮存一定数量的煤，当加料系统出现故障暂时停止加料时仍能维持气化炉在短时间内继续运转。冷圈是一个夹套圆柱体，夹套通入锅炉软水冷却。

如果气化黏结性较强的煤，可以加设搅拌器。搅拌器又称破黏装置，安装在布煤器的下面，其搅拌桨叶一般设有上、下两片，桨叶的断面形状为三角形。桨叶深入到煤层里的位置与煤的结焦性能有关，其位置深入到气化炉的干馏层，以破除干馏层形成的焦块。桨叶的材质采用耐热钢，其表面堆焊硬质合金，以提高桨叶的耐磨性能。桨叶和搅拌器、布煤器都为壳体结构，外供锅炉给水通过搅拌器、布煤器，最后从空心轴内中心管首先进入搅拌器最底下的桨叶进行冷却，然后再依次冷却上桨叶、布煤器，最后从空心轴与中心管间的空间返回夹套，形成水循环。

④ 炉箅及转动装置　炉箅的作用是均匀分布气化剂，维持燃料层的移动，并将煤灰连续排入灰锁，破碎灰渣，避免灰锁阀门堵塞。炉箅为塔形结构，有四层，顶部有风帽。气化剂由炉底进入空心轴，通过炉箅板的缝隙流出，沿气化炉截面均匀分布。

炉箅的传动齿轮位于炉箅下方，由一个大齿轮及两个对称的小齿轮构成。炉外液压装置驱动两个小齿轮旋转，小齿轮带动大齿轮转动，大齿轮带动炉箅转动。

⑤ 煤锁及灰锁　气化炉顶设有煤锁，定期将煤加入气化炉内。炉底设有灰锁，定期将灰渣排入灰斗。煤锁及灰锁的进出口阀均采用液压传动，由自动可控电子程序装置控制，自动、半自动、手动操作均可。

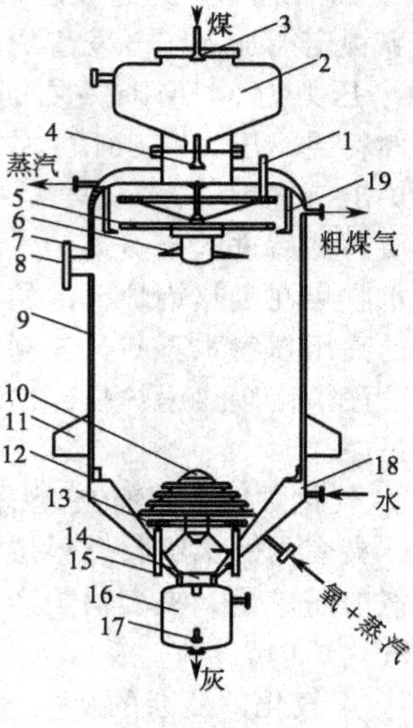

图 3-18　鲁奇炉结构

1—搅拌器传动机构；2—煤锁；3—煤锁上阀；4—煤锁下阀；5—煤分布器；6—搅拌器；7—炉体；8—人孔；9—夹套锅炉；10—炉箅；11—支耳；12—耐磨板；13—传动齿轮；14—灰锁上阀；15—炉箅传动机构；16—灰锁；17—灰锁下阀；18—刮刀；19—冷圈

3.2.2　烃类气化制备合成氨原料气

制备合成氨原料气所使用的烃类按状态可分为气态烃和液态烃。气态烃主要是天然气，此外还有油田气、炼厂气、焦炉气及裂化气等；液态烃包括原油、轻油和重油，其中除原油、天然气和油田气是地下蕴藏的天然矿外，其余皆为石油炼制工业、炼焦工业和基本有机合成工业的产品或副产品。

目前，以气态烃为原料制备合成氨原料气的方法主要有间歇转化法和连续转化法两种。

间歇转化法的生产过程分为吹风和制气两个阶段，并不断地交替进行。吹风阶段是利用空气与气态烃的燃烧反应使催化剂床层温度升高，在床层中积蓄热量，为烃类蒸汽转化制气提供热量；制气阶段气态烃与蒸汽在催化剂床层中进行转化反应，制备合成氨原料气。该法不需要空分制氧设备，节省了昂贵的合金材料，投资省、建厂快。但该法热能利用率低，原料烃消耗高，操作复杂，使用受到一定程度的限制。

连续转化法按供热方式不同又分为部分氧化法和蒸汽转化法。部分氧化法是把富氧空气、气态烃（天然气）和水蒸气一起通入装有催化剂的转化炉中，在转化炉中同时进行燃烧和转化反应。该法能够连续制气，操作稳定，但需另加空分制氧设备，投资较高。蒸汽转化法是分段进行的，在合成氨原料气的生产中一般采用二段转化法，即在装有催化剂的一段转化炉管中首先发生水蒸气与气态烃转化反应，反应所需的热量由管外供给，气态烃转化到一定程度后再送入装有催化剂的二段转化炉，加入适量空气，与部分可燃性气体发生燃烧反应，为剩余部分气态烃转化提供热量，同时提供氨合成所需要的氮气。该法不需要使用纯氧，因此不需要空风装置，投资省，能耗低，是生产合成氨最经济的方法，近年来在国内外得到了广泛应用。

以轻油为原料制备合成氨原料气的方法，一般是先将轻油加热转变为气体，再采用蒸汽转化法。轻油蒸汽转化的原理和生产过程与气态烃基本相同。

以重油为原料制备合成氨原料气的方法，一般是采用部分氧化法，即在转化炉中通入适量的氧和水蒸气，使氧与原料油中的部分烃类燃烧，放出热量并产生高温，另一部分烃类则与水蒸气发生吸热反应生成 CO 和 H_2，调节原料中油、H_2O 与 O_2 的比例，可达到自热平衡而不需外供热。

在上述所讨论的各种原料制备合成氨原料气的方法中，以气态烃（天然气）路线的成本最低；重油（或渣油）与煤炭路线的成本差不多；轻质油价格很高，用其制备合成氨原料气成本较高。因此，下面重点讨论气态烃蒸汽转化法制备合成氨原料气的生产工艺。

3.2.2.1　气态烃蒸汽转化基本原理

工业上用来制备合成氨原料气的气态烃主要有天然气、油田伴生气、焦炉气及石油炼厂气等。在上述气体中，除主要成分甲烷（CH_4）外，还有一些其他烷烃，有的甚至还有少量烯烃。但在工业条件下，不论上述何种轻质烃原料与水蒸气反应，都需经过甲烷这一阶段。因此，轻质烃类的蒸汽转化可用甲烷蒸汽转化反应代表。

(1) 甲烷蒸汽转化反应原理及特点　甲烷与水蒸气的转化反应是一个复杂的反应平衡系统，可能发生的反应很多，但主要为蒸汽转化反应和一氧化碳的变换反应，即：

$$CH_4+H_2O \rightleftharpoons CO+3H_2-206.4\text{kJ/mol} \tag{3-24}$$

$$CH_4+2H_2O \rightleftharpoons CO_2+4H_2-165.4\text{kJ/mol} \tag{3-25}$$

$$CO+H_2O(g) \rightleftharpoons CO_2+H_2+41.2\text{kJ/mol} \tag{3-16}$$

在一定的条件下，还可能发生下列析碳副反应：

$$CH_4 \rightleftharpoons C+2H_2-74.9\text{kJ/mol} \tag{3-26}$$

$$2CO \rightleftharpoons CO_2+C-172.5\text{kJ/mol} \tag{3-27}$$

$$CO+H_2 \rightleftharpoons C+H_2O+131.5\text{kJ/mol} \tag{3-28}$$

从上述反应可以看出，主反应和副反应均为可逆反应。其中甲烷蒸汽转化主反应(3-24)、(3-25) 和甲烷裂解析碳副反应(3-26) 均是体积增大的吸热反应，其余为放热反应。另外，由于甲烷转化反应在无催化剂的情况下反应速率很慢，为了提高反应速率必须使用催化剂，因此甲烷蒸汽转化反应是气固相催化反应。

(2) 甲烷蒸汽转化反应的化学平衡和反应速率

① 化学平衡及影响因素

(a) 化学平衡常数　在一定的温度、压力条件下，当反应达到平衡时，反应(3-24) 的平衡常数 K_{p1} 和反应(3-16) 的平衡常数 K_{p3} 分别为：

$$K_{p1}=\frac{p(CO)p^3(H_2)}{p(CH_4)p(H_2O)}$$

$$K_{p3}=\frac{p(CO_2)p(H_2)}{p(CO)p(H_2O)}$$

式中，$p(CO)$、$p(H_2)$、$p(CH_4)$、$p(CO_2)$、$p(H_2O)$ 分别为一氧化碳、氢气、甲烷、二氧化碳、水蒸气的平衡分压。

在压力不太高的情况下，甲烷蒸汽转化和变换反应的平衡常数随温度的变化情况见表 3-3。

由表 3-3 可以看出，平衡常数 K_{p1} 随温度升高急剧增大，即温度越高，甲烷转化反应达平衡时一氧化碳和氢气的含量越高，甲烷残余量越少。K_{p3} 则随温度升高减小，即温度越高，一氧化碳变换反应达到平衡时二氧化碳和氢的含量越少。因此，具有可逆吸热特征的甲烷蒸汽转化反应与具有可逆放热特征的一氧化碳变换反应是不能在同工序内完成的，生产中一般是先在转化炉内使甲烷在较高温度下完全转化，生成一氧化碳和氢，然后在变换炉内于较低温度下使一氧化碳变换为氢气和二氧化碳。

表 3-3 甲烷蒸汽转化和变换反应的平衡常数随温度的变化

温度/℃	K_{p1}/MPa^2	K_{p3}	温度/℃	K_{p1}/MPa^2	K_{p3}
200	4.735×10^{-14}	2.279×10^{2}	650	2.756×10^{-2}	1.923
250	8.617×10^{-12}	8.651×10	700	1.246×10^{-1}	1.519
300	6.545×10^{-10}	3.922×10	750	4.877×10^{-1}	1.228
350	2.548×10^{-8}	2.034×10	800	1.687	1.015
400	5.882×10^{-7}	1.170×10	850	5.234	8.552×10^{-1}
450	8.942×10^{-6}	7.311	900	1.478×10	7.328×10^{-1}
500	9.698×10^{-5}	4.878	950	3.834×10	6.372×10^{-1}
550	7.944×10^{-4}	3.434	1000	9.233×10	5.750×10^{-1}
600	5.161×10^{-3}	2.527			

(b) 影响平衡的因素

（ⅰ）水碳比。水碳比是指转化炉进口气体中水蒸气与烃类原料中含碳的物质的量之比。从甲烷蒸汽转化反应方程式可知，作为反应物之一的水蒸气浓度越高，对转化反应越有利。在其他条件相同时，水碳比越大，残余甲烷含量越低。因此，在烃类蒸汽转化过程中总是加入过量的水蒸气。水碳比的控制指标与转化反应的温度、压力有关。当温度高、压力低时，水碳比可控制得稍低一些；反之，当温度低、压力高时，水碳比则应控制得稍高一些。

转化反应所需要的水蒸气全部或大部集中加入一段炉。由于加入的水蒸气是过量的，转化后剩余的水蒸气能够满足后续变换工序的需要，同时还为脱碳工序提供再生热源，因此适当提高水碳比对后续工序也是有利的。但水碳比也并非越大越好，当水碳比增大到一定数值后，对转化反应的影响已不明显。另外，水碳比增加，即蒸汽流量增大，炉管阻力将上升，燃料消耗将增加，同时还会影响二段炉的操作控制，过大的水碳比既不经济又不利于稳定操作。烃类蒸汽转化的水碳比限于目前常用的转化催化剂的性能，一般控制在 3.5～4.0 之间。

（ⅱ）温度。甲烷蒸汽转化反应是一个可逆吸热反应，无论从反应平衡还是从反应速率方面来看，提高温度总是有利于转化反应的进行。温度越高，残余甲烷含量越低。通常认为，转化反应温度每降低 10℃，甲烷残余含量将增加 1.3％左右。温度对甲烷平衡浓度的影响可参见图 3-19。图 3-19 表明，由于操作压力的提高对转化反应的不利影响可以用提高反应温度的方法补偿。

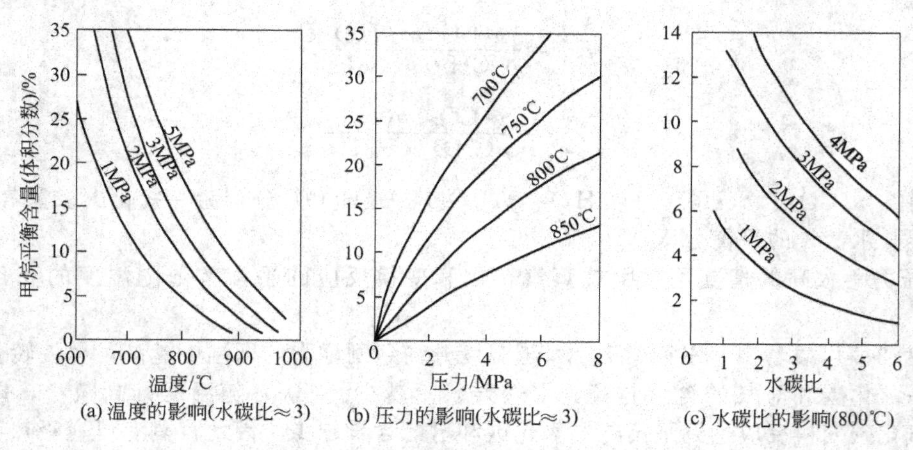

(a) 温度的影响(水碳比≈3)　(b) 压力的影响(水碳比≈3)　(c) 水碳比的影响(800℃)

图 3-19 温度、压力、水碳比对甲烷蒸汽转化反应的影响

（ⅲ）压力。甲烷蒸汽转化反应是体积增大的可逆反应，低压有利平衡，低压也可抑制一氧化碳的两个析碳反应。但是低压对甲烷裂解析碳反应平衡有利，适当加压可抑制甲烷裂解。压力对一氧化碳变换反应平衡无影响。

温度、压力、水碳比对甲烷蒸汽转化反应的影响情况如图 3-19 所示。

综上所述，甲烷蒸汽转化在高温、低压、高水碳比条件下进行为好。

② 反应速率及影响因素

甲烷蒸汽转化反应是吸热的可逆反应，反应速率很慢，当无催化剂存在时温度达1000℃时反应速率仍然很低，因此需要采用催化剂以加快反应速率。加入催化剂后，能大大加快反应速率（降低了分子的活化能，增加了反应物之间有效碰撞的次数），在温度达600～800℃就可以获得很高的反应速率。另外，氢气对甲烷蒸汽转化反应有阻碍作用，所以反应初期反应速率快，随着反应的进行氢气含量增加，反应速率就逐渐缓慢下来（反应物与生成物的浓度差减小，推动力减弱）。再有，甲烷蒸汽转化反应中反应物是由催化剂外表面通过毛细孔扩散到内表面的内扩散过程，对甲烷蒸汽转化反应速率有明显的影响。因此，采用粒度较小的催化剂，减少内扩散影响，能加快反应速率。

（3）甲烷蒸汽转化的工业生产方法　烃类作为制氨原料，要求尽可能转化完全。同时，甲烷在氨的合成中为惰性气体，它会在合成回路中逐渐积累，有害无益。因此，一般要求转化气中残余甲烷体积分数小于 0.5%（干基）。为了达到这项指标，在加压条件下，相应的反应温度需在 1000℃以上。

目前合成氨厂大都采用外热式的连续催化转化法，由于目前耐热合金管还只能在 800～900℃下运行，考虑到制氨不仅需要氢，而且还需要氮，故工业上采用转化过程分二段进行的流程。

一段转化过程：蒸汽与气态烃首先在一段炉装有催化剂的转化管中进行吸热转化反应，反应所需热量由管外烃类燃料燃烧放出的热量供给，使转化反应温度维持在 800℃左右，一段转化气中甲烷含量在 9%～11%之间。

二段转化过程：在装有催化剂的立式圆筒形二段炉（内衬耐火砖）内引入空气，空气中的氧与一段转化出口工艺气发生部分燃烧，燃烧热用来进一步转化残余甲烷。控制补入的空气流量，可同时满足对合成氨的另一原料——氮气的需要。二段转化气中甲烷含量降至 0.3%～0.5%之间。

在二段炉内，可以和氧发生燃烧反应的气体有 H_2、CO、CH_4 等，其反应可用下列方程式表示：

$$2H_2 + O_2 \longrightarrow 2H_2O + 484kJ/mol \tag{3-29}$$

$$CH_4 + 2O_2 \longrightarrow CO_2 + 2H_2O + 803kJ/mol \tag{3-30}$$

$$2CO + O_2 \longrightarrow 2CO_2 + 566.1kJ/mol \tag{3-11}$$

（4）甲烷蒸汽转化过程的析碳与除碳　甲烷蒸汽转化反应中的析碳副反应（3-26）、（3-27）、（3-28）对转化过程是十分有害的。因为生成的炭黑覆盖在催化剂表面，堵塞微孔，降低催化剂活性，使甲烷转化率下降而出口气中残余甲烷增多。另外，析碳也可能附着在转化管管壁上，造成炉管局部超温，形成“热斑”、“热带”，严重影响转化炉的正常运行。因此，在生产实践中必须预防析碳反应的发生，掌握除碳方法，保证甲烷蒸汽转化过程的顺利进行。

① 甲烷蒸汽转化过程中防止析碳的原则中一般有以下几条。

（a）提高水碳比。蒸汽的用量高于理论最小水碳比，使转化反应避开热力学析碳区。

（b）选择适宜的催化剂，并保持良好的活性，以避开动力学析碳区。

(c) 选择适宜的操作条件。例如，原料气预热温度不宜过高，当催化剂活性下降或出现中毒迹象时可适当提高水碳比。

② 消除结碳的方法　在工业生产过程中，要加强管路的检查。可通过观察管壁的颜色，如出现“热斑”、“热带”，或由炉管阻力变化加以判断是否析碳。如果转化炉管已经出现结碳，可采用以下办法消除。

(a) 当析碳较轻时，可采用降压、减量、提高水碳比的方法消除。

(b) 当析碳较重时，可采用蒸汽除碳（$C+H_2O \longrightarrow CO+H_2$）。首先停止送入原料气，保留蒸汽，控制床层温度为750～800℃，约需12～24h。因为在没有还原性气体存在的情况下，温度高于600℃时镍催化剂会被氧化，所以蒸汽除碳后催化剂必须重新还原。

(c) 也可以采用空气或空气与蒸汽的混合物烧碳。该方法是将温度降低，控制转化炉管出口温度为200℃，停止送入原料气，然后加入少量空气，控制反应管壁温度低于700℃、出口温度低于700℃，大约烧碳8h即可，烧碳后催化剂同样需要还原。

3.2.2.2 气态烃蒸汽转化催化剂

甲烷蒸汽转化反应是吸热的可逆反应，提高温度对化学平衡和反应速率均有利，但无催化剂存在时反应速率很慢。因此，需要采用催化剂，以加快反应速率。另外，由于烃类蒸汽转化是在高温下进行的，并存在着析碳问题，因此，除了要求催化剂具有高活性和高强度外，还要求有较好的耐热性和抗析碳性。

(1) 催化剂的组成

① 活性组分和促进剂　在元素周期表中第Ⅷ族的过渡元素对烃类蒸汽转化反应都具有活性，但从性能和经济上考虑以镍为最佳，所以工业上一直采用镍催化剂。在镍催化剂中，镍以氧化镍形式存在，含量约为质量分数4%～30%，使用时还原成金属镍。金属镍是转化反应的活性组分，一般而言，镍含量高，催化剂的活性高。一段转化催化剂要求有较高的活性、良好的抗析碳性、必要的耐热性能和机械强度。为了增加催化剂的活性，一段转化催化剂中镍含量较高。二段转化催化剂要求有更高的耐热性和耐磨性，因此镍含量较低。为进一步提高催化剂的活性并增强抗析碳能力，还需加入少量促进剂，镍催化剂的促进剂有氧化铝、氧化镁、氧化钾、氧化钙、氧化铬、氧化钡和氧化钛等。

② 载体　对蒸汽转化催化剂，由于操作温度很高，镍微晶易于熔结而长大。金属镍的熔点为1445℃，烃类蒸汽转化温度都在熔点温度的一半以上，分散的镍微晶在这样高的温度下很容易互相靠近而熔结，这就要求载体能耐高温，并且有较高的机械强度。所以，转化催化剂的载体都是熔点在2000℃以上的难熔的金属氧化物或耐火材料。常用的载体有氧化铝、氧化镁、氧化钙等。工业上，一般采用浸渍法或沉淀法将氧化镍附着在载体上。

(2) 催化剂的还原与钝化　转化催化剂大都是以氧化镍形式提供的，使用前必须还原成为具有活性的金属镍，其反应为：

$$NiO+H_2 \rightleftharpoons Ni+H_2O+1.3kJ/mol \tag{3-31}$$

工业生产中，一般不采用纯氢气还原，而是通入水蒸气和天然气的混合物，只要催化剂局部地方有微弱活性并产生极少量的氢就可进行还原反应，还原的镍立即具有催化能力而产生更多的氢。为使顶部催化剂得到充分还原，也可以在天然气中配入一些氢气。

还原了的催化剂不能与氧气接触，否则会产生强烈的氧化反应，放出的热量使催化剂失去活性甚至熔化。因此，在卸出催化剂之前应先缓慢降温，然后通入蒸汽或蒸汽加空气使催化剂表面缓慢氧化，形成一层氧化镍保护膜，这一过程称为钝化，其反应式为：

$$2Ni+O_2 \rightleftharpoons 2NiO+485.7kJ/mol \tag{3-32}$$

$$Ni+H_2O \rightleftharpoons NiO+H_2-1.3kJ/mol \tag{3-33}$$

钝化后的催化剂与空气不会再发生氧化反应。

(3) 催化剂的中毒与再生　当原料气中含有硫化物、砷化物、氯化物等杂质时，都会使催化剂中毒而失去活性。催化剂中毒分为暂时性中毒和永久性中毒，暂时性中毒即催化剂中毒后经适当处理仍能恢复活性。永久性中毒是指催化剂中毒后无论采取什么措施再也不能恢复活性。

镍催化剂对硫化物十分敏感，不论是无机硫还是有机硫化物都能使催化剂中毒。硫化氢能与金属镍作用生成硫化镍而使催化剂失去活性。

$$H_2S + Ni \longrightarrow NiS + H_2 \tag{3-34}$$

原料气中的有机硫能与氢气或水蒸气作用生成硫化氢而使镍催化剂中毒。当温度低于600℃时，硫化氢对镍催化剂的中毒反应是不可逆的；温度高于600℃时为可逆中毒。甲烷蒸汽转化反应是在高于700℃以上的高温下进行的，所以一般中毒都是可逆的。中毒后的催化剂可以用过量蒸汽处理，并使硫化氢含量降到规定标准以下，催化剂的活性就可以逐渐恢复。为了确保催化剂的活性和使用寿命，要求原料气中总硫含量小于0.5cm^3/m^3。

氯及其化合物对镍催化剂的毒害和硫相似，也是暂时性中毒。一般要求原料气中氯含量小于0.5cm^3/m^3。氯主要来源于水蒸气，因此在生产中要始终保持锅炉给水质量。

砷中毒是不可逆的永久性中毒，微量的砷都会在催化剂上积累而使催化剂逐渐失去活性。

3.2.2.3　气态烃蒸汽转化工艺条件

气态烃蒸汽转化过程中控制的主要工艺条件有温度、压力、水碳比、空间速度等，同时还要考虑炉型、原料、炉管材料等因素对这些工艺参数的影响。另外，工艺参数的确定不仅要考虑对本工序的影响，也要考虑对后续工序的影响，合理的工艺条件最终应在总能耗和投资上体现出来。

① 温度　甲烷蒸汽转化反应是可逆吸热反应，从热力学角度看高温下甲烷平衡浓度低，从动力学角度看高温使反应速率加快，所以出口残余甲烷含量低。但对于体积增大的甲烷蒸汽转化反应加压对平衡是不利的，因此其主要影响因素是温度。虽然高温对蒸汽转化反应有利，但高温会使转化炉管的使用寿命缩短，因此将转化过程分为两段进行。第一段转化反应器温度为800℃左右，出口残余甲烷体积分数为10%（干基）左右。第二段转化反应器温度为1000℃，出口残余甲烷体积分数降至0.5%左右。

② 压力　从热力学特征看，低压有利于转化反应；从动力学看，在反应初期增加系统压力相当于增加了反应物分压，反应速率加快，但到反应后期反应接近平衡，反应物浓度高，加压反而会降低反应速率。所以从化学角度看，压力不宜过高。但从工程角度考虑，适当提高压力对传热有利，因为一是可以节省动力消耗，二是可以提高传热效率，三是可以提高过热蒸汽的余热利用价值。综上所述，甲烷蒸汽转化过程一般是在加压条件下进行的，压力大约3MPa。

③ 水碳比　提高水碳比从化学平衡角度看有利于甲烷转化，对抑制析碳也是有利的。但提高水碳比蒸汽消耗量增加，致使能耗增加，炉管热负荷提高。在实际生产中，天然气蒸汽转化法一般控制水碳比在3.5左右，而国外节能工艺一般控制水碳比在2.5左右。

④ 空间速度　空间速度是指单位体积催化剂单位时间内通过原料气的量，简称空速，单位是$m^3/(m^3 \cdot h)$，也可写成h^{-1}。一般来说，空速表示催化剂的反应能力。压力越高，反应速率越快，可适当采取较高的空速。但空速过高会增加催化剂床层的阻力，增加能耗。实际生产过程中，根据不同炉型和相应的工艺条件选择空速。目前工业转化炉采用的空速范围一般在800～1800h^{-1}之间。

3.2.2.4　气态烃蒸汽转化工艺流程和主要设备

(1) 气态烃蒸汽转化工艺流程　以气态烃为原料制备合成氨原料气，目前采用的蒸汽转化方法有美国凯洛格（Kellogg）法、英国帝国化学公司（ICI）法、丹麦托普索（Topsφe）法等。各种方法除一段转化炉及烧嘴各具特色外，其工艺流程均大同小异。

图 3-20 为大型合成氨厂天然气蒸汽转化工艺流程。天然气蒸汽转化工艺流程主要由脱硫、一段转化、二段转化三部分组成。天然气的用途一是用作反应原料，二是用作燃料。原料天然气经压缩机加压到 4.15MPa 后，配入氨合成新鲜气，在一段转化炉对流段预热到 380～400℃，进入装有钴钼加氢催化剂的加氢反应器进行加氢反应，将有机硫转化为硫化氢。然后进入装有氧化锌脱硫剂的脱硫罐，脱除硫化氢，使总硫含量降至 $0.5cm^3/m^3$ 以下。脱硫后的天然气配入中压蒸汽（保持水碳比为 3.5 左右）后进入转化炉对流段，进一步加热到 500～520℃，然后自上而下进入装有催化剂的转化管，在管内继续被加热，进行转化反应，生成合成气。转化管置于转化炉中，由炉顶或侧壁所装的烧嘴燃烧天然气供热。离开转化管底部的转化气温度为 800～820℃，压力为 3.14MPa，甲烷含量约为体积分数 9.5%，汇合于集气管，再沿着集气管中间的上升管上升，继续吸收一些热量，使温度升到 850～860℃，经输气总管送往二段转化炉。

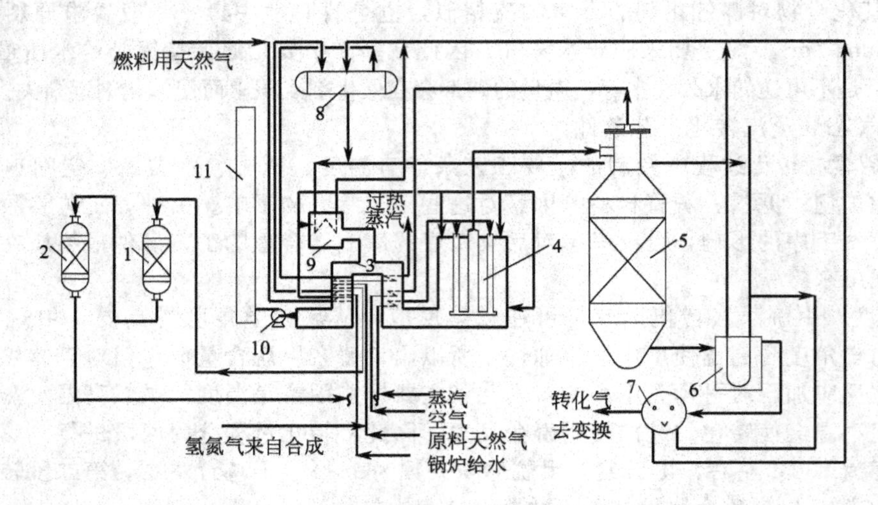

图 3-20 大型合成氨厂天然气蒸汽转化工艺流程

1—钴钼加氢反应器；2—氧化锌脱硫槽；3—一段炉对流段；4—一段炉辐射段；5—二段转化炉；6—第一废热锅炉；7—第二废热锅炉；8—汽包；9—辅助锅炉；10—排风机；11—烟囱

工艺空气经压缩加压到 3.3～3.5MPa，配入少量蒸汽，然后进入对流段空气加热盘管预热到 450℃左右，进入二段转化炉顶部与一段转化气汇合，在顶部燃烧区燃烧放热，温度升到 1200℃左右，再通过催化剂床层进行反应。离开二段转化炉的气体温度约为 1000℃，压力为 3MPa 左右，残余甲烷含量为体积分数 0.3%左右。二段转化气送入两台并联的第一废热锅炉（图 3-20 中 6 为两台并联锅炉），接着进入第二废热锅炉，这 3 台锅炉都产生高压蒸汽。从第二废热锅炉出来的气体温度约为 370℃，送往变换工序。

燃料用天然气经对流段预热后，从辐射段顶部烧嘴喷入并燃烧，烟道气的流动方向自上而下，与管内的气体流向一致。离开辐射段的烟道气温度在 1000℃以上。进入对流段后，依次经过混合气预热器、空气预热器、蒸汽过热器、原料天然气预热器、锅炉水预热器、燃料天然气预热器，温度降低到 250℃，用排风机排往大气。

另外在流程中还设置了与第一、第二废热锅炉并用一个汽包的辅助锅炉，目的是产生高压蒸汽，平衡全厂蒸汽用量。

大型合成氨厂天然气蒸汽转化工艺流程最重要的特点是充分回收生产过程的余热，产生高压蒸汽作为动力，大大降低了合成氨的生产成本。

(2) 气态烃蒸汽转化主要设备　烃类蒸汽转化的主要设备是一段转化炉和二段转化炉。

一段转化炉是天然气蒸汽转化的关键设备之一，其作用是将气态烃大部分转化为氢、一氧化碳和二氧化碳，保证出口气体中残余甲烷含量达到工艺要求。

一段转化炉由辐射段（包括若干根反应管与加热室）和对流段（回收热量）两个主要部分组成，转化管竖直排放在辐射炉内，管内装有含镍催化剂。原料气和水蒸气的混合物由顶部进入转化管，自上而下通过催化剂进行转化反应。炉顶或侧壁设有若干个烧嘴，燃烧燃料产生的热量以辐射方式传递给转化管。根据辐射段烧嘴位置的不同，一段转化炉可分为顶部烧嘴炉、侧壁烧嘴炉、梯台炉、圆筒炉等，应用较多的是顶部烧嘴炉和侧壁烧嘴炉两种。

顶部烧嘴炉：外观呈方箱型结构，设有辐射室和对流室（图中未画出），两室并排连成一体。辐射室交错排列转化管和顶部烧嘴（图 3-21）。对流室内设置有锅炉、蒸汽过热器、天然气与蒸汽混合物预热器、锅炉给水预热器等。

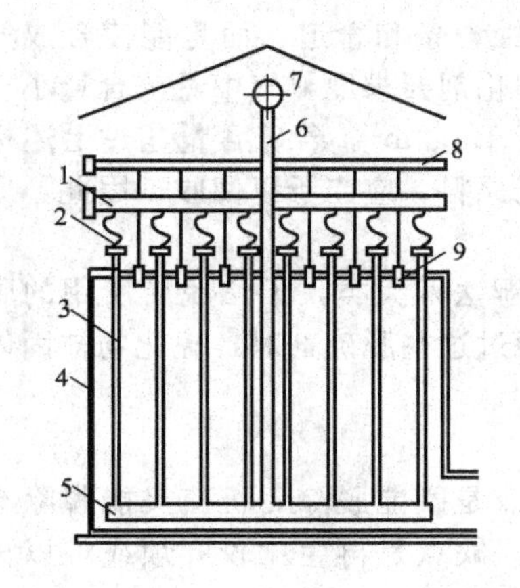

图 3-21　顶部烧嘴炉辐射段

1—原料气管；2—上猪尾管；3—转化管；4—辐射段；5—下集气管；6—上升管；7—集气总管；8—燃料气管；9—烧嘴

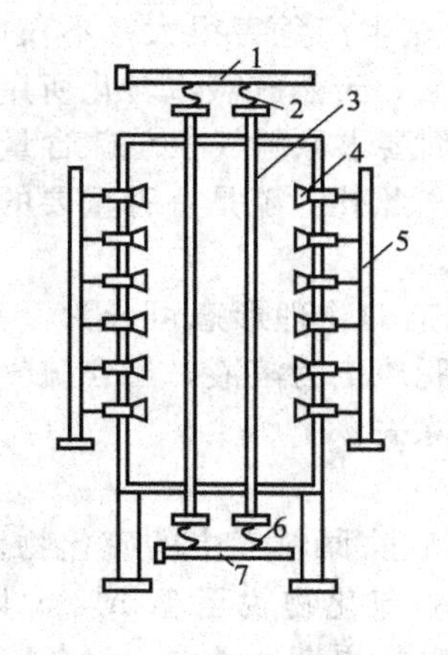

图 3-22　侧壁烧嘴炉辐射段

1—原料气管；2—上猪尾管；3—转化管；4—烧嘴；5—燃料气管；6—下猪尾管；7—下集气管

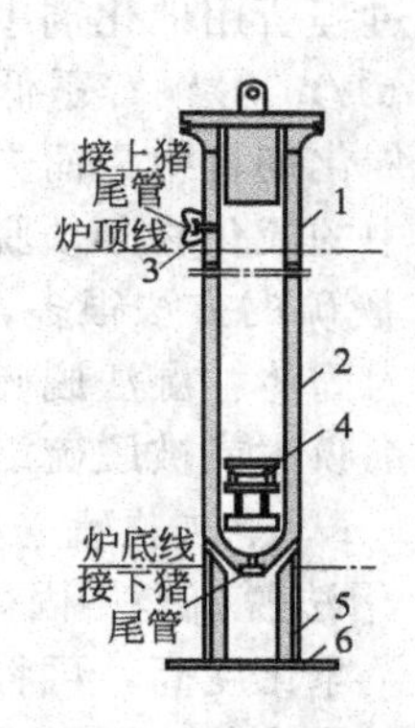

图 3-23　转化炉管结构

1—接管；2—转化管；3—加强节；4—催化剂托盘；5—转化管支撑架；6—支撑钢梁

侧壁烧嘴炉：侧壁烧嘴炉是竖式箱形炉，由辐射室和对流室（图中未画出）两部分组成。辐射室沿其纵向中心排列转化管，室的两侧壁排列辐射烧嘴（图 3-22），以均匀加热转化管。对流室设有天然气与蒸汽混合原料预热器、高压蒸汽过热器、工艺用空气预热器、锅炉给水预热器等。

顶部烧嘴炉与侧壁烧嘴炉的转化炉管结构相似，转化炉管的材质为耐高温的 HK-40 合金钢（含 25%Cr，20%Ni，0.4%C），转化炉管结构如图 3-23 所示。

二段转化炉的作用是使一段转化气中剩余的甲烷在更高的温度下进一步反应。反应所需的热量由空气和部分一段转化气在二段转化炉内燃烧直接供给，同时还配入了合成氨所需要的氮气，使二段转化气中甲烷的含量低于体积分数 0.5%，$(CO+H_2)/N_2=3.1\sim3.2$（体积比）。

二段转化炉壳体为碳钢制成的立式圆筒，内衬不含硅的耐火材料，炉外有水夹套。工业生产中一般采用凯洛格型二段转化炉。

3.3 合成氨原料气的净化

无论以固体、液体还是气体燃料为原料制备的合成氨粗原料气中均含有一定量的硫化物和碳的氧化物，为了防止合成氨生产过程中催化剂中毒，必须在合成氨工序之前加以脱除。工业上习惯将硫化物的脱除称为“脱硫”；二氧化碳的脱除称为“脱碳”；少量一氧化碳和二氧化碳的最终脱除过程称为“精制”或“精炼”。经过一系列的净化操作单元后得到含一氧化碳和二氧化碳之和为 $1cm^3/m^3$ 的纯净的合成氨原料气。

3.3.1 原料气的脱硫

由于生产合成氨所用的各种燃料中都含有一定量的硫，所制备出的合成氨粗原料气中都含有硫化物。这些硫化物绝大部分是以无机硫即硫化氢（H_2S）的形式存在，其余少量的为有机硫。在有机硫中 90% 是硫氧化碳（COS），其次是二硫化碳（CS_2）、硫醇（RSH）、噻吩（C_4H_4S）等。原料气中硫化物的含量取决于气化所用燃料中硫的含量。以煤为原料制得的煤气一般含硫化氢 $1\sim6g/m^3$，有机硫 $0.1\sim0.8g/m^3$。用高硫煤作原料时，硫化氢含量高达 $20\sim30g/m^3$。天然气、轻油及重油中的硫化物含量因产地不同差别很大。

原料气中的硫化物对合成氨生产危害很大，不仅能腐蚀设备和管道，而且能使合成氨生产过程所用催化剂中毒。例如，天然气蒸汽转化所用镍催化剂要求原料气中总硫含量小于 $0.5cm^3/m^3$，铜锌系低变催化剂要求原料气中总硫含量小于 $1mg/m^3$。若硫含量超过上述标准，催化剂将中毒而失去活性。此外，硫是一种重要的化工原料，应当予以回收。因此，原料气中的硫化物必须脱除干净。

脱硫的方法很多，按脱硫剂的物理形态可分为干法和湿法两大类，干法脱硫所用的脱硫剂为固体，湿法脱硫所用的脱硫剂为溶液。当含硫气体通过这些脱硫剂时，硫化物被固体脱硫剂吸附或被脱硫溶液吸收除去。

3.3.1.1 干法脱硫

干法脱硫是用固体脱硫剂脱除原料气中的硫化物。优点是既能脱除无机硫又能脱除有机硫，净化度高，可将气体中的硫化物脱至 $1cm^3/m^3$ 以下。缺点是再生比较麻烦或难以再生，回收硫黄比较困难，并且只能周期性操作，设备庞大，劳动强度高。因此，干法脱硫一般只作为脱除有机硫和精细脱硫手段。在气体中含硫量高的情况下，应先采用湿法除去绝大部分硫化氢，再采用干法脱除有机硫和残余硫化氢。干法脱硫分为吸附法和催化转化法两大类。

(1) 吸附法　采用对硫化物有强吸附能力的固体进行脱硫，吸附剂主要有氧化锌、活性炭、氧化铁、分子筛等。

工业生产中一般使用氧化锌法。氧化锌脱除有机硫的能力很强，可使原料气出口硫含量 $<0.1cm^3/m^3$。当原料气硫含量 $<50cm^3/m^3$ 时，仅用氧化锌法一步脱硫就行了。若硫含量较高，可先用湿法，再用此法。

氧化锌法的反应原理如下：

$$ZnO+H_2S \longrightarrow ZnS+H_2O \tag{3-35}$$

$$ZnO+C_2H_5SH \longrightarrow ZnS+C_2H_5OH \tag{3-36}$$

$$ZnO+C_2H_5SH \longrightarrow ZnS+C_2H_4+H_2O \tag{3-37}$$

若原料气中有氢存在，氧硫化碳、二硫化碳等有机硫化物先转化生成硫化氢，然后再被氧化锌吸收。

$$CS_2+4H_2 \rightleftharpoons CH_4+2H_2S \tag{3-38}$$

$$COS+H_2 \rightleftharpoons CO+H_2S \quad (3\text{-}39)$$

氧化锌对噻吩的转化能力很低，也不能直接吸收，因此单用氧化锌法不能将全部有机硫化物脱净。

在氧化锌脱硫过程中，通常以氧化锌与硫化氢的反应为例讨论。该反应为放热反应，温度上升，平衡常数下降，应该是低温对反应有利。但是氧化锌在低温下反应速率较慢，相应的脱硫剂用量增多。所以温度较高时脱硫效果较好。

工业生产中评价氧化锌脱硫剂的一个重要指标是硫容量，通常用体积硫容和重量硫容表示。前者是指单位体积氧化锌脱硫剂能吸收多少质量的硫，单位为 kg/m^3 或 g/L；后者是指单位重量氧化锌脱硫剂能吸收多少重量的硫，单位为%。二者的关系为：

体积硫容(kg 硫/m^3脱硫剂)＝重量硫容(%)×脱硫剂堆积密度(kg/m^3)

(2) 催化转化法　使用加氢脱硫催化剂将烃类原料中所含的有机硫化合物氢解，转化成易于脱除的硫化氢，再用氧化锌脱硫剂除去。

工业生产中广泛使用的是钴钼加氢转化法。加氢脱硫催化剂是以 Al_2O_3 为载体负载的 CoO 和 MoO_3，亦称钴钼加氢脱硫剂。使用时需预先用 H_2S 或 CS_2 硫化，变成 Co_9S_8 和 MoS_2，才有活性。钴钼加氢转化后用氧化锌脱除生成的 H_2S。因此，用氧化锌-钴钼加氢转化-氧化锌组合，可达到精脱硫的目的。

钴钼加氢转化法的反应原理如下。

在钴钼催化剂作用下，有机硫化物加氢转化成硫化氢，反应通式如下：

$$RCH_2SH+H_2 \rightleftharpoons RCH_3+H_2S \quad (3\text{-}40)$$

$$RCH_2SCH_2R'+2H_2 \rightleftharpoons RCH_3+R'CH_3+H_2S \quad (3\text{-}41)$$

$$RCH_2SSCH_2R'+3H_2 \rightleftharpoons RCH_3+R'CH_3+2H_2S \quad (3\text{-}42)$$

$$C_4H_4S+4H_2 \rightleftharpoons \eta\text{-}C_4H_{10}+H_2S \quad (3\text{-}43)$$

$$COS+H_2 \rightleftharpoons CO+H_2S \quad (3\text{-}39)$$

$$CS_2+4H_2 \rightleftharpoons CH_4+2H_2S \quad (3\text{-}38)$$

上述反应平衡常数都很大，在 350～430℃的操作温度范围内原料气中的有机硫几乎全部转化成硫化氢。

有机硫加氢转化反应速率对不同种类的硫化物差别较大，其中噻吩加氢反应速率最慢，所以有机硫加氢反应速率取决于噻吩（工程上称作难溶硫）的加氢反应速率。加氢反应速率还与温度和氢气分压有关，温度升高，氢气分压增大，加氢反应速率加快。

当原料气中含有氧、一氧化碳、二氧化碳时，还会发生以下反应：

$$CO+3H_2 \rightleftharpoons CH_4+H_2O \quad (3\text{-}23)$$

$$CO_2+4H_2 \rightleftharpoons CH_4+2H_2O \quad (3\text{-}44)$$

$$O_2+2H_2 \longrightarrow 2H_2O \quad (3\text{-}29)$$

一氧化碳和二氧化碳在镍钼催化剂上的甲烷化反应速率低于在钴钼催化剂上的反应速率，因此当原料气中含有一氧化碳和二氧化碳时最好采用镍钼催化剂。使用钴钼催化剂时，要求原料气中一氧化碳含量应小于体积分数 3.5%，二氧化碳含量应小于体积分数 1.5%。其他操作条件为：温度 350～430℃，压力 0.7～7.0MPa，气态烃空速 500～2000h^{-1}。

(3) 钴钼加氢转化串联氧化锌脱硫工艺流程　氧化锌脱硫只能脱除硫化氢和一些简单的有机硫化物。不能除去噻吩等复杂的有机硫化物。而所有的有机硫化物在钴钼（或镍钼）催化剂作用下能全部加氢转化成容易脱除的硫化氢。因此，工业生产中一般采用钴钼加氢转化串联氧化锌脱硫工艺，先将有机硫化物转化为无机硫化物硫化氢，再脱除硫化氢，可使总硫含量降到 0.1cm^3/m^3 以下。钴钼加氢转化串联氧化锌脱硫工艺流程如图 3-24 所示。

3.3.1.2 湿法脱硫

干法脱硫具有脱硫效率高、操作简便、设备简单、维修方便等优点。但干法脱硫所用脱硫剂的硫容量有限，而且再生困难，需定期更换脱硫剂，劳动强度较大，因此干法脱硫不适用于原料气中含硫量高的情况。

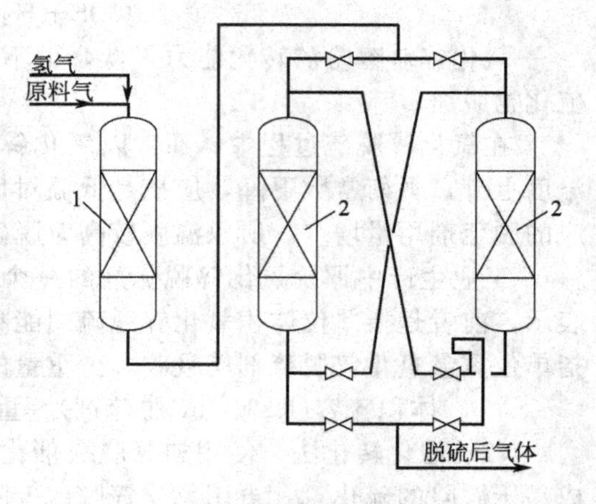

图 3-24 钴钼加氢转化串联氧化锌脱硫工艺流程

1—钴钼加氢脱硫槽；2—氧化锌槽

湿法脱硫是在吸收塔中利用液体吸收剂（脱硫剂）吸收原料气中的硫化氢，然后在再生塔中将吸收剂再生，再生后的吸收剂返回吸收塔中循环使用。湿法脱硫具有吸收速度快、生产强度大、脱硫过程连续、脱硫剂可以再生、能回收富有价值的化工原料硫黄等特点，一般适用于含硫高、处理量大的原料气的脱硫。

湿法脱硫按脱硫机理不同可分为物理吸收法、化学吸收法、物理化学吸收法三种。

(1) 物理吸收法　是依靠吸收剂对硫化物的物理溶解作用进行脱硫的。当温度升高、压力降低时，硫化物解析出来，使吸收剂再生，循环使用。吸收剂一般为有机溶剂，如甲醇、聚乙二醇二甲醚、碳酸丙烯酯等。这类方法除了能脱除硫化氢外，还能脱除有机硫和二氧化碳。生产中一般用这些溶剂同时脱除原料气中的酸性气体硫化物和二氧化碳。

甲醇是一种具有良好吸收性能的溶剂，当气体中同时存在硫化物和二氧化碳时，可选择性脱除硫化物，也能同时吸收并分别回收高浓度的硫化物和二氧化碳。以重油和煤为原料的大型氨厂目前均采用低温甲醇法同时脱除硫化物和二氧化碳。聚乙二醇二甲醚、碳酸丙烯酯也能同时脱除硫化物和二氧化碳。近年来部分中小型氨厂用于脱除酸性气体。

(2) 化学吸收法　化学吸收法分为吸收与再生两部分。首先以弱碱性溶液作为吸收剂，吸收原料气中的硫化氢；再生时，吸收液（富液）在温度升高和压力降低的条件下，经化学吸收生成的化合物分解，放出硫化氢气体，解吸的吸收液（贫液）循环使用。

按反应原理不同，化学吸收法又分为中和法和湿式氧化法。

中和法：用弱碱性溶液为吸收剂，与原料气中的酸性气体硫化氢进行中和反应，生成硫氢化物而使硫化氢被除去。吸收了硫化氢的溶液在减压和加热的条件下硫氢化物分解，放出硫化氢，溶液再生后循环使用。中和法主要有烷基醇胺法、氨水法、碳酸钠法等。

在烷基醇胺法中，所用的吸收剂有一乙醇胺（简称 MEA）、二乙醇胺（简称 DEA）、二异丙醇胺（简称 ADIP），其中一乙醇胺应用较多。这些吸收剂均为弱碱性，与硫化氢进行中和反应而使硫化氢被除去。吸收硫化氢后的溶液在加热、减压的条件下再生，然后循环使用。烷基醇胺法多用于天然气的脱硫。

氨水中和法是用 3～12 滴度（对于氨 1 滴度等于 1/20 摩尔浓度）的氨水吸收原料气中的硫化氢，生成硫氢化铵。吸收硫化氢后的溶液送到再生塔，从塔底鼓入空气把硫氢化铵分解产生的硫化氢带走，使氨水再生，循环使用。氨水中和法脱硫工艺简单，并可使用铜洗或碳化的废氨水，脱硫成本低，以前我国小型氨厂曾普遍采用。但该法存在着脱硫效率低、不能回收硫黄、排放的硫化氢污染环境等缺点，因此近年来逐渐被脱硫效率高的方法取代。目前，仅有部分小型氨厂用 3～8 滴度的氨水对原料气进行初级脱硫，脱硫后的氨水不再生，直接排放。

中和法的缺点是不能直接回收硫黄。

湿式氧化法：用弱碱性溶液吸收原料气中的硫化氢，生成硫氢化物，再借助溶液中载氧体（催化剂）的氧化作用将硫氢化物氧化成元素硫，同时获得副产品硫黄，然后还原态的载氧体再被空气氧化成氧化态的载氧体，使脱硫溶液再生，循环使用。根据所用载氧体的不同，湿式氧化法主要有蒽醌二磺酸钠法（简称 ADA 法）、氨水对苯二酚催化法、铁氨法、硫酸锰-水杨酸-对苯二酚法（简称 MSQ 法）、改良砷碱法、栲胶法等，所用载氧体分别是蒽醌二磺酸钠、对苯二酚、三氧化二铁、硫酸锰-水杨酸-对苯二酚、三氧化二砷、栲胶。常用的弱碱性溶液为碳酸钠或氨水。

改良砷碱法历史悠久，脱硫效率高，但溶液有毒，现已被无毒脱硫方法取代。改良 ADA 法脱硫效果好，溶液无毒，过去中型氨厂应用较多，近年来小型氨厂也逐渐采用此法。氨水对苯二酚催化法多用于小型氨厂。近年来开发的 MSQ 法、栲胶法、PDS 法、DDS 法等新脱硫方法在大、中、小型氨厂相继采用。

与中和法相比，湿式氧化法脱硫的优点是反应速率快，净化度高，能直接回收硫黄。目前国内中小型氨厂绝大部分采用湿式氧化法脱硫。

湿式氧化法和中和法都只能脱除硫化氢，很难脱除有机硫。在一氧化碳变换过程中大部分有机硫转变为无机硫，因此原料气中有机硫含量高时变换后气体中硫化氢含量增加，需要经过二次脱硫，也就是工程上的变脱。

(3) 物理化学吸收法　是将具有物理吸收性能和化学吸收性能的两类溶液混合在一起进行脱硫的，该法脱硫效率较高。常用的吸收剂为环丁砜-烷基醇胺（例如甲基二乙醇胺）混合液，对硫化物前者是物理吸收，后者是化学吸收。我国有少数中型氨厂采用该法脱硫。

用物理吸收法或物理化学吸收法脱硫时，再生过程解析出的气体中硫化物含量较多，通常采用克劳斯（Claus）法或康开特（Concat）法进一步回收利用。

(4) 常用的湿式氧化脱硫方法

① 改良 ADA 法　ADA 是蒽醌二磺酸钠（anthraquinone disulphonic acid）的英文缩写。早期 ADA 法所用的吸收剂是加入少量 2,6-或 2,7-蒽醌二磺酸钠的碳酸钠与碳酸氢钠的混合水溶液，pH 值保持在 8.5～9.2 之间，该法存在反应时间较长、需要的反应设备大、硫容量低（溶液需要大量循环）、副反应多等缺点。改良 ADA 法是在上述溶液中添加适量的偏钒酸钠、酒石酸钾钠以及少量三氧化铁和乙二胺四乙酸（EDTA）。偏钒酸钠的作用是通过 5 价钒被还原成 4 价钒提供反应中的氧，使吸收及再生的反应速率大大增加，溶液的硫容量提高，脱硫塔的容积和溶液循环量都大大降低；酒石酸钾钠的作用是阻止生成钒酸盐沉淀；三氯化铁及乙二胺四乙酸的作用是使螯合剂发挥稳定作用。显而易见，加入这些少量物质后改变了氧化及再生历程，使 ADA 法脱硫工艺更趋于完善。

(a) 改良 ADA 法反应原理

(ⅰ) 脱硫塔中进行的反应　在脱硫塔中，pH 值为 8.5～9.2 的稀纯碱溶液吸收原料气中的硫化氢，生成硫氢化物：

$$Na_2CO_3 + H_2S \longrightarrow NaHS + NaHCO_3 \quad (3\text{-}45)$$

在脱硫塔的液相中，硫氢化物与偏钒酸盐反应，生成还原性的焦钒酸盐，并析出单质硫：

$$2NaHS + 4NaVO_3 + H_2O \longrightarrow Na_2V_4O_9 + 4NaOH + 2S\downarrow \quad (3\text{-}46)$$

还原性的焦钒酸盐与氧化态的 ADA 反应，焦钒酸盐被氧化再生为偏钒酸盐循环再用，而氧化态的 ADA 生成还原态的 ADA：

$$Na_2V_4O_9 + 2ADA(\text{氧化态}) + 2NaOH + H_2O \longrightarrow 4NaVO_3 + 2ADA(\text{还原态}) \quad (3\text{-}47)$$

脱硫塔内反应(3-45) 消耗掉的 Na_2CO_3 由反应(3-46) 生成的 NaOH 补偿：

$$NaHCO_3 + NaOH \longrightarrow Na_2CO_3 + H_2O \tag{3-48}$$

（ⅱ）再生塔中进行的反应　还原态的 ADA 被空气中的氧氧化成氧化态的 ADA：

$$2ADA(还原态) + O_2 \longrightarrow 2ADA(氧化态) + 2H_2O \tag{3-49}$$

再生后的溶液循环使用。

当气体中含有二氧化碳、氧、氰化氢时，还会发生下列副反应：

$$2NaHS + 2O_2 \longrightarrow Na_2S_2O_3 + H_2O \tag{3-50}$$

$$Na_2CO_3 + CO_2 + H_2O \longrightarrow 2NaHCO_3 \tag{3-51}$$

$$Na_2CO_3 + 2HCN \longrightarrow 2NaCN + CO_2 + H_2O \tag{3-52}$$

$$NaCN + S \longrightarrow NaSCN \tag{3-53}$$

$$2NaSCN + 5O_2 \longrightarrow Na_2SO_4 + 2CO_2 + SO_2 + N_2 \tag{3-54}$$

副反应消耗碳酸钠，降低了脱硫能力，因此生产过程中应尽量降低原料气中氧及氰化氢的含量。当 NaSCN 或 Na_2SO_4 积累到一定程度后，为维持正常生产必须废弃部分溶液，并根据溶液成分补充相应数量的新鲜溶液。

(b) 改良 ADA 法工艺条件

（ⅰ）溶液的组成　ADA 脱硫溶液是由碳酸钠、ADA、偏钒酸盐、酒石酸钾钠、三氯化铁及 EDTA 组成的水溶液，另外还含有反应生成物碳酸氢钠、硫代硫酸钠、硫酸钠及硫氰酸钠等。溶液的组成和各组分的含量对脱硫和再生过程都有很大的影响。

溶液的 pH 值：溶液的 pH 值越高对吸收硫化氢越有利，但 pH 值过高，吸收的二氧化碳量增多，易析出碳酸氢钠结晶，同时降低了钒酸盐与硫氢化物的反应速率，加快了生成硫代硫酸盐的反应速率。实践证明 pH 值维持在 8.5～9.2 之间较为合适。

溶液的总碱度和碳酸钠浓度：溶液中碳酸钠和碳酸氢钠的物质的量浓度之和称为溶液的总碱度。溶液的总碱度和碳酸钠浓度是影响溶液对硫化氢吸收速率的主要因素。目前国内在净化低硫原料气时多采用总碱度为 0.4mol/L、碳酸钠浓度为 0.1mol/L 的稀溶液。随原料气中硫化氢含量的增加，可相应提高溶液浓度，直到采用总碱度为 1.0mol/L、碳酸钠浓度为 0.4mol/L 的浓溶液。

ADA 的浓度：ADA 的作用是将 4 价钒氧化为 5 价钒。为了加快 4 价钒的氧化反应速率并促使 4 价钒完全氧化，按化学反应量计算溶液中 ADA 的含量必须等于或大于偏钒酸钠含量的 1.69 倍。工业生产中采用 2 倍左右，即 ADA 的质量浓度一般为 5～10g/L。

溶液中其他组分的影响：偏钒酸盐与硫化氢反应相当快，但当出现硫化氢局部过浓时，会形成“钒-氧-硫”黑色沉淀。添加少量酒石酸钾钠可防止生成“钒-氧-硫”沉淀。酒石酸钾钠的用量应与钒浓度成一定比例，酒石酸钾钠浓度一般是偏钒酸钠钾浓度的一半左右。

（ⅱ）温度　提高温度可以加快吸收和再生的反应速率，但同时也会加快生成硫代硫酸钠的副反应速率，对吸收不利。若温度太低，一方面会引起碳酸钠、ADA、偏钒酸钠盐等沉淀，另一方面吸收速率慢，溶液再生不好。通常溶液温度需维持在 35～45℃之间，这时生成的硫黄粒度也较大。

（ⅲ）压力　脱硫过程对压力无特殊要求，由常压至 7.0MPa（表压），吸收过程均能正常进行。在实际生产中，吸收压力取决于原料气的压力及流程后续工序对压力的要求，但加压操作对二氧化碳含量高的原料气有更好的适应性。

（ⅳ）液气比　液气比增加，溶液循环量增加，可提高原料气的净化度，并可防止溶液中硫氢化物的浓度过高，产生“钒-氧-硫”沉淀。但液气比过大，溶液循环量大，会增加动力消耗。液气比一般控制在 10～20L/m^3之间。

（ⅴ）再生空气用量和再生时间　向再生塔通入空气的作用是将还原态的 ADA 氧化成

氧化态的 ADA，使溶液中的悬浮硫呈泡沫状浮在溶液表面，便于捕集回收。理论上，每氧化 1kg 硫化氢需空气量 1.57m^3。实际生产中，空气量除满足氧化反应的需要外，还需要一定的吹风强度，使溶液中的悬浮硫呈泡沫状浮在溶液表面，便于溢流回收，所以实际空气用量往往比理论用量大很多倍。再生塔吹风强度一般控制在 80～120$m^3/(m^2 \cdot h)$ 之间，喷射再生槽吹风强度为 60～110$m^3/(m^2 \cdot h)$。

溶液在再生塔中停留时间越长，再生越完全，但所需再生塔的容积也就越大。一般溶液在再生塔内的停留时间为 30～40min，在喷射再生槽内的停留时间为 8～10min。

(c) 改良 ADA 法工艺流程　改良 ADA 法工艺流程主要由硫化氢吸收、溶液再生、硫黄回收三大部分构成。其中硫化氢吸收和硫黄回收设备基本相同，主要区别在于溶液再生方法不同及所用设备不同，根据溶液再生方法不同分为高塔鼓泡再生和喷射氧化再生两种。工业生产中一般采用喷射氧化再生工艺，其流程如图 3-25 所示。

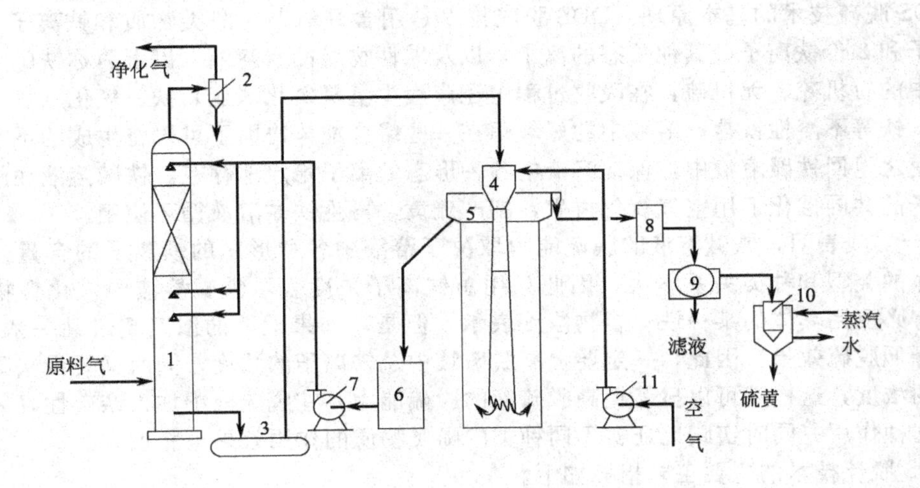

图 3-25　喷射氧化再生法脱硫工艺流程

1—脱硫塔；2—气液分离器；3—反应槽；4—喷射器；
5—浮选槽；6—溶液循环槽；7—循环泵；8—硫泡沫槽；
9—真空过滤机；10—熔硫釜；11—空气压缩机

改良 ADA 法脱硫工艺具有脱硫效率高，可回收单质硫，溶液无毒、污染小，脱硫溶液可再生，运行成本低等优点。但由于溶液组成比较复杂，脱硫塔填料易被硫黄堵塞是比较突出的缺点。

② 栲胶法　栲胶法脱硫与改良 ADA 法一样属于氧化催化反应过程，该法是利用碱性栲胶水溶液脱除硫化氢的。栲胶是聚酚类（单宁）物质，分子中具有大量的酚羟基和羟基，可取代 ADA 作为 4 价钒的氧化剂，并取代酒石酸钾钠作为钒的络合剂。

栲胶法脱硫的反应原理与改良 ADA 法基本相同，只是焦钒酸钠的氧化再生过程用栲胶代替了 ADA。

栲胶法脱硫的主要工艺指标：

总碱度	0.4～0.8mol/L
pH 值	8.5～9.2
栲胶含量	1～3g/L
总钒含量	0.5～1.5g/L

栲胶法脱硫的工艺流程与改良 ADA 法完全相同。

栲胶法脱硫工艺具有如下优点：一是栲胶资源丰富，价廉易得，运行费用比改良 ADA 法低；二是基本上无硫黄堵塔问题；三是栲胶既是氧化剂又是钒的络合剂，溶液的组成比改良 ADA 法简单；四是栲胶脱硫液腐蚀性小。

(5) DDS 脱硫技术简介 DDS 脱硫技术是“铁-碱溶液催化法气体脱碳脱硫脱氰技术”（中国专利 CN 1227135，申请号 99100596.1，申请日 1999.02.05）的简称，是一种湿法生化脱硫技术。

DDS 脱硫技术中溶液的组成：DDS 催化剂（附带有好氧菌）、DDS 催化剂辅料（多酚类物质，一般采用对苯二酚）、B 型 DDS 催化剂辅料、活性碳酸亚铁、碳酸钠（或碳酸钾）、水。在碱性条件下，受 DDS 催化剂分子启发和诱导，DDS 催化剂辅料、B 型 DDS 催化剂辅料和碳酸亚铁在好氧菌作用下即可生成活性 DDS 催化剂分子，为 DDS 催化剂的生存和保持高活性提供环境保障。

DDS 脱硫技术的基本原理：DDS 脱硫技术是用含好氧菌、酚类物质和铁离子（包括 2 价铁离子和 3 价铁离子或其他价态的离子）以及碱性物质的水溶液（以下简称铁碱溶液）吸收气体中的有机硫、无机硫，在吸收过程中还产生少量氢氧化（亚）铁、氧化（亚）铁、硫化（亚）铁等不溶性铁盐。溶液中的好氧菌在一些络合配体协助下可以将生成的不溶性铁盐瓦解，使之返回铁碱溶液中，保证溶液中各种形态铁离子稳定地存在。铁碱溶液在酚类物质与铁离子的共同催化下用空气氧化再生，副产硫黄，再生铁碱溶液循环使用。

生产实践表明，铁碱溶液的脱硫能力取决于溶液中各种形态的铁离子的含量，与络合铁中配体的类型和种类关系不大，因此只用总铁离子浓度表示铁碱溶液中铁化合物浓度即可，没有必要用具体的某种铁化合物浓度表示。但是，如果配体的浓度超过某一浓度值时，反而会降低脱硫效果。因此，一定要提高脱硫液中总铁离子的浓度，同时又要设法降低溶液中配体的浓度，这样就可以显著提高脱硫液的脱硫能力，在脱硫液中加入亲硫性好氧菌就可以起到这种作用。同时实践也证实不同种类的酚类物质的作用效果也相近。

DDS 脱硫技术的主要工艺指标如下。

总碱度：DDS 法脱硫属催化氧化法脱硫，首先由碱性水溶液吸收 H_2S 生成 HS^-、S^{2-}，溶液中的 DDS-Fe 迅速吸附 HS^-、S^{2-}，生成 DDS-Fe-HS、DDS-Fe-S，此反应为不可逆反应。溶液总碱度一般要求控制在 25g/L 以上，脱硫负荷增加时相应提高总碱度。

Na_2CO_3 含量：溶液 pH 值要求控制在 8.0～9.0 之间，最佳为 8.8，因为 DDS 催化剂在这种环境里活性最好，而且其他辅料合成 DDS 催化剂的反应也比较活跃。为达到 pH 值要求的范围，脱硫液中的 Na_2CO_3 含量需控制在 5 g/L 左右。

总铁：脱硫过程主要利用铁离子价态的变异性，一般总铁含量要求控制在 0.5g/L 以上。当脱硫负荷增加或脱硫贫液中总铁含量低于 0.5g/L 时，增大活性碳酸亚铁和 B 型 DDS 催化剂辅料的加入量；当脱硫贫液中总铁含量大于 0.5g/L 时，适当减少活性碳酸亚铁的补加量，同时停止补加 B 型 DDS 催化剂辅料。

总酚：析硫过程主要利用酚类物质醌酚的互变性完成，一般要求总酚控制在 0.5g/L 以上。当脱硫贫液中对苯二酚含量低于 0.5g/L 时，增大 DDS 催化剂辅料的加入量；高于 0.5g/L 时，停止补加 DDS 催化剂辅料。

细菌：本技术中细菌所发挥的作用是在络合配体协助下好氧菌将脱硫和再生过程中生成的不溶性铁盐瓦解，使之返回铁碱溶液中，保证溶液中各种形态铁离子的稳定性。同时细菌能够瓦解脱硫过程中产生的副产物如 $Na_2S_2O_3$；载氧菌可氧化溶液中存在的少量 HS^- 及 S^{2-}，保证脱硫液的稳定性和 DDS 催化剂的活性。操作过程中要保持细菌数量，需每天加入 DDS 催化剂，具体加入量由各使用企业的脱硫负荷决定。

液气比：液气比增加有利于吸收，但要兼顾富液的有效再生时间和脱硫塔内的喷淋密度。若条件允许应提高溶液的喷淋密度，这样有利于提高脱硫效率，避免脱硫塔阻力增大。

再生吹风强度：吹风强度除满足析硫和催化剂的氧化再生外，还需使单质硫能聚合浮选。若空气量不足，吹风强度低，则氧化析硫不完全，影响贫液质量；若吹风强度太高，液面翻腾，返混严重，不能形成泡沫层，单质硫难以聚合浮选分离。

DDS脱硫技术的工艺流程与改良ADA法完全相同，一般采用喷射氧化再生工艺。

DDS脱硫技术存在脱硫效率高，生成的硫黄颗粒大、便于分离，硫回收率高，不堵塔等优点。该技术是一种全新的脱硫技术，自1997年首次工业化试验成功以来获得了快速发展，相继在北京、天津、山东、山西、河南、河北、湖南、湖北、江苏、福建、江西等省市百余家大中型化工企业的半水煤气和变换气脱硫工序成功地投入使用，运行平稳，脱硫效率高，综合运行成本低，为企业创造了可观的经济效益和社会效益。

3.3.2　一氧化碳变换

无论是采用固体、液体还是气体燃料为原料，所制备的合成氨原料气中都含有一定量的一氧化碳，其体积分数为12%～45%。一氧化碳不仅不是合成氨所需要的直接原料，而且能使合成氨催化剂中毒，因此原料气送往合成氨工序之前必须将一氧化碳彻底清除。

实际生产中通常分两步除去。首先，利用一氧化碳与水蒸气作用生成氢和二氧化碳的变换反应除去大部分一氧化碳，这一过程称为一氧化碳的变换，反应后的气体称为变换气。反应式为：

$$CO+H_2O(g) \rightleftharpoons CO_2+H_2+41.2kJ/mol \tag{3-16}$$

由反应式可以看出，通过变换反应既能把一氧化碳转变为易于除去的二氧化碳，同时又可制得等体积的氢，因此一氧化碳变换既是原料气的净化过程又是原料气制造的继续。然后，采用铜氨液洗涤法、液氮洗涤法、甲烷化法或是更先进的醇烃化法脱除变换气中残存的少量一氧化碳。

3.3.2.1　一氧化碳变换基本原理

在工业生产中，一氧化碳变换反应均在催化剂存在下进行。根据反应温度不同，变换过程分为中温变换（或高温变换）和低温变换。中温变换使用的催化剂称为中温变换催化剂，反应温度为350～550℃，根据要求不同变换气中仍含有体积分数2%～4%的一氧化碳。低温变换使用活性较高的催化剂，操作温度为180～260℃，称为低温变换催化剂，变换气中残余一氧化碳量可降到体积分数0.2%～0.4%。

低温变换催化剂虽然活性高，但抗中毒性差，操作温度范围窄，所以很少单独使用。采用铜氨液洗涤法或液氮洗涤法清除变换气中残余的一氧化碳时，要求一氧化碳含量小于体积分数4%，采用中温变换即可；甲烷化法要求变换气中一氧化碳含量小于体积分数0.5%，就必须采用中温变换串低温变换的工艺流程。因此，早期合成氨厂的变换过程都有中温变换，而并非所有的变换过程都有低温变换。20世纪80年代以来，随着合成氨生产技术的不断发展，国内外一些公司相继研究开发成功耐硫宽温变换催化剂，使相当多的中小型合成氨厂的变换过程采用中变串低变或全低变工艺，达到了更有效的节能效果。

一氧化碳变换反应如式(3-16)所示，反应具有可逆、放热、反应前后体积不变等特点，并且反应速率比较慢，只有在催化剂作用下才具有较快的反应速率。

(1) 变换反应的平衡常数　一氧化碳变换反应是在常压或压力不太高的条件下进行的，在计算平衡常数时各组分用分压表示即可：

$$K_p=\frac{p(CO_2)p(H_2)}{p(CO)p(H_2O)}=\frac{y(CO_2)y(H_2)}{y(CO)y(H_2O)} \tag{3-55}$$

式中，$p(CO_2)$、$p(H_2)$、$p(CO)$、$p(H_2O)$ 分别为二氧化碳、氢气、一氧化碳、水蒸气的平衡分压；$y(CO_2)$、$y(H_2)$、$y(CO)$、$y(H_2O)$ 分别为二氧化碳、氢气、一氧化碳、水蒸气平衡组成的摩尔分数。

不同温度下一氧化碳变换反应的平衡常数见表 3-4。可以看出，变换反应的平衡常数随温度升高而降低，所以降低反应温度对变换反应有利，可使变换气中残余的一氧化碳含量降低。

表 3-4 一氧化碳变换反应的平衡常数

温度/℃	200	250	300	350	400	450	500
K_p	227.9	86.51	39.22	20.34	11.70	7.311	4.878

(2) 变换率及影响平衡变换率的因素 工业生产中用来衡量一氧化碳变换程度的参数称为变换率，用 x 表示，其定义为已变换的一氧化碳量与变换前的一氧化碳量的百分比，表达式为：

$$x=\frac{n(CO)-n'(CO)}{n(CO)}\times 100\% \tag{3-56}$$

式中，x 表示一氧化碳的变换率，$n(CO)$、$n'(CO)$ 分别为变换前后一氧化碳的物质的量。

反应达到平衡时的变换率称为平衡变换率。在工业生产条件下，由于反应不可能达到平衡，实际变换率总是小于平衡变化率。因此，需要分析影响平衡变化率的因素，从而确定适宜的生产条件，使实际变化率尽可能接近平衡变化率，降低变换气中残余一氧化碳的含量。

影响平衡变换率的主要因素如下。

① 温度的影响 由表 3-4 的数据可知，温度降低，平衡常数增大，有利于变换反应向右进行，因而平衡变换率增大，变换气中残余的一氧化碳含量减小。工业生产中，降低反应温度必须与反应速率和催化剂性能综合考虑。对一氧化碳含量较高的原料气，反应开始时为了加快反应速率一般在较高温度下进行，而在反应的后一阶段，为使反应较完全，就必须使反应温度降低一些，工业上一般采用两段变换就是这个原因。反应温度与催化剂的活性温度有很大关系，一般工业上用的变换催化剂在低于活性温度时变换反应便不能正常进行，而高于某一温度时将损坏催化剂。因此，一氧化碳的变换反应必须在催化剂的活性温度范围内选择最佳的操作温度。

② 压力的影响 一氧化碳变换反应是等分子反应，反应前后气体分子数相同，气体总体积不变。在目前的工业操作条件下，压力对变换反应的化学平衡无显著的影响。

③ 水蒸气添加量的影响 增加蒸汽用量，可提高一氧化碳的变换率，加快反应速率，防止副反应发生。但蒸汽过量不但经济上不合理，而且催化剂床层阻力增加，一氧化碳停留时间加长，余热回收负荷加大。因此，要根据原料气成分、变换率、反应温度及催化剂活性等合理控制蒸汽比例。变换的蒸汽比例一般为 $H_2O/CO=3\sim5$（体积比）。

④ 二氧化碳的影响 在变换反应过程中，如果能将生成的二氧化碳除去，就可以使变换反应向右移动，提高一氧化碳的变换率。除去二氧化碳的方法是将一氧化碳转换到一定程度后送往脱碳工序除去气体中的二氧化碳，再进行第二次变换。但由于脱除二氧化碳的流程比较复杂，工业上一般较少采用。

3.3.2.2 一氧化碳变换催化剂

无催化剂存在时，一氧化碳变换反应速率极慢，即使温度升至 700℃以上反应仍不明显，因此必须采用适当的催化剂，使反应在不太高的温度下保持足够高的反应速率，以求获得较高的变换率，同时防止或减少副反应发生。

根据催化剂的活性温度及抗硫性能不同，变换催化剂分为铁铬系、铜锌系、钴钼系三类。

① 铁铬系变换催化剂　其化学组成以 Fe_2O_3 为主，促进剂有 Cr_2O_3 和少量的 K_2O、MgO、Al_2O_3 等。该类催化剂的活性组分是 Fe_3O_4，使用前将 Fe_2O_3 还原成 Fe_3O_4。该类催化剂适用温度范围是 300～530℃，称为中温或高温变换催化剂。因为温度较高，反应后气体中残余一氧化碳含量最低为体积分数 3%～4%。另外该类催化剂具有相当高的选择性，在正常操作条件下不会发生甲烷化和析碳反应。

② 铜锌系变换催化剂　其化学组成以 CuO 为主，ZnO 和 Al_2O_3 为促进剂和稳定剂，使用前还原成具有活性的细小铜晶粒。铜锌系变换催化剂适用温度范围是 180～260℃，称为低温变换催化剂，反应后残余一氧化碳含量可降至体积分数 0.2%～0.3%。铜锌系变换催化剂活性高，若原料气中一氧化碳含量高，应先经中（高）温变换将一氧化碳含量降至体积分数 3%左右，再串接低温变换，以防剧烈放热烧坏低变催化剂。该类催化剂存在易中毒的弱点，所以原料气中硫化物的含量不得超过 $0.1cm^3/m^3$。

③ 钴钼系变换催化剂　其化学组成是钴、钼氧化物并负载在氧化铝上，反应前将钴、钼氧化物转变为硫化物（预硫化）才有活性，反应中原料气必须含硫化物。该类催化剂的适用温度范围是 160～500℃，属宽温变换催化剂（国外称为耐硫变换催化剂）。其特点是耐硫抗毒、强度高、使用寿命长。在以重油或煤为原料的合成氨厂，使用该类催化剂可以将含硫的原料气直接进行变换，再脱硫、脱碳，简化流程（减少了先脱硫再变换流程中变换后的变脱装置），降低能耗。

3.3.2.3　一氧化碳变换工艺条件

要使变换过程在最佳工艺条件下进行，达到高产、优质和低耗的目的，就必须分析各工艺条件对反应的影响，综合选择最佳条件。

① 温度　变换反应是放热的可逆反应，提高温度对反应速率和化学平衡有矛盾的两方面的影响，在反应物组成和催化剂一定时所对应的最大反应速率时的温度为最适宜温度或最佳温度。反应不同瞬间有不同的组成，也对应着不同的变换率，把对应于不同变换率时的最适宜温度的各点连成的曲线称为最适宜（最佳）温度曲线。图 3-26 是一氧化碳变换过程的 T-x 图，图中 T_m 线为最适宜温度曲线，T_e 线为平衡曲线。图 3-26 表明，对一定初始组成的反应系统，随一氧化碳变换率 x 增加平衡温度 T_e 及最适宜温度 T_m 均降低。对同一变换率，最适宜温度一般比相应的平衡温度低几十度。如果工业反应器能按最适宜温度进行反应，则反应速率最大。也就是说，当催化剂一定时，可以在最短的时间里达到较高转化率，或者说达到规定的最终转化率所需催化剂用量最少，反应器的生产强度最高。尽管按最适宜温度曲线进行操作最为理想，但实际上完全按最适宜温度曲线操作是不可能的，因为很难按最适宜温度的需要准确地、不断地移出反应热，而且在反应开始（$x=0$）时最适宜温度大大超过一般中（高）变催化剂的耐热温度。

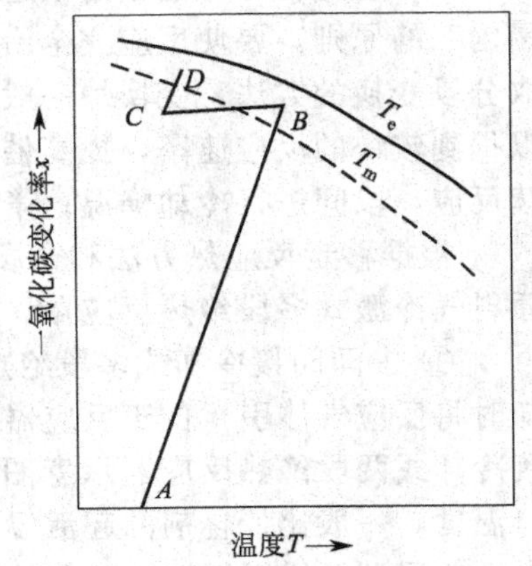

图 3-26　一氧化碳变换过程的 T-x 图

实际生产中选定操作温度一般遵守两条原则：一是操作温度必须控制在催化剂的活性温度范围内，反应开始温度应高于催化剂起始活性温度 20℃左右，反应中严防超温；二是要使整个变换过程尽可能在接近最适宜温度的条件下进行。由于最适宜温度随变换率升高而下降，需要随着反应的进行及时移出反应热，从而降低反应温度。工业上通常采用两种办法达到上述目的：一种是采用多段床层间接冷却式，用原料气或饱和蒸汽进行段间换热，移走反应热，段数越多则变换反应过程越接近最适宜温度曲线，但流程也更为复杂；另一种是采用直接冷激式，在段间直接加入原料气、水蒸气或冷凝水进行降温。

② 压力　压力较低时对变换反应的化学平衡几乎没有影响，但反应速率却随压力增大而增大，所以提高压力对变换反应是有利的。从压缩气体的动力消耗上看，由于目前合成氨工艺采用高压合成，而变换前干原料气体积小于干变换气体积，先压缩干原料气后再进行变换比常压变换后再压缩变换气的能耗低。因不同原料气中一氧化碳含量的差异，能耗约可降低15%～30%。此外，加压变换可提高过热蒸汽的回收率，同时加压还有利于传热、传质速度的提高，使变换系统的设备更紧凑。当然，加压变换需用压力较高的蒸汽，对设备材质、耐腐蚀的要求也增高，设备投资增加，尽管如此其优点仍是主要的。具体操作压力则是根据大、中、小型氨厂的工艺特点，特别是工艺蒸汽的压力及压缩机各段压力的合理配置而定。一般小型氨厂为0.7～1.2MPa，中型氨厂为1.2～1.8MPa，大型氨厂因原料及工艺的不同差别较大。

③ 蒸汽用量　增加水蒸气用量，既有利于提高一氧化碳的平衡变换率，又有利于提高变换反应速率，从而降低一氧化碳残余含量，为此生产上均采用过量水蒸气。由于过量水蒸气的存在，保证了催化剂的活性组分四氧化三铁的稳定性，同时抑制了析碳及甲烷化副反应的发生。过量水蒸气还起到热载体的作用，使床层温升减小。所以，改变蒸汽用量是调节床层温度的有效手段。但蒸汽用量不宜过大，因为过量蒸汽不但经济上不合理，而且催化剂床层阻力增加，一氧化碳停留时间缩短，余热回收负荷加大。因此，要根据原料气成分、变换率、反应温度及催化剂活性等合理控制蒸汽比例。工业生产中变换的蒸汽比例一般为$H_2O/CO=3\sim5$（体积比）。

3.3.2.4 一氧化碳变换反应器类型

如前所述，变换反应是剧烈的放热反应，随着反应的进行气体温度不断升高，但最适宜反应温度则随变换率的增高逐步降低，为了提高变换率，使反应能在最适宜温度下进行，必须不断移走反应热，使温度随反应进行不断降低。其次，催化剂本身耐热性有一定限度，为防止催化剂层超温，也必须及时移走反应热。因此，设计变换反应器也应满足“除反应初期外，反应过程尽可能接近最适宜温度曲线”和“保证操作温度控制在催化剂的活性温度范围内”的原则。要使反应完全沿着最适宜温度进行在实际上是极为困难的。在工业上一般采取分段变换的方法，变换炉一般分为三段。第一段在较高温度下进行几乎绝热的变换反应，以得到较快的反应速率，提高催化剂利用率，然后进行中间冷却；第二段在较低的温度下继续反应，段间进行冷却降温；第三段的反应温度更低。

根据移走反应热方法和介质的不同，变换反应器分为中间间接冷却式多段绝热反应器、原料气冷激式多段绝热反应器、水蒸气或冷凝水冷激式多段绝热反应器3种。

① 中间间接冷却式多段绝热反应器　该反应器的特点是：反应时与外界无热交换，冷却时将反应气体引至位于反应器之外的热交换器中进行间接换热降温。图3-27(a)是中间间接冷却式两段绝热反应器示意图。实际操作温度变化线如图3-27(b)所示，图中E点是入口温度，一般比催化剂的起活温度高20℃，在第Ⅰ段中绝热反应，温度直线上升，当穿过最适宜温度曲线以后离平衡曲线越来越近，反应速率明显下降，如继续反应到平衡（F'点）需要很长的时间，而且此时的平衡转化率并不高，所以当反应进行到F点（不超过催化剂的活性温度上限）时将反应气体引至位于反应器之外的热交换器中进行冷却，反应暂停，冷

却线为 FG，转化率不变，FG 为水平线，G 点温度不应低于催化剂活性温度下限，然后再进入第Ⅱ段反应，可以接近最适宜温度曲线，以较高的反应速率达到较高的转化率。当段数增多时，操作曲线更接近最适宜温度曲线，如图 3-27(b) 中的虚线所示。

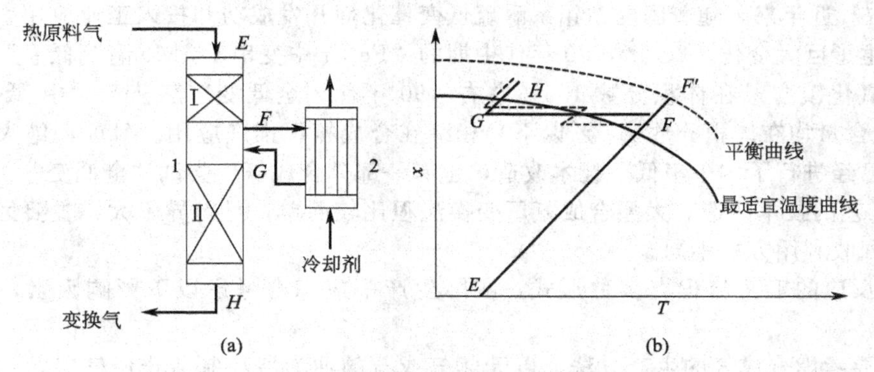

图 3-27　中间间接冷却式两段绝热反应器

1—反应器；2—热交换器；$EFGH$—操作温度线

反应器分段越多，流程和设备就越复杂，工程上既不合理也不经济。工业生产中变换反应器的具体段数应由水煤气中的一氧化碳含量、要求达到的转化率、催化剂的活性温度范围等因素决定，一般 2～3 段即可满足高转化率的要求。

② 原料气冷激式多段绝热反应器　该反应器的特点是：段间添加冷原料气进行直接冷却降温。图 3-28(a) 是原料气冷激式两段绝热反应器示意图。实际操作温度变化线如图3-28(b) 所示，图中 FG 是冷激线，冷激过程虽无反应发生，但因为添加了原料气，反应物一氧化碳的含量增加，根据变换率的定义可知变换率变低。为了达到相同的转化率，冷激式所使用的催化剂量比中间冷却式多一些。但由于该反应器采用的冷激剂是原料气，省去了换热器，所以冷激式不但流程简单，原料气也有一部分不需要预热。

③ 水蒸气或冷凝水冷激式多段绝热反应器　该反应器的特点是：段间添加水蒸气或冷凝水进行直接冷却降温。变换反应需要水蒸气参加，故可利用水蒸气作冷激剂，因其热容大，降温效果好。如用系统的冷凝水冷激，由于气化吸热更多，降温效果更好。用水蒸气或水冷激使水碳比增高，对反应平衡和反应速率均有影响，故第Ⅰ段和第Ⅱ段的平衡曲线和最适宜温度曲线是不相同的。因为冷激前后既无反应又没添加一氧化碳原料，转化率不变，所以冷激线（FG）是一条水平线。

水冷激式两段绝热反应器的示意图和操作线如图 3-29(a) 和图 3-29(b) 所示。

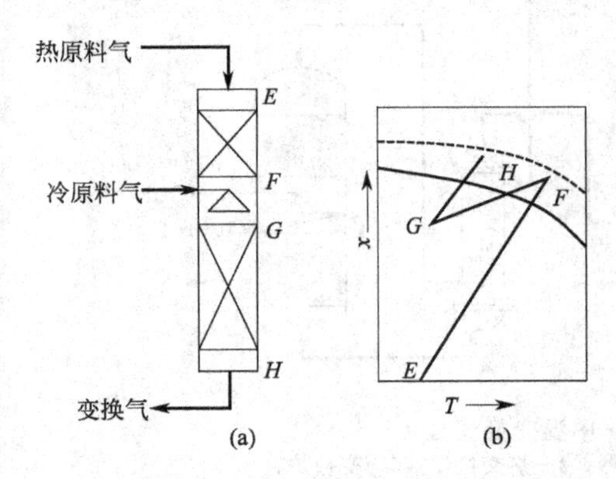

图 3-28　原料气冷激式两段绝热反应器

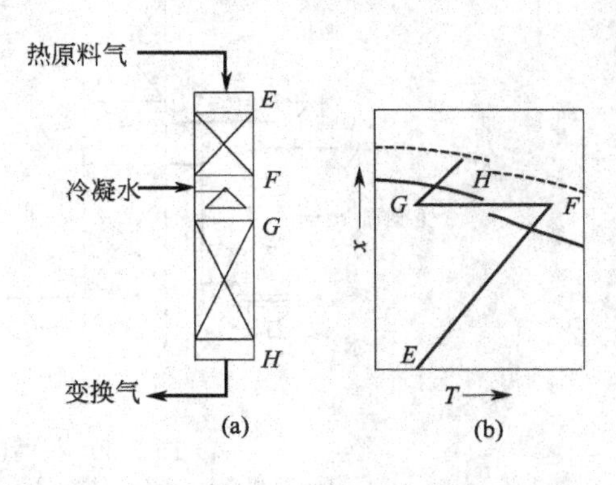

图 3-29　水冷激式两段绝热反应器

3.3.2.5 一氧化碳变换工艺流程

一氧化碳变换工艺是合成氨生产的重要组成部分。长期以来，国内中小型合成氨厂大多采用铁铬系中变催化剂，变换工艺以中温变换为主，中变出口控制一氧化碳含量在体积分数3%左右。近年来，随着国内钴钼系耐硫低变催化剂开发成功和投入工业应用，合成氨变换工艺发生了巨大变化。20世纪80年代中期的“Fe-Cr中变串Co-Mo耐硫低变”工艺，低变出口一氧化碳含量在体积分数1.5%左右。90年代“全低变”工艺和“中-低-低”工艺（一氧化碳含量均在体积分数1.5%以下）相继在合成氨厂推广应用。目前，绝大多数中小合成氨厂已经进行了“中串低”技术改造，也有一部分合成氨厂尝试“全低变”工艺和“中-低-低”工艺的技术改造。大型合成氨厂变换流程比较简单，且差异不大，主要区别在于变换反应热回收利用方式不同。

变换反应的工艺流程有多种形式，实际生产中应综合考虑以下影响因素，进行合理选择。

首先要考虑合成气的生产方法。以天然气或石脑油为原料制造合成气时，水煤气中一氧化碳含量仅为体积分数10%～13%，只需采用一段高变和一段低变的串联流程就能将一氧化碳含量降低至体积分数0.3%；以渣油为原料制造合成气时，水煤气中一氧化碳含量高达体积分数40%以上，需要分三段进行变换。

其次要将一氧化碳变换与脱除残余一氧化碳的方法结合。如果合成气最终精制采用铜洗和液氮洗涤流程，只需采用中温变换即可；若最终精制采用甲烷化流程，则可选择中温变换串耐硫低变流程。

另外还要根据进入系统的原料气温度和湿含量选择气体的预热和增湿方法，合理利用预热。同时要兼顾企业的管理水平和操作水平，即根据企业自身情况合理选择变换流程。

现将几种典型的一氧化碳变换流程简述如下。

（1）加压中温变换流程

① 工艺流程 中温变换工艺早期均采用常压，经节能改造后目前大都采用加压变换。

其工艺流程如图3-30所示。脱硫后压力为0.7MPa的半水煤气进入饱和塔下部，与来自饱和塔顶的热水逆流接触，气体温度升至133℃，并被水蒸气饱和，从塔顶出来后在蒸汽混合器中补加部分水蒸气提高汽气比，进入热交换器，被变换后的气体预热到380℃左右，

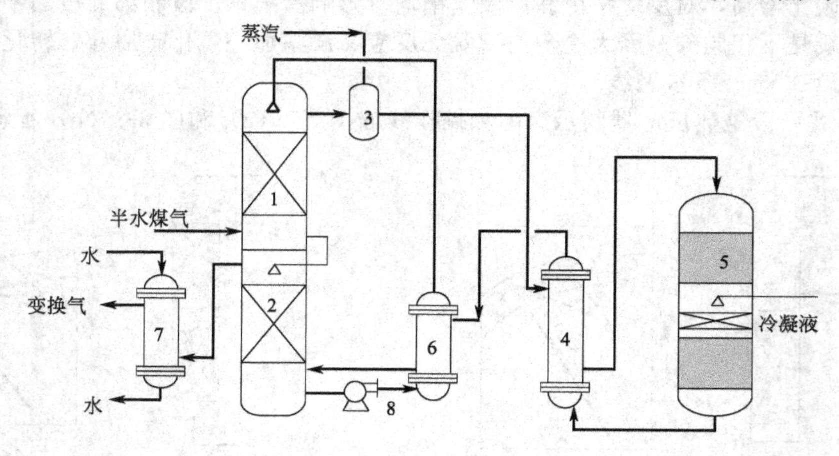

图3-30 一氧化碳加压中温变换流程

1—饱和塔；2—热水塔；3—蒸汽混合器；4—热交换器；5—变换炉；6—水加热器；7—冷凝塔；8—热水泵

由变换炉顶进入第一段催化剂床层进行一氧化碳变换反应，气体温度升至470℃左右。在两段催化剂床层之间装有冷凝液喷头喷洒冷凝液，气体温度降至400℃左右后进入第二段催化剂床层，继续进行变换反应，使气体中残余一氧化碳含量下降至体积分数3%以下。由第二段催化剂床层出来的变换气（出变换炉的气体）压力为0.67MPa，温度为430℃左右，进入热交换器的壳程，被管内半水煤气冷却到233℃左右，再经水加热器冷却到150℃左右，进入热水塔。在热水塔内，变换气与塔顶喷下的热水逆流接触，被冷却到100℃左右，进入冷凝塔，被冷却水冷到45℃左右，压力降至0.65MPa左右，送到脱碳工序。

系统中热水在饱和塔、热水塔和加热器中循环使用，需定期排污及加水，以保持循环水的质量和水平衡。

目前一般采用1.2～1.8MPa和3MPa的加压变换工艺，以渣油为原料的大型氨厂变换压力可高达8.5MPa。

② 工艺特点　采用低温高活性的中变催化剂，降低了工艺上对过量蒸汽的要求。采用段间喷水冷激降温，减少了系统的热负荷和阻力，减小了外供蒸汽量。合成与变换，铜洗构成第二换热网络，热能利用合理（精制采用铜洗工艺）。其中有两种模式：一是“水流程”模式，二是“汽流程”模式。前者指在合成塔后设置水加热器，以热水形式向变换系统补充热能，并通过变换工段设置的两个饱和热水塔使自产蒸汽达到变换反应所需的汽气比；后者在合成塔设后置式锅炉或中置式锅炉，产生蒸汽供变换用，变换工段则设置第二热水塔回收系统余热，供精炼铜液再生用。采用电炉升温（图中未画出），革新了变换工段燃烧炉升温方法，使之达到操作简单、平稳、省时、节能效果。

（2）中温变换串低温变换流程

① 工艺流程　中温变换串低温变换工艺与传统的中温变换工艺主要不同之处是在原中变炉之后串联了一个装有钴钼系列耐硫宽温催化剂的低变炉，也称“中串低”。耐硫宽温变换催化剂在“中串低”工艺中用作低变催化剂，低变炉入口气体温度一般可控制在210～230℃。

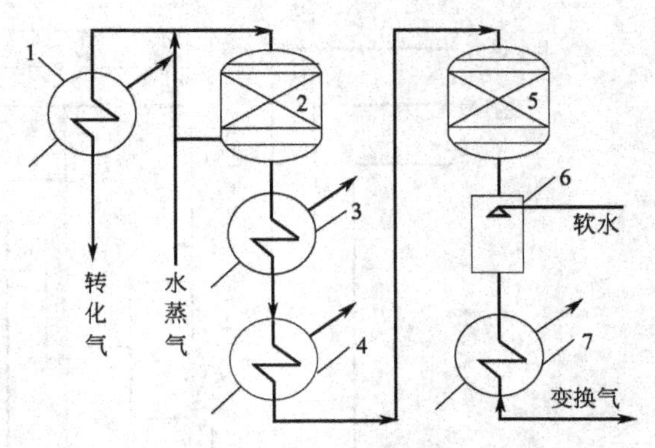

图3-31　一氧化碳中温变换串低温变换工艺流程
1—废热锅炉；2—中变炉；3—中变废热锅炉；
4—甲烷化炉进气预热器；5—低变炉；6—饱和器；
7—脱碳贫液再沸器

其工艺流程如图3-31所示。压力为3MPa左右、含一氧化碳体积分数12%～15%的原料气经废热锅炉温度降至370℃左右，进入中变炉。反应后一氧化碳浓度降到体积分数3%左右，温度升到420～440℃，进入中变废热锅炉，气体被冷却到330～340℃，同时产生10MPa的高压蒸汽。气体随即进入甲烷化炉进气预热器，冷却到230℃后进入低变炉。出低变炉气体的温度为240～255℃，一氧化碳含量为体积分数0.3%～0.5%。低温变换气的余热通过脱碳贫液再沸器进一步回收利用。为了提高传热效果，可向气体中喷入少量水，使其达到饱和状态，这样当气体进入脱碳贫液再沸器时水蒸气很快冷凝，使传热系数增大。出变换器的变换气送往脱碳工序脱除二氧化碳。

目前，中温变换串低温变换工艺流程的主要差别在于中变废热锅炉的不同，大型合成氨厂可产生高压蒸汽，中小型合成氨厂产生中压蒸汽或预热锅炉给水。另外，由于铜锌系催化剂对气体纯度要求高，气体总硫含量应小于0.1cm^3/m^3，氯含量应小于0.01cm^3/m^3，因而限制了其适用范围。

② 工艺特点　在中变串低变流程中，由于耐硫变换催化剂的串入，操作条件发生了较大变化，也使变换系统的操作弹性大大增加，一方面入炉半水煤气的汽气比有较大幅度的降低，为实现蒸汽自给提供了有力保证，另一方面变换气中一氧化碳含量也由单一中变流程的体积分数3.5%左右降到了0.3%～0.5%，从而减轻了后工段（如铜洗）的净化负荷。另外，由于变换率提高，合成氨的产量可相对增加。

(3) 中低低变换流程

① 工艺流程　中低低变换流程是变换炉一段采用铁铬系中变催化剂，二、三段采用钴钼系耐硫催化剂，即在中串低的流程上再串一个低变炉（段），两个低变炉（段）之间要有降温，用水冷激或水加热器均可。

其工艺流程如图3-32所示。由压缩机来的半水煤气经油水分离器后进入饱和热水塔，在塔内与塔顶流下的热水逆流接触，半水煤气增湿提温后进入蒸汽混合器，使汽气比达到要求。经热交换器升温至330℃左右，进入变换炉一段中变催化剂床层进行变换反应，气体温度升至460～480℃。该气体出变换器后依次进入热交换器和调温水加热器Ⅰ进行热交换，温度降至180～240℃，进入变换炉二段耐硫低变催化剂床层继续反应，温度升至260～300℃。反应后的气体进入调温水加热器Ⅱ进行热交换，温度降至180～220℃，进入变换炉三段耐硫低变催化剂床层继续反应，气体温度达210～220℃，一氧化碳含量降至体积分数0.3%～0.5%。该气体再经水加热器、饱和热水塔回收热量后，送入下工序。从饱和热水塔底部出来的热水用热水泵送入水加热器进行热交换后，一部分直接进入饱和热水塔，另一部分经调温水加热器Ⅰ、调温水加热器Ⅱ换热后，再进入饱和热水塔。

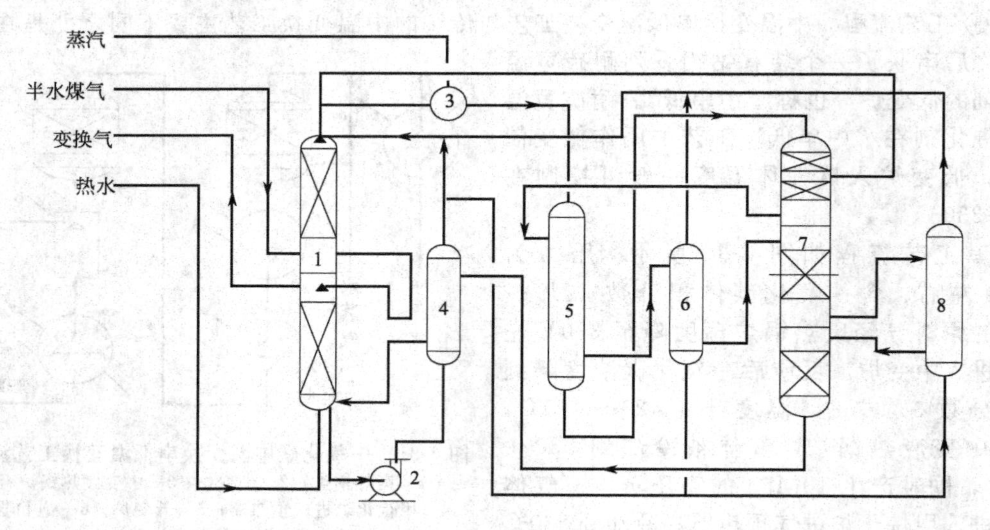

图3-32　一氧化碳中低低变换工艺流程

1—饱和热水塔；2—热水泵；3—蒸汽混合器；4—水加热器；5—热交换器；6—调温水加热器Ⅰ；7—变换炉；8—调温水加热器Ⅱ

② 工艺特点　一氧化碳变换反应为放热反应，中低低流程较好地满足了工艺设计中“高温提高反应速率，低温提高转化率”的基本原则，即利用中变的高温提高反应速率，脱除有毒杂质（如氧等），利用两段低变提高转化率，实现节能降耗。中低低流程充分发挥了中变催化剂和低变催化剂的特点，实现最佳组合，创造出能耗、阻力及操作的理想效果。另外，与中串低变换流程相比，中低低变换流程的蒸汽消耗继续下降，饱和塔负荷进一步减

轻。但由于反应汽气比下降，中变催化剂较易发生过度还原，引起中变催化剂失活、硫中毒等，致使中变催化剂使用寿命相对较短。

(4) 全低变变换流程

① 工艺流程 为了克服中串低或中低低变换流程中铁铬系中变催化剂在低汽气比条件下过度还原及硫中毒等缺点，开发了全部使用耐硫变换催化剂的全低变工艺，各段进口温度均为200℃左右。在相同操作条件和工况下其设备能力和节能效果都比原各种形式的中串低、中低低好，其改善程度与工艺流程有关。

全低变变换流程是指不用中变催化剂而全部采用宽温区钴钼系耐硫变换催化剂进行一氧化碳变换的工艺过程，其工艺流程如图3-33所示。半水煤气首先进入系统的饱和热水塔，在塔内与塔顶流下的热水逆流接触，进行传热、传质，使半水煤气提温增湿。出饱和塔气体进入气液分离器分离夹带的液滴，并补充从主热交换器来的蒸汽，使汽气比达到要求。补充水蒸气的气体温度升至180℃，进入变换炉的上段，反应后温度升至350℃左右，引出塔外，在段间换热器中与热水换热，而后进入第二段催化剂床层反应，反应后的气体在主热交换器与半水煤气换热，并经第二水加热器降温后进入第三段催化剂床层继续反应，反应后气体中一氧化碳含量降至体积分数1%～1.5%，离开变换炉。变换气经第一水加热器后进入热水塔，最后经软水加热器回收热量，再进入冷凝器，冷却至常温。

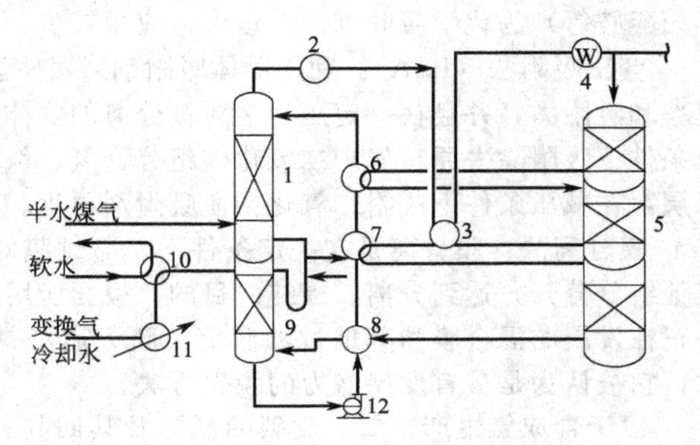

图3-33 一氧化碳全低变变换工艺流程

1—饱和热水塔；2—气液分离器；3—主热交换器；4—电加热器；5—变换炉；6—段间换热器；7—第二水加热器；8—第一水加热器；9—热水塔；10—软水加热器；11—冷凝器；12—热水泵

② 工艺特点 全低变变换工艺中变换炉入口温度及床层内的热点温度均比中变炉入口及热点温度下降100～200℃，使变换系统在较低的温度范围内操作，有利于提高一氧化碳平衡变换率，在满足出口变换气中一氧化碳含量的前提下可降低入炉蒸汽量，使全低变流程比中变及中变串低变流程蒸汽消耗降低。催化剂用量减少一半，使床层阻力下降，同时由于钴钼系催化剂耐高硫，对半水煤气脱硫指标可适当放宽。但因氧化、反硫化及硫酸根、氯根、油等污染，催化剂活性下降快，使用寿命相对较短，一般需在一段入口前装填脱氧、脱水保护层，以保护低变催化剂。另外饱和塔酸腐蚀严重。

3.3.3 原料气中二氧化碳的脱除

在合成氨生产过程中，粗原料气经过脱硫、变换后，气体中一般含有体积分数为18%～35%的二氧化碳。二氧化碳的存在不仅会使氨合成催化剂中毒，而且给清除少量一氧化碳过程带来困难。采用铜氨溶液洗涤法时，二氧化碳能与铜氨溶液中的氨生成碳酸铵结晶而堵塞管道和设备；采用液氮洗涤法时，二氧化碳容易固化为干冰，也会堵塞管道和设备；采用甲烷化法时，二氧化碳与氢反应，生成非合成氨原料的甲烷，并且消耗大量氢。此外，二氧化碳又是制造尿素、纯碱、碳酸氢铵、干冰等产品的原料。因此，合成氨原料气中的二氧化碳必须除去，并应回收利用。

目前脱除二氧化碳的方法很多，但大多数为溶液吸收法。溶液吸收法根据所用吸收剂性质的不同，可分为物理吸收法、化学吸收法、物理化学吸收法。近年来又出现了变压吸附、膜分离等固体脱除二氧化碳的方法。

物理吸收法：利用二氧化碳能溶解于水或有机溶剂且比氢、氮溶解度大的特性除去原料气中的二氧化碳。工业生产中常用的方法有加压水洗法、低温甲醇洗涤法、碳酸丙烯酯法、聚乙二醇二甲醚法、*N*-甲基吡咯烷酮法等。吸收二氧化碳后的溶液可用减压解吸法再生。

化学吸收法：利用二氧化碳具有酸性特性而与碱性物质进行反应将其吸收。工业生产中常用的化学吸收法有氨水法、热钾碱法、乙醇胺法等。

物理化学吸收法：脱碳时既有物理吸收过程又有化学吸收过程。常用的方法为环丁砜法，吸收剂为环丁砜和烷基醇胺的水溶液。环丁砜为物理吸收剂，烷基醇胺（一乙醇胺、二异丙醇胺等）为化学吸收剂。此法国内应用较少。

变压吸附法（PSA）：利用固体吸附剂对吸附质在不同分压下有不同的吸附容量、吸附速率和吸附力，并且在一定压力下对被分离的气体混合物的各组分有选择吸附的特性，在加压条件下吸附除去原料气中二氧化碳组分，氢、氮、一氧化碳以及甲烷作为弱吸附组分通过床层，在减压条件下脱附二氧化碳使吸附剂再生。

膜分离法：膜分离是在一定条件下，通过膜对气体渗透的选择性把二氧化碳和原料气其他组分分开，达到分离、提纯的目的。根据所用膜材料的不同，分为聚合体膜、无机膜以及正在发展的混合膜和其他过滤膜等。膜分离法是近几年崛起的一项富有生命力的分离技术，它被认为是最有发展潜力的脱碳方法。

由于合成氨生产中二氧化碳的脱除及其回收利用是脱碳的双重目的，在选择脱碳方法时，不仅要从方法本身的特点，而且要根据原料、二氧化碳用途、经济技术指标等进行评价。

3.3.3.1 物理吸收法

最早使用的物理吸收法是加压水洗法。该法由于水对二氧化碳的吸收能力较小，操作中水循环量大，动力消耗高，另外水洗法气体的净化度较低，有效气体损失较多，再生设备体积庞大，现已很少使用。目前国内外使用较多的物理吸收法主要有低温甲醇洗涤法、碳酸丙烯酯法、聚乙二醇二甲醚法（Selexol 法）等。

（1）低温甲醇洗涤法　低温甲醇洗涤法是 20 世纪 50 年代初德国林德公司和鲁奇公司联合开发的一种脱碳方法，最早用于煤加压气化后的煤气净化。60 年代，随着以重油和煤为原料的大型合成氨装置的出现，低温甲醇技术在原料气的净化方面得到了广泛应用。

① 甲醇的性质　甲醇是一种无色透明的易挥发、易燃液体，有剧毒，误饮 5～10mL 导致双目失明，饮用 30mL 导致死亡。在空气中的允许浓度为 $50mg/m^3$。甲醇是一种具有极性的有机溶剂，化学性质稳定，不变质，不腐蚀设备。

② 吸收原理　低温甲醇洗涤法是以工业甲醇为吸收剂的一种气体净化方法。在温度较低的情况下，甲醇对二氧化碳，硫化氢，氧硫化碳等酸性气体有较大的溶解能力，而氢、氮、一氧化碳等气体在其中的溶解度甚微，因而甲醇能从原料气中选择吸收二氧化碳、硫化氢等酸性气体，而氢、氮损失很小。图 3-34 为不同温度下各种气体在甲醇中的溶解度。由图可见，低温对气体的吸收有利。当温度从 20℃降至－40℃时，二氧化碳的溶解度约增加 6 倍，因而吸收剂用量可减少到 1/6。另一方面，氢气、氮气、一氧化碳、甲烷等的溶解度随温度变化很小。从图中还可以看出，低温下，例如－50～－40℃时，硫化氢的溶解度比二氧化碳高约 6 倍，这就有可能选择性地从原料气中先脱除硫化氢，而在甲醇再生时先解吸回收二氧化碳。另外，低温下，硫化氢、氧硫化碳及二氧化碳在甲醇中的溶解度与氢、氮相比至少大 100 倍，与甲烷相比大 50 倍，因此吸收过程中有效气体损失很少。

二氧化碳在甲醇中的溶解度随温度、压力及气体组成的变化而变化。表 3-5 为不同压

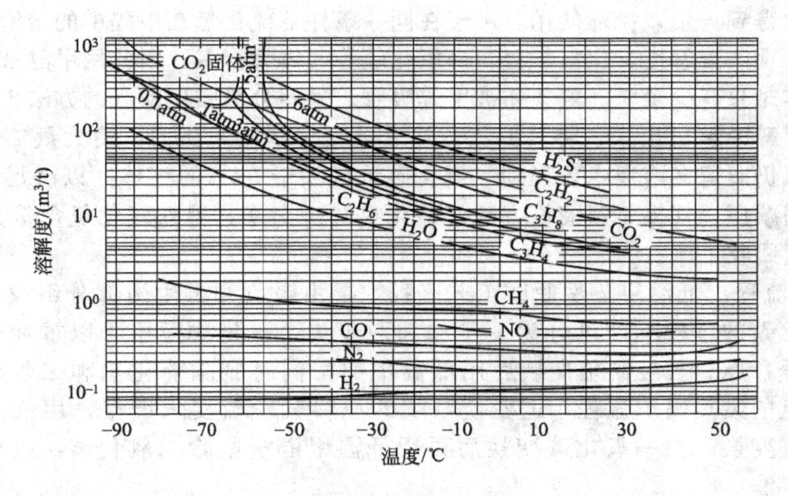

图 3-34 不同气体在甲醇中的溶解度

1atm=101.3kPa

力和温度下二氧化碳在甲醇中的溶解度数据。表中数据表明，压力升高，二氧化碳在甲醇中的溶解度增大，溶解度与压力几乎成正比关系。而温度对溶解度的影响更大，尤其是低于−30℃时，溶解度随温度的降低而急剧增大。因此，甲醇吸收二氧化碳的操作宜在高压、低温下进行。

表 3-5 不同压力和温度下二氧化碳在甲醇中的溶解度

$p(CO_2)$ /MPa	溶解度/(cm³/g)				$p(CO_2)$ /MPa	溶解度/(cm³/g)			
	−26℃	−36℃	−45℃	−60℃		−26℃	−36℃	−45℃	−60℃
0.101	17.6	23.7	35.9	68.0	0.912	223.0	444.0		
0.203	36.2	49.8	72.6	159.0	1.013	268.0	610.0		
0.304	55.0	77.4	117.0	321.4	1.165	343.0			
0.405	77.0	113.0	174.0	960.7	1.216	385.0			
0.507	106.0	150.0	250.0		1.317	468.0			
0.608	127.0	201.0	362.0		1.418	617.0			
0.709	155.0	262.0	570		1.520	1142.0			
0.831	192.0	355.0							

表 3-5 中数据没有涉及气体组分对溶解度的影响。当气体中含有氢气时，二氧化碳在甲醇中的溶解度降低。当气体中同时含有硫化氢、二氧化碳和氢气时，由于硫化氢在甲醇中的溶解度大于二氧化碳，而且甲醇对硫化氢的吸收速率远大于二氧化碳，硫化氢首先被甲醇吸收。当甲醇中溶解有二氧化碳时，硫化氢在该溶液中的溶解度比在纯甲醇中降低10%～15%。在低温甲醇洗涤过程中，原料气中的氧硫化碳、二硫化碳等有机硫化物也能被脱除。

③ 吸收操作条件　吸收的操作条件主要有温度和压力。温度是影响甲醇吸收能力很重要的因素，低温下二氧化碳和硫化氢在甲醇中的溶解度会随温度的下降而显著上升，所以低温甲醇洗工艺一般在−70～−20℃的温度下进行操作，气体净化度高而甲醇消耗低。吸收压力高，吸收的推动力增大，既可以提高气体的净化度，又可以增加甲醇的吸收能力，减少甲醇的循环量。但操作压力过高，对设备强度和材质的要求也相对提高。目前工业上低温甲醇洗涤法的操作压力一般为2～8MPa。

经过低温甲醇洗后，原料气中的二氧化碳含量脱至小于20cm³/m³，硫化氢含量脱至小于0.1cm³/m³。

④ 再生原理　吸收了二氧化碳气体后的甲醇溶液，在减压加热条件下解吸出所溶解的

气体，使甲醇得到再生，循环使用。由于在同一条件下硫化氢在甲醇中的溶解度比二氧化碳大，而二氧化碳的溶解度又比氢、氮、一氧化碳等气体大得多，因此用甲醇洗涤含有上述组分的混合气体时只有少量氢、氮气体被甲醇吸收。采用分级减压膨胀的方法再生时，氢、氮气体首先从甲醇中解析出来，将其回收，然后适当控制再生压力，使大量二氧化碳解析出来，而硫化氢仍旧留在溶液中，得到二氧化碳浓度大于98%的气体，以满足尿素生产的要求，最后再用减压、气提、蒸馏等方法使硫化氢解析出来，得到硫化氢含量大于25%的气体，送往硫黄回收工序。

⑤ 工艺流程　低温甲醇洗脱碳工艺流程主要由吸收和再生两部分组成，根据脱除硫化氢和二氧化碳的过程不同可分为一步法和两步法。一步法适用于以重油或煤为原料制氨的冷激流程，原料气经脱硫变换后用低温甲醇洗同时脱除硫化氢和二氧化碳；两步法用于重油制氨的废热锅炉流程，进变换系统的原料气脱硫要求严格，用低温甲醇洗先脱硫，脱硫后进变换，在一氧化碳变换后再用低温甲醇洗脱除二氧化碳，因此形成前后两步，故为两步法。

⑥ 工艺特点　甲醇在低温下对二氧化碳、硫化氢、氧硫化碳等酸性气体吸收能力极强，溶液循环量小，功耗少；净化气质量好，净化度高，二氧化碳含量小于$20cm^3/m^3$，硫化氢含量小于$0.1cm^3/m^3$；甲醇具有选择性吸收硫化氢、氧硫化碳和二氧化碳的特性，可分开脱除和再生。甲醇有毒，对操作和维修要求严格。

(2) 碳酸丙烯酯法　碳酸丙烯酯（简称碳丙）脱碳技术是国内应用较为广泛的脱碳技术之一。自20世纪90年代以来，小化肥为了改变碳氨单一产品结构，适应市场的需要，采用脱碳增氨或转产尿素或联醇等方法，以提高经济效益，增强小化肥的竞争能力，为此需要增设一套变换气脱碳装置。由于碳丙脱碳技术为典型的物理吸收过程，流程简单、投资少、节能明显、技术易于掌握，很快在合成氨工业中得以推广应用。

① 碳酸丙烯酯的物理性质　碳酸丙烯酯是一种无色或微黄色透明液体，分子式为$C_4H_6O_3$。它无毒、无腐蚀性、性质稳定，溶于水和四氯化碳，与乙醚、丙酮、苯等混溶，是一种优良的极性溶剂。

② 碳酸丙烯酯脱碳原理　碳酸丙烯酯脱碳是一个典型的物理吸收过程，它对于二氧化碳、硫化氢等酸性气体有较大的溶解度，而氢、氮及一氧化碳等气体在碳酸丙烯酯中溶解度却很小。各种气体在碳酸丙烯酯中的溶解度见表3-6。可以看出，二氧化碳在碳酸丙烯酯中的溶解度比氢、氮的溶解度大100多倍，因此可用碳酸丙烯酯从变换原料气中选择吸收二氧化碳。另外，硫化氢在碳酸丙烯酯中的溶解度不但比氢、氮及一氧化碳等气体的溶解度大很多倍，同时也比二氧化碳的溶解度大得多，所以碳酸丙烯酯法也兼有脱除硫化氢的作用。

表3-6　不同气体在碳酸丙烯酯中的溶解度

气体	CO_2	H_2S	H_2	N_2	CO	CH_4	COS	C_2H_2
溶解度/(L/L)	3.47	12.0	0.03	0.02	0.5	0.3	5.0	8.6

二氧化碳在碳酸丙烯酯中的溶解度与温度及压力有关，随温度的降低和压力的升高而增加。不同温度和压力下二氧化碳在碳酸丙烯酯中的溶解度见表3-7。可以看出，二氧化碳的分压越高，碳酸丙烯酯的吸收能力就越强，压力低则吸收能力显著下降；温度的影响远远小于压力。因此，碳酸丙烯酯脱碳可在加压和常温条件下进行。吸收二氧化碳后的溶液在常温减压条件下解吸，或采用鼓入空气的方法得到再生。吸收和再生操作都是在常温下完成的，所以无热量消耗。

表 3-7 不同温度和压力下二氧化碳在碳酸丙烯酯中的溶解度

$p(CO_2)$(绝对压力)/Pa	溶解度/(L/L)				
	−10℃	0℃	15℃	25℃	40℃
2×10^5	14.0	11.4	7.3	6.1	4.0
6×10^5	46.8	34.8	23.3	19.4	12.5
10×10^5	86.0	81.4	39.8	34.5	24.0

③ 工艺条件　影响碳酸丙烯酯脱碳的主要工艺因素有温度、吸收压力、二氧化碳含量、吸收气液比等。

温度：二氧化碳、硫化氢气体在碳酸丙烯酯溶液中的溶解度随温度降低而增加，而氢、氮则相反，温度降低其溶解度相应减小，因此降低碳酸丙烯酯溶液温度可以有效地提高脱碳效率，提高气体净化度，同时还能减少氢、氮损失。但温度低，会增加冷量消耗。因此一般的碳酸丙烯酯脱碳技术在常温下（30～40℃）进行，节能型碳酸丙烯酯脱碳技术在低于室温下（5℃）进行。

吸收压力：二氧化碳在碳酸丙烯酯中的溶解度随压力升高而增加，提高吸收压力有利于降低原料气中二氧化碳的含量而提高净化度。但压力过高，会增加设备投资，压缩机的功耗相应增加。实际生产中，应根据具体情况尽量选择较高压力。

二氧化碳含量：再生后的溶剂中残余二氧化碳量越低，气体净化度越高，但残余二氧化碳量受再生方法限制，同时与后继气体的净化方法有关。小合成氨厂，如净化后工序为铜洗流程，净化气中二氧化碳含量控制在体积分数1%左右。此时，脱碳压力为1.6～4.4MPa情况下，溶剂贫度应控制在0.1～0.2m^3CO_2/m^3溶剂以下。

吸收气液比：吸收气液比是指单位时间内进吸收塔的原料气体积与进塔贫液（再生后的溶剂）体积之比。吸收气液比影响工艺的经济性和气体的净化度。气液比大，单位体积溶剂可处理原料气量大，在处理一定原料气量时需溶剂量就可减少，输送溶液的电耗和操作费用就可降低。对于一定的脱碳塔，吸收气液比增大后，净化气中二氧化碳含量增大，影响净化气的质量。所以在生产中应根据净化气对二氧化碳含量要求调节吸收气液比至适宜值，一般气液比控制在6～12之间。

④ 工艺流程　碳酸丙烯酯的脱碳工艺流程一般由吸收、解吸（闪蒸）、气提和溶剂回收几部分组成。由于碳酸丙烯酯价格较高，净化气中饱和溶剂蒸气和闪蒸气、二氧化碳气、气提气夹带的溶剂雾沫的回收在经济上十分重要。因此，流程设置上脱碳吸收过程简单，而溶剂再生过程比较复杂。

碳酸丙烯酯脱碳工艺流程如图3-35所示。含有一定浓度二氧化碳的变换气由吸收塔下部进入，碳丙液由溶液泵送往塔顶，在吸收塔内于一定压力下气液逆流接触，除去变换气中的二氧化碳，净化气送往后工序。吸收二氧化碳后的碳酸丙烯酯溶液（富液）经水力透平回收能量后，进入氢氮气回收罐，解吸出所溶解的氢氮气，回收利用。由回收罐出来的碳丙溶液进入常压解吸塔，解析出所吸收的二氧化碳，高浓度的二氧化碳气进入二氧化碳气溶液回收塔，回收夹带的溶液后送往用户。经常压解吸后的溶液进入气提塔顶部，与塔底鼓入的空气逆流接触，

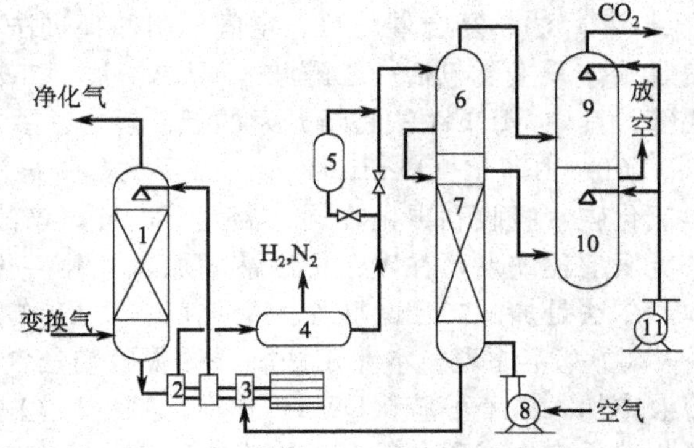

图3-35　碳酸丙烯酯脱碳工艺流程

1—吸收塔；2—水力透平；3—溶液泵；4—氢氮气回收罐；5—过滤器；6—常压解吸塔；7—气提塔；8—鼓风机；9—CO_2气溶液回收塔；10—气体气溶液回收塔；11—稀溶液泵

使溶液进一步再生，再生后的溶液（贫液）用泵送往吸收塔循环使用。气提塔顶部排出的二氧化碳和空气经气提气溶液回收塔回收所夹带的溶液后放空。

⑤ 工艺特点　碳酸丙烯酯是具有一定极性的有机溶剂，对二氧化碳、硫化氢等酸性气体有较大的溶解能力，而氢、氮、一氧化碳等气体在其中的溶解度甚微，因此该法二氧化碳的回收率较高，氢氮气损失少。另外，由于碳酸丙烯酯性质稳定、无毒，纯的溶剂对碳钢没有腐蚀性，设备可用碳钢材质，设备造价低、投资省。

(3) 聚乙二醇二甲醚法（NHD 法）　聚乙二醇二甲醚是 20 世纪 60 年代美国联合化学公司（Allied Chemical Corp.）开发的一种酸性气体物理吸收溶剂，其商品名为 Selexol，英文名为 dimethyl ether of polyethylene glycol，缩写为 DMPE。我国杭州化工研究所和南化（集团）公司研究院于 20 世纪 80 年代起从溶剂筛选开始着手研究，找出了用于脱硫、脱碳的聚乙二醇二甲醚最佳溶剂组成（命名为 NHD）。该溶剂的物化性质与 Selexol 相似，但其组分含量与分子量都不同。NHD 溶剂的主要成分是聚乙二醇二甲醚的同系物，分子式为 $CH_3O(C_2H_4O)_nCH_3$，n 为 2～8，平均分子量为 250～280。NHD 沸点高、冰点低、蒸气压低，对 H_2S 和 CO_2 及 COS 等酸性气体有很强的选择吸收性能。

NHD 净化技术属物理吸收过程，酸性气体在 NHD 溶剂中的溶解度较大，其溶解特性符合亨利定律。当二氧化碳分压小于 1MPa 时，气相压力与液相浓度的关系基本符合亨利定律。因此，硫化氢和二氧化碳在 NHD 溶剂中的溶解度随压力升高、温度降低而增大，吸收操作在较高压力（1.0～7.0MPa）和较低温度（－5～5℃）条件下进行，降低压力、升高温度可实现溶剂的再生。

聚乙二醇二甲醚用于合成氨变换气净化，可使脱碳净化气的总硫含量小于 $0.1cm^3/m^3$，二氧化碳含量小于 $0.1cm^3/m^3$。该工艺的优点是溶剂的化学性质稳定，热稳定性好，无毒，无腐蚀，不起泡，对设备要求低（普通碳钢即可）；蒸气压低，溶剂损耗小；选择性好，吸收能力大；缩短了工艺流程、能耗低。因此，国内有多家化肥厂和碳一化学生产厂采用该溶剂进行工艺气体的脱硫脱碳。

3.3.3.2　化学吸收法

目前国内外使用的化学吸收脱碳法主要有两种体系，一种是以碳酸钾溶液为基础的热钾碱脱碳体系，另一种是以醇胺类溶液为基础的醇胺脱碳体系。我国以天然气和轻油为原料的大型氨厂以及部分中型氨厂均采用改良热钾碱法，即在碳酸钾溶液中添加少量活化剂，以加快吸收二氧化碳的速率和解吸速率。根据活化剂种类不同，改良热钾碱法又分为本菲尔（Benfild）法、复合催化法、空间位阻胺促进法、氨基乙酸法等。以醇胺类溶液为基础的醇胺脱碳体系主要包括一乙醇胺（MEA）法、二乙醇胺（DEA）法、甲基二乙醇胺（MDEA）法等，其中 MDEA 法是新开发的低能耗方法。

(1) 本菲尔（Benfild）法　最早的热钾碱法脱碳是用 20%～30% 的纯碳酸钾溶液吸收二氧化碳，吸收和再生在同一温度下进行。该法吸收速率慢，净化度低，而且腐蚀严重。为了克服上述缺点，在碳酸钾溶液中加入各种活化剂和缓蚀剂，使吸收和再生速率大大提高。本菲尔法是加入二乙醇胺作为活化剂、V_2O_5 作为缓蚀剂的改良热钾碱脱碳方法。

① 基本原理　本菲尔法脱碳的吸收剂是含 25%～30% 质量分数碳酸钾的水溶液，并在溶液中加入二乙醇胺（DEA）作活化剂、V_2O_5 作缓蚀剂。碳酸钾水溶液具有强碱性，与二氧化碳反应生成碳酸氢钾，生成的碳酸氢钾在减压和受热时又可放出二氧化碳，重新生成碳酸钾，因而可循环使用。为了提高化学反应速率，吸收在较高的温度下进行，吸收与再生的温度基本相同，使流程简化，同时提高了碳酸钾的浓度，增加了吸收能力，降低了再生能耗。

(a) 吸收反应原理　碳酸钾水溶液吸收二氧化碳为气液相反应，其吸收过程为：气相中二氧化碳扩散到溶液界面；二氧化碳溶解于界面的溶液中；溶解的二氧化碳在界面层中与碳酸钾溶液发生化学反应；反应产物向液相主体扩散。研究表明，在碳酸钾水溶液吸收二氧化碳的过程中化学反应速率最慢，是吸收过程的控制步骤。

碳酸钾水溶液吸收二氧化碳的化学反应式为：

$$CO_2(g)$$
$$\Updownarrow$$
$$CO_2(l)+K_2CO_3+H_2O \rightleftharpoons 2KHCO_3 \tag{3-57}$$

常温下反应速率较慢。提高温度到105～110℃，既可提高碳酸钾溶液的浓度，又可得到较快的反应速率，这就是最初的热钾碱脱碳法。热钾碱脱碳的吸收与再生操作温度基本相同，有助于降低再生能耗并简化流程，但在该温度下碳酸钾溶液对碳钢设备有极强的腐蚀性，而且吸收的反应速率仍不能满足工业生产的需求。经研究反应机理，在碳酸钾溶液中添加少量活化剂，以加快吸收二氧化碳的速率和解吸速率。由于加入活化剂的种类不同，形成了后来的多种改良热钾碱法。本菲尔法所加的活化剂是二乙醇胺，二乙醇胺参与吸收过程的化学反应，改变了碳酸钾与二氧化碳的反应历程，大大提高了其反应速率，其他胺类活化剂的作用机理与二乙醇胺相似。

含有机胺的碳酸钾水溶液在吸收二氧化碳的同时，还能吸收原料气中的硫化氢、硫醇等其他酸性组分。

吸收硫化氢：硫化氢是酸性气体，和碳酸钾发生如下反应。

$$K_2CO_3+H_2S \rightleftharpoons KHCO_3+KHS \tag{3-58}$$

溶液吸收硫化氢的速率比吸收二氧化碳的速率快30～50倍，因此一般情况下，即使原料气中含有较多的硫化氢，经溶液吸收后，净化气中硫化氢的含量仍可达到相当低的值。

吸收氧硫化碳和二硫化碳：溶液与氧硫化碳和二硫化碳的反应分两步完成。第一步硫化物在热的碳酸钾水溶液中水解生成硫化氢。

$$COS+H_2O \rightleftharpoons CO_2+H_2S \tag{3-59}$$

$$CS_2+2H_2O \rightleftharpoons CO_2+2H_2S \tag{3-60}$$

第二步水解生成的硫化氢与碳酸钾反应。

吸收硫醇和氰化氢：氰化氢是强酸性气体，硫醇也略有酸性，因此可与碳酸钾很快进行反应。

$$K_2CO_3+RHS \rightleftharpoons RSK+KHCO_3 \tag{3-61}$$

$$K_2CO_3+HCN \rightleftharpoons KCN+KHCO_3 \tag{3-62}$$

(b) 溶液的再生　碳酸钾溶液吸收二氧化碳后，碳酸钾转化为碳酸氢钾，溶液的pH值减小，活性下降，吸收能力降低，故需要将溶液进行再生，解析放出二氧化碳，使溶液恢复吸收能力，循环使用。再生反应为：

$$2KHCO_3 \longrightarrow K_2CO_3+CO_2+H_2O \tag{3-63}$$

压力越低、温度越高，越有利于碳酸氢钾的分解。为了使二氧化碳更完全地从溶液中解吸出来，可以向溶液中通入惰性气体进行气提，使溶液湍动，并降低解吸出来的二氧化碳在气相中的分压。生产中一般是在再生塔下部设置再沸器，采用间接加热的方法将溶液加热到沸点，使大量的水蒸气从溶液中蒸发出来。水蒸气沿再生塔向上流动，与溶液逆流接触，这样不仅降低了气相中二氧化碳的分压、增加了解吸的推动力，同时也增加了液相中的湍动程度和解吸面积，从而使溶液得到更好的再生。

碳酸钾溶液吸收的二氧化碳越多，转化为碳酸氢钾的碳酸钾量越多；溶液再生越完全，溶液中残存的碳酸氢钾越少。通常用转化度或再生度表示溶液中碳酸钾转化为碳酸氢钾的程度。

转化度（F_c）的定义为：

$$F_c=\frac{\text{转化为 } KHCO_3 \text{ 的 } K_2CO_3 \text{ 的物质的量}}{\text{溶液中 } K_2CO_3 \text{ 的总物质的量}} \tag{3-64}$$

再生度（I_c）的定义为：

$$I_c=\frac{\text{溶液中 } CO_2 \text{ 的总物质的量}}{K_2O \text{ 的总物质的量}} \tag{3-65}$$

二者之间的关系为：

$$I_c=F_c+1 \tag{3-66}$$

再生溶液的转化度越接近于0或再生度越接近于1，表示溶液中碳酸氢钾的含量越少，溶液再生得越完全。

② 工艺条件

(a) 溶液的组成　包括以下几方面。

碳酸钾的浓度：增加碳酸钾的浓度，可以提高溶液吸收二氧化碳的能力，从而可以减少溶液循环量和提高气体的净化度。但是碳酸钾的浓度越高，高温时溶液对设备的腐蚀越严重，在低温时容易析出碳酸氢钾结晶，堵塞设备，给操作带来困难。因此，生产中一般维持碳酸钾的含量为质量分数25%～30%。

活化剂的浓度：增加溶液中活化剂二乙醇胺的浓度，可以加快溶液吸收二氧化碳的速率，降低净化后气体中二氧化碳的含量。但当二乙醇胺的含量超过5%时，活化作用就不显著了，而且二乙醇胺的损失增大。所以，工业生产中二乙醇胺的含量一般为2.5%～5%。

缓蚀剂的浓度：热的碳酸钾溶液和潮湿的二氧化碳对设备有较强的腐蚀作用。在生产中，防腐蚀的主要措施是在溶液中加入缓蚀剂。本菲尔脱碳法中使用的缓蚀剂为偏钒酸钾（KVO_3）或五氧化二钒（V_2O_5）。若加入五氧化二钒，则在碳酸钾溶液中按下式转变为偏钒酸钾：

$$V_2O_5+K_2CO_3 \longrightarrow 2KVO_3+CO_2\uparrow \tag{3-67}$$

偏钒酸钾是一种强氧化性物质，能与铁作用，在设备表面形成一层氧化铁保护膜（或称钝化膜），从而保护设备免受腐蚀。通常溶液中偏钒酸钾的含量为质量分数0.6%～0.9%；以偏钒酸钾表示的浓度乘以0.659（偏钒酸钾与五氧化二钒分子量之比）等于以五氧化二钒表示的浓度。

需要特别强调的是，硫化氢、氢、一氧化碳等还原性气体均能使5价钒还原为4价钒，降低缓腐作用。为此生产中可向溶液中通入空气氧或加入亚硝酸钾等氧化剂，使4价钒重新氧化为5价钒。生产中保持溶液中5价钒的含量为总钒含量的50%以上。

消泡剂：碳酸钾溶液在吸收过程中很容易起泡，从而影响溶液的吸收与再生效率，严重时会造成气体带液，被迫减负荷生产，以至停产。向溶液中加入消泡剂可以避免或减弱起泡现象。消泡剂是表面活性大、表面张力很小的一类物质，能迅速扩散到泡沫表面，并造成泡沫表面张力的不均，而使泡沫迅速破灭或不易形成。目前常用的消泡剂有硅酮类、聚醚类以及高级醇类等。消泡剂在溶液中的含量一般为几到几十 cm^3/m^3。

(b) 吸收压力　提高吸收压力可以增加吸收的推动力，从而可以加快吸收速率，提高气体的净化度，增加溶液的吸收能力，同时也减小了吸收设备的尺寸。但当压力提高到一定程度时，上述影响就不明显了。在实际生产中，吸收压力主要取决于合成氨的工艺流程，以天然气为原料的合成氨流程吸收压力一般为2.7～2.8MPa，以煤或焦炭为原料的合成氨流程吸收压力一般为1.0～2.0MPa。

(c) 吸收温度　提高吸收温度可以加快吸收反应速率，节省再生过程的耗热量。但吸收温度高，溶液上方二氧化碳平衡分压也随之增大，降低了吸收推动力，因而降低了气体的净化度。即温度对吸收过程产生两种相互矛盾的影响。为了解决这一矛盾，生产中普遍采用二段吸收二段再生流程，即吸收塔和再生塔均分为两段。从再生塔上段取出的大部分溶液（称为半贫液，占总量的2/3～3/4）不经冷却直接进入吸收塔下段，溶液温度为105～110℃，这样不仅可以加快吸收反应速率，使大部分二氧化碳在吸收塔下段吸收，而且吸收温度接近再生温度，可以节省再生的耗热量。而由再生塔下段引出的再生比较完全的溶液（称为贫液，占总量的1/4～1/3）冷却到65～80℃，进入吸收塔上段。由于贫液的转化度较低，而且在较低温度下吸收，溶液的二氧化碳平衡分压低，因此能达到较高的净化度，使出塔气中二氧化碳含量降至体积分数0.2%以下。

(d) 再生工艺条件　包括以下几项。

再生温度和再生压力：在再生过程中，提高温度和降低压力可以加快碳酸氢钾的分解速率。为了简化流程和便于将再生过程中解吸出的二氧化碳输送到后工序，再生压力应略高于大气压力，一般为0.11～0.14MPa。由于溶液组成一定时再生温度仅与操作压力有关，再生温度为该压力下溶液的沸点，一般为105～115℃。

转化度：再生后贫液和半贫液的转化度越低，在吸收过程中吸收二氧化碳的速率越快，溶液的吸收能力越大，脱碳后气体中二氧化碳的浓度就越低。然而在再生时，为了使溶液达到较低的转化度就要消耗更多的热量，再生塔和再沸器的尺寸也要相应加大。在二段吸收二段再生流程中，贫液的转化度约为0.15～0.25，半贫液的转化度约为0.35～0.45。

再生塔顶水汽比：由再生塔顶排放的气体的水汽比（H_2O/CO_2）越大，说明再沸器提供的热量越多，从溶液中蒸发出来的水分也越多，此时塔内各点气相中二氧化碳分压相应降低，所以再生速率也必然加快。然而再沸器向溶液提供的热量越多意味着再生过程耗热量越多。实践证明，当$H_2O/CO_2=1.8\sim2.2$时，可以得到比较满意的再生效果，而再沸器的耗热量也不是太大。

③ 工艺流程　用碳酸钾溶液脱除二氧化碳的流程很多，有一段吸收一段再生流程、二段吸收一段再生流程、二段吸收二段再生流程、三段吸收三段再生流程。

目前工业生产中应用较多的是二段吸收二段再生流程，其工艺流程如图3-36所示。由变换工序来的低变气经降温，除去油、水后，从底部进入本菲尔吸收塔，在塔内分别与本菲尔溶液的半贫液和贫液逆流接触，脱除二氧化碳，使出塔净化气二氧化碳含量<0.1%（干基）。净化气经冷却、除水后送往甲烷化工序。

从吸收塔底部出来溶解了大量二氧化碳的富液经回收能量后引至再生塔顶，闪

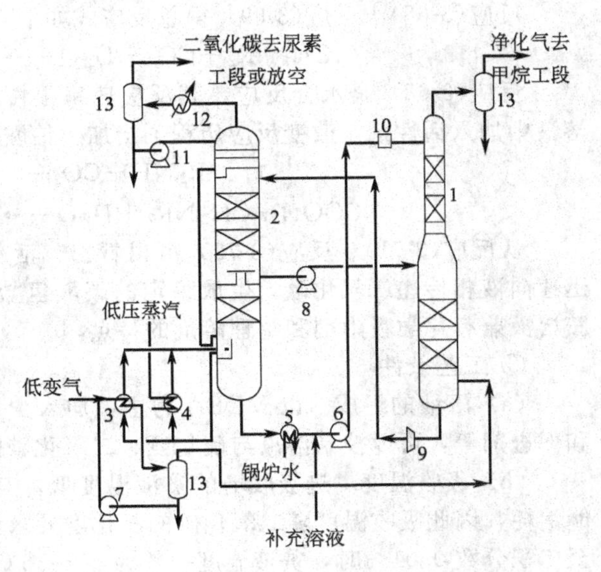

图3-36　本菲尔法二段吸收二段再生流程

1—吸收塔；2—再生塔；3—再沸器；4—蒸汽再沸器；5—锅炉水预热器；6—贫液泵；7—冷激水泵；8—半贫液泵；9—水力透平；10—机械过滤器；11—冷凝液泵；12—二氧化碳冷却器；13—分离器

蒸出部分二氧化碳和水蒸气，然后沿再生塔填料下流，与自下而上的蒸汽逆流接触，二氧化碳被不断气提上来，碱液得到再生。当碱液下流至塔中部，70%流量的碱液作为半贫液去吸收塔中部，其余碱液继续下流，彻底再生成为贫液，经冷却后去吸收塔顶部。再生出来的二氧化碳经冷却器冷却至40℃并分离水后送往尿素车间。

④ 工艺特点　本菲尔二段吸收二段再生脱碳流程是在吸收塔下部用温度较高的半贫液进行吸收，既加快了吸收速率，又因为是等温吸收、等温再生而节省了再生过程的热量消耗；在吸收塔上部用温度较低的贫液吸收，降低了溶液的二氧化碳平衡分压，提高了气体的净化度。

(2) 甲基二乙醇胺法（MDEA 法）　MDEA 法是 20 世纪 70 年代初联邦德国巴斯夫（BASF）公司开发的一种以甲基二乙醇胺（MDEA）水溶液为基础的脱二氧化碳新工艺。1971 年联邦德国的一个年产 30 万吨氨厂首次成功应用。由于它的低能耗高效率，目前世界上已有近百个大型氨厂采用。我国近年来也在新疆、宁夏、四川、海南等年产量 30 万吨级合成氨、45 万吨级合成氨厂引进了该工艺。

① MDEA 的理化性能　MDEA 的化学名为 *N*-甲基二乙醇胺，分子式 $C_5H_{13}NO_2$，结构简式 $CH_3N(CH_2CH_2OH)_2$，简写为 CH_3NR_2，是一种无色液体，能与水、醇互溶，微溶于醚。在一定条件下 MDEA 对二氧化碳等酸性气体有很强的吸收能力，而且反应热小，解析温度低，化学性质稳定，溶剂无毒，在正常操作范围内稳定，不降解，蒸气压低，工艺损失少，年补充率为 2%～3%。

② MDEA 法脱除二氧化碳的基本原理　MDEA 法所用的吸收剂是 *N*-甲基二乙醇胺水溶液，溶液中含量为 50%，并添加有少量活化剂以加快吸收速率。

MDEA 是一种叔胺，与 CO_2 反应如下：

$$CO_2 + H_2O \longrightarrow H^+ + HCO_3^- \tag{3-68}$$

$$H^+ + CH_3NR_2 \longrightarrow CH_3NH^+R_2 \tag{3-69}$$

反应(3-68)＋反应(3-69) 得总反应式如下：

$$CH_3NR_2 + CO_2 + H_2O \longrightarrow CH_3NH^+R_2 + HCO_3^- \tag{3-70}$$

反应(3-68) 是水合反应，其反应速率很慢。为了加快反应速率，在 *N*-甲基二乙醇胺溶液中加入活性剂，改变反应历程。当加入伯胺或仲胺后，反应按下式进行：

$$R_2NH + CO_2 \longrightarrow R_2NCOOH \tag{3-71}$$

$$R_2NCOOH + CH_3NR_2 + H_2O \longrightarrow R_2NH + CH_3NH^+R_2 + HCO_3^- \tag{3-72}$$

从反应(3-71)、反应(3-72) 可以看出，活化剂在表面吸收二氧化碳反应生成羟酸基，迅速向液相传递二氧化碳，生成稳定的碳酸氢盐，而活化剂本身又被再生。*N*-甲基二乙醇胺溶液兼有化学吸附剂和物理溶剂的特点。

③ 工艺条件

(a) 溶液的组成　以 MDEA 为主，加入少量活化剂（1%～3%仲胺或伯胺）、缓蚀剂和促进剂等，可以控制溶液与硫化氢、二氧化碳的反应速率与反应程度。

(b) 吸收温度　进吸收塔的贫液温度低，有利于提高二氧化碳的净化度，但会增加热能消耗，因此吸收温度随二氧化碳的净化度要求而变动。当净化气中二氧化碳的含量要求降至体积分数 0.01%时，贫液温度一般为 50～55℃，半贫液温度一般为 75～80℃。

(c) 吸收压力　MDEA 法脱碳适宜的压力范围较广，而且可以达到较高的气体净化度，二氧化碳分压高，溶液吸收能力大。工业生产中根据气体的净化度要求及热消耗情况选取适宜的吸收压力。

(d) 贫液与半贫液的比例　贫液与半贫液的比例一般为 (1∶3)～(1∶6)，决定于原料中二氧化碳的分压。

(e) 溶液再生的条件 溶液再生分为常压再生和半贫液蒸汽气提再生两部分。常压再生的再生度受常压解吸塔压力、溶液温度及常压解吸塔结构等因素影响，温度高、压力低有利于液相二氧化碳的解吸。溶液的温度又受进塔富液温度及从蒸汽气提再生塔来的气体二氧化碳所带入的热量影响。一般常压解吸压力为0.01～0.04MPa，温度为75～80℃。

半贫液经过蒸汽气提后得到的是贫液，贫液的再生度取决于再生塔的设计及蒸汽用量的大小。

④ 工艺流程 MDEA法脱碳的典型流程如图3-37所示。变换气从二段吸收塔的下段底部进入，与从吸收塔中上部进入的MDEA半贫液逆流接触，气相中的二氧化碳大部分在此被吸收。气体由一段进入二段，与从吸收塔上部进入的MDEA贫液逆流接触，将气体洗涤，达到要求的净化度，净化气经回收夹带的雾沫后从塔顶引出，送往后工序。

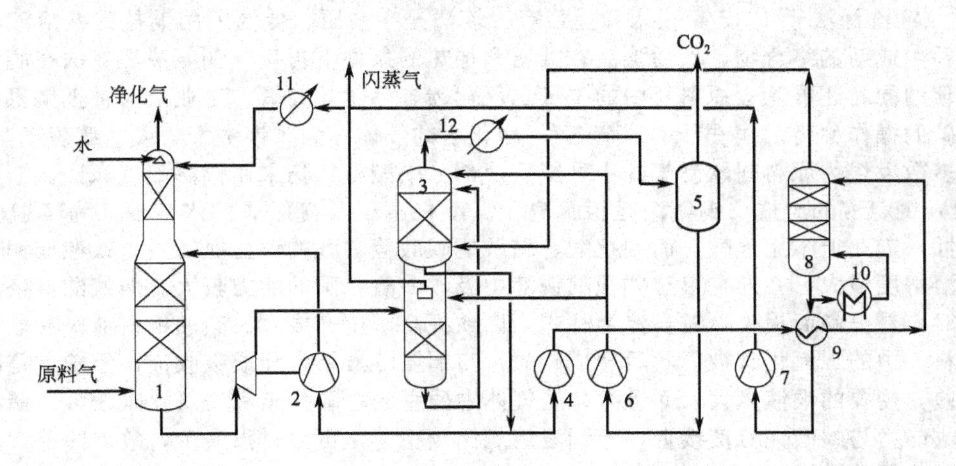

图3-37 MDEA法脱碳工艺流程
1—吸收塔；2—半贫液泵；3—闪蒸槽；4—碱液泵；5—分离器；
6—冷凝液泵；7—贫液泵；8—再生塔；9—换热器；
10—煮沸器；11—冷却器；12—冷凝器

富液由吸收塔底部引出，在一水力透平中回收能量作为溶液循环泵的动力。回收能量后的富液进入闪蒸塔进行二级闪蒸。在高压闪蒸段（闪蒸塔下部），控制操作压力稍高于进气的二氧化碳分压，使溶液中的惰性气体在较高的压力下施放出去。大部分高浓度的二氧化碳在接近大气压的低压闪蒸段（闪蒸塔上段）闪蒸放出。

闪蒸再生后的溶液（半贫液）大部分用泵打回吸收塔下段，小部分溶液送至再生塔加热，用蒸汽进行气提，气提后的溶液（贫液）经换热器换热冷却，进一步用水冷却至要求的温度，然后进入吸收塔顶部。

气提再生塔顶部出来的气体进入低压闪蒸段下部，使闪蒸溶液温度上升，有利于气体的逸出。低压闪蒸段上部出来含有大量二氧化碳的气体，经冷却器冷却、分离冷凝液后送往尿素车间，冷凝水回流入塔。

⑤ 工艺特点 MDEA法脱碳工艺不但二氧化碳净化度高，而且可同时脱除硫化物而不增加设备和能耗；由于MDEA的蒸气分压低，常温下纯MDEA蒸气压<1.33 Pa，气体经冷却分离后氨中MDEA的夹带量是比较少的，可以控制在0.1kg/t以下，所以溶剂损失少。

3.3.4 合成氨原料气的精制

经过脱硫、变换和脱碳工序后，原料气中除了氢和氮外，尚含有少量一氧化碳、二氧化碳、氧和硫化物等杂质。这些杂质都是后续工序催化剂的毒物，其中 $CO+CO_2>10$～$25cm^3/m^3$ 就会使合成氨催化剂中毒，水分也会使催化剂中毒。因此，原料气在进入氨合成塔之前还必须进一步精制，除去这些杂质，使 $CO+CO_2<10cm^3/m^3$（中小型合成氨厂小于 $25cm^3/m^3$），$O_2<1cm^3/m^3$，$H_2O<1cm^3/m^3$。工业生产中称这一净化步骤为最终净化，简称精炼。

由于一氧化碳既不是酸性气体也不是碱性气体，加之在各种无机、有机液体中的溶解度又很小，要脱除少量一氧化碳并不容易。目前工业上常用的方法有铜氨液洗涤法、甲烷化法和液氮洗涤法。近年来随着化学工业的快速发展，由湖南安淳高新技术有限公司教授级高工谢定中领衔完成的合成气醇烃化精制新工艺（中国发明专利，专利号 ZL 02109000.9）已在合成氨行业广泛应用，并取得了可观的经济效益。

3.3.4.1 铜氨液洗涤法

铜氨液洗涤法于 1913 年投入工业生产。该法是在高压、低温下用铜盐的氨溶液吸收一氧化碳并生成新的络合物，然后溶液在减压和加热的条件下再生。铜氨液洗涤法在脱除少量一氧化碳的同时还能除去原料气中的少量二氧化碳、硫化氢和氧。工业上通常把铜氨液吸收一氧化碳的操作称为“铜洗”或“精炼”，净化后的气体称为“铜洗气”或“精炼气”。目前我国大多数以煤为原料间歇制气的小型氨厂及部分中型氨厂仍采用铜氨液洗涤法。

（1）铜氨液的组成 铜氨液是由铜离子、酸根离子及氨组成的水溶液。为了避免设备遭受腐蚀，工业上不用强酸，而用蚁酸、醋酸或碳酸等弱酸的铜盐氨溶液。蚁酸亚铜在氨溶液中的溶解度最大，亦即在单位体积的铜液中吸收一氧化碳的能力较大。但蚁酸价格高，而且再生时容易分解而损失，需要经常补充，以致提高了生产成本。碳酸铜氨液极易取得，合成氨原料气中的二氧化碳被吸收后便成碳酸，与铜氨溶液结合即成吸收液，但缺点是溶液吸收能力差，需要的铜液量大，而且净化后气体中残存的一氧化碳和二氧化碳较多。醋酸铜氨液的吸收能力与蚁酸铜氨液接近，但铜液组成比较稳定，再生时损失少，故国内外大多数合成氨厂均采用醋酸铜氨液。

铜氨液的组成比较复杂。醋酸铜氨液（简称铜液）是由醋酸、铜、氨和水经过化学反应后形成的一种溶液，其主要成分是醋酸亚铜络二氨 $[Cu(NH_3)_2Ac]$、醋酸铜络四氨 $[Cu(NH_3)_4Ac_2]$、醋酸铵（NH_4Ac）、碳酸氢铵（NH_4HCO_3）、碳酸铵 $[(NH_4)_2CO_3]$ 及未反应的游离氨。

① 铜离子。铜在铜液中分别以低价铜离子（Cu^+）和高价铜离子（Cu^{2+}）两种形态存在。两者浓度之比（Cu^+/Cu^{2+}）称为铜比，两者浓度之和（Cu^++Cu^{2+}）称为总铜（T_{Cu}）。铜液中铜离子或其他组分的浓度通常以 mol/L 表示。低价铜离子以 $Cu(NH_3)_2^+$ 形式存在，是吸收一氧化碳的活性组分；高价铜离子以 $Cu(NH_3)_4^{2+}$ 形式存在，对一氧化碳没有吸收能力，但它的存在可以保证有效 $Cu(NH_3)_2^+$ 的浓度。由于铜液中同时存在着低价铜离子和高价铜离子，所以铜氨液呈蓝色，而且高价铜离子越多蓝色就越深。

② 氨。氨在溶液中以 3 种形式存在：一是络合氨，如 $Cu(NH_3)_2^+$、$Cu(NH_3)_4^{2+}$ 中的氨；二是固定氨，即与酸根结合在一起的氨，如 NH_4Ac、$(NH_4)_2CO_3$、NH_4HCO_3 等；三是游离氨，即物理溶解状态的氨。这 3 种氨的浓度之和称为总氨。由于铜氨液中存在游离氨，所以它还具有吸收二氧化碳和硫化氢的能力，而且具有强烈的氨味。

③ 醋酸。无论何种铜氨液，溶液中的络离子 $Cu(NH_3)_2^+$、$Cu(NH_3)_4^{2+}$ 都需要酸根与之结合。为了确保总铜含量，醋酸铜氨溶液中需要有足够的醋酸。工业生产过程中，醋酸含量以超过总铜含量的 10%～15%为宜，一般选用 2.2～3.0mol/L，有些工厂提高到 3.5mol/L。

④ 残余的一氧化碳和二氧化碳。铜液再生后，总会有少量一氧化碳和二氧化碳存在。

为了保证铜液的吸收效果，工业生产过程中要求再生后铜液中的一氧化碳含量低于 $0.05cm^3/m^3$ 铜液，二氧化碳含量低于 1.5mol/L。

铜氨液的吸收能力除主要取决于低价铜离子的浓度外，还与其他组分的含量有很大的关系。国内合成氨厂常用醋酸铜氨液各组分的含量见表 3-8。

表 3-8 醋酸铜氨液各组分的含量

组分	总铜	1 价铜	2 价铜	铜比	总氨	醋酸	二氧化碳
浓度/(mol/L)	2.0～2.5	1.8～2.2	0.3～0.4	5～7	9～13	2.2～3.5	<1.5

铜氨液呈碱性，pH 值一般为 9～10，有腐蚀性，对人的眼睛有强烈的伤害作用，操作中应严格防护。

(2) 铜氨液吸收原理

① 铜氨液吸收一氧化碳 在有游离氨存在的条件下，$Cu(NH_3)_2Ac$ 和 CO 作用，生成 $Cu(NH_3)_3Ac \cdot CO$，其反应式为：

$$Cu(NH_3)_2Ac + CO + NH_3 \rightleftharpoons Cu(NH_3)_3Ac \cdot CO + Q \qquad (3\text{-}73)$$

这是一个包括气液相平衡和液相中化学平衡的化学吸收过程。首先是气体中的一氧化碳与铜液接触被溶解，然后一氧化碳再与低价铜作用生成络合物，并放出热量。

提高压力、降低温度可以提高一氧化碳在铜氨液中的溶解度，有利于一氧化碳的吸收。同时一氧化碳与铜氨液的反应为可逆、放热、体积缩小的反应，降低温度、提高压力、增加铜氨液中低价铜和游离氨的浓度有利于吸收反应的进行。反之，降低压力、升高温度，反应(3-73) 向左移动，解析出一氧化碳。在工业生产中根据这一特点，在加压低温条件下用铜氨液吸收原料气中的一氧化碳，而在减压加热条件下解析出一氧化碳，使铜氨液再生，循环使用。

铜氨液吸收一氧化碳的过程首先是一氧化碳气体从气相主体扩散至气液相界面，与溶液进行化学反应，然后生成物再扩散到液相主体。当游离氨浓度较大时，溶液吸收一氧化碳的化学反应速率非常快，整个吸收速率取决于一氧化碳从气相扩散到液相界面的扩散（传质）速率。因此，采用高效率的铜洗塔，强化传质过程，可提高一氧化碳的吸收速率。

铜氨液的吸收能力用单位体积铜氨液所能吸收的一氧化碳体积表示。从反应(3-73) 可以看出，每吸收 1 分子一氧化碳需要消耗 1 个低价铜离子，因此 63.5kg 低价铜可以吸收 $22.4m^3$ 一氧化碳。但在实际操作中，由于化学平衡的限制和气液接触时间等因素的影响，铜氨液中仅有 45%～55%的低价铜参与吸收一氧化碳的反应，所以铜氨液的实际吸收能力也仅为理论吸收能力的 45%～55%。降低温度、提高压力、增加亚铜离子浓度及增大气液接触面积，均可以提高铜氨液的实际吸收能力。

② 铜氨液吸收二氧化碳、氧和硫化氢

(a) 吸收二氧化碳的反应 铜液中的游离氨吸收原料气中的二氧化碳，其反应式为：

$$2NH_3 + CO_2 + H_2O \rightleftharpoons (NH_4)_2CO_3 + Q \qquad (3\text{-}74)$$

生成的碳酸铵继续吸收二氧化碳，生成碳酸氢铵：

$$(NH_4)_2CO_3 + CO_2 + H_2O \rightleftharpoons 2NH_4HCO_3 + Q \qquad (3\text{-}75)$$

反应(3-74) 和反应(3-75) 都是放热反应，可使铜塔内铜氨液温度上升，从而影响吸收能力，同时生成的碳酸铵和碳酸氢铵在低温时易结晶，甚至当醋酸和氨不足时还会生成碳酸铜沉淀。因此，为了保证铜洗操作的正常进行，进入铜洗系统的原料气中二氧化碳含量不能太高，而且铜氨液中应保持有足够的醋酸和氨的含量。

(b) 吸收氧的反应 铜液中的低价铜离子吸收原料气中的氧，其反应式为：

$$2Cu(NH_3)_2Ac+4NH_3+2HAc+\frac{1}{2}O_2 \longrightarrow 2Cu(NH_3)_4Ac_2+H_2O+Q \quad (3\text{-}76)$$

反应(3-76)是一个瞬间完成的不可逆氧化反应，能够很完全地把氧脱除。但铜氨液吸收氧后低价铜氧化成了高价铜，从反应式看出1mol氧可使4mol低价铜氧化，因此铜比会下降，同时还消耗了游离氨。所以，当原料气中氧含量过高时，会出现铜比急速下降的情况，使铜氨液吸收能力大大降低。采用水洗脱碳流程时，溶解在水中的氧将会在水洗塔中逸出，使水洗后的原料气中氧含量增加，所以在水洗流程中防止铜比下降是一个十分重要的问题。

(c) 吸收硫化氢的反应　铜氨液吸收硫化氢是游离氨的作用，其反应式为：

$$2NH_3 \cdot H_2O+H_2S \longrightarrow (NH_4)_2S+2H_2O \quad (3\text{-}77)$$

同时溶解在铜氨液中的硫化氢能与低价铜进行下列反应，生成溶解度很小的硫化亚铜沉淀：

$$2Cu(NH_3)_2Ac+H_2S \longrightarrow Cu_2S\downarrow+2NH_4Ac+2NH_3 \quad (3\text{-}78)$$

反应(3-78)是一个不可逆反应，因此原料气中的微量硫化氢能被铜氨液完全脱除。但是反应中生成了不能再生的硫化亚铜沉淀，不仅容易堵塞管道设备，降低总铜含量，影响铜氨液的吸收能力，增加铜耗，而且会使铜氨液变黑，黏度增大，造成气体带液事故。所以，要求进精炼工序的原料气中硫化氢含量越低越好。

(3) 铜洗操作条件

① 温度　降低温度对吸收反应有利，既能增加铜氨液的吸收能力，又可提高气体的净化度。铜氨液温度与铜洗操作关系很大，铜氨液温度在10℃以下吸收能力较强，超过15℃则吸收能力迅速降低。但选取的操作温度过低，不仅铜氨液黏度增大，使铜洗塔阻力增加，而且容易生成碳酸铵结晶，堵塞设备，同时也易发生气体带出铜液的事故。因此，实际生产中铜氨液温度一般控制在8～15℃之间。

② 压力　铜液的吸收能力与一氧化碳分压有关。在进塔气中一氧化碳含量一定时，提高系统压力，一氧化碳的分压也相应提高。在溶液温度和组成不变的条件下，一氧化碳分压越高，溶液的吸收能力越强，但增加至一定范围，吸收能力增加会逐渐减慢。同时，随着压力的升高，压缩机和铜液循环泵的动力消耗增加，设备承受的压力等级也提高。因此，铜洗压力过高是不经济的。实际生产中铜液吸收压力一般是12～13.5MPa，一氧化碳分压控制在0.1～0.6MPa之间。

(4) 铜氨液的再生　铜氨液在铜洗塔中吸收了一氧化碳、二氧化碳、氧气和硫化氢以后，便失去了原有的吸收能力，必须将其解吸、再生，恢复其吸收能力，才能循环使用。再生过程包括以下两方面的内容：一是将一氧化碳、二氧化碳和硫化氢从铜氨液中解吸出来；二是将被氧化生成的高价铜还原为低价铜，调节铜比，补充所消耗的氨、醋酸和铜，并将铜氨液冷却至吸收所应维持的温度。

① 再生反应原理　铜氨液在减压和加热的条件下首先解吸出所吸收的一氧化碳、二氧化碳和硫化氢气体。解吸反应是吸收反应的逆过程，其反应式如下所示：

$$Cu(NH_3)_3Ac \cdot CO \rightleftharpoons Cu(NH_3)_2Ac+CO\uparrow+NH_3\uparrow-Q \quad (3\text{-}79)$$

$$(NH_4)_2CO_3 \rightleftharpoons 2NH_3\uparrow+CO_2\uparrow+H_2O-Q \quad (3\text{-}80)$$

$$NH_4HCO_3 \rightleftharpoons NH_3\uparrow+CO_2\uparrow+H_2O-Q \quad (3\text{-}81)$$

$$(NH_4)_2S \rightleftharpoons 2NH_3\uparrow+H_2S\uparrow-Q \quad (3\text{-}82)$$

解吸反应是吸热和体积增大的反应，因此升高温度、降低压力对解吸过程有利。再生解吸出来的气体叫再生气体，除了含有一氧化碳、二氧化碳、氨等气体外，还含有一部分被铜液夹带的氮气和氢气，应回收利用。

再生过程中，除发生解吸反应外，同时还进行高价铜还原为低价铜的反应，但这不是低价铜氧化反应的逆过程，而是液相中一氧化碳先与低价铜离子作用：

$$2Cu(NH_3)_3Ac+CO+H_2O \longrightarrow 2Cu\downarrow+CO_2\uparrow+4NH_3\uparrow+2NH_4Ac-Q \quad (3-83)$$

反应生成的金属铜很活泼，在高价铜存在的条件下再被氧化为低价铜：

$$Cu+Cu^{2+} \rightleftharpoons 2Cu^{+}-Q \quad (3-84)$$

反应(3-83) 与一氧化碳的燃烧反应相似，因此有时也称为湿法燃烧反应。由此可以看出铜氨液再生还同时包括还原过程。

② 再生操作条件　铜氨液中一氧化碳的残余量是再生操作所要控制的主要指标之一。一氧化碳残余量的高低主要受再生温度、再生压力和再生时间等因素影响。

(a) 再生温度　铜液再生的程度主要取决于温度，再生温度低，再生不完全，再生气中残余一氧化碳含量过高，影响铜液的吸收能力。实践证明，再生温度低于65℃时，铜液吸收能力大大下降，铜洗气中一氧化碳含量迅速增加。如再生温度过高，使回流塔出口铜液温度升高，冷铜液回收再生气中氨能力减弱，氨耗增加。当回流塔出口铜液温度＞65℃时，氨耗迅速升高，而且再生用汽耗也增大，同时也使铜液中一氧化碳过多地在回流塔解吸，减少铜液的还原，使铜比难以控制。综合再生和氨回收的要求，一般常压再生温度为76～80℃，铜氨液离开回流塔的温度不应超过60℃，还原温度以65℃为宜。

(b) 再生压力　降低再生压力有利于一氧化碳、二氧化碳的解吸，但减压再生操作和流程都比较复杂，所以一般采用常压再生。通常只保持再生器出口略有压力，以使再生气能够克服管路和设备阻力到达回收系统即可。

(c) 再生时间　铜氨液在再生塔内停留时间称为再生时间。实际生产中，再生时间一般不低于25min。

(5) 铜洗工艺流程　铜氨液洗涤法的工艺流程由吸收和再生两部分组成，如图3-38所示。脱碳气压缩至12～13MPa，经油分离器脱油后进入铜洗塔底部。脱碳气在铜洗塔内与

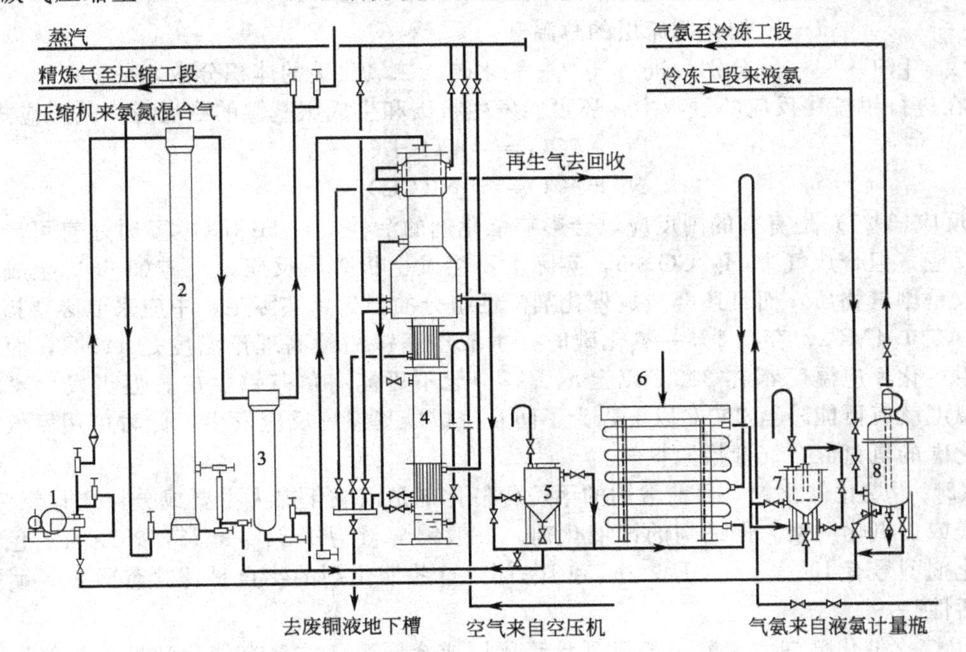

图3-38　铜氨液洗涤与再生工艺流程

1—铜液泵；2—铜洗塔；3—铜液分离器；4—再生塔；5—化铜桶；6—水冷却器；7—过滤器；8—氨冷却器

塔顶喷淋下来的铜液逆流接触，一氧化碳、二氧化碳、氧气及硫化氢被铜液吸收。精制后的氢氮混合气从塔顶出来，经铜液分离器除去夹带的铜液后送往压缩工序。由铜洗塔底部出来的铜液减压后送再生系统。

再生后的铜液经铜液过滤器除去杂质，经氨冷器冷却到8～12℃，再经铜液泵加压至12MPa以上，送入铜洗塔顶部，循环使用。

3.3.4.2 甲烷化法

甲烷化法是在催化剂存在下少量一氧化碳和二氧化碳与氢气作用生成甲烷和水，使原料气体中一氧化碳和二氧化碳的总含量降到$10cm^3/m^3$以下的一种净化工艺。由于甲烷化反应需要消耗氢气，并生成惰性气体甲烷，降低原料气的含量，只有当原料气中$CO+CO_2<0.7\%$（体积分数）时才可采用此法。20世纪60年代初开发成功低温变换催化剂以后，才为甲烷化工艺提供了条件。与铜洗法相比，甲烷化法具有工艺简单、操作方便、费用低等优点。我国多数大型氨厂及部分中型氨厂采用甲烷化精制工艺。

(1) 基本原理　甲烷化法的主反应是一氧化碳、二氧化碳加氢生成甲烷，反应式为

$$CO+3H_2 \rightleftharpoons CH_4+H_2O+206.1kJ/mol \tag{3-23}$$

$$CO_2+4H_2 \rightleftharpoons CH_4+2H_2+165.1kJ/mol \tag{3-44}$$

甲烷化反应是体积减小的强放热可逆反应，反应热效应随温度升高而增大，催化剂床层会产生显著的绝热升温。在绝热情况下，若原料气中有1%的一氧化碳进行甲烷化反应，原料气温度可升高72℃；若有1%的二氧化碳转化成甲烷，温度可升高60℃左右。另外，当原料气中含有微量的氧时，其温度升高比一氧化碳、二氧化碳高得多，1%的氧反应会造成16.5℃的温升。所以，必须严格控制原料气中一氧化碳、二氧化碳的含量在规定的工艺指标内，同时严格控制氧的进入，否则会因超温烧坏催化剂甚至设备。

甲烷化炉中，催化剂床层的总温升可用下式计算：

$$\Delta T=72[CO]_{入}+60[CO_2]_{入} \tag{3-85}$$

式中　ΔT——催化剂床层的总温升，℃；

$[CO]_{入}$，$[CO_2]_{入}$——分别为进口气中一氧化碳、二氧化碳的体积分数，%。

在进行甲烷化反应的过程中，还可能发生析碳和生成羰基镍的副反应，其反应式为：

$$2CO \rightleftharpoons CO_2+C \tag{3-27}$$

$$Ni+4CO \rightleftharpoons Ni(CO)_4 \tag{3-86}$$

反应(3-27)是有害的副反应，会影响催化剂的活性。在$H_2/CO<5$时才有可能发生析碳副反应，但合成气中$H_2/CO \gg 5$，实际上不会发生析碳副反应。反应(3-86)生成的羰基镍不仅是剧毒物质，而且还会造成催化剂活性组分的损失，实际生产中应采取必要措施加以预防。在1.4MPa、存在1%一氧化碳时，生成羰基镍的最高理论温度是121℃，而正常开车时甲烷化反应温度都在300℃以上，所以一般不可能有羰基镍生成。但当发生事故停车时，温度就有可能降至200℃以下，为了防止生成羰基镍副反应发生，此时可用氮气或不含一氧化碳的氢氮混合气置换原料气。

(2) 甲烷化催化剂　目前常用的甲烷化催化剂是以氧化镍为主要成分、氧化铝为载体、氧化镁或三氧化二铬为促进剂的镍催化剂。一般镍含量为15%～35%，外观为灰色。国产镍催化剂型号有J_{101}、J_{102}、J_{103}、J_{104}和J_{105}等，这些催化剂的特点是镍含量较低、耐热性能好、活性高。

甲烷化催化剂在使用前必须将氧化镍还原成金属镍，才具有催化活性。一般用氢气或脱碳后的原料气还原，其反应如下：

$$NiO+H_2 \rightleftharpoons Ni+H_2O+1.3kJ/mol \tag{3-31}$$

$$NiO + CO \rightleftharpoons Ni + CO_2 + 38.5kJ/mol \quad (3\text{-}87)$$

虽然这些还原反应的热效应不大，但还原后的催化剂马上可使一氧化碳和二氧化碳进行甲烷化反应，放出大量热，使催化剂温度升高。因此，要求还原使用的原料气中一氧化碳和二氧化碳的总量在体积分数1%以下。还原后的镍催化剂会自燃，要防止与氧化性气体接触。当前面工序出现事故，有高浓度的碳的氧化物进入甲烷化反应器时，床层温度会迅速上升，这时应立即采取措施，切断原料。

还原后的催化剂在180℃以下与一氧化碳接触，能生成羰基镍：

$$Ni(固) + 4CO(气) \rightleftharpoons Ni(CO)_4(气) \quad (3\text{-}88)$$

因此，在催化剂降温至180℃时要停止使用含一氧化碳的原料气，改用氢气或氮气。

还原态的甲烷化催化剂能与氧发生激烈的氧化反应，生成氧化镍，同时放出大量热：

$$2Ni + O_2 \rightleftharpoons 2NiO + 485.7kJ/mol \quad (3\text{-}32)$$

若与大量空气接触，放出的反应热会把催化剂烧坏。因此，在长期停车或更换催化剂时，向催化剂层通入含少量氧气的氮气或蒸汽，使催化剂缓慢氧化，在表面形成一层氧化镍保护膜，这一过程称为钝化。钝化后才能与空气接触。

能使甲烷化催化剂中毒的物质除羰基镍外，还有硫化物、砷化物等。硫化物对催化剂的毒害是积累性的。若催化剂吸收了0.5%的硫，就会完全失去活性。催化剂中硫吸附量与活性的关系见表3-9。

表3-9 催化剂中硫吸附量与活性的关系

硫吸附量(质量分数)/%	0.1	0.15～0.2	0.3～0.4	0.5
活性(以新催化剂为100%)/%	90	50	20～30	0

砷化物对催化剂的毒害更为严重，当吸收了0.1%的砷时，催化剂活性即可丧失。因此，采用环丁砜法或砷碱法脱碳时，必须小心操作，严防把含有硫或砷的溶液带入甲烷化系统。为了保护催化剂，可在甲烷化催化剂上设置部分氧化锌或活性炭作保护剂。

(3) 工艺条件

① 温度　采用较高的操作温度可加快反应速率，减少催化剂用量及设备尺寸。但温度太高，对化学平衡不利，容易产生析碳反应，使催化剂超温，活性降低。因此，操作温度最高不得超过500℃。在较低的温度下操作既可以减少换热面积，又有利于操作的稳定。但温度太低，反应速率慢，易生成羰基镍，因此操作温度低限应高于生成羰基镍的温度。实际生产中，控制进口气体温度不低于260℃，操作温度在270～400℃之间。

② 压力　甲烷化反应是体积缩小的反应，提高压力对甲烷化反应平衡有利，而且压力提高，反应气体的分压相应增加，反应速率加快，可适当增加处理气量，提高设备和催化剂的生产能力。在工业生产中，操作压力取决于合成氨生产的总流程，一般为1.0～3.0MPa。

③ 原料气成分　因为甲烷化反应是强烈的放热反应，若原料气中一氧化碳和二氧化碳的含量高，易使催化剂超温，同时进入合成系统甲烷含量增高。所以，必须严格控制原料气中一氧化碳和二氧化碳的含量，一般应小于体积分数0.7%。

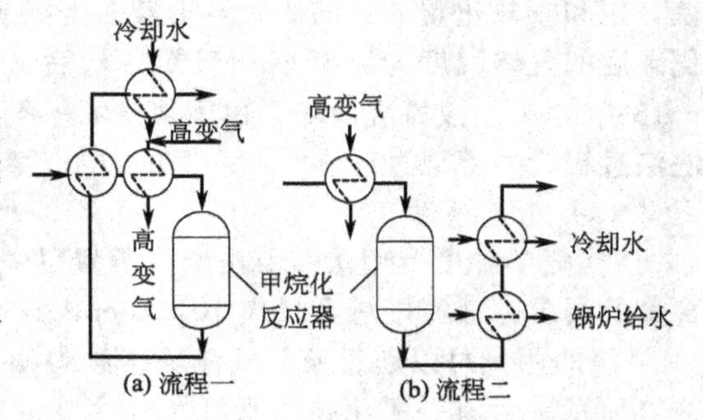

图3-39 甲烷化工艺流程

原料气中水蒸气含量越少越好，因其对甲烷化反应不利，而且对催化剂活性有一定的影响。

(4) 工艺流程　甲烷化工艺流程根据加热源的来源不同分为两种，如图 3-39 所示。

根据计算，当原料气中碳的氧化物含量为体积分数 0.5%～0.7%时，甲烷化反应放出的热量就可将进口原料气预热到所需要的温度，因此流程中只有甲烷化炉、进口原料气换热器和水冷却器。但考虑到催化剂的升温还原及原料气中碳的氧化物的波动，还需补充其他热源。图 3-39 中的流程一和流程二就是根据外加热量的多少设计的两种不同形式的流程。流程一中原料气预热部分是由进出气体换热器与外加热源（如烃类蒸汽转化流程中用高变气或回收余热的二段转化气）换热器串联而成；流程二中则全部利用外加热源预热原料气，出甲烷化反应器的气体用来预热锅炉给水。流程一的缺点是，开车时进出气体换热器不能立即起作用，因而升温较慢。

3.3.4.3　液氮洗涤法

液氮洗涤法是利用液态氮能溶解一氧化碳、甲烷等的物理性质，在深度冷冻的温度条件下把原料气中残留的少量一氧化碳和甲烷等彻底除去。该法适用于设有空气分离装置的重质油、煤气化制备合成氨原料气的净化流程，也可用于焦炉气分离制氢流程。

液氮洗涤法属于物理吸收过程，在脱除一氧化碳的同时也能脱除合成气中的甲烷、氩等惰性气体，可使合成气中一氧化碳和二氧化碳含量降至 $10cm^3/m^3$ 以下，还能将甲烷和氩降低至 $100cm^3/m^3$ 以下，从而可减少氨合成系统的放空气量。

(1) 基本原理　液氮洗涤法是基于混合气体中各组分在不同的气体分压下冷凝的温度不同，混合气体中各组分在相同的溶液中溶解度不同，使混合气体中需分离的某种气体冷凝和溶解在所选择的溶液中，从而得以从混合气体中分离出来。表 3-10 列出了液氮洗工艺中所涉及到的各种气体的有关物性参数。

表 3-10　液氮洗工艺中一些气体的相关物性参数

气体名称	大气压下沸点/℃	大气压下气化热/(kJ/kg)	临界温度/℃	临界压力/atm
甲烷	−161.45	509.74	−82.45	45.79
氩	−185.86	164.09	−122.45	47.98
一氧化碳	−191.50	215.83	−140.20	34.52
氮	−195.80	199.25	−147.10	33.50
氢	−252.77	446.65	−240.20	12.76

注：1atm=101.3kPa。

从表 3-10 中的数据可以看出，各组分的临界温度都比较低，氮的临界温度为 −147.10℃，从而决定了液氮洗涤必须在低温下进行。从各组分的沸点数据可以看出，氢的沸点远远低于氮及其他组分，也就是说在低温液氮洗涤过程中甲烷、氩、一氧化碳容易溶解于液氮中，而原料气体中的氢气则不易溶解于液氮中，从而达到液氮洗涤净化原料气体中甲烷、氩和一氧化碳的目的。工业上液氮洗涤装置常与低温甲醇脱除二氧化碳联用，脱除二氧化碳后的气体温度为 −62～−53℃，然后进入液氮洗涤的热交换器，使温度降至 −190～−188℃，进入液氮洗涤塔。由于氮气和一氧化碳的气化潜热非常接近，可以基本认为液氮洗涤过程为一等温过程。

(2) 工艺条件

① 氮的纯度及用量　氮由空分装置以气态或液态形式提供。为了满足氢氮混合气对氧含量的要求，液氮中氧含量应小于 $20cm^3/m^3$。

氮的用量可以通过液氮洗涤塔的物料衡算确定。在液氮洗涤塔中进行的洗涤过程如图 3-40 所示。含有一氧化碳的原料气 G 由液氮洗涤塔底部进入，洗涤用的纯液体氮 L 由塔顶进入。洗涤后，纯氢氮混合气 D 由洗涤塔塔顶出来，塔底排出的液体是含一氧化碳馏分 A。

若以 X 表示各混合物中一氧化碳的浓度（摩尔分数），对全塔进行一氧化碳物料衡算，可得

$$AX_A+DX_D=LX_L+GX_G \tag{3-89}$$

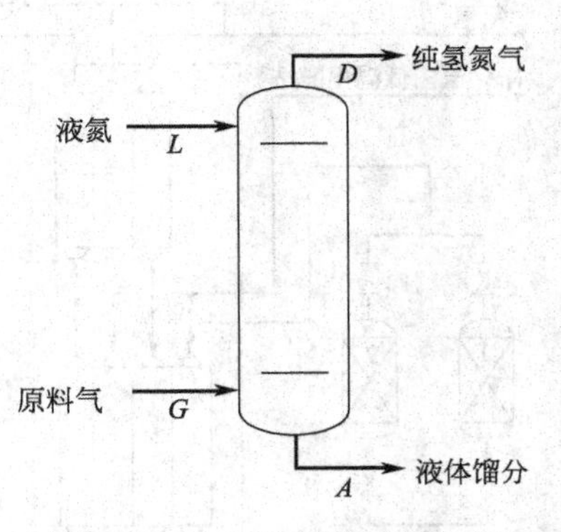

图 3-40　液氮洗涤塔洗涤过程

因液氮中不含一氧化碳，$X_L=0$。液氮洗涤过程可看作恒温过程，也就说一氧化碳的冷凝热和液氮的蒸发量基本相等，所以可以近似地认为：

$$A=L \quad D=G$$

于是由式(3-89) 得

$$X_A=\frac{G}{L}(X_G-X_D) \tag{3-90}$$

X_G 与 X_D 相比，$X_G \gg X_D$，因此可以忽略 X_D，则式(3-90) 简化为：

$$X_A=\frac{G}{L}X_G \tag{3-91}$$

或

$$L=G\frac{X_G}{X_A} \tag{3-92}$$

当其他条件一定时，可用此式计算液氮的理论用量。

生产中，液氮的实际用量必须大于理论用量，才能保证洗涤后的气体中一氧化碳含量符合规定指标。一般每吨合成氨所需液氮量以气态计（标准状态）为 500～700m^3。

② 原料气成分　由于液氮洗是在深冷条件下完成的，水和二氧化碳遇低温将凝结成固体，影响传热并堵塞管道设备，因此必须控制进入液氮洗系统的原料气中完全不含水蒸气和二氧化碳。另外，原料气中的氮氧化物和不饱和烃在低温下形成的沉积物很容易爆炸，也必须完全除去。生产中，一般设置分子筛或活性炭吸附器脱除这些微量杂质，以确保安全。

③ 温度　为了完全清除原料气中的一氧化碳，需将原料气温度降到一氧化碳的沸点以下。例如，当原料气中一氧化碳的分压是 0.2～0.35MPa 时，需将温度降至 －192℃。

在生产过程中，除需回收出系统的冷量外，为了开车初期冷却设备和补充正常操作时的冷量损失，还必须补充冷量。提供冷量的方法有以下几种：高压氮气经节流膨胀获得冷量；高压氮气通过膨胀机制冷；由空分装置直接将液氮送入氮洗塔提供冷量。

④ 压力　从压缩机和整体工艺匹配的角度考虑，一般为 2.0～8.0MPa。

(3) 工艺流程　液氮洗涤的工艺流程因氮的来源、冷源的补充方法、操作压力及是否与低温甲醇洗联合而各有差异。我国以煤、重油为原料的合成氨厂液氮洗工艺流程如图 3-41 所示，与之配套的脱碳过程是低温甲醇洗工艺。

由图可知，液氮洗工艺流程主要由 6 个工艺步骤组成：一是脱除原料气中的微量甲醇和二氧化碳；二是净化气在热交换器中被氮洗气混合物冷却，并部分冷凝至氮洗温度；三是甲烷富液的分离；四是高压氮气经热交换器冷凝成液氮；五是冷源的补充；六是在净化气中加氮，配置成氨合成所要求的气体氢氮比。

3.3.4.4　双甲精制工艺简介

目前，国内合成氨厂脱除少量一氧化碳和二氧化碳为目的的原料气精制方法根据不同的工艺要求分别采用铜洗法、液氮洗涤法或甲烷化法等，其中铜洗法以其工艺成熟、操作弹性大长期在中小氮肥企业占据主导地位。随着技术的进步，铜洗法精制原料气与其他方法精制

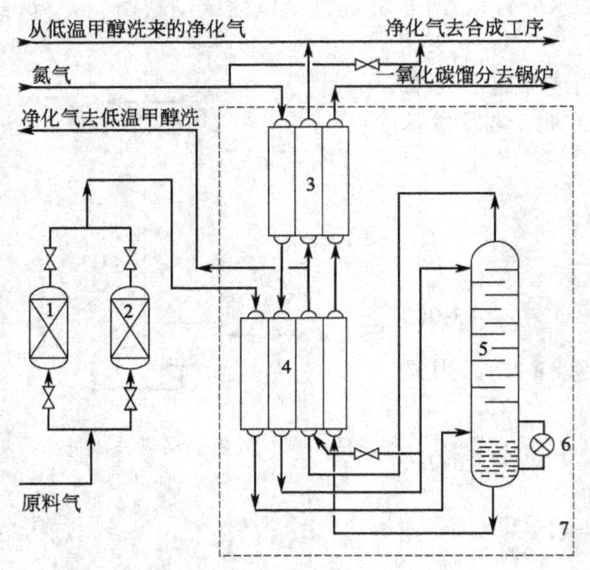

图 3-41 液氮洗工艺流程
1，2—分子筛吸附器；3—冷却器；4—原料气冷却器；5—液氮洗涤塔；6—液位计；7—冷箱

原料气相比缺点越来越突出，主要表面在运行费用、维修费用高，环境污染严重等方面。资料表明，国内铜洗精制原料气的费用平均高达吨氨 75 元，使合成氨制造成本居高不下。目前，世界上最先进的精制原料气的方法当属液氮洗，其突出优点是净化度高、有效气体损失少，但也存在设备投资大、需建空分装置、难以被中小氮肥厂接受等问题。甲烷化净化工艺具有系统运行经济、操作平稳、费用低等优点，尤其是与甲醇系统串联，其优点更加突出，目前是一种比较先进、可以被中小氮肥企业接受的原料气精制工艺。但甲烷化净化工艺必须保证进入系统的原料气中一氧化碳和二氧化碳含量之和小于体积分数 0.7 %，这也使其应用受到了一定限制。

采用双甲精制工艺代替低变铜洗或深度低变甲烷化精制工艺，克服了上数两种传统方法的缺点，而且工艺流程简单，生产运行稳定可靠，操作费用低，精制度高（$CO+CO_2 \leqslant 10cm^3/m^3$），环境友好，同时副产甲醇，经济效益好。

双甲精制工艺全称是“合成氨原料气甲醇化甲烷化精制工艺”（取前两个字简称“双甲工艺”，取后两个字简称“醇烷化工艺”），即用甲醇化、甲烷化精制合成氨原料气中的一氧化碳和二氧化碳，使其含量之和小于 $10cm^3/m^3$，并副产甲基化合物。双甲精制工艺是由湖南安淳高新技术有限公司开发成功的一项新技术。

（1）反应原理　双甲精制工艺包括甲醇化反应和甲烷化反应。

① 甲醇化反应　一氧化碳和二氧化碳都可发生加氢反应生成甲醇，其反应式如下：

$$CO+2H_2 \rightleftharpoons CH_3OH+102.5kJ/mol \tag{3-93}$$

$$CO_2+3H_2 \rightleftharpoons CH_3OH+H_2O+59.6kJ/mol \tag{3-94}$$

甲醇化过程可能发生的副反应有：

$$4CO+8H_2 \longrightarrow C_4H_9OH+3H_2O+49.62kJ/mol \tag{3-95}$$

$$2CO+4H_2 \longrightarrow (CH_3)_2O+H_2O+200.2kJ/mol \tag{3-96}$$

$$2CH_3OH \longrightarrow (CH_3)_2O+H_2O-4.35kJ/mol \tag{3-97}$$

$$CO+3H_2 \longrightarrow CH_4+H_2O+115.6kJ/mol \tag{3-23}$$

$$nCO+2nH_2 \longrightarrow (CH_2)_n+nH_2O+Q \tag{3-98}$$

因为少量一氧化碳、二氧化碳的甲醇化反应是在低温和高活性催化剂下进行的，上述副反应较少发生。

② 甲烷化反应　经过甲醇工序的醇后气含一氧化碳与二氧化碳的体积分数之和为 0.03%～0.30%，在催化剂作用下与氢气反应生成甲烷和水。一般情况下一氧化碳和二氧化碳的体积分数之和小于 0.7%，都可满足生产要求。若一氧化碳和二氧化碳之和太低，需要向甲烷化塔补充大量的热量，以保证催化剂的温度；若一氧化碳和二氧化碳之和太高，甲烷化后气体难以保证氨合成的要求，易造成催化剂中毒。

甲烷化反应方程式及催化剂与“3.3.4.2　甲烷化法”相同，不再赘述。

(2) 甲醇化催化剂 应用于甲醇合成的催化剂一般可分为锌基催化剂、铜基催化剂、钯系催化剂、钼系催化剂四大系列，目前广泛应用的是以氧化锌为主体的锌基催化剂和以氧化铜为主体的铜基催化剂。

① 锌基催化剂 锌基（ZnO/Cr_2O_3）催化剂是一种高压固体催化剂，由德国巴斯夫（BASF）公司于1923年首先开发研制成功。锌铬催化剂的活性较低，为了获得较高的催化活性，操作温度必须控制在380～400℃；为了获得较高的转化率，操作压力必须为25～35MPa，因此被称为高压催化剂。

锌基催化剂的特点是：耐热性能好，能承受温差在100℃以上的过热过程；对硫不敏感；机械强度高；使用寿命长，使用范围宽，操作控制容易；与铜基催化剂相比活性低、选择性低、精馏困难（产品中杂质复杂）。在这类催化剂中三氧化二铬的质量分数高达10%，故成为铬的重要污染源之一。铬对人体是有毒的，目前该类催化剂已逐步被淘汰。

② 铜基催化剂 铜基（$CuO/ZnO/Al_2O_3$）催化剂是一种低压催化剂，其活性温度为230～270℃，操作压力为5～10MPa。低压法合成甲醇具有能耗低、粗甲醇中杂质含量少的优点，容易得到高质量的粗甲醇，因此近年来中外学者均致力于低压甲醇催化剂的研究。对铜基催化剂的组成、活性、物理特性和作用机理的研究表明，纯铜对合成甲醇没有催化活性，只有添加氧化锌成为Cu-ZnO双组分催化剂，或者再添加氧化铬或氧化铝成为Cu-Zn-Cr或Cu-Zn-Al三组分催化剂后，才会有很好的工业活性。我国于20世纪70年代初投产的联醇装置也都使用铜基催化剂（C207）。80年代，我国在高压下使用铜基催化剂（C301）获得成功，并取得了很好的经济效益。

铜基催化剂系列品种较多，有铜锌铬系（$CuO/ZnO/Cr_2O_3$）、铜锌铝系（$CuO/ZnO/Al_2O_3$）、铜锌硅系（$CuO/ZnO/Si_2O_3$）、铜锌锆系（CuO/ZnO/ZrO）等。目前，有使用经验的型号包括国产的C301、C302、C303和NC501，英国的ICI51-1和ICI51-3，前苏联的CHM-1和CHM-3，丹麦托布索的MK-101，德国巴斯夫的S3-86，日本三菱的M-5等。这些铜基催化剂同原高压法使用的Zn-Cr催化剂相比，具有活性温度低、选择性好、使用温度低的特点，一般工作温度为220～300℃、压力为5～10MPa。但是，铜基催化剂的耐高温性和抗毒性均不如Zn-Cr甲醇催化剂。

(3) 双甲工艺控制指标

① 原料气中一氧化碳含量与醇氨比 原料气中一氧化碳含量由醇氨比决定。醇氨比大，要求原料气中一氧化碳含量高，反之则可低一些。醇氨比依市场情况而定，当市场对醇的需求量大时，应适当提高醇氨比。然而，在一定的流程与系统配置下，醇氨比的提高受到一定的限制。生产实践证明，醇氨比控制在1∶9左右，控制难度不大，不必增加其他各工段能力，变换气中一氧化碳含量不是太低，消耗蒸汽不多，双甲工艺或醇烃化工艺（见3.3.4.5）各反应塔可不开循环机，直接通过，大大节约了运行电耗，因而从经济角度考虑是比较合理的。

② 醇后气一氧化碳与二氧化碳的控制 双甲工艺中，醇后气中尚有少量一氧化碳与二氧化碳。在甲烷化中，这些一氧化碳、二氧化碳与氢反应生成甲烷，送入氨合成系统，用放空的方法使甲烷保持进出平衡，不致积累。因为醇后气中二氧化碳含量基本上稳定，而一氧化碳含量波动较大，所以只讨论一氧化碳含量与氢消耗、放空量的关系。生产实践证明，醇后气中一氧化碳含量越高，即净化度越低，甲烷化耗氢越多，氨合成放空量越多，吨氨新鲜气消耗也越多。以醇后气中一氧化碳为0（铜洗流程）为比较基准，醇后气中一氧化碳含量由0分别增加至体积分数0.12%和0.59%，吨氨新鲜气消耗由2858.87m^3分别增加至2880.21m^3和2969.05m^3，分别多耗原料气21.34m^3和110.18m^3，因此醇后气中一氧化碳

含量应越低越好。但这又引起两个问题：一是一氧化碳含量越低，要求一氧化碳在甲醇化中转化率越高，如果要求醇后气中一氧化碳含量达到体积分数0.1%～0.2%，而醇氨比要求1∶(2～5)，则要求一氧化碳转化率达96.7%～98.5%，如此高的转化率用一般方法（如中压联醇或低压甲醇法）是难以达到的；二是一氧化碳含量越低，由于缺少反应热量，甲烷化反应越难以自热平衡。因此，就有一个适度指标问题。实际生产中，从装置经济效益最大化的观点出发，当甲醇产品销售好时多产甲醇，反之可多产液氨，因而可采用在流程中配置两种不同形式的醇化塔内件（第一醇化塔注重产醇，第二醇化塔注重净化），达到既可以大幅度提高醇产量又可以最大限度地降低醇产物的生成。这是“可调醇氨比的双甲净化工艺”的核心内容之一。

③ 原料气中总硫与氨含量　硫对甲醇化和甲烷化催化剂都有永久性毒害作用。据资料介绍，铜基催化剂硫含量达到2%即失活，因此要求原料气中总硫含量控制在$0.1cm^3/m^3$以下。氨对甲醇化催化剂也有毒害作用，对碳铵流程，原料气中含氨较多，则需安排脱氨装置，使原料气中氨含量降到$0.1cm^3/m^3$以下。

④ 甲烷化热平衡问题　一氧化碳的甲烷化反应是放热反应，在绝热情况下每反应0.1%的一氧化碳温度上升约7℃，如果入反应器的一氧化碳含量高，反应温升很高，调节不当可能烧坏催化剂，同时一氧化碳含量过高使吨氨新鲜气消耗增加，所以一氧化碳与二氧化碳含量之和一般不能超过体积分数0.7%。然而，一氧化碳与二氧化碳含量过低，放热太少，温升很小，甚至不能维持反应温度。双甲工艺的原则是在维持双甲系统热平衡前提下尽量降低醇后气中一氧化碳和二氧化碳的含量，以保持反应正常进行。生产中采用两种方法：第一，利用甲醇反应热，例如一氧化碳含量为体积分数0.25%、二氧化碳含量为体积分数0.05%时，用醇后气（约150℃）预热进甲烷化的气体，就可保证甲烷化反应温度，使反应正常进行；第二，借助氨合成的热量预热进甲烷化的气体至反应温度，则醇后气中一氧化碳和二氧化碳含量之和可以降到体积分数0.1%，此时甲烷化与氨合成在等压下进行。

(4) 双甲精制工艺流程　双甲精制工艺采用甲醇化A、甲醇化B和甲烷化3个系统。甲醇化系统的两个子系统A和B可并可串，两个子系统串联时亦可前后调换。在氨醇比较小时，甲醇化A系统以产醇为主，甲醇化B系统以净化精制为主；在氨醇比较大或另一子系统更换催化剂时，亦可单子系统运行。如果其中一炉甲醇催化剂活性下降，就将该子系统串联在前，活性好的甲醇子系统串联在后，操作比较方便灵活。甲烷化系统为原料气的深度净化工序，确保进入合成氨工段的原料气为合格的原料气。

为满足氨醇比调节大的要求，该工艺设置了双甲循环机，既可供单子系统循环，又可供醇塔双系统循环，同时还可供3个子系统全部循环。双甲精制工艺流程如图3-42所示。

3.3.4.5　醇烃化精制工艺简介

醇烃化技术为我国首创，是合成氨工艺的突破性技术和合成氨工艺中传统净化技术的替代性技术，居国际先进水平，2004年1月获得“国家科技进步二等奖”。至2005年3月，全国已有31套装置、573万吨合成氨采用醇烃化装置，效益巨大。

醇烃化精制工艺是双甲精制工艺的升级技术，技术的关键是用烃类催化剂取代甲烷化催化剂，一氧化碳、二氧化碳与氢反应生成醇类物和碳氢化物。

(1) 反应原理

① 甲醇化反应　原料气中一氧化碳、二氧化碳与氢在催化剂作用和一定温度下生成粗甲醇，经过冷却、分离送入中间贮槽。主副反应同双甲工艺中的甲醇化反应。

② 醇烃化反应　经甲醇化工序后的醇后气含一氧化碳与二氧化碳之和为体积分数0.1%～0.3%，经换热达到一定温度后进入醇烃化工序，净化气中一氧化碳、二氧化碳在铁基催化剂作用下与氢反应生成烃类物质（C_5以下醇烃类物质）。其反应方程式如下：

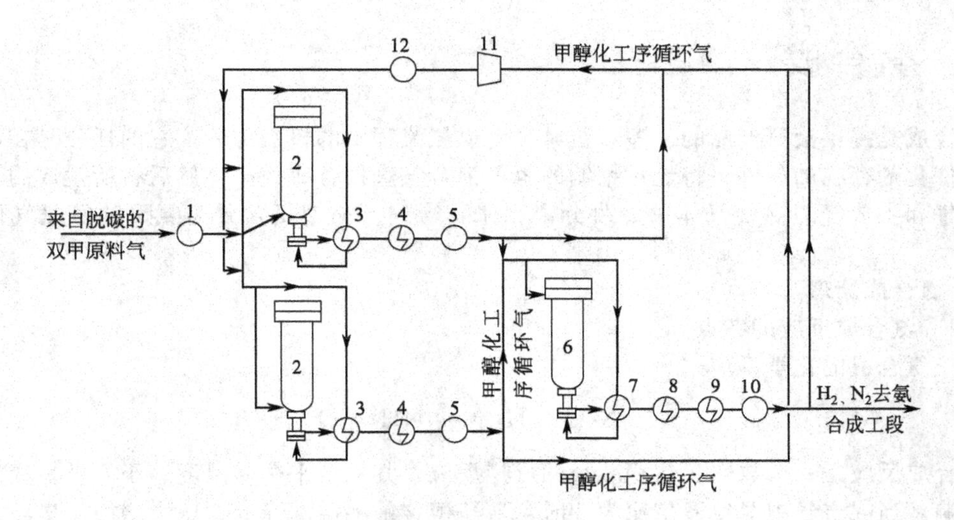

图 3-42 双甲精制工艺流程

1—补充气油分离器；2—甲醇化塔；3—甲醇化塔前预热器；4—甲醇水冷器；5—甲醇分离器；
6—甲烷化塔；7—甲烷化塔前预热器；8—烷后气水分离器；9—烷后气氨冷器；
10—烷后气水分离器；11—循环机；12—循环油分离器

$$nCO+(2n+1)H_2 \longrightarrow C_nH_{2n+2}+nH_2O \tag{3-99}$$

$$nCO+2nH_2 \longrightarrow C_nH_{2n}+nH_2O \tag{3-100}$$

$$nCO+2nH_2 \longrightarrow C_nH_{2n+2}O+(n-1)H_2O \tag{3-101}$$

$$nCO_2+(3n+1)H_2 \longrightarrow C_nH_{2n+2}+2nH_2O \tag{3-102}$$

(2) 技术指标及主要工艺条件

① 技术指标 醇化出口：$CO+CO_2<0.1\%\sim0.3\%$（体积分数）；烃化出口：$CO+CO_2<10cm^3/m^3$。

② 主要工艺条件 醇化压力：3.0～12.5MPa，醇化反应温度：230～270℃；烃化压力：12.5～31.4MPa，烃化反应温度：220～290℃。

(3) 工艺流程 醇烃化工艺灵活性强，原料气中一氧化碳含量范围较宽，最高达体积分数8%，最低可至体积分数1%，既能产粗甲醇，又可产醚含量很高的醇醚混合物（只改变催化剂种类）。醇烃化精制工艺流程如图3-43所示。

(4) 工艺特点 醇烃化工艺中烃化流程与双甲工艺中甲烷化流程基本类似。烃化较甲烷化在工业生产中具有如下优点：①可脱除微量的$CO+CO_2$，稳定、并能较大幅度提高联产甲醇的产量；②烃化生产烃类物质，高压常温下冷凝分离；③烃化操作温度较甲烷化低60～80℃，烃化反应床层更易维持自热操作；④烃化催化剂活性温区宽，不易烧结、老化，使用寿命长；⑤烃化催化剂价格便宜；⑥甲醇在烃化塔内无逆反应发生。

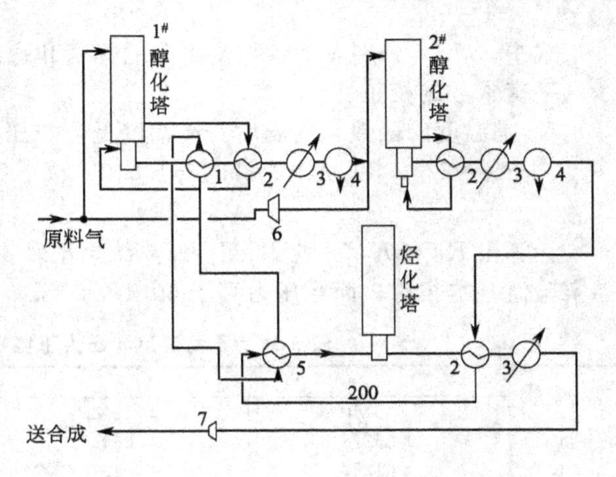

图 3-43 醇烃化精制工艺流程

1—换热器；2—提温换热器；3—水冷器；
4—分离器；5—塔前换热器；6,7—压缩机

3.4 氨合成

氨合成是提供液氨产品的工序，是整个合成氨流程中的核心部分。它的任务是在高温高压和有催化剂存在的条件下将经过精制的氢氮混合气直接合成为氨，然后将所生成的气体氨从反应气和生成气的混合气体中冷凝分离出来，得到产品液氨，分离氨后的氢氮气体循环使用。

3.4.1 氨合成原理

3.4.1.1 氨合成反应的特点

氨合成的化学反应式为：

$$\frac{1}{2}N_2+\frac{3}{2}H_2 \rightleftharpoons NH_3+Q \tag{3-103}$$

氨合成反应是一个放热、体积减小的可逆反应，其化学平衡受温度、压力及氢氮混合气组成影响。当混合气中氢氮摩尔比为 3 时，氨平衡含量随温度降低、压力增加而提高。但在较低温度下氨合成的反应速率十分缓慢，需采用催化剂加快反应。由于受到所用催化剂活性的限制，温度不能过低，因此为提高反应后气体中的氨含量氨合成宜在高压下进行。当工业上选用铁催化剂时，压力一般控制在 15～32MPa。即使在这样的压力条件下操作，每次也只有一部分氮气和氢气转化为氨，故氨合成塔出口气体的氨含量通常为体积分数 10%～20%。

3.4.1.2 氨合成反应的化学平衡

（1）平衡常数　氨合成反应的平衡常数 K_p 可表示为：

$$K_p=\frac{p_{NH_3}}{p_{H_2}^{1.5}\cdot p_{N_2}^{0.5}} \tag{3-104}$$

式中，p_{NH_3}、p_{H_2}、p_{N_2} 分别表示平衡状态下氨、氢、氮的分压。

工业生产中氨合成是在高压条件下进行的，而在高压下氢、氮和氨的性质与理想气体有很大偏差。因此，平衡常数不仅与温度有关，而且受压力和气体组成影响，需改用逸度表示。

K_p 与 K_f 之间的关系为：

$$K_f=\frac{f_{NH_3}}{f_{H_2}^{1.5}\cdot f_{N_2}^{0.5}}=\frac{p_{NH_3}r_{NH_3}}{(p_{H_2}r_{H_2})^{1.5}\cdot(p_{N_2}r_{N_2})^{0.5}}=K_pK_r \tag{3-105}$$

式中，f、r 分别表示各平衡组分的逸度和逸度系数，K_r 是由实际气体的活度系数 r 表示的平衡常数的校正值。

K_f 是温度的函数，随温度升高而降低，与压力无关，可按下式计算：

$$\lg K_f=2250.3T^{-1}+0.8534-1.5105\lg T-25.8987\times10^{-5}T+14.8961\times10^{-8}T^2 \tag{3-106}$$

计算出 K_f 和 K_r 后即可求出 K_p，结果见表 3-11。压力在 60MPa 以下时 K_p 的计算结果与实验值基本相符，而当压力高于 60MPa 时误差较大。

表 3-11　不同温度和压力下氨合成反应的平衡常数 K_p

温度/℃	K_p			
	1.013MPa	10.13MPa	30.4MPa	101.3MPa
300	0.06238	0.06966	0.08667	0.51340
400	0.01282	0.01379	0.01717	0.06035
500	0.00378	0.00409	0.00501	0.00918
600	0.00152	0.00153	0.00190	0.00206

由表 3-11 可知，氨合成反应的平衡常数 K_p 值随温度降低、压力升高而增大。

（2）平衡氨含量　反应达到平衡时氨在混合气体中的百分含量称为平衡氨含量或氨的平衡产率。平衡氨含量是指在给定操作条件下合成反应能够达到的最大限度。

已知 K_p 值，就可以求出不同压力和温度下平衡体系中氨的含量。设平衡时总压为 p，平衡氨含量为 $x^*_{NH_3}$，惰性气体含量为 x_i，$H_2/N_2=r$，则有：

$$N_2/(N_2+H_2)=1/(1+r)$$
$$H_2/(N_2+H_2)=r/(1+r)$$

平衡时各组分分压为：

$$NH_3 \quad p_{NH_3}=px^*_{NH_3}$$
$$N_2 \quad p_{N_2}=p(1-x^*_{NH_3}-x_i)/(1+r)$$
$$H_2 \quad p_{H_2}=pr(1-x^*_{NH_3}-x_i)/(1+r)$$

代入平衡常数表达式(3-104) 中，得

$$K_p=\frac{px^*_{NH_3}}{\left[p\frac{1}{1+r}(1-x^*_{NH_3}-x_i)\right]^{\frac{1}{2}}\left[p\frac{r}{1+r}(1-x^*_{NH_3}-x_i)\right]^{\frac{3}{2}}}$$

整理后得

$$\frac{x^*_{NH_3}}{(1-x^*_{NH_3}-x_i)^2}=K_p\cdot p\frac{r^{1.5}}{(1+r)^2} \tag{3-107}$$

当 $r=3$，$x_i\approx 0$，上式可简化为：

$$\frac{x^*_{NH_3}}{(1-x^*_{NH_3})^2}=K_p\cdot p\frac{\sqrt{27}}{16}=0.325K_p\cdot p \tag{3-108}$$

由式(3-107) 可知，平衡氨含量与温度（体现为 K_p）、压力、惰性气体含量、氢氮比有关。温度降低或压力升高时，等式右边数值增加，因此平衡氨含量也随之增加。所以，实际生产中氨合成反应均在加压下进行。同时在所用催化剂的活性温度范围内降低温度和惰性气体含量也有利于提高平衡氨含量。

3.4.1.3　氨合成反应的动力学

（1）反应机理　在催化剂作用下氢与氮合成氨的反应是气固相催化反应，与其他气固相催化反应相似，也需经历扩散、吸附、反应、脱附、扩散的历程。合成氨的反应机理已进行了几十年的研究，目前得到普遍认可的反应机理如下：

$$N_2+[\sigma\text{-Fe}]\longrightarrow N_2[\sigma\text{-Fe}]$$
$$N_2[\sigma\text{-Fe}]\longrightarrow 2N[\sigma\text{-Fe}]$$
$$2N[\sigma\text{-Fe}]+H_2\longrightarrow 2NH[\sigma\text{-Fe}]$$
$$2NH[\sigma\text{-Fe}]+H_2\longrightarrow 2NH_2[\sigma\text{-Fe}]$$
$$2NH_2[\sigma\text{-Fe}]+H_2\longrightarrow 2NH_3[\sigma\text{-Fe}]$$
$$2NH_3[\sigma\text{-Fe}]\longrightarrow 2NH_3+[\sigma\text{-Fe}]$$

式中，$[\sigma\text{-Fe}]$ 为催化剂活性中心。

在上述机理中，氮在催化剂表面活性中心上的吸附是最慢的一步，是氨合成反应的控制步骤。

（2）反应速率　反应速率是以单位时间内反应物质浓度的减少量或生成物质浓度的增加量表示的。在工业生产中，不仅要求获得较高的氨含量，同时还要求有较快的反应速率，以便在单位时间内有较多的氮和氢合成为氨。

1939 年捷姆金和佩热夫根据氮在催化剂表面活性中心上的吸附是氨合成反应的控制步

骤，并假设催化剂表面活性不均匀、氮的吸附遮盖度为中等、气体为理想气体以及反应距平衡不很远等条件，推导出动力学方程式如下：

$$r_{NH_3}=\frac{d[NH_3]}{dt}=k_1 p_{N_2}\left[\frac{p_{H_2}^3}{p_{NH_3}^2}\right]^{\alpha}-k_2\left[\frac{p_{NH_3}^2}{p_{H_2}^3}\right]^{1-\alpha} \tag{3-109}$$

式中，r_{NH_3}为氨合成反应的瞬时总速率，为正、逆反应速率之差；k_1、k_2分别为正、逆反应速率常数；p_{N_2}、p_{H_2}、p_{NH_3}分别为 N_2、H_2、NH_3 的分压；α 为由实验测定的常数，与催化剂的性质及反应条件有关，通常 $0<\alpha<1$。

对以铁为主的工业催化剂而言 $\alpha=0.5$，此时上式可写成：

$$r_{NH_3}=k_1 p_{N_2}\frac{p_{H_2}^{1.5}}{p_{NH_3}}-k_2\frac{p_{NH_3}}{p_{H_2}^{1.5}} \tag{3-110}$$

式(3-110) 适合理想气体（常压），在加压下是有偏差的。加压下 k_1 和 k_2 为总压的函数，而且随压力增大而减小。

当反应达到平衡时，总反应速率为零，可推出：

$$K_p^2=k_1/k_2$$

所以

$$r_{NH_3}=k_1\left[\frac{p_{N_2}p_{H_2}^{1.5}}{p_{NH_3}}-\frac{1}{K_p^2}\frac{p_{NH_3}}{p_{H_2}^{1.5}}\right] \tag{3-111}$$

当反应远离平衡时，特别是当 $p_{NH_3}=0$ 时，由式(3-110) 得 $r_{NH_3}=\infty$，这显然是不合理的。为此，捷姆金曾提出远离平衡的动力学方程式如下：

$$r_{NH_3}=k' p_{N_2}^{1-\alpha}p_{H_2}^{\alpha} \tag{3-112}$$

还有一些其他形式的氨合成反应动力学方程，但在一般工业操作条件范围内使用式(3-110) 还是比较令人满意的。

(3) 影响氨合成反应速率的因素　影响氨合成反应速率的主要因素有温度、压力、氢氮比、惰性气体的含量等。

① 温度　合成氨的反应是可逆反应，温度对正、逆反应速率都有影响，反应存在最适宜的温度，具体值由气体组成、压力和催化剂活性决定。

② 压力　压力增高，正反应速率加快，逆反应速率减慢，所以净反应速率提高。

③ 氢氮比　化学平衡研究结果表明氢氮比为 3 是最佳值，但从化学动力学角度看，提高氮气分压反应速率增加，最终结果是收率提高，所以实际生产中一般维持氢氮比在 2.8～2.9 之间。

④ 惰性气体含量　惰性气体含量既对平衡氨浓度有影响，又对反应速率有影响，而且其影响结果是一致的，即惰性气体含量增加使反应速率下降，同时使平衡氨浓度降低。

3.4.2 氨合成催化剂

可以作氨合成催化剂的物质很多，如铁、铂、锰、钨、铀等，但以铁为主体的催化剂由于具有原料来源广、价格低廉、在低温下有较好的活性、抗中毒能力强、使用寿命长等优点而被合成氨工业广泛应用。

3.4.2.1 催化剂的组成与作用

铁催化剂在还原之前以铁的氧化物状态存在，主要成分是三氧化二铁（Fe_2O_3）和氧化亚铁（FeO）。此外，催化剂中还加入各种促进剂。

(1) 氧化铁的组成与作用　氧化铁的组成对还原后催化剂的活性影响很大，当 Fe^{2+}/Fe^{3+} 接近或等于 0.5 时，还原后催化剂的活性最好，这时 FeO/Fe_2O_3 的摩尔比等于 1，相当于Fe_3O_4的组成。加入促进剂后，FeO/Fe_2O_3在24%～38%之间波动，这对催化剂的活性影响不大，但催化剂热稳定性和机械强度随低价铁含量的增加而增加。

氧化铁在催化剂中的作用是经还原生成σ-Fe活性中心，使催化剂具有催化活性。

(2) 促进剂的组成与作用　促进剂又称助催化剂，是一类本身不具活性或活性很小的物质，但加入催化剂中能改变催化剂的部分性质，如化学组成、离子价态、酸碱性、表面结构、晶粒大小等，从而使催化剂的活性、选择性、抗中毒性、稳定性得以改善。合成氨铁催化剂中使用的促进剂有三氧化二铝（Al_2O_3）、氧化镁（MgO）、氧化钾（K_2O）、氧化钙(CaO)、二氧化硅（SiO_2）等。

催化剂中加入三氧化二铝和氧化镁后，能与三氧化二铁形成固熔体。当铁催化剂被还原时，氧化铁被还原为活性铁，而三氧化二铝不被还原，起骨架作用，从而防止铁细晶长大，增加了催化剂的比表面积，提高了活性。但加入三氧化二铝后会减慢催化剂的还原反应速率，并使催化剂表面生成的氨不易解析。

催化剂中加入氧化钾和氧化钙有助于氮的活性吸附，从而提高催化剂的活性，另外可以减少催化中三氧化二铝对氨的吸附作用。

催化剂中加入二氧化硅对催化剂的碱性有削弱作用，但它同时可起到稳定铁晶粒的作用，从而增加催化剂的抗中毒性和耐热性等。

(3) 催化剂的主要性能　氨合成所使用的铁催化剂是一种黑色、有金属光泽、带磁性、成型不规则的固体颗粒（现已制造出球形颗粒）。催化剂在空气中易受潮，引起可溶性钾盐析出，使活性下降。催化剂还原后，氧化铁被还原成细小的活性铁晶体，均匀分散在氧化铝骨架上，成为多孔的海绵状结构，孔隙率很大，其内比表面积约为4～11m^2/g。经还原的铁催化剂若暴露在空气中将迅速氧化，立即失去活性。一氧化碳、二氧化碳、水蒸气、油类、硫化物等均会使催化剂暂时或永久中毒。另外，各类铁催化剂都有一定的起始活性温度、最佳反应温度和耐热温度。

国内使用较多的几种氨合成催化剂有A106，A109，A110，A201，A301。后3种为低温型催化剂，其还原温度和使用温度比前2种低20℃左右。

3.4.2.2　催化剂的还原与钝化

(1) 催化剂的还原　催化剂中的氧化铁不能加速氨合成反应速率，必须将其还原成α-Fe后才具有催化活性。在工业上最常用的还原方法是将制成的催化剂装在合成塔内，通入氢氮混合气，使催化剂中的氧化铁被氢气还原成金属铁。其主要反应如下：

$$FeO+H_2 \rightleftharpoons Fe+H_2O-Q \tag{3-113}$$

$$Fe_2O_3+3H_2 \rightleftharpoons 2Fe+3H_2O-Q \tag{3-114}$$

催化剂还原过程生成的铁晶粒越小，表面积越大，还原得越彻底，还原后催化剂的活性越高。催化剂的还原程度用还原前催化剂中铁的氧化物被还原的百分率表示，称为还原度。为了使合成氨生产在短时间内投入生产，将铁催化剂在合成塔外预先还原，即预还原。由于预还原能在专用设备中进行，还原时能控制各项指标，还原后的催化剂活性好。预还原后催化剂再经轻度表面氧化即可卸出使用。

(2) 催化剂的钝化　还原后的活性铁遇到空气会发生强烈的氧化反应，放出的能量能使催化剂烧结而失去活性。因此，已还原的催化剂与空气接触之前要进行缓慢的氧化，使催化剂表面形成一层氧化铁保护膜，工业上把这个缓慢的氧化过程称为钝化。经过钝化的催化剂在一般温度下遇到空气就不易发生氧化燃烧反应了。钝化后的催化剂再次使用时，只需稍加还原即可投入生产操作，和钝化前相比催化剂的活性不变。

钝化的方法是将压力降至0.5～1MPa，温度降到50～80℃，用氮气置换系统，然后逐渐导入空气，使氮气中的氧含量在体积分数0.2%～0.5%之间。在钝化过程中，放出的热量会使催化剂层温度上升，因此应严格控制催化剂层温度，一般应不超过130℃。随着钝化过程的进行，将气体中的氧含量逐渐增加到体积分数20%，而催化剂层温度不再上升，合成塔进出口气体中的氧含量相等，说明钝化已完成。

3.4.2.3 催化剂的中毒与衰老

(1) 催化剂的中毒 进入合成塔的新鲜混合气虽然经过了净化，但仍然含有微量的有毒气体，使催化剂缓慢中毒，活性降低。

能使氨合成催化剂中毒的物质有水蒸气、一氧化碳、二氧化碳、氧、硫及硫化物、砷及砷化物、磷及磷化物等。其中水蒸气、一氧化碳、二氧化碳、氧等物质使催化剂中毒的原因是氧气和氧化物中的氧能同金属铁生成铁的氧化物，使催化剂失去活性，当用比较纯净的氢氮混合气通过催化剂时氢气又能将铁的氧化物还原成金属铁，所以这种中毒现象称为暂时中毒；硫、砷、磷和它们的化合物使催化剂中毒以后不能再恢复活性，称为永久中毒。

(2) 催化剂的衰老 催化剂经过长期使用后，活性会逐渐下降，生产能力逐渐降低，即催化剂的衰老。衰老到一定程度，就需要更换新的催化剂。催化剂衰老的原因主要是长期处于高温、中毒等。

催化剂的中毒与衰老几乎无法避免。但是，选用耐热性较好的催化剂，改善气体质量和稳定操作，能大大延长催化剂的使用寿命。

3.4.3 氨合成工艺条件选择

氨合成工艺条件主要包括合成压力、温度、气体组成、空间速度等。优化这些工艺操作条件能充分发挥催化剂的效能，使生产强度最大，消耗定额最低。同时还可以简化工艺流程，使操作控制方便，生产安全可靠等。

氨合成工艺条件的选择除了考虑平衡氨含量外，还要综合考虑反应速率、催化剂使用特性及系统的生产能力、原料和能量消耗等。

3.4.3.1 压力

从化学平衡和反应速率角度看，提高压力有利于提高氨的平衡浓度，也有利于总反应速率的增加。另外，合成装置的生产能力随压力提高而增加，而且压力高时氨分离流程可以简化。

工业生产中选择氨合成压力的主要依据是能量消耗以及包括能量消耗、原料费用、设备投资、技术投资在内的综合费用。能量消耗主要包括原料气的压缩功、循环气的压缩功、氨分离的冷冻功。提高压力，原料气压缩功增加，循环气压缩功和氨分离冷冻功却减少。但压力过高对设备材质和制造的要求较高，同时高压下反应温度较高，催化剂的使用寿命短，操作管理也随之困难，因此操作压力也不宜太高。经技术经济分析，总能量消耗在15～30MPa区间相差不大，而且数值较小；就综合费用而言，将压力从10MPa提高到30MPa时，其值可下降40%左右。因此，30MPa左右是氨合成的适宜压力，为国内外普遍采用(中压法)。目前国内中小型合成氨厂操作压力大多数采用中压法，而许多新建大型氨厂一般采用15～27MPa的压力。

3.4.3.2 温度

氨合成反应为催化反应，催化剂在一定温度下才具有较高的活性，但温度过高也会使催化剂过早衰老失活，所以氨合成反应温度首先应维持在铁催化剂的活性温度范围(400～520℃)内。

氨合成反应为可逆放热反应。从化学热力学方面分析，升高温度，化学平衡向吸热反应方向移动，从而降低合成氨的收率，对生产是不利的；从化学动力学方面分析，升高温度，可以增大化学反应速率，提高生产强度，对生产是有利的。因此，同其他可逆放热反应一样，合成氨反应存在最适宜温度 T_m（或称最佳反应温度）。

在反应初期，氨的浓度较低，离平衡较远，此时提高温度会使合成转化率明显提高。当合成反应接近平衡时，温度继续升高，则会使合成转化率下降。所以氨合成的温度最好是“先高后低”。实际生产中，合成回路中会给进塔气体预热，以使反应温度尽快达到催化剂的最适宜温度。同时合成塔内会设置一些冷管或冷副线，以移走反应热。

氨合成最佳反应温度还与催化剂有关。不同种类的催化剂最佳反应温度不同；催化剂在不同时期最佳反应温度也有所不同，一般在早期和中期所选择的温度要低，到了晚期可适当提高反应温度。

3.4.3.3　空间速度

空间速度指单位时间内通过单位体积催化剂的气体量（标准状态下的体积），简称空速，单位为 h^{-1}。在操作压力、温度及进塔气组成一定时，对于既定结构的合成塔，空速大，单位体积催化剂处理的气体量大，能增加生产能力。但空速过大，催化剂与反应气体接触时间太短，部分反应物未参与反应就离开催化剂表面进入气流，导致出塔气氨含量降低，即氨净值降低。另外，气量增大，会使设备负荷、动力消耗增大，氨分离不完全。因此空间速度亦有一个最适宜的范围。采用中压法合成氨，空间速度为 20000～30000h^{-1}较适宜；大型合成氨厂为充分利用反应热、降低功耗及延长催化剂使用寿命，通常采用低空速，一般为 10000～20000h^{-1}。

3.4.3.4　合成塔进口气体组成

合成塔进口气体组成包括氢氮比、惰性气体含量和入塔氨含量。

① 氢氮比　从化学平衡角度考虑，当氢氮比为3（体积比）时，氨合成反应可得到最大平衡氨含量。从化学动力学角度考虑，氮的活性吸附是氨合成反应的控制步骤，适当增加原料气中氮的含量有利于反应速率的提高。生产实践证明，最适宜氢氮比在 2.8～2.9（体积比）之间比较适宜。

② 惰性气体含量　惰性气体含量在新鲜原料气中一般很低，只是在循环过程中逐渐积累增多，相对降低了氢、氮气的有效分压，使反应速率降低，平衡氨含量下降。为使循环气中惰性气体含量不致过高，生产中采取放掉一部分循环气的办法。若以增产为主要目标，惰性气体含量可低一些，约体积分数 10%～14%；若以降低原料成本为主，可控制得高一些，约为体积分数 16%～20%。

③ 进塔气氨含量（入塔氨含量）　进合成氨塔气体中的氨由循环气带入，其数量决定于氨分离的条件。目前一般采用冷凝法分离反应后气体中的氨，冷凝温度越低，分离效果越好，循环气中含氨越低，进塔气中氨浓度越小，从而可以加快反应速率，提高氨净值和催化剂生产能力，但同时分离冷冻量也势必增大。进口氨含量在 30MPa 左右控制在体积分数 3.2%～3.8%之间，在 15～20MPa 时为体积分数 2.8%～3%。

3.4.4　氨合成工艺流程

3.4.4.1　氨合成基本工艺步骤

根据压缩机形式、操作压力、氨分离方法、热能回收形式以及各部分相对位置的差异，合成氨工艺流程各有不同。但基于氨合成本身的特性，构成氨合成过程的基本步骤是相同的，主要由以下 6 个步骤组成。

(1) 气体的压缩和除油　为了将新鲜原料气和循环气压缩到氨合成所要求的操作压力，需要在流程中设置压缩机。当使用往复式压缩机时，在压缩过程中气体夹带的润滑油和蒸汽混合在一起，呈细雾状悬浮在气流中。气体中所含的油不仅会使氨合成催化剂中毒，而且附着在热交换器壁上，降低传热效率，因此必须清除干净。除油的方法是压缩机每段出口处设置油分离器，并在氨合成系统设置滤油器。若采用离心式压缩机或无油润滑的往复式压缩机，气体中不含油水，可以取消滤油设备，既节约投资又可简化流程。

(2) 气体的预热和合成　压缩后的氢氮混合气需加热到催化剂的起始活性温度，才能送入催化剂床层进行氨合成反应。在正常操作情况下，加热气体的热源主要是利用氨合成时放出的反应热，即在换热器中反应前的氢氮混合气被反应后的高温气体预热到反应温度。在开工或反应不能自热时，可利用塔内电加热炉或塔外加热炉供给热量。

(3) 氨的分离　进入氨合成塔催化剂床层的氢氮混合气只有少部分发生反应生成氨，合成塔出口气体氨含量一般为体积分数10%～20%，因此需要将氨分离出来。氨分离的方法有两种，一种是水吸收法，一种是冷凝法。水吸收法得到的产品是浓氨水，从浓氨水制取液氨尚须经过氨水蒸馏及气氨冷凝等步骤，消耗一定的热量，工业上采用此法者较少。冷凝法是将合成气体降温，使其中的气氨冷凝成液氨，然后在氨分离器中从不凝气体中分离出来。液氨冷凝过程中有部分氢氮气及惰性气体溶解在其中，溶解气大部分在液氨贮槽中减压释放出来，称为“贮槽气”或“弛放气”。目前工业上主要采用冷凝法分离循环气中的氨。

(4) 气体的循环　分离氨后剩余的氢氮气，除为降低惰性气体含量而少量放空以外，大部分与补充的新鲜原料气混合后重新返回合成塔，再进行氨的合成，从而构成循环法生产流程。气体在设备、管道中流动时产生压力损失，为补偿这一损失，流程中必须设置循环压缩机。循环机进出口压差约为2～3MPa，它表示整个合成循环系统阻力降的大小。

(5) 惰性气体的排除　氨合成循环系统的情性气体通过以下3个途径带出：一小部分从系统中漏损；一小部分溶解在液氨中被带走；大部分采用放空的办法，即间断或连续地从系统中排放。

在氨合成循环系统中，流程中各部位的惰性气体含量是不同的，放空位置应该选择在惰性气体含量最大而氨含量最小的地方，这样放空的损失最小。由此可见，放空的位置应该在氨已大部分分离之后，而又在新鲜气加入之前。放空气中的氨可用水吸收法或冷凝法加以回收，其余的气体一股可用作燃料。也可采用冷凝法将放空气中的甲烷分离出来，得到氢、氮气，然后将甲烷转化为氢，回收利用，从而降低原料气的消耗。

(6) 反应热的回收利用　氨的合成反应是放热反应，必须回收利用这部分反应热。目前回收利用反应热的方法主要有以下几种。

① 预热反应前的氢氮混合气　在合成塔内设置换热器，用反应后的高温气体预热反应前的氢氮混合气，使其达到催化剂的活性温度。这种方法简单，但热量回收不完全。目前小型氨厂及部分中型氨厂采用此法回收利用反应热。

② 预热反应前的氢氮混合气和副产蒸汽　在合成塔内设置换热器预热反应前的氢氮混合气，再利用余热副产蒸汽。按副产蒸汽锅炉安装位置的不同，可分为塔内副产蒸汽合成塔(内置式)和塔外副产蒸汽合成塔(外置式)两类。一般采用外置式，该法热量回收比较完全，同时得到副产蒸汽，目前中型氨厂应用较多。

③ 预热反应前的氢氮混合气和预热高压锅炉给水　反应后的高温气体首先通过塔内的换热器预热反应前的氢氮混合气，然后通过塔外的换热器预热高压锅炉给水。此法的优点是减少了塔内换热器的面积，从而减小了塔的体积，同时热能回收完全。目前大型合成氨厂一般采用这种方法回收热量。

用副产蒸汽及预热高压锅炉给水方式回收反应热时，生产1t氨一般可回收0.5～0.9t蒸汽。

3.4.4.2　氨合成工艺流程

如前所述，尽管氨合成工艺流程各不相同，但基于氨合成的工艺特性，其工艺流程均采用循环流程，其中包括氨的合成、氨的分离、氢氮原料气的压缩与循环系统、反应热的回收利用、排放部分弛放气以维持循环气中惰性气体的平衡等。在组织氨合成工艺流程时，要合理设置上述各环节，充分体现有利于氨的合成和分离、有利于保护催化剂以尽量延长其使用寿命、有利于反应热回收降低能耗 3 个基本原则。

(1) 中小型氨厂合成系统工艺流程　我国中型及大部分小型合成氨厂普遍采用中压法氨合成流程，操作压力在 32MPa 左右，设置水冷器和氨冷器两次分离产品液氨，新鲜气和循环气均由往复式压缩机加压。

其常用工艺流程如图 3-44 所示，是在中小型氨厂传统氨合成工艺流程基础上增设副产蒸汽锅炉的常用中压法氨合成流程。该流程的特点是：①放空线位于氨分离器之后、循环压缩机之前（补入新鲜气之前），气体中氨含量较低、惰性气体含量较高，因此既可以减少氨损失和氢氮气的损耗，又可以降低压缩功耗；②循环机位于氨分离器和冷凝塔之间，循环气温度较低，有利于气体的压缩；③新鲜气在滤油器中加入，在第二次氨分离时可以利用冷凝下来的液氨除去油、水分和二氧化碳，达到进一步净化的目的。

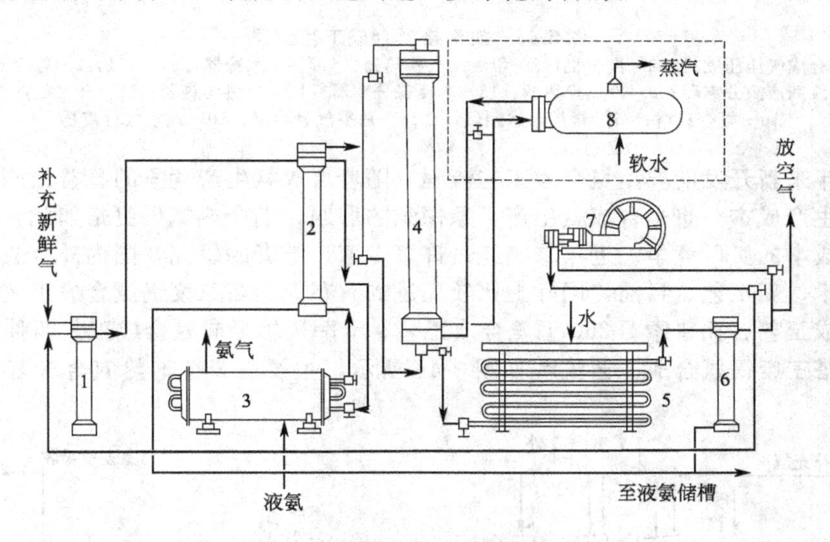

图 3-44　中小型氨厂合成系统常用工艺流程

1—滤油器；2—冷凝塔；3—氨冷器；4—氨合成塔；5—水冷器；6—氨分离塔；7—循环机；8—副产蒸汽锅炉

(2) 大型氨厂氨合成工艺流程　为了提高热能的利用率，合成氨生产规模在不断扩大，先后出现了多种年产 30 万吨的氨合成流程。20 世纪 70 年代以来我国引进的大型合成氨装置普遍采用美国凯洛格公司的氨合成工艺流程。该流程采用蒸汽透平驱动带循环段的离心式压缩机，气体不受污染，氨合成压力为 15MPa，采用三级氨冷，分离完全。其工艺流程如图 3-45 所示。

凯洛格氨合成工艺流程的特点有：①采用汽轮机驱动的带循环段的离心式压缩机，气体中不含油雾，可以将压缩机设置在氨合成塔之前；②氨合成反应热除预热进塔气体外还用于加热锅炉给水，热量回收较好；③采用三级氨冷，逐级将气体温度降至－23℃；④放空线位于压缩机循环段之前，此处惰性气体含量最高，氨含量也最高，但由于设置了氨回收设备，氨损失不大；⑤氨冷设置在循环段之后，可进一步清除气体中夹带的油雾、二氧化碳等杂质，但缺点是循环功耗较大。

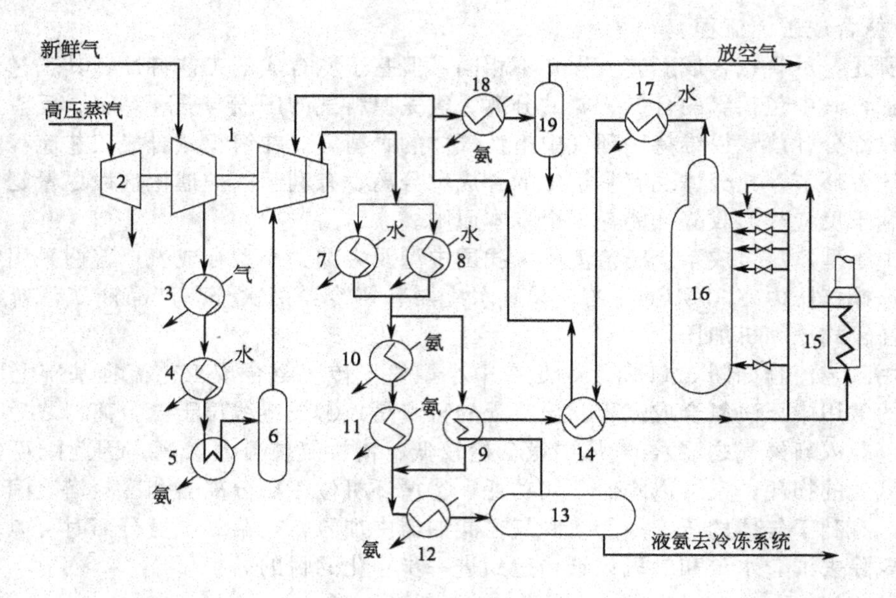

图 3-45　凯洛格氨合成工艺流程

1—合成气压压缩机；2—汽轮机；3—甲烷化气换热器；4,7,8—水冷器；5,10,11,12—氨冷器；6—段间液滴分离器；9—冷热换热器；13—高压氨分离器；14—热热换热器；15—开工加热炉；16—氨合成塔；17—锅炉给水预热器；18—放空气氨冷器；19—放空气分离器

(3) 近年来新开发的典型氨合成工艺流程　随着合成氨生产竞争的日益加剧，提高装置产量、降低生产成本一直是合成氨生产厂家探索的课题，老合成氨厂更是如此，否则不能与现代化、低成本的氨厂竞争。近年来，经过许多专家、学者的研究，国内外合成氨工艺出现了许多新技术、新工艺。目前，国际上比较先进的有布朗三塔三废锅氨合成工艺、伍德两塔两废锅氨合成工艺、托普索 S-250 型氨合成工艺、卡萨里轴径向氨合成工艺四种。

布朗三塔三废锅氨合成工艺流程如图 3-46 所示，主要由 3 个绝热氨合成塔和 3 个废锅

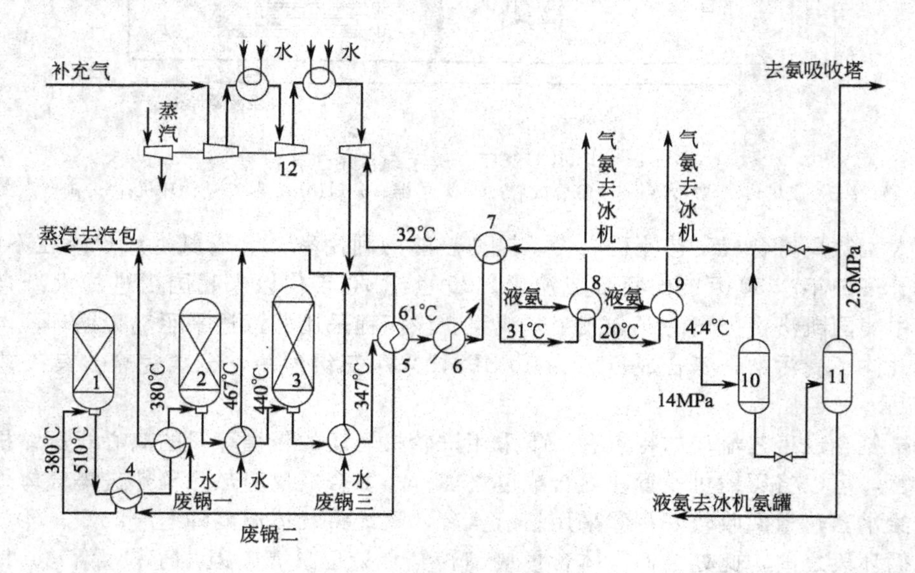

图 3-46　布朗三塔三废锅氨合成工艺流程

1,2,3—合成塔；4—预热器；5—换热器；6—水冷器；7—冷交换器；8,9—氨冷器；10—分离器；11—减压器；12—合成气压缩机

组成。由于粗原料气的最终净化采用了深冷分离法，新鲜氢氮气纯度很高，与循环气混合后换热，直接进入第一合成塔。反应热用于副产 12.5MPa 的高压蒸汽，氨合成压力为15MPa，第三合成塔出口气体中氨含量可达体积分数 21%。

伍德两塔两废锅氨合成工艺流程如图 3-47 所示，主要由 2 个合成塔和 2 个废热锅炉组成，适用于深冷净化和渣油制氨工艺。第一合成塔采用两段径向中间换热式塔，出塔气体温度为 473℃；第二合成塔采用一段径向催化剂床，出塔气中氨净值为 19.3。两个合成塔合计压降为 0.35MPa；每吨氨副产蒸汽 1.54t。

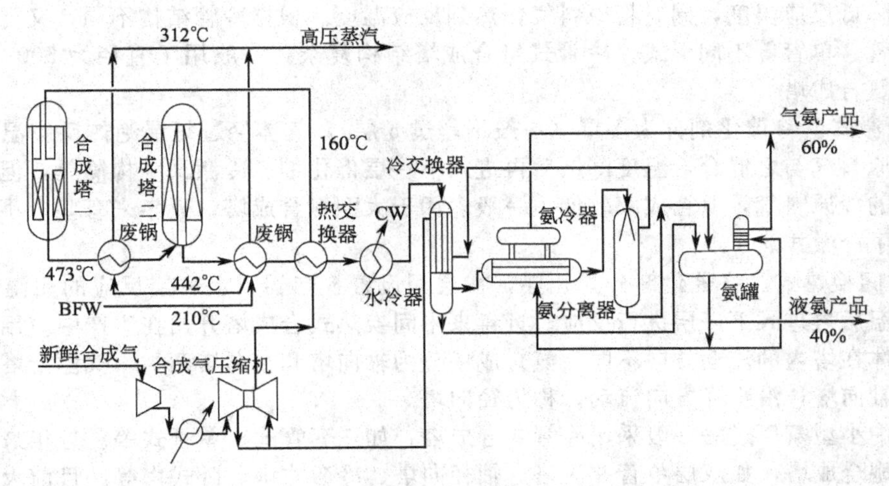

图 3-47　伍德两塔两废锅氨合成工艺流程

3.4.5　氨合成塔

氨合成塔通常被称为合成氨厂的心脏，它是整个合成氨厂生产过程的主要关键设备之一，其工艺参数的选择和结构设计是否合理直接影响到整个合成氨生产能力的大小和技术经济指标的好坏。

3.4.5.1　氨合成塔的结构特点及基本要求

氨是在高温（400～520℃）、高压（≥10MPa）条件下合成的。因此，氨合成塔的结构一是要耐高温，二是要耐高压。

在高温高压条件下，氢、氮气对碳钢有明显的腐蚀作用。氢腐蚀的原因一是氢脆，即氢溶解于金属晶格中，使钢材在缓慢变形时发生脆性破坏；二是氢腐蚀，即氢渗透到钢材内部，使碳化物分解，并生成甲烷，反应生成的甲烷聚积于晶界微观孔隙中形成高压，导致应力集中，沿晶界出现破坏裂纹。氢腐蚀与压力、温度有关，当温度超过 300℃和压力高于30MPa 时开始发生氢腐蚀。另外，在高温、高压下，氮与钢中的铁及其他很多合金元素生成硬而脆的氮化物，导致金属机械性能降低。

为了满足合成氨反应条件，尽量克服氢蚀、氢脆对合成塔材料的腐蚀作用，工业上将氨合成塔设计成外筒和内件两部分。合成塔外筒一般做成圆筒形，为保证塔身强度，气体的进出口设在塔的上、下两端的顶盖上；内件置于外筒内，其外面设有保温层，以减少向外筒散热。进入塔的较低温度气体先引入外筒和内件的环隙。由于内件的保温措施，外筒只承受高压而不承受高温，可用普通低合金钢或优质碳钢制造；内件只承受高温而不承受高压，亦降低了对材质的要求，用合金钢制造便能满足要求。

合成塔除了在结构上应力求可靠并能满足高温高压的要求外，在工艺方面还必须满足下列条件：①满足氨合成工艺要求，达到最大生产强度；②气体在催化剂床层中分布均匀，阻力最小；③生产稳定，调节灵活，操作弹性大；④结构可靠，高压的空间利用率高；⑤反应热利用合理；⑥氨净值高。

3.4.5.2 氨合成塔的分类

由于氨合成反应的最适宜温度随氨含量增加而逐渐降低，随着反应的进行要在催化剂层采取降温措施。

按降温方法不同，氨合成塔可分为以下 3 类。

① 冷管式。在催化剂层中设置冷却管，用反应前温度较低的原料气在冷管中流动移出反应热，降低反应温度，同时将原料气预热到反应温度。根据冷管结构不同，又可分为双套管、三套管、单管等不同形式。冷管式氨合成塔结构复杂，一般用于直径为 500～1000mm 的中小型氨合成塔。

② 冷激式。将催化剂分为多层（一般不超过 5 层），气体经过每层绝热反应温度升高后通入冷的原料气与之混合，温度降低后再进入下一层催化剂。冷激式结构简单，但由于加入了未反应的冷原料气，氨合成率较低，一般多用于大型氨合成塔，近年来有些中小型氨合成塔也采用了冷激式。

③ 中间换热式。将催化剂分为几层，在层间设置换热器，上一层反应的高温气体进入换热器降温后再进入下一层进行反应。近年来中间换热式合成塔开始在生产中应用。

按气体在塔内的流动方向不同，氨合成塔分为轴向塔和径向塔两类。气体沿塔的轴向流动，称为轴向塔；沿半径方向流动，称为径向塔。

我国中小型氨厂过去一般采用冷管式合成塔，如三套管式、单管式等。近年来逐渐研制出一批新型合成塔，如双层单管并流塔、轴径向塔、冷激式塔、卧式塔等。目前大型氨厂一般采用轴向冷激式或径向冷激式合成塔。

3.4.5.3 几种典型的氨合成塔

(1) 冷管式氨合成塔　在冷管式氨合成塔中，催化剂床层中设置有冷却管，通过冷却管进行床层内冷热气流的间接换热，以达到调节床层温度的目的。冷却管形式有单管、双套管、三套管之分，根据催化剂床层和冷却管内气体流动方向的异同又有逆流式冷却管和并流式冷却管之分。早期大多采用并流双套管式，1960 年后开始采用并流三套管式和并流单管式。

冷管式氨合成塔的内件由催化剂筐、分气盒、热交换器和电加热器组成。

图 3-48 所示为并流三套管式氨合成塔。塔内分成上下两个区域，上部是催化剂筐，下部是换热器。气体由（主线）塔上部入塔，经内外筒环隙至塔底下部换热器管间换热至 300℃后进入分气盒，分布到双套管的内管。气体在内管顶部折流到内外管的环隙并向下流动，与催化剂床层气体并流换热，被预热到 400℃（铁催化剂的活性温度），再流经设有电加热器的中心管，出中心管的气体再自上而下通过催化剂床层反应生成氨，随后经过塔下部换热器的管内降温后离开氨合成塔。副线冷原料气直接加至中心管内，用于调节塔温。

并流三套管式氨合成塔是由并流双套管式氨合成塔演变而来的。二者的主要区别在于内冷管前者为双层，后者为单层。并流三套管的结构如图 3-49 所示。双层内冷管一端的层间间隙被焊死，形成“滞气层”，因而增大了内外管间的传热阻力，使气体在内管温升减小，使床层与内外管环隙之间的气体温差增大，从而改善上部床层的冷却效果。其优点是催化剂床层温度分布比较合理，在相同产量情况下催化剂用量较少，氨净值也较高，并且操作稳定，适应性强。

(2) 冷激式氨合成塔　在冷激式合成塔内，催化剂床层分为几段，在段间引入未经预热的原料气直接用于冷却，所以又称为多层直接冷激式合成塔。冷激式合成塔的温度是由冷激气控制的，因此催化剂每段床层是绝热反应，反应器的温度分布没有冷管理想，在相同产量

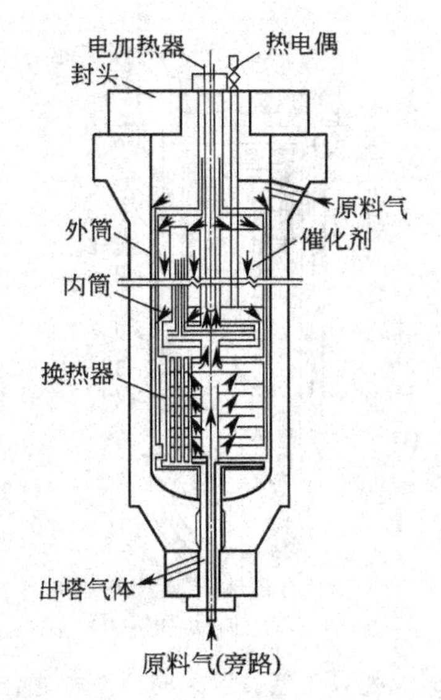

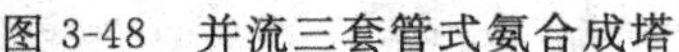
图 3-48 并流三套管式氨合成塔

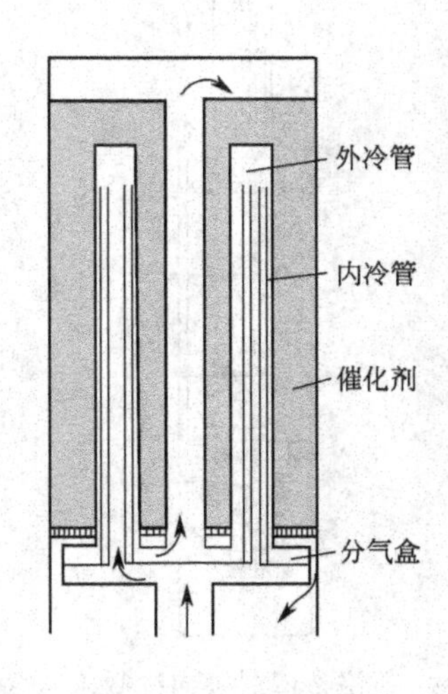

图 3-49 并流三套管结构

情况下催化剂用量较多。但是催化剂的床层温度非常容易控制，内件的结构比较简单，容易维修。

冷激式合成塔分为轴向冷激式和径向冷激式两种。

图 3-50 所示为凯洛格四层轴向冷激式氨合成塔。该塔外筒形状呈上小下大的瓶式，在缩口部位密封，克服了大塔径不易密封的困难。内件包括四层催化剂、层间气体混合装置（冷激管和筛板）以及列管式换热器。气体在塔内流程：原料气由塔底部进入塔内，经催化剂筐和外筒之间的环隙向上流动以冷却外筒，再经过上部热交换器的管间被预热到 400℃左右，进入第一层催化剂进行绝热反应，经反应后气体温度升高至 500℃左右，在第一、二层间的空间与冷激气混合降温，然后入第二层进行催化绝热反应，依此类推，最后气体从第四层催化剂层底部流出，折流向上，经过中心管进入热交换器管内，与原料气换热后由塔顶排出。

径向冷激式合成塔是后来出现的塔型。图 3-51 所示为托普索型二段径向冷激式氨合成塔。原料气由塔顶进入合成塔，沿内外筒之间的环隙向下流动，进入下段的换热器管间，与塔底封头接口处引入的冷副线原料气混合后沿中心管进入第一段催化剂床层，气体沿径向呈辐射状流经催化剂床层后进入内筒与催化剂筐间形成的环形通道，在此与塔顶来的冷激气混合降温后再进入第二段催化剂床层，从外部沿径向向内流动，最后由中心管外的环形通道向下流动，经换热器管内从塔底接口流出塔外。

（3）轴径向氨合成塔　轴径向氨合成塔是 20 世纪 80 年代末瑞士卡萨里（Casale）制氨公司针对凯洛格轴向合成塔存在的缺点开发的。图 3-52 所示为卡萨里轴径向流动氨合成塔。原料气可轴向和径向通过催化剂床层，通过调节气体的分布和催化剂层高度可提高催化剂的利用率。该塔具有下列结构特征：一个催化剂床叠加在另一个催化剂床顶部，二者之间密封简单，又可拆开，缩短了装卸催化剂床的时间；催化剂床由筒体内壁与外壁组成，在筒体内壁与外壁之间装填催化剂，沿内外筒壁一定间距钻孔，集气管上段不开孔，如图 3-53 所示，约 5%～10%的气流进入轴-径向流动区，其余进入径向流动区，高压空间利用率可达 70%～75%，床层顶部不封闭；催化剂床的筒壁为气流分布器。气流分布器由 3 层组成：第一层为圆孔多孔壁，远离催化剂，气流均匀分布是通过分布器的阻力实现的；第二层为桥型多孔型，催化剂床筒壁上冲压成许多等间距排列像桥型的凸型结构，此多孔壁不仅起到机械支撑

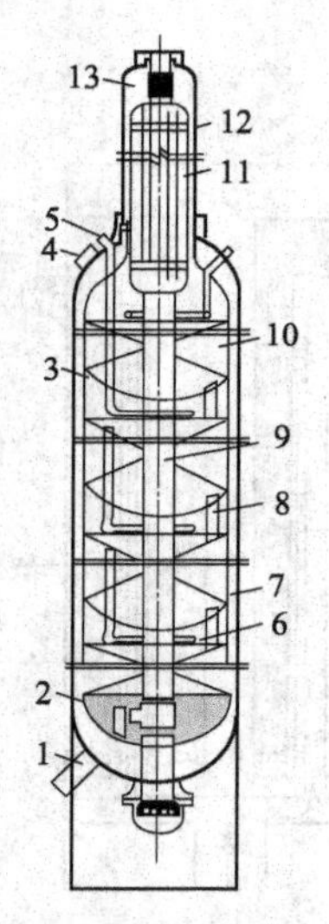

图 3-50 凯洛格四层轴向冷激式氨合成塔

1—塔底封头接管；2—氧化铝球；3—筛板；4—人孔；5—冷激气接管；6—冷激管；7—下筒体；8—卸料管；9—中心管；10—催化剂框；11—换热器；12—上筒体；13—波纹连接管

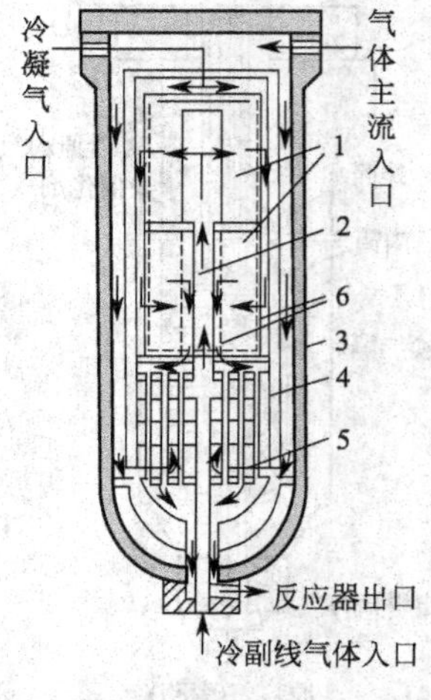

图 3-51 托普索型二段径向冷激式氨合成塔

1—径向催化剂床；2—中心管；3—外管；4—热交换器；5—冷副线管；6—多孔套管

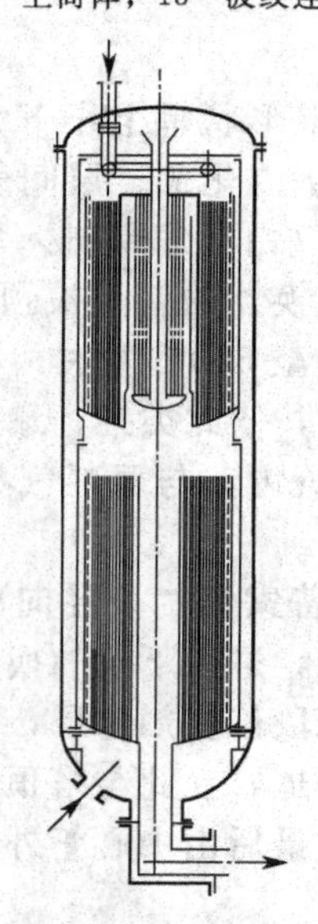

图 3-52 卡萨里轴径向流动氨合成塔

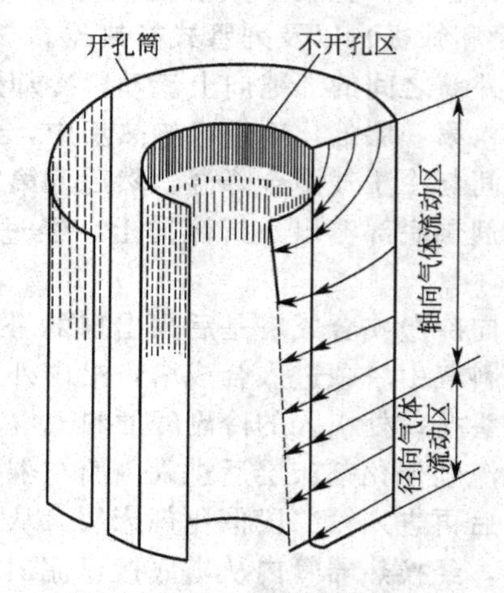

图 3-53 轴径向氨合成塔内件

作用，而且对气流起到缓冲和均匀作用；第三层即为与催化剂接触的一层金属丝网。由这 3 层组成的气流分布器焊接成弧形板，然后拼接成圆筒。

轴径向氨合成塔是节能和生产都较先进的氨反应设备，具有阻力较低、能耗低、合成塔空间利用率高等优点。此塔适应性强，不仅可用于新厂建设，而且可用于老厂改造。

3.5 合成氨生产的发展趋势

自 1990 年哈伯研究成功工业氨合成方法以来，世界合成氨工业已走过了 100 多年的历程，尤其是 20 世纪合成氨领域取得了令人难忘的进展。技术进步、需求增长、日益严格的环保要求推动了合成氨的蓬勃发展，满足了世界对氨的需求。展望21世纪，根据合成氨技术发展的情况分析，未来合成氨的基本生产原理将不会出现原则性的改变，其技术发展将会继续紧密围绕“降低生产成本，提高运行周期，改善经济性”的基本目标，进一步集中在“大型化，低能耗，结构调整，清洁生产，长周期运行”等方面进行技术的研究开发。另外，从根本上改变合成氨生产方法即生物固氮将取得突破性进展，可望在21世纪开发成功，实现合成氨生产的革命性改变，并将对世界的合成氨工业产生深远的影响。

① 大型化、低能耗、清洁生产是21世纪合成氨装置的发展主流。

21世纪合成氨装置将继续朝着大型化、集中化、自动化并形成具有一定规模的生产中心、低能耗与环境更友好的方向发展。单系列合成氨装置生产能力将从日产2000吨提高到日产4000～5000吨；以天然气为原料制氨吨氨能耗已经接近理论水平，今后难以有较大幅度的降低，但以油、煤为原料制氨降低能耗还可以有所作为。此外集中处理废气、废液，集中利用副产品，提升附加值，也是一个发展趋势。因此，大型化、低能耗、清洁生产仍是21世纪合成氨装置的发展主流。

② 提高对原料的适应性，进行技术改造，提高合成氨生产能力和效率。

21世纪随着世界合成氨需求的继续增长，必须提高合成氨生产能力。提高生产能力有两种途径，这取决于原料、效率、经济性、先进性、可靠性：途径之一是新建装置，可采用目前最先进的技术来达到目的；二是消除瓶颈，对老装置采用先进技术进行改造。通常后者在经济上更具吸引力，因为需要投资较低，完成改造工程所需时间短，可与设备更新联系在一起考虑，因此其可靠性高、成本低、效率高。

技术改造目的如下：

（ⅰ）提高装置效率，降低原料、能量消耗和可变成本，提高竞争力；

（ⅱ）改进操作性能，增加生产能力，降低固定成本；

（ⅲ）改进产品质量，生产新产品；

（ⅳ）减少对空气、水体的污染和固体污染，符合环保要求；

（ⅴ）降低安全风险。

预计在21世纪技术改造是提高合成氨生产能力和竞争力的有效途径之一。

③ 在现有合成氨技术基础上，连续式技术进步将进一步发展。

自1990年哈伯研究成功工业氨合成方法以来，随着氨需求的不断增长，石油天然气工业迅速发展，材料工业、设备制造、自控技术、计算机技术的发展，设计理念的革新，逐渐严格的环保要求及合成氨市场的激烈竞争，推动了20世纪合成氨生产的发展和连续式技术进步。20世纪末已开发并建设工业化大型装置，以天然气、石脑油为原料的ICI SYNETIX-LCA、KBR-KAAP/KRES、深冷净化、KRUPPUHDE-CRA、LINDE-LAC、INS-GLAP工艺生产合成氨的吨氨能耗已达27～29GJ，装置规模为日产1000～1850吨；以重油为原料的TEXACO、SHELL非催化部分氧化工艺生产合成氨吨氨能耗约为39GJ，装置规模为日产1000～1350吨；以煤、石油焦为原料的TEXACO、SHELL非催化部分氧化工艺生产合成氨吨氨能耗约为46GJ，装置规模为日产1000吨。预计以上工艺技术在21世纪仍占有一定的地位，并将发挥重要的作用。

预计21世纪仍采用的技术有：预转化技术；自热转化技术；等温CO变换；MDEA、Selexol净化技术；能量回收、优化；高效设备。

预计21世纪以下技术可能实现突破并工业化：气体分布更均匀，阻力降更小、更合理的合成塔内件；无毒、无害、吸收能力更强、再生能耗更低的净化技术；采用低压（3.0～6.0MPa）高活性的氨合成催化剂，实现等压合成氨；合成回路增设变压吸附系统，即在接近合成温度和压力条件下选择一种对氨比对 N_2、H_2 具有高吸附能力和很强选择性的吸附剂，实现一次循环即获得纯氨产品以及未反应 N_2、H_2 的再循环利用；合成氨装置建立精确的数学模型，采用 APC 技术，如模型多变量预估控制和在线优化控制。

④ 生产氨和其他多样化化学产品是氨装置适应市场变化、增强竞争力的有效途径。

21 世纪世界进入“全球大竞争”时代，合成氨工业同其他化学工业一样，也将加入新一轮的重组、合并潮。组建战略联盟，建立、重组世界级装置，上下游一体化，调整结构，发挥专业优势，已成为发展大趋势。对于一些规模小的氨生产商来说，竞争压力增加，迫使一些公司开始考虑多样化的产品。1999 年 5 月，位于马来西亚 Petronas 化肥公司的氨-甲醇联合装置投产，该装置氨能力为日产 1125～1350 吨、甲醇能力为日产 0～200 吨，采用丹麦托普索（TOPSΦE）低能耗合成氨工艺和甲醇合成高压联产技术，该装置具有根据市场情况生产的灵活性。随着甲醇市场的红火，化肥行业不仅原有的联醇工艺不断完善、增加产量，仍有不少企业还在建设中。因此，除生产氨外，生产多样化产品，以应付市场波动的同时适应市场变化，提升产品附加值，从经济上是有吸引力的。

⑤ 实施环境友好的清洁生产是 21 世纪合成氨的必然和唯一的选择。

21 世纪全球变暖、环境污染、生态恶化、化学物质安全性等全球性问题日趋严重，已成为保持经济可持续发展的关键。同其他工业一样，合成氨工业在为人类提供产品氨的同时生产过程中产生大量有害物质，排至大气、水体，造成环境污染，危害人类生存环境。如不解决，合成氮工业就不能现代化，企业将无法生存。所以，从源头消除污染，研究开发不产生污染的新合成氨技术，是促使人类与环境友好、协调发展的更高层次的要求。

预计 21 世纪环境友好的合成氨技术应包括以下内容。

（ⅰ）采用 ISO-1400 国际标准，建立环境管理系统，制定并严格执行工业健康和安全、环境许可、排放和完整污染预防控制标准，对全过程进行管理，还要注意在生产、储运、维修、突发事故过程中对环境的影响。

（ⅱ）生产过程应在具有一定的转化率、高的目的产品选择性的化学反应条件下合成氨。

（ⅲ）采用无毒无害的原料、催化剂和净化溶剂技术，如采用 MDEA、Selexol 溶剂，避免采用热碳酸钾化学法必须加入防腐剂钒潜在的环境影响。变换采用 Cu 基催化剂，而不采用 Fe-Cr 催化剂，以降低 Cr 对环境的影响。

（ⅳ）在无毒无害的条件下生产氨，避免在生产过程中对环境造成危害。

（ⅴ）生产过程中不生成或很少生成副产物、废物，实现或接近废物“零排放”清洁生产。如采用工艺冷凝液汽提、弛放气氨回收、氢回收等。

⑥ 信息技术应用于合成氨工业将极大提升合成氨厂的竞争力。

采用信息技术，通过将合成氨厂的数据、生产计划及调度、生产过程优化、原材料供应管理、配送及物流管理、仓储及运输管理、销售及客户订单管理、电子商务、市场供需预测、财务管理、人力资源管理、HSE 管理、经营决策等内外部业务流程自动优化集成，提高过程控制和管理水平，使合成氨厂成为“智能化”工厂，增强对市场需求变化的敏感性和应变能力，以最低的成本生产出满足用户要求的产品，获得最佳的附加值，满足环境和安全的要求，提升市场竞争力。采用信息技术改造传统的合成氨工业将是 21 世纪合成氨发展的趋势。

⑦ 生物固氮将取得更大进展，21 世纪有望实现生物固氮。

合成氨的生产和发展与为化肥工业和化学工业提供反应氮素这个重大问题是紧密相关、互不可分的。生物固氮是指自然界中一些微生物和蓝藻等生物体内一种固定酶的催化作用将大气中的氮转化成氨的过程。生物固氮与目前工业上生产合成氨相比具有极大的优越性和环保优势。目前工业生产合成氨除需要空气、水之外，尚需大量的能源、复杂的化学工艺过程和大量的设备，生产合成氨必须在高温、高压、催化剂条件下进行，而且转化率一般不超过20%，随生产进行尚有部分废气、废水、废渣排放，对环境造成污染。而生物固氮是在常温、常压、固氮酶催化作用下进行，而且效率极高。如果人工合成模拟化合物，在常温、常压条件下合成氨，将对氮肥和化学工业产生深远的影响，并为合成氨带来一场革命。

自从1888年发现固氮生物以来，生物固氮已有120多年的历史，直到20世纪60年代末固氮生物化学研究才取得突破，固氮酶的分离、纯化，体外重组活性测定才得以解决。70年代发展了化学模拟固氮酶，并创立了固氮分子遗传学方法。经过世界各国科学家的不断努力，生物固氮研究取得了重大进展。目前生物固氮研究战略目标一是化学模拟固氮酶的作用原理，实现常温常压合成氨；二是将固氮基因和其他相关基因或固氮生物引入非豆科农作物，实行自行供氮。目前，国内外都有研究直接把根瘤菌植入农作物，在根上结瘤固氮。尽管生物固氮取得了一定进展，但预计21世纪前50年仍难有合理的结果应用于大型装置，然而21世纪仍有望实现生物固氮。

⑧ 氨的深加工。

目前已很少有以氨作为单一产品的合成氨工厂，大多数是将氨深加工，生产尿素、碳酸氢铵等化学肥料，以增加经济效益。

总之，合成氨工业总体水平将在21世纪登上一个新台阶。

参 考 文 献

[1] 吴玉萍．合成氨工艺．北京：化学工业出版社，2008.
[2] 赵育祥．合成氨生产工艺．北京：化学工业出版社，2009.
[3] 陈五平．无机化工工艺学．第3版．北京：化学工业出版社，2010.
[4] 米镇涛．化学工艺学．第2版．北京：化学工业出版社，2006.
[5] 曾之平，王扶明．化工工艺学．北京：化学工业出版社，2001.
[6] 黄仲九，房鼎业．化学工艺学．第2版．北京：高等教育出版社，2008.
[7] 徐绍平等．化工工艺学．大连：大连理工大学出版社，2004.
[8] 韩冬冰等．化工工艺学．北京：中国石化出版社，2008.
[9] 闫百强等．吹风气余热回收节能技改．小氮肥，2010，38（8）：17-19.
[10] 段希娥，张成梅．DDS脱硫技术的应用．山东化工，2005，34（5）：24-26.
[11] 李红宝等．栲胶法变换气脱硫工艺．山西化工，2002，22（1）：55-56.
[12] 曲平，俞裕国．合成氨装置脱碳工艺发展与评述．大氮肥，1997，20（2）：97-102.
[13] 钱佩刚．从联醇生产到合成气醇烃化精制新工艺．小氮肥设计技术，2005，26（2）：18-20.
[14] 董忠民等．液氮洗工艺探讨．大氮肥，1998，21（4）：264-266.
[15] 谢定中．合成氨原料气双甲精制新工艺．中氮肥，1999，（1）：2-6.
[16] 蒲兰芳，郭栓灵．合成氨工业中的醇烃化新技术．石油和化工节能，2006，（6）：9-11.
[17] 王瑾．节能型合成氨工艺与技术．贵州化工，2008，33（1）：5-7.
[18] 王庭富．21世纪合成氨展望．化工进展，2001，20（8）：5-7.
[19] 尹有军，董云鹏．合成氨的生产与发展趋势．化学工程师，2001，85（4）：41-42.
[20] 蒋德军．合成氨工艺技术的现状及其发展趋势．现代化工，2005，25（8）：9-16.

第4章 烃类热裂解

烃类热裂解是指以石油系（包括天然气、炼厂气、石脑油、柴油、重油等）烃类为原料，利用石油烃在高温下不稳定、易分解的性质，在隔绝空气和高温条件下使大分子的烃类发生断链和脱氢等反应，以制取低级烯烃的过程。烃类热裂解的主要目的是生产乙烯，同时可得丙烯、丁二烯以及苯、甲苯、二甲苯等产品。它们都是重要的基本有机原料，所以石油烃热裂解是有机化学工业获取基本有机化工原料的主要手段，因而乙烯装置生产能力的大小实际反映了一个国家有机化学工业的发展水平。

裂解能力的大小往往以乙烯的产量衡量。乙烯在世界大多数国家几乎都有生产。2004年世界乙烯总生产能力已突破1亿吨，达到年产11290.5万吨，产量10387万吨，主要集中在欧美发达国家。随着世界经济的复苏，乙烯需求增速逐渐加快，年均增速达到4.3%。2010年需求量上升到13346万吨，增量主要在亚洲地区。

我国乙烯工业已有40多年的发展历史，20世纪60年代初我国第一套乙烯装置在兰州化工厂建成投产。多年来，我国乙烯工业发展很快，乙烯产量逐年上升，2005年乙烯生产能力达到年产773万吨，居世界第三位。随着国家新建和改扩建乙烯装置的投产，2010年我国乙烯生产能力已超过1500万吨，2015年我国乙烯总产能将达2700万吨。

烃类热裂解制乙烯的生产工艺主要由原料烃的热裂解和裂解产物的分离精制两部分组成，其工艺总流程方框图如图4-1所示。

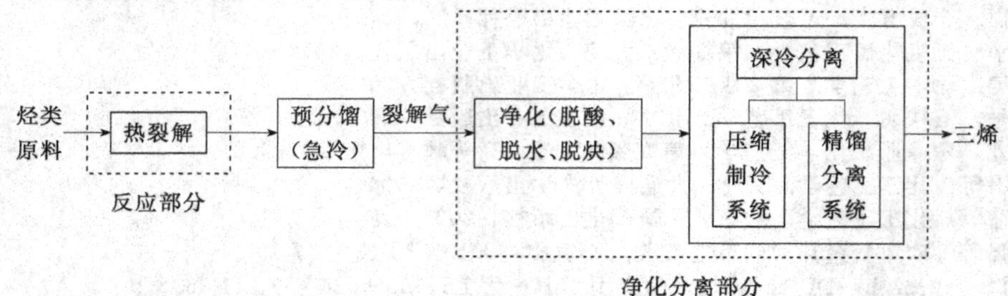

图4-1 烃类热裂解工艺总流程方框图

4.1 热裂解过程的化学反应与反应机理

烃类裂解过程非常复杂，具体体现在以下几方面。

① 原料复杂。烃类热裂解的原料包括天然气、炼厂气、石脑油、轻油、柴油、重油，甚至原油、渣油等。

② 反应复杂。烃类热裂解的反应除了断链或脱氢主反应外，还包括环化、异构化、烷基化、脱烷基化、缩合、聚合、生焦、生碳等副反应。

③ 产物复杂。即使采用最简单的原料乙烷，其产物中除了 H_2、CH_4、C_2H_4、C_2H_6 外，还有 C_3、C_4 等低级烷烃和 C_5 以上的液态烃。

裂解原料组成的复杂化、重质化以及裂解反应类型的多样化，致使裂解反应的复杂性及产物的多样性难以简单描述。图4-2相对比较清晰地表明了烃类热裂解过程中主要产物及其变化关系。为了便于研究反应的规律，优化反应条件，提高目的产物的收率，一般将复杂的

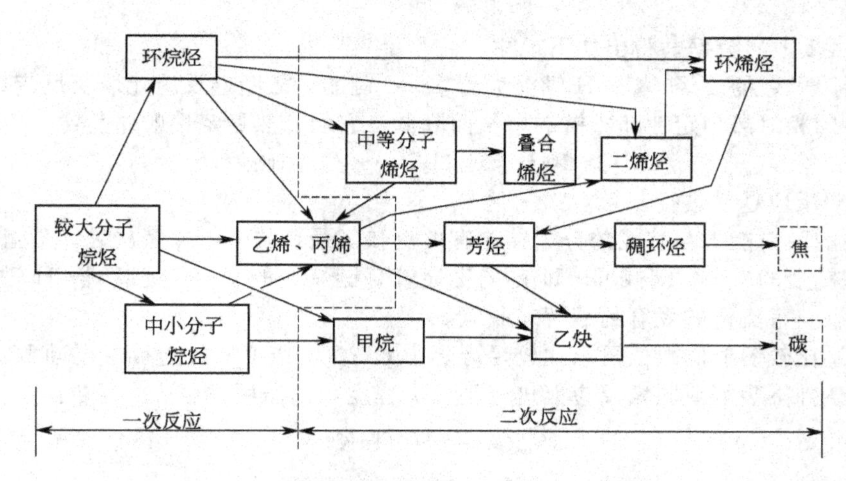

图 4-2　烃类热裂解过程中一些主要产物及其变化

裂解反应归纳为一次反应和二次反应。一次反应是指原料烃（主要是烷烃和环烷烃）经热裂解生成乙烯和丙烯等低级烯烃的反应；二次反应是指一次反应的产物乙烯、丙烯等低分子烯烃进一步发生反应生成多种产物，直至最后生焦或炭。一、二次反应也可以简单描述为原料烃在裂解过程中首先发生的反应和一次反应生成物进一步进行的反应。从定义及图示可以看出，一次反应是希望发生的反应，因此在确定工艺条件、设计和生产操作过程中要千方百计设法促使其充分进行。二次反应的发生不仅多消耗原料，降低烯烃的收率，还能增加各种阻力，严重时还会阻塞设备、管道，造成停工停产，对裂解操作和稳定生产都带来极不利的影响，所以要千方百计设法阻止其发生。

4.1.1　烃类热裂解的一次反应

4.1.1.1　烷烃热裂解

烷烃热裂解的一次反应主要有脱氢反应和断链反应。

（1）脱氢反应　脱氢反应是 C—H 键断裂的反应，反应产物是同数碳原子的烯烃和氢。其通式为：

$$C_nH_{2n+2} \rightleftharpoons C_nH_{2n} + H_2$$

脱氢反应是可逆反应，在一定条件下达到动态平衡。

（2）断链反应　断链反应是 C—C 键断裂的反应，反应产物是碳原子数较少的烷烃和烯烃。其通式为：

$$C_{m+n}H_{2(m+n)+2} \longrightarrow C_mH_{2m} + C_nH_{2n+2}$$

断链反应是不可逆反应，而且碳原子数（$m+n$）越大反应越易进行。

不同烷烃脱氢和断链的难易可以从分子结构中键能数值的大小判断。表 4-1 给出了部分正、异构烷烃键能数据。

表 4-1　各种烃分子结构键能比较

碳氢键	键能/(kJ/mol)	碳碳键	键能/(kJ/mol)
$H_3C—H$	426.8		
$CH_3CH_2—H$	405.8	$CH_3—CH_3$	346.0
$CH_3CH_2CH_2—H$	397.5	$CH_3CH_2—CH_3$	343.1
$(CH_3)_2CH—H$	384.9	$CH_3CH_2—CH_2CH_3$	338.9
$CH_3CH_2CH_2CH_2—H$(伯)	393.2	$CH_3CH_2CH_2—CH_3$	341.8
$CH_3CH_2CH(CH_3)—H$(仲)	376.6	$(CH_3)_3C—CH_3$	314.6
$(CH_3)_3C—H$(叔)	364	$CH_3CH_2CH_2—CH_2CH_2CH_3$	325.1
C—H(一般)	378.7	$(CH_3)_2CH—CH(CH_3)_2$	310.9

分析表 4-1 中的数据，得出如下规律。

① 同碳原子数的烷烃，C—H 键能大于 C—C 键能，故断链反应比脱氢反应容易发生。

② 烷烃的相对热稳定性随碳链的增长而降低，它们的热稳定性顺序是：

$$CH_4 > C_2H_6 > C_3H_8 > \cdots\cdots > \text{高碳烷烃}$$

碳链越长裂解反应越易进行。

③ 烷烃的脱氢能力与烷烃的分子结构有关。叔氢最易脱去，仲氢次之，伯氢又次之。

④ 带支链烃的 C—C 键或 C—H 键的键能较直链烷烃的 C—C 键或 C—H 键的键能小，易断裂。所以，带支链的烃容易裂解或脱氢。

虽然通过比较键能的数值可以比较烃分子中 C—C 键或 C—H 键断裂的难易，但要知道某烃在给定条件下裂解或脱氢反应能进行到什么程度，则需用式(4-1) 判断：

$$\Delta G_T^{\ominus} = -RT\ln K_p \tag{4-1}$$

而

$$\Delta G_T^{\ominus} = \left(\sum_{i=1}^{n} v_i \Delta G_{f,i,T}^{\ominus}\right)_{\text{生成物}} - \left(\sum_{i=1}^{m} v_i \Delta G_{f,i,T}^{\ominus}\right)_{\text{反应物}} \tag{4-2}$$

式中 T——热力学温度，K；

$\Delta G^{\ominus}$——反应的标准自由焓变化，kJ/mol；

K_p——以分压表示的平衡常数；

$\Delta G_{f,i}^{\ominus}$——化合物 i 的标准生成自由焓，kJ/mol；

v_i——化合物 i 的化学计量系数。

表 4-2 给出了 C_6 及以下正构烷烃在 1000K 下进行脱氢或断链反应的 $\Delta G^{\ominus}$ 和 $\Delta H^{\ominus}$ 值。

表 4-2 正构烷烃在 1000K 裂解时一次反应的 $\Delta G^{\ominus}$ 和 $\Delta H^{\ominus}$

反应类型	反应		$\Delta G_{1000K}^{\ominus}$/(kJ/mol)	$\Delta H_{1000K}^{\ominus}$/(kJ/mol)
脱氢	$C_nH_{2n+2} \rightleftharpoons C_nH_{2n} + H_2$			
	$C_2H_6 \rightleftharpoons C_2H_4 + H_2$	(1)	8.87	144.4
	$C_3H_8 \rightleftharpoons C_3H_6 + H_2$		−9.54	129.5
	$C_4H_{10} \rightleftharpoons C_4H_8 + H_2$		−5.94	131.0
	$C_5H_{12} \rightleftharpoons C_5H_{10} + H_2$		−8.08	130.8
	$C_6H_{14} \rightleftharpoons C_6H_{12} + H_2$		−7.41	130.8
断链	$C_{m+n}H_{2(m+n)+2} \longrightarrow C_nH_{2n} + C_mH_{2m+2}$			
	$C_3H_8 \longrightarrow C_2H_4 + CH_4$		−53.89	78.3
	$C_4H_{10} \longrightarrow C_3H_6 + CH_4$	(2)	−68.99	66.5
	$C_4H_{10} \longrightarrow C_2H_4 + C_2H_6$	(3)	−42.34	88.6
	$C_5H_{12} \longrightarrow C_4H_8 + CH_4$		−69.08	65.4
	$C_5H_{12} \longrightarrow C_3H_6 + C_2H_6$		−61.13	75.2
	$C_5H_{12} \longrightarrow C_2H_4 + C_3H_8$		−42.72	90.1
	$C_6H_{14} \longrightarrow C_5H_{10} + CH_4$	(4)	−70.08	66.6
	$C_6H_{14} \longrightarrow C_4H_8 + C_2H_6$		−60.08	75.5
	$C_6H_{14} \longrightarrow C_3H_6 + C_3H_8$	(5)	−60.38	77.0
	$C_6H_{14} \longrightarrow C_2H_4 + C_4H_{10}$		−45.27	88.8

由表 4-2 中的数值，可以说明下列裂解规律。

① 不论是脱氢反应还是断链反应，都是热效应很大的吸热反应，所以烃类裂解时必须供给大量热量。脱氢反应比断链反应所需的热量更多。

② 断链反应的 $\Delta G^{\ominus}$ 都有较大的负值，接近不可逆反应；脱氢反应的 $\Delta G^{\ominus}$ 是较小的负值或正值，是可逆反应，其转化率受到平衡限制。故从热力学分析，断链反应比脱氢反应容易进行，而且不受平衡限制。要使脱氢反应达到较高的平衡转化率，必须采用较高的温度，乙烷的脱氢反应 [表 4-2 中反应 (1)] 尤其如此。

③ 在断链反应中，低分子烷烃的C—C键在分子两端断裂比在分子中央断裂在热力学上占优势［例如表4-2中反应（2）和反应（3）比较］，断链所得的较小分子是烷烃，主要是甲烷，较大分子是烯烃。随着烷烃碳链的增长，C—C键在两端断裂的趋势逐渐减弱，在分子中央断裂的可能性逐渐增大，例如反应（2）和反应（3）的标准自由焓变化差值为－26.65kJ/mol，而反应（4）和反应（5）只差－9.70kJ/mol。

④ 乙烷不发生断裂反应，只发生脱氢反应，生成乙烯和氢。甲烷生成乙烯反应的$\Delta G^{\ominus}_{1000K}$值是很大的正值（39.94kJ/mol），故在一般热裂解温度下不发生变化。

总之，不论是从键能还是从$\Delta G^{\ominus}$和$\Delta H^{\ominus}$，都说明断链反应比脱氢反应容易。

4.1.1.2 环烷烃热裂解

环烷烃热裂解时，可以发生断链和脱氢反应。带侧链的环烷烃首先进行脱烷基反应，脱烷基反应一般在长侧链的中部开始断裂，一直进行到侧链为甲基或乙基，然后再一步发生环烷烃脱氢生成芳烃的反应，环烷烃脱氢比开环生成烯烃容易。裂解原料中环烷烃含量增加时，乙烯和丙烯收率会下降，丁二烯、芳烃收率则有所增加。

4.1.1.3 芳香烃热裂解

芳香烃由于其热稳定性很高，在一般的裂解温度下不易发生芳环开裂的反应，但可发生下列两类反应：一类是烷基芳烃的侧链发生断裂生成苯、甲苯、二甲苯等反应和脱氢反应；另一类是在较剧烈的裂解条件下芳烃发生脱氢缩合反应，如苯脱氢缩合成联苯和萘等多环芳烃，多环芳烃还能继续脱氢缩合成焦油，直至结焦。

4.1.2 烃类热裂解的二次反应

烃类热裂解过程的二次反应远比一次反应复杂。原料经过一次反应后，生成氢、甲烷和一些低分子量的烯烃如乙烯、丙烯、丁二烯、异丁烯、戊烯等，氢和甲烷在裂解温度下很稳定，而烯烃则可继续反应。

4.1.2.1 烯烃的裂解

烯烃的裂解反应同烷烃一样，主要包括脱氢和断链两大类。

（1）脱氢反应 烯烃可进一步脱氢，生成二烯烃和炔烃。例如：

$$C_4H_8 \longrightarrow C_4H_6 + H_2$$

$$C_2H_4 \longrightarrow C_2H_2 + H_2$$

（2）断链反应 较大分子的烯烃裂解可断链，生成两个较小的烯烃分子。其通式为：

$$C_{n+m}H_{2(n+m)} \longrightarrow C_nH_{2n} + C_mH_{2m}$$

例如

$$CH_2{=}CH{-}CH_2{-}CH_2{-}CH_3 \longrightarrow CH_2{=}CH{-}CH_3 + CH_2{=}CH_2$$

4.1.2.2 烯烃的聚合、环化、缩合反应

烯烃能发生聚合、环化、缩合反应，生成较大分子的烯烃、二烯烃、芳香烃。例如：

$$2C_2H_4 \longrightarrow C_4H_6 + H_2$$

$$C_2H_4 + C_2H_6 \longrightarrow \text{(苯)} + 2H_2$$

$$C_3H_6 + C_4H_6 \xrightarrow{-H_2} \text{芳烃}$$

反应生成的芳烃在裂解温度下很容易脱氢缩合，生成多环芳烃、稠环芳烃，直至转化为焦：

$$2\,\text{(苯)} \xrightarrow{-H_2} \text{(联苯)} \xrightarrow{-nH_2} \left[\text{(亚苯基)}\right]_m \xrightarrow{-nH_2} \text{稠环芳烃} \xrightarrow{-nH_2} \text{焦}$$

4.1.2.3 烯烃的加氢和脱氢反应

烯烃可以加氢生成相应的烷烃，例如：

$$C_2H_4 + H_2 \rightleftharpoons C_2H_6$$

反应温度低时，有利于加氢平衡。

烯烃也可以脱氢生成二烯烃和炔烃，例如

$$C_2H_4 \longrightarrow C_2H_2 + H_2$$
$$C_3H_6 \longrightarrow CH_3C{\equiv}CH + H_2$$
$$C_4H_8 \longrightarrow C_4H_6 + H_2$$

烯烃的脱氢反应比烷烃的脱氢反应需要更高的温度。

4.1.2.4 烃分解生碳

在较高的温度下，低分子的烷烃、烯烃都有可能分解为碳和氢。例如：

反应	$G^{\ominus}_{f,1000K}$/(kJ/mol)
$C_2H_2 \longrightarrow 2C + H_2$	−160.99
$C_2H_4 \longrightarrow 2C + 2H_2$	−118.25
$C_2H_6 \longrightarrow 2C + 3H_2$	−109.38
$C_3H_6 \longrightarrow 3C + 3H_2$	−181.80
$C_3H_8 \longrightarrow 3C + 4H_2$	−191.34

低级烃类分解为碳和氢的 $\Delta G^{\ominus}_{f,1000K}$ 都是很大的负值，说明它们在高温下都很不稳定，都有强烈分解为碳和氢的趋势。但由于动力学上阻力较大，并不能一步分解为碳和氢，而是经过在能量上较为有利的生成乙炔的中间阶段：

$$C_2H_4 \xrightarrow{-H_2} CH{\equiv}CH \xrightarrow{-H_2} \cdots \longrightarrow C_n$$

因此，实际上生碳反应只有在高温下才可能发生，并且乙炔生成的碳不是断键生成单个碳原子，而是脱氢稠合成几百个碳原子。

结焦与生碳过程二者机理不同，结焦是在较低温度下（$<$1200K）通过芳烃缩合而生，生碳是在较高温度下（$>$1200K）通过生成乙炔的中间阶段脱氢为稠合的碳原子团。

从上述讨论可知，烃类热裂解的二次反应非常复杂，在二次反应中除了较大分子的烯烃裂解能增产乙烯、丙烯外，其余的反应都要消耗乙烯，降低乙烯的收率。由烯烃二次反应导致的结焦或生碳还会堵塞裂解炉管，影响正常生产，因此裂解原料中应尽量避免带有烯烃组分。

4.1.3 各族烃类热裂解的反应规律

从以上讨论，可以归纳出各族烃类热裂解的反应规律（生成目的产物乙烯、丙烯的能力）大致如下。

烷烃：正构烷烃在各族烃中最利于生成乙烯、丙烯。烷烃的分子量越小则烯烃的总收率越高。异构烷烃的烯烃总收率低于同碳原子数的正构烷烃，但随着原料烃分子量的增大这种差别逐渐减小。

环烷烃：在通常裂解条件下，环烷烃生成芳烃的反应优于生成单烯烃的反应。含环烷烃较多的原料，丁二烯、芳烃的收率较高，乙烯的收率较低。

芳烃：有侧链的芳烃主要是侧链逐步断裂及脱氢，无侧链的芳烃基本上不易裂解为烯烃。芳烃倾向于脱氢缩合生成稠环芳烃，直至结焦。

烯烃：大分子烯烃能裂解为乙烯和丙烯等低级烯烃。烯烃脱氢生成炔烃、二烯烃，进而生成芳烃和焦。

各类烃热裂解的难易顺序可归纳为：

异构烷烃$>$正构烷烃$>$环烷烃（$C_6>C_5$）$>$芳烃

4.1.4 烃类裂解反应机理

烃类裂解过程是一个十分复杂的反应过程，其反应机理目前有两种观点：一是分子反应机理，一是自由基反应机理。但研究表明，裂解时发生的基元反应大部分为自由基反应。

下面以乙烷裂解为例说明自由基反应机理。

从表4-1数据可知，乙烷分子中碳氢键的键能为405.8kJ/mol，碳碳键的键能为346.0kJ/mol。由此可见，裂解反应不可能从脱氢开始。另据实验测定，乙烷裂解的活化能为263.6～293.7kJ/mol，比碳碳键断裂所需的能量小，因此推断乙烷裂解是按自由基反应机理进行的。

乙烷裂解的自由基反应包括链引发反应、链增长反应、链终止反应3个阶段。链引发反应是自由基的产生过程；链增长反应是自由基的转变过程，在这个过程中一种自由基的消失伴随着另一种自由基的产生，反应前后均保持自由基的存在；链终止反应是自由基消亡生成分子的过程。

反应阶段	反应式	活化能 E_i/(kJ/mol)
链引发：	$C_2H_6 \xrightarrow{k_1} \dot{C}H_3 + \dot{C}H_3$	E_1 359.8
	$\dot{C}H_3 + C_2H_6 \xrightarrow{k_2} CH_4 + \dot{C}_2H_5$	E_2 45.1
链增长：	$\dot{C}H_3 + C_2H_6 \longrightarrow CH_4 + \dot{C}_2H_5$	45.1
	$\dot{C}_2H_5 + C_2H_6 \xrightarrow{k_3} C_4H_{10} + \dot{H}$	E_3 170.7
	$\dot{H} + C_2H_6 \xrightarrow{k_4} H_2 + \dot{C}_2H_5$	E_4 29.3
链终止：	$\dot{H} + \dot{C}_2H_5 \xrightarrow{k_5} C_2H_6$	E_5 0
	$\dot{H} + \dot{H} \longrightarrow H_2$	
	$\dot{C}_2H_5 + \dot{C}_2H_5 \longrightarrow C_4H_{10}$	

研究结果表明，乙烷裂解主要产物是氢、甲烷和乙烯，这与反应机理是一致的。通过此机理得到的乙烷裂解反应的活化能为：

$$E=\frac{1}{2}(E_1+E_3+E_4-E_5)=\frac{1}{2}(359.8+170.7+29.3-0)=559.8\ (\text{kJ/mol})$$

与实际测得的活化能很接近，证明对乙烷裂解机理的推断是正确的。

乙烷裂解的自由基机理比较简单。更高级的烷烃裂解由于链传递反应的可能途径更多，并且由于碳原子数大于2的大自由基不稳定，易分解，其自由基反应机理更为复杂，一次裂解产物的分布情况也更为复杂。

4.1.5 烃类裂解反应动力学

烃类裂解时，一次反应的反应速率基本上可作为一级反应动力学处理：

$$r=\frac{-\mathrm{d}C}{\mathrm{d}t}=kC \tag{4-3}$$

式中 r——反应物的消失速率，mol/(L·s)；

C——反应物浓度，mol/L；

t——反应时间，s；

k——反应速率常数，s^{-1}。

当反应物浓度由 $C_0 \to C$，反应时间 $0 \to t$ 时，式(4-3) 积分结果是：

$$\ln\frac{C_0}{C}=kt \tag{4-4}$$

以转化率 α 表示时，因裂解反应是分子数增加的反应，故

$$C=\frac{C_0(1-\alpha)}{\alpha_V}$$

代入式(4-4)，得

$$\ln\frac{\alpha_V}{1-\alpha_V}=kt \tag{4-5}$$

式中，α_V 为体积增大率，是指烃类原料气经裂解后所得裂解气的体积与原料气体积之比。其值随转化率和反应条件而变化，一般由实验确定。

已知反应速率常数 k 是随温度改变的，即

$$\lg k_T=\lg A-\frac{E}{2.303RT} \tag{4-6}$$

因此，当 α_V 已知时，求取 k_T 后即可求得转化率 α。

某些低分子量烷烃及烯烃裂解反应的 A 和 E 值见表 4-3 。

表 4-3 几种低分子量烷烃和烯烃裂解时的 A 和 E 值

化合物	lgA	E/(J/mol)	$\frac{E}{2.3R}$	化合物	lgA	E/(J/mol)	$\frac{E}{2.3R}$
C_2H_6	14.6737	302290	15800	i-C_4H_{10}	12.3173	239500	12500
C_3H_6	13.8334	281050	14700	n-C_4H_{10}	12.2545	233680	12300
C_3H_8	12.6160	249840	13050	n-C_5H_{12}	12.2479	231650	12120

为了求取 C_6 以上的烷烃和环烷烃的反应速率常数，常使之与正戊烷的反应速率常数关联起来：

$$\lg\left(\frac{k_i}{k_5}\right)=1.5\lg n_i-1.05 \tag{4-7}$$

式中 k_5——正戊烷的反应速率常数，s^{-1}；

n_i，k_i——分别为待测烃的碳原子数和反应速率常数。

图 4-3 给出了不同烃分子结构的反应速率常数 k_i 与正戊烷 k_5 的比值。由图可以推算出高碳原子数不同烃分子结构的反应速率常数 k_i。

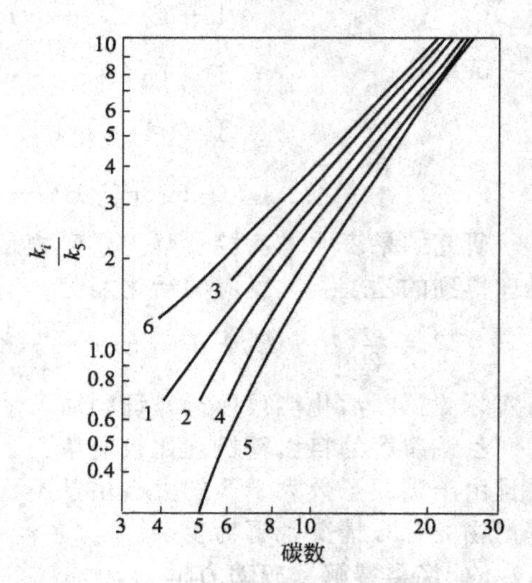

图 4-3 某些烃对正戊烷的相对反应速率常数值

1—正构烷烃；2—甲基位于第二碳上的支链烷烃；3—两个甲基位于两个分开的碳上的支链烷烃；4—烷基环己烷；5—烷基环戊烷；6—正 α-烯烃

烃类热裂解过程除了一次反应外还伴随着大量的二次反应。烃类热裂解的二次反应动力学是相当复杂的。据研究，二次反应中烯烃的裂解、脱氢和生碳反应都是一级反应，聚合、缩合、结焦等反应都是大于一级的反应，二次反应动力学的建立仍需大量的研究工作。

动力学方程用途之一是计算原料在不同裂解工艺条件下裂解过程的转化率变化，但不能确定裂解产物的组成。

4.2 热裂解原料与工艺条件

4.2.1 裂解原料与特性参数

裂解原料都是石油烃的混合物，每一种烃类在裂解过程中都发生极其复杂的反应，这些

反应的总和形成了裂解产物分布，因此原料性质对裂解结果有着决定性影响。

4.2.1.1　裂解原料

裂解原料包括气态烃和液态烃，按密度大小也可以划分为轻烃、重质烃。其来源主要有两个方面：轻烃主要来自天然气加工厂，如乙烷、丙烷、丁烷等；重质烃是炼油厂的加工产品，如轻油、原油、石脑油、柴油、重油等，以及炼油厂二次加工油，如加氢焦化汽油、加氢裂化尾油等。

4.2.1.2　裂解原料的特性参数

(1) 原料烃的族组成（简称 PONA 值）　石油烃主要由链烷烃 P、烯烃 O、环烷烃 N 和芳香烃 A 四大烃族组成。PONA 值即各族烃的质量百分含量用分析方法很容易测得。各族烃类热裂解反应规律在裂解化学反应中已讨论过，因此原料的 PONA 值常被用来作为判断其是否适宜作裂解原料的重要依据。表 4-4 给出了组成不同的原料裂解产物的收率。由表中数据可以看出，在管式裂解炉裂解条件下，原料越轻，乙烯收率越高。随着烃分子量的增大，N+A 含量增加，乙烯收率下降，液态裂解产物收率逐渐增加。

表 4-4　组成不同的原料裂解产物收率

裂解原料		乙烯	丙烷	石脑油	抽余油	轻柴油	重柴油
原料组成特征		P	P	P+N	P+N	P+N+A	P+N+A
主要产物收率（质量分数）/%	乙烯	84①	44.0	31.7	32.9	28.3	25.0
	丙烯	1.4	15.6	13.0	15.5	13.5	12.4
	丁二烯	1.4	3.4	4.7	5.3	4.8	4.8
	混合芳烃	0.4	2.8	13.7	11.0	10.9	11.2
	其他	12.8	34.2	36.8	35.8	42.5	46.6

① 包括乙烷循环裂解。

(2) 原料烃的含氢量　原料含氢量是指原料中氢质量的百分含量。测定原料的含氢量比测定其族组成更简单。烃类裂解过程也是氢在裂解产物中重新分配的过程。原料含氢量对裂解产物分布的影响规律大体上和 PONA 值的影响是一致的。表 4-5 给出了各种烃和焦的含氢量。可以看到，相同碳原子数时，烷烃含氢量最高，环烷烃含氢量次之，芳烃含氢量最低。含氢量高的原料裂解深度可以深一些，产物中乙烯收率也高。

表 4-5　各种烃和焦的含氢量

物质	分子式	含氢量(质量分数)/%	物质	分子式	含氢量(质量分数)/%
甲烷	CH_4	25	苯	C_6H_6	7.7
乙烷	C_2H_6	20	甲苯	C_7H_9	8.7
丙烷	C_3H_8	18.2	萘	$C_{10}H_8$	6.25
丁烷	C_4H_{10}	17.2	蒽	$C_{14}H_{10}$	5.62
烷烃	C_nH_{2n+2}	$\frac{n+1}{7n+1}\times100$			
环戊烷	C_5H_{10}	14.26	焦	C_aH_b	0.3～0.1
环己烷	C_6H_{12}	14.26	炭	C_n	约 0

对重质烃的裂解，按目前的技术水平，气态产物的含氢量控制在质量分数 18%、液态产物含氢量控制在稍高于质量分数 7%～8%为宜。因为液态产物含氢量低于质量分数 7%～8%时就易结焦，堵塞炉管和急冷换热设备。

原料含氢量与裂解产物分布的关系可用图 4-4 表示。

通过分析原料烃的族组成、含氢量对裂解产物分布的影响情况，得出三者的关系如下。

含氢量：　　　P>N>A

乙烯收率：　　P>N>A

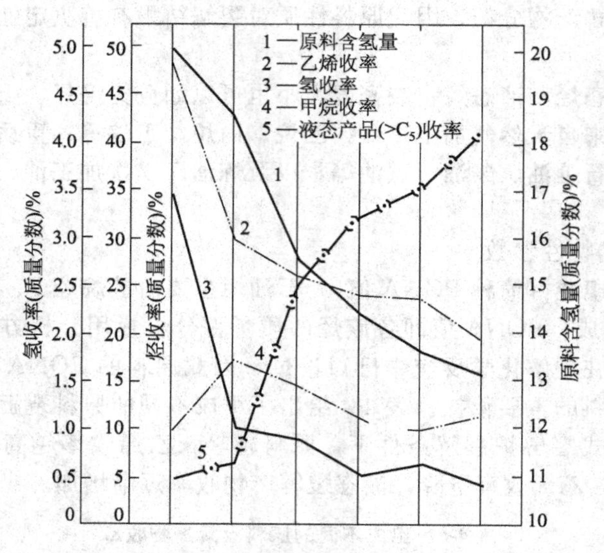

图 4-4 不同含氢量原料裂解时各产物收率

液体产物收率： P<N<A

容易结焦倾向： P<N<A

(3) 芳烃指数　芳烃指数即美国矿务局关联指数（U. S. Bureau of Mines Correlation Index)，简称 BMCI。BMCI 用于表征柴油等重质馏分油中烃组分的结构特性，其值的计算公式为：

$$\mathrm{BMCI}=\frac{48640}{T_{\mathrm{v}}}+473.7d_{15.6}^{15.6}-456.8 \tag{4-8}$$

$$T_{\mathrm{v}}=\frac{1}{5}(T_{10}+T_{30}+T_{50}+T_{70}+T_{90})$$

式中　T_{v}——体积平均沸点，K；

T_{10}，T_{30}，…——分别代表恩氏蒸馏馏出体积为 10%、30%、……时的温度，K。

BMCI 值正构烷烃最小（正己烷为 0.2），芳烃最大（苯为 99.8）。因此，烃原料的 BMCI 值越小，乙烯收率越高；相反，烃原料的 BMCI 值越大，不仅乙烯的收率低，而且裂解时结焦的倾向性也越大。

(4) 特性因数 K　特性因数（characterization factor）K 是表示烃类和石油馏分化学性质的一种参数，可用下式表示：

$$K=1.216(T_{立})^{\frac{1}{3}}/d_{15.6}$$

$$T_{立}=\Big(\sum_{i=1}^{n}x_{\mathrm{v}i}T_i^{\frac{1}{3}}\Big)^3 \tag{4-9}$$

式中　$T_{立}$——立方平均沸点，K；

$x_{\mathrm{v}i}$——i 组分的体积分数；

T_i——i 组分的沸点，K。

对于复杂的烃类化合物难于得到其组成分析数据，通常由体积平均沸点进行校正求得 $T_{立}$。K 值以烷烃最高，环烷烃次之，芳烃最低，它反映烃的氢饱和程度。也就是说，原料烃的 K 值越大，乙烯、丙烯的收率越高。

4.2.2 裂解过程的几个常用指标

4.2.2.1 衡量裂解深度的几个指标

裂解深度是指裂解反应进行的程度。由于裂解反应的复杂性，很难用一个指标准确地对其进行定量的描述。根据不同情况，常常采用如下一些指标衡量裂解深度。

(1) 原料转化率 x 原料转化率 x 反映裂解反应时裂解原料的转化程度。因此，常用原料的转化率衡量裂解深度。

以单一烃为原料时（如乙烷或丙烷等），裂解原料的转化率 x 可由裂解原料反应前后的物质的量 C_0、C 计算：

$$x=\frac{C_0-C}{C_0}=1-\frac{C}{C_0}$$

混合轻烃裂解时，可分别计算各组分的转化率。馏分油裂解时，则以某一当量组分计算转化率，表征裂解深度。

(2) 甲烷收率 $y(C_1^0)$ 裂解时所得甲烷收率随裂解深度的提高而增加。由于甲烷比较稳定，基本上不因二次反应而消失，裂解产品中甲烷收率可以在一定程度上衡量反应的裂解深度。

在管式炉裂解条件下，芳烃裂解基本上不生成气体产品。为了消除芳烃含量不同的影响，可扣除原料中的芳烃，而以烷烃和环烷烃的质量为计算甲烷收率的基准，称为无芳烃甲烷收率：

$$y(C_1^0)_{P+N}=\frac{y(C_1^0)}{mp+n}$$

式中 $y(C_1^0)_{P+N}$——无芳烃甲烷收率；

$y(C_1^0)$——甲烷收率；

$mp+n$——烷烃与环烷烃质量分数之和。

(3) 乙烯对丙烯的收率比 $\frac{y(C_2^=)}{y(C_3^=)}$ 在一定裂解深度范围内，随着裂解深度的增大，乙烯收率增高，而丙烯收率增加缓慢。到一定裂解深度后，乙烯收率尚进一步随裂解深度增加而上升，丙烯收率将由最高值开始下降。因此，在一定裂解深度范围内可以用乙烯和丙烯收率之比 $\frac{y(C_2^=)}{y(C_3^=)}$ 作为衡量裂解深度的指标。但在裂解深度达到一定水平之后，乙烯收率也将随裂解深度的提高而降低，此时收率比 $\frac{y(C_2^=)}{y(C_3^=)}$ 已不能正确反映裂解的深度。

(4) 甲烷对乙烯或丙烯的收率比 $\frac{y(C_1^0)}{y(C_2^=)}$ 或 $\frac{y(C_1^0)}{y(C_3^=)}$ 由于甲烷收率随反应进程的加深总是增大的，而乙烯或丙烯收率随裂解深度的增加在达到最高值后开始下降，在高深度裂解时用甲烷对乙烯或丙烯的收率比 $\frac{y(C_1^0)}{y(C_2^=)}$ 或 $\frac{y(C_1^0)}{y(C_3^=)}$ 衡量裂解深度是比较合理的。

(5) 液体产物的氢含量和氢碳比 $(H/C)_L$ 随着裂解深度的提高，裂解所得氢含量高的 C_4 和 C_4 以下气态产物的产量逐渐增大。根据氢的平衡可以看出，裂解所得 C_5 和 C_5 以上的液体产品的氢含量和氢碳比 $(H/C)_L$ 将随裂解深度的提高而下降。馏分油裂解时，其裂解深度应以所得液体产物的氢碳比 $(H/C)_L$ 不低于 0.96（或氢含量不低于 8%）为限。当裂解深度过高时，可能结焦严重而使清焦周期大大缩短。

(6) 裂解炉出口温度 在炉型已定的情况下，炉管排列及几何参数已经确定。此时，对给定裂解原料及负荷而言，炉出口温度在一定程度上可以表征裂解的深度，用于区分浅度、中深度及深度裂解。温度高，裂解深度大。

（7）裂解深度函数　考虑到温度和停留时间对裂解深度的影响，将裂解温度 T 与停留时间 θ 按下式关联：

$$S=T\theta^{m}$$

式中，m 可采用 0.06 或 0.027，S 称为裂解深度函数。

（8）动力学裂解深度函数　如果将原料的裂解反应作为一级反应处理，则原料转化率 X 和反应速率常数 k 及停留时间 θ 之间存在如下关系：

$$\int k\mathrm{d}\theta=\ln\frac{1}{1-X}$$

$\int k\mathrm{d}\theta$ 可以表示温度分布和停留时间分布对裂解原料转化率或裂解深度的影响，可以在一定程度上定量表示裂解深度。但是，$\int k\mathrm{d}\theta$ 不仅是温度和停留时间分布的函数，同时也是裂解原料性质的函数。为避开裂解原料性质的影响，将正戊烷裂解所得的 $\int k\mathrm{d}\theta$ 定义为动力学裂解深度函数（KSF）：

$$\mathrm{KSF}=\int k_5\mathrm{d}\theta=\int A_5\exp\left(\frac{-E_5}{RT}\right)\mathrm{d}\theta$$

式中　k_5——正戊烷裂解反应速率常数；

A_5——正戊烷裂解反应的频率因子；

E_5——正戊烷裂解反应的活化能。

显然，动力学裂解深度函数（KSF）是与原料性质无关的参数，它反映裂解温度分布和停留时间对裂解深度的影响。此法之所以选定正戊烷作为衡量裂解深度的当量组分，是因为在任何轻质油中均有正戊烷，而且在裂解过程中正戊烷含量只会减少不会增加，选它作当量组分足以衡量裂解深度。

在裂解深度各项指标中，最常用的有动力学裂解深度函数 KSF 和转化率 X。它们之间存在着一定的关系，可以进行换算。

4.2.2.2　衡量裂解效果的常用指标

（1）选择性　表示实际所得目的产物量与按反应消耗原料计算应得产物理论量之比。

$$选择性=\frac{转化为目的产物的原料量}{参加反应的原料量}\times100\%$$

（2）收率和质量收率

$$收率=\frac{转化为目的产物的原料摩尔数}{通入反应器的原料摩尔数}\times100\%$$

$$=转化率\times选择性$$

$$质量收率=\frac{实际所得目的产物质量}{通入反应器的原料质量}\times100\%$$

对于有循环物料或旁路的生产过程，需要计算产物的总收率和总质量收率。

$$总收率=\frac{转化为目的产物的原料摩尔数}{新鲜原料摩尔数}\times100\%$$

$$总质量收率=\frac{所得目的产物质量}{新鲜原料质量}\times100\%$$

收率高说明反应效果好，参加反应的原料大部分生成了目的产物，副反应少。

4.2.3　烃类热裂解工艺条件

石油烃裂解所得产品收率与裂解原料的性质密切相关。而对相同裂解原料而言，裂解所得产品收率取决于裂解过程的工艺条件。只有选择合适的工艺条件并在生产中平稳操作，才能达到理想的裂解产品收率分布，并保证合理的清焦周期。

4.2.3.1　裂解温度

从热力学角度分析，裂解是吸热反应，需要在高温下才能进行，温度越高对生成目的产物乙烯、丙烯越有利，但对烃类分解生成碳和氢的副反应也越有利，即二次反应在热力学上占优势；从动力学角度分析，升高温度，石油烃裂解生成乙烯反应速率的提高大于烃分解为碳和氢的反应速率，即提高反应温度有利于提高一次反应对二次反应的相对速率，有利于乙烯收率的提高，所以一次反应在动力学上占优势。因此，应选择一个最适宜的裂解温度，发挥一次反应在动力学上的优势，克服二次反应在热力学上的优势，既可提高转化率，也可得到较高的乙烯收率。

一般当温度低于750℃时生成乙烯的可能性较小，或者说乙烯收率较低；在750℃以上生成乙烯的可能性增大，温度越高，反应的可能性越大，乙烯的收率越高。但当反应温度太高，特别是超过900℃，甚至达到1100℃时，对结焦和生碳反应极为有利，同时生成的乙烯又会经历乙炔中间阶段生成碳，这样原料的转化率虽有增加，产品的收率却大大降低。表4-6温度对乙烷转化率及乙烯收率的关系正说明了这一点。

表4-6　温度对乙烷转化率及乙烯收率的关系

项　　目	832℃	871℃
停留时间/s	0.0278	0.0278
乙烷单程转化率/%	14.8	34.4
按分解乙烷计的乙烯产率/%	89.4	86.0

所以理论上烃类裂解制乙烯的最适宜温度一般在750～900℃之间。而实际裂解温度的选择还与裂解原料、产品分布、裂解技术、停留时间等因素有关。

不同的裂解原料具有不同的最适宜裂解温度，较轻的裂解原料裂解温度较高，较重的裂解原料裂解温度较低。如某厂乙烷裂解炉的裂解温度是850～870℃，石脑油裂解炉的裂解温度是840～865℃，轻柴油裂解炉的裂解温度是830～860℃。若改变反应温度，裂解反应进行的程度就不同，一次产物的分布也会改变，所以可以选择不同的裂解温度，达到调整一次产物分布的目的。如裂解目的产物是乙烯，则裂解温度可适当提高；如果要多产丙烯，裂解温度可适当降低。提高裂解温度还受炉管合金最高耐热温度限制，也正是管材合金和加热炉设计方面的进展使裂解温度可从最初的750℃提高到900℃以上，目前某些裂解炉管已允许壁温达到1115～1150℃，但这不意味着裂解温度可选择1100℃以上，它还受停留时间限制。

在控制一定裂解深度条件下，可以有各种不同的裂解温度-停留时间组合。因此，对于生产烯烃的裂解反应而言，裂解温度与停留时间是一组相互关联不可分割的参数。而高温-短停留时间则是改善裂解反应产品收率的关键。

4.2.3.2　停留时间

管式裂解炉中物料的停留时间是指裂解原料由进入裂解辐射管到离开裂解辐射管所经过的时间，即反应原料在反应管中停留的时间。由于裂解管中裂解反应是在非等温变容的条件下进行的，很难计算其真实停留时间。工程中常用以下几种方法计算裂解反应的停留时间。

（1）表观停留时间　表观停留时间表述裂解管内所有物料（包括稀释蒸汽）在管中的停留时间。表观停留时间t_B定义如下：

$$t_B=\frac{V_R}{V}=\frac{SL}{V} \tag{4-10}$$

式中 V_R，S，L——分别为反应器容积、裂解管截面积、管长；

V——气态反应物（包括稀释蒸汽）的实际容积流量，m^3/s。

折算为质量流率时：

$$t_B=\frac{L\rho}{G} \tag{4-11}$$

式中 ρ——反应物密度，kg/m^3；

G——质量流率，$kg/(m^2 \cdot s)$。

上列各式的参数均易测定。

（2）平均停留时间 微元处理时：

$$\int_0^t dt=\int_0^{V_R}\frac{dV_R}{\beta V_{原料}} \tag{4-12}$$

式中 β——体积增大率。

在微元处理时 β 是随裂解深度、温度和压力而变的数值。近似计算时：

$$t=\frac{V_R}{\beta' V'_{原料}} \tag{4-13}$$

式中 $V'_{原料}$——原料气（包括稀释蒸汽）在平均反应温度和平均反应压力下的体积流量，m^3/s；

β'——最终体积增大率。

$$\beta'=\frac{最终反应物体积（标准态）}{原料气体积（标准态）}$$

（3）温度-停留时间效应

① 温度-停留时间对裂解产品收率的影响 从裂解反应动力学可以看出，对给定原料而言，裂解深度（转化率）取决于裂解温度和停留时间。然而，在相同转化率下可以有各种不同的温度-停留时间组合。因此，相同裂解原料在相同转化率下，由于温度-停留时间不同，所得产品收率并不相同。

图 4-5 为石脑油裂解时乙烯收率与温度和停留时间的关系。由图可见，为保持一定的乙烯收率，如缩短停留时间，则需要相应提高裂解温度。

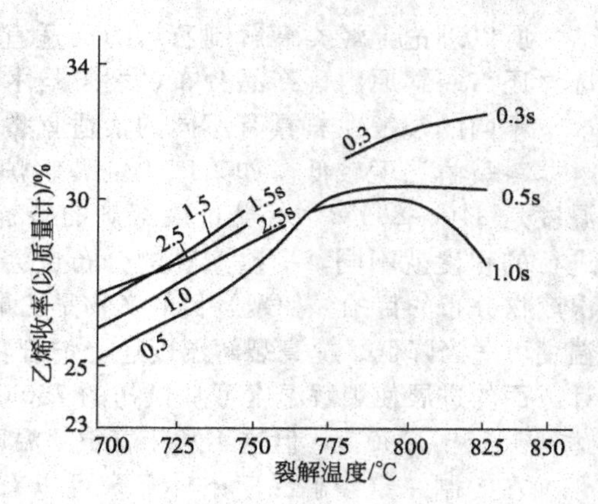

图 4-5 不同温度下乙烯收率随停留时间的变化

温度-停留时间对产品收率的影响概括如下。

（ⅰ）高温裂解条件有利于裂解反应中一次反应的进行，而短停留时间又可抑制二次反应的进行。因此，对给定裂解原料而言，在裂解深度相同时，高温-短停留时间的操作条件可以获得较高的烯烃收率，并减少结焦。

（ⅱ）高温-短停留时间的操作条件可以抑制芳烃生成的反应。对给定裂解原料而言，在相同裂解深度下以高温-短停留时间的操作条件所得裂解汽油的收率相对较低。

（ⅲ）对给定裂解原料而言，在相同裂解深度下，高温-短停留时间的操作条件使裂解产品中炔烃收率明显增加，并使乙烯/丙烯比及 C_4 中的双烯烃/单烯烃的比增大。

② 裂解温度-停留时间的限制

（ⅰ）裂解深度对温度-停留时间的限制 为达到较满意的裂解目的产物收率需要达到较高的裂解深度，过高的裂解深度又会因结焦严重而使清焦周期急剧缩短。工程中常以 C_5 和

C_5以上液相产品氢含量不低于8%为裂解深度的限度，由此根据裂解原料性质可以选定合理的裂解深度。在裂解深度确定后，选定了停留时间则可相应确定裂解温度。反之，选定了裂解温度也可相应确定所需的停留时间。

（ⅱ）温度限制　对于管式炉中进行的裂解反应，为提高裂解温度就必须相应提高炉管管壁温度，但炉管管壁温度受炉管材质限制。当使用Cr25Ni20耐热合金钢时，其极限使用温度低于1100℃；当使用Cr25Ni35耐热合金钢时，其极限使用温度可提高到1150℃。由于受炉管耐热程度限制，管式裂解炉出口温度一般均限制在950℃以下。

（ⅲ）热强度限制　炉管管壁温度不仅取决于裂解温度，还取决于热强度。在给定裂解温度下，随着停留时间的缩短，炉管热通量增加，热强度增大，管壁温度进一步上升。因此，在给定裂解温度下热强度对停留时间是很大的限制。

4.2.3.3　烃分压与稀释剂

（1）烃分压　烃分压是指进入裂解反应炉管物料中气态的碳氢化合物的分压。烃裂解反应时，压力对反应的影响有以下两方面。

① 压力对平衡转化率的影响　烃类裂解的一次反应（断链和脱氢）是分子数增加的反应，降低压力对反应平衡向正反应方向移动是有利的，但在高温条件下断链反应的平衡常数很大，几乎接近全部转化，反应是不可逆的，因此改变压力对断链反应的平衡转化率影响不大。对于脱氢反应（主要是低分子烷烃脱氢），它是一可逆过程，降低压力有利于提高转化率。二次反应中的聚合、脱氢缩合、结焦等二次反应都是分子数减少的反应，降低压力不利于平衡向产物方向移动，可抑制此类反应的发生。所以，从热力学分析可知，降低压力对一次反应有利，而对二次反应不利。

② 压力对反应速率的影响　烃裂解的一次反应大多是一级反应或可按一级反应处理，其反应速率方程式为：

$$r_{裂}=k_{裂}C$$

烃类聚合和缩合的二次反应大多是高于一级的反应，其反应速率方程式为：

$$r_{聚}=k_{聚}C^n$$

$$r_{缩}=k_{缩}c_Ac_B$$

压力不能改变反应速率常数k的大小，但能通过改变浓度C的大小来改变反应速率r的大小。降低压力可降低反应物浓度C，也就减小了反应速率。由上述三式可知，浓度的改变虽对三个反应速率都有影响，但降低的程度不一样，浓度的降低使双分子和多分子反应速率的降低比单分子反应速率大得多。所以，从动力学分析可知，降低压力可增大一次反应对于二次反应的相对速率。

综上所述，无论从热力学分析还是从动力学分析，降低裂解压力对增产乙烯的一次反应有利，可抑制二次反应，从而减轻结焦的程度。表4-7说明了压力对裂解反应的影响情况。

表4-7　压力对裂解过程中一次反应和二次反应的影响

反　应		一次反应	二次反应
化学热力学因素	反应后体积的变化	增大	减少
	降低压力对平衡的影响	有利于提高平衡转化率（对断链反应无影响）	不利于提高平衡转化率
化学动力学因素	反应级数	一级反应	高于一级的反应
	降低压力对反应速率的影响	不利于提高	更不利于提高
	降低压力对反应速率的相对变化的影响	有利	不利

（2）稀释剂　由于裂解是在高温下进行的，不宜用抽真空减压的方法降低烃分压。这是

因为高温密封困难，当某些管件连接不严密时有可能漏入空气，不仅会使裂解原料和产物部分氧化而造成损失，更严重的是空气与裂解气能形成爆炸性混合物而导致爆炸。另外，如果在此处采用减压操作，而对后续分离部分的裂解气压缩操作就会增加负荷，即增加了能耗。所以工业上常采用的办法是在裂解原料气中添加稀释剂以降低烃分压，而设备仍可在常压或正压操作。

稀释剂可以是惰性气体（例如氮）或蒸汽。

工业上一般采用蒸汽作为稀释剂，其优点有如下几点。

① 裂解反应后通过急冷即可实现稀释剂与裂解气的分离，不会增加裂解气的分离负荷和困难。使用其他惰性气体作为稀释剂时反应后均与裂解气混为一体，增加了分离困难。

② 水蒸气热容量大，使系统有较大的热惯性，当操作供热不平稳时可以起到稳定温度的作用，保护炉管防止过热。

③ 抑制裂解原料所含硫对镍铬合金炉管的腐蚀。

④ 脱除结碳。炉管的铁和镍能催化烃类气体的生碳反应。水蒸气对铁和镍有氧化作用，抑制它们对生碳反应的催化作用。而且水蒸气对已生成的碳有一定的脱除作用（$C+H_2O \rightleftharpoons CO+H_2$）。

必须指出，加入蒸汽的量不是越多越好。这是因为增加稀释蒸汽量将增大裂解炉的热负荷，增加燃料的消耗量，增加蒸汽的冷凝量，从而增加能量消耗，同时会降低裂解炉和后续系统设备的生产能力。蒸汽的加入量随裂解原料而异。一般来说，轻质原料裂解时，所需稀释蒸汽量可以降低。随着裂解原料变重，为减少结焦，所需稀释蒸汽量将增大。详见表 4-8。

表 4-8 各种裂解原料的水蒸气稀释比（管式裂解炉）

裂解原料	原料含氢量(质量分数)/%	结焦难易程度	稀释比＝水蒸气/烃(质量分数)
乙烷	20	较不易	0.25～0.4
丙烷	18.5	较不易	0.3～0.5
石脑油	14～16	较易	0.5～0.8
轻柴油	约 13.6	很易	0.75～1.0
原油	约 13.0	极易	3.5～5.0

综合本节讨论情况，石油烃热裂解的操作条件宜采用高温、短停留时间、低烃分压，产生的裂解气要迅速离开反应区。因为裂解炉出口的高温裂解气在出口温度条件下将继续进行裂解反应，使二次反应增加，乙烯损失随之增加，故需将裂解炉出口的高温裂解气加以急冷。当温度降到 650℃以下时，裂解反应基本终止。

4.3 烃类管式炉裂解工艺

通过 4.1 节的讨论可知，烃类的热裂解过程有如下特点：

① 烃类热裂解是吸热反应；

② 烃类热裂解需在高温下进行，反应温度一般在 750℃以上；

③ 为了避免烃类热裂解过程中二次反应发生，反应停留时间很短，一般在 0.05～1s 之间；

④ 热裂解反应是分子数增加的反应，烃分压低有利于原料分子向反应产物分子的反应平衡方向移动；

⑤ 裂解反应产物是复杂的混合物，除了裂解气和液态烃之外，尚有固体产物焦生成。

热裂解工艺要实现在短时间内将原料迅速加热到所需温度，并供给大量裂解反应所需的热量等要求，关键在于采用合适的裂解方法和选择先进的裂解设备。裂解供热方式有直接供热和间接供热两类。到目前为止，间接供热的管式炉裂解法仍然是世界各国广泛采用的方法。

管式炉裂解技术的反应设备是裂解炉，它既是乙烯装置的核心，又是挖掘节能潜力的关键设备。

4.3.1 烃类管式裂解炉

早在20世纪30年代就开始研究用管式裂解炉高温法裂解石油烃。20世纪40年代美国首先建立管式裂解炉裂解乙烯的工业装置。进入20世纪50年代后，由于石油化工的发展，世界各国竞相研究提高乙烯生产水平的工艺技术，并找到了高温-短停留时间的技术措施，可以大幅度提高乙烯收率。

20世纪60年代初期，美国鲁姆斯（Lummus）公司开发成功能够实现高温-短停留时间的SRT-Ⅰ型炉（SRT是Short Residence Time的缩写），如图4-6所示。SRT-Ⅰ型炉是一种把一组用HK-40铬镍合金钢（25-20型）制造浇铸管垂直放置在炉膛中央以使双面接受辐射加热的裂解炉。采用双面受热，使炉管表面传热强度提高到251MJ/(m^2·h)。耐高温的铬镍合金钢管可使管壁温度高达1050℃，从而奠定了实现高温-短停留时间的工艺基础。以石脑油为原料，SRT-Ⅰ型炉可使裂解出口温度提高到800～860℃，停留时间减少到0.25～0.60s，乙烯产率得到显著的提高。随着裂解技术的发展，美国鲁姆斯公司对SRT型炉辐射段炉管构型不断进行改进，现已由SRT-Ⅰ逐渐发展到SRT-Ⅱ、Ⅲ、Ⅳ、Ⅴ、Ⅵ等多种炉型。目前，应用鲁姆斯公司SRT型炉生产乙烯的总产量约占全世界的一半左右。

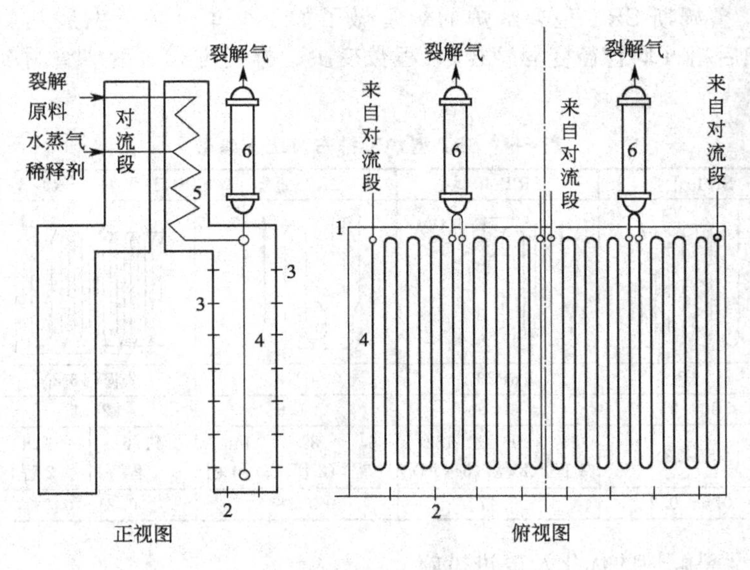

图4-6 SRT-Ⅰ型竖管裂解炉

1—炉体；2—油气联合烧嘴；3—气体无焰烧嘴；4—辐射段炉管（反应管）；5—对流段炉管；6—急冷锅炉

20世纪60年代末期以来，各国著名的公司如Stone & Webster、Linde-Selas、Kellogg、Foster-Wheeler、三菱油化等都相继提出了自己开发的新型管式裂解炉。

4.3.1.1 鲁姆斯SRT型裂解炉（短停留时间裂解炉）

① 炉型 鲁姆斯SRT型裂解炉为单排双辐射立管式裂解炉，已从早期的SRT-Ⅰ型发展为近期采用的SRT-Ⅵ型。SRT型裂解炉的对流段设置在辐射室上部的一侧，对流段顶部

设置烟道和引风机；对流段内设置进料、稀释蒸汽和锅炉给水的预热。从 SRT-Ⅲ型裂解炉开始，对流段上设置高压蒸汽过热，取消了高压蒸汽过热炉。在对流段预热原料和稀释蒸汽的过程中，一般采用一次注入的方式将稀释蒸汽注入裂解原料。当裂解炉需要裂解重质原料时，可采用二次注入稀释蒸汽的方案。

早期 SRT 型裂解炉多采用侧壁无焰烧嘴。为适应裂解炉烧油的需要，目前多采用侧壁烧嘴和底部烧嘴联合的烧嘴布置方案。通常，底部烧嘴最大供热量可占总热负荷的 70%。

② 炉管结构　为进一步缩短停留时间并相应提高裂解温度，鲁姆斯公司在 20 世纪 80 年代相继开发了 SRT-Ⅳ型和 SRT-Ⅴ型裂解炉，其辐射盘管为多分支变径管，管长进一步缩短。其高生产能力盘管（HC 型）为 4 程盘管，高选择性盘管（HS 型）为双程盘管。SRT-Ⅴ型与 SRT-Ⅳ型裂解炉辐射盘管的排列和结构相同，SRT-Ⅳ型为光滑管，而 SRT-Ⅴ型裂解炉的辐射盘管则为带内翅片的炉管。内翅片可以增加管内给热系数，降低管内传热热阻，由此相应降低管壁温度，延长清焦周期。

采用双程辐射盘管可以将管长缩短到 22m 左右，其停留时间可缩短到 0.2s，裂解选择性进一步得到改善。

近年来，鲁姆斯公司针对 SRT-Ⅳ、SRT-Ⅴ型炉存在的不足又研制开发出了 SRT-Ⅵ型裂解炉。新炉型的辐射盘管为 8-2 排列的双程分支变径盘管，第一程为 8 根炉管，第二程为 2 根炉管。改进后盘管第一程的汇总管长度缩短，并用变径方式解决了汇总管端部可能因传热差造成过热的问题，汇总管不必再隔离保温，相应克服了汇总管中因绝热反应使裂解蒸汽温度下降的问题。

典型的 SRT 型裂解炉辐射盘管的排列特点和发展趋势见表 4-9。可以看出，为了适应高温-短停留时间，鲁姆斯 SRT 型裂解炉的炉管做了如下变革（炉管发展趋势）：由长变短、分支变径、先细后粗（均管径变异管径）、程数变少、排列方式改变、管材变化（耐温越来越高）等。

表 4-9　SRT 型炉管排布及工艺参数

项　目	SRT-Ⅰ型	SRT-Ⅱ型	SRT-Ⅲ型	SRT-Ⅳ型　SRT-Ⅴ型	SRT-Ⅵ型
炉管排列	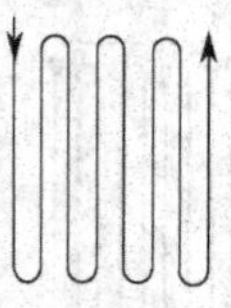	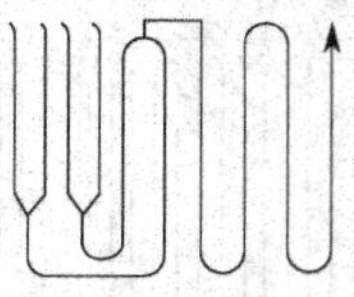	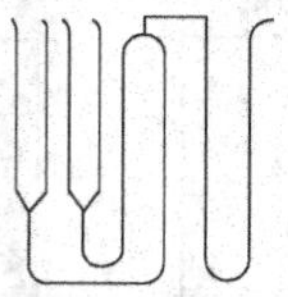	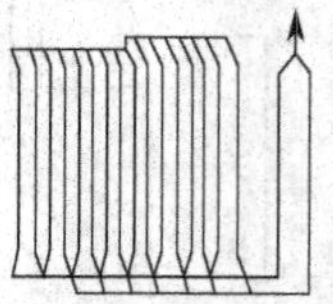	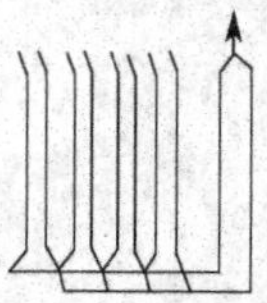
程数	8P	6P33	4P40	2 程(16-2)	2 程(8-2)
管长/m	80～90	60.6	51.8	21.9	约 21
管径/mm	75～133	64（1 程） 96（2 程） 152（3～6 程）	64（1 程） 89（2 程） 146（3～4 程）	41.6（1 程） 116（2 程）	>50（1 程） >100（2 程）
表观停留时间/s	0.6～0.7	0.47	0.38	0.21～0.3	0.2～0.3

4.3.1.2　SRT 型裂解炉的优化及改进措施

裂解炉设计开发的根本思路是提高裂解过程的选择性和设备的生产能力。根据烃类热裂解的热力学和动力学分析，提高反应温度、缩短停留时间和降低烃分压是提高裂解过程选择性的主要途径。短停留时间和适宜的烃分压以及高选择性使清焦周期加长则是提高设备生产效率的关键所在。

在众多改进措施中，辐射盘管的设计是决定裂解选择性、提高烯烃收率、提高对裂解原料适应性的关键。改进辐射盘管的结构成为管式裂解炉技术发展中最核心的部分。早期的管式裂解炉采用相同管径的多程盘管，其管径一般均在 100mm 以上，管程多为 8 程以上，管长近100m，相应平均停留时间大约0.6～0.7s。

对一定直径和长度的辐射盘管而言，提高裂解温度和缩短停留时间均增大辐射盘管的热强度，使管壁温度随之升高。换言之，裂解温度和停留时间均受辐射盘管耐热程度限制。改进辐射盘管金属材质是适应高温-短停留时间的有效措施之一。目前，广泛采用25Cr35Ni系列合金钢代替25Cr20Ni系列合金钢，其耐热温度从1050～1080℃提高到1100～1150℃，这对提高裂解温度、缩短停留时间起到一定作用。

提高裂解温度并缩短停留时间的另一重要途径是改进辐射盘管的结构。20多年来，相继出现了单排分支变径管、混排分支变径管、不分支变径管、单程等径管等不同结构的辐射盘管。辐射盘管结构尺寸的改进均着眼于改善沿盘管的温度分布和热强度分布，提高盘管的平均热强度，由此达到高温-短停留时间的操作条件。

根据反应前期和反应后期的不同特征，采用变径管，使入口端（反应前期）管径小于出口端（反应后期），这样可以比等径管停留时间缩短，传热强度、处理能力和生产能力有所提高。

4.3.1.3 其他管式炉

（1）超选择性裂解炉（USC型炉） 超选择性裂解炉简称USC炉。它是美国斯通-韦伯斯特（Stone & Webster）公司在20世纪70年代开发的一种炉型。USC裂解技术是根据停留时间、裂解温度和烃分压条件的选择，使裂解产品中乙烷等副产品较少，乙烯收率较高命名的。

USC炉是采用单排双面辐射多组变径炉管的管式炉结构。新构型可使烃类在较高的选择性下操作。USC炉采用USX单套式和TLX管壳式急冷锅炉，双级串联使用。USX是第一级急冷，TLX是第二级急冷，构成三位一体的裂解系统。其裂解系统如图4-7所示。每组炉管呈W型，由4根管径各异的炉管组成，每台炉内装有16、24或32组炉管，每组炉管前两根是HK-40管，后两根是HP-40管，均系离心浇铸内壁经机械加工。每组炉管的出口处和在线换热器USX直接相连。裂解产物在USX中被骤冷，以防止发生二次反应。USX发生的高压蒸汽经过热后作为装置的动力及热源。

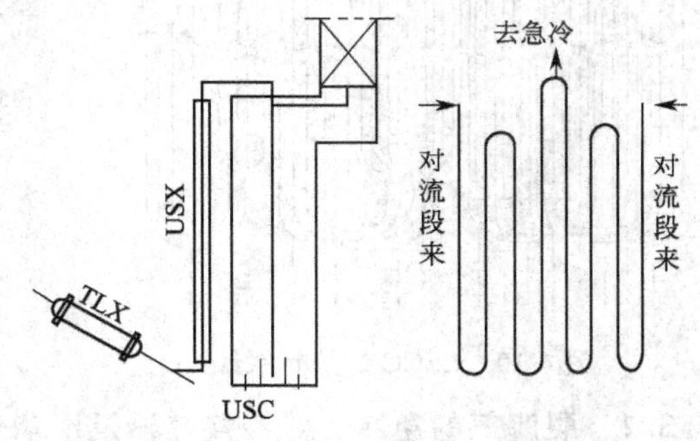

图4-7 超选择性裂解炉系统

（2）毫秒型裂解炉（USRT炉） 毫秒型裂解炉是美国凯洛格（Kellogg）公司于1978年开发成功的。裂解炉系统如图4-8所示，炉管布置如图4-9所示。其特点是裂解管由单排管组成，仅一程，管径为25～30mm，热通量大，物料在炉管内停留时间可缩短到0.05～0.1s，是一般裂解炉停留时间的1/6～1/4，因此USRT炉又称为超短停留时间炉。一台年产2.5万吨的乙烯裂解炉有7组炉管，每组由12根并联的管子组成，管内径为25mm，长约10m。炉管单排垂直吊在炉膛中央，采用底部烧嘴双面加热，可以全部烧油或烧燃料气。烃原料由下部进入，上部排出。由于管径小，热强度增大，可以在100ms左右的超短停留时间内实现裂解反应，故选择性高。

（3）Linde-Selas混合管裂解炉（LSCC炉） Linde-Selas公司基于低烃分压-短停留时间的概念开发了一种单双排混合型变烃炉管裂解炉，即LSCC炉。该炉型采用3种规格的管。入口处为较小直径管，呈双排双面辐射加热，以强化初期升温速率；出口部分有5根炉管，改为单排双面辐射。每台炉有4组炉管。其结构如图4-10及图4-11所示。

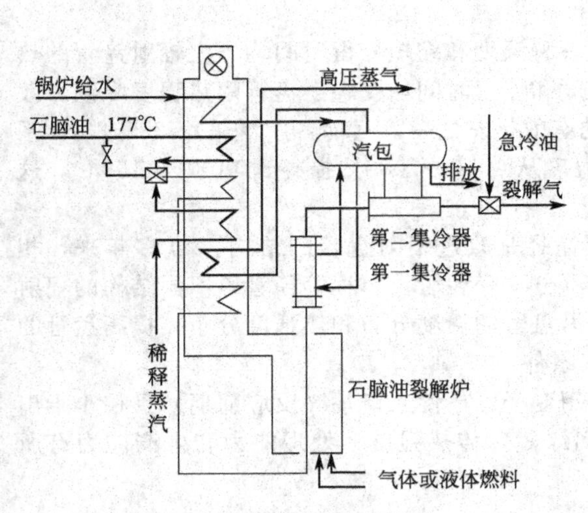

图 4-8 毫秒型裂解炉系统

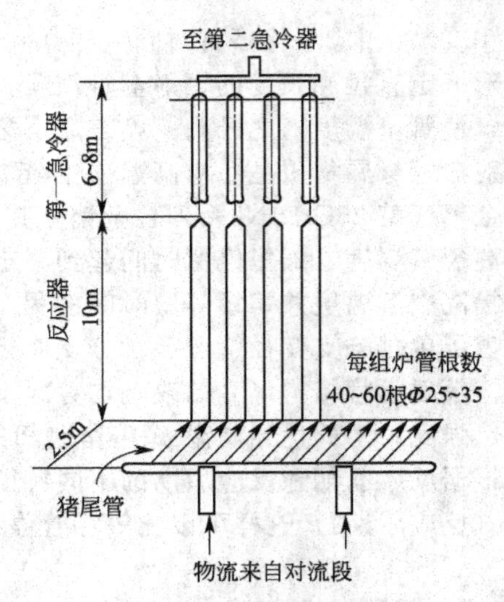

图 4-9 毫秒型裂解炉炉管组

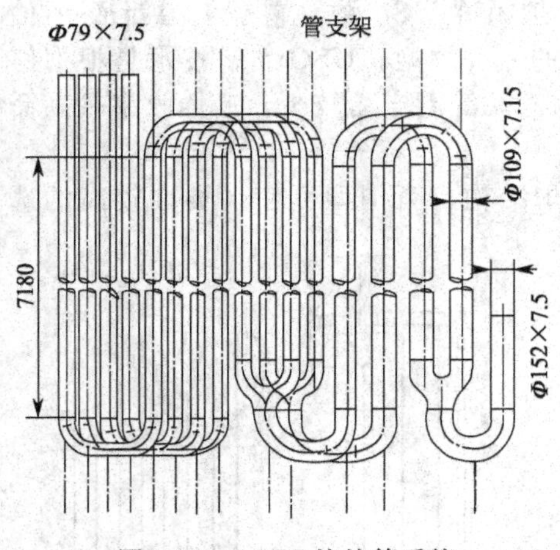

图 4-10 LSCC 炉炉管系统

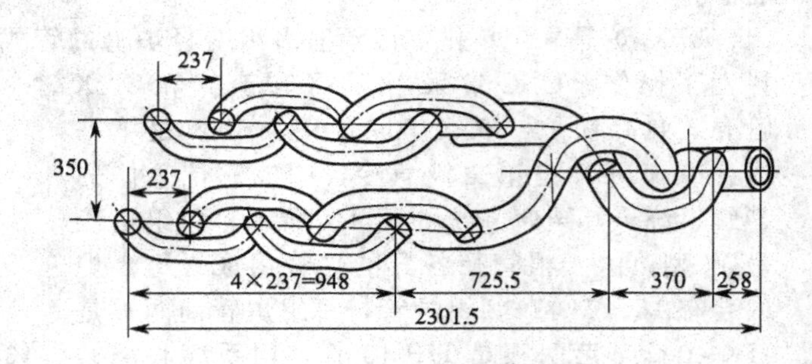

图 4-11 LSCC 炉管的构型剂及排列

4.3.2 裂解气的急冷、急冷换热器及清焦

从裂解炉出来的裂解气含有烯烃和大量蒸汽，温度为 727～927℃。烯烃反应性很强，若任它们在高温下长时间停留，仍会继续发生二次反应，引起结焦、烯烃收率下降及生成经济价值不高的副产物，因此需要将裂解炉出口高温裂解气尽快冷却，以终止其裂解反应。

4.3.2.1 裂解气的急冷

急冷的方法有两种：一种是直接急冷，一种是间接急冷。

(1) 直接急冷 直接急冷的方法是在高温裂解气中直接喷入冷却介质，冷却介质被高温裂解气加热而部分汽化，由此吸收裂解气的热量，使高温裂解气迅速冷却。根据冷却介质的不同，直接急冷可分为水直接急冷和油直接急冷。

(2) 间接急冷 裂解炉出来的高温裂解气温度在 800～900℃左右，在急冷降温过程中要释放出大量热，是一个可利用的热源，为此可用换热器进行间接急冷，回收这部分热量发生蒸汽，以提高裂解炉的热效率，降低产品成本。用于此目的的换热器称为急冷换热器。急冷换热器与汽包所构成的发生蒸汽的系统称为急冷锅炉，也有将急冷换热器称为急冷锅炉或废热锅炉。使用急冷锅炉有两个主要目的：一是终止裂解反应；二是回收废热。

(3) 急冷方式比较 直接急冷设备费用少，操作简单，系统阻力小。直接急冷由于是冷却介质直接与裂解气接触，传热效果较好。但直接急冷形成大量含油污水，油水分离困难，而且难以回收热量。间接急冷能量利用较合理，可回收裂解气被急冷时释放的热量，经济性较好，而且无污水产生，故工业上多采用间接急冷。

4.3.2.2 急冷换热器

急冷换热器是裂解气和高压水（8.7～12MPa）经列管式换热器间接换热并使裂解气骤冷的重要设备，也是裂解装置中五大关键设备之一（五大关键设备是裂解炉、急冷换热器、裂解气压缩机、乙烯压缩机、丙烯压缩机），它使裂解气在极短的时间（0.01～0.1s）内温度从800℃下降至露点附近。急冷换热器的运转周期应不低于裂解炉的运转周期。为减少结焦，应采取如下措施：一是增大裂解气在急冷换热器中的线速度，以避免返混使停留时间过长，造成二次反应；二是必须控制急冷换热器出口温度，要求裂解气在急冷换热器中冷却温度不低于其露点，如果冷却到露点以下，裂解气中较重组分就要冷凝下来，在急冷换热器管壁上形成缓慢流动的液膜，既影响传热，又因停留时间过长发生二次反应而结焦。

工业上常用的急冷换热器主要有SHG施密特型双套管式、USX型单套管式、TLX管壳式3种。

4.3.2.3 裂解炉和急冷换热器的结焦与清焦

（1）裂解炉和急冷换热器的结焦　在裂解和急冷过程中不可避免地会发生二次反应，最终会结焦，积附在裂解炉管的内壁上和急冷换热器换热管的内壁上。随着裂解炉运行时间的延长，焦的积累量不断增加，有时结成坚硬的环状焦层，使炉管内径变小，阻力增大，进料压力增加；另外由于焦层导热系数比合金钢低，有焦层的地方局部热阻大，导致反应管外壁温度升高，一是增加了燃料消耗，二是影响反应管的寿命，同时破坏了裂解的最佳工况，故在炉管结焦到一定程度时即应及时清焦。当急冷换热器出现结焦时，除阻力较大外，还引起急冷换热器出口裂解气温度上升，以致减少副产高压蒸汽的回收，并加大急冷油系统的负荷。

（2）裂解炉和急冷换热器的清焦　对管式裂解炉而言，如下任一情况出现均应停止进料，进行清焦：

① 裂解炉辐射盘管管壁温度超过设计规定值（升高）；

② 裂解炉辐射段入口压力增加值超过设计值；

③ 燃料用量增加；

④ 裂解炉出口乙烯收率下降；

⑤ 裂解炉出口温度下降；

⑥ 炉管局部过热（外表面颜色不均匀）等。

对于急冷换热器而言，如下任一情况出现均应进行清焦：

① 急冷换热器出口温度超过设计值；

② 急冷换热器进出口压差超过设计值。

清焦方法有停炉清焦法和不停炉清焦法（也称在线清焦法）。停炉清焦法又可分为蒸汽-空气烧焦法、水力清焦法、机械清焦法3种方式。

蒸汽-空气烧焦法是将进料及出口裂解气切断后，用惰性气体和蒸汽清扫管线，逐渐降低炉温，然后通入空气和蒸汽烧焦。反应原理是：

$$C+O_2 \longrightarrow CO_2$$

$$C+H_2O \longrightarrow CO+H_2$$

$$CO+H_2O \longrightarrow CO_2+H_2$$

由于氧化反应是强放热反应，需加入蒸汽，以稀释空气中氧的浓度，减慢燃烧速率。烧焦期间不断检查出口尾气中二氧化碳含量，当二氧化碳含量降至体积分数0.2%（干基）以下时，可以认为在此温度下烧焦结束。在烧焦过程中，裂解管出口温度必须严格控制，不能超过750℃，以防止烧坏炉管。

近年来，越来越多的乙烯工厂采用空气烧焦法。此法除了在蒸汽-空气烧焦法基础上提高烧焦空气量和炉出口温度外，逐步将稀释汽量降为零，主要烧焦过程为纯空气烧焦。此法不仅可以进一步改善裂解炉辐射管清焦效果，而且可使急冷换热器在保持锅炉给水的操作条件下获得明显的在线清焦效果。采用这种空气清焦方法，可以使急冷换热器水力清焦或机械清焦的周期延长半年以上。

水力清焦法是采用50MPa的高压水枪，将高压水射入对流段炉管和急冷换热器套管内除焦。

机械清焦类同于水力清焦，一般用于清除水力清焦不起作用的刚硬存焦。

随着科学技术的发展，采用在线清焦技术和计算机控制下的自动清焦技术日益广泛。在线清焦技术的明显优点是裂解炉没有升降温过程，可比停炉清焦节省清焦操作时间，提高了裂解炉开工率，同时避免了裂解炉管受升降温过程影响，可延长裂解管的使用年限。在线清焦是在切断裂解原料后，利用计算机辅助清焦程序自动完成蒸汽-空气流量和炉出口温度的调节，使焦垢氧化成二氧化碳等气体排出，当分析出口气体二氧化碳含量小于体积分数1%时可认为清焦过程结束。

此外，近年研究添加结焦抑制剂。抑制结焦添加剂主要是一些含硫化合物，添加很少的量即能起到抑制结焦和减弱结焦的作用。但当裂解温度很高时（如850℃），温度对结焦的生成是主要的影响因素，抑制剂就不起作用了。

4.3.3 裂解气的预分馏与裂解工艺流程

(1) 裂解气的预分馏　裂解气出口温度很高（800～900℃左右），高温裂解气经急冷换热器冷却，再经油急冷器进一步冷却后，温度可降至200～300℃。将急冷后的裂解气进一步冷却至常温，并在冷却过程中分馏出裂解气中的重组分（如燃料油、裂解汽油、水分等），这个环节称为裂解气的预分馏。经预分馏处理过的裂解气再送至裂解气压缩，并进行深冷分离。

① 裂解气预分馏的作用　显然，裂解气的预分馏过程在乙烯装置中起到十分重要的作用。

(ⅰ) 经预分馏处理，尽可能降低裂解气的温度，从而保证裂解气压缩机的正常运转，并降低裂解气压缩机的功耗。

(ⅱ) 裂解气经预分馏处理，尽可能分留出裂解气中的重组分，减小进入压缩分离系统的进料负荷。

(ⅲ) 在裂解气的预分馏过程中将裂解气中的稀释蒸汽以冷凝水的形式分离回收，用以再发生稀释蒸汽，从而大大减少污水排放量。

(ⅳ) 在裂解气的预分馏过程中继续回收裂解气低能位热量。通常可由急冷油回收的热量发生稀释蒸汽，由急冷水回收的热量进行分离系统的工艺加热。

② 预分馏工艺过程　根据裂解原料不同而不同。

(ⅰ) 轻烃裂解装置裂解气预分馏过程　轻烃裂解装置所得裂解气的重质馏分甚少，尤其乙烷和丙烷裂解时，裂解气中的燃料油含量甚微。此时裂解气的预分馏过程主要是在裂解气进一步冷却过程中分馏裂解气中的水分和裂解汽油馏分。

其过程如图4-12所示。轻烃裂解装置中裂解炉出口高温裂解气经急冷换热器（废热锅炉）回收热量副产高压蒸汽后，冷却至200～300℃，进入水洗塔。在水洗塔中，塔顶用急冷水喷淋冷却裂解气。塔顶裂解气冷却至40℃左右，送至裂解气压缩机。塔釜分馏出裂解气的大部分水分和裂解汽油。塔釜的油水混合物经油水分离器分出裂解汽油和水。裂解汽油经汽油汽提塔汽提。分离出的水约 80℃，一部分经冷却送至水洗塔塔顶作为喷淋（称为急冷水），另一部分送稀释蒸汽发生器发生稀释蒸汽。急冷水除部分用冷却水冷却（或空冷）外，部分可用于分离系统工艺加热（如丙烯精馏塔再沸器加热），由此回收低能位热量。

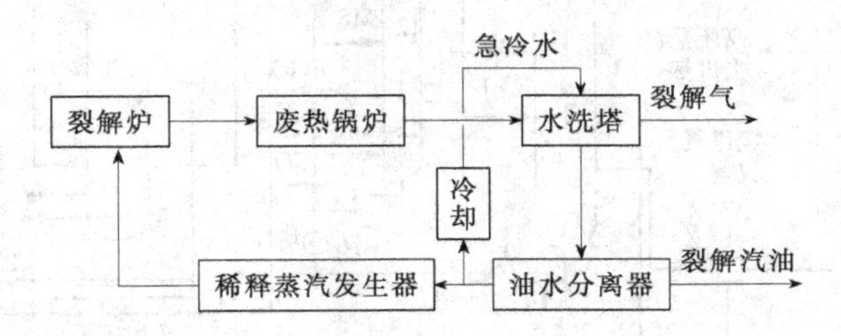

图 4-12 轻烃裂解装置裂解气预分馏流程

（ⅱ）馏分油裂解装置裂解气预分馏过程 馏分油裂解装置所得裂解气中含相当量的重质馏分，这些重质燃料油馏分与水混合后会因乳化而难于进行油水分离。因此，在馏分油裂解装置中，必须在冷却裂解气的过程中先将裂解气中的重质燃料油馏分分馏出来，分馏重质燃料油馏分之后的裂解气再进一步送至水洗塔冷却，并分离其中的水和裂解汽油。

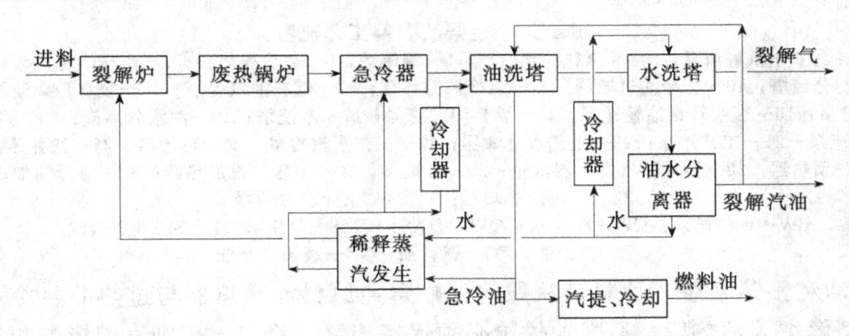

图 4-13 馏分油裂解装置裂解气预分馏流程

其过程如图 4-13 所示。馏分油裂解装置中裂解炉出口高温裂解气经急冷换热器回收热量后，再经急冷器用急冷油喷淋降温至 220～300℃。冷却后的裂解气进入油洗塔（或称预分馏塔），塔顶用裂解汽油喷淋，塔顶温度控制在 100～110℃之间，保证裂解气中的水分从塔顶带出。塔釜温度随裂解原料的不同控制在不同水平，石脑油裂解时大约 180～190℃，轻柴油裂解时可控制在 190～200℃。塔釜所得燃料油产品，部分经汽提并冷却后作为裂解燃料油产品，另外部分（称为急冷油）送至稀释蒸汽系统作为稀释蒸汽的热源，回收裂解气的热量。经稀释蒸汽发生系统冷却的急冷油，大部分送至急冷器以喷淋高温裂解气，少部分进一步冷却后作为油洗塔中段回流。

油洗塔塔顶裂解气进入水洗塔，塔顶用急冷水喷淋，塔顶裂解气降至 40℃左右，送入裂解气压缩机。塔釜温度为 80℃，在此可分馏出裂解气中大部分水分和裂解汽油。塔釜油水混合物经油水分离后，部分水（称为急冷水）经冷却后送入水洗塔作为塔顶喷淋，另一部分送至稀释蒸汽发生器发生蒸汽，供裂解炉使用。油水分离所得裂解汽油馏分，部分送至油洗塔作为塔顶喷淋，另一部分作为产品采出。

(2) 裂解工艺流程 裂解工艺流程包括原料油和预热系统、裂解和高压蒸汽系统、急冷油和燃料油系统、急冷水和稀释蒸汽系统，不包括压缩、深冷分离系统。图 4-14 所示是轻柴油裂解工艺流程。

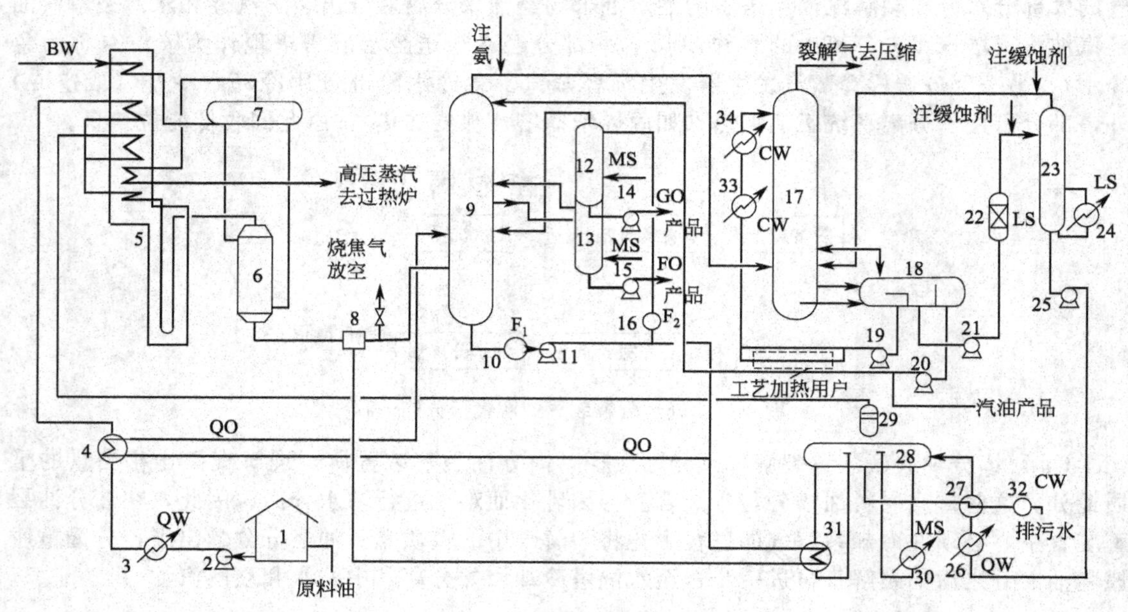

图 4-14 轻柴油裂解工艺流程

1—原料油贮罐；2—原料油泵；3,4—原料油预热器；5—裂解炉；6—急冷换热器；7—高压汽包；8—油急冷器；9—汽油初分馏塔；10—急冷油过滤器；11—急冷油循环泵；12—燃料油汽提塔；13—裂解轻柴油汽提塔；14—燃料油输送泵；15—裂解轻柴油输送泵；16—燃料油过滤器；17—水洗塔；18—油水分离罐；19—急冷水循环泵；20—汽油回流泵；21—工艺水泵；22—工艺水过滤器；23—工艺水汽提塔；24—再沸器；25—稀释蒸汽给水泵；26,27—预热器；28—稀释蒸汽发生器汽包；29—分离器；30—中压蒸汽加热器；31—急冷油加热器；32—排污水冷却器；33,34—急冷水冷却器

BW—锅炉给水；CW—冷却水；QW—急冷水；MS—中压蒸汽；LS—低压蒸汽；QO—急冷油；FO—燃料油；GO—裂解轻柴油

① 原料油和预热系统　原料油从原料油贮罐经原料油预热器与过热的急冷水和急冷油交换后进入裂解炉的预热段。原料油供给必须保持连续、稳定，否则直接影响裂解操作的稳定性，甚至有损坏炉管的危险，因此原料油泵须有备用泵及自动切换装置。

② 裂解和高压蒸汽系统　预热后的原料油进入对流段初步预热后与蒸汽混合，再进入裂解炉的第二预热段预热到一定温度后，进入裂解炉的辐射段进行裂解。炉管出口的高温裂解气迅速进入急冷换热器，使裂解反应立即停止，再去油急冷器用急冷油进一步冷却，然后进入汽油初分馏塔（油洗塔）。

急冷换热器的给水先在对流段预热并局部汽化后送入高压汽包，靠自然对流流入急冷换热器，产生 11MPa 的高压蒸汽。从汽包送出的高压蒸汽进入裂解炉的预热段过热，再送入蒸汽过热炉过热至 447℃后并入管网，供蒸汽透平使用。

③ 急冷油和燃料油系统　裂解气在油急冷器中用急冷油直接喷淋冷却，然后与急冷油一起进入汽油初分馏塔，塔顶出来的裂解气为氢气、气态烃和裂解汽油以及稀释蒸汽和酸性气体。裂解轻柴油从汽油初分馏塔的侧线采出，经裂解轻柴油汽提塔汽提其中的烃组分后作为裂解轻柴油产品。裂解轻柴油含有大量的烷基萘，塔釜采出重质燃料油。

自汽油初分馏塔塔釜采出的重质燃料油，一部分经燃料油汽提塔汽提出其中的轻组分后作为重质燃料油产品送出，大部分作为循环急冷油使用。循环使用的急冷油分两股进行冷却，一股用来预热原料轻柴油后返回作为汽油初分馏塔的中段回流，另一股用来发生低压稀释蒸汽。急冷油被冷却后送至急冷器作为急冷介质，对裂解气进行冷却。

由于急冷油的黏度较大，在高温下经常会出现结焦现象并发生焦粒，因此在急冷油系统中设置6mm滤网急冷油过滤器，并在急冷器喷嘴前设置燃料油过滤器。

④ 急冷水和稀释蒸汽系统　裂解气在汽油初分馏塔中脱除重质燃料油和轻柴油后由塔顶采出，进入水洗塔，用急冷水喷淋使裂解气冷却，其中一部分稀释蒸汽和裂解汽油被冷凝下来并形成油水混合物，由塔釜进入油水分离罐，分离出来的水一部分供工艺加热用，冷却后的水再经急冷水冷却器冷却后分别作为水洗塔的塔顶急冷水即工艺循环水。另一部分相当于稀释蒸汽的水量由工艺水泵经工艺水过滤器送入工艺水汽提塔，将工艺水中的轻烃汽提至水洗塔，此工艺水由稀释蒸汽给水泵送入稀释蒸汽发生器汽包，再分别由中压蒸汽加热器和急冷油加热器加热汽化产生稀释蒸汽，经气液分离后再送入裂解炉。这种稀释蒸汽循环系统不仅节约了大量的新鲜锅炉用水，又减少了污水排放对环境造成的污染。油水分离罐分离出的裂解汽油，一部分由汽油回流泵送至汽油初分馏塔作为塔顶回流循环使用，另一部分作为产品送出。

(3) 烃类热裂解的副产物　烃类热裂解在预分馏阶段分离出来的副产物有裂解汽油和裂解燃料油两大类。

① 裂解汽油　烃类热裂解副产的裂解汽油包括C_5至沸点204℃以下的所有裂解副产物，作为乙烯装置的副产品，其典型规格通常如下：

C_4馏分	0.5%（最大质量分数）
终馏点	204℃

裂解汽油经一段加氢可作为高辛烷值汽油组分。如需经芳烃抽提分离芳烃产品，则应进行两段加氢，脱出其中的硫、氮，并使烯烃全部饱和。

还可将裂解汽油全部加氢，加氢后分为加氢C_5馏分、C_6～C_8中心馏分、C_9～204℃馏分。此时，加氢C_5馏分可返回循环裂解，C_6～C_8中心馏分是芳烃抽提的原料，C_9馏分可作为歧化生产芳烃的原料。也可以将裂解汽油先分为C_5馏分、C_9馏分、C_6～C_8中心馏分，然后仅对C_6～C_8中心馏分进行加氢处理，由此可使加氢处理量减小。

裂解汽油的组成与原料油性质和裂解条件有关。

② 裂解燃料油　烃类裂解副产的裂解燃料油是指沸点在200℃以上的重组分。其中沸程在200～360℃的馏分称为裂解轻质燃料油，相当于柴油馏分，但大部分为杂环芳烃，其中烷基萘含量较高，可作为脱烷基制萘的原料；沸程在360℃以上的馏分称为裂解重质燃料油，相当于常压重油馏分，除作燃料外，由于灰分低，是生产炭黑的良好原料。

4.4　裂解气的净化与分离

4.4.1　裂解气的组成及分离方法

4.4.1.1　裂解气的组成及分离要求

烃类裂解的气态产品裂解气是多组分的气体混合物，其中含有许多低级烃类，主要是甲烷、乙烯、乙烷、丙烯、丙烷与碳四、碳五、碳六等烃类，此外还有氢气和少量杂质如硫化氢和二氧化碳、水分、炔烃、一氧化碳等，其具体组成随裂解原料、裂解方法和裂解条件不同而异。表4-10列出了用不同裂解原料所得裂解气的组成。

裂解气的净化与分离目的是除去裂解气中的有害杂质，分离出单一烯烃或烃的馏分，为基本有机化学工业和高分子化学工业等提供原料。由于后续加工的各种产品对烯烃的纯度要求不同，分离方法也不同。例如聚乙烯、聚丙烯等产品，聚合时乙烯、丙烯的纯度要求在99.9%以上，有害杂质含量不超过5～10mg/kg。为了得到这样高纯度的产品，就需要对裂解气进行净化和分离。

表 4-10 不同裂解原料得到的裂解气组成

裂解原料		乙烷	轻烃	石脑油	轻柴油	减压柴油
转化率		65%	—	中深度	中深度	高深度
裂解气组成（体积分数）/%	$CO+CO_2+H_2S$	0.19	0.33	0.32	0.27	0.36
	H_2O	4.36	6.26	4.98	5.4	6.15
	C_2H_2	0.19	0.46	0.41	0.37	0.46
	C_3H_4		0.52	0.48	0.54	0.48
	C_2H_4	31.51	28.81	26.10	29.34	29.62
	C_3H_6	0.76	7.68	10.30	11.42	10.34
	H_2	34.00	18.20	14.09	13.18	12.75
	CH_4	4.39	19.83	26.78	21.24	20.89
	C_2H_6	24.35	9.27	5.78	7.58	7.03
	C_3H_8		1.55	0.34	0.36	0.22
	C_4以上	0.27	7.09	10.42	10.30	11.70
平均相对分子质量		18.89	24.90	26.83	28.01	28.38

4.4.1.2 分离方法与分离流程

(1) 分离方法 裂解气的分离和提纯工艺是以精馏分离方法完成的。精馏方法要求将组分冷凝为液态，甲烷和氢气不容易液化，碳二以上的馏分相对比较容易液化，因此裂解气在除去甲烷、氢气以后其他组分的分离就比较容易。所以分离过程的主要矛盾是如何将裂解气中的甲烷和氢气先行分离。解决这一问题的措施不同，便构成了不同的分离方法。

工业生产上采用的裂解气分离方法主要有油吸收精馏分离法、深冷分离法、吸附分离法、络合物分离法 4 种。

① 油吸收精馏分离法 利用裂解气中各组分在某种吸收剂中的溶解度不同，用吸收剂吸收除甲烷和氢气以外的其他组分，然后用精馏方法把各组分从吸收剂中逐一分离。此方法流程简单，动力设备少，投资小，但技术经济指标和产品纯度差，现已被淘汰。

② 深冷分离法 工业上一般把冷冻温度高于－50℃称为浅度冷冻（简称浅冷），在－100～－50℃之间称为中度冷冻，等于或低于－100℃称为深度冷冻（简称深冷）。

深冷分离是在－100℃左右的低温下将裂解气中除了氢和甲烷以外的其他烃类全部冷凝下来，然后利用裂解气中各种烃类的相对挥发度不同，在合适的温度和压力下以精馏方法将各组分分离开来，达到分离的目的。因为这种分离方法采用了－100℃以下的冷冻系统，故称为深度冷冻分离，简称深冷分离。深冷分离法是目前工业生产中广泛采用的分离方法。该法经济技术指标先进，产品纯度高，分离效果好，但投资较大，流程复杂，动力设备较多，需要大量的耐低温合金钢，因此适宜于加工精度高的大工业生产。

③ 吸附分离法 吸附分离法采用活性炭作吸附剂，在低温高压条件下将 C_2 以上馏分吸附下来，然后在高温和低压下逐个将烃类解吸出来，最不易吸附的组分在吸附段上部排出。这种中试吸附装置早在 20 世纪 40 年代就已建成，但至今仍未见工业化生产报道。

④ 络合物分离法 络合物分离法利用金属盐［如 $CuCl_2$，$Cu(NO_3)_2$，$AgNO_3$，$AgBF_4$ 等］能与烯烃生成络合物的性质将烯烃从裂解气中分离出来。缺点是得到的是混合烯烃，要将混合烯烃分离仍需采用低温分离，故此法没有得到推广。

(2) 分离流程 由于裂解气组成复杂，对乙烯、丙烯等产品纯度要求高，所以需要进行一系列的净化与分离过程。图 4-15 是深冷分离流程示意图，图中净化与分离过程流程排列是可以变动的，可组成不同的分离流程。

各种不同的分离流程均由三大系统组成。

① 气体净化系统。提纯产品，脱除裂解气中的杂质，包括脱除酸性气体、脱水、脱炔和脱 CO 等。

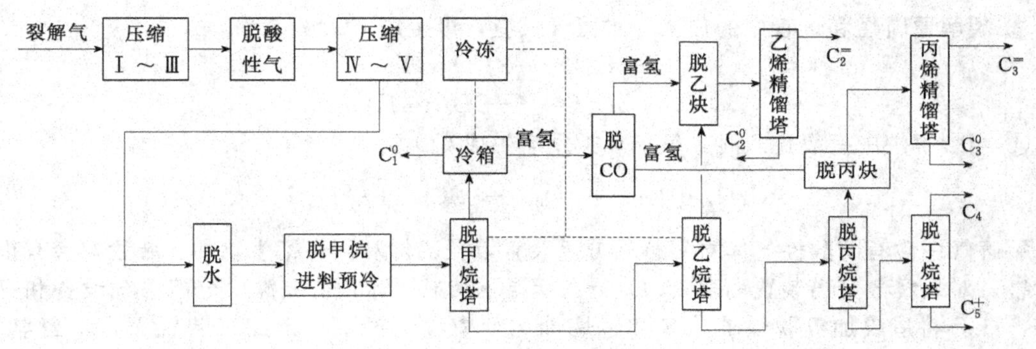

图 4-15　深冷分离流程

② 压缩和冷冻系统。该系统的任务是加压、降温，以保证分离过程顺利进行。

③ 精馏分离系统。这是深冷分离的核心，其任务是将各组分进行分离，并将乙烯、丙烯产品精制提纯。该系统由一系列精馏塔构成，如脱甲烷塔、乙烯精馏塔和丙烯精馏塔等。

4.4.2　裂解气的净化

裂解气中含有少量的 H_2S、CO_2、H_2O、C_2H_2、CO 等气体杂质。分析其来源主要有三个方面：一是由原料带入；二是裂解反应过程生成；三是裂解气处理过程引入。

裂解气中杂质的含量见表 4-11。

表 4-11　管式裂解炉裂解气中杂质的含量

杂质	体积分数/%	杂质	体积分数/%
CO,CO_2,H_2S	0.27～0.36	C_2H_2	0.37～0.46
C_3H_4	0.48～0.54	H_2O	0.48～6.15

这些杂质的含量虽不大，但对深冷分离过程是有害的，而且这些杂质若不脱除，进入乙烯、丙烯等产品会使其达不到规定的标准。尤其是生产聚合级乙烯、丙烯，其杂质含量的控制是很严格的。为了达到产品所要求的规格，必须脱除这些杂质，对裂解气进行净化。

4.4.2.1　酸性气体的脱除

(1) 酸性气体杂质的来源与危害　裂解气中的酸性气体主要有 CO_2、H_2S 和其他气态硫化物。它们主要来自以下几个方面。

① 气体裂解原料带入的气体硫化物和 CO_2。

② 液体裂解原料中所含的硫化物（如硫醇、硫醚、噻吩、硫茚等）在高温裂解过程中与氢发生氢解反应生成的 CO_2 和 H_2S，例如：

$$RSH + H_2 \longrightarrow RH + H_2S$$

$$RSR' + 2H_2 \longrightarrow R'H + RH + H_2S$$

$$R{-}S{-}S{-}R' + 3H_2 \longrightarrow R'H + RH + 2H_2S$$

$$\text{(噻吩)} + 4H_2 \longrightarrow C_4H_{10} + H_2S$$

$$\text{(硫茚)} + 3H_2 \longrightarrow \text{(乙苯, } C_6H_5C_2H_5\text{)} + H_2S$$

$$CS_2 + 2H_2 \longrightarrow C + 2H_2S$$

$$COS + H_2 \longrightarrow CO + H_2S$$

$$CS_2 + 2H_2O \longrightarrow CO_2 + 2H_2S$$

$$COS + H_2O \longrightarrow CO_2 + H_2S$$

③ 裂解原料烃和炉管中的焦炭与水蒸气反应，可生成 CO 和 CO_2。

$$C+H_2O \longrightarrow CO+H_2$$

$$CH_4+2H_2O \longrightarrow CO_2+4H_2$$

④ 当裂解炉中有氧进入时，氧与烃类反应生成 CO_2。

$$C_nH_m+\left(n+\frac{m}{4}\right)O_2 \longrightarrow nCO_2+\frac{m}{2}H_2O$$

裂解气中含有的酸性气体对裂解气分离装置以及乙烯和丙烯衍生物加工装置都会有很大的危害。对裂解气分离装置而言，CO_2会在低温下结成干冰，造成深冷分离系统设备和管道堵塞，H_2S 将造成加氢脱炔催化剂和甲烷催化剂中毒；对于下游加工装置而言，当氢气、乙烯、丙烯产品中的酸性气体含水量不合格时，可使下游加工装置的聚合过程或催化反应过程的催化剂中毒，也可能严重影响产品质量。因此，在裂解气精馏分离之前需将裂解气中的酸性气体脱除干净。

裂解气压缩机入口裂解气中的酸性气体含量约体积分数 0.2%～0.4%，一般要求将裂解气中的 CO_2 和 H_2S 的含量分别脱除至体积分数 1×10^{-6} 以下。

(2) 碱洗法脱除酸性气体

① 碱洗法原理 碱洗法是用 NaOH 为吸收剂，通过化学吸收使 NaOH 与裂解气中的酸性气体发生化学反应，达到脱除酸性气体的目的。其反应如下：

$$CO_2+2NaOH \longrightarrow Na_2CO_3+H_2O$$

$$H_2S+2NaOH \longrightarrow Na_2S+2H_2O$$

$$COS+4NaOH \longrightarrow Na_2S+Na_2CO_3+2H_2O$$

$$RSH+NaOH \longrightarrow RSNa+H_2O$$

反应生成的 Na_2CO_3、Na_2S、RSNa 等溶于碱液中，裂解气得到净化。上述几个反应的化学平衡常数都很大，在平衡产物中 H_2S、CO_2 的分压几乎可降到零，因此可使裂解气中的 H_2S、CO_2 的含量降到体积分数 1×10^{-6} 以下。但是，NaOH 吸收剂不可再生。此外，为保证酸性气体的精细净化，碱洗塔釜液中应保持 NaOH 含量约质量分数 2%左右，因此碱耗量较高。

② 碱洗法流程 碱洗可采用一段碱洗，也可采用多段碱洗。为提高碱液利用率，目前乙烯装置常采用多段（两段或三段）碱洗。

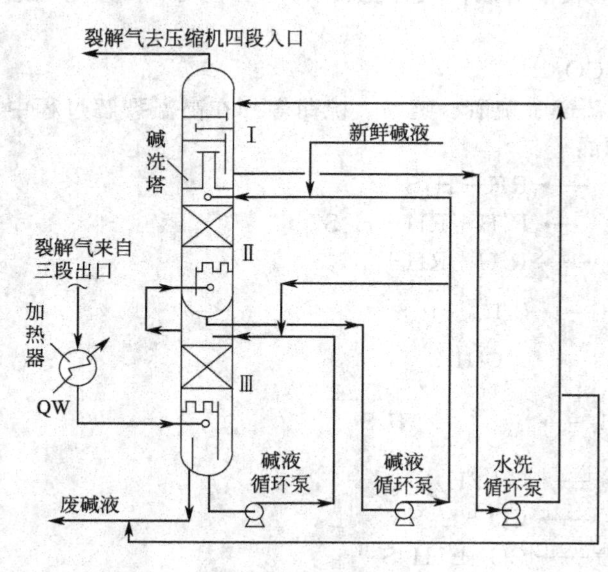

图 4-16 两段碱洗工艺流程

两段碱洗脱酸性气体工艺流程如图 4-16 所示。裂解气自压缩机三段出口经冷却并分离凝液后，由 37℃预热至 42℃，进入碱洗塔底部。塔分成三段，最上方的Ⅰ段为水洗，以除去裂解气中夹带的碱液，Ⅱ、Ⅲ段为不同浓度的碱洗段（填料层）。裂解气经两段碱洗后，再经水洗段水洗后，进入压缩机四段入口罐。碱液用泵打循环。新鲜碱液用补充泵连续送入碱洗的上段循环系统，新鲜碱液含量为质量分数 18%～20%，保证Ⅱ段循环碱液 NaOH 含量为质量分数 5%～7%。部分Ⅱ段循环碱液补充到Ⅲ段碱液中，以平衡塔釜排出的废碱液。Ⅲ段碱液 NaOH 含量为质量分数 2%～3%。塔底排出的废碱液中含有硫化物，不能直接用生化方法处理，必须由水洗段排出的废水稀释后送往废碱处理装置。另外，有碱液存在时，裂解气中的不饱和烃会发生聚合，聚合物为液体，与空气接触易形成绿色或黄色固体，称为“绿油”或“黄油”，可采用注入富芳烃裂解汽油的方法除去。裂解气在碱洗塔内与碱液逆流接触，酸性气体被碱液吸收，除去酸性气体的裂解气由塔顶送入压缩机四段入口。

鲁姆斯公司近期又研制开发了三段碱洗工艺流程，其改进主要有两个方面：一是碱洗塔的三段碱洗均采用填料塔，全塔阻力降可降为50～60kPa，由此可使裂解气压缩机功耗降低1%～1.5%；二是改进了废碱液与“黄油”的分离，将碱洗塔釜液采出的废碱液“黄油”一起送入废碱罐，罐内注入一定量裂解汽油使“黄油”溶解，再经裂解汽油分离器使废碱与裂解汽油分离。

(3) 乙醇胺法脱除酸性气体

① 乙醇胺法脱除原理　用乙醇胺作吸收剂除去裂解气中的CO_2和H_2S是一种物理吸收和化学吸收相结合的方法，所用的吸收剂主要是一乙醇胺（MEA）和二乙醇胺（DEA）。以一乙醇胺为例，在吸收过程中它能与CO_2和H_2S发生如下反应：

$$2HOCH_2CH_2NH_2 \underset{-H_2S}{\overset{H_2S}{\rightleftharpoons}} (HOCH_2CH_2NH_3)_2S \underset{-H_2S}{\overset{H_2S}{\rightleftharpoons}} 2HOCH_2CH_2NH_3HS$$

$$2HOCH_2CH_2NH_2 \underset{-(CO_2+H_2O)}{\overset{CO_2+H_2O}{\rightleftharpoons}} (HOCH_2CH_2NH_3)_2CO_3$$

$$(HOC_2H_4NH_3)_2CO_3 \underset{-(CO_2+H_2O)}{\overset{CO_2+H_2O}{\rightleftharpoons}} 2HOCH_2CH_2NH_3HCO_3$$

$$2HOCH_2CH_2NH_2 \underset{-CO_2}{\overset{CO_2}{\rightleftharpoons}} HOCH_2CH_2NHCOONH_3CH_2CH_2OH$$

以上反应是可逆的，在低温高压下反应向右进行并放热，在高温低压下反应向左进行并吸热。因此，在常温加压条件下吸收酸性气体，然后吸收液在低压下加热，释放出CO_2、H_2S，得以再生，重复使用。

② 乙醇胺法工艺流程　图4-17所示是鲁姆斯公司采用乙醇胺法脱酸性气体工艺流程。

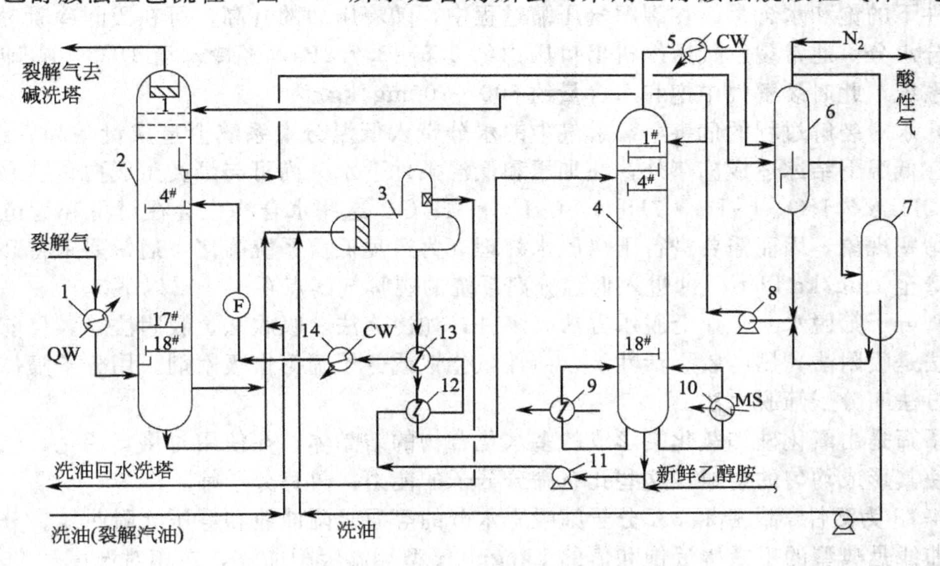

图4-17　乙醇胺法脱酸性气体工艺流程

1—加热器；2—吸收塔；3—汽油-胺分离器；4—汽提塔；5—冷却器；6,7—分离罐；8—回流泵；9,10—再沸器；11—胺液泵；12,13—换热器；14—冷却器；1#,4#,17#,18#—塔板位置

乙醇胺加热至45℃后送入吸收塔顶部。裂解气从吸收塔底部进入，在吸收塔中与乙醇胺溶液逆流接触后酸性气体大部分被吸收，脱除酸性气体后的裂解气从吸收塔顶部出来，送入碱洗塔进一步净化。吸收了CO_2和H_2S的富液由吸收塔釜采出，在富液中注入少量洗油（裂解汽油）以溶解富液中的重质烃及聚合物。富液和洗油经分离器分离洗油后，送至汽提塔进行解吸。汽提塔中解吸出来的酸性气体经塔顶冷却并回收凝液后放空。解吸后的贫液再返回吸收塔进行吸收。

(4) 醇胺法与碱洗法的比较　醇胺法与碱洗法相比，其主要优点是吸收剂可再生循环使用。当酸性气含量较高时，从吸收液的消耗和废水处理量来看，醇胺法明显优于碱洗法。

醇胺法与碱洗法比较如下。

① 醇胺法对酸性气杂质的吸收不如碱洗法彻底，一般醇胺法处理后裂解气中酸性气体积分数仍达$(30\sim50)\times10^{-6}$，尚需再用碱洗法进一步脱除，使H_2S和CO_2体积分数均低于1×10^{-6}，以满足乙烯生产的要求。

② 醇胺虽可再生循环使用，但由于挥发和降解，仍有一定损耗。由于醇胺与COS、CS_2反应是不可逆的，当这些硫化物含量高时，吸收剂损失很大。

③ 醇胺水溶液呈碱性，但当有酸性气体存在时，溶液pH值急剧下降，从而对碳钢设备产生腐蚀。尤其在酸性气浓度高且温度也高的部位（如换热器、汽提塔及再沸器）腐蚀更为严重。因此，醇胺法对设备材质要求高，投资相应较大。

④ 醇胺溶液可吸收丁二烯和其他双烯烃，吸收双烯烃的吸收剂在高温下再生时易生成聚合物，由此既造成系统结垢，又损失了丁二烯。

因此，一般情况下乙烯装置均采用碱法脱除裂解气中的酸性气体，只有当酸性气体含量较高（例如裂解原料硫含量超过体积分数0.2%）时，为减少碱耗量以降低生产成本，可考虑采用醇胺法预脱裂解气中的酸性气体，但仍需要用碱洗法进一步精细脱除。

4.4.2.2　脱水

裂解气经预分馏处理后进入裂解气压缩机，在压缩机入口裂解气中的水分为入口温度和压力条件下的饱和水含量。在裂解气压缩过程中，随着压力的升高，可在段间冷凝过程中分离出部分水分。通常裂解气压缩机出口压力约3.5～3.7MPa，经冷却至15℃左右即送入低温分离系统，此时裂解气中饱和水含量约600～700mg/kg。

(1) 水对裂解过程的危害　裂解气中的水分带入低温分离系统会造成设备和管道堵塞。除水分在低温下结冰造成冻堵外，在加压和低温条件下水分尚可与烃类生成白色结晶的水合物，如$CH_4\cdot6H_2O$、$C_2H_6\cdot7H_2O$、$C_3H_8\cdot8H_2O$，这些水合物也会在设备和管道内积累而造成堵塞现象，因而需要进行干燥脱水处理。为避免低温系统冻堵，通常要求将裂解气中水含量降至1mg/kg以下，即进入低温分离系统的裂解气露点在－70℃以下。

(2) 分子筛脱水　工业上脱水方法有多种，如冷冻法、吸收法、吸附法等。目前广泛采用的方法是吸附法，用硅胶、活性炭、活性氧化铝或分子筛等作吸附剂。用分子筛作吸附剂脱水的方法叫分子筛脱水法。

分子筛是由氧化硅和氧化铝形成的多水化合物的结晶体，在使用时将其活化，脱去结合的水，使其形成均匀的空隙，这些孔有筛分分子的能力，故称分子筛。

图4-18为活性氧化铝和3A分子筛吸附水分的等温吸附曲线和等压吸附曲线。分子筛等温吸附曲线是典型的平缓接近饱和值的Langmuir型等温吸附曲线，在相对湿度达20%以上时其平衡吸附量接近饱和值，但即使在很低的相对湿度下仍有较大的吸附能力。而活性氧化铝的吸附容量随相对湿度变化很大，在相对湿度超过60%时其吸附容量高于分子筛。随着相对湿度的降低，其吸附容量远低于分子筛。由等压吸附曲线可见，在低于100℃的范围

内，分子筛吸附容量受温度影响较小，而活性氧化铝的吸附量受温度影响较大。因此，工业生产中一般选用3A分子筛作为吸附剂进行脱水。

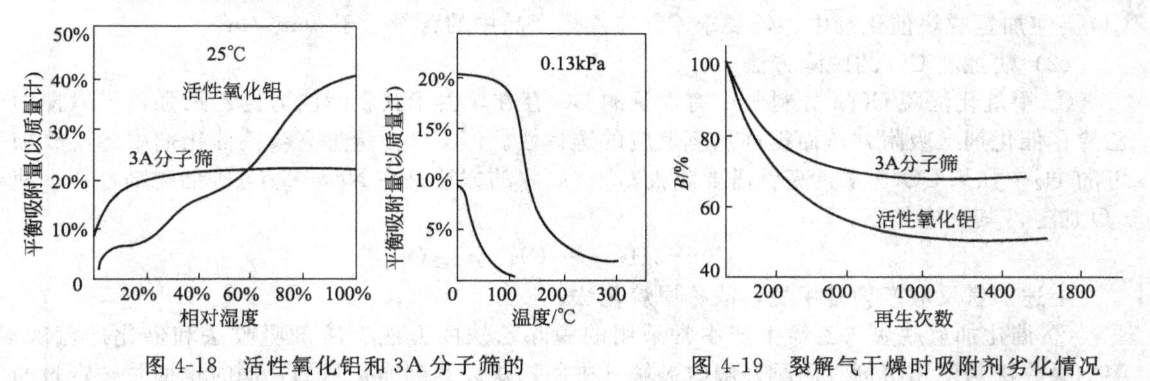

图 4-18　活性氧化铝和3A分子筛的等温吸附曲线和等压吸附曲线

图 4-19　裂解气干燥时吸附剂劣化情况

$B=\frac{劣化后吸附量}{初期吸附量}\times 100\%$

3A分子筛是离子型吸附剂，对极性分子特别是对水有极大的亲和性，易于吸附，而对H_2、CH_4和C_3以上烃类不易吸附。因而，用于裂解气和烃类干燥时，不仅烃的损失小，也可减少高温再生时形成聚合物或结焦而使吸附剂性能劣化。反之，活性氧化铝可吸附C_4不饱和烃，不仅造成C_4烯烃损失，影响操作周期，而且再生时易生成聚合物或结焦而使吸附剂性能劣化。图4-19给出了裂解气干燥时经多次再生后吸附剂性能劣化情况。3A分子筛劣化的主要原因是细孔内钾离子的入口被堵塞所致，循环初期劣化速度较快，以后慢慢趋向一个定值。其劣化度约为初始吸附量的30%左右，较活性氧化铝为优。

(3) 分子筛脱水与再生流程　裂解气3A分子筛干燥脱水与再生流程的主要设备是两个干燥罐，轮流进行干燥和再生，经干燥后裂解气中水含量降至1mg/kg以下。图4-20所示为典型的两个吸附干燥塔轮流脱水与再生的干燥脱水流程。

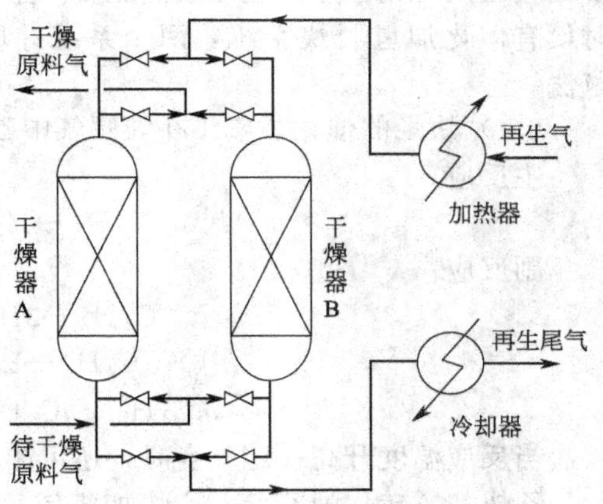

图 4-20　两个吸附塔轮流操作的干燥脱水流程

4.4.2.3　炔烃和CO的脱除

(1) 炔烃和CO的来源和危害

① 炔烃和CO的来源　裂解气中的炔烃主要是在裂解过程中生成的，CO主要是生成的焦炭通过水煤气反应转化生成。在分离过程中，裂解气中的乙炔富集于C_2馏分中，甲基乙炔和丙二烯富集于C_3馏分中。通常C_2馏分中乙炔的摩尔分数约为0.3%～1.2%，甲基乙炔和丙二烯在C_3馏分中的摩尔分数约为1%～5%。在凯洛格（Kellogg）毫秒炉高温-超短停留时间的裂解条件下，C_2馏分中乙炔的摩尔分数可高达2.0%～2.5%，C_3馏分中甲基乙炔和丙二烯的摩尔分数可达5%～7%。

② 炔烃和CO的危害　为了保证聚合催化剂的使用寿命，聚合级乙烯要严格限制乙炔的含量。在高压聚乙烯生产中，由于乙炔的积累使乙烯分压降低，这时必须提高系统总压，当乙炔积累过多、乙炔的分压过高时会引起爆炸，所以必须脱除乙炔。其他以乙烯为原料的合成过程对乙炔的含量也有严格要求。丙烯中含有丙炔、丙二烯，会影响以丙烯为原料的合

成或聚合反应过程的顺利进行，所以也必须脱除丙炔、丙二烯。通常要求乙烯产品中的乙炔含量低于 $1cm^3/m^3$；丙烯产品中的丙炔含量低于 $1cm^3/m^3$，丙二烯含量低于 $50cm^3/m^3$。CO 会使加氢脱炔催化剂中毒，要求 CO 在乙烯产品中的含量低于 $5cm^3/m^3$。

(2) 炔烃和 CO 的脱除方法

① 甲烷化法脱 CO　原料气中有少量的 CO 存在，由于其吸附能力比乙烯强，可以抑制乙烯在催化剂上吸附，从而提高加氢反应的选择性。但 CO 含量过高会使催化剂中毒，故加氢的 H_2 中如果 CO 含量过高就需要除去 CO。脱除的方法是在 Ni/Al_2O_3 等催化剂存在下使 CO 加氢。其反应如下：

$$CO+3H_2 \longrightarrow CH_4+H_2O$$

上述加氢反应产物是甲烷，故称甲烷化法。

② 催化加氢脱炔　乙烯生产中常采用的脱除乙炔的方法有溶剂吸收法和催化加氢法。溶剂吸收法是使用溶剂（丙酮）吸收裂解气中的乙炔以达到净化目的，同时也回收一定量的乙炔；催化加氢法是将裂解气中的乙炔加氢成为乙烯或乙烷，由此达到脱除乙炔的目的。溶剂吸收法和催化加氢法各有优缺点。目前，在不需要回收乙炔时一般采用催化加氢法，当需要回收乙炔时则采用溶剂吸收法。实际生产中，建有回收乙炔的溶剂吸收系统的工厂往往同时设有催化加氢脱炔系统，两个系统并联，以具有一定的灵活性。这里重点介绍催化加氢法。

(ⅰ) 炔烃的催化加氢　在裂解气中乙炔进行选择性催化加氢时有如下反应。

主反应：

$$C_2H_2+H_2 \longrightarrow C_2H_4+\Delta H_1$$

副反应：

$$C_2H_2+2H_2 \longrightarrow C_2H_6+\Delta H_2$$

$$C_2H_4+H_2 \longrightarrow C_2H_6+(\Delta H_2-\Delta H_1)$$

$$mC_2H_2+nC_2H_4 \longrightarrow \text{低聚物(绿油)}$$

当反应温度升高一定程度时，还可能发生生成 C、H_2 和 CH_4 的裂解反应。

乙炔加氢转化为乙烯和乙炔加氢转化为乙烷的反应动力学数据见表 4-12。根据化学平衡常数可以看出，乙炔加氢反应在热力学上是很有利的，几乎可以接近全部转化。反应 (1) 不仅脱除炔烃，而且增加乙烯的收率；反应 (2) 只能脱除炔烃，不增加乙烯的收率。乙烯加氢生成乙烷和乙炔与乙烷的聚合反应是最不希望发生的反应。因此，要使乙炔进行选择性加氢，必须采用选择性良好的催化剂。常用的催化剂有 $Pd/\alpha\text{-}Al_2O_3$、$Ni\text{-}Co/\alpha\text{-}Al_2O_3$ 等，在这些催化剂上乙炔的吸附能力比乙烯强，能进行选择性加氢。

表 4-12　乙炔加氢反应热效应及平衡常数

温度/K	反应热效应 ΔH/(kJ/mol)		化学平衡常数	
	反应(1)：$C_2H_2+H_2 \longrightarrow C_2H_4$	反应(2)：$C_2H_2+2H_2 \longrightarrow C_2H_6$	反应(1)：$C_2H_2+H_2 \longrightarrow C_2H_4$ $k_1=\frac{[C_2H_4]}{[C_2H_2][H_2]}$	反应(2)：$C_2H_2+2H_2 \longrightarrow C_2H_6$ $k_2=\frac{[C_2H_6]}{[C_2H_2][H_2]^2}$
300	−174.636	−311.711	3.37×10^{24}	1.19×10^{42}
400	−177.386	−316.325	7.63×10^{16}	2.65×10^{28}
500	−179.660	−320.227	1.65×10^{12}	1.31×10^{20}
600	−181.334	−323.267	1.19×10^{9}	3.31×10^{14}
700	−182.733	−325.595	6.5×10^{6}	3.10×10^{10}

(ⅱ) 前加氢和后加氢脱炔　由于加氢脱炔在裂解气分离过程中所处的位置不同，有前

加氢脱炔和后加氢脱炔两种方法。

设在脱甲烷塔前进行加氢脱炔的叫前加氢。前加氢的加氢气体可以是裂解气全馏分（顺序流程）；H_2、C_1^0、C_2、C_3馏分（前脱丙烷流程）；H_2、C_1^0、C_2馏分（前脱乙烷流程）。可见加氢馏分中就含有 H_2，不需要外供 H_2，所以前加氢又称自给氢催化加氢过程。

设在脱甲烷塔后进行加氢脱炔的叫后加氢。裂解气经过脱甲烷、H_2后，将 C_2、C_3馏分用精馏塔分开，然后分别对 C_2和 C_3馏分进行加氢脱炔。裂解气中已不含 H_2组分，需外供 H_2进行加氢脱炔。

从能量利用和流程简繁来看，前加氢流程 H_2可以自给，流程简单，投资节省。但由于 H_2的分压高，会降低加氢选择性，增大乙烯损失，操作稳定性差，对催化剂的活性和选择性要求高。后加氢的 H_2是外供的，流程复杂。但由于馏分组成简单，杂质少，外供的 H_2量易控制，使加氢的选择性提高，乙烯收率和产品纯度也较高，催化剂的使用寿命也长。所以，目前工业生产中仍采用后加氢为主。

（ⅲ）加氢脱炔工艺流程　以后加氢为例，进料中乙炔的含量高于体积分数 0.7%，一般采用多段绝热床或等温反应器。图 4-21 所示为鲁姆斯公司采用的双段绝热床后加氢工艺流程。脱乙烷塔塔顶回流罐中未冷凝的 C_2馏分经预热并配入氢后进入第一段加氢反应器，反应后的气体经段间冷却后进入第二段加氢反应器，反应后的气体经冷却后进入绿油吸收塔，在此用乙烯塔抽出的 C_2馏分吸收绿油。脱除绿油后的 C_2馏分经干燥后送入乙烯精馏塔。C_3馏分中的丙炔和丙二烯采用液相加氢法脱除，其脱除原理基本与乙炔相同。

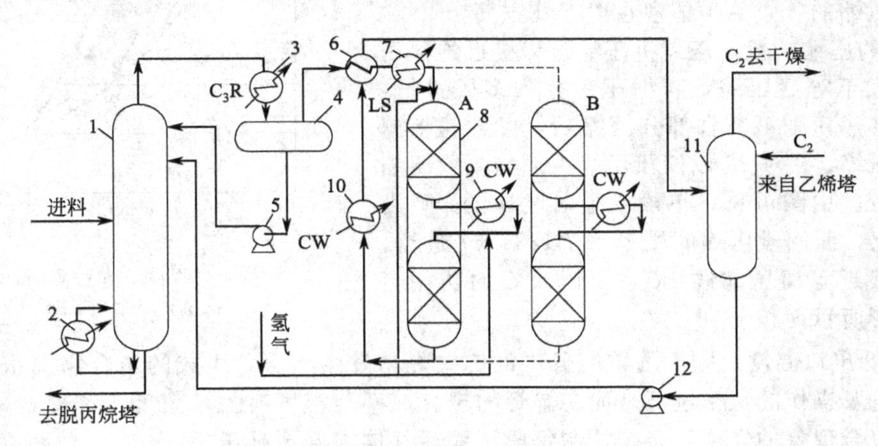

图 4-21　双段绝热床后加氢工艺流程

1—脱乙烷塔；2—再沸器；3—冷凝器；4—回流罐；5—回流泵；6—换热器；7—加热器；8—加氢反应器；9—段间冷却器；10—冷却器；11—绿油吸收塔；12—绿油泵；C_3R—丙烷冷剂

4.4.3　裂解气的压缩与制冷系统

4.4.3.1　裂解气的压缩系统

裂解气中许多组分在常压下都是气体，其沸点很低，常压下进行各组分精馏分离则分离温度很低，需要大量的冷量。为了使分离的温度不太低，可适当提高分离压力。

裂解气分离中温度最低部位是甲烷和氢气的分离，即甲烷塔塔顶，它的分离温度与压力的关系有如下数据：

分离压力/MPa	甲烷塔塔顶温度/℃
3.0～4.0	−96
0.6～1.0	−130
0.15～0.3	−140

由上述数据可以看出，分离压力高时分离温度也高，分离压力低时分离温度也低。分离压力高时，其分离温度也高，多耗压缩功，少耗冷量，分离压力低时则相反。此外，分离压力高时精馏塔塔釜温度升高，易引起重组分聚合，并使烃类的相对挥发度降低，增加分离难度。在低压下则相反，塔釜温度低，不易聚合，烃类的相对挥发度大，分离较容易。两种方法各有利弊，工业生产中都有采用。工业上常用的深冷分离装置以高压法居多，通常采用3.6MPa左右。但由于近年来分离技术和制冷技术的进步，低压法也有新的发展。

裂解气压缩基本上是一个绝热过程，气体压力升高时温度也上升，压缩后的温度可由气体绝热方程式算出：

$$T_2 = T_1 \left(\frac{p_2}{p_1}\right)^{\frac{k-1}{k}} \tag{4-14}$$

式中 T_1，T_2——分别为压缩前、后的温度，K；

p_1，p_2——分别为压缩前、后的压力，MPa；

k——绝热指数，$k=c_p/c_v$。

随压力升高，压缩机内裂解气温度也升高，会使二烯烃在压缩机内聚合，聚合物沉积在汽缸上造成磨损，还会使压缩机内润滑油黏度下降，润滑效果变差。为了克服以上矛盾，工程上采用多级压缩与段间冷却相结合的方法。一般采用3～5级压缩。

多级压缩的优点集中体现在以下几方面。

① 节约压缩功耗。压缩机压缩过程接近绝热压缩，功耗大于等温压缩，若把压缩分为多段进行，段间冷却移热，则可节省部分压缩功，段数越多越接近等温压缩。图4-22以四段压缩为例与单段压缩进行了比较。由图可见，单段压缩时气体的 pV 沿线 BC' 变化，而四段压缩时则沿线 $B1234567$ 进行，后者比较接近等温压缩线 BC，所以节省的功相当于图中阴影所示面积。

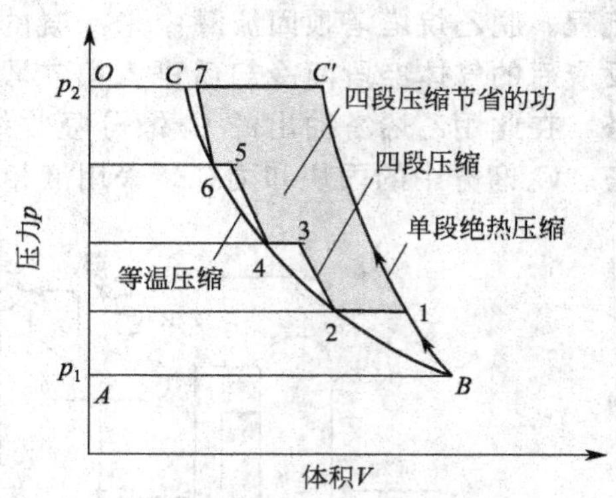

图 4-22 单段压缩与多段压缩在 pV 图上的比较

② 降低出口温度。裂解气重组分中的二烯烃易发生聚合，生成的聚合物沉积在压缩机内，严重危及操作的正常进行。而二烯烃的聚合速率与温度有关，温度越高聚合速率越快。为了避免聚合现象的发生，必须控制每段压缩后气体温度不高于100℃。以此根据式(4-14)可计算出每段的压缩比。

③ 减少分离净化负荷，节约冷量。裂解气经压缩后段间冷凝可除去其中大部分的水，减少干燥器体积和干燥剂用量，延长再生周期。同时还从裂解气中分凝部分 C_3 及 C_3 以上的重组分，减少进入深冷系统的负荷，相应节约了冷量。

表4-13给出了凯洛格（Kellogg）公司在某年产68万吨大型乙烯装置中采用五段压缩工艺流程相应的工艺参数值。

表 4-13 裂解气五段压缩工艺参数

段数	进口温度/℃	进口压力/MPa	出口温度/℃	出口压力/MPa	压缩比
Ⅰ	38	0.130	87.8	0.260	2.00
Ⅱ	34	0.245	85.6	0.509	2.08
Ⅲ	36	0.492	90.6	1.019	2.07
Ⅳ	37	0.998	92.2	2.108	2.11
Ⅴ	38	2.028	92.2	4.125	2.03

4.4.3.2 裂解装置中的制冷系统

深冷分离过程需要制冷剂，制冷是利用制冷剂压缩和冷凝得到制冷剂液体，再在不同的压力下蒸发，获得不同温度级位的冷冻过程。

(1) 制冷剂的选择 常用的制冷剂见表4-14。表中的制冷剂都是易燃易爆的，为了安全起见，不应在制冷系统中漏入空气，制冷循环应在高于常压条件下进行。这样各制冷剂的沸点就决定了它的蒸发温度，要获得低温就必须采用低沸点的冷剂。

表4-14 制冷剂的性质

制冷剂	分子式	沸点/℃	凝固点/℃	蒸发潜热/(kJ/kg)	临界温度/℃	临界压力/MPa	与空气的爆炸极限(体积分数)/%	
							下限	上限
氨	NH_3	−33.4	−77.7	1373	132.4	11.292	15.5	27
丙烷	C_3H_8	−42.07	−187.7	426	96.81	4.257	2.1	9.5
丙烯	C_3H_6	−47.7	−185.25	437.9	91.89	4.600	2.0	11.1
乙烷	C_2H_6	−88.6	−183.3	490	32.27	4.883	3.22	12.45
乙烯	C_2H_4	−103.7	−169.15	482.6	9.5	5.116	3.05	28.6
甲烷	CH_4	−161.5	−182.48	510	−82.5	4.641	5.0	15.0
氢	H_2	−252.8	−259.2	454	−239.9	1.297	4.1	74.2

乙烯和丙烯产品是深冷分离得到的，用其为制冷剂可以就地取材，而且乙烯的沸点为−103.7℃，在不低于常压下操作也可以达到−100℃。甲烷和H_2是脱甲烷过程中的产物，甲烷也可以作制冷剂，以获得更低的温度。各种制冷剂的制冷温度范围与能量消耗等级关系如图4-23所示。由图可见，制冷温度越低，单位能量消耗越大。所以工程上把制冷剂分成不同级位，这样在不需深冷温度的场合下尽量用较高温度级位的制冷剂（如氨、丙烯）。因为深冷分离工艺中需要各种不同温度级位的制冷，所以在设计制冷系统时要考虑到能提供各种温度级位的制冷剂。

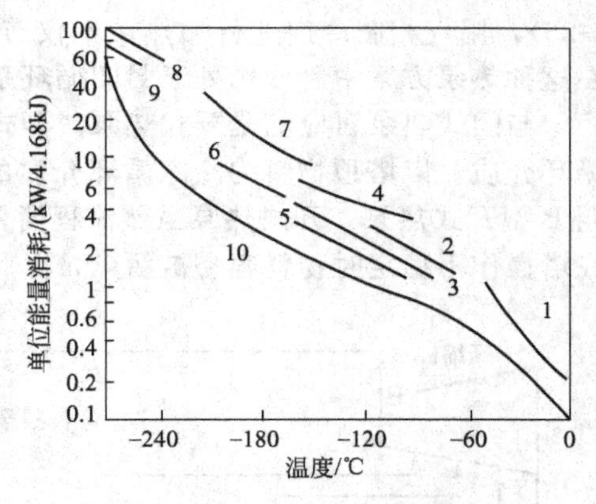

图4-23 制冷剂温度范围与单位能量消耗关系

(2) 复叠制冷 欲获得低温的冷量，又不希望制冷剂在负压下蒸发，则需要采用常压下沸点很低的物质作为制冷剂，但这类物质的临界温度也很低，不可能在加压情况下用水冷却使之冷凝。为了获得−100℃温度级的冷量，需用乙烯作制冷剂。但在压缩-冷凝-节流-蒸发的蒸气压缩制冷循环中，由于受乙烯临界点限制，乙烯制冷剂不可能在环境温度下冷凝，其冷凝温度必须低于其临界温度（9.5℃），该温度低于冷却水的温度，因此不能用冷却水使乙烯冷凝，这样就不能构成乙烯蒸气压缩冷冻循环。图4-24给出了乙烯-丙烯复叠制冷循环流程，可制取−102℃的低温。

在维持蒸发压力不低于常压条件下，乙烯制冷剂不能达到−102℃以下的制冷温度。为制取更低温度级的冷量，需选用沸点更低的制冷剂。例如，选用甲烷作制冷剂时，由于其常压沸点低达−161.5℃，可制取−160℃温度级的冷量。但是，随着常压沸点的降低，其临界温度也降低。甲烷的临界温度为−82.5℃，因而以甲烷为制冷剂时其冷凝温度必须低于−82.5℃。此时，当深冷分离系统需−102℃以下温度冷量时（如低压脱甲烷工艺流程），可采用甲烷-乙烯-丙烯构成的三元复叠制冷循环系统，如图4-25所示。多元制冷循环的目的是向需要温度最低的冷量用户供冷，同时又向需要温度最高的热量用户供热。

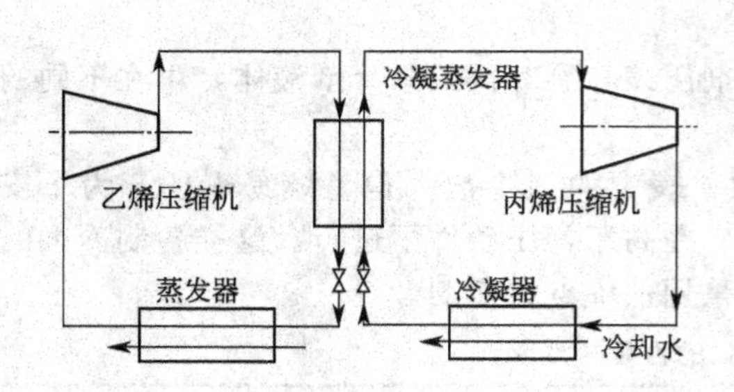

图 4-24 乙烯-丙烯复叠制冷循环流程

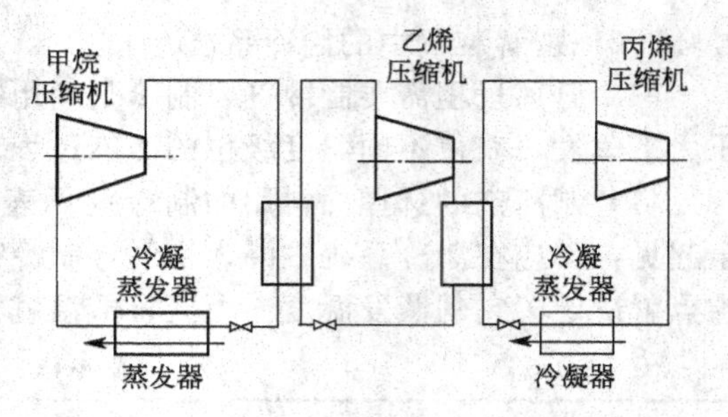

图 4-25 甲烷-乙烯-丙烯三元复叠制冷系统

(3) 热泵 所谓“热泵”，是通过做功将低温热源的热量传送给高温热源的供热系统。显然，热泵也是采用制冷循环，利用制冷循环在制取冷量的同时进行供热。在单级蒸气压缩制冷循环中，通过压缩机做功将低温热源（蒸发器）的热量传送至高温热源（冷凝器），此时仅以制取冷量为目的，称为制冷机。如果在此循环中将冷凝器作为加热器使用，利用制冷剂供热，则可称此制冷循环为热泵。

在裂解气低温分离系统中，有些部位需要在低温下进行加热，例如低温分馏塔的再沸器和中间再沸器、乙烯产品汽化等。此时，如利用压缩机的中间各段设置适当的加热器（图4-26），用气相制冷剂进行加热，不仅节省相当的压缩功，而且还减少了冷凝器的热负荷。在这种热泵方案中制冷剂处于封闭循环系统，故称闭式热泵。

与闭式热泵对应的是开式热泵。开式热泵的特点是不用外来制冷剂，塔中物料即为冷冻循环介质。以塔顶物料为冷冻循环介质的叫 A 型开式热泵，以塔底物料为冷冻循环介质的叫 B 型开式热泵。开式热泵虽然流程简单，设备费用较闭式热泵少，但制冷剂与物料合并，在塔操作不稳定时物料容易被污染，因此自动化程度要求较高。

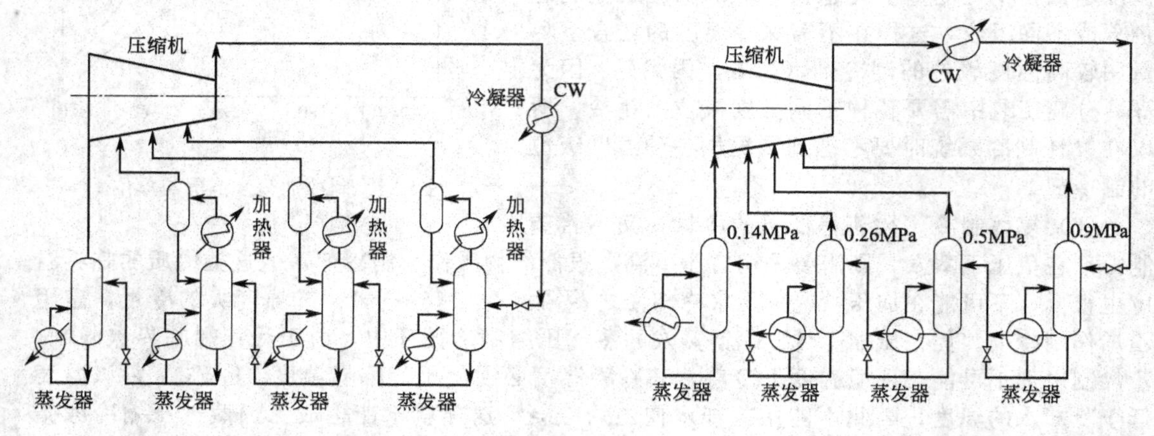

图 4-26 丙烯制冷系统的热泵方案

图 4-27 不同温度级别的丙烯制冷系统

(4) 多级蒸气压缩制冷循环系统 单级蒸气压缩制冷循环仅提供一种温度的冷量，即蒸发器的蒸发温度，这样不利于冷量的合理利用。为降低冷量的消耗，制冷系统应提供多个温度级别的冷量，以适应不同冷却深度要求。在需要提供多个温度级别的冷量时，可在多级节流多级压缩制冷的基础上在不同压力等级设置蒸发器，形成多级压缩多级蒸发的制冷循环系统，用一个压缩机组同时提供不同温度级别的冷量，从而降低投资。

图 4-27 所示为制取 4 个温度级别冷量的丙烯制冷系统典型工艺流程。该流程中的丙烯制冷剂从冷凝压力 1.6MPa 逐级节流至 0.9MPa、0.5MPa、0.26MPa、0.14MPa，并相应制取 16℃、−5℃、−24℃、−40℃ 4 个不同温度级别的冷量。

4.4.4 裂解气的深冷分离流程

经压缩、制冷和净化过程，为裂解气深冷分离创造了条件——高压、低温、杂质含量符合分离要求。深冷分离的任务就是根据裂解气中各低碳烃相对挥发度的不同，用精馏的方法逐一进行分离，最后获得纯度符合要求的乙烯和丙烯产品。

4.4.4.1 裂解气深冷分离的3种流程

深冷分离工艺流程比较复杂，设备较多，能量消耗大，故在组织流程时需全面考虑，因为这直接关系到建设投资、能量消耗、操作费用、运转周期、产品的产量和质量、生产安全等多方面的问题。裂解气深冷分离工艺流程包括裂解气深冷分离中的每一个操作单元，每个单元所处的位置不同，可以构成不同的流程。目前具有代表性的3种深冷分离流程是顺序深冷分离流程、前脱乙烷深冷分离流程、前脱丙烷深冷分离流程，典型的是顺序深冷分离流程。

(1) 顺序深冷分离流程 顺序深冷分离流程是按裂解气中各组分碳原子数由小到大的顺序进行分离，即先分离出甲烷、氢，其次是脱乙烷及乙烯的精馏，接着是脱丙烷和丙烯的精馏，最后是脱丁烷，塔顶得碳四馏分，塔底得碳五及更重的馏分。

顺序深冷分离流程如图4-28所示。裂解气经过离心压缩机一、二、三段压缩，压力达到1.0MPa，送入碱洗塔，脱除H_2S、CO_2等酸性气体。碱洗后的裂解气经过压缩机四、五段压缩，压力达到3.6MPa，经冷却至15℃，去干燥塔用3A分子筛脱水，使裂解气的露点温度达到−70℃左右。干燥后的裂解气经过一系列的冷却冷凝，在前冷箱中分出富氢和四股馏分。富氢经过甲烷化（脱除裂解气中的CO）作为加氢用氢气。四股馏分按轻重组分分别进入脱甲烷塔的不同塔板。重组分温度较高，进入下层塔板；温度低的轻组分进入上层塔板，在塔顶脱除甲烷馏分。塔釜是C_2以上馏分，送入脱乙烷塔。脱乙烷塔的塔顶分出C_2馏分，塔釜液为C_3以上馏分。由脱乙烷塔顶分出的C_2馏分经换热升温，进行气相加氢脱炔，在绿油塔用乙烯塔来的侧线馏分洗去绿油，再经3A分子筛干燥，然后送入乙烯塔。在乙烯塔的上段第九块塔板侧线上引出纯度为99.9%的乙烯产品。塔釜液为乙烷馏分，送往裂解炉作裂解原料，塔顶脱出CH_4、H_2（在加氢脱炔时带入）。脱乙烷塔釜液进入脱丙烷塔，塔顶分出C_3馏分，塔釜液为C_4馏分，含有二烯烃，易聚合结焦，故脱丙烷塔底温度不宜超过100℃，并加入阻聚剂。为防止结焦堵塞，此塔一般设两个再沸器，以供轮换检修使用。

由脱丙烷塔塔顶蒸出的C_3馏分经加氢脱炔和丙二烯，然后在绿油塔脱去绿油和加氢时

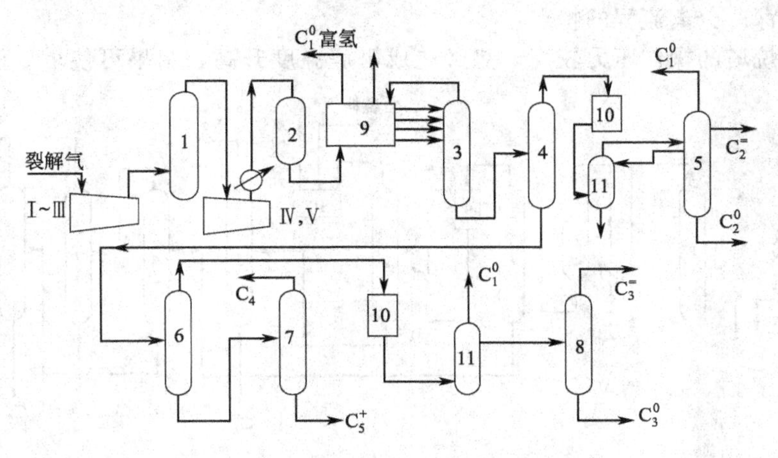

图4-28 顺序深冷分离流程

1—碱洗塔；2—干燥器；3—脱甲烷塔；4—脱乙烷塔；5—乙烯精馏塔；6—脱丙烷塔；7—脱丁烷塔；8—丙烯精馏塔；9—冷箱；10—加氢脱炔反应器；11—绿油塔

带入的 CH_4、H_2，再进入丙烯塔进行精馏，塔顶蒸出纯度为99.9%的丙烯产品，塔釜液为丙烷馏分。

脱丙烷塔的釜液为 C_3 以上馏分，进入脱丁烷塔。脱丁烷塔塔顶为 C_4 馏分，塔釜为 C_5^+（C_5 以上馏分）。C_4 和 C_5^+ 馏分分别送往下一道工序，以便进一步分离利用。

丙烯与丙烷的相对挥发度最小，最难分离，塔板数也最多；乙烯与乙烷的相对挥发度次之，较难分离；其他塔的相对挥发度依次增大，较易分离。此分离流程是采用先易后难的顺序，即先分离相对挥发度较大的不同碳原子数的馏分，后分离相对挥发度较小的馏分，最后分离相对挥发度最小的同一碳原子 C_2 和 C_3 馏分。此流程采用后加氢脱炔，可使流程简化。但因其中含有大量的 C_4 馏分，在加氢脱炔过程中会放出大量热，容易升温失控。当 C_4 馏分中含有大量丁二烯时，不宜采用后加氢脱炔。

顺序深冷分离流程的特点：

① 以轻油（60～200℃的馏分）为裂解原料时，裂解气的分离一般采用顺序深冷分离流程；

② 顺序深冷分离流程技术成熟，但流程较长，分馏塔较多，深冷塔（脱甲烷塔）消耗冷量较多，压缩机循环量和流量较大，消耗定额偏高；

③ 顺序深冷分离流程按裂解气组成和分子量的顺序分离，然后再进行同碳原子数的烃类分离；

④ 顺序深冷分离流程采用后加氢脱除炔烃的方法。

（2）前脱乙烷深冷分离流程　前脱乙烷深冷分离流程是以脱乙烷塔为界限将物料分成两部分，一部分是轻馏分即甲烷、氢、乙烷、乙烯等组分，另一部分是重组分即丙烯、丙烷、丁烯、丁烷以及碳五以上的烃类，然后再将这两部分物料各自进行分离，分别获得所需的烃类。

前脱乙烷深冷分离流程如图4-29所示。裂解气经压缩、碱洗、干燥后，在3.6MPa下进入脱乙烷塔。脱乙烷塔塔顶为 C_2 以及 C_2 以下馏分，此馏分送去加氢脱炔（前加氢），然后进入脱甲烷塔。脱甲烷塔塔顶为 CH_4、H_2，送去冷箱中进行分离（分出 CH_4 和 H_2）；塔釜为 C_2 馏分，去乙烯精馏塔分离出乙烯和乙烷。脱乙烷塔的釜液依次进入脱丙烷塔、脱丁烷塔、丙烯精馏塔等，分离出丙烯、丙烷、C_4 馏分和 C_5^+ 馏分。

前脱乙烷深冷分离流程的特点：

由于脱乙烷塔的操作压力较高，势必造成塔底温度升高，结果可使塔底温度高达80～

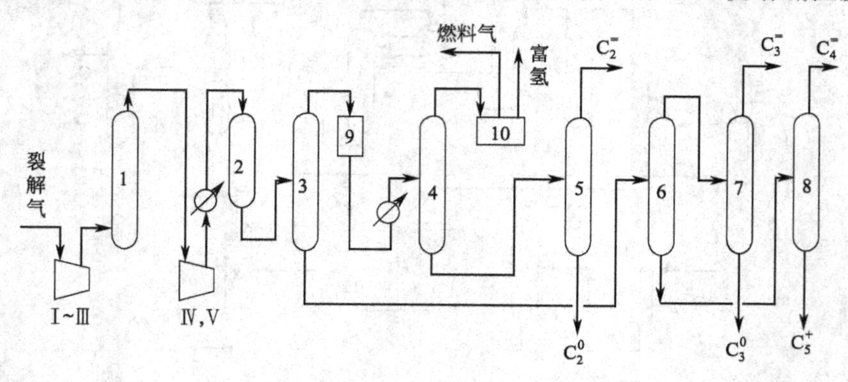

图4-29　前脱乙烷深冷分离流程

1—碱洗塔；2—干燥器；3—脱乙烷塔；4—脱甲烷塔；5—乙烯精馏塔；6—脱丙烷塔；7—丙烯精馏塔；8—脱丁烷塔；9—加氢脱炔反应器；10—冷箱

100℃以上，在该温度下不饱和重质烃及丁二烯等容易聚合结焦，这样就会影响操作的连续性。重组分含量越多，这种方法的缺点就越突出。因此前脱乙烷流程不适合裂解重质油所得裂解气的分离。

(3) 前脱丙烷深冷分离流程　前脱丙烷深冷分离流程是以脱丙烷塔为界限将物料分为两部分，一部分为丙烷及比丙烷更轻的组分，另一部分为碳四及比碳四更重的组分，然后再将这两部分物料各自进行分离，获得所需的烃类产品。

前脱丙烷深冷分离流程如图4-30所示。裂解气经三段压缩，压力为0.96MPa，经碱洗干燥后冷至－15℃，进入脱丙烷塔。C_4以上馏分由脱丙烷塔塔釜分出，然后进入脱丁烷塔，分出C_4和C_5^+馏分。脱丙烷塔顶出来的C_3以及C_3以下馏分进入压缩机四段入口，压缩升压至3.6MPa，进入加氢脱炔反应器，然后送往冷箱。在冷箱中分出富氢，其余馏分进入脱甲烷塔。甲烷馏分从脱甲烷塔塔顶分出，塔釜液进入脱乙烷塔。在脱乙烷塔中将C_2、C_3馏分分开，塔顶出来的C_2馏分去乙烯精馏塔分出乙烯和乙烷，塔釜的C_3馏分去丙烯精馏塔分出丙烯和丙烷。

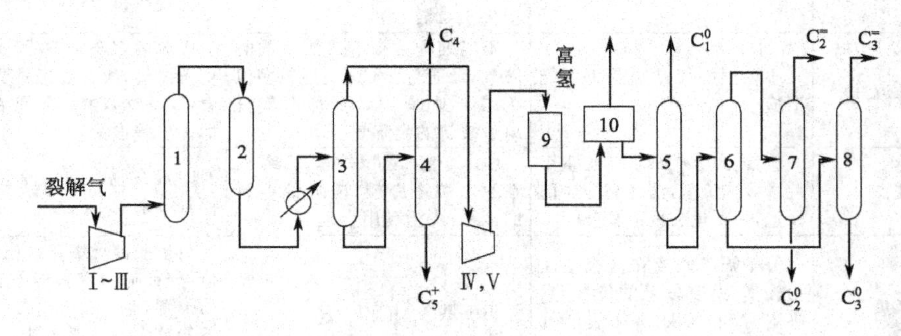

图4-30　前脱丙烷深冷分离流程

1—碱洗塔；2—干燥器；3—脱丙烷塔；4—脱丁烷塔；5—脱甲烷塔；6—脱乙烷塔；7—乙烯精馏塔；8—丙烯精馏塔；9—加氢脱炔反应器；10—冷箱

前脱丙烷深冷分离流程的特点：

C_4以上馏分不进行高段压缩，减少了聚合现象的发生，节省了压缩功，减少了精馏塔和再沸器的结焦现象，适合裂解重质油的裂解气分离。

(4) 3种深冷流程的比较　上述3种深冷分离流程比较起来，有共同之处，也有不同之处，各有优缺点。

3种流程的共同点如下。

① 先将不同碳原子数的烃类分开，再分离同一碳原子数的烯烃和烷烃，采取先易后难的分离顺序。

② 最终出产品的乙烯塔和丙烯塔并联安排，并且排在最后，作为二元组分精馏处理。

(ⅰ) 这种流程安排方法，物料中组分接近二元系统，物料简单，可确保两个主要产品纯度，同时也可减少分离损失，提高烯烃收率。

(ⅱ) 并联安排，相互干扰比串联安排要少一些，有利于稳定操作，有利于提高产品质量。

(ⅲ) 乙烯塔和丙烯塔的塔底液体是乙烷和丙烷，都是中间产物，不是作为裂解原料就是作为燃料，质量要求不严格，流量又较小，这样就能保证塔顶产品乙烯和丙烯产品质量(创造了有利条件)。

3种流程的不同点如下。

① 精馏塔的排列顺序不同。顺序分离流程是按组分碳原子数顺序排列的，其顺序为：

脱甲烷塔（1）→脱乙烷塔（2）→脱丙烷塔（3）。即顺序分离流程中的C_1、C_2、C_3逐个脱除，按顺序分离，排列顺序简称为［1 2 3］；前脱乙烷流程的排列顺序是［2 1 3］；前脱丙烷流程的排列顺序是［3 1 2］。

② 加氢脱炔的位置不同。

③ 冷箱位置不同。在脱甲烷塔系统中有些冷凝器、换热器和气液分离罐的操作温度非常低，为了防止散冷，减少与环境接触的表面积，把这些冷设备集装在一起成箱，就称为冷箱。冷箱的工作原理是利用节流膨胀获得低温，其作用是提高深冷分离系统中乙烯的回收率。

冷箱在脱甲烷塔以前的称“前冷流程”，冷箱在脱甲烷塔之后的称“后冷流程”。

3 种深冷分离工艺流程的比较见表 4-15。

表 4-15 深冷分离三大代表性流程的比较

比较目的	顺序流程	前脱乙烷流程	前脱丙烷流程
操作中的问题	脱甲烷塔居首，釜温低，不易堵再沸器	脱乙烷塔居首，压力高，釜温高，如C_4以上烃含量多，二烯烃在再沸器聚合，影响操作，而且损失丁二烯	脱丙烷塔居首，置于压缩机段间除去C_4以上烃，再送入脱甲烷塔、脱乙烷塔，可防止二烯烃聚合
对原料的适应性	不论裂解气是轻是重都能适应	不能处理含有丁二烯多的裂解气，最适合含C_3、C_4烃较多但丁二烯少的气体，如炼厂气分离后裂解的裂解气	因脱丙烷塔居首，可先除去C_4及更重的烃，故可处理较重裂解气，对含C_4烃较多的裂解气此流程更能体现出优点
冷量的消耗	全馏分进入甲烷塔，加重甲烷塔冷冻负荷，消耗高能位的冷量多，冷量利用不够合理	C_3、C_4烃不在甲烷塔冷凝，而在脱乙烷塔冷凝，消耗低能位的冷量，冷量利用合理	C_4烃在脱丙烷塔冷凝，冷量利用比较合理
分子筛干燥负荷	分子筛干燥放在流程中压力较高、温度较低的位置，对吸附有利，容易保证裂解气的露点，负荷小	情况同左	由于脱丙烷塔移在压缩机三段出口，分子筛干燥只能放在压力较低的位置，而且三段出口C_3以上重烃不能较多地冷凝下来，影响分子筛吸附性能，所以负荷大、费用高
塔径大小	因全馏分进入甲烷塔，负荷大，深冷塔直径大，耐低温合金钢耗用多	因脱乙烷塔已除C_3以上烃，甲烷塔负荷轻、直径小，耐低温合金钢可节省。而脱乙烷因压力高，提馏段液体表面张力小，脱乙烷塔直径大	情况介乎前两流程之间
设备多少	流程长，设备多	视采用加氢方案不同而异	采用前加氢时设备较少

4.4.4.2 裂解气分离流程的主要评价指标

(1) 乙烯回收率　评价某个反应系统最重要的指标是目的产品的收率，而评价一个分离精制系统则是目的产品的回收率。对于一个现代乙烯工厂的分离装置，乙烯回收率的高低对工厂的经济性有很大影响，它是评价分离装置是否先进的一项重要技术经济指标。

为了分析影响乙烯回收率的因素，首先讨论乙烯分离装置的物料平衡，如图 4-31 所示。

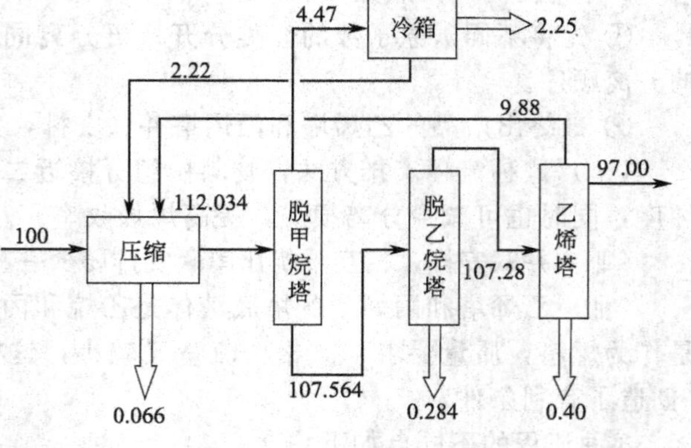

图 4-31 乙烯物料平衡

由图可知乙烯回收率为 97%，而乙烯损失有 4 处：

① 冷箱尾气（C_1^0，H_2）中带出损失，占乙烯总量的 2.25%；

② 乙烯塔釜液乙烷中带出损失，占乙烯总量的0.4%；

③ 脱乙烷塔釜液C_3馏分中带出损失，占乙烯总量的0.284%；

④ 压缩段间凝液带出损失，约为乙烯总量的0.066%。

正常操作时②③④项损失是很难避免的，而且损失量也较小，因此影响乙烯回收率高低的关键是尾气中乙烯损失。

(2) 能量的综合利用水平　能量的综合利用水平决定单位产品（乙烯、丙烯等）所需能耗，为此要针对主要能耗设备加以分析，不断改进，降低能耗，提高能量综合利用水平。表4-16给出了深冷分离系统冷量消耗分配。

表4-16　深冷分离系统冷量消耗分配

塔系	脱甲烷塔(包括原料预冷)	乙烯精馏塔	脱乙烷塔	其余塔	总计
制冷消耗量分配	52%	36%	9%	3%	100

综合分析乙烯回收率和能量综合利用水平两个因素可以看出，甲烷塔和乙烯精馏塔既是保证乙烯回收率和乙烯产品质量（纯度）的关键设备，又是冷量主要消耗所在（消耗冷量占总量的88%）。因此，脱甲烷塔和乙烯精馏塔的设计直接决定着深冷分离流程的技术水平。

4.4.4.3　裂解气分离系统的主要设备

(1) 脱甲烷塔　脱除裂解气中的氢和甲烷是裂解气分离装置中投资最大、能耗最多的环节。在深冷分离装置中，需要在−90℃以下的低温条件下进行氢和甲烷的脱除，其冷冻功耗约占全装置冷冻功耗的50%以上。

脱甲烷塔的任务就是将裂解气中的氢气、甲烷以及惰性气体与C_2以上组分进行分离。因此，对于脱甲烷塔而言，其轻关键组分为甲烷，重关键组分为乙烯。从表4-17中甲烷对乙烯的相对挥发度来看是比较容易分离的，但由于含有大量的氢气，必须使塔顶温度低达−100℃才能保证塔顶尾气中乙烯含量少，以提高乙烯回收率。另一方面要求塔釜中甲烷含量尽可能少，以提高产品乙烯纯度。

表4-17　各塔关键组分的相对挥发度和操作条件

分离塔	关键组分		操作条件			平均相对挥发度
	轻	重	温度/℃		压力/MPa	
			塔顶	塔釜		
脱甲烷塔	CH_4	C_2H_4	−96	6	3.4	5.50
脱乙烷塔	C_2H_6	C_3H_6	−12	76	2.85	2.19
脱丙烷塔	C_3H_8	$i\text{-}C_4H_{10}$	4	70	0.75	2.76
脱丁烷塔	C_4H_{10}	C_5H_{12}	8.3	75.2	0.18	3.12
乙烯精馏塔	C_2H_4	C_2H_6	−70	−49	0.57	1.72
丙烯精馏塔	C_3H_6	C_3H_8	26	35	1.23	1.09

对于汽液两相平衡系统，根据相律$F=C-P+2$，一个有C组分的多元系统自由度等于C。在脱甲烷塔塔顶的操作条件中，当分离任务确定之后（例如乙烯在尾气中损失等），可以自由变化的参数只有一个——温度或压力，压力确定之后温度就不能任意变化了。那么选择多高的压力和多低的温度为好？工业上脱甲烷过程有高压法和低压法之分，所以围绕甲烷塔压力的变化分离流程也有高压法深冷分离流程和低压法深冷分离流程两种。

① 低压法　低压法的操作条件为：压力0.18～0.28MPa，塔顶温度−140℃左右，釜温−50℃左右。由于压力低，由图4-32可见$C_1^0/C^=$的相对挥发度α值较大，分离效果好，乙烯回收率高。低压法也适用于含氢及甲烷较多的裂解气的分离。虽然低压法由于分离温度较低而需要用低温级冷剂，但因易分离，回流比较小，折算到每吨乙烯的能量消耗低压法仅为

高压法的 70%多一些。低压法也有不利之处，如需要耐低温钢材、多一套甲烷制冷系统、流程比较复杂等。

② 高压法　高压法的脱甲烷塔塔顶温度为−96℃左右，不必采用甲烷制冷系统，只需用液态乙烯冷剂即可。由于脱甲烷塔塔顶尾气压力高，可借助高压尾气的自身节流膨胀获得额外的降温，比甲烷冷冻系统简单。此外提高压力可缩小精馏塔的容积。所以，从投资和材质要求来看，高压法是有利的。

比较高压法和低压法可以看出两种方法各有优缺点，国内乙烯生产装置上两种方法均有采用。表 4-18 列出了采用高压法和低压法时脱甲烷塔的主要工艺参数。

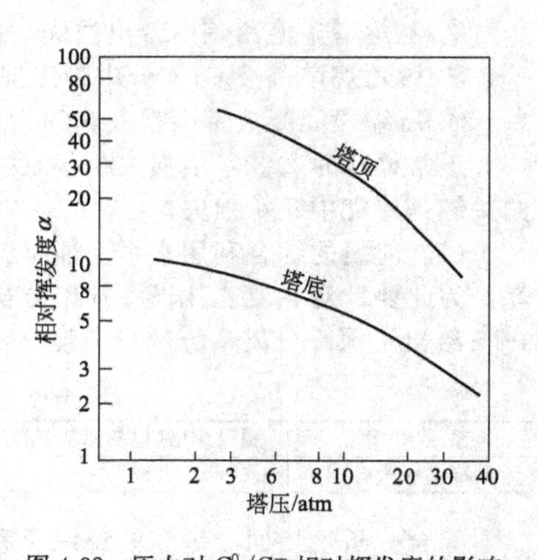

图 4-32　压力对 $C_1^0/C^=$ 相对挥发度的影响
1atm=0.1013MPa

(2) 乙烯精馏塔和丙烯精馏塔　从深冷裂解分离流程可知，乙烯精馏塔是分离裂解气得到乙烯产品的最终精馏塔，丙烯精馏塔是分离裂解气得到丙烯产品的最终精馏塔。这两个塔设计和操作的好坏直接关系到乙烯和丙烯产品的质量、收率及冷量消耗，故这两个塔在裂解气分离工艺中也是十分重要的。

表 4-18　脱甲烷塔的主要工艺参数

厂别	塔顶压力/MPa	回流比	温度/℃		尾气中乙烯含量(体积分数)/%	塔釜甲烷含量(体积分数)/%
			塔顶	塔釜		
A	3.11	0.87	−96	7	0.162	0.08
B	0.6	0.1	−134.6	−52.7	0.120	0.06

① 乙烯精馏塔和丙烯精馏塔的共性　乙烯精馏塔进料中乙烯和乙烷占 99.5%以上，所以乙烯精馏塔可以看作是二元精馏系统。丙烯精馏塔进料基本上只含丙烯和丙烷，所以丙烯精馏塔也可看作是二元精馏系统。根据相律，对于二元气液精馏系统其自由度为 2。在塔顶乙烯纯度或丙烯纯度根据产品质量要求确定后，塔的操作温度或压力两个因素只能确定一个，即规定了压力后相应温度也就确定了。

图 4-33、图 4-34 分别给出了乙烯精馏塔和丙烯精馏塔的操作温度、塔压以及产品浓度

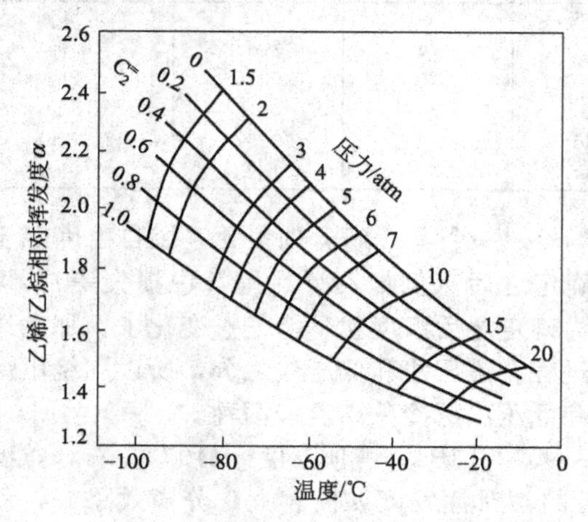

图 4-33　乙烯/乙烷相对挥发度
1atm=0.1013MPa

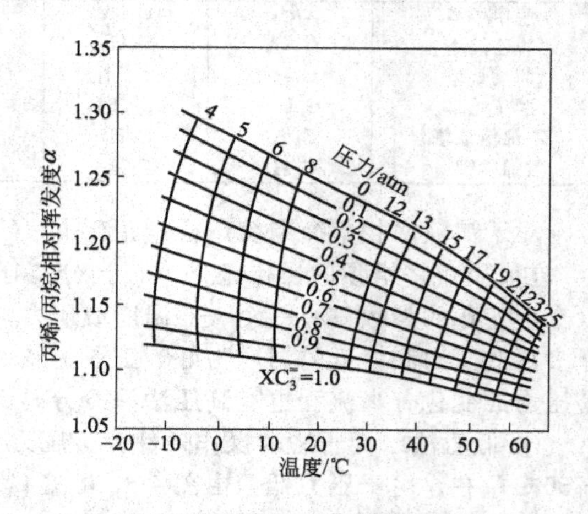

图 4-34　丙烯/丙烷相对挥发度
1atm=0.1013MPa

与相对挥发度的关系。由图可见，当乙烯产品纯度规定后，压力对相对挥发度有较大影响，一般可以采取降低压力的办法增大相对挥发度，从而使塔板数或回流比降低。乙烯精馏塔适宜操作压力的选择要综合考虑冷剂的温度级别、乙烯的输出压力及精馏塔材质投资等因素后合理选择。丙烯/丙烷相对挥发度受操作压力和丙烯在液相中浓度影响较大，塔的操作压力越大，或者塔顶产品纯度要求越高，相对挥发度越小，所需要的塔板数越多。

② 乙烯精馏塔和丙烯精馏塔各自的特点　乙烯精馏塔的特殊性在于乙烯/乙烷相对挥发度随乙烯浓度增加而降低，即乙烯精馏塔沿塔板的温度分布并不是线性关系。如图 4-35 所示，在精馏段沿塔板向上温度下降很少，板与板之间物料浓度梯度很小，因此乙烯精馏塔精馏段板数较多，回流比较大。而在提馏段温度变化很大，即乙烯的浓度下降很快，因此提馏段不需要较大的回流比。近年来采用安装中间再沸器的方法使精馏塔的精馏段和提馏段回流比保持不同的值。安装中间再沸器可以回收比塔底温度低的冷量。例如乙烯精馏塔压力为 1.9MPa，塔底温度为－5℃，可以用丙烯蒸气作为塔底再沸器的热剂，丙烯被冷凝为液体，回收了 3～5℃的冷量。而中间再沸器引出物料温度为－23℃，用裂解气作为热剂，相当于回收了－23℃温度级的冷量。

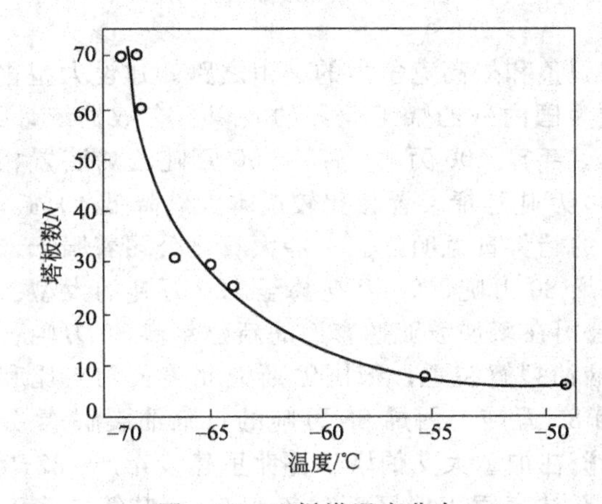

图 4-35　乙烯塔温度分布

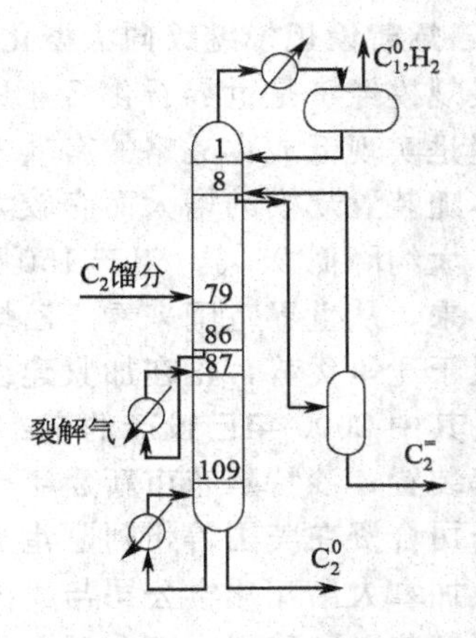

图 4-36　乙烯精馏塔流程

乙烯进料中常含有少量甲烷，如不分离出来将影响乙烯产品的纯度。乙烯精馏塔采用塔顶脱甲烷、精馏段侧线出产品乙烯的精馏方案，简化了流程，节省了能量。带有中间再沸器侧线出产品的乙烯精馏塔流程如图 4-36 所示。

丙烯与丙烷的分离是在丙烯精馏塔中完成的，塔顶得产品丙烯，塔底得丙烷馏分。由表 4-17 可知，丙烯/丙烷相对挥发度接近 1，因此丙烯与丙烷的分离最困难，是深冷分离中塔板数最多、回流比最大的塔。

表 4-19 给出了乙烯精馏塔、丙烯精馏塔的主要工艺参数。

表 4-19　乙烯精馏塔、丙烯精馏塔主要工艺参数

塔名	塔板数/块	塔压/MPa	温度/℃		回流比	$C_2^=$（$C_3^=$）含量（体积分数）/%	
			塔顶	塔釜		塔顶	塔釜
乙烯精馏塔	119	1.98	－32	－14	3.73	99.95	1
	125	1.94	－30.5	－7.4	5.0	99.95	1.5
	70	0.52	－69	－49	2.4	99.95	0.05
丙烯精馏塔	165	1.80	41	50	14.5	99.6	15.78
	120	1.13	24.6	34.2	11.8	99.6	12.00

（3）中间冷凝器和中间再沸器　对于塔顶温度低于环境温度且塔顶与塔底温差较大的精

馏塔，如在精馏段设置中间冷凝器，可用温度比塔顶回流冷凝器稍高的较廉价的冷剂作为冷源，以代替一部分塔顶原来用的低温级冷剂提供的冷量，可节省能量消耗。同理，在提馏段设置中间再沸器，可用温度比塔釜再沸器稍低的较廉价的热剂作热源，同样也可节约能量消耗。对于脱甲烷塔等低温塔，塔底温度低于常温，再沸器本身就是一种回收冷量的手段。如提馏段设置中间再沸器，就可回收比塔底温度更低的冷量。

对于一般精馏塔，只在精馏塔的塔顶和塔釜对塔内的物料进行冷凝与加热，可视为绝热精馏。而在塔的中间对塔内的物料进行冷却或加热的，称非绝热精馏。设有中间再沸器和中间冷凝器的精馏塔即为非绝热精馏的一种（图 4-36）。

中间冷凝器和中间再沸器的设置，在降低塔顶冷凝器和塔釜再沸器负荷的同时会导致精馏段回流和提馏段上升蒸气减少，故要相应增加塔板数，从而增加设备投资。目前甲烷塔的中间再沸器也有直接设置于塔内，回收提馏段冷量，并已为许多大型装置采用。

4.5 乙烯工业的发展趋势

4.5.1 乙烯建设规模继续向大型化发展

发展规模经济是世界石化行业进行产业结构调整和提高竞争力的必由之路。建设大型化乙烯装置是实现低成本战略的有效途径，这已成为国内外乙烯工业界的共识。有数据统计，乙烯成本随装置规模的增大而有较大幅度的降低。年产 100 万吨与年产 50 万吨乙烯装置相比较成本大约降低 25%，年产 150 万吨与年产 50 万吨乙烯装置相比较成本大约降低 40%。

近年来，从世界范围来看，乙烯装置大型化的趋势日益明显。一些大石化公司着眼于未来，着眼于竞争优势，正在加紧建设一批年产乙烯 80 万吨、90 万吨甚至 120 万吨的大型乙烯装置。其中 2000 年已投产的有：美国埃克森公司在新加坡亚逸查湾岛新建年产 80 万吨石脑油裂解装置；沙特延布市新建年产 80 万吨石脑油裂解装置；德国巴斯夫北美公司与比利时沸纳公司合资在美国得州阿瑟港新建年产乙烯 80 万吨、丙烯 88 万吨的石脑油裂解-复分解装置；加拿大诺瓦化学公司与美国联碳公司合资在加拿大艾伯塔省乔弗里建设年产 127 万吨乙烷裂解装置；我国台湾台塑石化公司在台湾石林麦寮工业区新建年产 90 万吨第二套石脑油裂解装置；美国比尔公司在新加坡比实岛新建的年产 80 万吨石脑油裂解装置 2001 年投产，投产后再进行扩建，把能力扩大到年产 100 万～120 万吨。上述装置裂解炉的单炉产量都为年产 9 万吨和 12 万吨两种。所有这些装置都是当前世界级经济规模，代表了当今世界水平最高、经济效益最好的乙烯技术。

裂解技术的发展和走向成熟，使裂解炉和乙烯装置的规模沿着大型化的方向迈进。就裂解炉而言，从 20 世纪 60 年代中期至今，裂解炉的单炉生产能力从年产 3 万吨发展到 4 万吨、6 万吨、7.5 万吨、9 万吨、12 万吨、17.5～20 万吨，甚至可以达到年产 30 万吨。

4.5.2 生产新技术的研究开发

4.5.2.1 新的工艺技术

(1) ALCET 技术　1995 年 Brown & Root 推出了先进的低投资乙烯技术（ALCET），采用溶剂吸收分离甲烷工艺，是对原有的油吸收进行改进，与目前加氢和前脱丙烷结合起来，除去 C_4 及 C_4 以上馏分之后再进入油吸收脱甲烷系统，从甲烷和较轻质组分中分离 C_2 以上组分。该技术无需脱甲烷塔和低温甲烷、乙烯制冷系统，对乙烯分离工艺做出了较大的改进，无论对新建乙烯装置还是老装置的改扩建都有一定的意义。

(2) 膜分离技术　我国专家于 20 世纪 80 年代、凯洛格公司于 1994 年提出将膜分离技术用于乙烯装置中，用中空纤维膜从裂解气中预先分离出部分氢，使被分离气体中乙烯及较重组分的浓度明显提高，因而减少了乙烯制冷的负荷，并使原乙烯装置显著提高其生产能力。

（3）催化精馏加氢技术　鲁姆斯公司提出的催化精馏加氢技术是将加氢反应和反应产物的分离合并在一个精馏塔内进行。在该塔的精馏段内部分或全部被含有催化剂的填料取代，该催化剂填料既能达到选择性催化加氢的目的，又能同时起到分离的作用。催化精馏加氢技术在乙烯装置中主要用于C_3馏分中乙炔与丙二烯的选择性加氢、C_4馏分选择性或全部加氢、C_4与C_5混合馏分全加氢以及裂解汽油的选择性或全部加氢。

4.5.2.2　抑制裂解炉结焦技术

裂解炉结焦会降低产物收率，增加能耗，缩短炉管寿命及运行周期。为了抑制结焦，近年来在裂解炉设计和操作方面已做了很大的改进。

（1）使用涂覆技术降低炉管结焦　Westaim 表面工程产品公司的 Cotalloy 技术采用等离子体和气相沉积工艺使合金和陶瓷相结合，并经过表面热处理后形成涂层。该公司 1997 年开始在 KBR（Kellogg Brown & Root）公司裂解炉的一组炉管上采用 Cotalloy 技术。炉管基材是 35Cr/45Ni，进料为 95%乙烷，稀释蒸汽比为 0.35，转化率保持在 70%。试验一年后发现，相对而言，该公司没有涂层的炉管压降增加 2.5 的话，则有涂层的炉管压降平均才增加 0.9。1999 年初该公司把所有炉管更换为 Westaim 炉管，并试验将转化率提高到 80%，以便利用结焦率低来提高产量，降低操作费用。Westaim 公司在埃德蒙顿的大型炉管生产厂已投产，预备对 10 家乙烯生产商的裂解炉进行改造。

（2）使用结焦抑制剂预防炉管结焦　近年来，添加结焦抑制剂预防炉管结焦技术进一步发展。Nova 公司开发的 CCA-500 抗垢剂，在加拿大 Saskatchewan 乙烯装置上完成工业试验后，已用于美国得州斯韦尼和休斯顿的装置上。Nalco/Exxon Energy 化学公司也相继开发出了 Coke-less 新一代有机磷系结焦抑制剂、硫化物和磷化物混合抑制剂。Technip 公司也推出裂解炉用新型抗垢剂 CLX 添加剂，目前已在一些乙烷和石脑油裂解炉上应用。

综上所述，由于烃类热裂解生产烯烃的技术在整个化学工业中所占的举足轻重的地位，国内外化学工作者对于其新工艺、新设备的研究，新材料的应用，过程的优化配置等诸方面仍给予极大关注，并不断有新的技术出现，这应引起人们的极大重视。

参 考 文 献

[1] 王延获．国外乙烯生产现状和技术来源．中国乙烯发展专题研讨会论文集．天津：中国石油化工集团公司，1999.
[2] 廖巧丽，米镇涛．化学工艺学．北京：化学工业出版社，2001.
[3] 徐绍平，殷德宏，仲剑初．化工工艺学．大连：大连理工大学出版社，2004.
[4] 吴指南．基本有机化工工艺学．修订版．北京：化学工业出版社，1990.
[5] 邹仁鋆．石油化工裂解原理与技术．北京：化学工业出版社，1981.
[6] 王松汉．乙烯装置技术．北京：中国石化出版社，1994.
[7] 石油化工规划参考资料·基本有机原料．北京：中国石化总公司发展部，1992：1-36.
[8] 曹杰，王延获，杨春生．世界乙烯生产及技术进展．乙烯工业，2004，16：12-23.

第5章 芳烃转化过程

5.1 概述

芳香烃简称“芳烃”，是含苯环结构的碳氢化合物的总称。芳烃中的“三苯”（苯、甲苯、二甲苯，简称BTX）是产量和规模仅次于乙烯和丙烯的重要有机化工原料；芳烃可直接作为溶剂使用；芳烃的衍生物广泛用于生产合成纤维、合成树脂、合成橡胶以及各种精细化学品。因此，芳烃生产的发展对国民经济的发展、人民生活水平的提高和国防工业的巩固发展起着极为重要的作用。

5.1.1 芳烃的来源与生产技术

芳烃最早来自煤焦化过程的副产品煤焦油。随着对芳烃需求量的增加以及炼油工业的发展，石油已成为生产芳烃的主要原料。据统计，石油芳烃发展至今已成为芳烃的主要来源，约占全部芳烃的80%。芳烃的来源构成见表5-1。

表5-1 芳烃的来源构成 单位：%

国家与地区	石油		煤焦化
	催化重整油	裂解汽油	
美国	79.6	19.1	4.0
西欧	49.4	44.8	5.9
日本	37.8	52.2	10.0

石油芳烃主要来源于石脑油重整生成油及烃裂解生产乙烯副产的裂解汽油，其芳烃含量与组成见表5-2。由于各国资源不同，裂解汽油生产的芳烃在石油芳烃中的比重也不同。美国乙烯生产大部分以天然气凝析液为原料，副产芳烃很少，故美国的石油芳烃主要来自催化重整油。日本与西欧各国乙烯生产主要以石脑油为原料，副产芳烃较多，而且从裂解汽油中回收芳烃的投资与操作费用比重整生成油生产芳烃低，因此日本与西欧各国从裂解汽油中回收芳烃量较大。随着乙烯工业的发展和乙烯原料由轻烃转向石脑油和柴油，预计来自裂解汽油生产的芳烃在世界芳烃产量中的比重将有上升趋势，石脑油蒸汽裂解副产芳烃汽油量约为25%（以质量计）。焦化芳烃生产受冶金工业限制，其产量将维持现状或略有增加。

表5-2 芳烃含量与组成

组分	组成（质量分数）/%		
	催化重整油	裂解汽油	焦化芳烃
芳烃	50～72	54～73	>85
苯	6～18	19.6～36	65
甲苯	20～25	10～15	15
二甲苯	21～30	8～14	5
C_9	5～9	5～15	—
苯乙烯	—	2.5～3.7	—
非芳烃	28～50	27～46	<15

5.1.1.1 焦化芳烃生产

煤经隔绝空气高温干馏得到的液态产物为氨水和煤焦油，气态产物为煤气。煤焦油中含有大量的芳烃化合物，经分馏后可得到轻油、酚油、萘油、蒽油等馏分，各馏分再经精馏、结晶等方法分离可获得苯系、萘系、蒽系等芳烃；粗煤气经过初冷、脱氨、脱萘、终冷后，进行粗苯回收。粗苯由多种芳烃和其他化合物组成，其主要组分是苯、甲苯和二甲苯。粗苯的组成见表5-3。在煤气中带走相当一部分未冷凝的苯、甲苯和粗苯组分，需用重油洗涤煤气回收苯和甲苯，再经蒸馏可分出重油，获得轻质芳烃。

表5-3　粗苯组成

组分	苯	甲苯	二甲苯	C_9芳烃	不饱和烃	CS_2	噻吩	饱和烃
含量(质量分数)/%	55～75	11～22	2.5～6	1～2	3.9～8.3	0.3～1.4	0.2～1.6	0.6～1.5

5.1.1.2　石油芳烃生产

石油芳烃来源于两种加工过程：其一为石油馏分的催化重整，不同馏分石脑油经重整后可得到含芳烃质量分数50%～80%的重整油；另一种为石油馏分蒸汽裂解制乙烯的副产裂解汽油，其中芳烃含量也在质量分数50%～70%。重整油和裂解汽油再经过分离，可得到苯、甲苯、二甲苯、乙苯等。以石脑油和裂解汽油为原料生产芳烃的过程如图5-1所示，可分为反应、分离和转化3部分。

不同国家的石油芳烃生产模式有所不同。芳烃资源丰富的美国，苯的需要量较大，需通过甲苯脱烷基制苯补充苯的不足，而对二甲苯与邻二甲苯主要从催化重整油中分离而得，很少采用烷基转移与二甲苯异构化等工艺过程。西欧与日本芳烃资源不够丰富，因而采用芳烃转化工艺过程较多。我国芳烃资源较少，需充分利用有限的芳烃资源，因而采用甲苯和C_9芳烃的烷基转移、甲苯歧化、二甲苯异构化等工艺过程，很少采用甲苯脱烷基工艺。

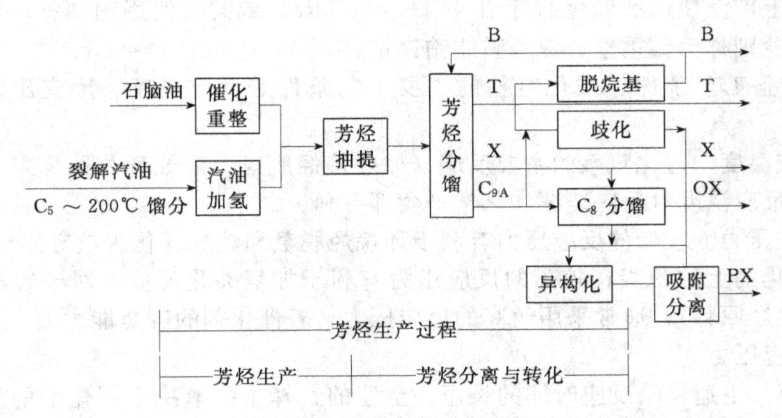

图5-1　石油芳烃生产过程

B—苯；T—甲苯；X—二甲苯；OX—邻二甲苯；PX—对二甲苯；C_{9A}—C_9芳烃

(1) 催化重整生产芳烃　催化重整是芳烃生产的主要方法之一，可将低辛烷值的石脑油转化为高辛烷值的燃料或苯、甲苯、二甲苯等芳烃产品。催化重整按催化剂的再生方式不同主要分为固定床半再生式、循环再生式、移动床连续再生式3种方式。近年来，随着催化重整从以生产汽油为主转向以生产芳烃为主及重整装置大型化的发展，采用低压连续再生工艺的重整技术已占据主导地位。

① 催化重整反应　催化重整过程中的化学反应主要包括六元环脱氢、五元环异构脱氢、烷烃脱氢环化、烷烃异构化、加氢裂解、氢解、缩合生焦等反应。前4类反应是生成芳香烃的反应，无论对于生产高辛烷值汽油还是芳烃都是有利的；后两类反应是副反应，实际生产中应采取一定措施加以抑制。

② 催化重整原料　催化重整通常以石脑油馏分为原料，根据生产目的不同对原料的馏程有一定的要求。当生产高辛烷值汽油时，一般采用80～180℃的馏分；以生产苯、甲苯、二甲苯为目的时，宜分别采用60～85℃、85～110℃、110～145℃的馏分；生产苯-甲苯-二甲苯时，宜采用60～145℃的馏分；生产轻质芳烃-汽油时，宜采用60～180℃的馏分。

为了维持和保护催化剂的活性，重整原料对杂质含量有极严格的要求。原料中少量重金属（砷、铅、铜等）会引起催化剂永久中毒，尤其是砷与铂可形成合金，使催化剂丧失活性；原料油中的含硫、含氮化合物和水分在重整条件下分别生成硫化氢和氨，它们含量过高会降低催化剂的性能。工业生产中，重整原料油硫的含量一般控制低于0.5～2mg/kg，砷低于2μg/kg，重金属低于20μg/kg。

③ 催化重整催化剂　催化重整反应要求重整催化剂应兼备既促进环烷烃和烷烃脱氢芳构化反应，又能促进环烷烃和烷烃异构化反应的双重功能。现代重整催化剂由3部分组成：活性组分（如铂、钯、铱、铑）、助催化剂（如铼、锡）和酸性载体（如含卤素的γ-Al_2O_3）。其中铂构成活性中心，促进脱氢、加氢反应；酸性载体提供酸性中心，促进裂化、异构化等反应。重整催化剂的两种功能必须适当配合才能得到满意的结果。如果只是脱氢活性很强，只能加速六元环烷烃脱氢，对于五元环烷烃和烷烃的异构化则反应不足，不能达到提高汽油辛烷值和芳烃产率的目的；反之，如果只是酸性功能很强，就会有过度的加氢裂化，使液体产物的收率下降，五元环烷烃和烷烃转化为芳烃的选择性下降，同样也不能达到预期的目的。因此，在制备重整催化剂和生产操作中都要考虑保证催化剂两种功能的配合问题。

目前工业上广泛使用的催化剂有铂（Pt）、铼（Re）或同时使用铂和铼。根据所使用的催化剂不同，分别称为铂重整、铼重整或铂铼重整。

④ 催化重整工艺条件　催化重整的主要工艺条件是反应温度、反应压力、空速、氢油比。

（ⅰ）反应温度　催化重整的主要反应（如环烷烃脱氢、烷烃环化脱氢等）都是吸热反应，因此提高反应温度对反应速率和化学平衡都有利。

（ⅱ）反应压力　较低的反应压力有利于环烷烃脱氢和烷烃环化脱氢等生成芳烃的反应，也能够加速催化剂上的积炭；较高的反应压力有利于加氢裂化反应。对于容易生焦的原料（重馏分、高烷烃原料），通常采用较高的反应压力；若催化剂的容焦能力大、稳定性好，则采用较低的反应压力。

（ⅲ）空速　空速反映反应时间的长短。空速的选择主要取决于催化剂的活性水平，还要考虑原料的性质。重整过程中不同烃类发生不同类型反应的速率是不同的，对于环烷基原料一般采用较高的空速，对于烷基原料则采用较低的空速。我国铂重整装置的空速一般采用$3.0h^{-1}$，铂-铼重整装置一般采用$1.5h^{-1}$。

（ⅳ）氢油比　在重整过程中，使用循环氢是为了抑制催化剂结焦，同时还具有热载体和稀释气的作用。在总压不变时，提高氢油比意味着提高氢分压，有利于抑制催化剂上的积炭，但会增加压缩机功耗，减小反应时间。一般对于稳定性较好的催化剂和生焦倾向较小的原料可采用较小的氢油比，反之则采用较大的氢油比。

⑤ 催化重整工艺流程　根据生产的目的产品不同，催化重整的工艺流程也不一样。当以生产高辛烷值汽油为目的时，其工艺流程主要包括原料预处理和重整反应两部分；当以生产轻质芳烃为目的时，工艺流程还包括芳烃分离部分（含芳烃溶剂抽提、混合芳烃精馏分离等几个单元过程）。目前以生产轻质芳烃为目的的工艺主要采用连续催化重整技术，催化剂

可连续再生，操作压力较低，芳烃收率较高，代表了催化重整技术的世界先进水平。其流程如图5-2所示。

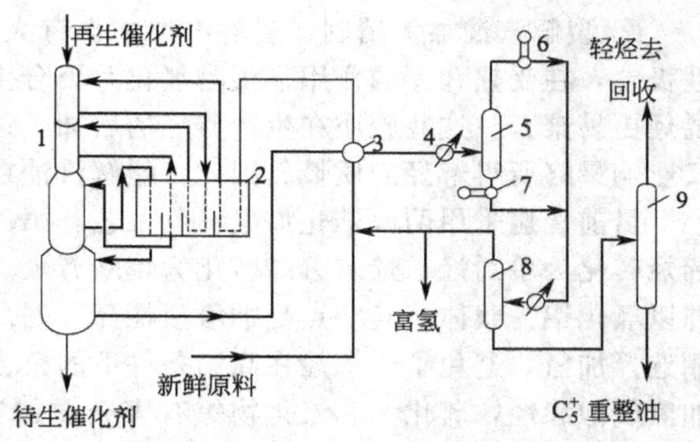

图5-2　连续重整反应原理流程

1—反应器；2—加热炉；3—换热器；4—冷却器；5—高压分离器；6—压缩机；7—泵；8—低压分离器；9—稳定塔

（2）裂解汽油生产芳烃　裂解汽油中除含有质量分数50%～70%的C_6～C_9芳烃外，还含有20%左右的单烯烃、双烯烃、烯基芳烃（如苯乙烯），以及少量的烷烃与微量的氧、氮、硫、砷的混合物。由于裂解原料和裂解条件的不同，裂解汽油的收率和组成也不同。例如，以乙烷、丙烷等气态烃为原料时裂解汽油的收率只有原料质量的2%～5%，以石脑油、轻柴油等液态烃为原料时收率则为原料质量的15%～25%。表5-4给出了以轻柴油为原料的裂解汽油的组成。

表5-4　裂解汽油的组成（以轻柴油为原料）

组分	含量（质量分数）/%						
	C_4	C_5	C_6	C_7	C_8	C_9^+	合计
双烯烃	0.20	11.76	3.96	2.49	1.52	3.06	22.99
单烯烃	0.20	3.40	0.89	0.68	0.41	6.41	11.99
饱和烃	0.10	0.34	0.73	0.61	0.33	1.15	3.26
芳烃	—	—	31.17	18.31	11.23	1.05	61.76
合计	0.50	15.50	36.75	22.09	13.49	11.67	100

裂解汽油中的芳烃与重整生成油中的芳烃在组成上有较大差别。首先裂解汽油中所含的苯约占C_6～C_8芳烃（质量）的50%，比重整产物中的苯高出约5%～8%。其次裂解汽油中含有苯乙烯，含量为裂解汽油（质量）的3%～5%。此外裂解汽油中不饱和烃的含量远比重整生成油高。

从裂解汽油中获取芳烃的工艺过程由裂解汽油预处理和裂解汽油加氢精制两部分组成。

① 裂解汽油预处理　裂解汽油为C_5～200℃馏分。C_5馏分中含有较多异戊二烯、间戊二烯与环戊二烯，它们是合成橡胶和精细化工的重要原料；C_5馏分中的二烯烃经加氢生成烯烃是很好的汽油组分；C_5馏分中的烯烃进一步加氢生成C_5烷烃，可作为烃类裂解原料。依C_5馏分的不同利用途径，加氢精制原料的分馏也有所不同，如图5-3所示。但其共同点是必须经蒸馏除去裂解汽油中的C_5馏分、部分C_9芳烃与C_9^+馏分。

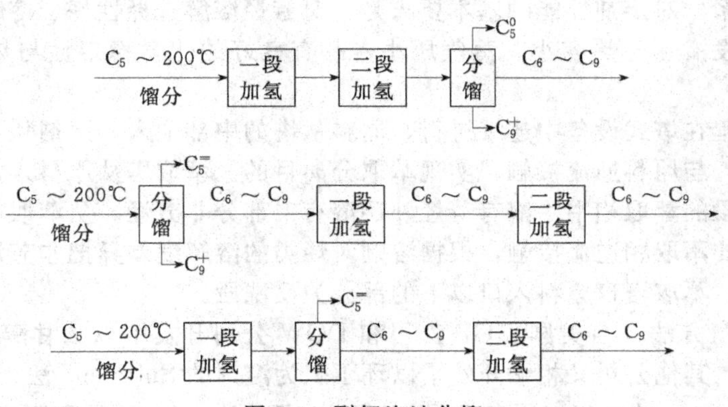

图5-3　裂解汽油分馏

② 裂解汽油加氢精制　裂解汽油中含有大量的二烯烃、单烯烃，因此裂解汽油的稳定性极差，在受热和光的作用下很易氧化并聚合生成称为胶质的胶黏状物质，在加热条件下二烯烃更易聚合。这些胶质在生产芳烃的后加工过程中极易结焦和析炭，既影响过程的操作，又影响最终所得芳烃的质量。因此，裂解汽油在芳烃抽提前必须进行预处理。

目前普遍采用两段催化加氢精制工艺。第一段是低温液相加氢，其目的是使易生胶的二烯烃转化为单烯烃，烯基芳烃转化为烷基芳烃。催化剂多采用贵重金属钯为主要活性组分，并以氧化铝为载体，其特点是加氢活性高、寿命长，在较低反应温度（60℃）下即可进行液相选择加氢，避免了二烯烃在高温条件下的聚合和结焦。第二段是高温气相加氢，使单烯烃加氢成饱和烃，硫化物、氮化物等有害杂质加氢氢解为相应的烃和 H_2S、NH_3 等除去。催化剂普遍采用非贵重金属钴-钼系列，具有加氢和脱硫性能，并以氧化铝为载体。该段加氢是在 300℃以上的气相条件下进行的。两个加氢反应器一般采用固定床反应器。裂解汽油两段加氢工艺流程如图 5-4 所示。

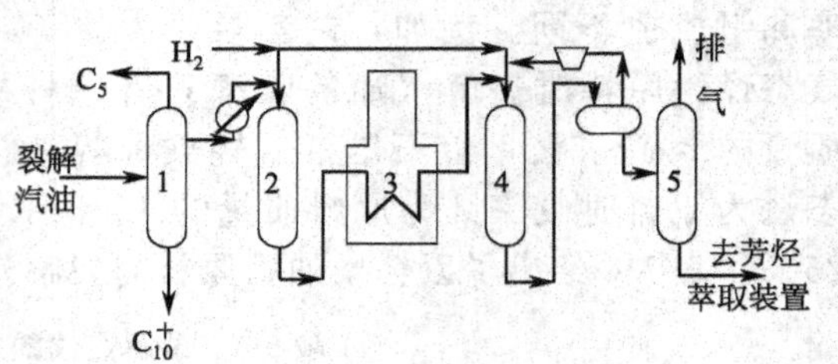

图 5-4　裂解汽油两段加氢流程

1—初馏塔；2——段加氢反应器；3—加热炉；4—二段加氢反应器；5—稳定塔

(3) 轻烃芳构化与重芳烃轻质化　催化重整和高温裂解的原料主要是石脑油，而石脑油同时也是生产汽油的重要原料。由于汽油需求的日益增长，迫使人们不得不寻找石脑油以外的生产芳烃的原料。目前正在开发的一是利用液化石油气和其他轻烃进行芳构化，二是使重芳烃进行轻质化。这两种原料路线的工业化和基础研究已取得了重要进展。液化石油气芳构化制芳烃已初步工业化，代表工艺是由烷烃生产芳烃的 Cyclar 工艺；重芳烃轻质化一般采用热脱烷基或加氢脱烷基技术，已建成的工业化装置是重芳烃轻质化的 Dctol 工艺。

5.1.2　芳烃馏分的分离

不论是从裂解汽油还是从重整汽油得到的含芳烃馏分都是由芳烃和非芳烃构成的混合物，同碳数的芳烃和非芳烃沸点非常接近，有的还形成共沸物，用一般的精馏方法难以将它们分离。通常采用溶剂萃取法和萃取蒸馏法，前者适用于从宽馏分中分离苯、甲苯、二甲苯等，后者适用于从芳烃含量高的窄馏分中分离纯度高的单一芳烃。

5.1.2.1　溶剂萃取

(1) 溶剂萃取的原理与过程　溶剂萃取分离是利用一种或一种以上的溶剂（萃取剂）对芳烃和非芳烃选择溶解分离出芳烃。溶剂的性能与芳烃收率、芳烃质量、公用工程消耗及装置投资有直接关系。对溶剂性能的基本要求是：对芳烃溶解选择性好、溶解度高、与萃取原料密度差大、蒸发潜热与热容小、蒸气压小，并有良好的化学稳定性与热稳定性，腐蚀性小等。

芳烃萃取过程在塔式设备中连续进行，原料从塔的中部加入，溶剂从塔的上部加入，溶剂自上而下流动，与原料逆流接触，实现萃取分离目的。萃取塔从原料入口以上的部分为萃取段，离开萃取段的萃取相中除溶有芳烃外还溶有一部分非芳烃。从萃取塔下部加入的反洗液与萃取段下来的萃取相逆流接触，根据溶剂对烃类的溶解度差异把非芳烃取代出来，从而提高了芳烃纯度。萃取塔自原料入口以下的部分为反洗段。

(2) 工业生产方法　自美国 UOP 公司和 DOW 公司开发了以二甘醇为萃取剂的 Udex 法工业生产以来，其他公司又相继开发了以环丁砜为溶剂的 Sulfolane 法、以 *N*-甲基吡咯烷酮为溶剂的 Arosolvan 法、以二甲基亚砜为溶剂的 IFP 法、以 *N*-甲酰吗啉（NFM）为溶剂的 Morphylane 法。主要的芳烃萃取工艺方法见表 5-5。目前，工业生产中一般采用环丁砜作萃取剂的 Sulfolane 法，其优点是腐蚀性小、对芳烃的溶解度较大、选择性高、萃取剂/原料的比率低等。

表 5-5　溶剂萃取分离芳烃工业生产方法概况

方法	公司名称	溶剂	溶剂比	工艺流程	芳烃回收率(以质量计)/%			
					苯	甲苯	二甲苯	C_9芳烃
Udex	UOP DOW	二甘醇+5%水	(10～11)∶1	萃取-汽提，水洗-水分馏，溶剂再生	99.5	98	95	
	UC	四甘醇+5%水	3∶1	萃取-汽提，抽余油水分馏，溶剂再生	99～99.5	98.5～99.0	94～96.5	65～96
Sulfolane	UOP	环丁砜+5%水	(3～6)∶1	萃取-汽提，水洗-水分馏，丁烷蒸馏，溶剂再生	99～99.9	98～99.5	96～98	>76
IFP	IFP	二甲基亚砜+6%水	(5～6)∶1	萃取-汽提，芳烃与抽余油水分馏，溶剂再生(间断)	99.5～99.7	98～99.7	85～92	>50
Arosolvan	Lugi	*N*-甲基吡咯烷酮+5%乙二醇	(3.6～6)∶1	萃取-汽提，水洗-水分馏，溶剂再生	99.9	99.5	95	>60

Sulfolane 法萃取分离芳烃流程如图 5-5 所示。萃取塔是转盘塔或筛板塔。经加氢处理的裂解汽油由塔的中部进入，萃取剂环丁砜由塔的上部加入。裂解汽油的密度比萃取剂小，故在萃取塔内上浮，而萃取剂下沉，形成逆向流动接触。上浮的抽余油即非芳烃自塔顶流出。萃取了芳烃的溶剂称抽提油，由塔釜引出，进入汽提塔。塔顶蒸出轻质非芳烃、少量芳烃和水的混合物，经冷凝分出水后，先用白土处理除去其中溶解的微量烯烃，然后进行精馏分离，获得高纯度的苯-甲苯-二甲苯混合物(BTX)。自回收塔釜出来的脱去芳烃的萃取剂（贫溶剂）送往萃取塔循环使用。萃取塔顶出来的抽余油用水洗去溶在油中的环丁砜后作其他用。含环丁砜的水溶液回到溶剂回收塔，回收其中的环丁砜。

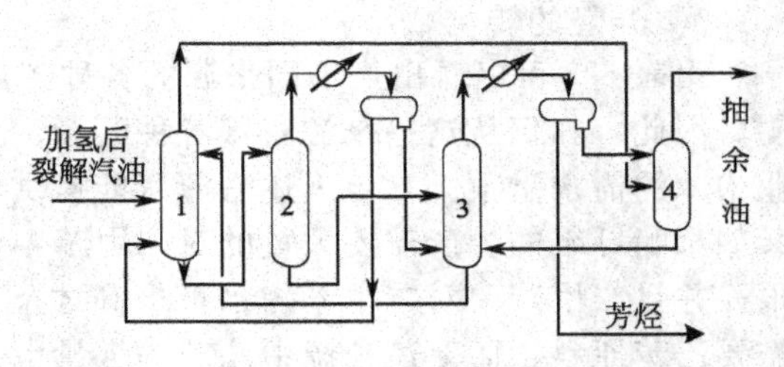

图 5-5　Sulfolane 法萃取分离芳烃流程
1—萃取塔；2—汽提塔；3—溶剂回收塔；4—水洗塔

Sulfolane 法得到的芳烃中，苯、甲苯、二甲苯的回收率分别为 99.9%、99.0%、95.0%。其纯度可达 99.8%～99.9%。

5.1.2.2　萃取蒸馏

（1）萃取蒸馏的原理与过程　萃取蒸馏是利用极性溶剂与烃类混合时能降低烃类蒸气压使混合物初沸点提高的原理设计的工艺过程，此种效应对芳烃的影响最大，对环烷烃的影响次之，对烷烃的影响最小，这样有助于芳烃和非芳烃的分离。在萃取蒸馏塔中把溶剂萃取和蒸馏两种过程结合起来。待分离的物料预热后进入萃取蒸馏塔的中部，溶剂进入塔的顶部，进行逆流传质过程。含微量芳烃的非芳烃呈气态从塔顶蒸出，冷凝后，一部分回流，其余送出装置。溶剂和芳烃从塔底排出，进入汽提塔，汽提出芳烃后溶剂循环使用。

萃取蒸馏法是从富含芳烃馏分中直接提取某种高纯芳烃的一种工艺过程。原料需首先进行预分馏，除去轻、重馏分，留下中心馏分送去萃取蒸馏。萃取蒸馏可用于从重整油或裂解汽油（加氢后）中提取苯、甲苯或二甲苯，也可用于从未加氢的裂解汽油中直接提取苯乙烯。

（2）工业生产方法　萃取蒸馏的主要工艺有德国 Lugi 公司的 Distapex 法，Krupp Koppers 公司的 Morphylane 法、Octener 法，Glitsch Technology 公司的 GT-BTX 法。这些工艺可从焦炉轻油、重整生成油、裂解汽油生产苯、甲苯、二甲苯，而且具有耗能低、投资少的特点。与溶剂萃取相比，萃取蒸馏特别适用于含芳烃高的原料，如裂解汽油或焦炉粗苯，而溶剂萃取适合于从重整生成油中回收芳烃。

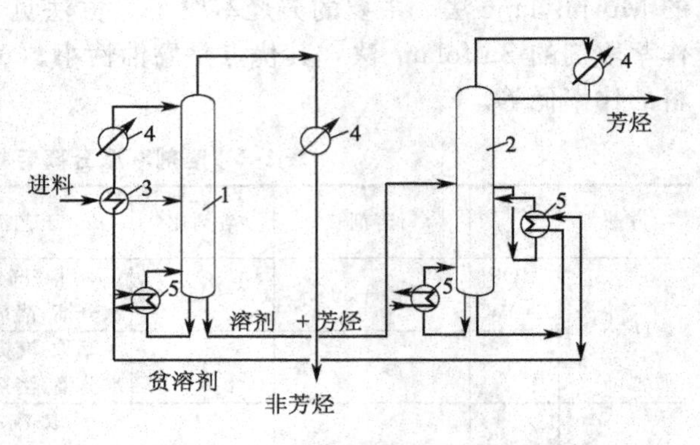

图 5-6　Morphylane 法工艺流程

1—萃取蒸馏塔；2—汽提塔；3—换热器；4—冷却器；5—再沸器

Morphylane 法的工艺流程如图 5-6 所示。Morphylane 法用 *N*-甲酰吗啉（NFM）为溶剂分离芳烃。该工艺还能从相应的馏分中一次获得两种芳烃，如苯/甲苯或甲苯/二甲苯。同时制取两种芳烃时的流程与图 5-6 相似，仅在汽提塔后增设一个分馏塔，使两种芳烃相互分离。

5.1.3　芳烃的转化

由表 5-2 可以看出，不同来源的各种芳烃馏分组成不同，能得到的各种芳烃的产量也不同。因此，如仅从这些来源获得各种芳烃，必然会发生供需不平衡的矛盾。例如，在化学工业中苯的需求量很大，但上述来源所能提供的苯却是有限的，而甲苯却因用途较少而过剩；又如聚酯纤维的生产需要大量的对二甲苯，但催化重整油、裂解汽油产品中二甲苯的含量有限，并且二甲苯中对二甲苯的含量最高才能达到质量分数 23%左右；再有生产聚乙烯塑料需要乙苯原料，而上述来源中乙苯的含量也甚少等。因此开发了芳烃的转化工艺，可根据市场需求调节各种芳烃的产量。

已开发成功并在工业上广泛应用的芳烃转化反应主要有 C_8 芳烃的异构化、甲苯的歧化和 C_9 芳烃烷基的转移、芳烃的烷基化、烷基芳烃的脱烷基化等。图 5-7 给出了芳烃转化反应的工业应用情况。

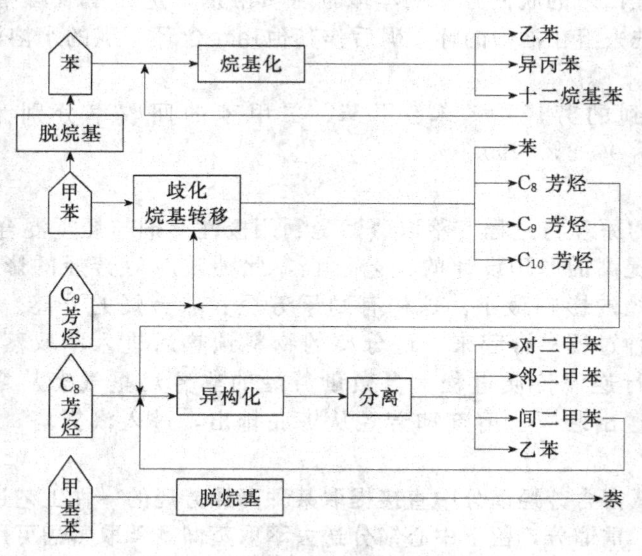

图 5-7　芳烃转化反应的工业应用

应该说明的是，由于苯的毒性，各国对汽油中苯含量的限制越来越严格，其他用途如化工原料和溶剂等也尽量使用代用品，苯的需求日趋降低。另外，最近由于石化工业的发展，邻二甲苯和间二甲苯在合成树脂、染料、药物、增塑剂和各种中间体上发现了有其独特优点的新用途，促使邻二甲苯和间二甲苯的需求增加。

5.2　芳烃的转化

各种芳烃组分中用途最广、需求量最大的是苯与对二甲苯，其次是邻二甲苯。甲苯、间二甲苯及 C_9 芳烃迄今尚未获得重大的化工利用，而有所过剩。为解决针对苯与对二甲苯的迫切需求，在 20 世纪 60 年代初发展了脱烷基制苯工艺；60 年代后期又发展了甲苯歧化，甲苯、C_9 芳烃烷基转移及二甲苯异构化等芳烃转化工艺。这些工艺是增产苯与对二甲苯的有效手段，从而得到了较快的发展。

5.2.1　芳烃的脱烷基化

烷基芳烃分子中与苯环直接相连的烷基在一定条件下可以被脱去，此类反应称为芳烃的脱烷基化。工业上应用较多的是甲苯脱甲基制苯、甲基萘脱甲基制萘。

5.2.1.1　芳烃的脱烷基化方法

（1）烷基芳烃的催化脱烷基　烷基苯在催化裂化条件下可以发生脱烷基反应，生成苯和烯烃。此反应为苯烷基化的逆反应，是一强吸热反应。例如，异丙苯在硅酸铝催化剂作用下于 350～550℃催化脱烷基，生成苯和丙烯。

$$C_6H_5CH(CH_3)_2 \rightleftharpoons C_6H_6 + CH_3CH{=}CH_2$$

反应的难易程度与烷基的结构有关。不同烷基苯脱烷基次序为：叔丁基＞异丙基＞乙基＞甲基。烷基越大越容易脱去。甲苯最难脱甲基，所以这种方法不适于甲苯脱甲基制苯。

（2）烷基芳烃的催化氧化脱烷基　烷基芳烃在某些氧化催化剂作用下用空气氧化，可发生氧化脱烷基，生成芳烃母体及二氧化碳和水的反应。其反应通式表示如下：

$$C_6H_5C_nH_{2n+1} + \frac{3}{2}nO_2 \longrightarrow C_6H_6 + nCO_2 + nH_2O$$

例如，甲苯在 400～500℃以铀酸铋作催化剂用空气氧化，脱去甲基生成苯，选择性可达 70%。此法尚未工业化，主要问题是氧化深度难控制和反应选择性较低。

（3）烷基芳烃的加氢脱烷基　此法是在大量氢气存在及加压下使烷基芳烃发生氢解反应，脱去烷基，生成母体芳烃和烷烃。

$$C_6H_5R + H_2 \longrightarrow C_6H_6 + RH$$

此类反应在工业上广泛用于甲苯脱甲基制苯，这是近年来扩大苯来源的重要途径之一。也用于从甲基萘脱甲基制萘。

$$C_6H_5CH_3 + H_2 \longrightarrow C_6H_6 + CH_4$$

$$\text{1-甲基萘} + H_2 \longrightarrow \text{萘} + CH_4$$

上述反应体系中有大量氢气存在，有利于抑制焦炭的生成，但在临氢脱烷基条件下也会发生深度加氢裂解副反应。

$$C_6H_5CH_3 + 10H_2 \longrightarrow 7CH_4$$

烷基芳烃的加氢脱烷基过程又分成催化法和热法两种，两法各有优缺点。热法具有不需催化剂、苯收率稍高和原料适应性较强等优点，所以采用加氢热脱烷基的装置日渐增多。

(4) 烷基苯的水蒸气脱烷基法　本法是在与加氢脱烷基同样的反应条件下用水蒸气代替氢气进行的脱烷基反应。通常认为这两种脱烷基方法具有相同的反应历程。

$$C_6H_5CH_3 + H_2O \longrightarrow C_6H_6 + CO + 2H_2$$

$$C_6H_5CH_3 + 2H_2O \longrightarrow C_6H_6 + CO_2 + 3H_2$$

甲苯还可以与反应中生成的氢作用，进行脱烷基化反应。

$$C_6H_5CH_3 + H_2 \longrightarrow C_6H_6 + CH_4$$

在脱烷基的同时还伴随着发生苯环的开环裂解反应。

$$C_6H_5CH_3 + 14H_2O \longrightarrow 7CO_2 + 18H_2$$

$$C_6H_5CH_3 + 10H_2 \longrightarrow 7CH_4$$

水蒸气脱烷基法突出的优点是以廉价的水蒸气代替氢气作为反应原料，反应过程不但不消耗氢气，还副产大量的含氢气体。但此法与加氢法相比苯收率较低，一般为 90%～97%；需用贵金属铑作催化剂，成本较高。目前尚处于中试阶段。

5.2.1.2　芳烃脱烷基制苯生产工艺

芳烃脱烷基制苯的代表工艺是甲苯加氢脱烷基制苯。甲苯加氢脱烷基制苯是甲苯最大的化工利用，也是苯的主要来源之一。但随着苯的使用受到限制，此类装置发展趋于停滞，甚至有的已经关闭。我国仅有少量甲苯用于脱烷基制苯。脱烷基制苯工艺分为催化脱烷基与热脱烷基两种。催化脱烷基生产方法有美国 UOP 公司的 Hydeal 法、Airproducts and Chemicals 公司的 Pyrotol 法、Shell 公司的 Beztol 法、Union Oil 公司的 Unidak 法；热脱烷基生产方法有 ARCO 公司的 HDA 法、三菱油化公司的 MHC 法、海湾公司的 THD 法、UOP 公司的 New Hydeal 法。催化脱烷基与热脱烷基两种工艺各有特点。催化脱烷基气态烃产量较少，氢耗较低；热脱烷基工艺过程简单，对原料适应性强，允许原料中非芳烃含量可达30%、C_9芳烃含量可达15%，补充氢气中杂质不受限制，运转周期长，不需停车进行催化剂再生，但其反应温度较高（600～700℃），对反应器材质要求高。一般认为热脱烷基工艺优点较多。

(1) 催化脱烷基制苯　目前应用较多的催化脱烷基制苯的工业生产方法是 Hydeal 法。该法应用的原料是催化重整油、裂解汽油、甲苯及煤焦油等。

其工艺流程如图 5-8 所示。新鲜原料、循环物料、新鲜氢气与循环氢气经加热炉加热到所需温度后进入反应器。如果原料中含非芳烃较多时，需两台反应器，并控制不同的反应条件，在第一台反应器中进行烯烃和烷烃的加氢裂解反应，在第二台反应器中进行加氢脱烷基反应。从反应器出来的气体产物经冷却器冷却、冷凝，气液混合物一起进入闪蒸分离器，分出的氢气一部分直接返回反应器，另一部分中除一小部分排出作燃料外，其余送到纯化装置除去轻质烃，提高浓度后再返回到反应器中使用。液体芳烃经稳定塔去除轻质烃和白土塔脱去烯烃后至苯精馏塔，塔顶得产品苯，塔釜重馏分送再循环塔。再循环塔塔顶蒸出未转化的甲苯，再返回反应器使用，塔底的重质芳烃排出系统。

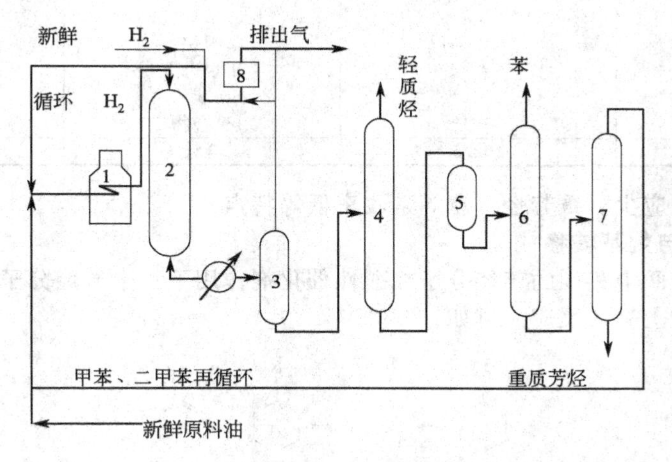

图 5-8　Hydeal 法催化加氢脱烷基制苯工艺流程

1—加热炉；2—反应器；3—闪蒸分离器；4—稳定塔；5—白土塔；6—苯精馏塔；7—再循环塔；8—H_2 提浓装置

(2) 甲苯热脱烷基制苯　甲苯在 600℃以上、氢压 4MPa 以上时可以发生加氢热脱甲基反应。反应温度、液空速、氢/甲苯摩尔比等操作参数对苯的收率有较大影响。研究表明较适宜的反应条件为：反应温度 700～800℃，液空速 3～6h^{-1}，氢/甲苯摩尔比 3～5，压力 3.98～5.0MPa，接触时间 60s 左右。

甲苯加氢热脱甲基制苯工艺流程基本上与催化加氢脱甲基流程相似，只是反应温度较高，热量需要合理利用。

HDA 法甲苯加氢热脱甲基制苯工艺流程如图 5-9 所示。原料甲苯、循环芳烃（未转化甲苯和少量联苯）和氢气混合，经换热后进入加热炉，加热到接近热脱烷基所需温度后进入反应器。由于加氢及氢解副反应的发生，反应热很大，为了控制所需反应温度，可向反应区喷入冷氢和甲苯。反应产物经废热锅炉、热交换器进行能量回收后，再经冷却、分离、稳定和白土处理，最后分馏得到产品苯，纯度大于质量分数 99.9%，苯收率为理论值的 96%～100%。未转化的甲苯和其他芳烃经再循环塔分出后循环回反应器。典型的物料平衡见表 5-6。

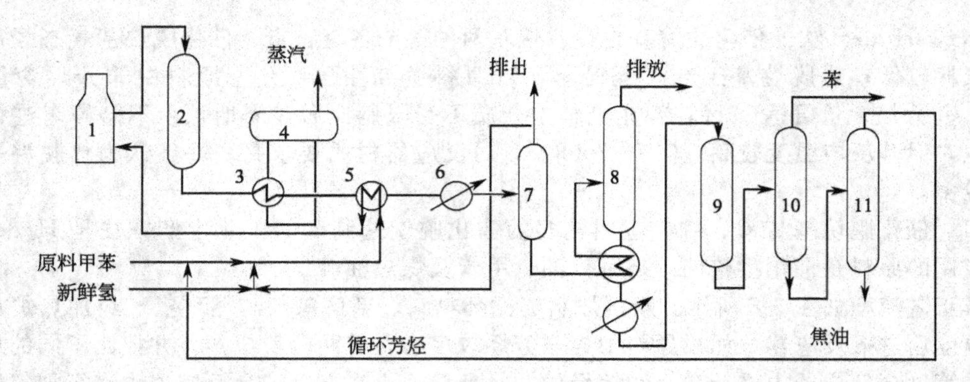

图 5-9 HDA 法甲苯加氢热脱甲基制苯工艺流程

1—加热炉；2—反应器；3—废热锅炉；4—汽包；5—换热器；6—冷却器；7—分离器；8—稳定塔；9—白土塔；10—苯精馏塔；11—再循环塔

表 5-6 典型的甲苯脱甲基物料平衡

原 料	原料含量(质量分数)/%	产 品	产品含量(质量分数)/%
甲苯	100	甲烷	18.6
苯	2.5	乙烷	0.4
		丙烷	0.6
		丁烷以上	0.6
		苯	82.0
		聚合物	0.3
合计	102.5	合计	102.5

本法具有副反应少、重芳烃（蒽等）收率低等特点。

5.2.2 芳烃歧化与烷基转移

芳烃歧化是指两个相同的芳烃分子在酸性催化剂作用下一个芳烃分子上的侧链烷基转移到另一个芳烃分子上去的反应。例如：

$$C_6H_5R + C_6H_5R \rightleftharpoons R\text{-}C_6H_4\text{-}R + C_6H_6$$

烷基转移是指两个不同的芳烃分子之间发生烷基转移的反应。例如：

$$R\text{-}C_6H_4\text{-}R \quad C_6H_6 \rightleftharpoons C_6H_5R + C_6H_5R$$

从以上两式可以看出烷基歧化反应和烷基转移反应互为逆反应。工业中广泛应用的是甲苯歧化反应。通过甲苯歧化反应可使用途较少并有过剩的甲苯转化为苯和二甲苯这两种重要的芳烃原料，如同时进行 C_9 芳烃的烷基转移反应还可增产二甲苯。

5.2.2.1 甲苯歧化的化学过程

(1) 甲苯歧化反应的主反应

$$2\,C_6H_5CH_3 \rightleftharpoons C_6H_6 + CH_3\text{-}C_6H_4\text{-}CH_3$$

甲苯歧化反应是一可逆吸热反应，但反应热效应很小。

(2) 甲苯歧化反应的副反应 甲苯歧化反应的副反应有如下几种。

① 产物二甲苯的二次歧化

$$2\,C_6H_4(CH_3)\text{—}CH_3 \rightleftharpoons C_6H_5CH_3 + C_6H_3(CH_3)\text{—}(CH_3)_2$$

$$2\,C_6H_3(CH_3)\text{—}(CH_3)_2 \rightleftharpoons C_6H_4(CH_3)\text{—}CH_3 + C_6H_2(CH_3)\text{—}(CH_3)_3$$

上述歧化产物还会发生异构化和歧化反应。

② 产物二甲苯与原料甲苯或副产物多甲苯之间的烷基转移反应

$$C_6H_4(CH_3)\text{—}CH_3 + C_6H_5CH_3 \rightleftharpoons C_6H_6 + C_6H_3(CH_3)\text{—}(CH_3)_2$$

$$C_6H_4(CH_3)\text{—}CH_3 + C_6H_3(CH_3)\text{—}(CH_3)_2 \rightleftharpoons C_6H_5CH_3 + C_6H_2(CH_3)\text{—}(CH_3)_3$$

$$C_6H_5CH_3 + C_6H_3(CH_3)\text{—}(CH_3)_2 \rightleftharpoons 2\,C_6H_4(CH_3)\text{—}CH_3$$

工业生产上常利用此类烷基转移反应在原料甲苯中加入三甲苯以增产二甲苯。

③ 甲苯的脱烷基反应

$$C_6H_5CH_3 \rightleftharpoons C_6H_6 + H_2 + C$$

④ 芳烃脱氢缩合生成稠环芳烃和焦 芳烃脱氢缩合生成稠环芳烃和焦的副反应会使催化剂表面迅速结焦而活性下降。为了抑制焦的生成和延长催化剂的寿命，工业生产上采用临氢歧化法。在氢存在下进行甲苯歧化反应，不仅可抑制焦的生成，也能阻抑甲苯脱烷基副反应的进行，从而避免炭的沉积。但在临氢条件下也增加了甲苯加氢脱甲基转化为苯和甲烷以及苯环氢解为烷烃的副反应，后者会使芳烃的收率降低，应尽量减少发生。

5.2.2.2 甲苯歧化产物的平衡组成

甲苯歧化反应是一可逆反应，但因反应热效应较小，温度对平衡常数的影响不大，见表5-7。

表 5-7 甲苯歧化反应的平衡常数

反应温度/℃	K_p		
	甲苯⟶苯+邻二甲苯	甲苯⟶苯+间二甲苯	甲苯⟶苯+对二甲苯
127	7.08×10^{-2}	2.09×10^{-1}	8.91×10^{-2}
327	9.77×10^{-2}	2.19×10^{-1}	9.77×10^{-2}
527	1.15×10^{-1}	2.29×10^{-1}	1.01×10^{-1}

甲苯歧化反应过程比较复杂，除所生成的二甲苯会发生异构化反应外，还会发生一系列

歧化和烷基转移反应，故所得歧化产物是多种芳烃的平衡混合物。表 5-8 示出了甲苯歧化产物的平衡组成。如所用原料为甲苯和三甲苯的混合物，因苯环与甲基的比例不同，产物的平衡组成也不同。由表 5-8 所示数据可知，甲苯在 800K 左右歧化时，歧化产物中 3 种二甲苯异构体的平衡含量只能达到摩尔分数约 23%。

表 5-8 甲苯歧化反应的平衡组成

组分	含量(摩尔分数)/%			
	500K	700K	800K	1000K
苯	31.2	31.9	32.0	32.4
甲苯	42.2	41.1	40.6	40.3
1,2-二甲苯	4.6	5.3	5.8	6.1
1,3-二甲苯	12.5	12.0	11.9	11.5
1,4-二甲苯	5.5	5.4	5.4	5.2
1,2,3-三甲苯	0.2	0.4	0.4	0.5
1,2,4-三甲苯	2.5	2.6	2.7	2.7
1,3,4-三甲苯	1.0	0.9	0.8	0.8
四甲苯总量	0.3	0.4	0.4	0.5

5.2.2.3 催化剂与动力学

烷基苯的歧化和烷基转移必须借助于催化剂。工业上使用的催化剂有 Y 型、M 型（即丝光沸石）及 ZSM 系分子筛催化剂等，其中 ZSM 系分子筛催化剂的开发研究尤为活跃。当前工业上广泛使用的是丝光沸石催化剂。

在丝光沸石催化剂上和临氢条件下得到的甲苯歧化初始反应速率 r_0 方程式为：

$$r_0=\frac{k_0 K_T^2 p_T^2}{(1+K_T p_T)^2} \tag{5-1}$$

式中 k_0——表面反应速率常数，mol/(g 催化剂 · s)；

K_T——甲苯在催化剂上的吸附系数，MPa^{-1}；

p_T——甲苯分压，MPa。

由式(5-1) 可知，在一定的压力范围内，歧化速率随甲苯分压增加而加快。但其加快的程度随甲苯分压的增加渐趋缓慢，当甲苯分压大于 0.304MPa 时，对歧化速率的影响很小。在临氢条件下，如总压过高，会促进苯核加氢分解等副反应的进行。适宜压力的选择与氢纯度和催化剂的活性有关，目前生产上选用总压为 2.55～3.40MPa，循环氢气纯度为体积分数 80%以上。不临氢时，因甲苯压力增加会加速芳烃的脱氢缩合成焦反应，故宜在常压下进行。

5.2.2.4 工艺条件

(1) 原料中杂质含量 原料中若有水分存在会使分子筛催化剂的活性下降，应加以脱除；若有有机氮化物存在会严重影响催化剂的酸性，使活性下降，它在原料中的含量应小于 0.2mg/kg；此外，重金属如铜、砷、铅等能促进芳烃脱氢，加速缩合反应，因此其含量应小于 0.01mg/kg。

(2) C_9 芳烃的含量和组成 为了增加二甲苯的产量，常在甲苯原料中加入 C_8 芳烃，以调节产物中二甲苯与苯的比例。

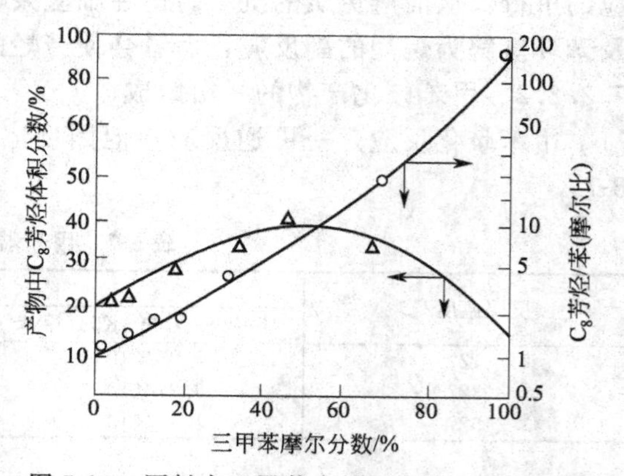

图 5-10 原料中三甲苯含量对产物分布的影响

图 5-10 为原料中三甲苯含量对产物分布的

影响。由图可见，产物中C_8芳烃与苯的摩尔比可借原料中三甲苯的摩尔分数调节，当原料中三甲苯摩尔分数为50%左右时，反应生成液中C_8芳烃的摩尔分数最高。但是C_9芳烃组成中除了3个三甲苯异构体外还有3个甲乙苯异构体和丙苯。后者除了发生甲基转移反应外，还会发生下面的氢解反应。

$$C_6H_4(C_2H_5)CH_3 + C_6H_5CH_3 \rightleftharpoons C_6H_5C_2H_5 + C_6H_4(CH_3)CH_3$$

$$C_6H_4(C_2H_5)CH_3 + H_2 \longrightarrow C_6H_5CH_3 + C_2H_6$$

$$C_6H_4(C_2H_5)CH_3 + H_2 \longrightarrow C_6H_5C_2H_5 + CH_4$$

$$C_6H_5C_3H_7 + H_2 \longrightarrow C_6H_6 + C_3H_8$$

因此，如C_9芳烃中有这些组分存在，不仅使乙苯含量增加，而且使H_2消耗量也增加。若在歧化反应过程中未转化的C_9芳烃全部循环使用，必然会使甲乙苯的浓度积累，并使反应液中乙苯含量越来越高，直至达到平衡值。所以甲乙苯和丙苯在C_9芳烃中的含量应有一定的限量。

(3) 氢烃比　从反应过程看，虽然主反应不需要氢，但氢气的存在可抑制生焦生炭等反应的进行，对改善催化剂表面的积炭程度有显著效果，故反应常在临氢条件下进行。但氢气量过大，不仅增加动力消耗，而且会降低反应速率。工业生产中一般选用氢与甲苯的摩尔比为10左右。另外氢烃比也与进料组成有关，当进料中C_9芳烃较多时，由于C_9芳烃比甲苯易发生氢解反应，要消耗氢，故应适当提高氢烃比，当C_9芳烃中甲乙苯和丙苯含量高时所需氢烃比更高。

(4) 液体空速　图5-11描述了甲苯歧化反应转化率与液体空速的关系。由图可知，转化率随空速的减小和温度的升高而增大。但当转化率增大到40%以后，其增加速率就趋于平缓。实际生产中可从相应的转化率和反应温度选择适宜的液体空速，以满足转化率的要求。

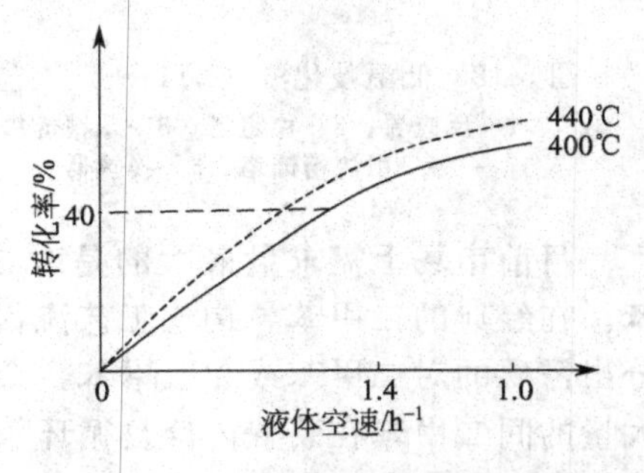

图5-11　转化率和液体空速的关系

5.2.2.5　甲苯歧化与烷基化的工业生产方法

甲苯歧化与烷基化的工业生产方法主要有美国Atlantic Richlield公司开发的二甲苯增产法（Xylene-Plus法）、日本东丽公司和美国UOP公司共同开发的Tatoray法、Mobil公司的低温歧化法（LTD法）。前两种方法既可用于歧化又可用于烷基转移，后一种方法专用于歧化。各种方法的主要工艺概况见表5-9。LTD法和Xylene-Plus法的工艺流程分别如图5-12和图5-13所示。

经典的甲苯歧化工艺的产品是苯和二甲苯。为了降低苯的收率，最近开发的选择性甲苯歧化工艺使产品中对二甲苯质量分数高达80%～90%。经典的甲苯歧化和二甲苯异构化工艺只能产生平衡组成的二甲苯。在 700K 时二甲苯的平衡组成是：对二甲苯摩尔分数 23.5%，间二甲苯摩尔分数 52.0%，邻二甲苯摩尔分数 24.5%。

表 5-9 甲苯歧化法工艺参数

项 目	Xylene-Plus 法	Tatoray 法	LTD 法
催化剂和工艺特点	稀土型沸石小球催化剂，气相反应，移动反应器，不临氢	氢型丝光沸石催化剂，气相反应，固定床反应器，临氢	ZSM-4 沸石催化剂，气相反应，固定床反应器，不临氢
操作条件：			
温度/℃	540	400～500	初期 260，末期 316
压力/MPa	常压	3.0	4.6
氢/烃(摩尔比)	无	(6～10)∶1	无
空速/h^{-1}	0.9	1.0	1.5
产品产率(以质量计)/%			
气体	3.4	1.9	0.20
苯	46.1	41.4	43.9
二甲苯	41.3	56.1	51.2
C_9^+ 芳烃	3.9	1.0	4.7
焦	4.6	—	—
氢耗(新鲜原料，以质量计)/%	无	0.4	无
催化剂再生周期	连续再生	6～10 月	—
催化剂寿命	—	>3 年	>1.5 年

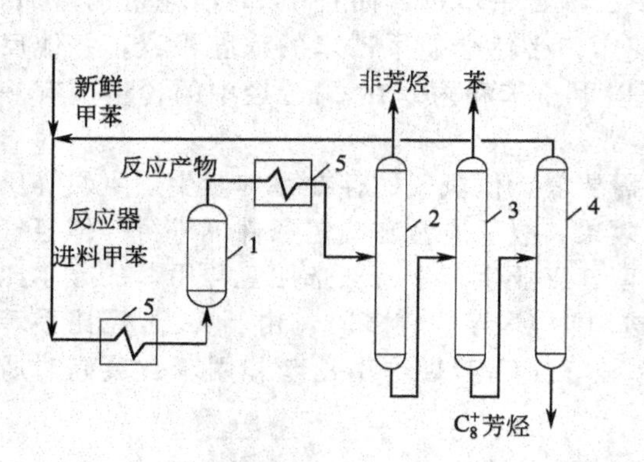

图 5-12 低温歧化法（LTD 法）工艺流程
1—反应器；2—稳定塔；3—苯精馏塔；
4—甲烷精馏塔；5—换热器

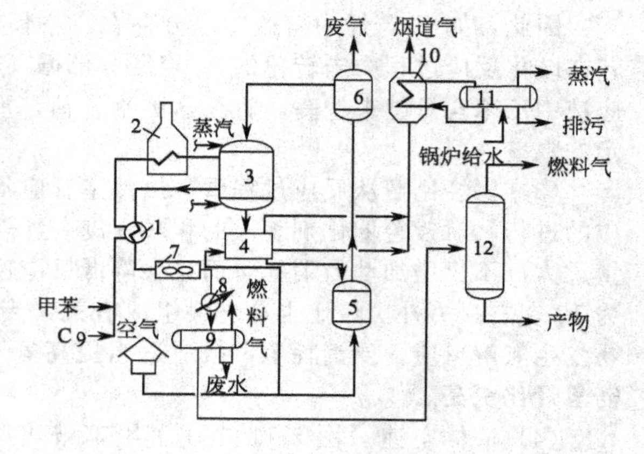

图 5-13 二甲苯增产法（Xylene-Plus 法）工艺流程
1—换热器；2—加热炉；3—反应器；4—再生器；
5—提升器；6—分离器；7—空冷器；8—冷却器；
9—分离器；10—废热锅炉；11—汽包；12—稳定塔

目前市场上需求量最大的是对二甲苯，价格最高；其次是邻二甲苯；最差的是间二甲苯。在经典的二甲苯异构化工艺流程中，达到平衡组成后再经吸附、萃取和分馏等分离手段分出需要的对二甲苯或邻二甲苯，余下的物料再去异构化，重新达到平衡组成。这样就造成大量的间二甲苯在装置内反复循环（占装置物料的一半以上），使流程复杂，设备庞大，基建投资和操作费用增加。为了克服这一缺点，开发了新的催化剂，实现了选择性歧化，取得了可喜的成果。日本三菱公司在 1996 年利用甲苯选择性歧化工艺建成了年产 70 万吨的对二甲苯装置，通过近几年对 ZSM-5 催化剂的不断改进，已取得新的突破，可获得高纯度的苯或对二甲苯，对二甲苯在异构体中的含量高达 99%。

5.2.3 C_8芳烃的异构化

工业上 C_8 芳烃的异构化是以不含或少含对二甲苯的 C_8 芳烃为原料，通过催化剂的作用使其转化成浓度接近平衡浓度的 C_8 芳烃，从而达到增产对二甲苯的目的。

5.2.3.1　C_8芳烃异构化的化学过程

（1）主副反应及热力学分析　C_8芳烃异构化时，可能进行的主反应是3种二甲苯异构体之间的相互转化和乙苯与二甲苯之间的转化，副反应是歧化和芳烃的加氢反应等。

表5-10　C_8芳烃异构化反应的热效应及平衡常数值

反　应	$\Delta H^{\ominus}_{298K}$/(J/mol)	$\Delta G^{\ominus}_{298K}$/(J/mol)	K_p(298K)
间二甲苯(气)⇌对二甲苯(气)	711.6	2260	0.402
间二甲苯(气)⇌邻二甲苯(气)	1785	3213	0.272
乙苯(气)⇌对二甲苯(气)	−11846	−9460	45.42

表5-10列出了C_8芳烃异构化反应的热效应及平衡常数值。可以看出C_8芳烃异构化反应的热效应很小，因此温度对平衡常数的影响不明显。

表5-11及图5-14为温度与混合二甲苯及C_8芳烃平衡组成的关系。可以看出，在平衡混合物中，对二甲苯的平衡含量最高只能达到23.7%，并随温度升高而逐渐降低；间二甲苯的含量总是最高，低温时尤为显著；邻二甲苯和乙苯的含量均随温度升高而增高。故C_8芳烃异构化为对二甲苯的效率是受热力学平衡限制的，即对二甲苯在异构化产物中的含量最高在23%左右。这也是不同来源的C_8芳烃具有相似组成的原因。

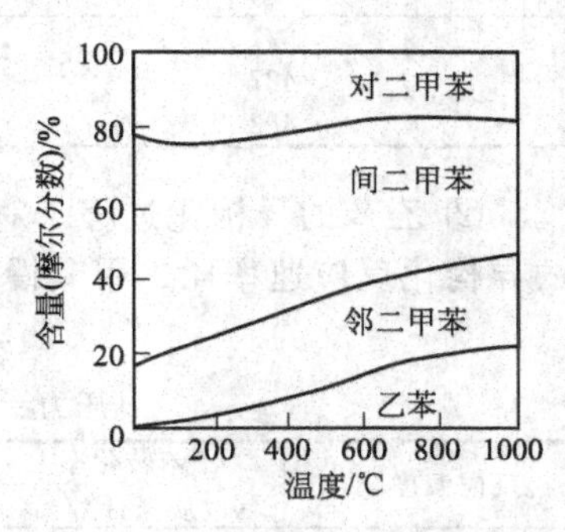

图5-14　C_8芳烃的平衡组成

表5-11　温度对二甲苯异构化反应平衡组成的影响

温度/℃	二甲苯异构体的平衡组成		
	间二甲苯	对二甲苯	邻二甲苯
371	0.527	0.237	0.236
427	0.521	0.235	0.244
482	0.517	0.233	0.250

（2）动力学分析

① 二甲苯的异构化过程　二甲苯异构化的反应图式有两种形式。

一种是3种异构体之间的相互转化：

间二甲苯 ⇌ 邻二甲苯；间二甲苯 ⇌ 对二甲苯；邻二甲苯 ⇌ 对二甲苯

另一种是连串式异构化反应：

邻二甲苯⇌间二甲苯⇌对二甲苯

对在SiO_2-Al_2O_3催化剂上异构化过程的动力学规律进行了研究。得到的实验结果是：邻二甲苯异构化的主产物是间二甲苯，对二甲苯异构化的主要产物也是间二甲苯，而间二甲苯异构化的产物中邻二甲苯和对二甲苯的含量却非常接近。因此认为二甲苯在该催化剂上异构化的反应图式（历程）应是第二种。

对于间二甲苯非均相催化异构化的研究表明，反应速率由表面反应控制，其动力学规律与单吸附位反应机理相符合。反应速率方程式为：

$$r_{异构}=\frac{k'}{1+k_A p_A}\left(p_A-\frac{p_B}{K_p}\right) \tag{5-2}$$

式中　p_A——间二甲苯分压，MPa；

p_B——对二甲苯或邻二甲苯分压，MPa；

k_A——间二甲苯在催化剂表面吸附系数，MPa^{-1}；

K_p——气相异构化平衡常数；

k'——间二甲苯异构化反应速率常数，mol/(MPa・h)

在 SiO_2-Al_2O_3催化剂上间二甲苯异构化的 k'值见表 5-12。

表 5-12　间二甲苯异构化的 k'值

温度/℃	间→对 $k' \times 10^3$	间→邻 $k' \times 10^3$
371	0.0263	0.0180
427	0.118	0.089
482	0.4973	0.334

② 乙苯的异构化过程　对在 Pt/ Al_2O_3催化剂上乙苯的气相临氢异构化研究得知，乙苯的异构化反应速率比二甲苯慢，而且温度的影响较显著，见表 5-13。

表 5-13　反应温度对乙苯异构化的影响

（压力＝1.1MPa，氢/乙苯＝10，乙苯液空速＝$1h^{-1}$）

反应温度/℃	乙苯转化率（以质量计）/%	二甲苯收率（以质量计）/%	反应温度/℃	乙苯转化率（以质量计）/%	二甲苯收率（以质量计）/%
427	40.9	32	483	24.0	19.2
453	28.6	24.2	509	21.1	11.8

从表中数据可以看出，温度越高，乙苯转化率越小，二甲苯收率越低。这是因为乙苯按如下反应历程进行异构化的缘故：

C_2H_5-苯 $\underset{}{\overset{加氢}{\rightleftharpoons}}$ C_2H_5-环己烷 + C_2H_5,CH_3-环戊烷

$\Updownarrow$ 异构

CH_3,CH_3-环己烷 $\overset{脱氢}{\rightleftharpoons}$ CH_3,CH_3-苯

整个异构化过程包括加氢、异构和脱氢等反应。而低温有利于加氢、高温有利于异构和脱氢，故只有协调控制好各种工艺条件才能使乙苯异构化得到较理想的结果。

（3）异构化催化剂　C_8芳烃异构化催化剂主要有无定形 SiO_2-Al_2O_3催化剂、负载型铂催化剂、ZSM 分子筛催化剂、HF-BF_3催化剂等。

① 无定形 SiO_2-Al_2O_3催化剂　该催化剂无加氢、脱氢功能，不能使乙苯异构化，故乙苯应先分离除去，否则会发生歧化和裂解反应而使乙苯损失。为了提高催化剂的酸性，可加入有机氯化物、氯化氢和水蒸气等。二甲苯异构化的反应一般在 350～500℃、常压条件下进行，为抑制歧化和生焦等副反应的发生常在原料中加入水蒸气。

无定形 SiO_2-Al_2O_3催化剂价廉，操作方便，但选择性较差、结焦快，故需频繁再生。

② 铂/酸性载体催化剂　已用过的有 Pt/SiO_2-Al_2O_3、Pt/Al_2O_3、铂/沸石等催化剂。这类催化剂既具有加氢、脱氢功能，又具有异构化功能，故不仅能使二甲苯异构化，也可使乙苯异构化为二甲苯，并具有良好的活性和选择性。所得产物二甲苯异构体的组成接近热力学平衡值。选择适宜的氢压和温度能促进乙苯的异构化并提高转化率，通常于 400～500℃、

0.98～2.45MPa 氢压下进行异构化反应。

③ ZSM 分子筛催化剂 已用的有 ZSM-4 和经 Ni 改性的 NiHZSM-5。它们的异构化活性都很高，以 ZSM-4 为催化剂时可以低温液相进行异构化，产物二甲苯组成接近热力学平衡值，副产物仅质量分数 0.5%左右，但其不能使乙苯异构化。经 Ni 改性的 NiHZSM-5 催化剂在临氢条件下对乙苯异构化具有较好的活性，乙苯转化率可达 34.9%，二甲苯组成接近平衡值，二甲苯收率达质量分数 99.5%。

④ $HF\text{-}BF_3$催化剂 该催化剂用于间二甲苯为原料的异构化过程具有较高的活性和选择性，转化率为 40%左右，产物二甲苯异构体组成接近热力学平衡值，C_8芳烃的单程收率达质量分数 99.6%，副产物单程收率仅质量分数 0.37%。

此类催化剂还具有异构化温度低、不用氢气等优点。但 $HF\text{-}BF_3$在水分存在下具有强腐蚀性，故原料必须经过分子筛精细干燥并除氧。

从催化重整油、裂解汽油、甲苯歧化及其他来源得到的 C_8芳烃都是二甲苯（对、邻、间）异构体和乙苯混合物，组成见表 5-14。C_8芳烃经分离萃取其中对、邻二甲苯，萃余 C_8芳烃通过异构化又将其转化为对、邻、间二甲苯的平衡混合物料。

表 5-14 不同来源 C_8芳烃的组成

组 分	含量(质量分数)/%			
	重整汽油	裂解汽油	甲苯歧化	煤焦油
乙苯	14～18	30(含苯乙烯)	1.1	10
对二甲苯	15～19	15	23.7	20
间二甲苯	41～45	40	53.5	50
邻二甲苯	21～25	15	21.7	20

5.2.3.2 C_8芳烃异构化的工业方法

二甲苯异构化工艺有临氢与非临氢两种。根据乙苯是否转化及催化剂类型不同，主要的异构化工业方法可分为 4 种类型，见表 5-15。

表 5-15 C_8芳烃异构化的工业方法

类型	工艺过程	催化剂	反应温度/℃	反应压力/MPa	反应时共存物	乙苯转化
Ⅰ	丸善,ICI 公司	$SiO_2\text{-}Al_2O_3$	400～500	常压	H_2O	无
Ⅱ	Engehald 公司,Octafining	第一代:Pt- $SiO_2\text{-}Al_2O_3$	350～550	0.98～3.43	H_2	有
	UOP 公司,Isomar	第一代:Pt-Al_2O_3-卤素 第二代:Pt-Al_2O_3-丝光沸石	350～550	0.98～3.43	H_2	有
	Toray 公司,Isolene Ⅱ	第二代:Pt-Al_2O_3-丝光沸石	350～550	0.98～3.43	H_2	有
Ⅲ	ESSO,Isoforming	MoO_3-菱甲沸石	300～550	0.98～3.43	H_2	无
	Toray 公司,Isolene Ⅰ	Cu(Cr,Ag)丝光沸石	300～550	0.98～3.43	H_2	无
	Mobil,MLTI,MLPI	HZSM-5	200～260	2.45	—	无
	Mobil,MLPI,MHTI	HZSM-5	260～450	0.098～3.92	H_2	有
	三菱油化公司	Zr,Br-丝光沸石	250	常压	—	无
Ⅳ	三菱瓦斯化学公司,JGCC	$HF\text{-}BF_3$	100	—	—	无

① 临氢异构 采用的催化剂可分为贵金属与非贵金属两类，广泛应用的是贵金属催化剂。贵金属催化剂虽然成本高，但能使乙苯转化为二甲苯，对原料适应性强，而且异构化原料不需进行乙苯分离。因此贵金属催化剂已被广泛采用。

② 非临氢异构 采用的催化剂一般为无定形 $SiO_2\text{-}Al_2O_3$，具有较高的活性，但选择性差，反应需在高温下进行，催化剂积炭快，再生频繁，不能使乙苯转化为二甲苯。已工业化的有英国帝国化学公司的 ICI 法与日本丸善公司的 XIS 法。近年来美国 Mobil 公司开发出

MLTI 法，催化剂为 ZSM 系列沸石，反应在低温液相进行，此法具有良好的活性与选择性。此外还有日本三菱瓦斯化学公司的 JGCC 法，催化剂为 $HF-BF_3$。JGCC 法与其他方法的不同之处是首先从二甲苯中分离出间二甲苯，再将间二甲苯进行异构化。该法的优点是异构化装置的物料循环量显著降低。

5.2.3.3 C_8芳烃异构化生产工艺流程

由于使用的催化剂不同，C_8芳烃异构化方法有多种，但其工艺过程大同小异。下面以 Pt/ Al_2O_3催化剂为例介绍 C_8芳烃异构化的工艺过程，如图 5-15 所示。

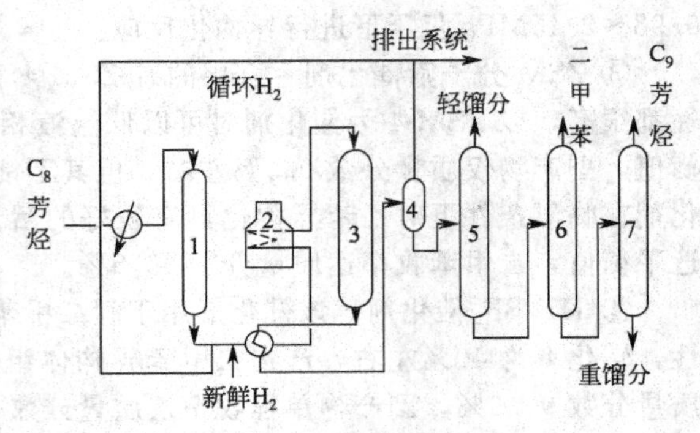

图 5-15 C_8 芳烃异构化工艺流程

1—脱水塔；2—加热炉；3—反应器；4—分离器；5—稳定塔；6—脱二甲苯塔；7—脱 C_9 塔

该工艺为临氢气相异构化，主要由 3 部分组成。

① 原料准备部分　由于催化剂对水不稳定，当异构化原料中含有水分时必须先进行脱水处理，另外二甲苯与水易形成共沸混合物，故一般采用共沸蒸馏脱水，使其含水量在 10mg/kg 以下。

② 反应部分　干燥的 C_8芳烃与新鲜的及循环的 H_2混合后，经换热器、加热炉加热到所需温度后进入异构化反应器。所用反应器为绝热式径向反应器。反应条件为：温度 390～440℃，压力 1.26～2.06MPa，H_2摩尔分数 70%～80%，循环氢与原料液摩尔比为 6，原料液空速一般为 1.5～2.0h^{-1}。芳烃收率＞96%，异构化产物中二甲苯含量为质量分数 18%～20%。

③ 产品分离部分　反应产物经换热后进入气液分离器。为了维持系统内氢气浓度保持一定值（摩尔分数 70%以上），气相小部分排出系统，大部分循环回反应器，液相产物进入稳定塔脱去低沸物（主要是乙基环己烷、庚烷和少量苯、甲苯等）。塔釜液经活性白土处理后进入脱二甲苯塔。脱二甲苯塔塔顶得到接近热力学平衡浓度的 C_8芳烃，送至分离工段分出对二甲苯，塔釜液进入脱 C_9塔。脱 C_9 塔塔顶蒸出 C_9芳烃，送甲苯歧化和 C_9芳烃烷基转移装置。

5.2.3.4 C_8芳烃异构化新技术——MHAI 工艺

MHAI(Mobil High Activity Isomation) 高活性异构工艺是 Mobil 公司开发的异构化新技术，据称是当今最经济的二甲苯异构化工艺。它是由 MVPI 气相异构工艺、MLPI 低压异构工艺、MHTI 高温异构工艺等一系列类似工艺发展而来的。其特点是产物中对二甲苯浓度超过热力学平衡值，减少了二甲苯回路的循环量。该工艺的反应器采用双固定床催化剂系统，即用两种分子式不同的 ZSM-5 沸石分别与黏结剂制成两种催化剂，分别装填于反应器上部和下部，上部主要使乙苯脱烷基和非芳烃裂解，下部主要实现二甲苯异构化。两种催化剂均须流化。反应条件为：温度 400～480℃，压力 1.4～1.6MPa，空速 5～10h^{-1}，氢烃摩尔比 1～3。产物中对二甲苯浓度超过热力学平衡值。

5.2.4 芳烃的烷基化

芳烃的烷基化是芳烃分子中苯环上的一个或几个氢被烷基取代生成烷基芳烃的反应。在芳烃的烷基化反应中以苯的烷基化最为重要，这类反应在工业上主要用于生产乙苯、异丙苯和十二烷基苯等。能为烃的烷基化提供烷基的物质称为烷基化剂。可采用的烷基化剂有多种，工业上常用的有烯烃和卤代烷烃。

用作烷基化剂的烯烃主要有乙烯、丙烯、十二烯。烯烃不仅具有较好的反应活性，而且比较容易得到。由于烯烃在烷基化过程中形成的正烃离子会发生骨架重排，以最稳定的结构存在，所以乙烯以上的烯烃与苯进行烷基化反应时只能得到异构烷基苯而不能得到正构烷基苯。烯烃的活泼顺序为：异丁烯＞正丁烯＞乙烯。

用作烷基化剂的卤代烷烃主要是氯代烷烃，如氯乙烷、氯代十二烷等。卤代烷烃是一种活泼的烷基化剂，其反应活性与其分子结构有关。同种卤代烷烃的活性顺序为：叔卤烷＞仲卤烷＞伯卤烷；不同卤代烷烃的活性顺序为：碘代烷＞溴代烷＞氯代烷＞氟代烷。碘代烷虽然活性大，但易分解，一般不予采用。此外醇类、酯类、醚类等也可作为烷基化剂。

5.2.4.1 苯烷基化反应的化学过程

(1) 主反应

$$C_6H_6\text{(气)}+CH_2{=}CH_2\text{(气)} \underset{}{\overset{K_1}{\rightleftharpoons}} C_6H_5C_2H_5$$

$$\Delta H^{\ominus}_{298}=-106.6\text{kJ/mol}$$

$$C_6H_6\text{(气)}+CH_3CH{=}CH_2 \overset{K_2}{\rightleftharpoons} C_6H_5CH(CH_3)_2\text{(气)}$$

$$\Delta H^{\ominus}_{298}=-97.8\text{kJ/mol}$$

$$C_6H_6\text{(液)}+CH_2{=}CH_2 \overset{K_3}{\rightleftharpoons} C_6H_5C_2H_5\text{(液)}$$

$$\Delta H^{\ominus}_{298}=-114.5\text{kJ/mol}$$

苯的烷基化反应是一反应热效应极大的放热反应，上述3个反应式中平衡常数和温度的关系如下：

$$\lg K_{p(1)}=\frac{5460}{T}-6.56$$

$$\lg K_{p(2)}=\frac{5109.6}{T}-7.434$$

$$\lg K_{p(3)}=\frac{5944}{T}-7.3$$

由此可见，在较宽的温度范围内苯的烷基化反应在热力学上都是很有利的。只有当温度高时，才有较明显的逆反应发生。

(2) 副反应　主要包括多烷基苯的生成、二烷基苯的异构化反应、烷基转移（反烃化）反应、芳烃缩合和烯烃的聚合反应（生成焦油和焦炭）。

苯的烷基化过程产物是单烷基苯和各种二烷基苯、多烷基苯异构体组成的复杂混合物。在适宜的乙烯和苯配比时反应达到热力学平衡。图5-16为苯和乙烯反应产物热力学平衡曲线。工业上最佳操作点是使乙苯收率尽可能大、苯的循环量和多乙苯的生成量尽可能少，即图5-16中的斜线区。

(3) 苯烷基化催化剂　工业上已用于苯烷基化工艺的酸性催化剂主要有下面几类。

① 酸性卤化物的络合物　如 $AlCl_3$、$AlBr_3$、BF_3、$ZnCl_2$、$FeCl_3$ 等的络合物，它们的

活性顺序为：$AlBr_3 > AlCl_3 > FeCl_3 > BF_3 > ZnCl_2$。工业上常用的是$AlCl_3$络合物。纯的无水$AlCl_3$无催化活性，必须有助催化剂如HCl同时存在。$AlCl_3$络合物催化剂活性很高，可使反应在100℃左右进行，还具有使多烷基苯与苯发生烷基转移的作用，但其对设备、管道具有强腐蚀性。

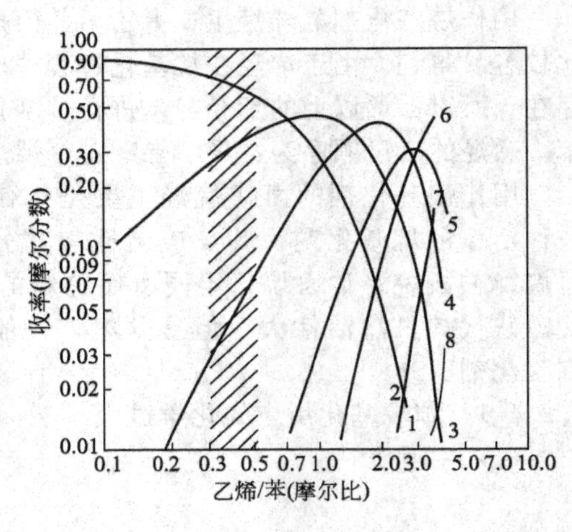

图 5-16 苯和乙烯反应产物热力学平衡曲线

1,7—五乙苯；2—苯；3—乙苯；4—二乙苯；5—三乙苯；6—四乙苯；8—六乙苯

② 磷酸/硅藻土 该催化剂活性较低，需要采用较高的温度和压力；又因不能使多烷基苯发生烷基转移反应，故原料中苯需大大过量，以保证单烷基苯的收率；另外该催化剂对烯烃聚合反应也催化作用，会使催化剂表面积焦而活性下降。工业上主要使用该催化剂进行苯和丙烯气相烷基化生产异丙苯。

③ $BF_3/\gamma\text{-}Al_2O_3$ 这类催化剂活性较好，并对多烷基苯的烷基转移也具有催化活性。用于乙苯生产时还可用稀乙烯为原料，乙烯的转化率接近100％。但有强腐蚀性和毒性。

④ ZSM-5分子筛催化剂 这类催化剂的活性和选择性均较好。用于乙苯生产时，可用体积分数为15％～20％的低浓度乙烯作为烷基化剂，乙烯的转化率可达100％，乙苯的选择性大于99.5％。

5.2.4.2 烷基化工业生产方法

在烷基化工业生产方法中以苯烷基化制乙苯和异丙苯的生产工艺最具代表性。

(1) 乙苯生产工艺 以苯和乙烯烷基化的酸性催化剂分类，烷基化工艺可分为三氯化铝法、$BF_3\text{-}Al_2O_3$、固体酸法。若以反应状态分，可分为液相法和气相法两种。液相三氯化铝法又可分为传统的两相工艺和单相高温工艺，前者的典型代表是Dow法、旧Monsanto法等，后者的典型代表是新Monsanto法。气相固体催化剂烷基化法的典型代表是Mobil-Badger新工艺。

各种生产方法不论在工艺流程上有何差异，其反应机理基本一致：苯和乙烯在催化剂作用下反应生成乙苯。经常采用的是Friedel-Crafts催化剂，其中最常用的是三氯化铝。如果在反应中加入氯化氢或氯乙烷助催化剂，能提高催化剂的活性，使烷基化反应更有效地进行。

① 液相烷基化法

(ⅰ) 低温（传统）无水三氯化铝法 此法是最悠久和应用最广泛的生产烷基苯的方法。其工艺流程如图5-17所示。在低温（95℃）、低压（101.3～152.0kPa）下向搪玻璃反应釜中加入$AlCl_3$催化剂络合物、苯和循环的多乙苯混合物，搅拌使催化剂络合物分散。向反应混合物中通入乙烯，乙烯基本上完全转化。由反应釜出来的物流由约55％未转化的苯、35％～38％乙苯、15％～20％多乙苯混合有机相和$AlCl_3$络合物组成。冷却分层，$AlCl_3$循环返回反应器、少部分被水解成$Al(OH)_3$废液，有机相经水洗和碱洗除去微量$AlCl_3$得到粗乙苯，最后经3个精馏塔分离得到纯乙苯。上述工艺流程对不同生产厂家可能在乙烯与苯的配比、多乙苯返回量、催化剂用量、反应操作条件等参数上有所差异，精馏分离部分各生产厂家在降低能耗上也有不同程度的设计改进。迄今多数厂家通过改进已达到最佳化操作，并在原料和能量消耗上都有所降低。

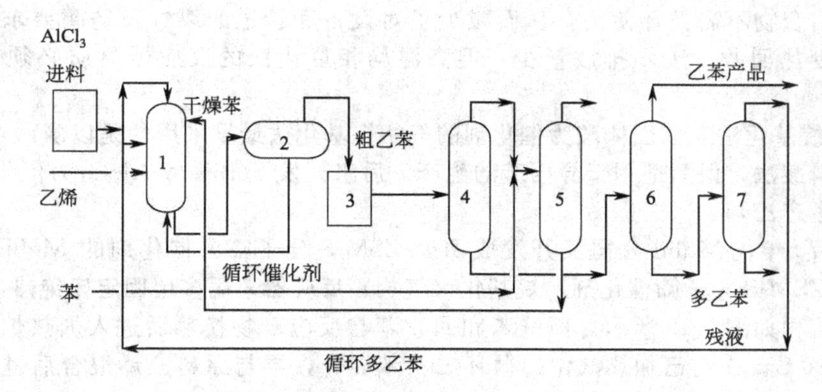

图 5-17　低温液相烷基化乙苯生产工艺流程

1—反应釜；2—澄清器；3—前处理装置；4—苯回收塔；5—苯脱水塔；6—乙苯回收塔；7—多乙苯塔

（ⅱ）高温均相无水三氯化铝法　1974 年，孟山都（Monsanto）公司根据多年的生产经验对乙苯收率低、能量回收不合理、“三废”多及设备腐蚀严重的液相烷基化传统工艺进行了改进。从反应机理入手，与富有工程设计经验的鲁姆斯（Lummus）公司合作，联合开发了高温液相烷基化生产新工艺。该流程与传统工艺基本无差别，不同的是孟山都公司与鲁姆斯公司联合设计成功一种有内外圆筒的烷基化反应器，乙烯、干燥的苯、三氯化铝络合物先在内筒反应，在此内筒里乙烯几乎全部反应完，然后物料折入外筒，使多乙苯发生烷基转移反应。改进后的工艺称高温均相无水三氯化铝法。

其流程如图 5-18 所示。新鲜的乙烯、干燥的苯以及配制的三氯化铝络合物连续加入烷基化反应器，在乙烯与苯的摩尔比为 0.8、反应温度 140～200℃、反应压力 0.588～0.784MPa、三氯化铝用量为传统法的 25%的条件下进行反应。反应产物经绝热闪蒸，蒸出的气态轻组分和氯化氢返回反应器，液相产物经水洗、碱洗和三塔精馏系统分离出苯、乙苯和多乙苯等。苯循环使用，多乙苯返回烷基化反应器。三氯化铝络合物不重复使用，经萃取、活性炭和活性氧化铝处理后制得一种多三氯化铝溶液，可用作废水处理絮凝剂。

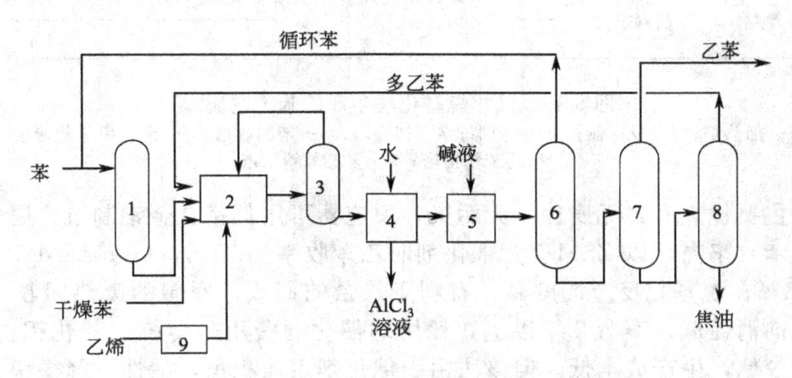

图 5-18　高温均相烃化生产乙苯工艺流程

1—干燥塔；2—烷基化反应器；3—闪蒸塔；4—水洗涤器；5—碱洗涤器；6—苯塔；7—乙苯塔；8—多乙苯塔；9—催化剂制备槽

高温均相新工艺与传统三氯化铝工艺相比有如下优点：可采用较高的乙烯/苯（摩尔比），并可使多乙苯的生成量控制在最低限度，乙苯收率达 99.3%（传统法为 97.5%）；副产焦油少，为 0.6～0.9kg/t 乙苯，传统法为 2.2kg/t 乙苯；三氯化铝用量仅为传统法的

25%，并且络合物不需循环使用，从而减少了对设备和管道的腐蚀及防腐要求；反应温度高，有利于废热回收；废水排放量少。但高温均相烃化法的反应器材质必须在高温下耐腐蚀。

② 气相烷基化法　以固体酸为催化剂的气相烷基化法最早采用的是以磷酸/硅藻土为催化剂的固体磷酸法，但只适用于异丙苯的生产。后来开发了 $BF_3/\gamma\text{-}Al_2O_3$ 为催化剂的 Alkar 法，可用于生产乙苯。

20 世纪 70 年代 Mobil 公司又开发成功以 ZSM-5 分子筛为催化剂的 Mobil-Badger 法。该方法采用 ZSM-5 分子筛催化剂，烷基化（气相）反应器采用多层固定床绝热反应器。

其工艺流程如图 5-19 所示。新鲜苯和回收苯与反应产物换热后进入加热炉，汽化并预热至 400～420℃。先与已加热汽化的循环二乙苯混合，再与原料乙烯混合后进入烷基化反应器各段床层。各段床层的温升控制在 70℃以下。由上一段床层进入下一段床层的反应物流经补加苯和乙烯骤冷至进料温度，使每层反应床的反应温度相接近。典型的操作条件为：温度 370～425℃，压力 1.37～2.74 MPa，质量空速 3～5kg 乙烯/(kg 催化剂·h)。烷基化产物由反应器底部引出，经换热后进入初馏塔。初馏塔蒸出的轻组分及少量苯经换热后至尾气排出系统作燃料，塔釜物料进入苯回收塔。在苯回收塔内将物料分割成两部分，塔顶蒸出苯和甲苯，进入苯、甲苯精馏塔，塔釜物料进入乙苯精馏塔。在苯、甲苯精馏塔分离得到回收的苯循环使用，甲苯作为副产品引出。在乙苯精馏塔塔顶蒸出产品乙苯送贮罐区，塔底馏分送入多乙苯精馏塔。多乙苯精馏塔在减压下操作，塔顶蒸出二乙苯返回烷基化反应器，塔釜引出多乙苯残液送入贮槽。

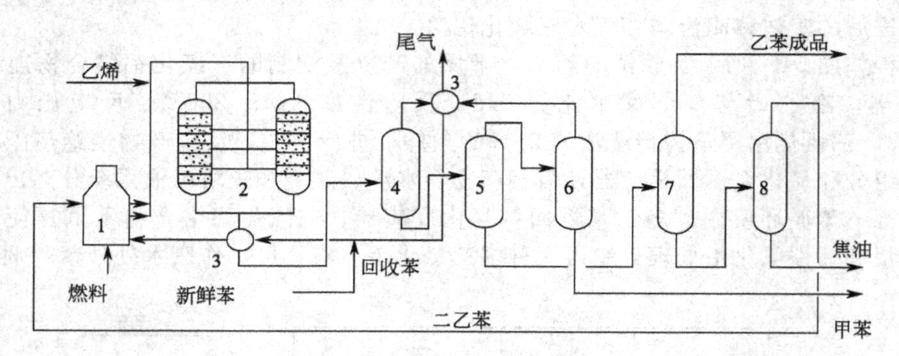

图 5-19　气相烷基化法生产乙苯工艺流程

1—加热炉；2—反应器；3—换热器；4—初馏塔；5—苯回收塔；6—苯、甲苯精馏塔；7—乙苯精馏塔；8—多乙苯精馏塔

该工艺的主要优点有：无腐蚀，无污染，反应器可用低铬合金钢制造，尾气及蒸馏残渣可作燃料；乙苯收率高，以 ZSM-5 为催化剂时乙苯收率达 98%，以 HZSM-5 为催化剂时乙苯收率达 99.3%；烷基化反应温度高，有利于热量的回收，完善的废热回收系统使装置的能耗低；催化剂消耗低，寿命 2 年以上，耗用的催化剂费用是传统三氯化铝法的 1/20～1/10；装置投资较低，生产成本低。但该法由于催化剂表面积焦，活性下降很快，需频繁进行烧焦再生才能维持正常运行。

(2) 异丙苯生产工艺　异丙苯是重要的基本有机化工原料，主要用于生产用途广泛的苯酚和丙酮。传统的生产异丙苯的方法有以固体磷酸为催化剂的气相法和以 Al_2O_3 为催化剂的液相法，但它们都存在不同程度的腐蚀和污染问题。近年来，随着新型分子筛催化剂的开发，异丙苯生产的新工艺获得了极大的成功。其中，催化蒸馏法制异丙苯以反应选择性高、易于控制、能耗低、投资少等优点，得到广泛的应用。

由于苯和丙烯烷基化反应为放热反应，又是连续反应过程，其反应温度与产物精馏温度接近，可以利用反应热直接进行精馏，在苯/丙烯摩尔比为3时反应放出的热量足够使苯汽化。

美国 Chemical Research & Licensing (CR&L) 公司在 MTBE 催化精馏设计基础上开发出一种利用沸石作催化剂的催化精馏工艺（CD 法），用于生产异丙苯。由于异丙苯能够及时地与苯分离，故减少了串联副反应的发生，使多异丙苯的生成量大大降低。

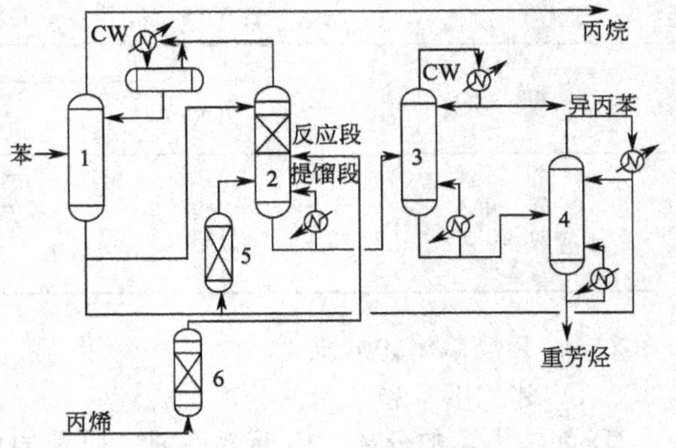

图 5-20　催化精馏法合成异丙苯工艺流程

1—苯精馏塔；2—反应精馏塔；3—异丙苯精馏塔；4—多异丙苯精馏塔；5—烷基转移反应器（反烃化器）；6—干燥器

其工艺流程如图 5-20 所示。该工艺的关键设备是反应精馏塔。塔分为两部分，上段为装填沸石分子筛催化剂的反应段，下段为提馏段。由反应精馏塔的反应段顶部出来的苯蒸气经塔顶冷凝器冷凝分出不凝气体后流入苯塔，与新鲜苯混合，返回反应精馏塔的反应段上部作为回流，在下降过程中通过床层时与从反应段下部进入的干燥丙烯接触进行反应生成异丙苯。部分未反应的苯由于吸收反应热而汽化。反应段流出的液体在反应精馏塔的提馏段使含有的未反应的苯被汽提出来进入反应段。反应精馏塔釜流出的是只含有异丙苯、多异丙苯等的液体产物，经蒸馏塔，从塔顶回收异丙苯产品，塔釜液送入多异丙苯精馏塔，在多异丙苯精馏塔塔釜排出烃化焦油，从塔顶分出的多异丙苯循环回烷基转移反应器（反烃化器），与苯精馏塔来的部分苯反应转化为异丙苯后进入反应精馏塔的提馏段。在反应精馏塔中，反应段的苯浓度可以维持在很高水平，减少了丙烯自身聚合和异丙苯进一步烷基化反应，减少了重组分对床层的污染，有利于连续稳定操作。

该工艺流程简单，可根据反应温度要求调节压力，压力控制在 0.28～1.05MPa 之间。原料可以使用纯丙烯或稀的丙烯。

5.3　C_8芳烃的分离

C_8芳烃分离是根据工业需要将碳八芳烃分离成单一组分或馏分的过程。目前 C_8 芳烃分离的主要目的是获得经济价值较高的对二甲苯和邻二甲苯。因此，C_8 芳烃分离又常常与碳八芳烃异构化结合在一起，以获得更多的对二甲苯和邻二甲苯。在个别情况下，也要求分离出高纯度的乙苯、苯乙烯。

5.3.1　C_8芳烃的组成与性质

各种来源的 C_8芳烃都是3种二甲苯异构体与乙苯的混合物，其组成见表 5-14 所示。C_8芳烃中各异构体的某些性质见表 5-16。由表 5-16 可见，邻二甲苯与间二甲苯的沸点差为 5.3℃，工业上可以用精馏法分离。乙苯与对二甲苯的沸点差为 2.2℃，在工业上尚可用 300～400 块塔板的精馏塔进行分离，但绝大多数加工流程都不采用耗能大的精馏法回收乙苯，而是在异构化装置中将其转化。但间二甲苯与对二甲苯沸点接近，借助普通的精馏法进行分离非常困难。在吸附分离法出现之前，工业上主要利用凝固点差异采用深冷结晶分离法，以后又开发了吸附分离和络合分离工艺，尤其是吸附分离占有越来越重要的地位。所以 C_8芳烃分离的技术难点主要在于间二甲苯与对二甲苯的分离。

表 5-16 C_8芳烃中各异构体的某些性质

组分	性质			
	沸点/℃	熔点/℃	相对碱度	与 $HF\text{-}BF_3$ 生成络合物的相对稳定性
邻二甲苯	144.4	−25.173	2	2
间二甲苯	139.1	−47.872	3～100	20
对二甲苯	138.4	13.263	1	1
乙苯	136.2	−94.971	0.1	—

5.3.2 C_8芳烃单体的分离

5.3.2.1 邻二甲苯和乙苯的分离

① 邻二甲苯的分离 C_8芳烃中邻二甲苯的沸点最高，与关键组分间二甲苯的沸点相差5.3℃，可以用精馏法分离。精馏塔需150～200块塔板，两塔串联，回流比7～10，产品纯度为98%～99.6%。

② 乙苯的分离 C_8芳烃中乙苯的沸点最低，与关键组分对二甲苯的沸点仅差2.2℃，可以用精馏法分离，但较困难。工业上分离乙苯的精馏塔实际塔板数达300～400（相当于理论塔板数200～250），三塔串联，塔釜压力0.35～0.4 MPa，回流比50～100，可得纯度在99.6%以上的乙苯。其他方法有络合萃取法，如日本三菱瓦斯化学公司的Pomex法；以及吸附法，如美国UOP公司的Ebex法。

5.3.2.2 对二甲苯和间二甲苯的分离

对二甲苯和间二甲苯的沸点仅相差0.7℃，难于采用精馏法进行分离。目前工业上分离对二甲苯的方法有深冷结晶分离法、络合萃取分离法、模拟移动床吸附分离法3种。

(1) 深冷结晶分离法 当C_8芳烃深度冷却至−75～−60℃时，熔点最高的对二甲苯首先结晶出来。在对二甲苯结晶过程中，晶体内不可避免地存在少量C_8芳烃混合物，影响对二甲苯的纯度。因此工业上常采用二段结晶工艺。第一段结晶一般冷冻温度达到对二甲苯和间二甲苯的共熔点（约−68℃），对二甲苯晶体析出（纯度85 %～90 %），经离心机分离得到滤饼，再经熔化后进入第二结晶槽，第二段结晶温度达−21～−10℃时进行重结晶，再经离心机分离，得到纯度为99.5%的对二甲苯。其工艺流程如图5-21所示。

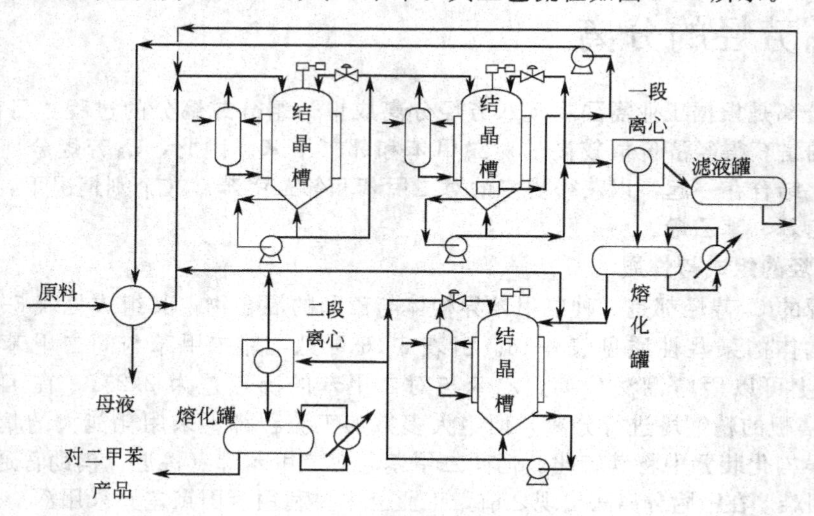

图5-21 对二甲苯结晶分离工艺流程

(2) 络合萃取分离法　利用一些化合物与二甲苯异构体形成络合物的特性，可以达到分离各异构体的目的。

络合萃取分离法中最成功的工业实例是日本三菱公司的 MGCC 法。此法是有效分离间二甲苯的唯一的工业化方法，同时也使其他 C_8 芳烃分离过程大为简化。C_8 芳烃的 4 个异构体与 HF 共存于一个系统时，形成两个互相分离的液层：上层为烃层，下层为 HF 层。当加入 BF_3 后，发生下列反应而生成在 HF 中溶解度大的络合物：

$$X+HF+BF_3 \longrightarrow XHBF_4$$

X 代表二甲苯。由于间二甲苯（MX）碱度最大，所形成的 $MXHBF_4$ 络合物的稳定性最大，故在系统中能发生如下置换反应：

$$MX+PXHBF_4 \longrightarrow MXHBF_4+PX$$
$$MX+OXHBF_4 \longrightarrow MXHBF_4+OX$$

OX、PX 分别代表邻二甲苯、对二甲苯。络合物置换的结果，$HF\text{-}BF_3$ 层中的间二甲苯浓度越来越高，烃层中的间二甲苯浓度越来越低，从而达到选择分离的目的。

工业上萃取间二甲苯是在 0℃、0.4MPa 条件下进行的。萃取液（酸层）与烃层分离后，在 40～170℃络合物分解，获得纯度为 98%以上的间二甲苯。由于 $HF\text{-}BF_3$ 也是二甲苯异构体催化剂，故此分离法可与间二甲苯液相异构化过程联合，以获得更多的对二甲苯和邻二甲苯。其工艺流程如图 5-22 所示。

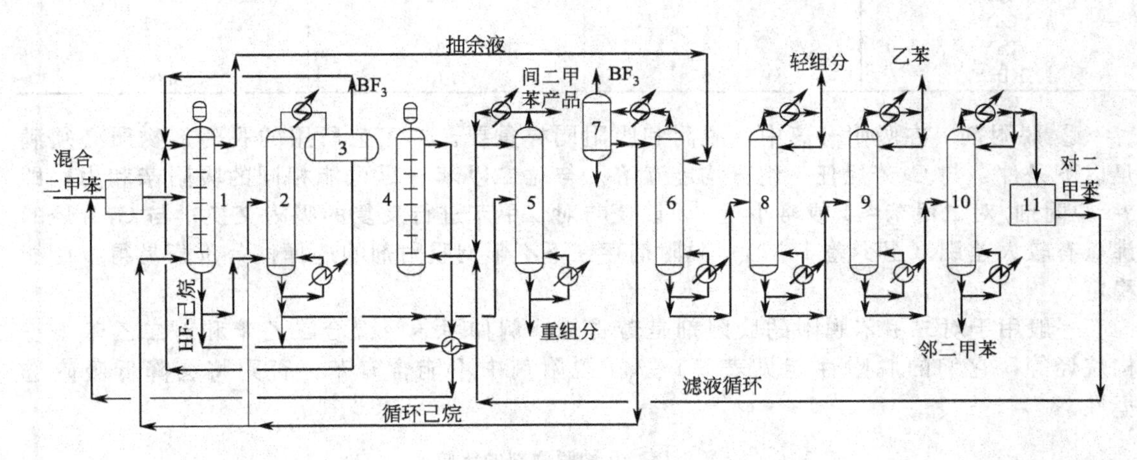

图 5-22　MGCC 法洛合萃取分离二甲苯工艺流程

1—萃取塔；2—分解塔；3,7—分离塔；4—异构化塔；5—脱重组分塔；6—抽余液塔；8—脱轻组分塔；9—乙苯精馏塔；10—邻二甲苯分离塔；11—对二甲苯结晶槽

该法的特点是将占二甲苯含量 40%～50%的间二甲苯首先除去，使乙苯浓度提高，这不仅可以降低乙苯分离塔的塔径、回流比和操作费用，而且可以提高单程收率。其主要缺点是 HF 有毒，而且有强腐蚀性。

(3) 吸附分离法　吸附分离法是目前分离混合二甲苯的主要方法，该法是利用固体吸附剂对 C_8 芳烃各异构体吸附能力的差别实现分离。吸附分离首先由美国 UOP 公司解决了 3 个关键问题而实现了工业化：一是成功研制了对各种二甲苯异构体有较高选择性吸附的固体吸附剂；二是研制成功了以 24 道旋转阀进行切换操作的模拟移动床技术；三是找到了一种与对二甲苯有相同吸附亲和力的脱附剂。

吸附分离比结晶分离有较多的优点，工艺过程简单，单程回收率达 98%，生产成本较低，已取代深冷结晶成为一种广泛采用的二甲苯分离技术。20 世纪 80 年代以来建设的 C_8 芳烃分离装置，90%以上采用模拟移动床技术。

① 吸附剂 吸附剂是能有效地从气体或液体中吸附其中某些成分的固体物质。一般以选择吸附系数β表示吸附剂的选择性。

$$\beta=\frac{(x/y)_A}{(x/y)_R}$$

式中 x——组分1的摩尔分数；

y——组分2的摩尔分数；

A——代表吸附相；

R——代表未被吸附相。

对一定的吸附剂来说，$\beta=1$时无法实现吸附分离。β越大，越有利于吸附分离。β的数值取决于吸附温度和组分含量。某些Y型分子筛于180℃气相吸附C_8芳烃的β数值见表5-17，其中KBaY型分子筛分离性能较好。

表5-17 不同吸附剂的β值

Y型分子筛	选择吸附系数β		
	对二甲苯/乙苯	对二甲苯/间二甲苯	对二甲苯/邻二甲苯
NaY	1.32	0.75	0.33
KY	1.16	1.83	2.38
CaY	1.17	0.35	0.21
BaY	1.85	1.27	2.33
KBaY	2.20	3.10	3.00

② 脱附剂 在吸附分离中，脱附和吸附同样重要。本工艺所用的脱附剂物质必须满足以下条件：与C_8芳烃任一组分均能互溶；与对二甲苯有尽可能相同的吸附亲和力，即β=脱附剂/对二甲苯≈1或略小于1，以便与对二甲苯进行反复的吸附交换；与C_8芳烃的沸点有较大差别（至少差15℃）；脱附剂存在下不影响吸附剂的选择性，价廉易得，性能稳定。

一般用于对二甲苯脱附的脱附剂是芳香烃，例如甲苯、混合二乙苯和对二乙苯+正构烷烃等，它们的脱附性能见表5-18。在脱附剂中不能含有苯，否则将会降低吸附选择性。

表5-18 几种脱附剂的比较

脱附剂	对二甲苯纯度/%	对二甲苯收率/%	相对吸附剂装量	相对分馏热负荷
甲苯	99.3	99.7	少	中
混合二乙苯	99.1	85.2	多	中
对二乙苯+正构烷烃	99.3	94.5	中	低

另外，原料和脱附剂中也不能含有化学结合力很强的极性化合物——水、醇等，因为它们将被牢固地吸附在吸附剂表面，会严重影响分子筛的吸附容量和相对吸附率。因此在吸附分离之前必须进行脱水，要求水的含量降至10mg/kg以下。

③ 模拟移动床吸附分离C_8芳烃的基本原理

（ⅰ）移动床作用原理 图5-23(a)为移动床连续吸附分离原理示意图，A和B代表被分离的物质，D代表脱附剂。在移动床中固体吸附剂和液体做相对移动，并反复进行吸附和脱附的传质过程。A比B有更强的吸附力，吸附剂自上而下移动，D逆流而上，将被吸附的A与B可逆地置换出来。被脱附下来的D与A、D与B分别从吸附塔引出，经过蒸馏可将D与A、D与B分开。脱附剂再送回吸附塔，循环使用。

根据吸附塔中不同位置所起的不同作用，可将吸附塔分成4个区。Ⅰ区是A吸附区，吸附有B、D的固体吸附剂从塔顶进入，在不断下降过程中与上升的需要分离的含有D的A、B液相物流逆流接触，液相中的A被完全吸附，同时在固体吸附剂上的部分B和D被置换出来。液相达到Ⅰ区顶部已完全不含A。不含A的抽余油（B+D）一部分从Ⅰ区顶部排出，其余进入Ⅳ区。Ⅱ区是B脱附区（即第一精馏区），它的作用是将固体吸附剂上被吸附的B完全脱附。由于A比B有更强的吸附力，液相中的A+D就和吸附相中的B发生质交换，液相中的A进入吸附相，吸附相中的B被A+D置换下来，当吸附相从Ⅱ区流到Ⅲ区时B已完全脱附下来，吸附相中只有A和D，而上升的液相则含A、B和D，进入Ⅰ区，与进塔的原料汇合。Ⅲ区是A脱附区，它的作用是将固体吸附剂的A脱附下来。吸附有A和D的吸附剂从Ⅱ区流下来，D从下部逆流而上，由于D在固体吸附剂上的吸附能力与A在固体吸附剂上的吸附能力相近，固体吸附剂与大量的D逆流接触，D就把A从固体吸附剂上冲洗下来。液相A+D一部分从这一区的顶部引出，称为萃取液（抽出液）；其余进入Ⅱ区。Ⅳ区是B吸附区（即第二精馏区），它的作用是从上升的含B和D的液相中将B完全吸附除去。从Ⅲ区下来的仅吸附了D的固体吸附剂与含有B和D的液相逆流相遇，固体吸附剂上的D被部分置换下来，当液相上升到Ⅳ区顶部时仅剩D，而Ⅳ区下落的固体吸附剂吸附着B和D。

吸附塔各区液相组分的浓度分布如图5-23(b)所示。在实际操作中各区的距离不是相等的。从图5-23看出，可以连续从吸附塔中取出一定组分的分离精馏液（A组分）及分离残液（B组分）。

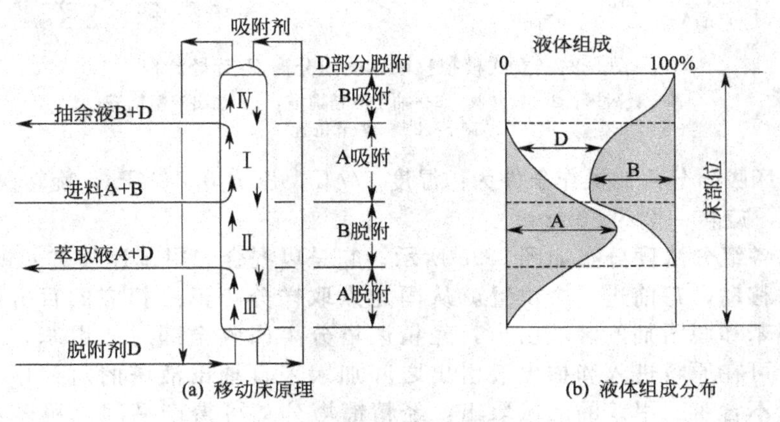

图5-23　移动床连续吸附示意图

由于固体吸附剂磨损问题不易解决，大直径吸附塔中吸附剂的均匀移动也难以保证，所以移动床的连续吸附分离无法实现工业化。

（ⅱ）模拟移动床作用原理　从移动床的作用原理和液相中各组分的浓度分布图可见，如果使吸附剂在床内固定不动，而将物料进出口点连续上移，所起的作用与保持进出口点不动而连续自上而下移动固体吸附剂是一样的，由此原理设计的分离装置称为模拟移动床。模拟移动床的优点是可连续操作，吸附剂用量少（仅为固定床的4%）。但要选择合适的脱附剂，对转换物流方向的旋转阀要求也高。

④ 模拟移动床吸附分离流程　工业上用于分离C_8芳烃的模拟移动床吸附分离装置有美国UOP公司的Parex法（立式吸附塔）和日本Toray公司的Aromax法（卧式吸附器）两种。

图5-24是立式模拟移动床吸附分离C_8芳烃流程示意图。整个吸附分离过程在两个吸附

塔中完成（图中仅画了一个），两个吸附塔借循环泵首尾相连，如同一个。吸附塔分为 24 个塔节（24 个料口），各塔节内装有固体吸附剂，并用管线与旋转阀相连。在特定的时间内，只有其中 4 个料口作进出料，即抽出液出口、原料进口、抽余液出口、脱附剂进口，其余的料口全关闭。4 个料口每隔一定时间按一定距离同时向前移动一个料口，如图 5-24 中的实线［3# （脱附剂 D），6# （抽余液 B＋D），9# （原料 A＋B），12#（抽出液 A＋D)］。假定旋转阀把脱附剂的管线 3# 移到 4#，这时其他管线也相应向前移动一个料口，即抽余液（B＋D）移到 7#，原料（A＋B）和抽出液（A＋D）分别移到 10# 和 1#。

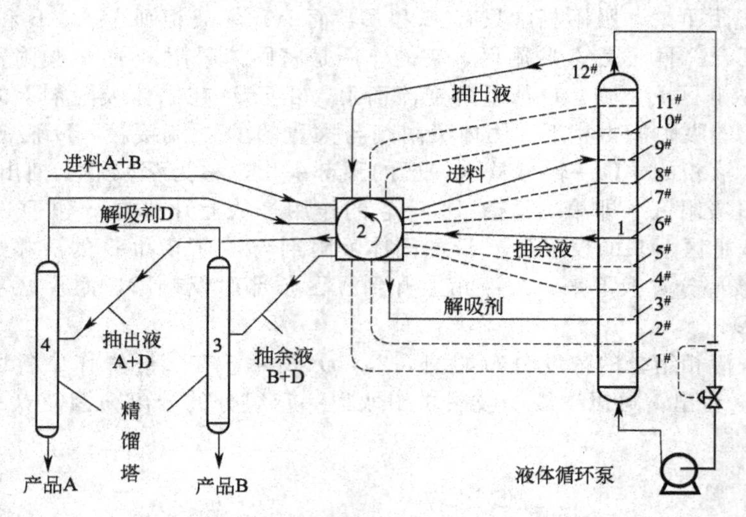

图 5-24 立式模拟移动床吸附分离 C_8 芳烃流程

1—吸附塔；2—旋转阀；3—抽余液精馏塔；4—抽出液精馏塔；
1# ～12# —塔节位置

模拟移动床吸附分离的操作条件为：温度 177℃；压力 0.87MPa；旋转阀每隔 1.25min 向前移动一次，旋转一圈约 30min。

吸附塔内各组分浓度分布如图 5-25 所示。它是以混合二甲苯连续进入模拟移动床后，随着旋转阀的移动，每前进一个位置就从固定点取样分析得出相应的百分组成。抽出液由仅含对二甲苯和脱附剂的区域引出，经精馏塔分离回收全部对二甲苯。若要提高对二甲苯的纯度，可在原料进入和抽出液引出之间加入来自抽出液塔的对二甲苯作回流。同样，抽余液由不含对二甲苯的区域取出，经精馏塔分离可得产品间二甲苯和邻二甲苯去异构化。

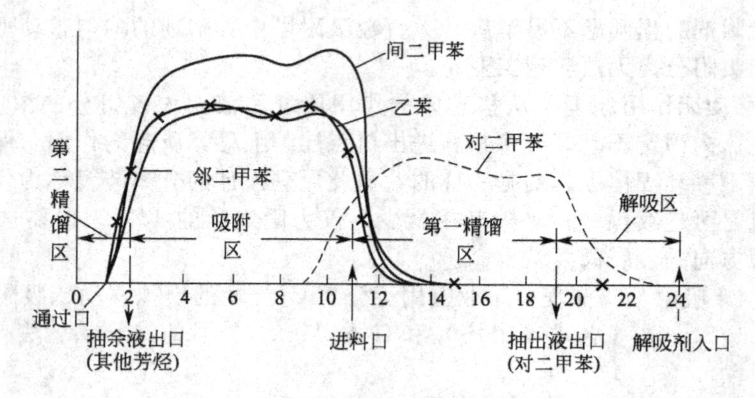

图 5-25 浓度分布剖面图

5.4　芳烃生产技术发展方向

芳烃是重要的有机化工原料，其产量和规模仅次于乙烯和丙烯。正是由于芳烃在化工原料中占有如此重要的地位，其生产技术的发展受到了广泛重视。近年来，芳烃生产技术在拓展原料来源、开发新一代更高水平的催化剂和工艺、提高芳烃收率和选择性、降低能耗和操作费用、现有装置的技术改造、提高生产方案的灵活性等方面取得了长足的技术进步，大大提高了芳烃生产的技术水平，有的已经在工业生产中发挥重要作用，有的已显示出巨大的潜力。

芳烃生产技术发展主要有如下几个方面。

① 扩大芳烃原料来源。

积极开展芳构化技术研究，通过芳构化技术可将一些不宜作重整原料的LPG（液化石油气）馏分、轻石脑油馏分、轻烯烃及天然气等轻烷烃原料转化为芳烃，从而提高这些廉价原料的利用价值；继续提高催化重整和乙烯裂解技术，增产更多芳烃；开展甲烷脱氢偶联、C_2烃芳构化研究，扩大芳烃来源。力争这些工艺不仅技术可行，而且在技术经济指标上赶上催化重整和乙烯裂解生产的芳烃。

② 工艺革新，提高技术水平。

通过对甲苯歧化与烷基转移、二甲苯异构化等工艺的研究，取得了较大的技术进展。如Mobil公司开发的MSTDP歧化工艺和MHAI异构化工艺，产品二甲苯中的对二甲苯含量大大超过了经典的平衡组成，说明催化剂的择形性能提高反应的选择性，大大减少甚至取消生产装置的物料内循环，并相应降低设备投资和操作费用。

③ 产品新用途促进产品的结构调整。

由于对二甲苯是生产聚酯的重要原料，尽可能增加对二甲苯产量一直是芳烃生产过程所追求的目标，如通过异构化等工艺把邻二甲苯、间二甲苯转化为对二甲苯。最近由于邻二甲苯、间二甲苯在合成树脂、染料、药物、增塑剂和各种中间体上找到了大量用途，并有其独特的优点，促使进一步开展生产邻二甲苯、间二甲苯的工艺研究，这对芳烃生产的产品构成、加工流程和生产工艺都将产生深远影响。

④ 化学工程新技术发挥重要作用。

催化剂移动床连续再生技术在催化重整和液化石油气芳构化上的应用、模拟移动床吸附分离技术在芳烃和其他烃类的分离中开发了一系列家族技术、芳烃萃取的多升液管筛板萃取塔应用、萃取蒸馏在芳烃分离中的应用以及催化精馏生产异丙苯等都有其突出的特色，并取得了很大的突破。芳烃的膜分离技术也在加速开发，预计实现工业化为期不远。

⑤ 新老技术共同发展。

从半再生式重整发展到连续再生式重整，从深冷分离发展到模拟移动床吸附分离，从溶剂萃取发展到萃取蒸馏，取得了显著的技术进步。但新技术并不一定会完全取代老技术，事实是新老技术都在不断发展提高之中，展现出相互推动共同发展的局面。新老工艺相结合的工艺或称复合方案往往更具有重要的应用价值，如半再生式重整与连续式重整连接、吸附分离与结晶分离相结合、先溶剂萃取再萃取蒸馏等加工方案。把新老技术各自的优点和特长结合起来，不只可用于老厂的改造、消除瓶颈，也可用于新厂建设。

参　考　文　献

[1]　廖巧丽，米镇涛．化学工艺学．北京：化学工业出版社，2001.

[2] 赵仁殿，金彰礼，陶志化，黄仲九．芳烃工学．北京：化学工业出版社，2001.
[3] 孙宗海，瞿国化，张溱芳．石油芳烃生产工艺与技术．北京：化学工业出版社，1986.
[4] 徐绍平，殷德宏，仲剑初．化工工艺学．大连：大连理工大学出版社，2004.
[5] Harold H. Hydrocarbon Process，1980，59 (9)：177-206.
[6] 吴祉龙，何文生，黄立钧译．烃类的催化转化．北京：石油化学工业出版社，1976.
[7] Thomas C P. Hydrocarbon Process，1967，46 (11)：184-187.
[8] 吴指南．基本有机化工艺学．修订版．北京：化学工业出版社，1990.
[9] 朱慎林，骆广生．石油炼制与化工，1997，28 (1)：6.
[10] David N. Hydrocarbon Process，1997，76 (3)：168.
[11] 陈亮，肖剑，谢在库，于建国．对二甲苯结晶分离技术进展．现代化工，2009.29 (2)：10-14.

第 6 章　催化加氢与脱氢

6.1　催化加氢

催化加氢是指有机化合物中一个或几个不饱和官能团在催化剂作用下与氢气的加成反应。H_2和 N_2反应生成合成氨、CO 和 H_2反应合成甲醇及烃类亦为加氢反应。

催化加氢反应分为多相催化加氢和均相催化加氢两种。多相催化加氢选择性较低，反应方向不易控制；均相催化加氢采用可溶性催化剂，选择性较高，反应条件较温和。

6.1.1　催化加氢反应类型及工业应用

6.1.1.1　催化加氢反应类型

（1）不饱和炔烃、烯烃双键的加氢　如乙炔加氢生成乙烯、乙烯加氢生成乙烷等。

$$—C\equiv C— + H_2 \longrightarrow \;>C=C<$$

$$>C=C< + H_2 \longrightarrow —\overset{|}{\underset{|}{C}}—\overset{|}{\underset{|}{C}}—$$

$$\text{环戊二烯} + H_2 \longrightarrow \text{环戊烯}$$

（2）芳烃加氢　芳烃加氢可对苯核直接加氢，也可对苯核外的双键进行加氢，或两者兼有，即所谓选择加氢，不同的催化剂有不同的选择。如苯加氢生成环己烷。苯乙烯在 Ni 催化剂作用下生成乙基环己烷，而在 Cu 催化剂作用下则生成乙苯。

$$C_6H_6 + 3H_2 \longrightarrow C_6H_{12}$$

$$C_6H_5CH=CH_2 + 4H_2 \xrightarrow{Ni} C_6H_{11}CH_2CH_3$$

$$C_6H_5CH=CH_2 + H_2 \xrightarrow{Cu} C_6H_5CH_2CH_3$$

（3）含氧化合物加氢　对带有双键 $>C=O$ 的化合物，经催化加氢后可转化为相应的醇类。如一氧化碳在铜催化剂作用下可以加氢生成甲醇，丙酮在铜催化剂作用下加氢生成异丙醇，羧酸加氢生成伯醇。

$$CO + 2H_2 \longrightarrow CH_3OH$$

$$(CH_3)_2CO + H_2 \longrightarrow (CH_3)_2CHOH$$

$$RCOHH + 2H_2 \longrightarrow RCH_2OH + H_2O$$

（4）含氮化合物的加氢　N_2加 H_2合成氨是当前产量最大的无机化工产品之一。对于含有—CN、—NO_2等官能团的化合物，加氢后得到相应的胺类。如己二腈在 Ni 催化剂作用下加氢合成己二胺、硝基苯催化加氢合成苯胺等。

$$N_2 + 3H_2 \longrightarrow 2NH_3$$

$$N{\equiv}C(CH_2)_4C{\equiv}N + 4H_2 \longrightarrow H_2N(CH_2)_6NH_2$$

$$C_6H_5NO_2 + 3H_2 \longrightarrow C_6H_5NH_2 + 2H_2O$$

(5) 氢解　在加氢反应过程中同时发生裂解，有小分子产物生成，或者生成分子量较小的两种产物。如甲苯加氢脱烷基生成苯和甲烷，硫醇加氢氢解生成烷基和硫化氢气体，吡啶加氢氢解生成烷烃和氨。

$$C_6H_5CH_3 + H_2 \longrightarrow C_6H_6 + CH_4$$

$$C_2H_5SH + H_2 \longrightarrow C_2H_6 + H_2S$$

$$C_5H_5N + 5H_2 \longrightarrow C_5H_{12} + NH_3$$

6.1.1.2　催化加氢反应在化学工业中的应用

催化加氢反应在化学工业中一是用于合成有机产品，二是用于许多化工产品的加氢精制。催化加氢合成有机产品的工业实例很多。如以苯为原料催化加氢制备环己烷，环己烷是生产聚酰胺纤维锦纶 6 和锦纶 66 的原料，由环己烷还可生产聚酰胺纤维单体己内酰胺、己二胺、己二酸等；以苯酚为原料催化加氢制备环己醇，环己醇也是生产聚酰胺纤维单体己二酰胺的原料。催化加氢精制化工产品主要是用于裂解气乙烯和丙烯的精制，另外还可精制苯、裂解汽油等。

6.1.2　催化加氢反应的一般规律

6.1.2.1　热力学分析

(1) 反应热效应　催化加氢反应是放热反应，由于被加氢的官能团结构不同，加氢时放出的热量也不相同。表 6-1 给出了 25℃时某些烃类气相加氢热效应的 $\Delta H^{\ominus}$ 值。

表 6-1　25℃时加氢反应的热效应值

反应式	$\Delta H^{\ominus}$/(kJ/mol)	反应式	$\Delta H^{\ominus}$/(kJ/mol)
$C_2H_2 + H_2 \longrightarrow C_2H_4$	−174.3	$C_6H_6 + 3H_2 \longrightarrow C_6H_{12}$	−208.1
$C_2H_4 + H_2 \longrightarrow C_2H_6$	−132.7		
$CO + 2H_2 \longrightarrow CH_3OH$	−90.8		
$CO + 3H_2 \longrightarrow CH_4 + H_2O$	−176.9	$C_6H_5CH_3 + H_2 \longrightarrow C_6H_6 + CH_4$	−42
$(CH_3)_2CO + H_2 \longrightarrow (CH_3)_2CHOH$	−56.2		
$CH_3CH_2CH_2CHO + H_2 \longrightarrow CH_3CH_2CH_2CH_2OH$	−69.1		

(2) 化学平衡　影响加氢反应平衡的因素有温度、压力及反应物中氢的用量。

① 温度的影响　当加氢反应的温度低于 100℃时，绝大多数加氢反应的平衡常数值都非常大，可看作不可逆反应。

由热力学方法推导得到的加氢反应的平衡常数 K_p、温度 T 和热效应 $\Delta H^{\ominus}$之间的关系为：

$$\left(\frac{\partial \lambda n K_{\mathrm{p}}}{\partial T}\right)_{p}=\frac{\Delta H^{\ominus}}{RT^{2}}$$

由于加氢反应是放热反应，$\Delta H^{\ominus}<0$，所以

$$\left(\frac{\partial \lambda n K_{\mathrm{p}}}{\partial T}\right)_{p}<0$$

即加氢反应的平衡常数 K_{p} 随温度升高而减小，也就是说低温有利于加氢反应。

从热力学分析可知，加氢反应有 3 种类型。

第一类是加氢反应在热力学上是有利的，即使是在高温条件下平衡常数仍很大。如乙炔加氢反应，当温度为 127℃时，K_{p} 值为 7.63×10^{16}；而温度为 427℃时，K_{p} 值为 6.5×10^{16}，仍很大。一氧化碳甲烷化反应也属这一类，该类反应在较宽的温度范围内在热力学上是十分有利的，都可进行到底，影响反应的关键是反应速率。

第二类加氢反应的平衡常数随温度变化较大，当反应温度较低时平衡常数很大，但随反应温度升高平衡常数显著减小。如苯加氢合成环己烷，当反应温度从 127℃升到 227℃时，K_{p} 值由 7×10^{7} 降至 1.86×10^{2}，下降到 1/370000。该类反应在较高温度下，为了提高转化率，必须采用适当加压或氢过量的办法。

第三类加氢反应在热力学上是不利的，只有在很低温度下才具有较大的平衡常数值，温度稍高平衡常数就变得很小。如一氧化碳加氢合成甲醇反应，当温度为 0℃时 K_{p} 值为 6.73×10^{5}，而温度为 100℃时 K_{p} 值就降为 12.92。这类反应的关键是化学平衡问题，常采用高压法提高平衡转化率。

② 压力的影响　加氢反应化学计量系数 $\Delta\nu<0$，是分子数减少的反应。因此，增大反应压力可以提高 K_{p} 值，从而提高加氢反应的平衡转化率。如增加反应压力可以提高合成氨平衡转化率等。

③ 氢用量比的影响　从化学平衡分析，增加反应物中 H_2 的用量，有利于反应正向进行，提高平衡转化率，同时氢作为良好的载热体可以及时移走反应热，有利于反应的进行。但氢用量也不能过大，以免造成产物浓度降低，增加分离困难，另外大量氢气的循环还会增加动力消耗。

6.1.2.2　动力学分析

关于加氢反应机理问题，许多研究者提出了不同的看法，如氢气是否发生化学吸附、催化剂表面活性中心是单位吸附还是多位吸附、吸附在催化剂活性表面的分子是如何反应生成产物、是否有中间产物的生成等。一般认为催化剂的活性中心对氢分子进行化学吸附，并解离为氢原子，同时催化剂又使不饱和的双键或叁键的 π 键打开，形成活泼的吸附化合物，活性氢原子与不饱和化合物碳碳双键的碳原子结合，生成加氢产物。

影响加氢反应速率的因素有温度、压力、氢用量比、溶剂及加氢物质的结构。

(1) 反应温度的影响　对于热力学上十分有利的加氢反应，可视为不可逆反应。反应温度主要通过反应速率常数 k 影响反应速率，即温度升高，反应速率常数 k 升高，反应速率加快。但温度升高会影响加氢反应的选择性，增加副产物的生成，加重产物分离的难度，甚至使催化剂表面积炭，活性下降。

对于可逆加氢反应，反应速率常数 k 随温度升高而升高，但平衡常数随温度升高而下降，其反应速率与温度的变化为：当温度较低时反应速率随温度升高而加快，而在较高的温度下平衡常数减小，反应速率随温度升高反而下降。故应有一个最适宜的温度，在该温度下反应速率最大。

(2) 反应压力的影响　对于气相加氢反应，提高氢分压和被加氢物质的分压均有利于反

应速率的增加。但当被加氢物质的级数是负值时，反应速率反而下降。若产物在催化剂上是强吸附，就会占据一部分催化剂的活性中心，抑制加氢反应的进行，产物分压越高加氢反应速率就越慢。

对于液相加氢反应，一般来讲，液相加氢的反应速率与液相中氢的浓度成正比，故增加氢的分压有利于增大氢气的溶解度，提高加氢反应速率。同时还要提供充分的气液相接触表面，以减少扩散阻力。

（3）氢用量比的影响　一般采用氢过量。氢过量可以提高被加氢物质的平衡转化率和加快反应速率，并且可以提高传热系数，有利于导出反应热和延长催化剂的寿命。但氢过量太多，会导致产物浓度下降，增加分离难度。

（4）溶剂的影响　在液相加氢时，有时需要采用溶剂作稀释剂，以便带走反应热；其次，当原料或产物是固体时，可将其溶解在溶剂中，以利于反应的进行和产物的分离。一般常用的溶剂有甲醇、乙醇、醋酸、环已烷、乙醚、四氢呋喃、乙酸乙酯等。同时注意不同的溶剂对加氢反应速率和选择性的影响不同，烷烃类比醇类溶剂效果好，应予选择。以苯加氢为例，以骨架镍为催化剂，无溶剂时加氢速率为460mL/min；若以庚烷为溶剂，加氢速率增大到495mL/min；而当用甲醇或乙醇为溶剂时，加氢速率会降至3～6mL/min，几乎不反应。

（5）加氢物质结构的影响　加氢物质的结构对反应速率有一定的影响。主要是加氢物质在催化剂表面的吸附能力不同、难易程度不同、加氢时受到空间阻碍的影响以及催化剂活性组分的不同等都影响加氢反应速率。

① 不饱和烃加氢　在同系列的不饱和烯烃的加氢反应中，乙烯加氢反应速率最快，丙烯次之，直链烯烃反应速率大于带支链的烯烃，随取代基增加反应速率下降。烯烃加氢反应速率顺序如下：

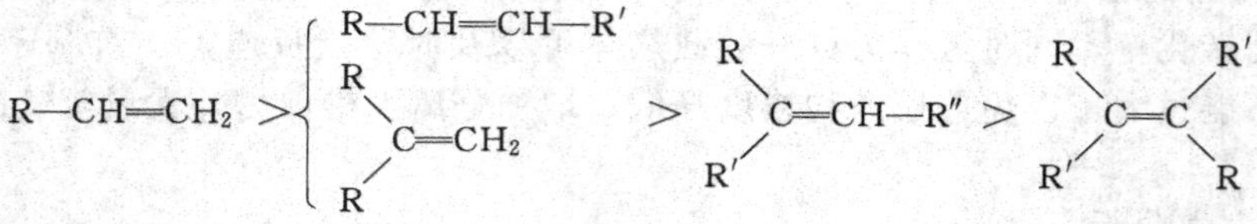

$$R{-}CH{=}CH_2 > \left\{\begin{array}{l} R{-}CH{=}CH{-}R' \\ (R)(R)C{=}CH_2 \end{array}\right. > (R)(R')C{=}CH{-}R'' > (R)(R')C{=}C(R')(R)$$

对于炔烃，由于乙炔吸附能力太强，会引起反应速率下降，所以单独存在时乙炔加氢速率比丙炔慢。

非共轭二烯烃的加氢反应，无取代基双键首先加氢。共轭双烯烃则先加1分子氢后双烯烃变成单烯烃，再加1分子氢转化为相应的烷烃。

② 芳烃加氢　苯环上取代基越多，加氢反应速率越慢。苯及甲基苯的加氢顺序如下：

$$C_6H_6 > C_6H_5CH_3 > C_6H_4(CH_3)_2 > C_6H_3(CH_3)_3$$

③ 不同烃类加氢　不同烃类加氢反应速率也不同。在同一催化剂上，不同烃类单独加氢时的反应速率顺序为：

烯烃＞炔烃，烯烃＞芳烃，二烯烃＞单烯烃

而当这些化合物混合在一起加氢时，其反应速率顺序为：

炔烃＞二烯烃＞单烯烃＞芳烃

因为共同存在时乙炔的吸附能力最强，大部分活性中心被乙炔覆盖，所以乙炔加氢反应速率最快。

④ 含氧化合物的加氢　醛、酮、酸、酯的加氢产物都是醇，但其加氢难易程度不同，通常醛比酮易加氢，酯类比酸类易加氢。醇和酚氢解为烃类和水则比较困难，需要较高的反

应温度才能满足要求。

⑤ 有机硫化物的氢解　研究表明，在钼酸钴催化剂作用下，有机硫化物因其结构不同，其氢解速率有较显著的差异，其顺序为：

$$R—S—S—R > R—SH > R—S—R > C_4H_8S > C_4H_4S$$

由此可知，用氢解方法脱硫，含混合硫化物的原料的脱硫速率主要由最难氢解的硫杂茂（C_4H_4S）的氢解速率控制。

6.1.2.3　催化剂

从热力学上分析，加氢反应是可行的，但反应速率较慢。为了提高加氢反应速率和选择性，实现工业规模生产必须使用催化剂。

不同类型的加氢反应选用的催化剂不同，即使是同一类型的反应因选用不同的催化剂反应条件也不尽相同。加氢催化剂种类很多，其活性组分的元素分布主要是第Ⅵ族和第Ⅷ族的过渡元素，这些元素对氢有较强的亲和力。最常采用的元素有Fe、Co、Ni、Pt、Pd、Rh，其次是Cu、Mo、Zn、Cr、W等，其氧化物或硫化物也可用作加氢催化剂。Pt-Rh、Pt-Pd、Pd-Ag、Ni-Cu等是很有开发前景的新型加氢催化剂。

加氢催化剂按其形态主要可分为金属催化剂、骨架催化剂、金属氧化物催化剂、金属硫化物催化剂、金属络合物催化剂五大类。

（1）金属催化剂　金属催化剂就是把活性组分如Ni、Pd、Pt等金属分散于载体上，以提高催化剂活性组分的分散性和均匀性，增强催化剂的强度和耐热性。载体是多孔性的惰性物质，常用的载体有氧化铝、硅胶和硅藻土等。在这类催化剂中Ni催化剂最常使用，其价格相对较便宜。

金属催化剂的优点是活性高，在低温下即可进行加氢反应，适用于绝大多数官能团的加氢反应。其缺点是容易中毒，如S、As、Cl、P等化合物都能使金属催化剂中毒。故对原料中的杂质要求严格，一般控制在$1cm^3/m^3$以下。

（2）骨架催化剂　将具有催化活性的金属和载体铝或硅制成合金，再用氢氧化钠溶液浸渍合金，溶解其中的铝或硅，得到由活性金属构成的骨架状物质，称为骨架催化剂。最常用的骨架催化剂是骨架镍催化剂，该催化剂的特点是具有较高的活性和足够的机械强度，合金中镍含量占40%～50%，可用于各种类型的加氢反应。用于加氢反应的还有骨架铜催化剂和骨架钴催化剂等。

（3）金属氧化物催化剂　加氢反应常用的金属氧化物催化剂主要有MoO_3、Cr_2O_3、ZnO、CuO、NiO等，这些氧化物既可单独使用，也可混合使用，如$ZnO-Cr_2O_3$、$CuO-ZnO-Al_2O_3$、$CuO-ZnO-Cr_2O_3$等。这类催化剂的抗毒性好，但其活性比金属催化剂低，要求有较高的反应温度和压力。因此，常在此类催化剂中加入高熔点的组分（如Cr_2O_3、MoO_3等），以提高其耐热性能。

（4）金属硫化物催化剂　金属硫化物催化剂主要有MoS_2、WS_2、NiS_2、Co-Mo-S等。该类催化剂主要用于含硫化合物的氢解反应，也可用于加氢精制过程，而且被加氢原料气不必预先进行脱硫处理。该类催化剂活性较低，需要较高的反应温度。

（5）金属络合物催化剂　用于加氢反应的络合催化剂除了采用贵金属Ru、Rh、Pd外，还有Ni、Co、Fe、Cu等为中心原子，该类催化剂的优点是活性高、选择性好、反应条件温和。其不足是催化剂和产物同一相，分离困难，特别是采用贵金属时催化剂回收显得非常重要。

6.1.3　一氧化碳加氢合成甲醇

甲醇是一种无色、透明、易燃、易挥发、略带酒精气味的液体。甲醇有毒，误饮5～

10mL 能双目失明，大量饮用会导致死亡。甲醇常温下对金属无腐蚀性（铅、铝除外），其蒸气与空气形成混合物的极限为体积分数 6%～36.5%，能与水、乙醇、乙醚、苯、酮、卤代烃和许多其他有机溶剂相混溶，但是不与石油醚混溶，遇热、明火或氧化剂易燃烧。

甲醇是十分重要的基本有机化工原料之一，主要用于合成纤维、甲醛、对苯二甲酸二甲酯、塑料、医药、农药、染料、合成橡胶、合成蛋白质等工业。随着世界天然气和石油资源日趋紧张，在甲醇的应用方面又开发了许多新的领域，如以甲醇为原料直接合成汽油、醋酸、甲醇蛋白等，也可从甲醇出发生产乙烯，以代替石油生产乙烯的原料路线。由于甲醇用途广泛，近年来其生产能力不断增长。我国甲醇产量 2000 年为 198.69 万吨，2001 年为 206.48 万吨，2003 年为 298.87 万吨，2005 年增长到 535.64 万吨，2010 年达到 2000 万吨以上。

生产甲醇的方法有多种，工业上主要采用技术成熟的一氧化碳加氢合成甲醇的方法。原料气 CO 和 H_2 可从煤、天然气、轻油、重油、裂解气及焦炉气制取。近年来，从天然气出发生产甲醇的原料路线备受重视，因其投资费用和消耗指标均低于煤和石油，而且其储量较石油丰富。

6.1.3.1 合成甲醇基本原理

（1）热力学分析　一氧化碳加氢合成甲醇是一个可逆放热反应，热效应 $\Delta H_{298}^{\ominus}=-90.8\text{kJ/mol}$，反应式如下：

$$CO+2H_2 \rightleftharpoons CH_3OH$$

当反应物中有 CO_2 存在时，还会发生以下反应：

$$CO_2+3H_2 \rightleftharpoons CH_3OH+H_2O$$

这也是一个可逆放热反应，热效应 $\Delta H_{298}^{\ominus}=-58.6\text{kJ/mol}$。

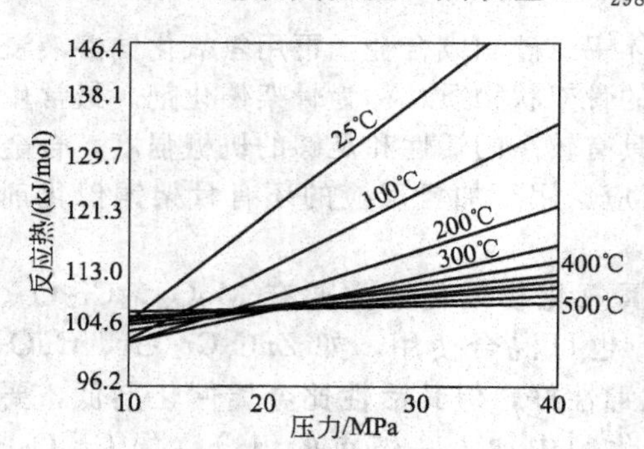

图 6-1　甲醇合成反应的反应热与温度和压力的关系

甲醇合成反应的反应热随温度和压力变化而变化，它们之间的关系如图 6-1 所示。可以看出，当温度越低、压力越高时，反应热越大。当温度低于 200℃时，反应热随压力变化的幅度比高温时（>300℃）更大，所以合成甲醇反应在低于 300℃时要严格控制压力和温度的变化，以免造成温度失控。从图中还可以看出，当压力为 20MPa，反应温度在 300℃以上时，反应热变化很小，易于控制。所以，合成甲醇反应若采用高压，则同时要采用高温，反之宜采用低温、低压操作。由于低温条件下合成甲醇的反应速率不高，需采用低温高活性的催化剂，使低压合成甲醇法逐渐取代高压合成甲醇法。

（2）平衡常数　由于一氧化碳合成甲醇反应是在高温高压条件下进行的，气体的物化性质偏离了理想气体，所以用逸度表示平衡常数 K_f。K_f 只与温度有关，与压力无关，其表达式为：

$$K_f=\exp(13.1652+\frac{9263.26}{T}-5.92839\lambda nT-0.352404\times10^{-2}T+0.102264\times10^{-4}T^2-0.769446\times10^{-8}T^3+0.23853\times10^{-11}T^4)\times0.101325^{-2}$$

用各组分的分压 p、摩尔分数 y 及逸度系数 γ 表示的平衡常数表达式为：

$$K_p=\frac{p_{CH_3OH}}{p_{CO}p_{H_2}^2}$$

$$K_y=\frac{y_{CH_3OH}}{y_{CO}y_{H_2}^2}$$

$$K_\gamma=\frac{\gamma_{CH_3OH}}{\gamma_{CO}\gamma_{H_2}^2}$$

K_f、K_γ、K_p与K_y之间的关系为：

$$K_f=K_\gamma\cdot K_p=K_\gamma\cdot K_y\cdot p^{-2}$$

表6-2给出了各温度及压力下的K_f、K_γ、K_p与K_y数值。可以看出，K_f随温度升高而下降；K_p随压力升高而增加，随温度升高而下降。所以，温度低、压力高时，K_p、K_y值提高，在此条件下可提高合成甲醇的平衡产率。低压合成甲醇的压力为5～10MPa。

表6-2 合成甲醇反应的各种平衡常数

温度/℃	压力/MPa	$\gamma(CH_3OH)$	$\gamma(CO)$	$\gamma(H_2)$	K_f	K_γ	K_p	K_y
200	10.0	0.52	1.04	1.05	1.909×10^{-2}	0.453	4.21×10^{-2}	4.20
	20.0	0.34	1.09	1.08		0.292	6.53×10^{-2}	26
	30.0	0.26	1.15	1.13		0.177	10.80×10^{-2}	97
	40.0	0.22	1.29	1.18		0.130	14.67×10^{-2}	234
300	10.0	0.76	1.04	1.04	2.42×10^{-4}	0.676	3.58×10^{-4}	3.58
	20.0	0.60	1.08	1.07		0.486	4.97×10^{-4}	19.0
	30.0	0.47	1.13	1.11		0.338	7.15×10^{-4}	64.4
	40.0	0.40	1.20	1.15		0.252	9.60×10^{-4}	153.6
400	10.0	0.88	1.04	1.04	1.079×10^{-5}	0.782	1.378×10^{-5}	0.14
	20.0	0.77	1.08	1.07		0.625	1.726×10^{-5}	0.69
	30.0	0.68	1.12	1.10		0.502	2.075×10^{-5}	1.87
	40.0	0.62	1.19	1.14		0.400	2.695×10^{-5}	4.18

（3）副反应　一氧化碳加氢除了生成甲醇外还有许多副反应发生，例如：

$$2CO+4H_2 \rightleftharpoons (CH_3)_2O+H_2O$$

$$CO+3H_2 \rightleftharpoons CH_4+H_2O$$

$$4CO+8H_2 \rightleftharpoons C_4H_9OH+3H_2O$$

$$CO_2+H_2 \rightleftharpoons CO+H_2O$$

生成的副产物主要是二甲醚、异丁醇及甲烷气体，此外还有少量乙醇及微量醛、酮、醚、酯等。因此，由一氧化碳加氢合成甲醇得到的产物是含有杂质的粗甲醇，需要精制。

6.1.3.2　合成甲醇催化剂

目前工业生产上采用的催化剂大致可分为锌铬系和铜锌（或铝）系两大类。不同类型的催化剂性能不同，要求的反应条件也不相同。

（1）锌铬系催化剂　锌铬（$ZnO-Cr_2O_3$）系催化剂是合成甲醇最早使用的催化剂。该催化剂活性较低，所需反应温度较高（380～400℃）。为了提高平衡转化率，反应必须在高压（30MPa）下进行，这种方法称为高压法。该法动力消耗大，对设备材质要求苛刻。

锌铬系催化剂机械强度和耐热性好，使用寿命较长，一般为2～3年。

（2）铜锌（或铝）系即铜基催化剂　铜基催化剂是20世纪60年代中期开发成功的。该催化剂活性高，适宜反应温度可降低至230～270℃，操作压力随之降低至5～10MPa，广泛应用于低压法合成甲醇。

铜基催化剂的活性成分是Cu和ZnO，还需添加少量助催化剂，以提高其活性。最常用

的助催化剂是 Cr_2O_3 和 Al_2O_3。添加 Cr_2O_3 可以提高铜在催化剂中的分散度，同时能阻止分散的铜晶粒在受热时烧结、长大，可延长催化剂寿命；添加 Al_2O_3 可以使催化剂活性更高，而且 Al_2O_3 廉价、无毒，所以用 Al_2O_3 代替 Cr_2O_3 的铜基催化剂更好。铜基催化剂的缺点是对硫极为敏感，易中毒失活，而且热稳定性较差。所以生产上对原料气中杂质的要求特别严格，要求原料气中硫含量 $<0.1cm^3/m^3$，必须精制脱硫。

铜基催化剂在使用前必须进行还原活化，使氧化铜变成金属铜或低价铜才有活性。活化过程中必须严格控制条件，才能得到稳定、高效的催化活性。

6.1.3.3 合成甲醇工艺条件

一氧化碳加氢除了生成甲醇外，还有许多副反应。因此，为了提高反应的选择性，进而提高产品收率，除采用适当的催化剂外，选择适宜的工艺条件也是十分重要的。

(1) 反应温度 合成甲醇反应是可逆放热反应，平衡产率与温度有关。温度升高，反应速率增加，平衡常数下降，存在一个最适宜温度。催化剂床层的温度分布要尽可能接近最适宜温度曲线。为此，反应器内部结构比较复杂，以便于及时移走反应热。一般采用冷激式和间接换热式两种。

另外，反应温度与所选用催化剂的活性有关。对 $ZnO\text{-}Cr_2O_3$ 催化剂，由于其活性较低，最适宜温度较高，一般在 380～400℃之间；而 $CuO\text{-}ZnO\text{-}Al_2O_3$ 催化剂活性较高，其最适宜温度较低，一般为 230～270℃。最适宜反应温度还与转化程度和催化剂的老化程度有关，一般在催化剂使用初期宜采用活性温度的下限，其后随催化剂老化程度的增加相应地提高反应温度，才能充分发挥催化剂的作用，并延长催化剂的使用寿命。

(2) 反应压力 一氧化碳加氢合成甲醇的主反应与其他副反应相比是分子数减少最多而平衡常数最小的反应，故增大压力对加快反应速度和增加平衡浓度都十分有利。

另一方面，合成反应所需压力与采用的催化剂、反应温度等有密切的关系。当采用 $ZnO\text{-}Cr_2O_3$ 催化剂时，由于其活性较低，反应温度较高，相应的反应压力也较高（约为 30MPa）；而采用 $CuO\text{-}ZnO\text{-}Al_2O_3$ 催化剂时，因其活性较高，反应温度较低，相应的反应压力也较低（约为 5MPa）。

合成甲醇从高压法转向低压法是甲醇合成技术的一次重大突破，由于压力的降低使甲醇合成工艺大为简化，操作条件变得温和，单程转化率也有所提高。但随着甲醇生产装置的大型化，低压法逐渐显露出设备庞大、布置不紧凑等弊端，带来了制造和运输的困难，能耗也相应提高。因此又提出中压法，操作压力为 10～15MPa，反应温度为 230～350℃，其投资和总能耗可以达到最低限度。

(3) 空速 合成甲醇的空速大小会影响反应的选择性和转化率。由于合成甲醇的副反应较多，若空速低，反应气体与催化剂接触时间长，会促进副反应发生，降低合成甲醇的选择性和生产能力。空速高，可提高催化剂的生产能力，减少副反应发生，提高甲醇产品的纯度。但空速过高，会降低单程转化率，产品中甲醇含量太低，产品的分离难度增加。因此，应选择合适的空速，以提高生产能力，减少副反应，提高甲醇产品的纯度。对 $ZnO\text{-}Cr_2O_3$ 催化剂，适宜的空速为 20000～40000h^{-1}[m^3/(m^3催化剂·h)]；对 $CuO\text{-}ZnO\text{-}Al_2O_3$ 催化剂，适宜的空速为 10000h^{-1}左右。

(4) 原料气组成 合成甲醇反应原料气中 H_2∶CO 的化学计量比为 2∶1。一氧化碳含量高，不利于温度控制，同时会引起羰基铁在催化剂上的积聚而使催化剂失活。而氢气过量可以提高一氧化碳的转化率，加快反应速度，并能抑制生成甲烷及酯的副反应，同时由于氢气的热导率较大，有利于反应热的移出，使反应温度较易控制。此外，工业生产原料气中往往还含有一定量的 CO_2，CO_2 的存在可以减少反应热的放出，利于床层温度的控制，还能抑制生成二甲醚副反应发生。

原料气中除含 H_2、CO 和 CO_2 外，还含有少量的甲烷及 Ar 等惰性气体，虽然新鲜气体中其含量很少，但由于循环积累的结果，其总量可达 15%～20%，使 H_2 和 CO 的分压降低，导致合成甲醇的转化率降低。为了避免惰性气体在循环过程中的积累，必须将部分循环气从反应系统中导出，使系统中惰性气体的含量保持在一定的浓度范围内。一般生产中控制循环气量是新鲜原料气量的 3.5～6.0 倍。

6.1.3.4 合成甲醇工艺流程及合成反应器

高压法合成甲醇历史较久、技术成熟，但副反应多、产率低、投资大、动力消耗大。低压法技术经济指标先进，动力消耗仅为高压法的 60%左右，故已被广泛采用。

(1) 低压法合成甲醇工艺流程 低压法合成甲醇工艺流程主要由造气（图中未画出)、压缩、合成、精制四大部分组成，如图 6-2 所示。合成气经合成压缩机压缩至 10MPa(或 5MPa)，与循环气混合后经循环压缩机送入合成塔。反应后的气体中含甲醇 5%左右，经换热器与合成气热交换后进入水冷凝器，使气态甲醇冷凝成液态，然后在分离器中分离出粗甲醇，分离出的未反应的气体在返回循环压缩机前放空部分气体，以维持系统内惰性气体在一定浓度范围内。粗甲醇进入闪蒸罐，释放出溶解在液体中的 H_2、CO、CO_2 和二甲醚等气体。闪蒸后的液体经轻组分脱除塔和精馏塔分离精制。在精馏塔顶部排出残余的轻组分；塔顶往下 3～5 块塔板处引出产品甲醇，其纯度可达 99.9%；在加料板下 6～14 块塔板处引出乙醇及异丁醇等杂醇油；塔底排出水和杂质。

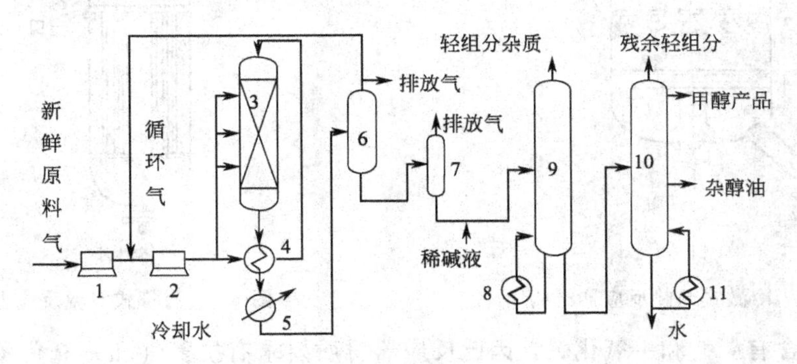

图 6-2 低压法合成甲醇工艺流程

1—合成压缩机；2—循环压缩机；3—合成塔；4—换热器；5—水冷凝器；6—分离器；7—闪蒸罐；8—再沸器；9—轻组分脱除塔；10—精馏塔；11—再沸器

粗甲醇溶液呈酸性，为防止设备及管路腐蚀并导致甲醇中铁含量增加，需要加入适量的稀碱液进行中和。一般控制 pH 值为 7～9，使甲醇溶液呈中性或弱碱性。稀碱液为 1%～2% NaOH 溶液，用泵连续打入轻组分脱除塔的提馏段。

(2) 合成甲醇反应器 合成甲醇反应器（甲醇合成塔）是甲醇合成系统中最重要的设备。甲醇合成反应是一个强放热反应，反应器按反应热移出方式不同可分为绝热式和等温式两大类，按冷却方式不同可分为直接冷却的冷激式和间接冷却的列管式两种。低压法合成甲醇多采用冷激式和列管式反应器。

① 冷激式绝热反应器 该类反应器把反应床层分为若干绝热段，在两段之间直接加入冷的原料气使反应气冷却，其结构如图 6-3 所示。反应器内装有多段催化剂，并由惰性材料支撑。反应器上下部分别设有催化剂装入口和卸出口。反应气体由上部进入反应器，冷激用原料气由催化剂段间喷嘴喷入，喷嘴分布在反应器的整个横截面上，以使冷激气与反应气混合均匀。混合后的温度刚好是反应温度的低限，进入下一段催化剂床层继续反应。床层内进

行的反应为绝热反应，释放的反应热使反应气温度升高，但未超过反应温度高限，于下一段间再与冷激气混合降温后进入后面的床层反应。该类反应器在反应过程中气体流量不断增大，各段反应条件略有差异，其温度分布如图 6-4 所示。

冷激式绝热反应器结构简单，催化剂装卸方便，生产能力大，但需有效控制反应温度，避免过热现象发生。反应气和冷激气的混合和分布是关键，一般设计成菱形分布器。

② 列管式等温反应器　该类反应器的结构类似于列管式换热器，如图 6-5 所示。管内装填催化剂，管间走冷却水，反应热由冷却水带走，冷却水入口为常温水，出口为高压蒸汽。通过调节蒸汽压力可以控制反应器内的反应温度，使其沿管长温度几乎不变，避免催化剂过热，从而延长催化剂的使用寿命。列管式等温反应器的优点是温度易控制，能量利用较经济。

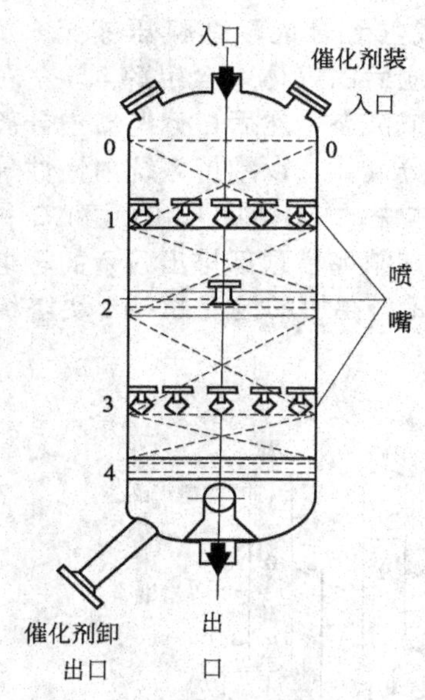

图 6-3　冷激式绝热反应器结构

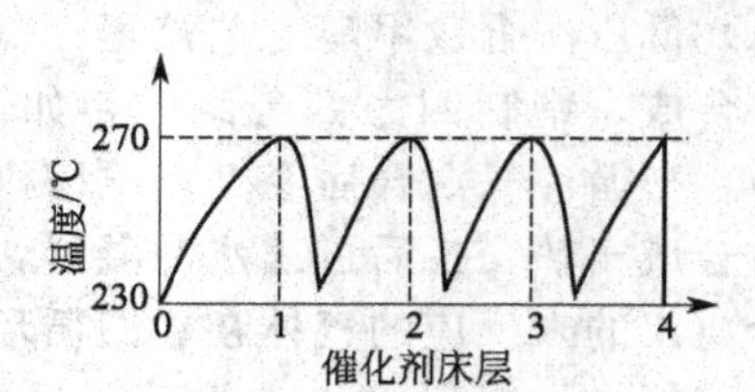

图 6-4　冷激式绝热反应器温度变化

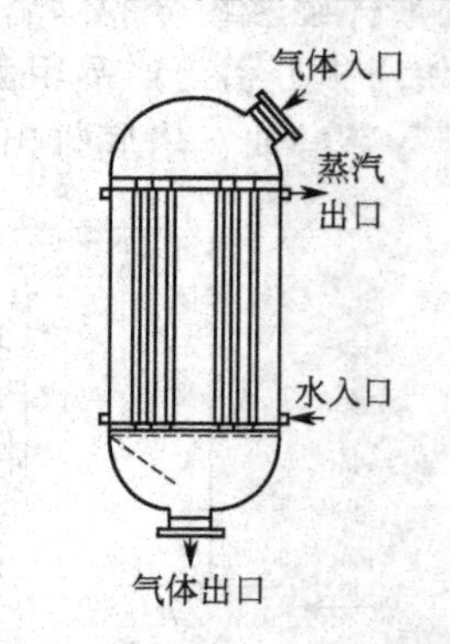

图 6-5　列管式等温反应器结构

合成气中含有氢气和一氧化碳，因此反应器材质要求有抗氢气和一氧化碳腐蚀的能力。一般采用耐腐蚀的特殊钢材，如 1Cr18Ni8Ti 不锈钢。

6.1.3.5　合成甲醇的技术进展

高活性铜基催化剂的开发使甲醇合成从高压法转向低压法，完成了合成甲醇技术的一次重大飞跃，但仍存在着诸如反应器结构复杂、单程转化率低、气体压缩和循环能耗大、反应温度不易控制、反应器热稳定性差等缺点和问题。针对这些问题，甲醇生产技术一直在不断改进之中，并取得了一定成果。

(1) 气液固三相合成甲醇工艺　该工艺首先由美国化学系统公司提出，采用三相流化床反应器。

其工艺流程如图 6-6 所示。合成反应器为空塔，塔上部有一溢流堰。塔内用液态惰性烃进行循环，催化剂悬浮在液态惰性烃中，含 CO 和 H_2 的合成原料气与液态烃均由塔底进入，一起向上流动。液态烃能使催化剂分散流态化，在合成塔内形成气、液、固三相流，原料气在三相流中进行合成反应，反应热被液态烃吸收。气、液、固三相物料在合成塔顶部分离。催化剂留在塔内；液态惰性烃经溢流堰流出，经换热器加热锅炉给水，生成蒸汽，回收其热量，然后用泵经塔底部送回塔内；反应气体从塔顶部出来，经冷却冷凝后分离出蒸发的惰性烃和甲醇，惰性烃返回合成塔，甲醇送去精制，未凝气体部分排放以维持惰性气体的浓度在一定范围内，其余作为循环气增压后返回合成塔。

该工艺流程单程转化率高，出口气体中甲醇浓度可达体积分数5%～20%，大大减少了循环气量，节省了动力消耗。合成甲醇反应塔结构简单，催化剂比表面积大，反应温度均匀、易于控制。此法的缺点是气-液-固三相互相夹带，不利于分离，而且可能堵塞管道设备等。目前尚处于试验阶段。

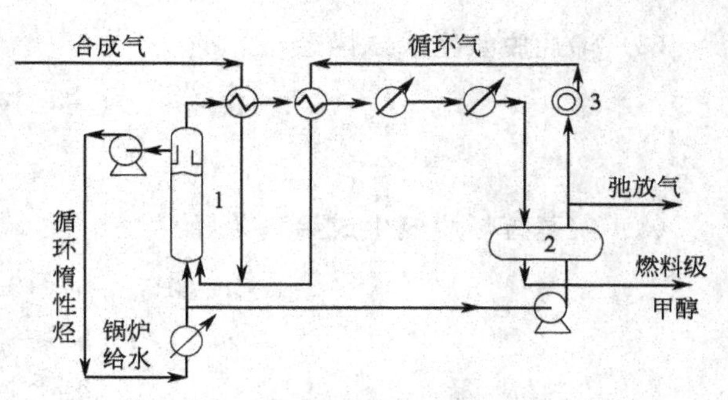

图6-6 三相流化床反应器合成甲醇流程

1—三相流化床甲醇合成塔；2—汽液分离器；3—循环压缩机

(2) 液相法合成甲醇工艺　该工艺的特点是采用活性更高的过渡金属络合催化剂。催化剂均匀分布在液相介质中，不存在催化剂表面不均一性和内扩散影响问题，反应温度低，一般不超过200℃。20世纪80年代中期，美国Brookhaven国家实验室开发了活性很高的复合型催化剂，其结构为NaOH-RONa-M $(OAc)_2$，其中M代表过渡金属Ni、Pd或Co，R为低碳烷基（1～6个碳原子），当M为Ni、R为叔戊烷基时催化剂催化性能最好。用四氢呋喃为液相介质，反应温度为80～120℃、压力为2MPa左右时，合成甲醇的单程转化率高于80%，选择性高达96%。

目前液相法合成甲醇的研究仍处于实验室阶段，尚未工业化，但它是一种很有开发前景的技术。该方法的缺点是：反应温度低，反应热不易回收利用；CO_2和H_2O容易使复合催化剂中毒。因此对合成气要求苛刻，不能含CO_2和H_2O。

(3) 新型GSSTER和RSIPR反应系统　该系统是采用反应、吸附和产物交换交替进行的一种新型反应装置。GSSTER是指气-固-固滴流流动反应系统，CO和H_2在催化剂作用下在此系统内进行反应合成甲醇，生成的甲醇立刻被固态粉状吸附剂吸附，并滴流带出反应系统。RSIPR是级间产品脱除反应系统，当已吸附气态甲醇的粉状吸附剂流入该系统时，与该系统内的液相四甘醇二甲醚进行交换，气态甲醇被液相吸附（气态甲醇溶于液相四甘醇二甲醚中），再将四甘醇二甲醚中的甲醇分离出来，则合成甲醇的反应不断进行，CO的单程转化率可达到100%，气相反应物不循环。此项新工艺还有许多技术问题需要解决和完善，尚未投入工业生产。

6.2 催化脱氢

6.2.1 催化脱氢反应类型及工业应用

在催化剂作用下烃类脱氢生成两种或两种以上的新物质，称为催化脱氢。催化脱氢同催化加氢一样在有机化工生产中也得到了广泛应用。

6.2.1.1 催化脱氢反应类型

(1) 烷烃脱氢生成烯烃、二烯烃及芳烃

$$n\text{-}C_4H_{10} \longrightarrow n\text{-}C_4H_8 + H_2$$

$$\quad\quad \longrightarrow CH_2{=}CH{-}CH{=}CH_2 + H_2$$

$$n\text{-}C_{12}H_{26} \longrightarrow n\text{-}C_{12}H_{24} + H_2$$

$$n\text{-}C_6H_{14} \longrightarrow \text{(苯)} + 4H_2$$

(2) 烯烃脱氢生成二烯烃

$$i\text{-}C_5H_{10} \longrightarrow CH_2\!=\!CH\!-\!\underset{\displaystyle CH_3}{\underset{|}{C}}\!=\!CH_2 + H_2$$

(3) 烷基芳烃脱氢生成烯基芳烃

$$C_6H_5CH_2CH_3 \longrightarrow C_6H_5CH\!=\!CH_2 + H_2$$

(4) 醇类脱氢可制得醛和酮类

$$CH_3CH_2OH \longrightarrow CH_3CHO + H_2$$

$$CH_3CHOHCH_3 \longrightarrow CH_3COCH_3 + H_2$$

6.2.1.2 催化脱氢反应在化学工业中的应用

催化脱氢在化学工业中占有重要地位。利用催化脱氢反应可将低级烷烃、烯烃、烷基芳烃转化为相应的烯烃、二烯烃、烯基芳烃，这些都是高分子材料的重要单体，其中最具代表性、产量最大、应用最广的是苯乙烯和丁二烯两种产品。此外，像甲醇脱氢制甲醛、异丙醇脱氢制丙酮等目前仍是制造甲醛和丙酮的重要工业生产方法。

6.2.2 催化脱氢反应的一般规律

6.2.2.1 热力学分析

(1) 反应热效应　烃类催化脱氢反应是强吸热反应，不同结构的烃类脱氢热效应有所不同，如：

$$n\text{-}C_4H_{10}(g) \longrightarrow n\text{-}C_4H_8(g) + H_2 \qquad \Delta H^{\ominus}_{298} = 124.8\text{kJ/mol}$$

$$n\text{-}C_4H_8(g) \longrightarrow CH_2\!=\!CH\!-\!CH\!=\!CH_2 + H_2 \qquad \Delta H^{\ominus}_{298} = 110.1\text{kJ/mol}$$

$$C_6H_5CH_2CH_3(g) \longrightarrow C_6H_5CH\!=\!CH_2(g) + H_2 \qquad \Delta H^{\ominus}_{298} = 117.8\text{kJ/mol}$$

(2) 化学平衡

① 温度的影响　大多数脱氢反应在低温下平衡常数都比较小，由热力学方法推导得到的脱氢反应的平衡常数 K_p、温度 T 和热效应 $\Delta H^{\ominus}$ 之间的关系为：

$$\left(\frac{\partial \lambda n K_p}{\partial T}\right)_p = \frac{\Delta H^{\ominus}}{RT^2}$$

因为烃类脱氢反应是强吸热反应，$\Delta H^{\ominus} > 0$，因此随反应温度升高平衡常数增大，平衡转化率也升高。

② 压力的影响　脱氢反应是分子数增加的反应，从热力学分析可知，降低总压力可使产物的平衡浓度增大。

压力与脱氢反应平衡转化率及反应温度之间的关系见表 6-3。可以看出，为了达到相同的平衡转化率，操作压力从 101.3kPa 降低到 10.1kPa，则反应温度可以降低 100℃左右，使得反应条件较为温和。但工业上在高温下进行减压操作是不安全的，为此常采用惰性气体作稀释剂以降低烃的分压，其对平衡产生的效果和降低总压是相似的。工业上常用蒸汽作为稀释剂，其优点是：产物易分离；热容量大；既可提高脱氢反应的平衡转化率，又可消除催化剂表面的积炭或结焦。当然，蒸汽用量也不宜过大，以免造成能耗增加。

表 6-3 脱氢反应压力、平衡转化率与温度的关系

项目	正丁烷→丁烯		丁烯→1,3-丁二烯		乙苯→苯乙烯	
	101.3kPa	10.1kPa	101.3kPa	10.1kPa	101.3kPa	10.1kPa
平衡转化率 10%	460K	390K	540K	440K	465K	390K
平衡转化率 30%	545K	445K	615K	505K	565K	455K
平衡转化率 50%	600K	500K	660K	545K	620K	505K
平衡转化率 70%	670K	555K	700K	585K	675K	565K
平衡转化率 90%	753K	625K	710K	620K	780K	630K

6.2.2.2 脱氢催化剂

一般加氢催化剂即可用作脱氢催化剂。但由于脱氢反应是强吸热反应，需要在较高的温度条件下进行，伴随的副反应也相应较多，故选用的催化剂应该具有较好的选择性，而且能耐受高温。

(1) 对脱氢催化剂的要求　金属氧化物比金属具有更高的热稳定性，所以脱氢反应常采用金属氧化物催化剂。脱氢催化剂应满足下列要求：首先是具有良好的活性和选择性，能够尽量在较低的温度条件下进行反应；其次是催化剂的热稳定性好，能耐较高的操作温度而不失活；第三是化学稳定性好，由于脱氢反应产物中有氢存在，要求金属氧化物催化剂能耐受还原气氛，不被还原成金属态，同时在大量蒸汽气氛下催化剂颗粒能长期运转而不粉碎，保持足够的机械强度；第四是有良好的抗结焦性能和易再生性能。

(2) 脱氢催化剂的种类　工业生产中常用的脱氢催化剂主要有以下三大系列。

① 氧化铬-氧化铝系列催化剂　该类催化剂氧化铬是活性组分，氧化铝是载体，通常还添加少量的碱金属或碱土金属氧化物作助催化剂，以提高其活性。其大致组成为：Cr_2O_3 18%～20%，Al_2O_3 80%～82%。该类催化剂适用于低级烷烃脱氢，例如丁烷脱氢制丁烯和丁二烯等。水蒸气对此类催化剂有毒化作用，故不能采用蒸汽稀释法，而采用减压法。另外该类催化剂在脱氢反应条件下易结焦，致使催化剂很快失活，需要频繁地用含氧的烟道气进行再生。

② 氧化铁系列催化剂　该类催化剂氧化铁是活性组分，氧化铬和氧化钾是载体。目前工业上用于乙苯脱氢制备苯乙烯的就是该类催化剂。其中具有代表性的为美国的壳牌(Shell) 105 催化剂，其组成为：Fe_2O_3 87%～90%，Cr_2O_3 2%～3%，K_2O 8%～10%。

据研究，氧化铁系列催化剂在脱氢反应中起催化作用的可能是 Fe_3O_4。这类催化剂具有较高的活性和选择性，但在有氢存在的还原气氛中选择性很快下降，这可能是由于 2 价铁、3 价铁和 4 价铁之间的相互转化引起的，因此脱氢反应必须在适当的氧化气氛中进行。水蒸气是氧化性气体，在蒸汽存在下氧化铁的过度还原可以被阻止，从而获得较高的选择性，故氧化铁系催化剂脱氢必须用蒸汽作稀释剂。

助催化剂 Cr_2O_3 是高熔点金属氧化物，可作为结构性助剂，以提高催化剂的热稳定性，同时起到稳定铁的价态的作用。但 Cr_2O_3 的毒性较大，现已采用 Mo 和 Ce 代替，制成无铬的氧化铁系列催化剂。助催化剂氧化钾可以改变催化剂表面的酸度，以减少裂解副反应的进行，同时提高催化剂的抗结焦性，从而延长催化剂的使用寿命。

③ 磷酸钙镍系列催化剂　该类催化剂以磷酸钙镍为主体，添加 Cr_2O_3 和石墨，属于金属盐类催化剂。如 $Ca_8Ni(PO_4)_6$-Cr_2O_3-石墨催化剂，其中石墨含量为 2%，氧化铬含量为 2%，其余为磷酸钙镍。该类催化剂对烯烃脱氢制二烯烃具有良好的选择性，但抗结焦性能差，需用蒸汽和空气的混合物再生。

6.2.2.3 动力学分析

动力学研究表明，烃类（丁烷、丁烯、乙苯或二乙苯）在固体催化剂上的脱氢反应的控

制步骤是表面化学反应，均可按双位吸附理论描述其动力学方程。其速率方程可用双曲模型表示：

$$r=r_{正}-r_{逆}=\frac{(动力学项)\times(推动力)}{(吸附项)^2}$$

影响脱氢反应速率和选择性的因素有催化剂颗粒、工艺操作条件及加氢物质的结构。

（1）催化剂颗粒大小对脱氢反应速率和选择性的影响　在以氧化铁系作催化剂的脱氢反应体系中，催化剂颗粒大小对反应速率和选择性都有影响。图 6-7 是催化剂颗粒度对反应速率的影响，图 6-8 是催化剂颗粒度对选择性的影响。从图中可以看出较小颗粒的催化剂不仅能提高脱氢反应速率，也能提高选择性，由此可见内扩散是主要的影响因素。工业生产中一般采用较小颗粒的催化剂，并且通过改进催化剂孔结构（如减少微孔）改善其内扩散性能。

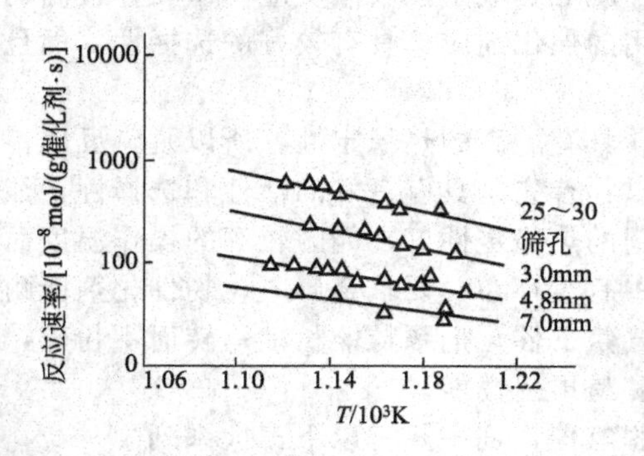

图 6-7　催化剂颗粒度对乙苯脱氢反应速率的影响

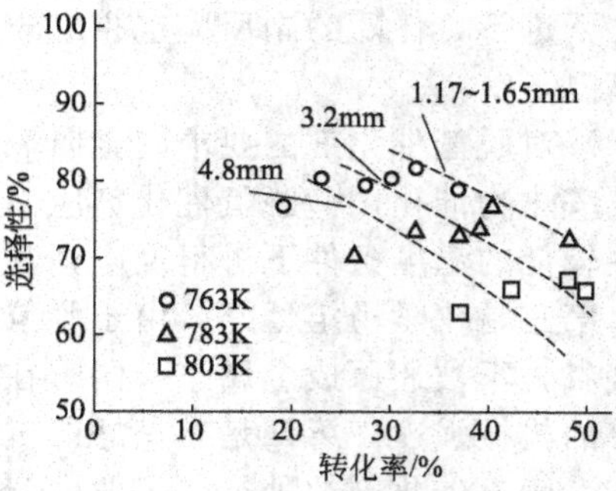

图 6-8　催化剂颗粒度对丁烯脱氢转化率和选择性的影响

（2）工艺操作条件对脱氢反应速率和选择性的影响　脱氢反应过程的主要操作条件有温度、压力、原料烃的空速。提高温度既可加快脱氢反应速率，又可提高转化率；但是温度过高必然会加快副反应速率，从而导致选择性下降，同时催化剂表面聚合生焦，使催化剂的失活速度加快。因此脱氢反应有一个较为适宜的温度。从热力学角度分析，降低操作压力对脱氢反应是有利的，因此脱氢反应应控制在高温低压下进行。工业上高温下减压操作比较危险，所以除少数脱氢反应之外，大部分脱氢反应均可向系统内加入蒸汽做稀释剂，降低反应物的分压，以达到低压操作的目的。对于脱氢反应，空速减小，转化率提高，但副反应增加，选择性下降，催化剂表面结焦增加，再生周期缩短；空速增大，转化率减小，原料循环量增加，能耗增大，操作费用增加。所以最佳空速的选择必须综合考虑各方面的因素而定。

（3）脱氢物质的结构对反应速率的影响　对于烃类脱氢反应，脱氢物质的结构对反应速率也有一定的影响。正丁烯脱氢速率大于正丁烷；而烷基芳烃，一般侧链上 α-碳原子上的取代基增多或链的增长或苯环上的甲基数目增多时，其脱氢反应速率加快，乙苯的脱氢反应速率最慢。

6.2.3　乙苯催化脱氢合成苯乙烯

苯乙烯，分子式 C_8H_8，相对分子质量 104.14。苯乙烯属于不饱和芳烃，为无色液体，沸点 145℃，难溶于水，溶于甲醇、乙醇、四氯化碳及乙醚等溶剂。

苯乙烯是高分子合成材料的一种重要单体，自身均聚可制得聚苯乙烯树脂，其用途十分广泛；与其他单体共聚可得到多种有价值的共聚物，如与丙烯腈共聚得色泽光亮的 SAN 树脂，与丙烯腈、丁二烯共聚得 ABS 树脂，与丁二烯共聚得丁苯橡胶及 SBS 塑性橡胶等。此外，苯乙烯还广泛用于制药、涂料、纺织等工业。

苯乙烯聚合物于1827年发现。1867年Berthelot发现乙苯通过赤热瓷管时能生成苯乙烯。1930年美国DOW化学公司首创乙苯热脱氢法生产苯乙烯过程，1945年实现了苯乙烯工业化生产。60年来，苯乙烯生产技术不断进步，已趋于完善。2005年世界苯乙烯生产能力超过2700万吨。由于市场需求旺盛，苯乙烯生产将会高速发展。

6.2.3.1　苯乙烯生产方法简介

目前，世界上苯乙烯的生产方法主要有乙苯脱氢法、乙苯共氧化法、甲苯合成法、乙烯和苯直接合成法、乙苯氧化脱氢法等。

(1) 乙苯脱氢法　乙苯脱氢法是目前国内外生产苯乙烯的主要方法，其生产能力约占世界苯乙烯总生产能力的90%左右。乙苯在工业上主要采用烷基化法制备，即苯与乙烯在催化剂作用下生成；其次是从炼油厂的重整油、烃类裂解过程中的裂解汽油及炼焦厂的煤焦油中通过精馏方法分离获得。

乙苯脱氢制备苯乙烯分两步进行，第一步是苯和乙烯在催化剂作用下反应生成乙苯，第二步是乙苯脱氢生成苯乙烯。其反应式为：

$$C_6H_6 + CH_2{=}CH_2 \rightleftharpoons C_6H_5CH_2CH_3$$

$$C_6H_5CH_2CH_3 \rightleftharpoons C_6H_5CH{=}CH_2 + H_2$$

此法工艺成熟，苯乙烯收率达95%以上。

(2) 乙苯共氧化法　乙苯共氧化法又称环氧丙烷-苯乙烯（简称PO/SM）联产法，由Halcon公司开发成功。

乙苯共氧化法制备苯乙烯分三步进行，首先是乙苯氧化生成乙苯过氧化氢，然后乙苯过氧化氢与丙烯进行环氧化反应生成α-甲基苯甲醇和环氧丙烷，α-甲基苯甲醇再脱水生成苯乙烯。其反应式为：

$$C_6H_5CH_2CH_3 + O_2 \longrightarrow C_6H_5CH(OOH)CH_3$$

$$C_6H_5CH(OOH)CH_3 + CH_3CH{=}CH_2 \longrightarrow C_6H_5CH(OH)CH_3 + CH_3{-}\underset{\diagdown O \diagup}{CH{-}CH_2}$$

$$C_6H_5CH(OH)CH_3 \longrightarrow C_6H_5CH{=}CH_2 + H_2O$$

乙苯共氧化法的特点是不需要高温反应，可以同时联产苯乙烯和环氧丙烷两种重要的有机化工产品。将乙苯脱氢吸热和丙烯氧化放热两个反应结合起来，节省了能量，解决了环氧丙烷生产中的“三废”处理问题。另外，由于联产装置的投资费用比单独的环氧丙烷和苯乙烯装置降低25%，操作费用降低50%以上，因此采用该法建设大型生产装置时更具竞争优势。该法的不足之处在于受联产品市场状况影响较大，而且反应复杂，副产物多，投资大，乙苯单耗和装置能耗等都高于乙苯脱氢法工艺。但从联产环氧丙烷的共氧化角度而言，因可避免氯醇法给环境带来的污染，因此仍具有很好的发展潜力。

(3) 甲苯合成法　一种方法是首先采用 $PbO \cdot MgO/Al_2O_3$ 作催化剂，在水蒸气存在下使甲苯脱氢缩合生成苯乙烯基苯，然后苯乙烯基苯与乙烯再在 $WO \cdot K_2O/SiO_2$ 催化剂作用下生成苯乙烯。其反应式为：

$$2\,C_6H_5CH_3 \longrightarrow C_6H_5\text{—}CH{=}CH\text{—}C_6H_5 + 2H_2$$

$$C_6H_5\text{—}CH{=}CH\text{—}C_6H_5 + CH_2{=}CH_2 \longrightarrow 2\,C_6H_5CH{=}CH_2$$

另一种方法是甲苯与甲醇直接合成苯乙烯。其反应式为：

$$2\,C_6H_5CH_3 + 2CH_3OH \longrightarrow C_6H_5CH_2CH_3 + C_6H_5CH{=}CH_2 + 2H_2O + H_2$$

此法处于研究阶段，尚未投入工业化生产。

(4) 乙烯和苯直接合成法　该法采用贵金属作催化剂，既可在液相中也可在气相中进行反应，副产物有乙苯、乙醛、二氧化碳等。其反应式为：

$$C_6H_6 + CH_2{=}CH_2 + \frac{1}{2}O_2 \longrightarrow C_6H_5CH{=}CH_2 + H_2O$$

此项技术也处于研究之中，有一定的工业应用前景。

(5) 乙苯氧化脱氢法　该工艺是在原乙苯脱氢工艺的基础上向脱氢产物中加入适量氧或空气，使氢气在选择性氧化催化剂作用下氧化为水，从而降低反应物中的氢分压，打破了传统脱氢反应中的热平衡，使反应向生成物方向移动。其反应式为：

$$C_6H_5CH_2CH_3 + \frac{1}{2}O_2 \longrightarrow C_6H_5CH{=}CH_2 + H_2O$$

乙苯氧化脱氢法的特点是用较低温度下的放热反应代替高温下的乙苯脱氢吸热反应，从而大大降低了能耗，提高了效率，另外该法不受乙苯脱氢平衡限制，也不采用水蒸气。该工艺于20世纪90年代初期开发成功。目前世界上有5套苯乙烯生产装置采用乙苯氧化脱氢工艺进行生产，另外一些新建生产装置大都准备采用该方法进行生产。

6.2.3.2 乙苯催化脱氢基本原理

(1) 乙苯催化脱氢的反应　主、副反应如下。

主反应：

$$C_6H_5CH_2CH_3 \rightleftharpoons C_6H_5CH{=}CH_2 + H_2 \quad \Delta H_{873K} = 125kJ/mol$$

副反应：主要有乙苯的裂解、加氢裂解、水蒸气转化、聚合和缩合形成焦油等。

$$C_6H_5CH_2CH_3 \rightleftharpoons C_6H_6 + CH_2{=}CH_2 \quad \Delta H_{873K} = -102kJ/mol$$

$$C_6H_5CH_2CH_3 + H_2 \rightleftharpoons C_6H_5CH_3 + CH_4 \qquad \Delta H_{873K}=64.4kJ/mol$$

$$C_6H_5CH_2CH_3 + H_2 \rightleftharpoons C_6H_6 + C_2H_6 \qquad \Delta H_{298K}=41.8kJ/mol$$

$$C_6H_5CH_2CH_3 \rightleftharpoons 8C+5H_2 \qquad \Delta H_{873K}=1.72kJ/mol$$

$$C_6H_5CH_2CH_3 + 16H_2O \rightleftharpoons 8CO_2+21H_2 \qquad \Delta H_{873K}=793kJ/mol$$

(2) 热力学分析 乙苯脱氢反应是可逆吸热反应，在低温时平衡常数很小，平衡转化率也很低。图 6-9 和图 6-10 分别是乙苯脱氢反应的平衡常数和平衡转化率与温度的关系图。

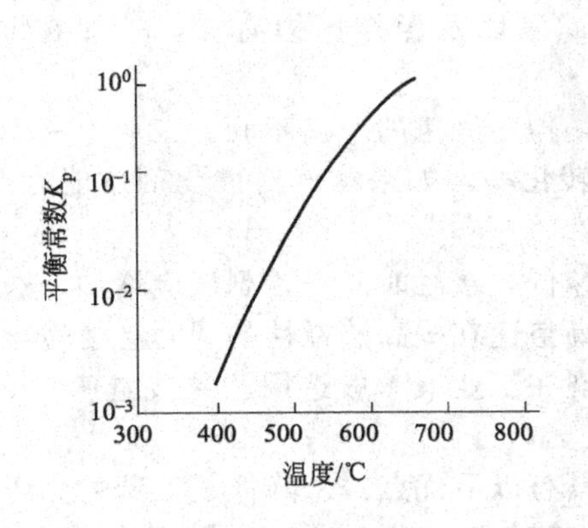

图 6-9 乙苯脱氢反应的平衡常数与温度的关系

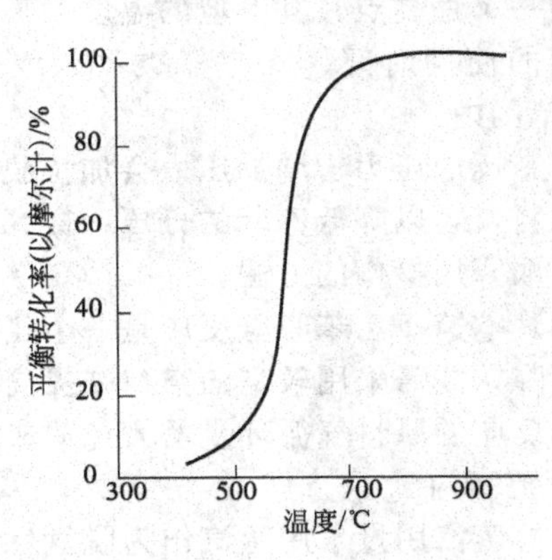

图 6-10 乙苯脱氢反应的平衡转化率与温度的关系

从热力学分析可知，乙苯脱氢反应平衡常数随反应温度升高而增大，平衡转化率随压力降低而升高。实验测定，当压力从 10^5 Pa 降至 10^4 Pa 时，达到相同转化率所需的反应温度可降低 100℃左右。但是在高温下进行负压操作是不安全的，因此可采用加入惰性气体作稀释剂的方法降低原料气的分压，以达到提高平衡转化率的目的。工业上一般采用蒸汽作惰性气体稀释剂。

(3) 催化剂 乙苯脱氢反应是一个复杂反应，从热力学上讲，裂解反应比脱氢反应有利，加氢裂解反应也比脱氢反应有利，即使是在 700℃的高温下加氢裂解的平衡常数仍然很大。故乙苯在高温下进行脱氢时主要产物是苯，而要使主反应进行顺利，必须采用高活性、高选择性的催化剂。另外，脱氢反应是在高温、有氢气和大量蒸汽存在下进行的，要求催化剂具有很好的热稳定性和化学稳定性，此外催化剂还需具备抗结焦和易于再生性能。

乙苯脱氢催化剂的活性组分是氧化铁，助催化剂有钾、钒、铂、钨、铈等氧化物。如采用 Fe_2O_3 ∶ K_2O ∶ Cr_2O_3 为 87 ∶ 10 ∶ 3 组成的催化剂，乙苯的转化率可达 60%，选择性为 87%。

在有氢和蒸汽存在下，氧化铁体系可能有 4 价铁、3 价铁、2 价铁和金属铁之间的平衡。据研究，Fe_3O_4 可能起催化作用。在氢作用下，高价铁会还原成低价铁，甚至是金属铁。低价铁会促使烃类的分解反应完全，而蒸汽的存在可阻止低价铁的生成。

助催化剂 K_2O 能改变催化剂表面酸度，减少裂解反应的发生，并能提高催化剂的抗结焦性能和消炭作用，以及促进催化剂的再生能力，延长再生周期。

助催化剂 Cr_2O_3 是高熔点金属氧化物，可以提高催化剂的耐热性，稳定铁的价态。但铬对人体及环境有毒害作用。可采用无铬催化剂，如 Fe_2O_3-Mo_2O_3-CeO-K_2O 催化剂，以及国产 XH-02 和 335 型无铬催化剂等。

6.2.3.3 乙苯脱氢合成苯乙烯工艺条件

乙苯脱氢合成苯乙烯需要控制的主要工艺条件是反应温度、压力、稀释剂用量和原料烃的空速。

（1）反应温度 乙苯脱氢反应是可逆吸热反应。温度升高，平衡转化率提高，反应速率也提高，而温度升高也有利于乙苯的裂解和加氢裂解，结果是随温度升高乙苯的转化率增加，苯乙烯的选择性下降。而温度降低时，副反应虽然减少，有利于苯乙烯选择性的提高，但因反应速率下降，产率也不高。如采用氧化铁催化剂，500℃下进行乙苯脱氢反应时，几乎没有裂解产物，选择性接近 100%，但乙苯的转化率只有 30%。故苯乙烯收率随温度的变化存在一个最高点，其对应的温度为最适宜温度，该温度与使用的脱氢催化剂的活性温度、催化剂的使用时间、反应器类型（绝热式或等温式）以及操作压力有关，一般在 560～650℃范围内。

（2）反应压力 增加压力会加快脱氢反应速率，但对脱氢的平衡不利。工业上采用蒸汽稀释原料气，以降低乙苯的分压，提高乙苯的平衡转化率。如果蒸汽对催化剂性能有影响，只有采取降压操作的方法。

（3）空速 乙苯脱氢反应是一个复杂反应，空速低，接触时间长，副反应增加，选择性显著下降，故需采用较高的空速来提高选择性；但高空速在提高选择性的同时会使转化率降低，未反应的原料气循环量增大，造成能耗增加。现在工业上一般选用乙苯液空速在 0.4～0.6 h^{-1} 范围内。

（4）蒸汽用量 用蒸汽作为脱氢反应的稀释剂具有以下优点：①降低了乙苯的分压，有利于提高乙苯脱氢的平衡转化率；②可起抑制催化剂表面结焦的作用，同时有消炭作用；③能提供反应所需的热量，而且产物易于分离。但蒸汽用量不是越多越好，超过一定比值之后平衡转化率的提高就不明显了。较适宜的蒸汽用量比为：

多管等温反应器乙苯脱氢工艺 水蒸气：乙苯＝(6～9)：1(摩尔比)

绝热式反应器乙苯脱氢工艺 水蒸气：乙苯＝14：1(摩尔比)

6.2.3.4 乙苯脱氢工艺流程及反应器

乙苯脱氢反应是强吸热反应，不仅需在高温下进行，还需在高温下向反应系统提供大量的热量。根据供热方式不同，工业上采用的反应器分为两种形式：一种是多管等温型反应器，以高温烟道气为载热体，将反应所需热量通过管壁传入反应体系；另一种是绝热式反应器，所需热量由过热蒸汽直接带入反应器内，反应体系与外界无热量交换。采用这两种形式反应器的工艺流程主要差别在于蒸汽用量、热量的供给和回收利用不同。

（1）多管等温反应器乙苯脱氢工艺 多管等温反应器乙苯脱氢工艺流程如图 6-11 所示，主要由脱氢反应，尾气产物分离及最终产品苯乙烯的精制（图中未画出）3 部分组成。原料乙苯蒸气和水蒸气以一定比例混合后，经第一预热器、热交换器、第二预热器预热到 540℃左右后进入反应器，进行催化脱氢反应。反应后的脱氢产物离开反应器的温度为 580～600℃，经热交换器与原料气交换热量后进入冷凝器，进行冷却冷凝。冷凝液进入油水分离器，分离出水分后进入粗苯乙烯贮槽。不凝气体中含有大量的 H_2 及少量的 CO_2，一般可作燃料使用，也可将其提纯作工业氢源。

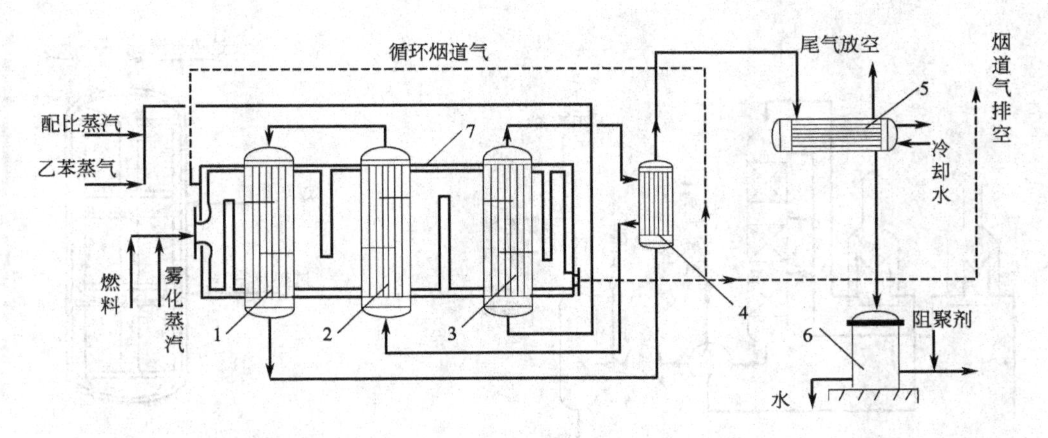

图 6-11 多管等温反应器乙苯脱氢工艺流程

1—脱氢反应器；2—第二预热器；3—第一预热器；4—热交换器；
5—冷凝器；6—粗乙苯贮槽；7—烟囱

多管等温反应器为外加热列管式反应器，由许多耐热合金管组成，管径 25.4～101.6mm，管长 3～6m，管内装填催化剂，脱氢反应所需热量通过管壁由高温烟道气供给，反应温度为 550～600℃，由于温度沿反应管轴向变化不大，所以被称为等温反应器。工业生产中要使反应在等温下进行，理论上应要求沿反应器管长传热速率的改变与反应所需吸收热量的速率变化相等，但实际上很难做到，往往是传给催化剂的热量大于反应所需的热量，故反应器温度沿催化剂床层逐渐升高，一般出口温度比进口温度高出数十度。

多管等温反应器进口温度低，反应器进口处乙苯浓度高，故可获得较高的转化率，另外并行副反应也不太激烈，因而选择性也较好；出口温度比进口温度高，转化率仍保持较高水平，副反应则因乙苯的消耗也将有所减弱，若出口温度控制适宜，聚合和缩合副反应也可以得到控制。因此，与绝热式反应器相比，等温反应器的转化率和选择性都较高，一般乙苯的单程转化率可达 40%～45%，苯乙烯的选择性达 92%～95%。但为了使径向反应温度均匀，管径受限，催化剂装填量有限，要获得较大生产能力需数千根反应管，反应器结构复杂，还需大量的特殊合金钢，故反应器造价也高。因此本工艺在大型生产厂家很少采用。

(2) 绝热式反应器乙苯脱氢工艺　绝热式反应器乙苯脱氢工艺流程如图 6-12 所示。原料气与反应尾气热交换后，再经预热进入脱氢绝热反应器，热量靠过热蒸汽（720℃）带入，入口温度达 610～660℃。催化剂床层分三段，段与段之间加入过热蒸汽，提升温度后进入下一段床层进行反应，全部蒸汽与乙苯的摩尔比为 14。反应产物经冷凝器冷却冷凝后气液分离，不凝气中含有大量的 H_2 及少量的 CO、CO_2，可作燃料使用，冷凝液送往后续精制工序进行分离精制。绝热反应器苯乙烯收率为 88%～91%。

绝热反应器脱氢时，由于反应需要吸收大量的热量，导致反应器的进口温度必然比出口温度高。单段绝热反应器的进出口温度差可以达到 65℃，这样的温度分布对于脱氢反应速率和反应选择性都会产生不利的影响。由于脱氢反应器进口处乙苯浓度最高，温度高就有较多的平行副反应发生，从而使选择性下降。脱氢反应器出口温度低，对平衡不利，使反应速率减慢，限制了转化率的提高。所以单段绝热反应器脱氢不仅转化率较低（35%～40%），选择性也较低（约 90%）。因此，绝热式反应器乙苯脱氢工艺一般采用如图 6-13 所示的多段绝热反应器。

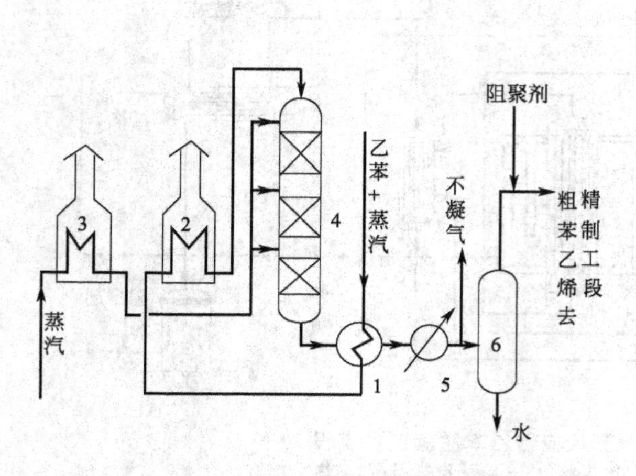

图 6-12 绝热式反应器乙苯脱氢工艺流程
1—乙苯蒸发器；2—乙苯加热炉；
3—蒸汽过热炉；4—三段绝热脱氢反应器；
5—冷凝器；6—油水分离器

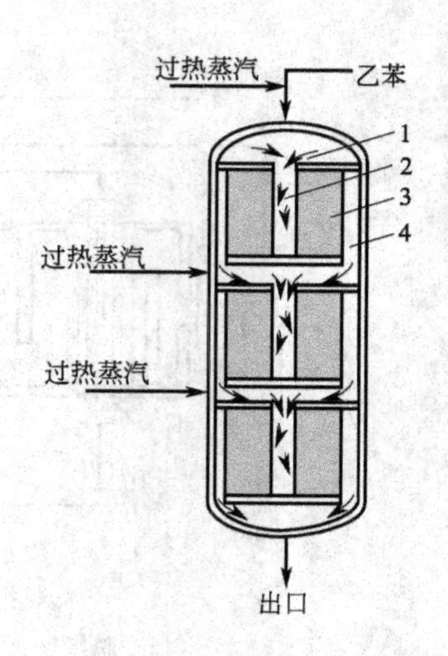

图 6-13 三段径向绝热反应器
1—混合室；2—中心室；
3—催化剂室；4—收集室

多段绝热反应器将整个催化剂床层分成多段，过热蒸汽分别在段间加入，这样可降低反应器入口温度，提高反应器出口温度，从而提高脱氢反应的转化率和选择性，转化率一般可达 65%～70%，选择性可达 92%左右。为了进一步降低压降并使混合接触均匀，又研制出了多段绝热径向反应器。该反应器降低了系统压力降，进一步提高了脱氢反应的转化率和选择性。图 6-13 为三段径向绝热反应器结构简图。

6.2.3.5 粗苯乙烯的分离与精制

(1) 粗苯乙烯的组成 脱氢产物粗苯乙烯（也称脱氢液或炉油）除含有目的产物苯乙烯外，还含有大量未反应的乙苯和副产物苯、甲苯及少量焦油，其组成因脱氢方法和操作条件不同而异。表 6-4 给出了等温反应器脱氢和三段绝热反应器脱氢的粗苯乙烯组成。

表 6-4 不同脱氢工艺得到的粗苯乙烯组成

组 分	沸点/℃	含量(质量分数)/%	
		等温反应器脱氢	三段绝热反应器脱氢
苯乙烯	145.2	35～40	80.9
乙苯	136.2	55～60	14.66
苯	80.1	1.5 左右	0.88
甲苯	110.6	2.5 左右	3.15
焦油		少量	少量

(2) 粗苯乙烯的分离精制工艺流程 由表 6-4 中数据可以看出，各组分沸点相差较大，可采用精馏方法进行分离。分离过程中有两个关键问题。一是苯乙烯易自聚，其聚合速率随温度升高而加快（图 6-14），特别是当温度超过 100℃时，即使有阻聚剂存在也会急剧聚合。二是乙苯和苯乙烯的沸点非常接近，常压下沸点差只有 9℃，分离推动力较小，要想达到分离目的必须采用较多的塔板。在常压下采用较多的塔板进行分离，塔釜温度远远超过 100℃，因此要求分离过程必须在减压下进行，以降低塔釜温度。早期生产中采用泡罩塔，效率低、压力损失大，因此乙苯和苯乙烯的分离需要两台精馏塔（双塔分离流程）。该分离工艺流程长、设备多、动力和热能消耗高。

目前，国内外厂家大多采用林德公司开发成功的压降小、效率高的筛板塔，实现了乙苯-苯乙烯的单塔分离，而且釜温不超过100℃，这样不仅简化了流程，还能降低能耗，同时也减少了苯乙烯的进塔次数，减少聚合机会，该流程称为单塔分离流程。

如图6-15所示，粗苯乙烯进入乙苯蒸出塔，将未反应的乙苯、副产物甲苯和苯与产物苯乙烯分离。塔顶蒸出的乙苯、甲苯和苯经冷凝后部分回流，其余进入第一苯、甲苯回收塔，在此塔中将乙苯与苯、甲苯分离。塔釜得到的乙苯可循环使用，塔顶得到的甲苯和苯经冷凝后部分回流，其余进入第二苯、甲苯分离塔，将苯和甲苯分离。乙苯蒸出塔塔釜液主要是苯乙烯，含有少量焦油，将其送入苯乙烯精馏塔进行精馏。苯乙烯精馏塔塔顶得到纯度为质量分数99.6%的聚合级苯乙烯成品，将其送入贮槽，以备聚合使用。塔釜液为焦油，尚含有一定量的苯乙烯，可进一步进行回收。

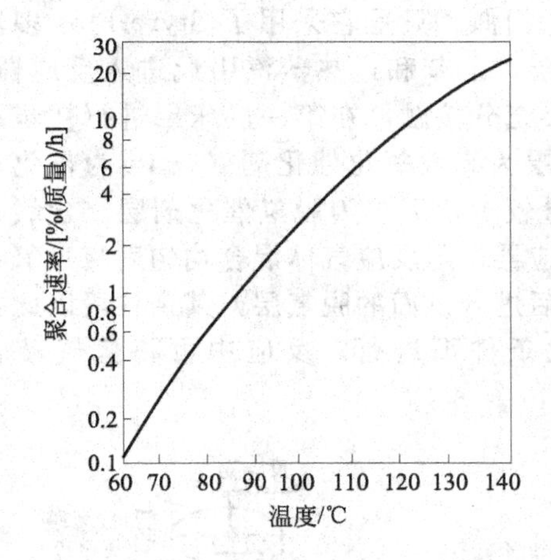

图6-14　各温度下苯乙烯的聚合速率

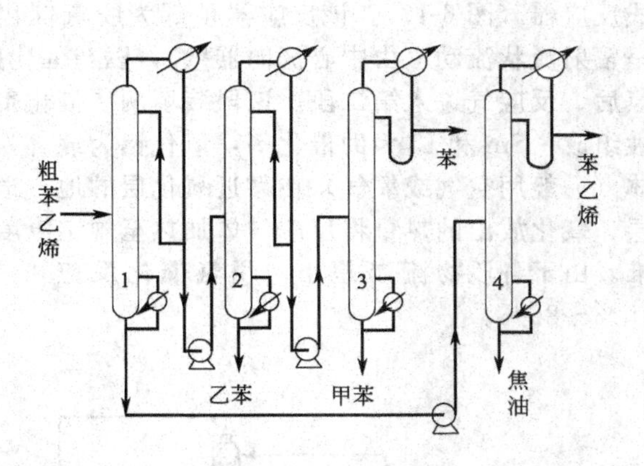

图6-15　粗苯乙烯的分离和精制流程

1—乙苯蒸出塔；2—第二苯、甲苯回收塔；3—第一苯、甲苯分离塔；4—苯乙烯精馏塔

单塔分离流程中的乙苯蒸出塔和苯乙烯精馏塔均应在减压下操作。为了防止苯乙烯聚合，塔釜还需加一定量的阻聚剂，如二硝基苯酚、叔丁基邻苯二酚等。

产品苯乙烯单体对污染物非常敏感，故苯乙烯成品贮槽要求没有水和铁锈，因为潮湿环境下铁锈会与阻聚剂反应，使苯乙烯变色，并有加速聚合的倾向。为防止苯乙烯聚合，贮槽内还应加入一定量的阻聚剂，其含量保持在（5～15）$\times10^{-6}$。苯乙烯成品槽温度不宜过高，保存期也不宜过长。

6.2.3.6　乙苯脱氢新工艺

工业苯乙烯的生产方法主要有乙苯催化脱氢法和乙苯共氧化法两种。后者工艺技术复杂，能耗高，一次性投资大。目前生产苯乙烯的主导方法仍是乙苯催化脱氢法，该法的技术关键是寻找高活性和高选择性的优良催化剂，为此人们进行了长达60多年的艰苦探索，研制出多种乙苯脱氢催化剂。在开发新催化剂的同时还设计了低阻力降的新型反应器，加强了能量的综合利用和回收，使乙苯催化脱氢制苯乙烯生产的物耗和能耗已降低到接近极限值的水平。目前迫切需要开发新的苯乙烯生产工艺及配套催化剂。因此，乙苯脱氢-氢选择氧化法便应运而生。该法是近10年来在乙苯催化脱氢基础上发展起来的新工艺，由美国环球油品公司（Uop）开发，简称Styro-Plus工艺。Styro-Plus工艺可使乙苯转化率明显提高，苯乙烯选择性上升4%～6%，成为一项新型先进的苯乙烯生产工艺。

乙苯脱氢-氢选择性氧化法的实质，是用部分氧化方法将脱氢反应生成的氢气在高选择性氧化催化剂作用下转化成水蒸气，使反应产物中的氢分压降低，平衡即向有利于生成苯乙烯的方向移动。反应过程如下：

$$\text{C}_6\text{H}_5\text{CH}_2\text{CH}_3 \rightleftharpoons \text{C}_6\text{H}_5\text{CH}{=}\text{CH}_2 + \text{H}_2 \qquad \Delta H_{298}^{\ominus} = 117.8\text{kJ/mol}$$

$$\text{H}_2 + \frac{1}{2}\text{O}_2 \longrightarrow \text{H}_2\text{O} \qquad \Delta H_{298}^{\ominus} = -242\text{kJ/mol}$$

氢氧化反应放出的热量又为脱氢反应提供所需的热量，降低了过热蒸汽的消耗。该工艺生产苯乙烯需要的蒸汽比传统工艺降低 34%，节能优势相当明显。

Styro-Plus 工艺流程如图 6-16 所示。

乙苯脱氢-氢选择性氧化工艺与传统乙苯脱氢工艺相似，只是它采用了 Styro-Plus 多段式反应器（图 6-17）。该反应器顶部为脱氢催化剂床层，乙苯和过热蒸汽由此进入反应器，呈辐射流状流动（由中心流向器壁），以与催化剂床层充分接触。在第一层床层进行初步脱氢后，反应气进入第二段。该段装填两层催化剂，上层为高效氧化催化剂（以 Pt 为催化活性组成，Sm 和 Li 为助催化剂，氧化铝为载体），数量较少，下层为脱氢催化剂层。含氧气体（一般用空气或氧气）在靠近氧化层的地方送入反应器，与反应气体混合均匀后流过氧化层，氧化放出的热量将反应气体加热至规定温度，然后进入下面的脱氢层，其余各段以此类推。由于各段物流温差小，脱氢催化反应可在优化条件下进行。反应中可将氢气转化 75%～85%。

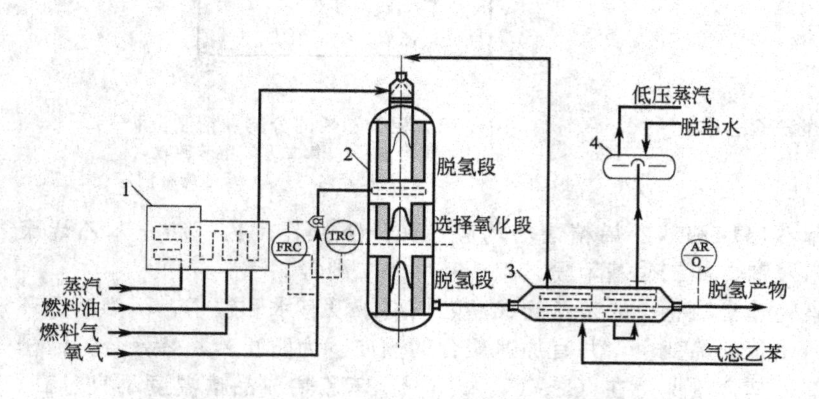

图 6-16 Styro-Plus 工艺三段式反应器系统工艺流程
1—加热炉；2—三段式反应器；3—废热锅炉；4—蒸汽罐

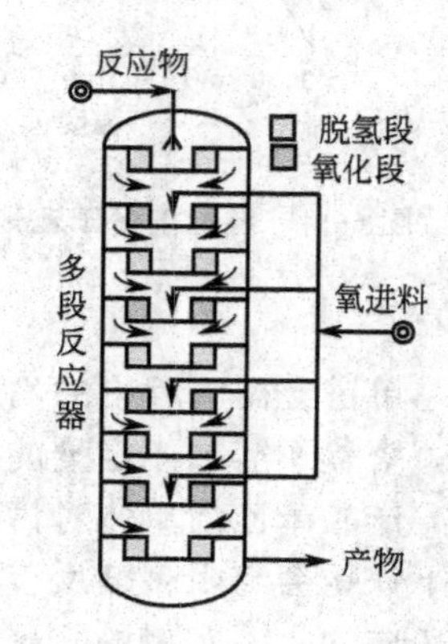

图 6-17 Styro-Plus 多段脱氢-氢选择性氧化反应器结构

6.3 氧化脱氢

脱氢反应由于受到化学平衡限制，转化率不可能很高，特别是低级烷烃、烯烃的脱氢反应，其转化率一般较低。从平衡角度来看，增大反应物的浓度或降低生成物的浓度都有利于反应的进行。如果将生成的氢气移走，则平衡向脱氢方向进行，可提高平衡转化率。将产物氢气移出的方法一是直接将氢气移出；二是加入某种物质，让其与所要移走的氢气结合而移出，这些物质称为氢接受体。当这些氢接受体与氢结合时，可放出大量的热量，所以既可及时移出反应生成的氢，又可补充反应所需热量。常用的氢接受体为氧气（或空气）、卤素和含硫化合物等。这些氢接受体能夺取烃分子中的氢，使其转化为相应的不饱和烃而被氧化。

这种类型的烃类脱氢反应称为烃类氧化脱氢。

6.3.1 氧化脱氢反应类型及工业应用

6.3.1.1 氧化脱氢反应类型

(1) 以气态氧为氢接受体的氧化脱氢反应 碳链上至少具有4个碳原子并含有α-H的烯烃，在一定的反应条件并有催化剂存在下能与气态氧直接发生氧化脱氢反应，生成相应的具有共轭双键的二烯烃。例如：

$$CH_2{=}CH{-}CH_2{-}CH_3+\frac{1}{2}O_2\xrightarrow{\text{催化剂}}CH_2{=}CH{-}CH{=}CH_2+H_2O$$

$$CH_3CH{=}\underset{}{\overset{CH_3}{\overset{|}{C}}}{-}CH_3+\frac{1}{2}O_2\xrightarrow{\text{催化剂}}CH_2{=}CH{-}\overset{CH_3}{\overset{|}{C}}{=}CH_2+H_2O$$

此氧化反应除生成二烯烃外，尚有多种氧化产物生成。要想获得工业价值，必须找到具有高活性和良好选择性的催化剂。经过多年的研究实践，正丁烯氧化脱氢生产丁二烯的催化剂已研究成功，并于20世纪60年代投入工业化生产。

另外，具有α-H的烷基苯也能与气态氧发生氧化脱氢反应，生成相应的烯基苯。其中最重要的是乙苯用气态氧氧化脱氢制备苯乙烯，反应式为：

$$C_6H_5{-}CH_2CH_3+\frac{1}{2}O_2\xrightarrow{\text{催化剂}}C_6H_5{-}CH{=}CH_2+H_2O$$

(2) 以卤素为氢接受体的氧化脱氢反应 例如：

$$C_nH_{2n+2}+X_2\longrightarrow C_nH_{2n}+2HX$$
$$C_nH_{2n}+X_2\longrightarrow C_nH_{2n-2}+2HX$$

卤素（X）的脱氢效率为：$I_2>Br_2>Cl_2$。该法的主要缺点：一是HX对设备有腐蚀性，在水蒸气存在时尤为严重；二是卤素成本高（特别是碘），回收复杂，损耗量大；三是生成的烯烃及二烯烃易与卤素或卤化氢加成生成有机卤化物，影响反应的选择性，造成原料烃和碘的损失。

(3) 以硫化物为氢接受体的氧化脱氢反应 含硫化合物如SO_2、H_2S或元素硫均可作为氢接受体，使烷烃、烯烃和烷基芳烃发生氧化脱氢反应，生成相应的不饱和烃。例如：

$$C_6H_5{-}CH_2CH_3(g)+\frac{1}{3}SO_2\xrightarrow{\text{催化剂}}C_6H_5{-}CH{=}CH_2(g)+\frac{1}{3}H_2S+\frac{2}{3}H_2O(g)$$

以SO_2为氢接受体的乙苯氧化脱氢特别有效，乙苯转化率达95%，选择性为90%。但反应过程中存在着若干缺点：一是有腐蚀性；二是有硫析出，长期运转会堵塞管道；三是催化剂上沉积的焦不易除去；四是在反应过程中会使催化剂部分转化成含硫化合物，必须经常用空气再生；五是生成的烯烃和二烯烃易与硫化物反应，生成含硫化合物，影响反应的选择性。

6.3.1.2 氧化脱氢反应在化学工业中的应用

氧化脱氢反应可广泛应用于有机合成中，如甲醇氧化脱氢制备甲醛、乙醇氧化脱氢制备乙醛、正丁烯氧化脱氢制备丁二烯、异戊烯氧化脱氢制备异戊二烯等。其中最具代表性的是正丁烯氧化脱氢生产丁二烯。

6.3.2 正丁烯氧化脱氢生产丁二烯

丁二烯是一种无色、有微弱芳香气味的易液化气体，相对密度（20℃）0.6211，熔点−108.9℃，沸点−4.45℃。易溶于乙醇、乙醚等有机溶剂，在水中的溶解度为0.38%。易燃，在空气中的爆炸极限为体积分数2.16%～11.47%。

丁二烯是最简单的具有共轭双键的二烯烃，化学性质活泼，是重要的聚合物单体，能与多种化合物共聚制造各种合成橡胶和合成树脂。其消耗量中，有90%以上用于合成丁苯橡胶、顺丁橡胶、丁腈橡胶、氯丁橡胶及ABS树脂等，少量用于生产环丁砜、1，4-丁二醇、己二腈、己二胺、丁二烯低聚物及农药克菌丹等。

6.3.2.1 丁二烯生产方法简介

工业上制备丁二烯的生产方法主要有碳四馏分分离法和合成法两种。目前除美国外，世界各国丁二烯几乎全部直接来自烃类裂解制乙烯时的副产碳四馏分（C_4馏分）。美国丁二烯的来源，大约一半来自丁烷、丁烯脱氢，一半直接来自裂解C_4馏分。

（1）C_4馏分分离法　以石脑油或柴油为裂解原料生产乙烯时，副产的C_4馏分一般为原料质量的8%～10%，其中丁二烯含量高达质量分数40%～50%，所以从裂解C_4馏分中分离丁二烯是最经济的生产方法。工业上均采用萃取精馏的方法，即在C_4馏分中加入乙腈、*N*-甲基吡咯烷酮、二甲基甲酰胺等溶剂增大丁二烯与其他C_4烃的相对挥发度，通过精馏分离得到丁二烯。

（2）合成法　合成法主要包括丁烷或丁烯催化脱氢法和丁烯氧化脱氢法。

① 丁烷或丁烯催化脱氢法　丁烷脱氢是由天然气或C_4馏分中分离所得的丁烷催化脱氢制备丁二烯。丁烷脱氢是强吸热过程，需要输入大量的热量才能获得比较理想的转化率，但同时裂解和产物的二次反应也显得尤为突出，因此该工艺过程的关键是选择高活性的催化剂，并要求尽可能降低温度。目前菲利浦法和胡德利法已在工业上得到应用。

丁烯催化脱氢也是一个吸热反应，由于受热力学平衡限制，即使在600℃以上高温和大量蒸汽存在下进行反应仍得不到理想的丁二烯单程转化率，而且催化剂表面结焦严重，供热困难。工业上一般采用3～5台反应器轮换进行反应和再生，丁二烯的单程产率一般在24%～38%之间。

② 丁烯氧化脱氢法　丁烯氧化脱氢法是采用空气中的氧为氢接受体，在水蒸气存在下丁烯和空气通过固体催化剂，使丁烯发生氧化脱氢反应，生成丁二烯。

该法于1965年开始工业化。与催化脱氢法相比，具有蒸汽和燃料消耗低、正丁烯单程转化率高、催化剂寿命长且不需要再生等优点，因此此法问世后被广泛使用。在美国，20世纪70年代末有70%厂家采用此法生产丁二烯。我国丁烯制丁二烯装置也均采用此法。表6-5给出了催化脱氢法与氧化脱氢法的比较。

表6-5　催化脱氢法和氧化脱氢法的比较

方　法	正丁烯单程转化率/%	丁二烯选择性/%	丁二烯单程收率/%	蒸汽进料量/(mol/mol丁二烯)
催化脱氢法(催化剂Shell205)	25	65	16	62.5
催化脱氢法(催化剂磷酸钙镍)	40	65	34	87.0
氧化脱氢法(催化剂铁酸盐尖晶石)	65	92	60	20.0

6.3.2.2 正丁烯氧化脱氢基本原理

（1）正丁烯氧化脱氢的反应　主、副反应如下。

主反应：

$$CH_2{=}CHCH_2CH_3+\frac{1}{2}O_2 \longrightarrow CH_2{=}CHCH{=}CH_2+H_2O \quad \Delta H^{\ominus}_{773K}=134.31\text{kJ/mol}$$

该反应是一个放热反应，其平衡常数与温度的关系为：

$$\lg K_p=\frac{13740}{T}+2.14\lg T+0.829$$

从上式可以看出，无论在任何温度下平衡常数都很大，实际上可视为一个不可逆反应，因此反应的进行不受热力学条件限制。

丁烯氧化脱氢过程可能发生的副反应主要有下列几种类型：

① 丁烯氧化降解，生成饱和及不饱和的碳原子数小于4的醛、酮、酸等含氧化合物，如甲醛、乙醛、丙烯醛、丙酮、饱和及不饱和低级有机酸等；

② 丁烯氧化，生成呋喃、丁烯醛、丁酮等；

③ 完全氧化，生成一氧化碳、二氧化碳和水；

④ 氧化脱氢，环化生成芳烃；

⑤ 深度氧化脱氢，生成乙烯基乙炔、甲基乙炔等；

⑥ 产物和副产物的聚合结焦。

上述副反应的产生与所采用的催化剂有关。使用钼酸铋系催化剂，含氧副产物较多，尤其是有机酸的生成量较多（2%～3%）；使用铁酸盐尖晶石催化剂，含氧副产物的总生成率小于1%，但同时会伴随发生深度氧化脱氢生成炔烃，给丁二烯的精制带来困难。

（2）催化剂　正丁烯氧化脱氢制丁二烯的催化剂有多种，其中工业上使用较多的主要是钼酸铋系列和铁酸盐尖晶石系列两大类。

① 钼酸铋系列催化剂　该类催化剂是以Mo-Bi氧化物为基础的二组分或多组分催化剂。早期使用的Mo-Bi-O二组分或Mo-Bi-P-O三组分催化剂，其活性和选择性都较低。后经不断研究改进，发展为六组分、七组分或更多组分的混合氧化物催化剂，如Mo-Bi-P-Fe-Ni-K-O、Mo-Bi-P-Fe-Co-Ni-Ti-O等。这类催化剂中Mo或Mo-Bi氧化物是主要活性组分，碱金属、铁族元素、ⅤB族元素以及其他元素的氧化物是助催化剂，以提高催化剂的活性、选择性或稳定性，常用的载体是硅胶。经改进后的多组分催化剂具有较高的活性和选择性，如在适宜的条件下正丁烯在六组分混合氧化物上氧化脱氢，转化率可达66%，丁二烯选择性为80%。

钼酸铋系催化剂的主要不足之处是副产物含氧化合物，尤其是有机酸的生成量较多，“三废”污染比较严重。

② 铁酸盐尖晶石系列催化剂　$ZnFe_2O_4$、$MnFe_2O_4$、$MgFe_2O_4$、$ZnCrFeO_4$等铁酸盐是具有尖晶石型（AB_2O_4）结构的氧化物，是20世纪60年代后期开发的一类丁烯氧化脱氢催化剂。据研究，在该类催化剂中α-Fe_2O_3的存在是必要的，否则催化剂活性会很快下降。

铁酸盐尖晶石系列催化剂具有较高的活性和选择性，如正丁烯在这类催化剂上氧化脱氢，转化率可达70%左右，丁二烯选择性达90%或更高，而且含氧副产物少，“三废”污染小。

③ 其他类型的催化剂　主要是以Sb或Sn氧化物为基础的混合氧化物催化剂。我国兰州化学物理研究所研制的Sn-P-Li［原子比为2：1：(0.6～1.0)］催化剂，正丁烯转化率达95%左右，丁二烯选择性为89%～94%，丁二烯收率为85%～90%。但含氧化合物含量较高，占正丁烯总量的3%～5%。

6.3.2.3　正丁烯氧化脱氢工艺条件

正丁烯氧化脱氢工艺条件与采用的催化剂和反应器有关。若采用铁酸盐尖晶石催化剂及绝热式反应器，所需控制的操作参数有氧与正丁烯的用量比、蒸汽与正丁烯的用量比、反应温度、反应压力、正丁烯空速等，另外原料组成也有一定的影响。

（1）原料组成　原料中的烷烃在过程中不参加反应，对正丁烯氧化脱氢影响不大；正丁烯的3个异构体在铁酸盐尖晶石催化剂上的脱氢反应速率和选择性差别不大，因此原料中3个异构体的组成分布对工艺条件的选择影响也不大；异丁烯易氧化，使氧的消耗量增加，并影响对反应温度的控制，其含量要严格控制；C_3或C_3以下烷烃性质稳定，一般不会被氧化，但其含量太高会影响反应器的生产能力，在操作条件下也有可能少量被氧化，生成CO_2和水。

（2）氧与正丁烯的用量比　正丁烯氧化脱氢一般采用空气作氧化剂，由于丁二烯的收率与所用氧量有直接关系，故氧与正丁烯的用量比要严格控制。氧/正丁烯用量比对反应转化率、选择性和收率的影响见表 6-6。

表 6-6　氧/正丁烯用量比的影响

$O_2/n\text{-}C_4H_8$	$H_2O/n\text{-}C_4H_8$	进口温度/℃	出口温度/℃	转化率/%	选择性/%	收率/%
0.52	16	346.7	531.7	72.2	95.0	68.5
0.60	16	345	556	77.7	93.9	72.9
0.68	16	346	584	80.7	92.2	74.4
0.72	16	344	609	79.5	91.6	72.8
0.72	16	352.8	596.5	80.6	91.4	73.7

由表 6-6 可知，氧/正丁烯用量比在一定范围内（0.52～0.68）增加，转化率增加，选择性下降，由于转化率增加幅度较大，丁二烯收率还是增加的，但超过一定范围（如大于 0.68）后丁二烯收率则开始下降。反应选择性下降的原因主要是随着氧/正丁烯用量比的增加，生成的副产物如乙烯基乙炔、甲基乙炔、甲醛、乙醛、呋喃等含氧化合物增加，完全氧化生成二氧化碳和水的速度加快的缘故。

由表 6-6 还可以看到，随着氧/正丁烯用量比的增加，反应器进出口温度差增大（与转化率增高有关），要降低出口温度，减少进出口温差，必须提高蒸汽与正丁烯的用量比。通常为了保持催化剂的活性，氧必须过量，一般为理论需氧量的 1.5 倍。

（3）蒸汽与正丁烯的用量比　水蒸气虽然不参加反应，但它的存在可以提高丁二烯的选择性，其反应选择性随蒸汽/正丁烯用量比的增加而增加，直至达到最大值；水蒸气的存在还可加快反应速率。对每个特定的氧/正丁烯用量比都有一最佳蒸汽/正丁烯用量比与之对应，氧/正丁烯用量比高，最佳蒸汽/正丁烯用量比也高。如上所述，氧/正丁烯用量比也只能在一定范围内选择。表 6-7 给出了氧/正丁烯用量比为 0.52、正丁烯液态空速为 $2.14h^{-1}$时不同蒸汽/正丁烯用量比对正丁烯氧化脱氢反应转化率、选择性和收率的影响。从表 6-7 中数据可以看出，氧/正丁烯用量比为 0.52 时，蒸汽/正丁烯用量比的最佳值为 12。

表 6-7　不同蒸汽/正丁烯用量比的影响

$H_2O/n\text{-}C_4H_8$	进口温度/℃	出口温度/℃	转化率/%	选择性/%	收率/%
9	306	548	71.1	94.6	67.8
10	321	583	71.7	94.9	68.0
12	334.4	558	72.3	95.1	68.8
16	346.7	531.7	72.2	95.0	68.5

（4）反应温度　使用绝热式反应器进行正丁烯氧化脱氢反应，主要是控制反应器的进口温度。由于氧化脱氢是放热反应，反应器出口温度会明显高于进口温度，两者温差可达220℃或更大。适宜的反应温度范围一般为 327～547℃。对铁酸盐尖晶石催化剂而言，由于正丁烯完全氧化副反应的活化能小于主反应，可以在反应温度上限操作，而不致严重影响反应的选择性。例如，即使出口温度高达 547℃以上，丁二烯选择性仍可高达 90%以上。但反应温度太高，生成炔、醛类副产物增多，导致选择性下降，同时由于高温下醛、炔等的缩聚，会使催化剂失活速率加快。

（5）反应器进口压力　反应器进口压力虽然对转化率影响不大，但对选择性有影响

(图 6-18)。进口压力升高，选择性下降，因而收率也下降。因此希望在较低压力下操作，并要求催化剂床层的阻力降应尽可能小，为此宜采用径向绝热床反应器。

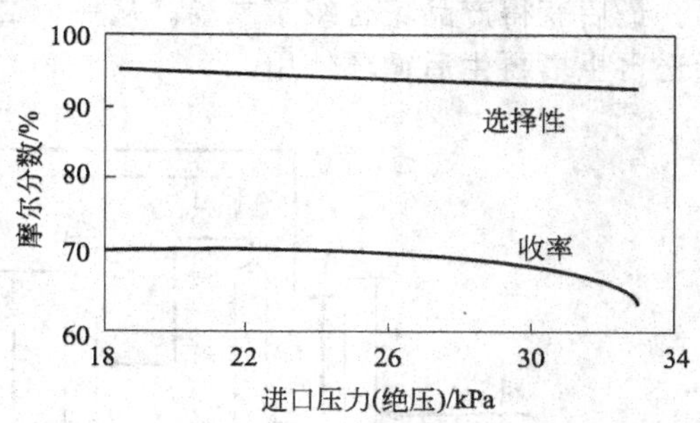

图 6-18　反应器进口压力对选择性和收率的影响

(6) 正丁烯空速　正丁烯空速在一定范围内变化，对选择性影响甚微。一般空速增加，需相应提高进口温度，以保持一定的转化率。工业上正丁烯质量空速（GHSV）为 $600h^{-1}$或更高。

6.3.2.4　正丁烯氧化脱氢工艺流程

正丁烯氧化脱氢生产丁二烯的工艺流程主要由氧化脱氢反应和丁二烯分离精制两大部分组成。由于铁酸盐尖晶石催化剂有较宽的操作温度范围，故可采用绝热床反应器。

正丁烯氧化脱氢反应部分的工艺流程如图 6-19 所示。新鲜原料正丁烯与循环的丁烯混合后，再与预热至一定温度的空气和蒸汽混合物充分混合并加热至预定温度，进入装有铁酸盐尖晶石催化剂的绝热式反应器进行氧化脱氢反应。自反应器出来的高温反应气经废热锅炉回收热量后进入淬冷系统，用水急冷，进一步降温并除去高沸点副产物，再经压缩机增压后进入吸收分离系统，在吸收塔内利用沸程为 60～90℃的 C_6油吸收产物中的丁二烯和未转化的正丁烯，然后进入解吸塔中解吸，得到粗丁二烯，经脱重组分塔脱除高沸点杂质后送去分离精制。解吸塔釜液仍用作吸收剂，循环使用。未被吸收的气体主要是 N_2、CO 和 CO_2，还含有少量低沸点副产物，经吹脱塔送火炬焚烧。自淬冷塔塔底排出的水含有沸点较高的含氧副产物，一部分经热交换回收部分能量后循环使用，其余经吹脱塔脱除低沸点副产物后排放到污水厂处理。

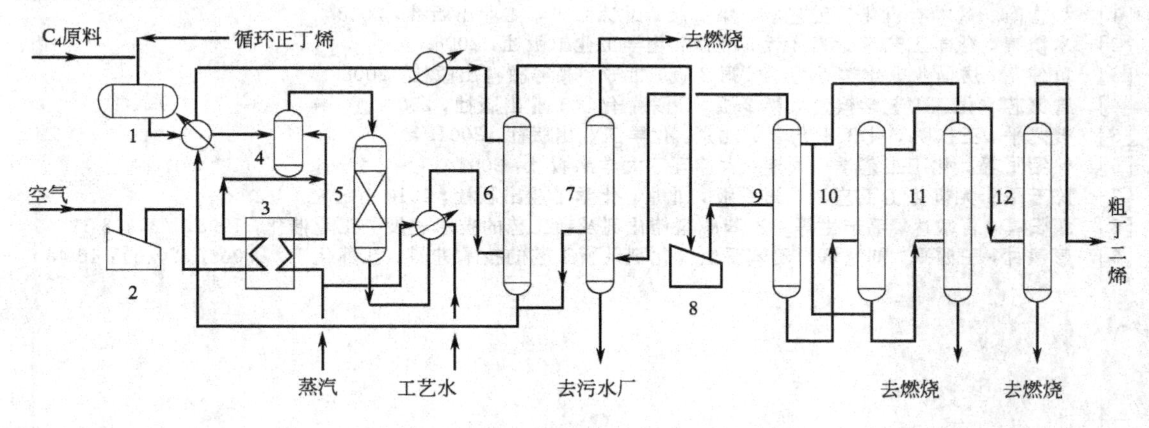

图 6-19　正丁烯氧化脱氢制丁二烯反应部分流程

1—C_4 原料罐；2—空气压缩机；3—加热炉；4—混合器；5—反应器；
6—淬冷塔；7—吹脱塔；8—压缩机；9—吸收塔；10—解吸塔；11—油再生塔；12—脱重组分塔

丁二烯的分离与精制流程如图 6-20 所示。来自脱重组分塔的粗丁二烯含有未反应的正丁烯、副产物炔烃和随原料正丁烯带入的丁烷等，需采用二级萃取精馏方法进行分离。粗丁二烯先在一级萃取精馏塔中用萃取剂（乙腈、二甲基甲酰胺、*N*-甲基吡咯烷酮等）萃取，塔顶得到正丁烯和丁烷，采用萃取精馏法将正丁烷分出后正丁烯返回系统循环使用，塔釜含丁二烯的萃取液进入一级蒸出塔解吸出丁二烯。一级蒸出塔塔顶产物进入二级萃取精馏塔，分离出其中的炔烃，塔釜萃取液进入二级蒸出塔。二级蒸出塔塔顶蒸出的丁二烯尚含有少量甲基乙炔和顺-2-丁烯，先在脱轻组分塔中蒸出甲基乙炔，再在丁二烯精馏塔中分出顺-2-丁烯，最后获得产品聚合级丁二烯。从一、二级蒸出塔塔釜出来的萃取剂大部分循环使用，少量送再生塔再生后循环使用。

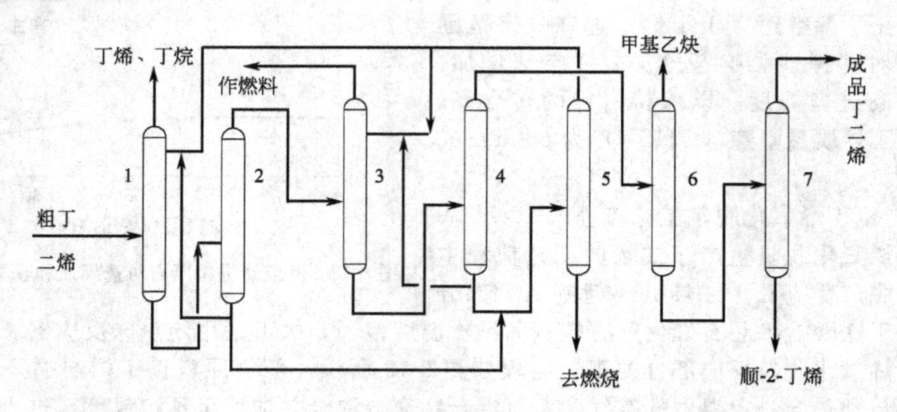

图 6-20 丁二烯的分离和精制流程

1—一级萃取精馏塔；2—一级蒸出塔；3—二级萃取精馏塔；4—二级蒸出塔；5—萃取剂再生塔；6—脱轻组分塔；7—丁二烯精馏塔

丁二烯是易燃、易爆物品，而且能与空气中的氧形成具有爆炸性的过氧化物，使蒸馏操作和贮存有危险性。为此要求在蒸馏或贮存过程中应避免与空气接触，以防生成易爆过氧化物。

参 考 文 献

[1] 吴指南．基本有机化工工艺学．第 2 版．北京：化学工业出版社，2008.
[2] 米镇涛．化学工艺学．第 2 版．北京：化学工业出版社，2006.
[3] 黄仲九，房鼎业．化学工艺学．第 2 版．北京：高等教育出版社，2008.
[4] 曾繁芯．化工工艺学概论．第 2 版．北京：化学工业出版社，2007.
[5] 曾之平，王扶明．化工工艺学．北京：化学工业出版社，2001.
[6] 徐绍平等．化工工艺学．大连：大连理工大学出版社，2004.
[7] 陈五平．无机化工工艺学．第 3 版．北京：化学工业出版社，2010.
[8] 缪长喜，言敏达，毛连生等．乙苯脱氢催化剂及新工艺的技术进展．工业催化，1998，(3)：8-12.
[9] 彭建林，王源平，刘嫒娜．乙苯脱氢催化剂及新工艺的技术进展．江苏化工，2004，32 (6)：46-48.

第7章 烃类选择性氧化

7.1 概述

7.1.1 烃类选择性氧化及其在化学工业中的应用

7.1.1.1 烃类选择性氧化

氧化反应是化学工业中的一大类重要化学反应，它是生产大宗化工原料和中间体的重要反应过程。在有机物氧化反应中最具代表性的是烃类的氧化。烃类氧化反应可分为两种类型：一是完全氧化，即反应物中的碳原子完全与氧化合生成 CO_2，氢原子完全与氧化合生成水，由于完全氧化反应的最终产物是二氧化碳和水，所以完全氧化在化工生产中应用较少；二是部分氧化，又称选择性氧化，即反应物中部分氢原子（有时还有少量碳原子）与氧化剂（通常是氧）发生作用，而其他氢和碳原子不与氧化剂反应。

7.1.1.2 烃类选择性氧化在化学工业中的应用

20 世纪 50 年代以来，随着石油化学工业的发展和选择性氧化有效催化剂的开发成功，烃类选择性氧化技术取得了重大进展，给化学工业的发展带来了广阔的前景。新工艺、新技术相继开发，产品类型不断扩大。据统计，全球生产的主要化学品中 50%以上与选择性氧化过程有关。烃类选择性氧化可生成比原料价值更高的化学品，在化工生产中有着广泛的应用。烃类选择性氧化可以生产含氧化合物，如醇、醛、酮、酸、酸酐、环氧化物、过氧化物等；还可生产不含氧化合物，如丁烯氧化脱氢制丁二烯、丙烷（丙烯）氨氧化制丙烯腈、乙烯氧氯化制二氯乙烷等。这些产品有些是有机化工的重要原料和中间体，有些是三大合成材料的单体，有些是用途广泛的溶剂，在化学工业中占有重要地位。目前由催化氧化过程生产的重要有机化工产品见表 7-1。

表 7-1 重要的催化氧化产品

产品类别	产品名称
醇类	乙二醇、高级醇、环己醇、异丁醇
醛类	甲醛、乙醛、丙烯醛
酮类	丙酮、丁酮、环己酮、苯乙酮
酸类	醋酸、丙酸、丙烯酸、甲基丙烯酸、己二酸、对苯二甲酸、高级脂肪酸
酸酐和酯	醋酐、顺丁烯二酸酐、均苯四酸二酐、丙烯酸酐、邻苯二甲酸酐
环氧化物	环氧乙烷、环氧丙烷
有机过氧化物	氢过氧化异丙苯、氢过氧化乙苯、氢过氧化异丁烷
有机腈	丙烯腈、甲基丙烯腈、苯二腈、乙腈
二烯烃	丁二烯

7.1.2 氧化过程的特点和氧化剂的选择

7.1.2.1 氧化过程的特点

（1）反应放热量大　氧化反应是强放热反应，尤其是完全氧化反应，其释放的热量是部分氧化反应的 8～10 倍。因此在氧化反应过程中要将反应放出的热量及时移走，否则会使反应温度迅速上升，导致大量完全氧化反应发生，反应选择性显著下降，还会使反应温度无法控制而引起“飞温”事故，甚至发生爆炸。

（2）反应不可逆　对于烃类和其他有机化合物而言，氧化反应 $\Delta G^{\ominus} \ll 0$，因此氧化反应为热力学不可逆反应，不受化学平衡限制，理论上单程转化率可达100%。但在实际化工生产过程中都是为了获得某一特定的目的产物，为了保证较高的选择性转化率须控制在一定的范围内，否则会造成深度氧化而降低目的产物的产率。如丁烷氧化制顺酐，一般控制丁烷转化率在85%～90%之间，以保证目的产物顺酐不会继续深度氧化。

（3）反应过程易燃易爆 烃类与氧气或空气容易形成爆炸混合物，因此反应极易发生爆炸。工业生产中，为了保证氧化过程安全进行，需采取以下措施：一是原料配比一定要控制在爆炸极限之外；二是在设计氧化反应器时，除考虑设计足够的传热面积及时移走热量外，还要在氧化设备上加设防爆口，装上安全阀或防爆膜；三是反应温度最好采用自动控制，至少要有自动报警系统。另外，还可采用掺入惰性气体的办法稀释作用物，以减少反应的激烈程度，防止发生爆炸。

（4）反应途径复杂多样 烃类及其绝大多数衍生物均可通过发生选择性氧化反应制备比原料价值更高的化工产品，但氧化反应多为由串联、并联或两者组合形成的复杂网络反应体系，由于催化剂和反应条件的不同，氧化反应可经过不同的反应路径，转化为不同的反应产物。例如丙烯可能发生的催化氧化反应途径如图7-1所示。可以看出，丙烯氧化反应存在着多个平行和连串反应相互竞争，要使反应尽可能朝所要求的方向进行，获得目的产物，必须选用适宜的催化剂和反应条件，其中催化剂是决定氧化反应路径的关键。

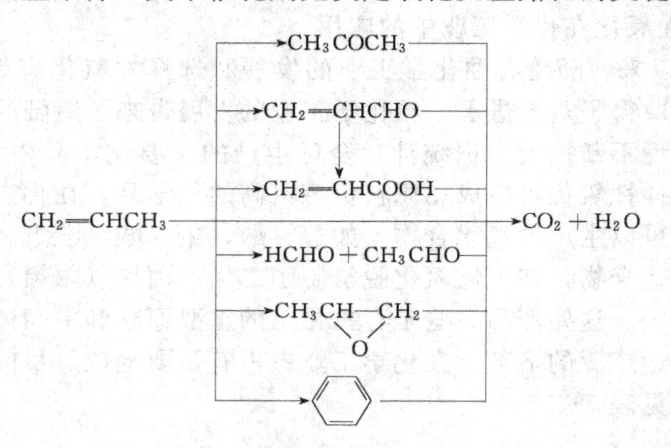

图7-1 丙烯的氧化途径

7.1.2.2 氧化剂的选择

烃类选择性氧化可采用的氧化剂有多种，按照菲泽（Fieser）的分类方法分为以下8种。

① 空气或纯氧。空气或纯氧是最常用也是最廉价的氧化剂。早期以空气为主。目前用纯氧作氧化剂的日益增多，这是因为制氧虽需增加空分装置而增加动力消耗，但可使氧化反应器体积减小，放空的反应尾气量减少，避免或减少了随惰性气体一起排放出去的原料气的损失，综合平衡上述两方面的因素采用纯氧作氧化剂经济效益更好。

② 氧化物。金属氧化物有三氧化铬（CrO_3）、四氧化锇（OsO_4）、四氧化钌（RuO_4）、氧化银（Ag_2O）、氧化汞（HgO）等；非金属氧化物有二氧化硒（SeO_2）、三氧化硫（SO_3）、三氧化二氮（N_2O_3）等。

③ 过氧化物。过氧化物有过氧化铅（PbO_2）、过氧化锰（MnO_2）、过氧化氢（H_2O_2）、过氧化钠（Na_2O_2）等。近年来，过氧化物中尤其是过氧化氢作为氧化剂发展迅速，主要是因为使用过氧化氢作氧化剂氧化反应条件温和，操作简单，反应选择性高，不易发生深度氧化反应，对环境友好，可实现清洁生产。

④ 过氧酸或烃类过氧化物。无机过氧酸有过氧硫酸（H_2SO_5）、过氧碘酸（HIO_4）等；有机过氧酸有过氧苯甲酸（C_6H_5COOOH）、三氟过醋酸（CF_3COOOH）、过氧乙酸（CH_3COOOH）和过氧甲酸（HCOOOH）等。另外，用空气或纯氧对某些烃类及其衍生物进行氧化，生成的烃类过氧化物或过氧酸也可用作氧化剂进行氧化反应。

⑤ 含氧盐。含氧盐有高锰酸盐（如高锰酸钾）、重铬酸钾、氯酸盐（如氯酸钾）、次氯酸盐、硫酸铜和四醋酸铅等。

⑥ 含氮化合物。常用的有硝酸、赤血盐［$K_4Fe(CN)_6$］和硝基苯。

⑦ 卤化物。金属卤化物有氯化铬酰（CrO_2Cl_2）和氯化铁；非金属卤化物有 *N*-溴代丁二酰亚胺。

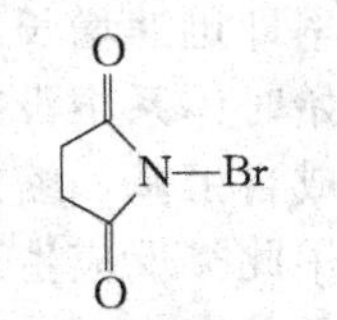

溴代丁二酰亚胺

⑧ 其他氧化剂。臭氧、发烟硫酸、熔融碱和叔丁醇铝 {$Al[OC(CH_3)_3]_3$} 等也可用作氧化反应的催化剂。

以上氧化剂在使用过程中往往需配用相应的催化剂来提高氧化反应速率和选择性。有些氧化剂亦可用作氧化催化剂，如四氧化锇可以用作过氧化氢的氧化催化剂、氧化银可以用作氧气（或空气）的氧化催化剂等。在实际生产过程中选用何种氧化剂，要根据所选用的原料、目标产物及工艺条件等因素进行分析而定。

7.1.3 烃类选择性氧化反应的分类

烃类选择性氧化反应既可按反应类型分类，又可按反应相态分类。

(1) 按反应类型分类　按反应类型烃类选择性氧化反应可以分为以下3类。

① 碳链不发生断裂的氧化反应　烷烃、烯烃、环烷烃、烷基芳烃饱和碳原子上的氢原子与氧进行氧化反应，生成新的官能团。如烯烃氧化生成二烯烃、环氧化物等。

② 碳链发生断裂的氧化反应　该类反应包括产物碳原子数比原料少的氧化反应（如异丁烷氧化生成乙醇的反应）和产物碳原子数与原料相同的氧化反应（如环己烷氧化生成己二醇）两类。

③ 氧化缩合反应　在反应过程中，这类反应发生分子之间的缩合。如丙烯氨氧化生成丙烯腈、苯和乙烯氧化缩合生成苯乙烯等。

(2) 按反应相态分类　按反应相态烃类选择性氧化可分为均相催化氧化和非均相催化氧化两大类。均相催化氧化体系中反应组分与催化剂的相态相同，非均相催化氧化体系中反应组分与催化剂以不同相态存在。目前，化学工业中采用的大多是非均相催化氧化反应，均相催化氧化反应的应用较少。

7.2 均相催化氧化和非均相催化氧化

7.2.1 均相催化氧化

均相催化氧化大多是气液相氧化反应，习惯上称为液相氧化反应。气相氧化反应因缺少合适的催化剂，而且反应控制也较困难，工业上应用较少。

均相催化氧化技术经过近60年的发展，在高级烷烃氧化制仲醇、环烷烃氧化制醇酮混合物、Wacker 法制醛或酮、烃类过氧化氢的制备、烃类过氧化氢对烯烃进行的环氧化反应、芳烃氧化制芳香酸等过程中已成功地得以应用。随着现代化工产品向精细化方向发展，它在精细化学品合成领域中也将起到越来越重要的作用。另外，在用较廉价的过渡金属代替贵金属作催化剂及其催化剂的回收和固载化研究方面也不断取得进展。

均相催化氧化反应有多种类型。目前，工业生产中应用较广泛的是催化自氧化和配位催化氧化两类反应。另外还有烯烃液相环氧化反应。

7.2.1.1 催化自氧化

自氧化反应是指具有自由基链式反应特征、能自动加速的氧化反应。例如，将空气或氧通入液态乙醛中，乙醛被氧化为醋酸。该反应可以在没有催化剂存在下自动进行，但有较长的诱导期，过了诱导期，氧化反应速率即迅速增长，而达到最大值。非催化自氧化反应之所以具有较长的诱导期，是因为反应开始时体系中没有足够浓度的自由基诱发链反应。催化剂能加速链的引发，促进反应物引发生成自由基，缩短或消除反应诱导期，因此可大大加速氧化反应，称为催化自氧化。工业上常用此类反应生产有机酸和过氧化物，在适宜的条件下也可使反应停留在中间阶段而获得中间氧化产物——醇、醛和酮。反应主要在液相中进行，采用 Co、Mn 等过渡金属离子的盐类作催化剂，其主要氧化产品见表 7-2。

表 7-2 常见的催化自氧化反应实例

原　料	主要氧化产品	催　化　剂	反应条件
丁烷	醋酸和丁酮	醋酸钴	167℃左右，6MPa，醋酸作溶剂
轻油	醋酸	丁酸钴或环烷酸钴	147～177℃，5MPa
高级烷烃	高级脂肪酸	高锰酸钾	117℃左右
	高级醇	硼酸	167℃左右
环己烷	环已醇和环已酮	环烷酸钴	147～157℃
	环已醇	硼酸	167～177℃
	已二酸	醋酸钴、乙醛(促进剂)	90℃，醋酸作溶剂
甲苯	苯甲酸	环烷酸钴	147～157℃，303kPa
对二甲苯	对苯二甲酸	醋酸钴、乙醛(促进剂)	117℃左右，3MPa，醋酸作溶剂
		醋酸钴、溴化物(促进剂)	217℃左右，3MPa，醋酸作溶剂
乙苯	氢过氧化乙苯	—	147℃左右
异丙苯	氢过氧化异丙苯	—	107℃左右
乙醛	醋酸	醋酸锰	67℃左右，152～505kPa
乙醛	醋酸、醋酐	醋酸钴、醋酸锰	45℃左右，醋酸乙酯
异丁烷	氢过氧化异丁烷	—	107～127℃，0.5～3MPa

低级烷烃资源丰富，是理想的氧化原料，但氧化选择性较差，产物组成往往很复杂，尤其是气相氧化。低级烷烃的气相自氧化反应较重要的有甲烷氧化制甲醛，丙烷、丁烷氧化制乙醛等。但由于气相氧化反应温度高，氧化产物在高温下不稳定，会进一步氧化分解，故往往只有在转化率控制较低的条件下才能获得较高的选择性。例如甲烷的气相氧化，需在 650℃左右高温下进行，由于甲醛在高温下易氧化分解，即使控制很低的单程转化率（1%～3%），甲醛的选择性仍较低。因此低级烷烃的气相自氧化在工业生产中意义不大。

芳烃与烷烃不同，芳烃分子中苯环比较稳定，不易破裂，故自氧化时选择性较高。例如对二甲苯液相催化自氧化制对苯二甲酸的反应，对二甲苯接近全部转化时，对苯二甲酸的选择性仍可达 98%以上。

(1) 自氧化反应机理　烃类及其他有机化合物的自氧化反应是按自由基链式反应机理进行的。下面以烃类的液相自氧化为例，简单介绍自氧化过程的基本步骤。

链引发：

$$RH+O_2 \xrightarrow{k_i} \dot{R}+HO\dot{O} \tag{7-1}$$

链传递：

$$\dot{R}+O_2 \xrightarrow{k_1} RO\dot{O} \tag{7-2}$$

$$RO\dot{O}+RH \xrightarrow{k_2} ROOH+\dot{R} \tag{7-3}$$

链终止：

$$\dot{R}+\dot{R} \xrightarrow{k_t} R—R \tag{7-4}$$

上述3个反应步骤中，起决定性作用的步骤是链的引发过程，即烃分子发生均裂反应转化为自由基的过程，需要很大的活化能。所需能量与碳原子的结构有关。已知C—H键键能大小为：

叔C—H<仲C—H<伯C—H

故叔C—H键均裂的活化能最小，其次是仲C—H键。

要使链反应开始，还必须有足够的自由基浓度，因此从链引发到链反应开始必然有一个自由基浓度的积累阶段，在此阶段观察不到氧的吸收，一般称为诱导期，需数小时或更长的时间，过诱导期后反应很快加速而达到最大值。可以采用引发剂以加速自由基的生成，缩短反应诱导期，例如氢过氧化异丁烷、偶氮二异丁腈等易分解为自由基的化合物都可作为引发剂。引发剂通常是在键引发阶段使用，在键传递阶段作为载链体的是由作用物生成的自由基。实际工业生产中，常采用催化剂以加速链的引发反应。

链的传递反应是自由基-分子反应，所需活化能较小。这一过程包括氧从气相到反应区域的传质过程和化学反应过程。在氧的分压足够高时，反应(7-2)的反应速率很快，链传递反应的反应速率由反应(7-3)控制。在稳定状态时，链的引发速率等于链的消失速率，此时烃的氧化反应速率可由下式表示：

$$\frac{-d[O]_2}{dt}=k[RH][RO\dot{O}]=[R_i]^{\frac{1}{2}}k[RH]/[2k_t]^{\frac{1}{2}}$$

式中 R_i——链的引发速率；

k——反应(7-3)的速率常数；

k_t——链终止反应速率常数。

反应(7-3)生成的产物ROOH性质不稳定，在温度较高或有催化剂存在下会进一步分解而产生新的自由基，发生分支反应，生成不同的氧化产物：

$$ROOH \longrightarrow R\dot{O}+\dot{O}H \tag{7-5}$$

$$R\dot{O}+RH \longrightarrow ROH+\dot{R} \tag{7-6}$$

$$\dot{O}H+RH \longrightarrow H_2O+\dot{R} \tag{7-7}$$

或

$$2ROOH \longrightarrow RO\dot{O}+R\dot{O}+H_2O \tag{7-8}$$

$$RO\dot{O} \longrightarrow R'O+R''CHO\text{（或酮）} \tag{7-9}$$

$$R\dot{O}\text{（或}R'\dot{O}\text{）}+RH \longrightarrow ROH\text{（或}R'OH\text{）}+\dot{R} \tag{7-10}$$

分支反应产物复杂，包括醇、醛，酮、酸等。

(2) 自氧化反应催化剂　在工业生产中，除目的产物是羧酸外的绝大多数自氧化过程是在催化剂存在下进行的，所用的催化剂是过渡金属的水溶性或油溶性的有机酸盐，如醋酸盐、醋酸锰、丁酸盐和环烷酸盐等，钴盐的催化效果较好。

如果产物是烃类过氧化氢，大多数情况下不需要催化剂，只需少量引发剂使反应引发即可，引发剂含量一般只需百万分之一。因此设备内表面有时需钝化处理，以免微量腐蚀导致引发剂浓度降低，影响反应进程。

在催化自氧化反应中催化剂的作用尚未十分清楚。从实践结果来看，一般认为这类催化剂有以下两方面的作用：

① 加速链的引发，缩短或消除反应的诱导期，具体作用机理还在研究之中；

② 加速 ROOH 的分解，促进氧化产物醇、醛、酮、酸的生成。

催化剂的加入方式通常是先将 2 价钴盐（或锰盐）转化为有机酸盐（如醋酸盐、丁酸盐或环烷酸盐），并溶于溶剂中（常用的是醋酸），然后加入反应系统。催化剂用量一般小于1%。高价金属离子是在反应系统中生成的，故也有诱导期，但较短。据研究氧的起始吸收速度对 Co^{3+} 的浓度是二级。如加入的钴盐是 3 价钴盐，反应就没有诱导期。氧的最大吸收速度与氧的起始吸收速度相等。

(3) 自氧化反应氧化促进剂　有些烃类或有机物的自氧化反应在有催化剂存在下反应诱导期仍很长，或氧化反应只能停留在某一阶段。例如环己烷一步氧化制己二酸时，如仅采用醋酸钴为催化剂，据报道当反应温度为 90℃时诱导期需 7h 左右；又如对二甲苯氧化制对苯二甲酸时，二甲苯分子中第一个甲基较易氧化，而第二个甲基由于受到分子中羧基影响不易氧化，如仅用醋酸钴为催化剂，则反应产物主要是对甲基苯甲酸。

在上述情况下，为了缩短反应诱导期，或加快某一步的氧化反应速率即加速反应的某一中间过程，就需同时加入助催化剂，添加的助催化剂也称氧化促进剂。工业上使用的助催化剂主要有两类：一类是溴化物，如溴化钠、溴化铵、四溴乙烷、四溴化碳等；另一类是有机含氧化合物，如丁酮、己醛、三聚乙醛等。例如，加入氧化促进剂溴化物或三聚乙醛均可显著促进对二甲苯氧化制对苯二甲酸时第二个甲基的氧化反应速率，从而缩短反应时间，降低反应温度。但采用溴化物作为促进剂往往需要较高的反应温度和压力，对设备有严重的腐蚀，产物精制也较困难。

(4) 影响自氧化反应过程的因素

① 反应温度和氧分压　氧化反应伴随有大量的反应热，在自氧化反应体系中由于自由基链式反应特点，保持体系的放热和移出热量平衡非常重要。在反应温度较低、氧分压较高的情况下，烃类和其他有机物的液相催化自氧化反应速率由动力学控制。在完全由动力学控制的条件下操作，如有引起反应温度降低的失常现象发生，就会使反应速率显著下降，因而放热速率和除热速率失去平衡，温度会继续下降，反应速率继续减慢，反应不能稳定进行。这种效应会持续进行下去，直至反应完全停止。

氧化反应需要氧源，在体系供氧能力足够时反应由动力学控制，保持较高的反应温度有利于反应的进行，但温度也不宜过高，以免选择性降低、低碳原子数副产物增多，甚至使反应失去控制，最终发生爆炸。当氧浓度较低、系统供氧能力不足时，反应由传质控制，此时增大氧分压可促进氧传递，提高反应速率，但也需要根据设备耐压能力和经济核算而定。若供氧速度处于两者之间，传质和动力学因素均有影响，应综合考虑。

另外，由于氧化反应的目的产物为氧化过程的中间产物，氧分压的改变会影响反应的选择性，从而对产物的构成产生影响。

② 溶剂　在均相催化氧化反应体系中经常要使用溶剂。例如丁烷的液相自氧化反应，其氧化反应温度由于受丁烷临界温度（152℃）限制，只能在低于 152℃的温度条件下进行，但反应速率太慢，不能满足工业化要求，而且反应热也不能合理利用，要使反应在高于临界温度条件下进行必须采用溶剂，以溶解烃和氧，提供其化合的环境。又如甲苯

和对二甲苯等烃类氧化时常采用醋酸作溶剂，在对二甲苯氧化制对苯二甲酸时如不加入溶剂，对苯二甲酸生成量只有20%左右，主要生成物为醇、醛和酮等，当加入溶剂醋酸时有利于自由基的生成，大大加快了氧化的反应速率，对苯二甲酸的选择性可达95%以上。

溶剂的选择非常重要，它不仅能改变反应条件，还会对反应历程产生一定的影响。但在选用溶剂时还必须注意溶剂对自氧化反应的效应是复杂的，它既可以产生有利于反应进行的正效应，也可以产生不利于反应的负效应。

③ 杂质的影响　自氧化反应是自由基链式反应，体系中引发的自由基的数量和链的传递过程对反应的影响至关重要。杂质的存在有可能使体系中的自由基失活，从而破坏正常的链的引发和传递，导致反应速率显著下降，甚至使反应终止。这一影响称为阻化作用，这些杂质称为阻化剂。不同的反应体系阻化剂不尽相同，常见的阻化剂有水、硫化物、酚类等，一般对原料中的水和硫化物等都有一定的要求。例如丁烷自氧化制醋酸时，当水含量达到3%时，氧化反应就无法进行。

有些阻化剂是在反应过程中生成的。例如对二甲苯氧化时，如反应条件过于剧烈，就可能有对甲苯酚生成；异丙苯氧化时，也可能有苯酚生成。这些酚类对自氧化反应均有阻化作用，这种现象称为自阻现象。

④ 氧化剂用量　氧化剂空气或氧气用量的上限由反应排出的尾气中所含氧气的爆炸极限确定，应避开爆炸极限范围。氧化剂用量的下限为反应所需的理论耗氧量，此时尾气中氧含量为零。在工业生产中一般尾气中氧含量控制在2%～6%之间，以3%～5%为佳。

氧化剂用量可用氧化气空速表示。氧化气空速定义为空气或氧气的流量同反应器中液体体积之比：

$$\text{氧化气空速}=\frac{\text{空气或氧气或氧的流量}/(\mathrm{m^3/h})}{\text{反应器中液体的滞留量}/\mathrm{m^3}}$$

空速提高，有利于气液相接触，加速氧的吸收，促进反应的进行。但过高的空速会使气体在反应器中停留时间缩短，使氧的吸收不完全，利用率降低，对经济性不利，而且导致尾气中氧含量过高，易引发爆炸。因此空速的大小受尾气中氧含量要求约束。

⑤ 转化率的控制　烃类等有机化合物的自氧化反应的转化率控制应根据具体反应而定。一般来说，若所需目的产物较稳定，不易进一步氧化，则转化率可控制适当高一点。例如乙醛氧化制醋酸，由于产物较稳定，不易进一步氧化，故可控制较高的转化率。但对于有些氧化反应，目的产物是中间氧化产物，而且往往比原料更易被氧化，当产物积累到一定浓度后其进一步的氧化就与原料的氧化相竞争，为了获得高选择性必须限制转化率。例如丁烷氧化时，产物丁酮是中间氧化产物，它很容易进一步氧化为醋酸，其氧化速率约为丁烷氧化速率的10倍，要获得高选择性氧化的丁酮也只能控制较低的转化率。另外，有些目的产物（例如过氧化物）易发生分解，转化率也受到限制。

⑥ 返混的控制　自氧化反应结果与反应器中物料的返混程度也有关。当产物容易氧化时，返混易使产物进一步氧化而使选择性降低，对于该类反应必须尽量减少返混，最好采用活塞流反应器。当反应有中间产物生成且目的产物较稳定时，返混会加快中间产物反应生成目的产物，选择性提高，对此类反应工业上一般采用全返混型反应器，以增加返混。例如，对二甲苯氧化制对苯二甲酸时产生一系列中间氧化产物，若增加返混则有利于中间产物的进一步氧化，从而有利于目的产物对苯二甲酸的生成。

$$CH_3-C_6H_4-CH_3 \longrightarrow CH_3-C_6H_4-CHO \longrightarrow CH_3-C_6H_4-COOH \longrightarrow CHO-C_6H_4-COOH \longrightarrow COOH-C_6H_4-COOH$$

(5) 乙醛催化自氧化生产醋酸　乙醛氧化法是工业化最早、技术最成熟的醋酸生产方法，世界上第一个乙醛氧化制醋酸的工厂是 1911 年建立的。乙醛氧化法的特点是原料路线多样化，煤、石油、天然气和农副产品都可作为原料。由乙醛氧化生产醋酸主要有 3 种不同的生产方法，其原料消耗定额见表 7-3。虽然乙炔-乙醛法的原料单耗最少，但乙炔价格比乙烯高得多，故总的原料成本比乙烯-乙醛法高，而且由乙炔水合制乙醛需采用汞盐作催化剂，存在污染问题。乙烯-乙醛法不仅原料单耗比乙醇-乙醛法少，而且合成工艺路线短，是 20 世纪 60 年代发展起来的生产方法。

表 7-3　几种乙醛氧化法生产醋酸的原料单耗

生产方法	乙炔-乙醛法	乙醇-乙醛法	乙烯-乙醛法
原料单耗/(t/t 醋酸)	乙炔 0.48	乙烯 0.6	乙烯 0.53

① 乙醛催化自氧化生产醋酸反应原理　乙醛液相催化自氧化合成醋酸是一强放热反应，总反应式如下：

$$CH_3CHO(l)+\frac{1}{2}O_2 \longrightarrow CH_3COOH(l) \quad \Delta H^{\ominus}_{298K}=-294kJ/mol$$

乙醛易被分子氧氧化，这可能是由于乙醛分子中 $-\overset{\overset{\displaystyle H}{|}}{C}=O$ 基团中的 H 容易解离而生成自由基 $CH_3C\dot{O}$，而且 $CH_3C\dot{O}$ 与氧作用生成的自由基 $CH_3COO\dot{O}$ 反应性较大的缘故，因此在常温下乙醛就可以自动吸收空气中的氧而氧化为醋酸。

$$CH_3-CH=O \longrightarrow CH_3C\dot{O}+\dot{H}$$

$$CH_3\dot{C}O+O_2 \longrightarrow CH_3COO\dot{O}$$

$$CH_3COO\dot{O}+CH_3CHO \longrightarrow CH_3COOOH+CH_3C\dot{O}$$

生成的过氧醋酸能以较慢的速度分解为醋酸，同时放出新生态氧 [O]，此新生态氧又能使一分子乙醛氧化为醋酸。

$$CH_3COOOH \longrightarrow CH_3COOH+[O]$$

$$CH_3CHO + [O] \longrightarrow CH_3COOH$$

在没有催化剂存在的情况下过氧醋酸的分解速度很慢，反应系统中过氧醋酸不断积累而使浓度增大。过氧醋酸是一不稳定的具有爆炸性的化合物，其浓度积累到一定程度后会发生突然分解而引发爆炸。因此工业上常采用醋酸锰或醋酸钴作催化剂，以加速过氧醋酸的分解，消除过氧醋酸的积累，免除爆炸隐患，从而实现工业化生产。生产中一般使用醋酸锰，其效果比醋酸钴好，醋酸收率高。

乙醛催化自氧化合成醋酸的主要副产物有甲烷、二氧化碳、甲酸、醋酸甲酯、二醋酸亚乙酯等。反应温度过高时，副产物量增多。以醋酸钴为催化剂，比使用醋酸锰时副产物的生成量也会增多。

② 乙醛催化自氧化生产醋酸工艺流程　由乙醛液相催化自氧化生产醋酸的工艺流程如图 7-2 所示。

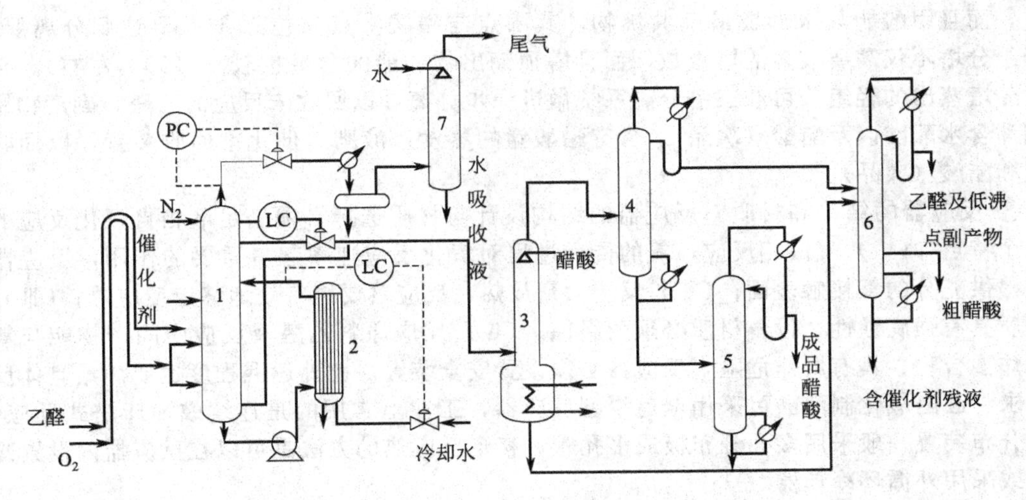

图 7-2　乙醛液相催化自氧化生产醋酸工艺流程
1—氧化反应器；2—外冷却器；3—蒸发器；4—脱轻组分塔；
5—脱重组分塔；6—醋酸回收塔；7—吸收塔

乙醛氧化所用的氧化剂可以是空气或纯氧。以纯氧作氧化剂效率较高，而且乙醛不会被大量惰性气体带走，故工业上常采用纯氧作氧化剂，反应温度为 70～75℃，采用带有外循环冷却器的鼓泡床塔式反应器。乙醛和催化剂溶液自反应塔的中上部加入，氧分两段或三段鼓泡通入反应液中，氧化产物自反应塔上部溢流出来，反应液在塔内的停留时间约为 3h。反应温度由循环液进口温度控制。由于反应塔中液体返混程度很大，温度分布较均匀。通入反应器的氧量大于理论量约 10%。乙醛转化率可达 97%，氧的吸收率约为 98%，醋酸选择性为 98%左右。

未吸收的氧夹带着乙醛和醋酸蒸气自塔顶排出。乙醛和氧能形成爆炸混合物，乙醛在气相中也能自氧化为过氧醋酸，由于气相中无催化剂存在，生成的过氧醋酸不会立即分解，因而造成浓度积累，结果会发生突然分解而引发爆炸，故氧化塔上部气相中的氧浓度和温度必须严格控制。工业生产中通常通入一定量的氮，以稀释未反应的氧，使排出的尾气中氧含量低于爆炸极限浓度。因氧化温度高于常压下乙醛的沸点，氧化塔需保持一定的操作压力（绝压 250kPa）。尾气中的乙醛经低温冷凝器和吸收塔回收。从氧化塔溢流出的反应产物，其大致组成见表 7-4。

表 7-4　氧化塔溢流产物组成分布

产物组分	醋酸	甲酸	醋酸甲酯	水	乙醛	高沸物	醋酸锰
含量(质量分数)/%	94～95	1～1.5	1～1.5	1.5～2	1～2	0.7 左右	0.1 左右
沸点/℃	118	101	108	100	21	—	—

氧化产物中含有的少量低沸点和高沸点副产物及未反应的乙醛可用精馏法分离除去，但在精馏分离前必须先将溶解在其中的醋酸锰催化剂除去，否则会使精馏塔塔釜结垢，影响传热。由于醋酸锰是不挥发的盐类，可用蒸发法分离除去。氧化产物经蒸发处理分离出醋酸锰和不易挥发的副产物后，再经脱轻组分塔蒸出未反应的乙醛及副产物醋酸甲酯、甲酸和水。脱重组分塔脱除高沸点副产物后得成品醋酸，要求纯度>99%，冰点不低于 14℃。

甲酸具有很强的腐蚀性，而且有还原性，醋酸中即使含有少量甲酸也会使醋酸的腐蚀性大大增加，故醋酸中甲酸含量必须严格控制，要求含量≤0.15%。由于甲酸的沸点和醋酸较接近，而且甲酸能与水形成最高共沸物，其沸点与醋酸沸点只差 11℃，要达到分离要求，脱轻组分塔不仅需要较多的塔板数，而且塔顶馏出物中醋酸含量也较高（50%左右）。自脱轻组分塔蒸出的轻组分可经三塔分离系统做进一步分离，以回收未反应的乙醛、副产物甲酸甲酯和含水醋酸以及醋酸（次品）。含有醋酸锰的蒸发残液则送催化剂回收装置，以回收醋酸锰和醋酸（次品）。

③ 反应器的结构和材质　反应器的结构设计与材质选择必须满足液相自氧化反应的以下几个特点：（ⅰ）气液相反应，氧的传递过程对氧化反应速率起着重要的作用，反应器必须能提供充分的氧接触表面；（ⅱ）反应大量放热，反应器要能有效地移走反应热；（ⅲ）反应介质具有强腐蚀性，设备材质必须耐腐蚀；（ⅳ）反应原料乙醛及反应中间产物能与氧形成爆炸混合物，具有爆炸危险，反应器必须设置安全装置。此外返混程度也要满足具体反应的要求。乙醛氧化制醋酸可采用全返混型反应器，工业上常用的是连续鼓泡床塔式反应器，气体分布装置一般采用多孔分布板或多孔管。移走反应热的方法是可以在反应器内设置冷却盘管或采用外循环冷却器。

图 7-3 为内冷却式分段鼓泡床反应器结构示意图。氧分数段通入具有多孔分布板的鼓泡床塔式反应器中，每段设有冷却盘管，通入冷却水，以控制反应温度。原料液及催化剂从底部送入，氧化液从上部溢流出来，该反应器虽可以分段控制冷却水量和通氧量，但传热面太小，生产能力受到限制。在大规模生产中一般采用具有外循环冷却器的鼓泡床反应器（图 7-4）。反应液在设在反应器外的冷却器中进行强制循环，以除去反应热。氧化液的溢流口高于循环液进口约 1.5m，塔总高约 16m。

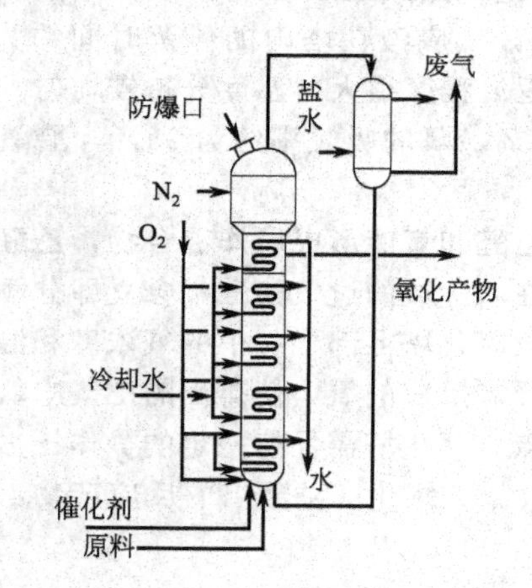

图 7-3　内冷却式分段鼓泡床反应器

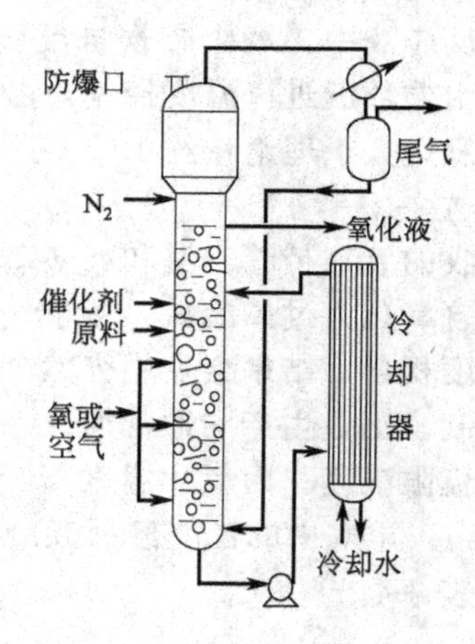

图 7-4　具有外循环冷却器的鼓泡床反应器

循环量的大小由反应温度的控制和反应放热量的大小决定，可由下式表示：

$$W=\frac{Q}{c\Delta t}\times\frac{1}{1000}$$

式中　W——循环量，t/h；

Q——反应放出的热量，kJ/h；

c——氧化液比热容，kJ/(kg・℃)；

Δt——氧化液温差，℃。

氧化液的允许温差越小，循环量就越大。由于循环量很大，塔内氧化液浓度基本均一，为全返混型反应器。这种形式的反应器结构简单，检修方便，但动力消耗较大。

反应器的安全装置一般是采用防爆膜或安全阀。反应器材料可用 Mo2Ti 钢。

7.2.1.2 配位催化氧化

均相配位催化氧化与催化自氧化反应机理不同。催化自氧化是通过金属离子的单电子转移引起链引发和氢过氧化物的分解实现氧化的过程。而在配位催化氧化反应中，催化剂由中心金属离子与配位体构成，过渡金属离子与反应物形成配位键并使其活化，使反应物氧化，金属离子或配位体被还原，然后还原态的催化剂再被分子氧氧化成初始状态，完成催化循环过程。

(1) 配位催化氧化反应基本原理　具有代表性的配位催化氧化反应是烯烃的液相氧化。在均相配位催化剂（$PdCl_2+CuCl_2$）作用下烯烃可氧化生成相同碳原子数目的羰基化合物，除乙烯氧化生成乙醛外，其他均生成相应的酮，这种方法称为瓦克（Wacker）法。

工业上应用最广泛的是乙烯钯盐配位催化氧化制乙醛。下面以该工艺为例阐述配位催化氧化反应的基本原理。

以乙烯和氧（或空气）为原料，在$PdCl_2$、$CuCl_2$催化剂的盐酸水溶液中进行液相氧化，生成乙醛。反应方程式为：

$$CH_2{=}CH_2+\frac{1}{2}O_2\xrightarrow[\text{(水溶液)}]{PdCl_2\text{-}CuCl_2\text{-}HCl}CH_3CHO$$

该反应不是一步完成的，中间步骤较多，主要由下列3个基本过程组成。

① 乙烯的羰基化反应

$$CH_2{=}CH_2+PdCl_2+H_2O\longrightarrow CH_3CHO+Pd^0\downarrow+2HCl \tag{7-11}$$

上述反应中，产物乙醛分子中的氧来自水分子。

② Pd的氧化反应

$$Pd^0+2CuCl_2\rightleftharpoons PdCl_2+2CuCl \tag{7-12}$$

③ 氯化亚铜的氧化反应

$$4CuCl+O_2+4HCl\longrightarrow 4CuCl_2+2H_2O \tag{7-13}$$

反应(7-11)，当乙烯发生羰基化反应生成乙醛时，氯化钯同时被还原为金属钯，而金属钯很容易从催化剂中沉淀析出，影响羰基化反应，所以应将其氧化为氯化钯。工业上采用氯化铜氧化钯，生成氯化钯和氯化亚铜［反应(7-12)］，氯化亚铜与氧反应，又被氧化为氯化铜［反应(7-13)］，由此构成了反应体系内的催化循环过程。在此过程中氯化钯是催化剂；氯化铜是氧化剂，也称共催化剂。虽然前两个反应中不需要氧，但系统中氧气的存在也是必要的，其作用是将还原生成的低价铜不断氧化为高价铜，以保持催化剂溶液中含一定的Cu^{2+}离子，从而实现乙烯氧化生产乙醛的完整过程。

在上述乙烯氧化生产乙醛的三步反应中烯烃的羰基化反应速率最慢，是反应的控制步骤。

研究表明，乙烯烃羰化合成乙醛的反应机理是：乙烯首先溶于催化剂溶液中，与钯盐形成σ-π配位化合物而使乙烯活化。

$$PdCl_2+2Cl^-\longrightarrow [PdCl_4]^{2-} \tag{7-14}$$

$$[PdCl_4]^{2-}+CH_2{=}CH_2\longrightarrow \left[\begin{array}{c} CH_2{=}CH_2 \\ \vdots \\ Cl{-}Pd\begin{matrix}{-}Cl \\ {-}Cl\end{matrix} \end{array}\right]^- +Cl^- \tag{7-15}$$

然后配位化合物再进行一系列反应，生成产物乙醛，并析出钯。

根据反应机理得到动力学方程如下：

$$\frac{-d[C_2H_4]}{dt}=\frac{kK[PdCl_4^{2-}][C_2H_4]}{[Cl^-]^2[H^+]} \tag{7-16}$$

式中 k——反应速率常数，$(mol/L)^2/s$；

K——乙烯与钯盐形成 σ-π 配位化合物反应的平衡常数。

(2) 催化剂溶液的组成对其活性和稳定性的影响 催化剂溶液的组成是使乙烯氧化反应能否稳定进行的关键。虽然乙烯的氧化反应速率主要取决于羰基化反应速率，但催化剂的活性是否能保持稳定则受 Pd^0 氧化反应的热力学条件限制，也受 Cu^+ 氧化反应速率影响。要满足其热力学和动力学稳定条件，除与反应条件有关外，还与催化剂溶液的组成密切相关。工业生产中，催化剂溶液的控制指标主要有包括钯含量、总铜含量、氧化度及 pH 值等。

由动力学方程(7-16) 可知，烯烃的氧化反应速率与 Pd^{2+} 的浓度成正比，但由于受到 Pd^0 氧化反应的热力学平衡限制，当 Pd^{2+} 浓度超过其平衡浓度时将会有金属钯析出，故有一适宜的钯浓度。

总铜含量是指 Cu^{2+} 和 Cu^+ 的总和。Cu^{2+} 是 Pd^0 的氧化剂，为了使 Pd^0 的氧化能有效地进行而不致有金属钯析出，溶液中必须有过量的 Cu^{2+} 存在。

氧化度是指在总铜中 Cu^{2+} 所占比例。由动力学方程可知，烯烃的氧化反应速率对 Cl^- 浓度呈负二级关系，Cl^- 浓度减小，必然会使烯烃的氧化反应速率增加。但 Cl^- 浓度减小，对 Cu^+ 的氧化反应不利，因为 Cu^+ 的氧化必须在盐酸溶液中进行。图 7-5 为不同的 Cl/Cu 原子比、氧化度对乙烯氧化反应速率的影响。由图可知，氧化反应速率随 Cl/Cu 比增大而减小，故 Cl/Cu 比不宜过大。对于一定的 Cl/Cu 比有一适宜的氧化度。Cl/Cu 比小，适宜的氧化度也较低。所以应根据不同的 Cl/Cu 比确定适宜的氧化度。

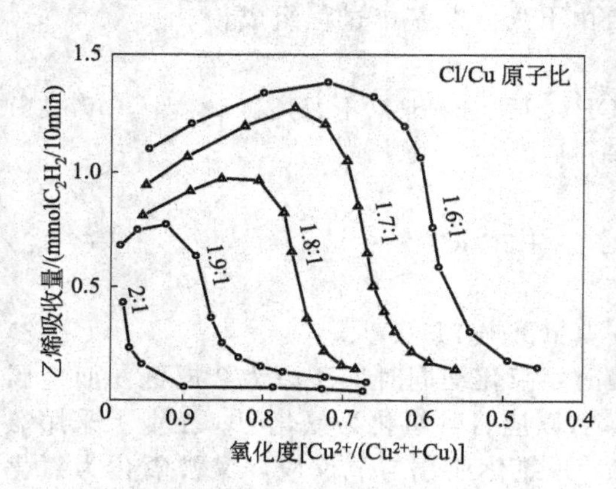

图 7-5 Cl/Cu 原子比和氧化度对乙烯氧化反应速率的影响

烯烃的氧化反应速率与 H^+ 浓度成反比，故催化剂溶液的酸度不宜过大。但催化剂溶液又必须保持酸性，不然就会有碱式铜盐沉淀，不利于 Cu^+ 的氧化。

工业生产中催化剂溶液的组成一般为：Pd 含量 0.25～0.45g/L，总铜含量 65～70g/L，Cu^{2+}/总铜约 0.6，pH 值 0.8～1.2。

(3) 主要副反应及其对催化剂活性和稳定性的影响 在钯盐催化下，乙烯的配位催化氧化反应具有良好的选择性，副产物的生成量不多，约为 5%左右。其主要副反应如下。

① 平行副反应 主要副产物是氯乙烷和氯乙醇。

$$CH_2{=}CH_2 + HCl \longrightarrow CH_3CH_2Cl$$

$$4HCl + O_2 \longrightarrow 2Cl_2 + 2H_2O$$

$$CH_2{=}CH_2 + Cl_2 + H_2O \longrightarrow ClCH_2CH_2OH + H^+ + Cl^-$$

② 连串副反应 主要生成氯代、氧化、缩合等产物。

(ⅰ) 产物乙醛氧氯化生成氯代乙醛

$$CH_3CHO + HCl + \frac{1}{2}O_2 \longrightarrow ClCH_2COOH + H_2O$$

$$ClCH_2CHO + HCl + \frac{1}{2}O_2 \longrightarrow Cl_2CHCHO + H_2O$$

$$Cl_2CHCHO + HCl + \frac{1}{2}O_2 \longrightarrow Cl_3CCHO + H_2O$$

（ⅱ）产物乙醛和副产物氯代醛进一步氧化，生成醋酸或氯代醋酸

$$CH_3CHO+\frac{1}{2}O_2 \longrightarrow CH_3COOH$$

$$ClCH_2CHO+\frac{1}{2}O_2 \longrightarrow ClCH_2COOH$$

（ⅲ）缩合反应，生成烯醛和树脂状物质

$$CH_3CHO+CH_3CHO \longrightarrow CH_3CH{=}CHCHO+H_2O$$

$$CH_3CHO+ClCH_2CHO \longrightarrow CH_3CH{=}\underset{\displaystyle Cl}{\underset{|}{C}}CHO$$

（ⅳ）深度氧化反应　此类副反应的发生不仅会影响产物的收率，也会使催化剂溶液的组成发生变化，而影响其活性。

（ⅴ）其他副反应　在乙烯氧化制乙醛的反应过程中，尚有甲烷氯衍生物和草酸铜等副产物生成。甲烷氯衍生物可能是由氯乙醛脱羰或氯乙酸脱羧生成，草酸可能是由三氯乙醛水解和氧化生成。草酸与催化剂溶液中的 Cu^{2+} 离子作用，生成草酸铜沉淀。

副反应消耗 HCl，使 Cl^- 和 H^+ 浓度降低，同时由于草酸铜沉淀的生成也使 Cu^{2+} 浓度下降。为了使催化剂溶液保持一定的活性，在反应过程中必须不断补充 HCl，并将催化剂加热再生，以分解草酸铜沉淀。

$$CuCl_2+CuC_2O_4 \longrightarrow 2CuCl+2CO_2\uparrow$$

不溶固体树脂状副产物积聚在催化剂溶液中，也会使催化剂的效率降低。一般超过允许值（$<$20g/L），就需用过滤法除去。

（4）乙烯钯盐配位催化氧化生产乙醛工艺条件　乙醛是一种无色液体，具有特殊的刺激性气味。熔点－121℃，沸点 20.8℃。易溶于水，易燃，易挥发，与空气能形成爆炸混合物，爆炸极限为体积分数 4.0%～57.0%。乙醛在硫酸催化下发生自聚，生成三聚乙醛，沸点 124.5℃。由于乙醛易挥发，在输送时往往加工成三聚乙醛。

乙醛是一种重要的有机合成中间体，主要用于生产醋酸、醋酐、醋酸酯类、醋酸乙烯、丁醇、合成树脂、橡胶、塑料等重要的有机化工产品。

工业上生产乙醛的方法主要有乙炔水合法、乙醇氧化脱氢法、烃类氧化法、乙烯钯盐配位催化氧化法 4 种。乙炔水合法使用汞盐作催化剂，催化剂毒性大，环境污染严重；乙醇氧化脱氢法技术成熟，选择性高，但其原料来源受限；烃类氧化法副反应较多，产品分离困难，收率低；乙烯钯盐配位催化氧化法工艺过程简单，反应条件温和，乙醛收率高，副反应少，原料便宜，成本低，被认为是已工业化方法中最经济的方法。

乙烯钯盐配位催化氧化法生产乙醛的反应原理及催化剂溶液组成对乙烯氧化反应速率的影响已在前面做了详细介绍，这里着重讨论其工艺条件及工艺流程。

① 乙烯钯盐配位催化氧化生产乙醛工艺条件　乙烯钯盐配位催化氧化制乙醛工艺条件主要包括原料纯度、原料配比、反应温度及压力、转化率的控制等。

（ⅰ）原料纯度　原料乙烯中炔烃、硫化氢和一氧化碳等杂质的存在危害很大，易使催化剂中毒，降低反应速率。乙炔分别与亚铜盐和钯盐作用，生成相应的易爆炸的乙炔铜和乙炔钯化合物，同时会使催化剂溶液的组成发生变化，并引起发泡；硫化氢与氯化钯在酸性溶液中能生成硫化物沉淀；一氧化碳能将钯盐还原为钯。因此原料质量必须控制严格，一般要求乙烯纯度大于 99.5%，乙炔含量小于 $30cm^3/m^3$，硫化物含量小于 $3cm^3/m^3$，氧的纯度在 99.5%以上。

（ⅱ）原料配比　从乙烯氧化制乙醛的化学反应方程式来看，乙烯与氧的摩尔比是2∶1，

此配比正好处在乙烯-氧气的爆炸范围之内（常温常压下，乙烯在氧气中爆炸范围是3.0%～80%，并随压力和温度升高而扩大），这有引起爆炸的可能。因此，工业上采用乙烯大量过量的办法，使混合物的组成处在爆炸范围之外，这样乙烯的转化率相应会降到30%～35%，并将有大量未反应的乙烯气要循环使用。为使循环乙烯气组成稳定，惰性气体不致过于积累，生产中需放掉一小部分循环乙烯气。

在实际操作中，为保证安全，必须控制循环乙烯气中氧的含量在8%左右，乙烯含量在65%左右，若氧含量达到9%或乙烯含量降至60%时就须立即停车，并用氮气置换系统中的气体，排入火炬烧掉。

（ⅲ）反应温度及压力　乙烯配位催化氧化制乙醛的反应在热力学上是比较有利的，温度的变化主要影响反应速率。由于该反应为放热反应，低温有利于向产物乙醛的生成方向进行，但低温不利于反应速率的加快。温度升高，可使氯化钯离子 $[PdCl_4]^{2-}$ 的浓度提高，有利于加速羰基化反应速率。对氯化亚铜的氧化反应而言，升高温度可增大反应速率常数，但氧气的溶解度会减小，对反应不利。综上分析，温度对反应速率的效应需视有利效应和不利效应而定。在温度不太高时，反应速率随温度升高而加快。但随着温度的继续升高不利因素逐渐明显，副反应速率不断增大。因此，工业生产中有一个适宜的反应温度，一般控制在120～130℃范围内。

乙烯氧化生成乙醛的反应是在气-液相中进行的，增加压力有利于乙烯和氧气在液体中溶解，加速反应的进行。但压力与温度有一定的关系，压力增加，温度也会相应增加。同时考虑到生产中的能量消耗、设备防腐性能和副产物的生成等因素，反应压力不宜过高，一般控制在400～450kPa，此压力下可保证温度控制在最佳范围（120～130℃）之内。

（ⅳ）转化率的控制　乙烯直接氧化制乙醛，催化剂对羰基化反应虽有良好的选择性，但在氧存在下易发生连串副反应，这些副反应的发生不仅使乙醛收率降低，而且会影响催化剂的活性。为了减少连串副反应的发生，保持催化剂的活性，必须控制较低的转化率，使生成的产物乙醛迅速离开反应区域。反应的转化率低就意味着有大量未反应的乙烯需循环使用，不仅多消耗动力，还容易引起爆炸危险，所以转化率的控制要同时考虑安全操作因素。

② 乙烯钯盐配位催化氧化生产乙醛工艺流程　乙烯液相氧化制乙醛有一步法和二步法两种生产工艺。一步法工艺是指用氧气作氧化剂、羰基化反应和氧化反应在同一反应器中进行的生产工艺，因氧化剂是氧气，故又称氧气法；二步法工艺是指用空气作氧化剂、羰基化反应和氧化反应分别在两个反应器中完成的生产工艺，因氧化剂是空气，故又称空气法。下面以一步法生产工艺进行讨论。

乙烯液相氧化制乙醛一步法生产工艺流程如图7-6所示，主要由氧化、粗醛精制和催化剂再生三部分组成。

（ⅰ）氧化部分　乙烯配位催化氧化一步法生成乙醛是一个强放热反应，而且具有腐蚀性，因此工业生产中一般采用具有循环管的鼓泡床塔式反应器，催化剂溶液的装载量为1/3～1/2体积。原料乙烯和循环气混合后自反应器底部通入，氧气自反应器侧线送入，氧化反应在125℃、400kPa条件下进行，反应热由水和乙醛的汽化带出。从反应器顶部出来的气液混合物进入除沫分离器，在除沫分离器中气体流速减小，气体与催化剂溶液分开。由于催化剂溶液的密度比反应器内的气液混合物密度大约1倍，催化剂溶液经循环管在重力作用下自行返回到反应器。反应气体（主要有产物乙醛、蒸汽、未反应的乙烯和氧气以及部分副产物）进入第一冷凝器，在此将大部分蒸汽冷凝下来，凝液全部经除沫分离器再返回反应器。

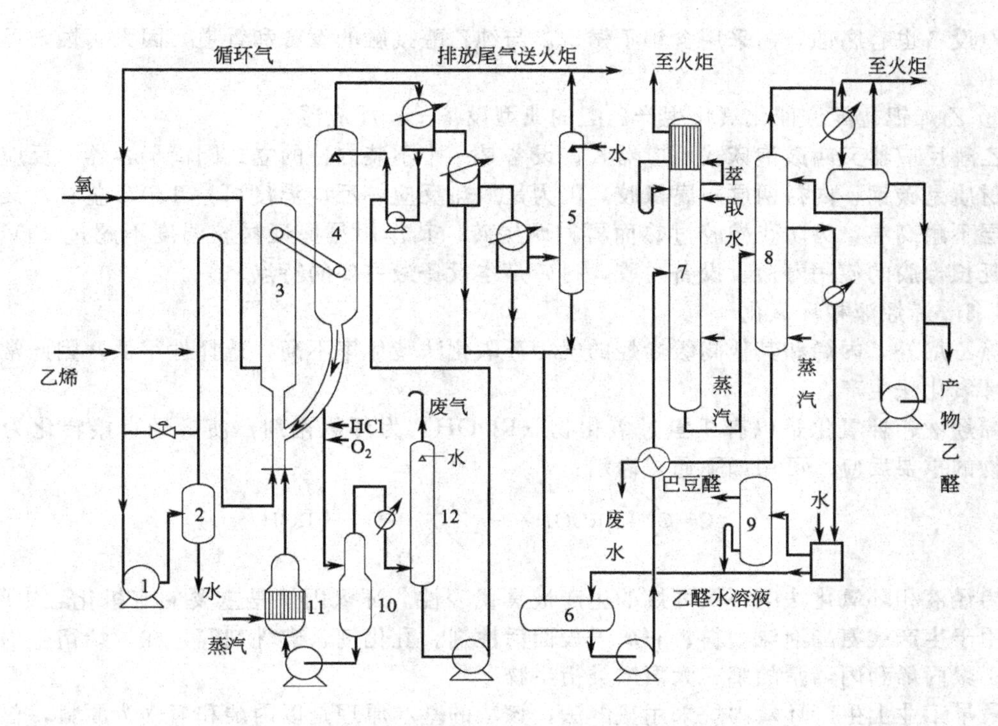

图 7-6　乙烯配位催化氧化生产乙醛一步法工艺流程

1—水环泵；2—水分离器；3—反应器；4—除沫分离器；5—水吸收塔；6—粗乙醛贮槽；7—脱轻组分塔；8—乙醛精馏塔；9—乙醛水溶液分离器；10—分离器；11—分解器；12—水洗涤器

（ⅱ）粗醛精制部分　由氧化反应得到的粗乙醛水溶液含乙醛（沸点 20.8℃）10％左右，还含有少量副产物氯甲烷（沸点－24.2℃）、氯乙烷（沸点 12.3℃）、丁烯醛（沸点 102.3℃）、醋酸（沸点 118℃）及高沸物，另外还有少量乙烯、二氧化碳等。由于产物乙醛与副产物之间的沸点相差较大，可用一般精馏方法分离。该工艺采用由脱轻组分塔和乙醛精馏塔组成的双塔精制分离工艺，粗乙醛首先进入脱轻组分塔脱除低沸点物，由于氯乙烷和乙醛的沸点比较接近，在该塔的上部加入吸收水，利用乙醛易溶于水而氯乙烷不溶于水的特性把部分乙醛吸收下来，以减少乙醛的损失。塔顶低沸物送火炬燃烧。塔釜液进入乙醛精馏塔，将产品乙醛从塔顶蒸出，侧线采出丁烯醛等副产物。乙醛精馏塔塔釜液为含有少量高沸物的废水，经回收热量后排污。

（ⅲ）催化剂再生部分　在反应系统中除生成乙醛外，还生成少量不溶性树脂及固体草酸铜，仍留在催化剂溶液内，使催化剂溶液受到污染，而且使铜离子浓度下降，影响催化活性，故需不断使催化剂再生。再生的方法是将催化剂溶液自循环管引出一部分，进入分离器分离气体，该气体用水吸收后再返回反应器，分离器底部排出的催化剂溶液加压后送至分解器，通入蒸汽，加热至170℃将草酸铜氧化分解，再生后催化剂溶液返回反应器循环使用。

一段法生产乙醛，乙烯的单程转化率为35％～38％，选择性为95％左右，催化剂生产能力约为150kg 乙醛/(m^3催化剂·h)。所得乙醛纯度可达99.7％以上。

由于催化剂溶液中含有盐酸，对设备腐蚀极为严重。因此，在反应条件下反应器、除沫器必须具有良好的耐腐蚀性能，两设备的防腐措施是内衬防腐橡胶和耐酸瓷砖。其余各法兰的连接和氧气管采用钛钢金属管。在乙醛精制部分，因副产物中含有少量乙酸及其一氯化物，对设备也有腐蚀，需采用含钼不锈钢。与纯乙醛接触的设备和管道，因无腐蚀，可用一般碳钢。

③ 乙烯钯盐配位催化氧化生产乙醛的典型设备——反应器

乙醛反应器又叫鼓泡床式反应器，该设备是一个不装内件的立式圆筒形容器。反应器的外壁材质是碳钢，内衬两层防腐橡胶。因为是放热反应，反应温度可达 130℃左右，又因为橡胶层不耐高温，为防止橡胶过热而再衬两层砖，其作用是保证衬胶温度不超过 90℃，这样可延长橡胶的使用寿命。设备衬胶、衬砖是本设备最主要的特点之一。

7.2.1.3 烯烃液相环氧化

除乙烯外，丙烯和其他高级烯烃的气相环氧化法转化率不高，选择性很低，因此常采用液相环氧化法生产。

烯烃液相环氧化是以有机氢过氧化物（ROOH）为环氧化剂，使烯烃直接转化为环氧化合物的重要反应。可用如下通式表示：

$$\rangle C{=}C\langle + ROOH \longrightarrow \rangle C\underset{O}{-}C\langle + ROH$$

烯烃液相环氧化法中环氧丙烷的生产最具代表性。环氧丙烷是重要的有机化工中间体，主要用于生产聚氨酯泡沫塑料、非离子表面活性剂、乳化剂、破乳剂等，在丙烯衍生物中是仅次于聚丙烯和丙烯腈的第三大丙烯类衍生物。

最早工业上生产环氧丙烷采用氯醇法，该法的基本原理是以丙烯和氯气为原料，首先丙烯经氯醇化反应生成氯丙醇，然后氯丙醇经皂化反应生成环氧丙烷。

$$CH_3CH{=}CH_2 + Cl_2 + H_2O \xrightarrow{100℃左右} CH_3\underset{OH}{CH}{-}CH_2Cl + HCl$$

$$2CH_3\underset{OH}{CH}{-}CH_2Cl + Ca(OH)_2 \longrightarrow 2CH_3CH\underset{O}{-}CH_2 + CaCl_2 + 2H_2O$$

氯醇法生产环氧丙烷具有技术成熟、流程短、操作负荷大、选择性好、收率高、对丙烯纯度要求不高、生产过程较安全、建厂投资较少等优点。但水资源消耗大，产生大量废水和废渣，每生产 1t 环氧丙烷产生 40～60t 含氯化钙的废水和 2t 左右的废渣，环境污染严重。同时，氯醇法还消耗大量高能耗的氯气和石灰原料，而氯和钙在废水和废渣中排放掉，生产成本高。另外，生产过程中产生的次氯酸对设备的腐蚀也比较严重。因此，该方法现已被有机过氧化物法逐渐取代，但环氧丁烷等的生产仍采用氯醇法。

有机过氧化物环氧化烯烃方法又称共氧化法。其中丙烯液相环氧化生产环氧丙烷方法在 20 世纪 70 年代初开始工业化。该法虽比氯醇法投资高，但因“三废”少，无腐蚀，而且有联产品，颇受各国重视，国内外新建工厂均采用此法。

（1）共氧化法生产环氧丙烷反应原理　目前共氧化法生产环氧丙烷均采用有机氢过氧化物，工业上仅采用异丁烷和乙苯的两种有机氢过氧化物。与过羧酸化物相比，有机氢过氧化物比较稳定，只有在金属离子催化剂存在下才能使丙烯环氧化。

共氧化法生产环氧丙烷是美国 ARCO 公司的专利技术，其生产原理是：首先在一定的温度和压力下用氧或空气氧化异丁烷或乙苯，使之生成氢过氧化异丁烷或氢过氧化乙苯，然后在溶在反应介质里的催化剂的作用下有机氢过氧化物与丙烯反应生成环氧丙烷，并联产叔丁醇或 α-甲基苯甲醇，叔丁醇脱水可得异丁烯，α-甲基苯甲醇脱水可得苯乙烯。

$$CH_3-\underset{CH_3}{\overset{CH_3}{\underset{|}{\overset{|}{C}}}}-OOH+CH_3CH=CH_2\longrightarrow CH_3-\underset{CH_3}{\overset{CH_3}{\underset{|}{\overset{|}{C}}}}-OH+CH_3\underset{\diagdown O \diagup}{CH-CH_2}$$

$$CH_3-\underset{CH_3}{\overset{CH_3}{\underset{|}{\overset{|}{C}}}}-OH\xrightarrow{-H_2O}CH_3-\underset{CH_3}{\underset{|}{C}}=CH_2$$

$$C_6H_5-\underset{CH_3}{\underset{|}{CH}}-OOH+CH_3CH=CH_2\longrightarrow C_6H_5-\underset{CH_3}{\underset{|}{CH}}-OH+CH_3\underset{\diagdown O \diagup}{CH-CH_2}$$

$$C_6H_5-\underset{CH_3}{\underset{|}{CH}}-OH\xrightarrow{-H_2O}C_6H_5-CH=CH_2$$

在共氧化法生产环氧丙烷过程中联产物量很大，大量联产物的销路和价格是决定生产经济性的关键，因为联产物异丁烯和苯乙烯有广泛的用途，售价也较高，这也是异丁烷和乙苯法得以广泛应用的原因所在。

(2) 环氧化催化剂　催化剂是决定烯烃液相环氧化反应是否具有工业化价值的关键。烯烃的液相环氧化的中间产物——有机氢过氧化物不稳定，易发生分解。虽然氢过氧化乙苯和氢过氧化异丁烷由于受苯环或叔碳原子影响相对较稳定，但也是易分解的物质。在过渡金属盐催化剂存在下，采用 ROOH 作环氧化剂，存在着下列反应的竞争：

$$CH_3CH=CH_2+ROOH\xrightarrow[\text{催化剂}]{k_1}CH_3\underset{\diagdown O \diagup}{CH-CH_2}+ROH \tag{7-17}$$

$$ROOH+M^{n+}\xrightarrow{k_2}RO\dot{O}+H^{+}+M^{(n-1)+} \tag{7-18}$$

催化剂的选择性取决于 k_2/k_1。已知反应(7-18)的反应速率与过渡金属离子的氧化还原电位有关，过渡金属离子的氧化还原电位越高反应速率越快。要使反应主要向环氧化方向进行，所用的催化剂的金属离子的氧化还原电位越低越有利。研究还发现催化剂的活性当其 L 酸的酸度较高时比较好。采用下列过渡金属化合物作为催化剂，它们的活性次序是 $Mo^{6+}>W^{6+}>V^{5+}>Ti^{4+}$。$Mo^{6+}$ 的氧化还原电位比 W^{6+} 高，但其 L 酸的酸度也较高，故活性最高，是常用的催化剂。表 7-5 为各种不同金属的环烷酸盐的环氧化催化效率比较，表中数据说明环烷酸钼的催化效率最高。

表 7-5　催化剂对丙烯环氧化效率比较

催化剂(环烷酸盐)	Mo	W	Ti	Nb	Ta	Re
ROOH 转化率/%	97	83	54	22	25	100
选择性/%	71	65	55	20	23	10

注：进料为丙烯＋氢过氧化乙苯＋乙苯；催化剂浓度为 0.002 摩尔/摩尔 ROOH；反应时间为 1h；反应温度为 110℃。

在环氧化反应中，主要副反应是 ROOH 以其他途径分解，对烯烃而言生成环氧化物的选择性很高。故一般所指的选择性是指每消耗 1 摩尔 ROOH 生成环氧化物的摩尔数，也有用生成相应的醇的摩尔数表示。采用后者，选择性的数值就比较高，因 ROOH 以其他途径分解时也有同样的醇生成。

(3) 烯烃液相环氧化影响因素　对烯烃环氧化反应的动力学研究结果表明，烯烃的环氧化反应速率对烯烃、ROOH 及催化剂的浓度都呈一级关系。

$$烯烃环氧化速率=k[烯烃][ROOH][催化剂]$$

温度越低，ROOH 以其他途径分解越少，选择性越高，但环氧化反应速率太慢。试验结果表明，温度低于 90℃反应速率缓慢，高于 130℃选择性显著下降。故环氧化反应的温度控制范围为 90～130℃，一般以 100℃左右为宜，该条件下收率在 90%～95%之间。

ROOH 的结构对环氧化反应速率也有影响。例如丙烯环氧化时，采用氢过氧化乙苯环氧化的反应速率比采用氢过氧化异丁烷快。

环氧化反应是液相反应，当反应温度高于烯烃的临界温度时就需采用溶剂。溶剂的性质对环氧化反应速率有显著的影响。非极性溶剂的效果较极性溶剂好，原因可能是极性溶剂与催化剂形成了络合物，从而影响反应速率。工业生产中一般选用反应系统中存在的烃作溶剂。例如丙烯用氢过氧化乙苯环氧化时，就用乙苯作溶剂，因为氢过氧化乙苯中就有大量乙苯存在。也可用产物醇作溶剂，但醇的效果不如烃类。为了使烯烃在溶剂中有足够的溶解度，环氧化反应需在足够高的压力条件下进行。

烯烃与 ROOH 的用量比也会影响反应的选择性。烯烃过量对反应有利，但不宜过量太多，工业生产中一般控制丙烯与 ROOH 的摩尔比在（2∶1）～(10∶1）之间。

(4) 丙烯环氧化生产环氧丙烷联产苯乙烯工艺流程　用哈康法生产环氧丙烷联产苯乙烯所用的原料是丙烯和乙苯，其生产过程包括 3 个主要步骤。

① 乙苯液相自氧化制备氢过氧化乙苯

$$C_6H_5-CH_2CH_3 + O_2 \longrightarrow C_6H_5-\underset{\displaystyle OOH}{\underset{|}{C}}HCH_3$$

氢过氧化乙苯的制备过程中，乙苯的氧化反应速率较慢，而且生成的氢过氧化物稳定性较差，故反应温度较高（140～150℃），转化率也只能控制在 15%左右。反应过程中有 α-甲基苯甲醇和苯乙酮等副产物生成，为了提高选择性，常加入少量焦磷酸钠作为稳定剂。

② 丙烯用氢过氧化乙苯环氧化生成环氧丙烷和 α-甲基苯甲醇

$$CH_3CH{=}CH_2 + C_6H_5-\underset{\displaystyle OOH}{\underset{|}{C}}HCH_3 \longrightarrow CH_3\overset{}{CH}-CH_2\,(\text{-O-}) + C_6H_5-\underset{\displaystyle OH}{\underset{|}{C}}HCH_3$$

该反应是强放热反应，是决定目的产物和联产物产量和质量的关键步骤。由于丙烯的临界温度为 92℃，而反应温度往往控制在 92℃以上，故需在溶剂存在下进行。由于氢过氧化乙苯中有大量乙苯存在，为了便于分离，乙苯作为溶剂。所用的催化剂为环烷酸钼或其他可溶性钼盐。控制的反应条件及相应的反应结果见表 7-6。

表 7-6　丙烯环氧化反应条件及反应结果

反应条件		反应结果	
反应温度	100～130℃	氢过氧化乙苯转化率	99%
反应压力	1.7～5.5MPa	丙烯转化率	10%～20%
丙烯/氢过氧化乙苯	(2～6)∶1(摩尔比)	丙烯转化为环氧丙烷选择性	95%
停留时间	1～3h	氢过氧化乙苯转化为 α-甲基苯甲醇选择性	98%
催化剂浓度	0.001～0.006mol 钼盐/mol 氢过氧化乙苯		

③ α-甲基苯甲醇脱水联产苯乙烯

$$C_6H_5-\underset{\displaystyle OH}{\underset{|}{C}}H_2CH_3 \xrightarrow{TiO_2\text{-}Al_2O_3,\,200\sim250℃} C_6H_5-CH{=}CH_2 + H_2O$$

α-甲基苯甲醇脱水工艺比较成熟，采用 TiO_2-Al_2O_3 作催化剂，反应温度控制在 200～250℃之间，选择性可达 92%～94%。

丙烯环氧化生产环氧丙烷联产苯乙烯工艺流程如图 7-7 所示。

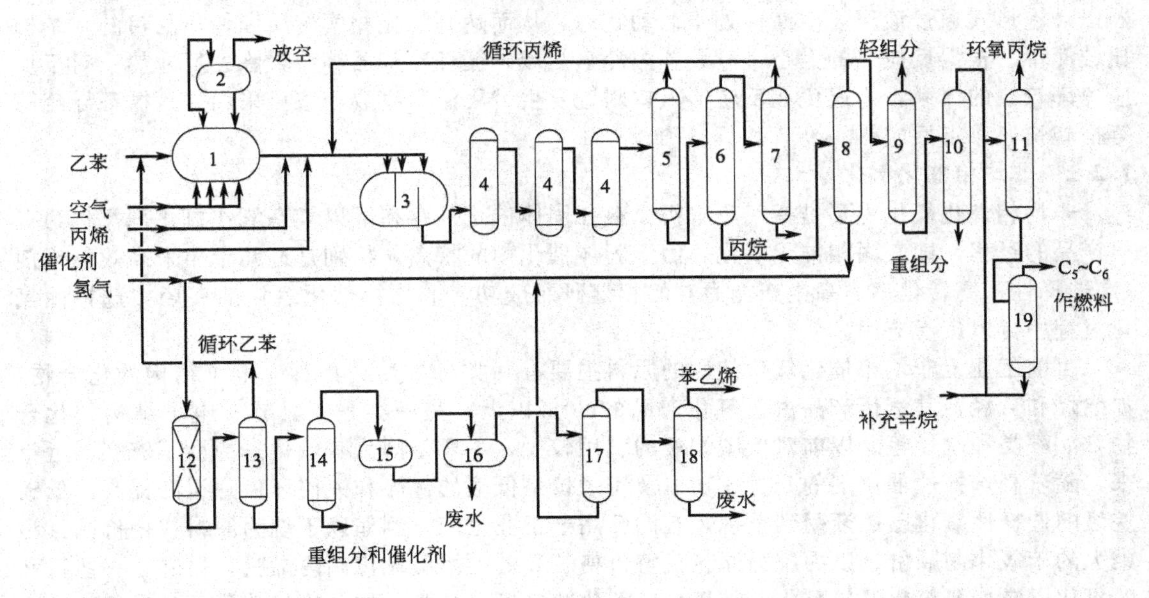

图 7-7 丙烯环氧化生产环氧丙烷联产苯乙烯工艺流程

1—乙苯过氧化反应器；2—冷凝器；3—第一环氧化反应器；4—第二环氧化反应器；5—高压脱 C_3 塔；6—低压脱 C_3 塔；7—C_3 分离器；8—产品粗分塔；9—脱轻组分塔；10—脱重组分塔；11—环氧丙烷萃取塔；12—加氢反应器；13—乙苯循环塔；14—苯乙醇塔；15—脱水反应器；16—废水分离器；17—苯乙烯塔；18—苯乙烯精馏塔；19—辛烷塔

7.2.1.4 均相催化氧化反应特点

通过讨论催化自氧化、配位催化氧化及烯烃液相环氧化反应在基本有机化学工业中的应用及相关的生产工艺，可以看出液相均相催化氧化在工艺技术上存在一定的优越性：

① 反应物与催化剂同相，不存在固体表面上活性中心性质及分布不均匀的问题，作为活性中心的过渡金属活性高，选择性好；

② 反应条件不太苛刻，反应比较平稳，易于控制；

③ 反应设备简单，容积较小，生产能力高。

同其他工艺技术一样，均相催化氧化反应在工艺上也有些许不足之处：

① 反应温度通常不太高，因此反应热利用率较低；

② 在腐蚀性较强的体系中要采用特殊材质；

③ 配位催化氧化反应体系需用贵金属盐作催化剂，因此必须分离回收。

这些不足之处的存在推进了科研工作的进一步发展，均相催化剂固相化已成为活跃的研究领域。

7.2.1.5 均相催化氧化过程反应器

均相催化氧化反应如果使用空气或氧气作氧源，则属于气液两相反应体系，氧气通过气液相界面进行传质，进入液相进行氧化反应。通常液相一侧的传质阻力较大，为减少该部分阻力，常用的方法是让液相在反应器内呈连续相，同时反应器必须能提供充分的氧接触表面，并具有较大的持液量，因此多采用搅拌鼓泡床釜式反应器和各种形式的鼓泡床反应器（乙醛催化自氧化生产醋酸所使用的带内、外循环冷却器的连续鼓泡床塔式反应器）。搅拌鼓泡床釜式反应器使用范围较广，在搅拌桨作用下气泡被破碎和分散，液体高度湍动，但缺点是机械搅拌的动密封问题较难解决。连续鼓泡床塔式反应器不采用机械搅拌，气体通过分布器以鼓泡形式通过液层，使液体处于湍动状态，从而达到强化相间传质和传热的目的，结构比较简单。根据反应热的大小，可设置内冷盘管或外循环冷却器等装置除去反应热；对于反应速率较快的体系，为避免在反应器入口附近发生“飞温”事故，还可采用加入循环导流筒等措施快速移走反应热。

7.2.2 非均相催化氧化

非均相催化氧化主要是指气态有机原料在固体催化剂存在下以气态氧作氧化剂氧化为有机产品的过程，即气固相催化氧化。由于固体催化剂的特点，特别是近几十年来高效催化剂（高选择性、高转化率、高生产能力）的相继研制成功，非均相催化氧化剂在烃类选择性氧化过程中得以广泛应用。

目前工业上非均相催化氧化使用的原料主要有两类：一类是具有 π 电子结构的化合物，如烯烃和芳烃，其氧化产品占总氧化产品的 80%以上；另一类是不具有 π 电子结构的化合物，如醇类和烷烃等。以前对低碳烷烃的利用较少，主要是因为其氧化选择性不够高。近年来，随着高选择性催化剂的开发成功以及烷烃价格低廉的优势和人们环保意识的提高，低碳烷烃的选择性氧化已逐渐受到重视，有的已用于工业生产，例如以丁烷为原料代替价高且污染大的苯氧化制顺酐、以丙烷为原料代替价格较高的丙烯氨氧化制丙烯腈。另外，一些特殊的氧化反应如氨氧化、氧酰化、氧氯化、氧化脱氢等也是常见的非均相催化氧化过程。

7.2.2.1 非均相催化氧化反应类型及工业应用

(1) 烯烃直接环氧化　烯烃直接环氧化已投入工业化生产的是乙烯环氧化制备环氧乙烷，反应如下：

$$CH_2{=}CH_2+\frac{1}{2}O_2 \xrightarrow{Ag/\alpha\text{-}Al_2O_3,220\sim260^\circ C} \underset{\diagdown O \diagup}{H_2C{-}CH_2}$$

(2) 烯烃氧酰化反应　在催化剂作用下烯烃或二烯烃和醋酸及氧反应，烯烃分子中直接引进一个乙酰氧基，生成不饱和醋酸酯，此类反应称为烯烃氧酰化反应。例如：

$$CH_2{=}CH_2+CH_3COOH+\frac{1}{2}O_2 \xrightarrow[165\sim180^\circ C,600\sim800kPa]{Pd\text{-}Au\text{-}CH_3COOK/SiO_2} CH_3COOCH{=}CH_2+H_2O$$

$$CH_3CH{=}CH_2+CH_3COOH+\frac{1}{2}O_2 \xrightarrow{\text{钯催化剂}} CH_3COOCH_2CH{=}CH_2+H_2O$$

$$CH_2{=}CHCH{=}CH_2+CH_3COOH+\frac{1}{2}O_2 \xrightarrow{\text{钯催化剂}} CH_3COOCH_2CH{=}CHCH_2OCOCH_3$$

在烯烃氧酰化反应中，以乙烯和醋酸进行氧酰化反应生产醋酸乙烯最为重要，目前乙烯法已基本取代乙炔法生产醋酸乙烯。该法乙烯单程转化率在 10%左右，醋酸单程转化率在 18%左右，选择性可达 90%以上。醋酸乙烯可用来合成尼龙纤维、聚醋酸乙烯、聚乙烯醇等高分子材料，还可用于生产水溶性涂料和黏结剂等。

丙烯和乙酸进行氧酰化反应生成乙酸丙烯酯。丁二烯的氧酰化产物是 1,4-丁二醇。由于丁二烯气相乙酰氧基化选择性较低，工业上通常采用液相法。

(3) 烯丙基氧化反应　含有 3 个碳原子以上的单烯烃如丙烯、正丁烯、异丁烯等，其 α-碳原子上的 C—H 键的解离能比一般 C—H 键小，易于断裂，具有较高的反应活性。这类烯烃在特定的催化剂作用下与氧反应，发生 α-C—H 键的断裂，从而使 α-碳发生选择性氧化。这类氧化反应都经历烯丙基［$CH_2{=}CH{-}CH_2$］的中间体反应历程，所以统称烯丙基氧化反应。由于不同烯烃分子中 α-碳原子的结构不同，使用不同的原料和催化反应条件，利用烯丙基氧化反应可生成不饱和醛以及 α,β-不饱和醛或酮、α,β-不饱和酸和酸酐、α,β-不饱和腈和二烯烃等多种重要的氧化产物。这些氧化产物中仍保留着双键结构，具有共轭体系的特性，因此易于聚合，并能与其他不饱和化合物共聚，是高分子材料的重要单体，在有机化工的单体生产中占有重要的地位。

丙烯的烯丙基催化氧化反应可简单表示如下：

$$CH_2{=}CHCH_3 \xrightarrow[O_2]{Mo\text{-}Bi\text{-}Fe\text{-}Co\text{-}O/SiO_2} CH_2{=}CHCHO$$

$$CH_2{=}CHCHO \xrightarrow{Mo\text{-}V\text{-}Cu\text{-}O/SiO_2,\ O_2} CH_2{=}CHCOOH$$

$$CH_2{=}CHCH_3 \xrightarrow[O_2]{Co\text{-}Mo\text{-}O/SiO_2} CH_2{=}CHCOOH \xrightarrow{ROH} CH_2{=}CHCOOR$$

$$CH_2{=}CHCH_3 \xrightarrow[NH_3,O_2]{P\text{-}Mo\text{-}Bi\text{-}O/SiO_2} CH_2{=}CHCN \xrightarrow{H_2O} CH_2{=}CHCOOH$$

丙烯醛主要用于进一步氧化制丙烯酸，也可作为合成甘油和药物的中间体。丙烯酸酯化可得丙烯酸酯，广泛用作涂料、织物上光剂、皮革上光剂等。

异丁烯的烯丙基催化氧化反应同丙烯的反应相似，比较典型的是异丁烯经空气两步氧化可得甲基丙烯酸，再与甲醇酯化可制备α-甲基丙烯酸甲酯，它是生产有机玻璃的单体。反应过程中使用的催化剂同丙烯氧化使用的催化剂主要元素基本相同，但由于异丁烯的碱性较强，催化剂的酸度需做适当调整。

异丁烯的烯丙基催化氧化反应如下所示：

$$CH_2{=}C(CH_3){-}CH_3 \xrightarrow[O_2]{P\text{-}Mo\text{-}Bi\text{-}O/\text{载体}} CH_2{=}C(CH_3){-}CHO$$

$$CH_2{=}C(CH_3){-}CHO \xrightarrow{O_2} CH_2{=}C(CH_3){-}COOH$$

$$CH_2{=}C(CH_3){-}CH_3 \xrightarrow[O_2]{Co\text{-}Mo\text{-}O/\text{载体}} CH_2{=}C(CH_3){-}COOH \xrightarrow{CH_3OH} CH_2{=}CHCOOCH_3$$

$$CH_2{=}C(CH_3){-}CH_3 \xrightarrow[NH_3,O_2]{P\text{-}Mo\text{-}Bi\text{-}O/\text{载体}} CH_2{=}C(CH_3){-}CN \xrightarrow{H_2O} CH_2{=}C(CH_3){-}COOH$$

(4) 烷烃的催化氧化　烷烃的催化氧化在工业上成功利用的典型是正丁烷气相催化氧化制顺丁烯二酸酐（简称顺酐），反应如下：

$$C_4H_{10} + \frac{7}{2}O_2 \xrightarrow[450\sim500℃]{V_2O_5\text{-}P_2O_5/SiO_2} \text{(顺丁烯二酸酐)} + 4H_2O$$

传统的顺酐生产方法是苯氧化法，但该法环境污染严重，已经逐渐被正丁烷氧化法取代。顺酐的主要用途是制备不饱和聚酯，还可用来生产增塑剂、杀虫剂、涂料和1,4-丁二醇及其下游产品。

(5) 芳烃的催化氧化　芳烃的气固相催化氧化主要用来生产酸酐。

① 苯氧化生产顺酐

$$C_6H_6+\frac{9}{2}O_2 \xrightarrow[400℃]{V\text{-}Mo\text{-}O/SiO_2} C_4H_2O_3+2CO_2+2H_2O$$

② 萘或邻二甲苯氧化生产邻苯二甲酸酐（简称苯酐）

$$C_{10}H_8+\frac{9}{2}O_2 \xrightarrow{V_2O_5\text{-}K_2SO_4/SiO_2} C_8H_4O_3+2CO_2+2H_2O$$

$$C_6H_4(CH_3)_2+3O_2 \xrightarrow[400℃]{V_2O_5\text{-}TiO_2/载体} C_8H_4O_3+3H_2O$$

邻苯二甲酸酐广泛用于制造醇酸树脂、聚酯树脂，也是生产增塑剂的重要原料和染料工业的重要中间体。

③ 均四甲苯氧化生产均苯四酸二酐

$$C_6H_2(CH_3)_4+6O_2 \xrightarrow{钒系催化剂} C_{10}H_2O_6+6H_2O$$

均苯四酸二酐是生产高绝缘性漆的重要原料。

芳烃催化氧化所生成的产物都是固体结晶，但大多具有较高的挥发性，能升华，故可采用气固相催化氧化法制备。

(6) 醇的催化氧化　醇类催化氧化经过不稳定的过氧化物中间体，可制备醛或酮。比较重要的是甲醇氧化制甲醛，还有乙醇氧化制乙醛、异丙醇氧化制丙酮等。

$$CH_3OH+\frac{1}{2}O_2 \xrightarrow[600\sim630℃]{银催化剂} HCHO+H_2O$$

或

$$CH_3OH+\frac{1}{2}O_2 \xrightarrow[450℃左右]{Fe\text{-}Mo\text{-}O} HCHO+H_2O$$

甲醛是热固性酚醛树脂的重要单体，又可用于合成聚甲醛、季戊四醇、环六亚甲基四胺等产品和中间体。

乙醇氧化可制备乙醛。

$$CH_3CH_2OH+\frac{1}{2}O_2 \xrightarrow[450℃左右]{银催化剂} CH_3CHO+H_2O$$

7.2.2.2　非均相催化氧化反应机理

尽管烃类气固相催化氧化反应过程非常复杂，反应体系内可以存在多个相互独立的反应，并可以串联或并联的形式相互关联，但常见的反应机理主要有3种。

（1）氧化还原机理　氧化还原机理又称晶格氧作用机理。该机理认为晶格氧参与了反应，其模型描述是：反应物首先和催化剂的晶格氧结合，生成氧化产物，催化剂变成还原态，接着还原态的活性组分再与气相中的氧气反应，重新成为氧化态催化剂，由此氧化还原循环构成了有机物在催化剂上的氧化过程。研究表明，当催化剂被有机物还原的速度远大于催化剂的再氧化速度时，反应为催化剂的再氧化过程控制，此时有机物的反应速率只与氧分压有关，而与有机物的分压无关；当催化剂的再氧化速度较快，整个反应为催化剂的还原速度控制，此时反应速率对有机反应物呈一级反应，即只与有机物的分压有关，而与氧分压无关。该模型适用于烯烃、芳烃和烷烃的催化氧化过程。

（2）化学吸附氧化机理　化学吸附氧化机理以朗格缪尔（Langmuir）化学吸附模型为基础，假定氧是以吸附态形式化学吸附在催化剂表面的活性中心上，再与烃分子反应。该模型简明并便于数学处理，因此在气固相催化反应中广泛应用，对于具有复杂反应网络的体系也可较方便地推导出反应速率方程。

（3）混合反应机理　混合反应机理是化学吸附和氧化还原机理的综合，假定反应物首先化学吸附在催化剂表面含晶格氧的氧化态活性中心上，然后与氧化态活性中心在表面反应生成产物，同时氧化态活性中心变为还原态，它们再与气相中的氧发生表面氧化反应，重新转化为氧化态活性中心。

7.2.2.3　非均相催化氧化反应催化剂

非均相氧化催化剂的活性组分主要包括3类：一是可变价的过渡金属钼、铋、钒、钛、钴、锑等的氧化物，如 $MoO_3 \cdot BiO_3$、$Co_2O_3 \cdot MoO_3$、$V_2O_5 \cdot TiO_2$、$V_2O_5 \cdot P_2O_5$、$CoO \cdot WO_3$ 等；二是一些能化学吸附氧的金属，如银等在环氧化反应、醇的氧化中的应用；三是近年来新开发的杂多酸和新型分子筛催化剂。

研究发现，使用可变价过渡金属氧化物作催化剂时，对特定的氧化反应而言，单一的氧化物常表现为活性高时选择性较差，而要保证选择性好时活性又较低。为了使催化剂活性和选择性都较高以获得理想的收率，工业生产中常采用两种或两种以上的金属氧化物构成催化剂，这些氧化物可以形成复合氧化物、固溶体或以混合物的形式存在，以使催化产生协同效应。另外，催化剂中变价金属离子处于不同价态离子的比例应保持在一个合适的范围内，以保持催化剂的氧化还原能力适当，如丁烷氧化制顺酐所用的 V-P-O 催化剂，其中既有 V^{3+} 又有 V^{5+}，合适的催化剂应保持钒的平均价态在4.0～4.1之间。

有些氧化催化剂是负载型的，工业生产中常用的载体有氧化铝、硅胶、刚玉、活性炭等。载体的品种和性能对催化剂的催化作用常有相当大的影响。

7.2.2.4　非均相催化氧化反应特点

与均相催化氧化相比，非均相催化氧化过程具有以下特点。

① 固体催化剂的活性温度较高，因此气固相催化氧化反应通常在较高的反应温度下进行，一般高于150℃，以利于能量的回收和节能。

② 反应物料在反应器中流速快，停留时间短，单位体积反应器生产能力高，适合大规模连续化生产。

③ 由于反应过程要经历扩散、吸附、表面反应、脱附等多个步骤，反应过程的影响因素较多，反应不仅与催化剂的组成有关，还与催化剂的结构如比表面积、孔结构等有关，同时催化剂床层间传热、传质过程复杂，对目标产物的选择性和设备的正常运行有着不可忽略的影响。

④ 非均相催化氧化过程的传热过程比均相氧化过程复杂，因为在非均相催化氧化系统中存在催化剂颗粒内传热、催化剂颗粒和气体间传热以及催化床层与管壁间传热等。而催化

剂的载体又往往是导热性较差的物质，如采用固定床反应器，床层轴向和径向温度分布由于受到传热效率限制可能产生较大的温差，影响反应选择性。另外放热与除热不平衡易导致发生“飞温”事故，影响反应的正常进行。

⑤ 反应物料与空气或氧的混合物存在爆炸极限问题，因此在工艺条件的选择和控制方面以及在生产操作上必须特别关注生产安全。

目前，化学工业中采用的主要是非均相催化氧化过程，均相催化氧化过程的应用较少。

7.2.2.5 非均相催化氧化反应器

气固相催化氧化反应都是强放热反应，通常大都伴随着完全氧化副反应的发生，所以反应过程中必须及时移走反应热，以防温度剧烈升高加快氧化反应速率发生爆炸事故。工业上常用的反应器有两种：列管式固定床反应器和流化床反应器。

(1) 列管式固定床反应器

① 列管式固定床反应器结构及载热体　列管式固定床反应器结构简图如图 7-8 所示。外壳为合金钢圆筒，考虑受热膨胀，有时加设膨胀圈（图中未画）。按要求不同反应器内装有不同排列方式的列管。列管数量和长度都是根据生产能力计算而定，列管数量少则数百根、多则上万根、列管长度一般取 2.5～3.0m。管内填装催化剂，管间走载热体。为了减少径向温差，管径一般较小，常用的是 ϕ25～30mm 的无缝钢管，近年来倾向于采用较大管径（ϕ38～42mm），同时相应增加管的长度，以增大气体流速，提高传热效率。但反应管长度增加，气体通过催化床层的阻力随之增大，使动力消耗增加，所以工业生产中常采用球形催化剂来降低床层阻力。反应管中插有热电偶以测量反应温度，为了能测到不同截面和高度的温度需选择不同位置的管子数根，将热电偶插在不同高度。反应器的上下部均设置有分布板，以使气流分布均匀。

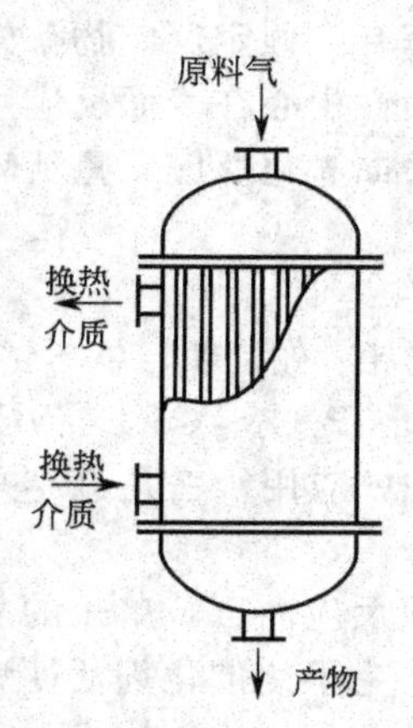

图 7-8 列管式固定床反应器结构

载热体在管间流动或汽化以带走反应热。对于强放热反应，合理选择载热体以及载热体温度的控制是保证氧化反应能否稳定进行的关键。载热体温度与反应温度的温差越小越好，但又必须能够及时移走反应过程释放出的大量热量，这就要求有较大的传热面积和大的传热系数。反应温度不同，选用的载热体也不同。常用的载热体有以下几种：(ⅰ) 加压热水，适用于反应温度在 240℃以下的反应；(ⅱ) 有机载热体，适用于反应温度在 250～300℃的反应，常用挥发性低的矿物油或联苯-联苯醚混合物；(ⅲ) 熔盐，适用于反应温度在 300℃以上的反应，熔盐的组成为 KNO_3 53%、NaOH 7%、$NaNO_2$ 40%（以质量计，熔点 142℃)。

② 列管式固定床反应器温度分布　由于氧化反应强烈放热，径向和轴向都会存在一定的温差。径向温差与催化剂的导热性和气体流速有关，催化剂的导热性能越好、气体流速越快，则径向温差就越小。轴向的温度分布主要取决于沿轴向各点的放热速率和管外载热体的除热速率。一般反应器内沿轴向温度分布都有一个最高温度，称为热点，如图 7-9 所示。在热点以前放热速率大于除热速率，轴向床层温度逐渐升高；在热点以后放热速率小于除热速率，轴向床层温度逐渐降低。热点温度的控制是使氧化反应顺利进行的关键。热点温度过高，

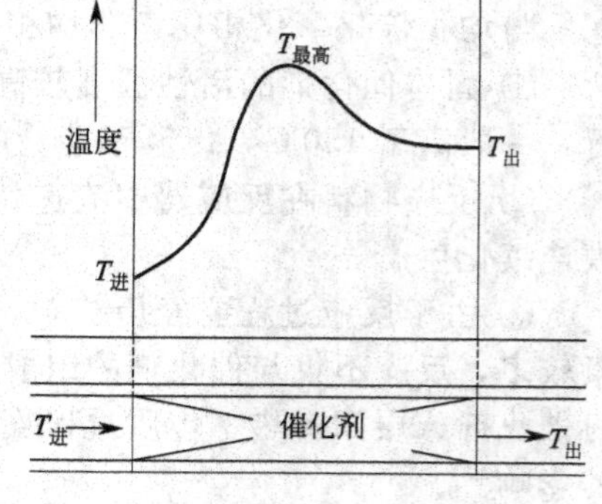

图 7-9 列管式固定床反应器的温度分布

会使反应选择性降低，催化剂活性变差，甚至使反应失去控制而造成“飞温”事故。

热点的出现，使整个催化床层只有一小部分催化剂是在所要求的温度条件下操作，影响了催化剂效率的充分发挥。由于催化剂的最佳活性温度和耐热温度限制，需严格控制热点温度，工业上常采取的措施有：(ⅰ) 在原料气中加入微量抑制剂，使催化剂部分中毒，以控制活性；(ⅱ) 在反应管进口段装填用惰性载体稀释的催化剂或部分老化的催化剂，以降低入口段的反应速率，从而降低放热速率；(ⅲ) 采用分段冷却法改变除热速率，使与放热速率尽可能保持平衡。

③ 列管式固定床反应器的优缺点　列管式固定床反应器的主要优点是气体在床层内的流动接近平推流，返混较小，因此特别适用于有串联式深度氧化副反应的反应过程，可抑制串联副反应的发生，提高选择性。另外，固定床反应器对催化剂的强度和耐磨性能的要求比流化床反应器低得多。但列管式固定床反应器同时存在着结构复杂、催化剂装卸困难，空速较低、生产能力比流化床小，需控制好热点温度等缺点。

(2) 流化床反应器

① 流化床反应器结构　流化床反应器是一种利用气体或液体通过颗粒状固体层而使固体颗粒处于悬浮运动状态，并进行气固相反应过程或液固相反应过程的反应器。在用于气固系统时又称沸腾床反应器。流化床反应器在现代工业中的早期应用为 20 世纪 20 年代出现的粉煤气化的温克勒（Winkler）炉，但现代流化反应技术的开拓是以 40 年代石油催化裂化为代表。目前，流化床反应器已在化工、石油、冶金、核工业等部门得到广泛应用。

流化床反应器的基本结构简图如 7-10 所示，从其本身结构来看自下而上大致分为锥形体、反应段和扩大段三部分。原料气自锥形体部分进入反应器，经气体分布板进入反应段。反应段装填催化剂，并装有导向挡板和具有一定面积的 U 形或直形冷却管，原料气在此与催化剂流化床层接触，进行反应。反应器上部为扩大段，在此段由于床径扩大气体流速减小，有利于被气体夹带的催化剂的沉降，同时为了进一步回收催化剂在此段还设置一组或多组 2～3 级旋风分离器，由旋风分离器回收的催化剂通过下降管返回反应器。

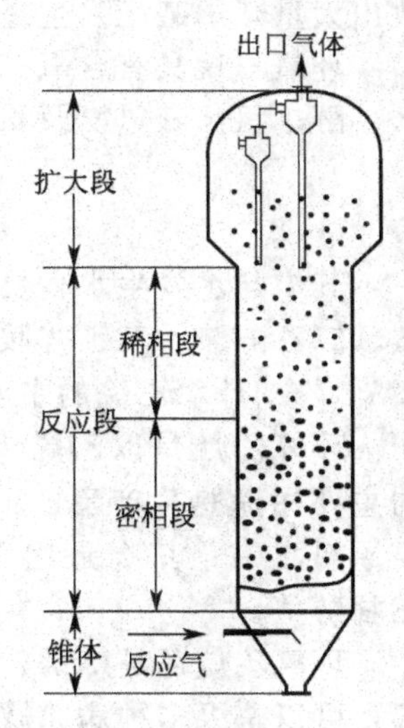

图 7-10　流化床反应器结构

② 流化床反应器的优缺点　与列管式固定床反应器相比，流化床反应器的主要优点是：(ⅰ) 固体催化剂颗粒与气体之间接触面大，而且被气流强烈搅动，气固相间传热速率快，床层温度分布比较均匀，反应温度也易控制，不会发生“飞温”事故，操作稳定性较好；(ⅱ) 催化剂床层与冷却管壁面间传热系数大，一般比列管式固定床大 10 倍左右，所需传热面比固定床小得多，而且冷却管的管壁温度可以与反应温度有较大差别，例如丙烯氨氧化的反应温度高，为 440℃，而冷却管中载热体可采用加压热水，借加压热水的汽化移走反应热，同时产生一定压力的蒸汽；(ⅲ) 操作比较安全；(ⅳ) 结构简单，合金钢材消耗少，而且催化剂易于装卸。

然而，由于流态化技术的固有特性以及流化过程影响因素的多样性，对于反应器来说，流化床又存在着明显的局限性：(ⅰ) 流化床反应器中的催化剂易磨损，损耗较多，为了减少磨损率，催化剂必须具有强度高、耐磨性能好等良好的机械性能，另外旋风分离器分离效率也要高；(ⅱ) 在流化床内，由于催化剂颗粒剧烈的轴向混合，引起部分气体返混，反应推动力减小，影响反应速率，使转化率降低，因此必须增加接触时间才能达到所需转化率，同时返混的存在使副反应加快，选择性下降；(ⅲ) 当气体通过催化剂床层时，可能会有大气泡产生，使原料气与催化剂颗粒之间接触不良，传质恶化，从而使转化率降低。

虽然流化床反应器存在着一些缺点，但其总的经济效果是有利的，尤其对温度敏感的氧化反应，采用流化床反应器可以有效地控制反应温度，消除局部过热现象，避免“飞温”事故。

7.3 乙烯环氧化制备环氧乙烷

低级烯烃的气相氧化都属于非均相催化氧化范畴。烯烃气相氧化可制得很多有用的有机化合物，其中比较重要的有乙烯环氧化制环氧乙烷、丙烯氧化偶联制丙烯腈、丙烯环氧化制环氧丙烷、丁烯氧化制顺丁烯二酸酐（俗称顺酐）等。

7.3.1 环氧乙烷的性质与用途

7.3.1.1 环氧乙烷的物理性质

环氧乙烷（简称 EO）又称氧化乙烯，是最简单也是最重要的环氧化物。在常温下为无色气体，沸点 10.4℃，低于 10.4℃时是无色易流动的液体，有乙醚的气味，其蒸气对眼和鼻黏膜有刺激性。可与水、醇、醚及大多数有机溶剂以任意比例混合，在空气中的爆炸极限（体积分数）为 2.6%～100%。易燃、易爆、有毒，不宜长途运输，因此具有强烈的地域性。

7.3.1.2 环氧乙烷的化学性质

环氧乙烷易发生自聚反应，尤其当有铁、酸、碱、醛等杂质或高温下更是如此。自聚时放出大量热，甚至发生爆炸，因此存放环氧乙烷的贮槽必须清洁，并保持在 0℃以下。

环氧乙烷具有含氧三元环结构，性质非常活泼，极易发生开环反应，在一定条件下可与水、醇、氢卤酸、氨及氨的化合物等发生加成反应，其通式为：

$$\underset{\diagdown\,O\,\diagup}{H_2C\text{—}CH_2} + XY \longrightarrow \underset{OX\quad Y}{H_2C\text{—}CH_2}$$

其中与水发生水合反应生成乙二醇，是制备乙二醇的主要方法。与氨反应可生成一乙醇胺、二乙醇胺、三乙醇胺。环氧乙烷本身还可开环聚合，生成聚乙二醇。

7.3.1.3 环氧乙烷的主要用途

环氧乙烷是以乙烯为原料产品中的第三大品种，仅次于聚乙烯和苯乙烯。环氧乙烷的主要用途是生产乙二醇，约占全球环氧乙烷总消费量的 60%，它是生产聚酯纤维的主要原料之一；其次是用于生产非离子表面活性剂以及乙醇胺类、乙二醇醚类、二甘醇、三甘醇等。

环氧乙烷还是广谱、高效的气体杀菌消毒剂，对消毒物品的穿透力强，可达到物品深部，可以杀灭多种病原微生物，包括细菌繁殖体、芽孢、病毒和真菌。另外，环氧乙烷还经常用于食料、纺织物及其他方法不能消毒的对热不稳定的药品和对外科器材等进行气体熏蒸消毒，如皮革、棉制品、化纤织物、精密仪器、生物制品、纸张、书籍、文件、某些药物、橡皮制品等。

7.3.2 环氧乙烷生产方法简介

环氧乙烷生产约有 70 多年的历史。工业上生产环氧乙烷的方法有氯醇法和直接氧化法两种。

7.3.2.1 氯醇法

氯醇法是早期的工业生产方法，分两步完成：首先由氯气和水反应生成次氯酸，次氯酸与乙烯反应生成氯乙醇，然后氯乙醇与氢氧化钙皂化生成环氧乙烷。

第一步：次氯酸化反应。

$$CH_2{=}CH_2+Cl_2+H_2O \xrightarrow{50℃} \underset{\underset{OH}{|}}{H_2C}-\underset{\underset{Cl}{|}}{CH_2}+HCl$$

主要副反应为：

$$CH_2{=}CH_2+Cl_2 \longrightarrow \underset{\underset{Cl}{|}}{H_2C}-\underset{\underset{Cl}{|}}{CH_2}$$

另外还存在生成二氯二乙醚的副反应：

$$CH_2{=}CH_2+\underset{\underset{Cl}{|}}{H_2C}-\underset{\underset{OH}{|}}{CH_2}+Cl_2 \longrightarrow \underset{\underset{Cl}{|}}{H_2C}-CH_2-O-CH_2-\underset{\underset{Cl}{|}}{CH_2}+HCl$$

2-氯乙醇水溶液浓度控制在6%～7%（以质量计）。

第二步：氯乙醇的皂化（环化）反应。

$$2\underset{\underset{OH}{|}}{H_2C}-\underset{\underset{Cl}{|}}{CH_2}+Ca(OH)_2 \xrightarrow{100℃} \underset{\diagdown\,O\,\diagup}{H_2C-CH_2}+CaCl_2+2H_2O$$

存在如下副反应：

$$2\underset{\underset{Cl}{|}}{H_2C}-\underset{\underset{OH}{|}}{CH_2}+Ca(OH)_2 \longrightarrow 2\underset{\underset{OH}{|}}{H_2C}-\underset{\underset{OH}{|}}{CH_2}+CaCl_2$$

当有氧化镁杂质存在时，还可能生成少量醛类：

$$2\underset{\underset{Cl}{|}}{H_2C}-\underset{\underset{OH}{|}}{CH_2}+Ca(OH)_2 \longrightarrow 2CH_3CHO+CaCl_2+2H_2O$$

氯醇法可以采用低浓度乙烯（50%左右）为原料，乙烯单耗低，设备简单，操作容易控制，有时还可联产环氧丙烷。但生产成本高（生产1t产品需消耗0.9t乙烯、2t氯气和2t石灰），产品只能用于生产表面活性剂。氯气和氢氧化钙没有进入产品分子中，而是变成了工业废渣，不仅浪费氯气和石灰资源，而且还会严重污染环境。此外，氯气、次氯酸和HCl等都会造成设备腐蚀和环境污染。因此本法从20世纪50年代起已逐渐被直接氧化法取代。

7.3.2.2　直接氧化法

直接氧化法又可分为空气氧化法和氧气氧化法。1931年法国催化剂公司的勒夫特(Lefort)发现乙烯在银催化剂作用下可以直接氧化成环氧乙烷，经过进一步的研究与开发形成了乙烯空气直接氧化法制环氧乙烷技术，1938年美国联合碳化物公司（UCC）首次采用此法建厂生产。1958年美国壳牌（Shell）公司首次建成了氧气直接氧化法工业装置。

氧气直接氧化法技术先进，适宜大规模生产，生产成本低，产品纯度可达99.99%。此外设备体积小，放空量少，排出的废气量只相当于空气氧化法的2%，相应的乙烯损失也少。另外流程比空气氧化法短，设备少，建厂投资可减少15%～30%，考虑空分装置的投入，总投资会比空气氧化法高一些，但用纯氧作氧化剂可提高进料浓度和选择性，生产成本大约为空气氧化法的90%。同时比空气氧化法反应温度低，有利于延长催化剂的使用寿命。因此，近年来新建的大型装置均采用纯氧作氧化剂，逐渐取代了空气法，成为占绝对优势的工业生产方法。目前环氧乙烷的物耗、能耗水平以美国UCC技术为例，每生产1t乙二醇，需乙烯626.7kg、氧气696.1kg、甲烷5.6kg、电134kW·h、蒸汽1.226t。

7.3.3　乙烯直接环氧化制备环氧乙烷

7.3.3.1　乙烯直接环氧化制备环氧乙烷反应原理

乙烯在银催化剂上的氧化反应，除发生选择性氧化生成目的产物环氧丙烷外，还会发生深度氧化，生成其他副产物，主要有二氧化碳、水及少量甲醛和乙醛，其反应过程可用下式表示：

$$CH_2{=}CH_2 \xrightarrow[\text{催化剂}]{O_2} \begin{cases} \xrightarrow{\text{主反应}} H_2C\text{—}CH_2 \text{（环氧乙烷）} \xrightarrow{O_2} CO_2 + H_2O \\ \longrightarrow CO_2 + H_2O \\ \longrightarrow HCHO \xrightarrow{O_2} CO_2 + H_2O \end{cases}$$

研究表明，二氧化碳和水主要是由乙烯直接氧化生成，反应的选择性主要决定于平行副反应的竞争，环氧乙烷氧化为二氧化碳和水的连串副反应是次要的。产物环氧乙烷的氧化可能是先异构化为乙醛，再进一步氧化为二氧化碳和水，由于乙醛在该反应条件下易被氧化，故在反应产物中只有少量乙醛存在。反应过程如下：

$$H_2C\text{—}CH_2\text{（环氧乙烷）} \xrightarrow{\text{异构化}} CH_3CHO \xrightarrow{O_2} CO_2 + H_2O$$

甲醛是乙烯的降解氧化副产物，反应式如下：

$$CH_2{=}CH_2 + O_2 \longrightarrow 2HCHO$$

乙烯的完全氧化是强放热反应，其反应热比乙烯环氧化反应大十多倍。

$$CH_2{=}CH_2 + \frac{1}{2}O_2 \longrightarrow H_2C\text{—}CH_2\text{（环氧乙烷）}$$

$$\Delta H^{\ominus}_{298K} = -103.4\text{kJ/mol}，\Delta H^{\ominus}_{523K} = -107.2\text{kJ/mol}$$

$$CH_2{=}CH_2 + 3O_2 \longrightarrow 2CO_2 + 2H_2O$$

$$\Delta H^{\ominus}_{298K} = -1324.6\text{kJ/mol}，\Delta H^{\ominus}_{523K} = -1324.6\text{kJ/mol}$$

上述完全氧化副反应的发生不仅使环氧乙烷的选择性降低，而且对反应热效应也有很大的影响，当氧化反应选择性下降时热效应会明显增加。因此在反应过程中反应选择性的控制十分重要，若反应选择性下降，就要相应加快除热速率，否则反应温度就会迅速上升，造成反应器内发生“飞温”事故。工业生产中为了提高选择性，催化剂的选择是关键。

7.3.3.2 乙烯直接环氧化制备环氧乙烷催化剂

在乙烯直接氧化制备环氧乙烷生产过程中，原料乙烯消耗的费用占环氧乙烷生产成本的70%左右，因此降低乙烯单耗是提高经济效益的关键，最佳措施是开发高性能催化剂。实践证明，大多数金属和金属氧化物催化剂对乙烯的环氧化反应选择性均很差，氧化结果主要是完全氧化产物二氧化碳和水。只有银催化剂例外，在银催化剂上乙烯能选择性地氧化为环氧乙烷，因此乙烯直接氧化法生产环氧乙烷的工业催化剂为银催化剂。

工业上使用的银催化剂由活性组分银、载体和助催化剂组成。

(1) 载体　载体的主要作用是分散活性组分银和防止银的微小晶粒在高温下烧结，以保持催化剂活性稳定。银的熔点较低（961.93℃），银晶粒表面原子在约500℃时就具有流动性，所以银催化剂的一个显著特点是容易烧结，从而使活性表面减少，催化剂活性降低，使用寿命缩短。乙烯环氧化过程存在的副反应为强放热反应，因此载体的表面结构、孔结构及其导热性能对催化剂颗粒内部的温度分布、催化剂上银晶粒的大小及分布、反应原料气体及生成气体的扩散速率等有很大影响，从而显著影响其活性和选择性。载体比表面积大，有利于银晶粒的分散，催化剂活性高。但比表面积大的催化剂孔径较小，不利于反应产物环氧乙烷从催化剂中扩散出来，使环氧乙烷脱离催化剂表面的速度慢，从而造成深度氧化，选择性下降。因此，工业上选用比表面积小、无孔隙或粗孔隙型的惰性物质作载体，并要求有较好的导热性能和较高的热稳定性，使之在使用过程中不发生孔隙结构的变化。工业上常用的载体有碳化硅、α-氧化铝、含有少量 SiO_2 的 α-氧化铝等，一般比表面积为 $0.3\sim0.4m^2/g$。近期专利报道载体比表面积有提高的趋势，如 Shell、SD 等公司已试用 $0.5\sim2m^2/g$ 的载体，空隙率50%左右，平均孔径4.4μm 左右。载体中的钠含量对载体表面的酸碱性有一定影响，一般要求将钠含量控制在0.05%～1%以内。

由无孔内核和多孔外层构成的双层结构载体是 Halcon 公司研制成功的，载体的内核使用导热性能良好的无孔材料如 SiC 等，外壳由能形成多孔结构的小颗粒材料涂覆在核上构成，活性组分集中在外层。双层结构复合载体由于孔深度有限，反应产物在孔内停留时间短，深度氧化少，传质传热效果好，反应选择性高，还可减少活性组分用量。

载体的形状对催化剂的催化性能也有一定影响。早期的乙烯氧化制环氧乙烷负载型催化剂的载体为球形，尽管球形载体的流动性好，但催化剂微孔内的气体不易扩散出来，造成深度氧化，选择性较差。为了提高载体性能，尽量把载体制成传质传热性能良好的形状，如环形、马鞍型、阶梯型等。另外，载体形状的选择还应保证反应过程中气流在催化剂颗粒间有强烈搅动，不发生短路，床层阻力小。

(2) 助催化剂　为使银催化剂具有更好的催化性能，早期人们添加碱金属盐（如钾盐）提高催化剂的选择性；添加碱土金属盐（如钡盐）增加催化剂的抗熔结能力，增强其热稳定性而延长使用寿命，同时可提高催化剂的活性（对催化剂选择性有少许不利影响）；添加稀土元素化合物增强热稳定性，提高抗毒性和催化活性等。近10多年来，开始添加碱金属铯盐，对催化剂选择性的提高发挥了重要作用，国际上一些发达国家银催化剂的选择性可高达85%～90%，我国自己开发的催化剂也已达到82%以上。但该类催化剂的活性较低，寿命较短。除常见的铯、锂、铷、钾等外，近年来见诸报道的助催化剂元素有ⅥB族过渡金属（铬、钼、钨）、硫、铼、钪、钴、锰、氟等。

研究表明，两种或两种以上的助催化剂可以产生协同作用，效果优于只添加一种助催化剂。例如银催化剂中只添加钾助催化剂时环氧乙烷的选择性为76%，只添加适量铯助催化剂时环氧乙烷的选择性为77%，如同时添加钾和铯，则环氧乙烷的选择性可提高到81%。

另外，在催化剂中还可以添加二氯乙烷、氯乙烯、氮氧化物、硝基烷烃等活性抑制剂，其作用是使催化剂表面部分可逆中毒，使活性适当降低，减少深度氧化，从而提高反应选择性。

(3) 催化剂的制备方法　工业上，银催化剂的制备方法主要有两种。一种是早期使用的黏结法（或称涂覆法），即将活性组分银盐和助催化剂混合在一起，用黏结剂黏结在无孔载体上，再经干燥和热分解制得。由该法制备的催化剂颗粒活性组分分布不均匀，机械强度差，银粉易剥落，不能承受高空速，使用时床层压力降增加很快，活性下降快，使用寿命短。另一种是现在普遍采用的浸渍法，即将载体浸入水溶性的有机银（例如乳酸银或银-有机铵络合物等）和助催化剂溶液中，然后进行干燥和热分解获得。用浸渍法制得的催化剂活性组分银可获得较高的分散度，银晶粒可较均匀地分布在孔壁上，与载体结合牢固，能承受高空速。催化剂的形状一般采用中空圆柱体。增加催化剂中银的含量，可提高催化剂的活性，但会使选择性降低，一般银含量控制在9%～15%之间。但最近的研究结果表明，只要选择合适的载体和助催化剂，高银含量的催化剂也能保证选择性基本不变，而活性可明显提高。需要指出的是，制备的银催化剂必须经过活化后才具有活性，活化过程是将不同状态的银化合物分解、还原为金属银。

近年来，对改进催化剂性能的研究工作从未间断，现在已投入生产的银催化剂用氧气氧化法选择性已可达80%～82%，据报道选择性更高的催化剂也已研究成功。

7.3.3.3 乙烯直接环氧化制备环氧乙烷反应机理

关于乙烯在银催化剂上直接氧化为环氧乙烷的反应机理已进行了许多研究，但至今尚无定论。

P. A. Kilty等根据氧在银催化剂表面的吸附、乙烯和吸附氧的作用以及选择性氧化反应提出，氧在银催化剂表面上存在两种化学吸附态，即原子吸附态和分子吸附态。当有4个相邻的银原子簇组成的吸附位时，氧便解离，形成原子吸附态O^{2-}，这种吸附的活化能低，在任何温度下都有较高的吸附速度，原子态吸附氧易与乙烯发生深度氧化。

$$O_2+4Ag(\text{相邻})\longrightarrow 2O^{2-}(\text{吸附态})+4Ag^+$$

$$CH_2{=}CH_2+12Ag^++6O^{2-}\ (\text{吸附态})\longrightarrow 2CO_2+2H_2O+12Ag$$

如在体系中添加活性抑制剂（如二氯乙烷），可使催化剂银表面的1/4被氯覆盖，则无法形成4个相邻的银原子簇组成的吸附位，从而抑制氧的原子态吸附和乙烯深度氧化。较高温度下，在不相邻的银原子上也可产生氧的解离形成的原子态吸附，但这种吸附需较高的活化能，因此不易形成。

$$O_2+4Ag(\text{不相邻})\longrightarrow 2O^{2-}(\text{吸附态})+4Ag^+$$

在没有由4个相邻的银原子簇构成的吸附位时，可发生氧的分子态吸附，即氧的非解离吸附，形成活化了的离子化氧分子，乙烯与此种分子氧反应生成环氧乙烷，同时产生一个吸附的原子态氧。此原子态的氧与乙烯反应，则生成二氧化碳和水。

$$O_2+Ag\longrightarrow Ag^+O_2^-(\text{吸附态})$$

$$CH_2{=}CH_2+Ag^+O_2^-\ (\text{吸附态})\longrightarrow H_2C\underset{O}{\diagdown\!\!-\!\!\diagup}CH_2\ +Ag^+O^-\ (\text{吸附态})$$

$$CH_2{=}CH_2+6Ag^+O^-\ (\text{吸附态})\longrightarrow 2CO_2+2H_2O+6Ag$$

总反应式为：

$$7CH_2{=}CH_2+6Ag^+O_2^-(\text{吸附态})\longrightarrow 6H_2C\underset{O}{\diagdown\!\!-\!\!\diagup}CH_2\ +2CO_2+2H_2O+6Ag$$

按此反应机理，银催化剂表面上离子化分子态吸附氧O_2^-是乙烯氧化生成环氧乙烷反应的氧种，而原子态吸附氧O^{2-}是完全氧化生成二氧化碳的氧种。如果在催化剂的表面没有4个相邻的银原子簇存在，或向反应体系中加入抑制剂，使氧的解离吸附完全被抑制，只进行非解离吸附，在不考虑其他副反应情况下，乙烯环氧化的选择性最大为6/7，即85.7%。但从目前的研究结果来看，乙烯氧化生成环氧乙烷的选择性已超出了85.7%的上限［在转化率低时可达90%以上，在低温（373K）下反应甚至可接近100%］，说明此机理不完全符合实际情况。因此一些学者对此机理进行了修正，提出原子氧也可生成环氧乙烷。还有学者认为催化剂表面上的原子态吸附氧可快速结合成分子态氧，再与乙烯反应生成环氧乙烷。

另一种机理认为，原子态吸附氧是乙烯银催化氧化的关键氧种，原子态吸附氧与底层氧共同作用生成环氧乙烷或二氧化碳，分子态氧的作用是间接的。乙烯与被吸附的氧原子之间的距离不同，反应生成的产物也不同。当乙烯与被吸附的氧原子间距离较远时，为亲电性弱吸附，生成环氧乙烷；距离较近时，为亲核性强吸附，生成二氧化碳和水。氧覆盖度高产生弱吸附原子氧，氧覆盖度低产生强吸附原子氧，凡能减弱吸附态原子氧与银表面键能的措施均能提高反应选择性。根据该理论，选择性不存在85.7%的上限。

近年来的研究表明第二种机理更接近实际情况。

7.3.3.4　乙烯直接环氧化生产环氧乙烷工艺条件

(1) 反应温度　乙烯环氧化过程中存在着完全氧化平行副反应的激烈竞争，因此反应温度是影响选择性的主要因素。尽管催化反应机理和动力学还未取得一致的认识，但研究表明环氧化反应的活化能小于完全氧化反应的活化能。故反应温度升高，两个反应的反应速率虽然都会加快，但完全氧化反应的反应速率增加更快，因此选择性必然随温度升高而降低。当反应温度在100℃时，产物中几乎全部是环氧乙烷，选择性接近100%，但反应速率很慢，转化率很低，无工业生产价值。随着温度升高，反应速率加快，转化率增加，选择性下降，当温度超过300℃时产物几乎全是二氧化碳和水。此外，温度过高还会导致催化剂的使用寿命下降。权衡转化率和选择性两者之间的关系，以保持环氧乙烷的最高收率，工业上一般选择反应温度在220～260℃之间。

(2) 空速　空速也是影响转化率和选择性的因素之一。但与反应温度相比空速的影响是次要的，这是因为在乙烯环氧化反应过程中主要竞争反应是平行副反应，产物环氧乙烷的深度氧化副反应是次要的。但空速减小，转化率增大，选择性也随之下降。例如以空气作氧化剂，当转化率控制在35%左右时选择性为70%左右，若空速减小一半，转化率可提高至60%～75%，而选择性却降低到55%～60%。

空速不仅影响转化率和选择性，还影响催化剂的空时收率和单位时间的放热量，故应全面衡量。空速提高，可增大反应器中气体流动的线速度，减小气膜厚度，有利于传热。工业上采用的空速除与选用的催化剂有关外，还与反应器和传热速率有关，一般在4000～8000h^{-1}左右。催化剂活性高、反应热可及时移出时，可选择高空速，反之选择低空速。

(3) 反应压力　乙烯直接氧化的主、副反应在热力学上都不可逆，因此压力对主、副反应的平衡和选择性影响不大。但加压可提高乙烯和氧的分压，加快反应速率，提高反应器的生产能力，而且有利于采用加压吸收法回收环氧乙烷，故工业上大都采用加压氧化法。但压力也不能太高，因为要兼顾设备耐压程度及所引起的投资费用增加等问题，同时催化剂在高压下也易损坏，另外高压还会促使环氧乙烷在催化剂表面聚合和积炭，从而影响催化剂寿命。工业上采用的操作压力一般在2MPa左右。

(4) 原料气纯度　许多杂质对乙烯环氧化过程都有不利的影响，必须严格控制原料气纯度。主要有害物质及危害作用如下。

① 催化剂中毒。能使催化剂永久中毒的物质主要包括硫化物、砷化物、卤化物等。另外，乙炔会使催化剂中毒，并能与银反应，生成有爆炸危险的乙炔银。

② 降低反应选择性。原料气、管道及反应器中带入的铁离子会使环氧乙烷重排生成乙醛，直至完全氧化生成二氧化碳和水，使反应选择性降低。

③ 反应热效应增大。氢气、乙炔、碳原子数大于3的烷烃和烯烃都可发生完全氧化反应，放出大量热，使过程难以控制。乙炔、高碳烯烃的存在还会加快催化剂表面的积炭，使催化剂失活。

④ 影响爆炸极限。氩气、氢气是由空气或氧气带入反应体系的主要杂质，氩虽然是惰性气体，但会使氧的爆炸极限浓度降低而增加爆炸的危险性，氢也有同样效应，故这类杂质的存在会使氧的最大允许浓度降低。因此，要求原料气乙烯中乙炔<5μg/L，C_3以上烃<10μg/L，硫化物<1μg/L，氯化物<1μg/L，氢气<5μg/L。

另外，如果环氧乙烷在水吸收塔中吸收不充分，还会通过循环气带回反应器，不仅对环氧化起抑制作用，而且会导致深度氧化反应发生，使转化率明显降低。二氧化碳对环氧化反应也有抑制作用，但若含量适宜则有利于提高反应的选择性，而且可提高氧的爆炸极限浓度。循环气中二氧化碳允许含量<9%。

(5) 原料配比及致稳气　对于具有循环的乙烯环氧化过程，进入反应器的混合气由循环气和新鲜原料气混合而成，它的组成不仅影响过程的经济性，也与安全生产息息相关。实际生产过程中乙烯与氧的配比一定要控制在爆炸极限以外，同时必须控制乙烯和氧的浓度在合适的范围内，过低时催化剂的生产能力小，过高时反应放出的热量大，易造成反应器的热负荷过大，造成“飞温”事故。乙烯与空气混合物的爆炸极限为体积分数 2.7%～36%，与氧的爆炸极限为体积分数 2.7%～80%，实际生产中因循环气带入二氧化碳等，爆炸极限也有所改变。为了提高乙烯和氧的浓度，可以加入第三种气体来改变乙烯的爆炸极限，这种气体通常称为致稳气。致稳气是惰性的，能减小混合气的爆炸极限，增加体系安全性。致稳气还应具有较高的比热容，能有效地移出部分反应热，增加体系稳定性。工业上曾广泛采用的致稳气是氮气。近年来采用甲烷作致稳气，在操作条件下甲烷的比热容是氮气的 1.35 倍，而且比氮气作致稳气时更能缩小氧和乙烯的爆炸范围，使进口氧的浓度提高，还可使选择性提高 1%，延长催化剂的使用寿命。由于实际生产中使用的氧化剂不同，反应器进口混合气的组成也不相同。用空气作氧化剂时，空气中的氮充作致稳气，乙烯的浓度为 5%左右，氧浓度为 6%左右；以纯氧作氧化剂时，为使反应缓和进行，仍需加入致稳气，在用氮作致稳气时乙烯浓度可达 20%～30%，氧浓度为 7%～8%左右。

(6) 乙烯转化率的控制　乙烯环氧化单程转化率的控制与氧化剂的种类有关。用纯氧作氧化剂时，单程转化率一般控制在 12%～15%之间，选择性可达 83%～84%；用空气作氧化剂时，单程转化率一般控制在 30%～35%之间，选择性达 70%左右。单程转化率过高时，由于放热量大，温度升高快，会加快深度氧化，使环氧乙烷的选择性明显降低。为了提高乙烯的利用率，工业上采用循环流程，即将环氧乙烷分离后未反应的乙烯再送回反应器，所以单程转化率也不能过低，否则因循环气量过大而导致能耗增加。同时，生产中要引出10%～15%的循环气，以除去有害气体如二氧化碳、氩气等，单程转化率过低也会造成乙烯的损失增加。

7.3.3.5　乙烯直接环氧化生产环氧乙烷工艺流程

乙烯直接催化氧化生产环氧乙烷的工艺，根据所采用的氧化剂不同，有空气氧化法和氧气氧化法两种。两者工艺流程的组织不同，所用催化剂和工艺条件的控制也有所不同。与空气氧化法相比，氧气氧化法的安全性相对较差，但其选择性较好，乙烯单耗较低，催化剂生产能力较大，对于生产规模在年产万吨以上的总投资费用比空气氧化法低，故新建的工厂大多采用氧气氧化法，只有生产规模小时才采用空气氧化法。采用氧气氧化法需增设空分装置。

氧气氧化法生产环氧乙烷工艺流程如图 7-11 所示，主要由反应部分和环氧乙烷回收精制两大部分组成。

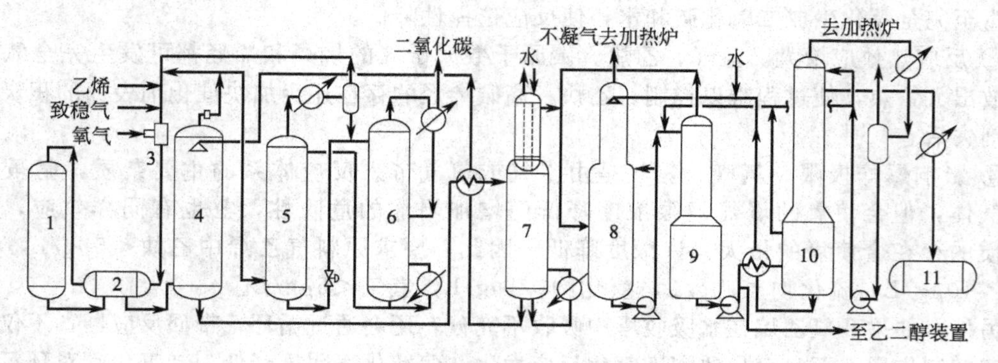

图 7-11　氧气氧化法生产环氧乙烷工艺流程

1—环氧乙烷反应器；2—气-气热交换器；3—气体混合器；4—环氧乙烷吸收塔；5—二氧化碳吸收塔；6—二氧化碳吸收液再生塔；7—解吸塔；8—再吸收塔；9—脱气塔；10—精馏塔；11—环氧乙烷贮槽

（1）反应部分　新鲜原料乙烯和含抑制剂的致稳气在循环压缩机出口与循环气混合，然后经气体混合器与氧气混合。混合后的气体通过气-气热交换器与反应生成气换热后进入环氧乙烷反应器。自环氧乙烷反应器流出的反应气中环氧乙烷含量通常小于摩尔分数3%，经气-气换热器冷却后进入环氧乙烷吸收塔，因环氧乙烷可与水以任意比例互溶，采用水作吸收剂可将环氧乙烷完全吸收。从环氧乙烷吸收塔排出的气体含有未转化的乙烯、氧、二氧化碳和惰性气体，应循环使用。为了维持循环气中二氧化碳的含量符合要求，其中90%左右的气体作循环气，剩下的10%送往二氧化碳吸收塔，用热碳酸钾溶液吸收二氧化碳，生成碳酸氢钾溶液。该溶液送至二氧化碳吸收液再生塔，经加热减压解吸二氧化碳，再生后的碳酸钾溶液循环使用。自二氧化碳吸收塔排出的气体经冷却分离出夹带的液体后，返回至循环气系统。

氧化反应工艺流程中混合器和反应器的设计非常重要。混合器的设计要确保迅速混合，以避免因混合不好造成局部氧浓度过高而超过爆炸极限浓度，进入热交换器时引起爆炸。工业上采用多孔喷射器高速喷射氧气，以使气体迅速均匀混合，并防止乙烯循环气返混回含氧气体配管中。反应工序需安装自动分析监测系统、氧气自动切断系统和安全报警装置；设计氧化反应器时，考虑到细粒径银催化剂易结块，磨损严重，难以使用流化床反应器，工业生产中均采用列管式固定床反应器。随着技术的进步，目前已可设计使用直径大于25mm的反应管，单管年生产环氧乙烷能力可达10t以上。列管式反应器管内充填催化剂，管间走冷却介质。冷却介质可以是有机载热体或加压热水，用于移出大量的反应热。由于有机载热体闪点较低，如有泄漏危险性大，同时传热系数比水小，近年来多采用加压热水移热，还可副产蒸汽。在反应器出口端，如果催化剂粉末随气流带出，会促使生成的环氧乙烷进一步深度氧化和异构化为乙醛，这样既增加了环氧乙烷的分离提纯难度又降低了环氧乙烷的选择性，而且反应放出的热量会使出口气体温度迅速升高，带来安全上的问题，这就是所谓的“尾烧”现象。目前工业上采用加冷却器或改进反应器下封头的办法加以解决。

（2）环氧乙烷回收精制部分　回收精制部分包括将环氧乙烷自水溶液中解吸出来和将解吸得到的粗环氧乙烷进一步精制提纯两部分。自环氧乙烷吸收塔塔底排出的环氧乙烷吸收液含少量甲醛、乙醛等副产物和二氧化碳，需进一步精制。根据环氧乙烷用途的不同，提浓和精制的方法不同。

环氧乙烷吸收塔塔底排出的富环氧乙烷吸收液经热交换、减压闪蒸后进入解吸塔顶部，在此环氧乙烷和其他气体组分被解吸。解吸出来的环氧乙烷和蒸汽经过塔顶冷凝器，大部分水和重组分被冷凝，解吸出来的环氧乙烷进入再吸收塔用水吸收，塔底可得质量分数为10%的环氧乙烷水溶液，塔顶排放解吸的二氧化碳和其他不凝气如甲烷、氧气、氮气等，送至蒸气加热炉作燃料。所得环氧乙烷水溶液经脱气塔脱除二氧化碳后，一部分可直接送往乙二醇装置，剩下部分进入精馏塔，脱除甲醛、乙醛等杂质，制得高纯度环氧乙烷。精馏塔有95块塔板，在第86块塔盘上采出液相环氧乙烷，纯度大于99.99%，塔顶蒸出的甲醛（含环氧乙烷）和塔下部采出的含乙醛的环氧乙烷均返回脱气塔。

在环氧乙烷回收和精制过程中，解吸塔和精馏塔塔釜排出的水经热交换后作环氧乙烷吸收塔的吸收剂，闭路循环使用，以减少污水量。

以空气作氧化剂的工艺流程与氧气法不同之处有两点：其一是空气中的氮气就是致稳气；其二是不用碳酸钾溶液脱除二氧化碳，因而没有二氧化碳吸收塔和再生塔。控制循环气中二氧化碳含量的方法是排放一部分循环气到系统外，故排放量比氧气法大得多，乙烯的损失亦大得多，原料成本较氧气法高。

7.3.3.6　环氧乙烷生产中的新工艺和新技术

（1）乙烯回收技术　生产环氧乙烷/乙二醇过程中需排空由原料和致稳气带入的杂质，

但在排空过程中会损失少量未反应的原料乙烯，氧气法工艺中乙烯损失占原料量的1%以下，空气法工艺中乙烯损失量更大，故乙烯的回收对产品的经济效益影响很大。

乙烯回收有许多方法，其中最具有技术先进性及应用经济价值的是膜分离技术和变压吸附技术。膜分离技术有美国MTR公司研究开发的Vaporsep膜技术和我国开发的有机膜技术，其中Vaporsep膜技术已成功用于回收排放气中的乙烯，乙烯回收率为70%左右。变压吸附技术则由刘晓勤等研制出了选择性好、吸附容量高的乙烯专用吸附剂，乙烯回收率达90%以上，目前处于工业化试验阶段。

(2) 环氧乙烷回收技术　美国Dow公司以碳酸乙烯酯代替水作环氧乙烷的吸收剂，大大降低了能耗。由于碳酸乙烯酯与环氧乙烷具有很大的亲和力，即使在较高温度（45～65℃）下对环氧乙烷也具有很好的吸收效果，因此用它作吸收剂无须制冷设施，吸收塔设备也因吸收剂量大为减少而缩小，又因为碳酸乙烯酯的比热容仅为水的1/3，因此在解吸过程中耗能也大幅度减少。

美国SD公司采用超临界技术回收环氧乙烷。具体的操作过程是将吸收所得的富环氧乙烷水溶液在近临界或超临界条件下利用二氧化碳从水中选择性萃取出其中的环氧乙烷，随后在亚临界条件下蒸馏回收环氧乙烷。与采用环氧乙烷水溶液解吸的常用方法相比可节省大量能量。

Snan公司开发成功用膜式吸收器等温吸收环氧乙烷的方法，既简化了吸收工艺流程，又降低了能耗。具体的操作过程是首先将由氧化反应器出来的反应生成气冷却至5～60℃，再在0.1～3MPa下送到膜式等温水吸收器，该设备外部附有水夹套，夹套中通冷冻水进行冷却。反应生成气中环氧乙烷组分被水吸收后，在膜式吸收器底部生成高浓度环氧乙烷水溶液，送到闪蒸器进行闪蒸，得到无惰性气体的环氧乙烷溶液，经回收其中残留的乙烯后可直接用作乙二醇装置的进料。该法蒸汽耗量仅为常用工艺的43.4%，电耗量为常用工艺的33.6%。

(3) 节能技术　通常吸收所得环氧乙烷水溶液中环氧乙烷含量仅为1.5%～2.0%，故在提浓和精制中需要耗用大量能量。近年来普遍采用环氧乙烷精馏塔加压工艺，这样可将塔顶温度自10～11℃提高到47～48℃，塔顶蒸汽不用冷冻盐水冷却冷凝，采用普通循环冷却水即可，这样既省去了冷冻设备，消耗的电能也大为减少。

日本触媒公司用氟里昂冷却冷凝精馏塔顶54℃的环氧乙烷蒸气，所得氟里昂蒸气经热泵压缩增温后送到精馏塔釜（62℃）的再沸器作为热源，大幅度减少了（约50%）精馏塔的加热蒸汽消耗，同时也省去了精馏塔顶冷凝器的用水量。与此相类似，解吸塔塔釜液（113.8℃）与解吸塔进料（即吸收塔塔釜液）进行热交换后温度降至56.5℃，再与氟里昂介质进行热交换，使氟里昂汽化，汽化的氟里昂蒸气经热泵压缩增温后用以发生低压蒸汽（0.06MPa，75℃），回收的热量相当于原解吸塔釜加热蒸汽量的1/4左右。也可用精馏塔塔顶蒸汽加热氟里昂介质，氟里昂蒸气经热泵压缩增温后作为解吸塔塔釜再沸器热源，从解吸塔塔釜再沸器出来的未冷凝的氟里昂蒸气还可进一步用作精馏塔塔釜再沸器的热源。前后两项热能利用可分别节省热量50%及37%。虽然由于环保方面的限制，氟里昂用作传热介质会造成一定污染，但节能的思路是值得借鉴的。

(4) 催化剂改进　20世纪70年代初，美国Shell公司在催化剂中添加碱金属（尤其是铯），使银催化剂的初始选择性提高到80%左右。1987年该公司又有进步，初始选择性提高到86%以上。日本三菱油化公司在银催化剂中添加钼，最高选择性也可达到85%。中国石油化工研究院在90年代初研制成功的SPI-Ⅲ型催化剂单管评价试验选择性达到84%左右，已超过进口的SD825型催化剂。以上催化剂均已进行过工业性试验，并在工业生产装置上使用。

7.4　丙烯氨氧化制备丙烯腈

烃类的氨氧化是指用空气或氧气对烃类及氨进行共氧化，生成腈或有机氮化物的过程。烃类可以是烷烃、环烷烃、烯烃、芳烃等，最有工业价值的是丙烯氨氧化。在烯丙基氧化过程中，丙烯氨氧化制丙烯腈最具代表性。

7.4.1　丙烯腈的性质与用途

7.4.1.1　丙烯腈的物理性质

丙烯腈在常温常压下是无色透明液体，味甜，具有刺激性臭味。沸点77.5℃，凝固点－83.3℃，闪点0℃，自燃点481℃。有毒，室内允许浓度为0.002mg/L。溶于有机溶剂如丙酮、苯、四氯化碳、乙醚、乙醇，与水部分互溶，20℃时在水中的溶解度为质量分数7.3%，水在丙烯腈中的溶解度为质量分数3.1%。其蒸气与空气形成爆炸混合物，爆炸极限为体积分数3.05%～17.5%。和水、苯、四氯化碳、甲醇、异丙醇等会形成二元共沸混合物，和水的共沸点为71℃，共沸物中丙烯腈的含量为质量分数88%，在苯乙烯存在下还能形成丙烯腈-苯乙烯-水三元共沸混合物。

7.4.1.2　丙烯腈的化学性质

丙烯腈分子中含有C═C双键和氰基两种不饱和键，化学性质很活泼，能发生聚合、加成、水解、醇解等反应。

丙烯腈的聚合反应发生在丙烯腈的C═C双键上。纯丙烯腈在光的作用下就能自行聚合，所以在成品丙烯腈中通常要加入少量阻聚剂，如对苯二酚甲基醚（阻聚剂MEHQ）、对苯二酚、氯化亚铜、胺类化合物等。除自聚外，丙烯腈还能与苯乙烯、丁二烯、醋酸乙烯、氯乙烯、丙烯酰胺等的一种或几种发生共聚反应，由此可制得各种合成纤维、合成橡胶、塑料、涂料、黏合剂等。

7.4.1.3　丙烯腈的主要用途

丙烯腈简称AN，是丙烯系列的重要产品。就世界范围而言，在丙烯系列产品中，其产量仅次于聚丙烯而居第二位。

丙烯腈是生产有机高分子聚合物的重要单体，85%以上的丙烯腈用来生产聚丙烯腈。由丙烯腈、丁二烯、苯乙烯合成的树脂（ABS）以及由丙烯腈和苯乙烯合成的SAN树脂都是非常重要的工程塑料。另外，丙烯腈也是重要的有机合成原料，由丙烯腈经催化水合可制得丙烯酰胺，丙烯酰胺聚合制得的聚丙烯酰胺是三次采油的重要助剂。由丙烯腈经电解加氢偶联可制得己二腈，再加氢可制得己二胺，己二胺是生产尼龙66的主要单体。由丙烯腈还可制得如谷氨酸钠、医药、农药熏蒸剂、高分子絮凝剂、化学灌浆剂、纤维改性剂、纸张增强剂、固化剂、密封胶、涂料、橡胶硫化促进剂等一系列精细化工产品。

7.4.2　丙烯腈生产方法简介

丙烯腈的工业生产方法主要有氰乙醇法、乙炔法、乙醛-氢氰酸法、丙烯氨氧化法4种。

7.4.2.1　氰乙醇法

氰乙醇法是以环氧乙烷与氢氰酸为原料，经两步反应制得丙烯腈。首先，环氧乙烷和氢氰酸在水及三甲胺存在下反应得到氰乙醇，然后以碳酸镁为催化剂于200～280℃脱水制得丙烯腈，收率约75%。

$$\underset{\text{O}}{\text{H}_2\text{C}\!-\!\!-\!\text{CH}_2} + \text{HCN} \xrightarrow[50\sim60^\circ\text{C}]{\text{碱催化剂}} \underset{\text{OH}\quad\ \ \text{CN}}{\text{H}_2\text{C}\!-\!\!-\!\text{CH}_2} \xrightarrow[200\sim280^\circ\text{C}]{\text{MgCO}_3} \text{CH}_2\!=\!\text{CH}\!-\!\text{CN} + \text{H}_2\text{O}$$

该法虽能制得高纯度丙烯腈，但氢氰酸毒性大，生产成本也较高。

7.4.2.2　乙炔法

乙炔和氢氰酸在氯化亚铜-氯化钾-氯化钠稀盐酸溶液催化作用下，于80～90℃反应，制得丙烯腈。

$$CH{\equiv}CH + HCN \xrightarrow[80\sim90℃]{Cu_2Cl_2\text{-}KCl\text{-}NaCl\text{-}HCl} CH_2{=}CH{-}CN$$

该法生产工艺简单，收率高，以氢氰酸计可达97%。但副反应多，产物精制困难，氢氰酸毒性大，而且原料乙炔价格高于丙烯，在技术经济上落后于丙烯氨氧化法。此工艺在1960年前是世界各国生产丙烯腈的主要工艺，后来逐渐被丙烯氨氧化法取代。

7.4.2.3　乙醛-氢氰酸法

以乙醛和氢氰酸为原料，经两步反应制得丙烯腈。

$$CH_3CHO + HCN \xrightarrow[10\sim20℃]{NaOH} CH_3{-}\underset{\underset{CN}{|}}{CH}{-}OH \xrightarrow[600\sim700℃]{H_3PO_4} CH_2{=}CH{-}CN + H_2O$$

乙醛虽已能由乙烯制得，生产成本也比氰乙醇法和乙炔法低，但也因丙烯氨氧化法的工业化而没有发展起来。

7.4.2.4　丙烯氨氧化法

丙烯氨氧化法由美国Sohio公司首先开发成功，并于1960年第一个建成以丙烯、氨和空气为原料，用氨氧化法合成丙烯腈的化工厂。

$$2CH_2{=}CHCH_3 + 2NH_3 + 3O_2 \xrightarrow[470℃]{P\text{-}Mo\text{-}Bi\text{-}O} 2CH_2{=}CHCN + 6H_2O$$

丙烯氨氧化法原料价廉易得，工艺流程简单，对丙烯纯度要求不高，炼油厂含丙烯50%以上的尾气即可使用，生产成本大约是环氧乙烷法的40%～50%、乙炔法的50%～55%左右，产物分离相对容易，产品纯度高，是目前最先进最经济的合成路线，现今全球95%的丙烯腈装置都采用该法。

近年来，由于烯烃价格很高（是相应烷烃的3～6倍），而烷烃资源又极为丰富，用丙烷代替丙烯作原料生产丙烯腈逐渐引起了人们的重视。目前，一些大公司及科研院所正致力于丙烷直接氨氧化制丙烯腈催化反应工艺和催化体系的研究与开发。

7.4.3　丙烯氨氧化制备丙烯腈

7.4.3.1　丙烯氨氧化制备丙烯腈反应原理

在工业生产条件下，丙烯氨氧化制备丙烯腈的反应是一个非均相催化氧化反应。

$$CH_2{=}CHCH_3 + NH_3 + \frac{3}{2}O_2 \longrightarrow CH_2{=}CHCN + 3H_2O \qquad \Delta H^{\ominus}_{298K} = -518.74kJ/mol$$

同时在催化剂表面上还发生一系列副反应，生成多种副产物。

① 生成乙腈（ACN）：

$$CH_2{=}CHCH_3 + \frac{3}{2}NH_3 + \frac{3}{2}O_2 \longrightarrow \frac{3}{2}CH_3CN + 3H_2O \qquad \Delta H^{\ominus}_{298K} = -522kJ/mol$$

② 生成氢氰酸（HCN）：

$$CH_2{=}CHCH_3 + 3NH_3 + 3O_2 \longrightarrow 3HCN + 6H_2O \qquad \Delta H^{\ominus}_{298K} = -941kJ/mol$$

③ 生成丙烯醛：

$$CH_2{=}CHCH_3 + O_2 \longrightarrow CH_2{=}CHCHO + H_2O \qquad \Delta H^{\ominus}_{298K} = -351kJ/mol$$

④ 生成乙醛：

$$CH_2{=}CHCH_3 + \frac{3}{4}O_2 \longrightarrow \frac{3}{2}CH_3CHO \qquad \Delta H^{\ominus}_{298K} = -268kJ/mol$$

⑤ 生成二氧化碳：

$$CH_2{=}CHCH_3+\frac{9}{2}O_2 \longrightarrow 3CO_2+3H_2O \qquad \Delta H^{\ominus}_{298K}=-1925kJ/mol$$

⑥ 生成一氧化碳：

$$CH_2{=}CHCH_3+3O_2 \longrightarrow 3CO+3H_2O \qquad \Delta H^{\ominus}_{298K}=-1067kJ/mol$$

除上述副反应外，还有少量的丙腈生成。

反应副产物可分为3类：一是氰化物，主要有乙腈和氢氰酸；二是有机含氧化物，主要是丙烯醛，还有少量丙酮、乙醛和其他含氧化合物；三是深度氧化产物二氧化碳和一氧化碳。

丙烯氨氧化制备丙烯腈反应过程中的副反应都是强放热反应，尤其是深度氧化反应。在反应过程中副产物的生成必然降低目的产物的收率，这不仅浪费原料，而且使产物组成复杂化，给分离和精制带来困难，并影响产品质量。为了减少副反应发生，提高目的产物收率，除考虑工艺流程合理和设备强化外，关键在于选择适宜的催化剂。所采用的催化剂必须使主反应具有较低的活化能，这样可以使反应在较低温度下进行，使热力学上更有利的深度氧化等副反应在动力学上受到抑制。

7.4.3.2 丙烯氨氧化制备丙烯腈催化剂

目前工业上用于丙烯氨氧化反应的催化剂主要有两大类。一类是复合酸的盐类（钼系），如磷钼酸铋、磷钨酸铋等。钼系催化剂由Sohio公司开发，已由C-A型发展到C-49、C-49MC、C-89型。另一类是重金属的氧化物或几种金属氧化物的混合物（锑系），如Sb、Mo、Bi、V、W、Ce、U、Fe、Co、Ni、Te的氧化物，或Sb-Sn氧化物、Sb-U氧化物等。锑系催化剂由英国酿酒公司首先开发，在此基础上日本化学公司又相继开发成功NS-733A型、NS-733B型、NS-733D型。我国目前采用的主要是第一类催化剂。

(1) 钼系催化剂　工业上最早使用的丙烯氨氧化催化剂是氧化钼和氧化铋的混合氧化物催化剂，并加入磷的氧化物作助催化剂，其代表性组成为$PBi_9M_{12}O_{52}$。单一的Bi_2O_3对丙烯氨氧化反应无催化活性；单一的MoO_3虽有一定的催化活性，但选择性很差。只有MoO_3与Bi_2O_3混合使用才表现出较好的活性、选择性和稳定性。但工业生产实践表明该类催化剂活性温度较高（460～490℃），丙烯腈收率只有60%左右，丙烯单耗高，副产物产量大，反应时为提高选择性需在原料气中加入大量蒸汽（约为丙烯量的3倍），在反应温度下Mo和Bi挥发损失严重，使催化剂易于失活，因此被新的钼系催化剂取代。

20世纪70年代初，一些性能较差的催化剂逐渐被淘汰，代之以新研发的高性能催化剂。其中在P-Mo-Bi-Fe-Co-O五组分催化剂基础上开发成功的P-Mo-Bi-Fe-Co-Ni-K-O/SiO_2七组分催化剂C-41就是一个典型的例证。在该催化剂中，Bi是催化活性的关键组分。不含Bi的催化剂，丙烯腈的收率很低（6%～15%）。适宜含量的Fe与Bi的配合不但能提高丙烯腈的收率，还可减少乙腈的生成。Fe的作用被认为是帮助Bi输送氧，使$Mo^{+6}\rightarrow Mo^{+5}$更易进行。Ni和Co可抑制生成丙烯醛和乙醛的副反应。K_2O的加入对催化剂的氨氧化性能有显著影响，少量K_2O的存在可改变催化剂表面酸度，减少强酸中心数目，抑制深度氧化，使选择性提高；K_2O过量则导致催化剂表面酸度明显降低，使氨氧化反应的活性和选择性均下降。据报道，适宜的催化剂组成为：$Fe_3Co_{4.5}Ni_{2.5}BiMo_{12}P_{0.5}K_x$（$x=0\sim0.3$）。目前使用的有C-49、C-49MC、C-89等多组分催化剂。

Mo-Bi-Fe系催化剂可用通式表示为：

Mo-Bi-Fe-A-B-C-D-O。其中A为酸性元素，如P、As、B、Sb等；B为碱金属；C为2价金属元素，如Ni、Co、Mn、Mg、Ca、Sr等；D为3价金属元素，如La、Ce等；另外Mo可部分被W、V等元素取代。

（2）锑系催化剂　锑系催化剂在 20 世纪 60 年代中期投入工业生产，有 Sb-U-O、Sb-Sn-O、Sb-Fe-O 等。初期使用的 Sb-U-O 催化剂活性很好，丙烯转化率和丙烯腈收率都较高，但由于具有放射性，废催化剂处理困难，使用几年后已不采用。Sb-Fe-O 催化剂由日本化学公司研制开发成功，该催化剂丙烯腈收率可达 75%左右，副产物乙腈很少，催化剂价格也比较便宜。α-Fe_2O_3是活性很高的氧化催化剂但选择性差，纯氧化锑活性很低但选择性好，两者结合则具有良好的活性和选择性。文献报道，催化剂中 Fe 与 Sb 的摩尔比为 1∶1，催化剂主体是 $FeSbO_4$，还有少量的 Sb_2O_4。Sb-Fe-O 系催化剂耐还原性较差，添加 V、Mo、W 等可使其耐还原性得到改善。

除上述两类催化剂外，工业上还有以 MoO_3为主的 Mo-Te-O 系催化剂等。如 Montedison-UOP 法采用的催化剂，其主体为 Mo-Te-Ce-O 的多元金属氧化物，催化性能与 C-49 相当，丙烯腈单程收率可达 80%。我国在丙烯氨氧化催化剂的研制方面也做了大量的工作，先后开发了 M-82、M-86 等牌号的催化剂，其水平已达到或超过国际同类产品的水平。

丙烯氨氧化催化剂的活性组分本身机械强度不高，受到冲击、挤压就会碎裂，因此除活性组分外还需要载体，一方面是为了提高催化剂强度，另一方面是分散活性组分并降低其用量。根据采用的反应器不同，对载体的要求也不相同。流化床反应器对催化剂的强度和耐磨性能要求很高，一般采用粗孔微球硅胶作载体，活性组分和载体质量比为 1∶1，经喷雾干燥成型制备。固定床反应器由于比流化床反应器传热效率差，对催化剂载体的导热性能要求较高，一般采用导热性能好、比表面积低、无微孔结构的惰性物质作载体，常用的有刚玉、碳化硅和石英砂等，采用喷涂法或浸渍法制备。

7.4.3.3　丙烯氨氧化制备丙烯腈反应机理

关于丙烯氨氧化制备丙烯腈的反应机理，目前主要有两步法和一步法两种观点。

（1）两步法　两步法反应机理可简单地用下式表示：

$$HCHO \xrightarrow{NH_3} HCN$$

$$\uparrow O_2$$

$$CH_2{=}CHCH_3 \xrightarrow{O_2} CH_2{=}CHCHO \xrightarrow{NH_3} CH_2{=}CHCN$$

$$\downarrow O_2$$

$$CH_3CHO \xrightarrow{NH_3} CH_3CN$$

该机理认为，丙烯氨氧化的中间产物是相应的醛——丙烯醛、甲醛和乙醛，这些醛是经过烯丙基型反应中间体形成的，而且这些中间体都是在同一催化剂表面活性中心上产生的，只是由于后续反应不同，导致不同种类的醛生成，然后醛进一步与氨作用生成腈。而一氧化碳、二氧化碳可从氧化产物醛继续氧化生成，也可由丙烯完全氧化直接生成。根据该机理，丙烯氧化成醛是生成丙烯腈的控制步骤。

（2）一步法　一步法反应机理可简单地用下式表示：

$$CH_2{=}CHCH_3 \xrightarrow{k_1} CH_2{=}CHCN$$

$$CH_2{=}CHCH_3 \xrightarrow{k_2} CH_2{=}CHCHO \xrightarrow{k_3} CH_2{=}CHCN$$

该机理认为，由于氨的存在使丙烯氧化反应受到抑制。使用钼酸铋催化剂，在 430℃时，$k_1=0.195s^{-1}$，$k_2=0.005s^{-1}$，$k_1/k_2=39$。因此，丙烯直接氨氧化生成丙烯腈应是主要途径，而丙烯醛途径则是次要的。无论以何种途径进行反应，丙烯脱氢生成烯丙基过程速度最慢，为控制步骤。

动力学研究表明，在反应体系中氨和氧浓度不低于丙烯氨氧化反应的理论值时，丙烯氨氧化反应对丙烯为一级反应，对氨和氧均为零级反应，即：

$$r=kp_{丙烯}$$

式中，k 为反应速率常数，$p_{丙烯}$ 为丙烯的分压。

使用 Mo-Bi-0.5P-O 催化剂时：

$$k=2.8\times10^5 e^{\frac{-67000}{RT}}$$

使用 Mo-Bi-O 催化剂时：

$$k=8.0\times10^5 e^{\frac{-76000}{RT}}$$

7.4.3.4 丙烯氨氧化生产丙烯腈工艺条件

（1）原料纯度　原料丙烯是从烃类裂解气或催化裂化气分离得到的，其中可能含有的杂质是 C_2、丙烷及 C_4，也可能有硫化物存在。丙烷及其他烷烃对反应没有影响，但会稀释反应物浓度，因此含丙烯 50%的丙烯-丙烷馏分也可作原料使用。乙烯分子中不含 α-H，不如丙烯活泼，一般情况下少量乙烯存在对反应无不利影响。但丁烯或更高级烯烃存在时会给反应带来不利影响，因为它们比丙烯更易氧化，会消耗原料中的氧，甚至造成缺氧，而使催化剂活性下降。正丁烯氧化生成甲基乙烯酮（沸点 80℃），异丁烯氨氧化生成甲基丙烯腈（沸点 90℃），它们的沸点与丙烯腈接近，会给丙烯腈的精制带来困难，故应严格控制。硫化物的存在会使催化剂活性下降，应预先脱除。

（2）原料配比　合理的原料配比，是保证丙烯腈合成反应稳定、副反应少、消耗定额低及操作安全的重要因素。因此，严格控制合理的原料配比是非常重要的。

① 丙烯与氨的配比（氨比）　从丙烯氨氧化主反应方程式可知，丙烯与氨的摩尔比理论量为 1∶1。但工业生产中一般控制在 1∶(1.1～1.15) 之间，这是因为除氨氧化主反应消耗氨外，还有副反应的消耗和氨自身的氧化分解，同时过量氨还可抑制副产物丙烯醛的生成，如图 7-12 所示。但氨用量过多也不经济，不仅会增加氨的消耗定额，而且未反应的氨要用硫酸中和，从而增加了硫酸的消耗量。

② 丙烯与空气的配比（氧比）　丙烯氨氧化的氧化剂是空气，空气的用量对氧化结果有很大影响。目前工业上实际采用的丙烯与空气的摩尔比均大于理论氧比。采用大于理论值的氧比主要是为了保护催化剂，不致因催化剂缺氧而引起失活。反应时若在短时间内因缺氧造成催化剂活性下降，可在 540℃温度下通空气使其再生，恢复活性。但若催化剂长期在缺氧条件下操作，虽经再生，活性也不可能全部恢复。因此，生产中应保持反应尾气中氧含量在 0.1%～0.5%之间。但空气过多也会带来一些问题，如使丙烯浓度下降，影响反应速率，从而降低反应器的生产能力；促使反应产物离开催化剂床层后继续发生深度氧化反应，使选择性下降；使动力消耗增加；使反应产物中目的产品浓度下降，影响产品的回收。因此，空气用量应有一适宜值。

丙烯与空气配比的适宜值与催化剂的性能有关。使用早期的 C-A 型催化剂，C_3H_6∶空气≈1∶10.5（摩尔比）；使用 C-41 催化剂，C_3H_6∶空气≈1∶9.8（摩尔比）。

③ 丙烯与蒸汽的配比（水比）　丙烯氨氧化反应并不需要水蒸气，但在原料中加入一定量的水蒸气有许多好处：一是水蒸气可促使产物从催化剂表面解吸出来，从而避免丙烯腈的深度氧化；二是加入水蒸气后可起到降低反应物浓度的作用，从而对保证安全生产防范爆炸事故有利；三是水蒸气的比热容较大，加入水蒸气可以带走大量的反应生成热，使反应温度易于控制；四是加入水蒸气对催化剂表面的积炭有清除作用。但另一方面，水蒸气的加入势必降低设备的生产能力，增加动力消耗，因此当催化剂活性较高时也可不加水蒸气。从目前

工业生产情况来看，当丙烯与蒸汽的摩尔比为 1∶3 时综合效果较好。

(3) 反应温度　温度是影响丙烯氨氧化反应速率和反应选择性的一个重要因素。当温度低于 350℃时，几乎不生成丙烯腈。要获得丙烯腈的高收率，必须控制较高的反应温度。温度的变化对丙烯转化率、丙烯腈收率、副产物乙腈和氢氰酸收率以及催化剂的空时收率都有影响。

当反应温度开始升高时，丙烯转化率、丙烯腈收率都明显增加，副产物乙腈和氢氰酸收率也有所增加。随着温度的继续升高，丙烯腈收率和乙腈收率都会出现一个最大值，丙烯腈收率最大值所对应的温度大约在 460℃左右，乙腈收率最大值所对应的温度大约在 417℃左右。生产中通常采用在 460℃（根据使用的催化剂而定）左右进行操作。另外，在 457℃以上反应时，丙烯易于与氧作用，生成大量二氧化碳，放热较多，反应温度不易控制；当温度接近或超过 500℃时，出现结焦、堵塞管道现象，而且因丙烯发生深度氧化，反应尾气中一氧化碳和二氧化碳的量开始明显增加，应当采取紧急措施（喷蒸汽或水）降温；再者，过高的温度也会使催化剂的稳定性降低。

适宜的反应温度与催化剂的种类有关，C-A 型催化剂活性较低，需在 470℃左右进行；C-41 型催化剂活性较高，适宜温度为 440～450℃；C-49 型催化剂温度还可更低一些。图 7-13 给出了丙烯在 P-Mo-Bi-O/SiO_2 系催化剂上氨氧化反应温度对主、副反应产物收率的影响情况。

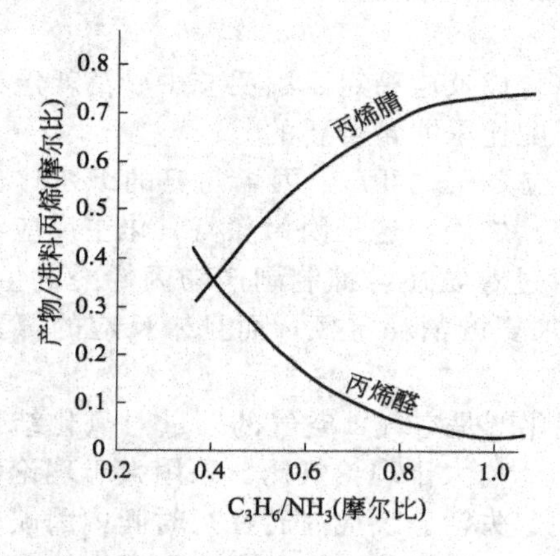

图 7-12　丙烯与氨用量比的影响

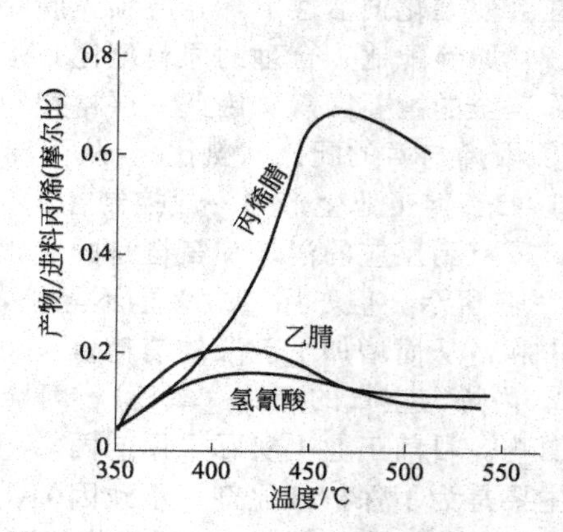

图 7-13　反应温度的影响

C_3H_6 ∶ NH_3 ∶ O_2 ∶ H_2O＝1∶1∶1.8∶1（摩尔比）

(4) 反应压力　丙烯氨氧化反应的主、副反应平衡常数很大，在热力学上可视为不可逆，压力的变化只对反应动力学产生影响。加压能提高丙烯浓度，增大反应速率，提高设备的生产能力。但研究表明，增大反应压力会使选择性下降，导致丙烯腈收率降低，因此丙烯氨氧化反应不宜在加压下进行。为了克服管道和催化剂阻力，反应进口处气体压力对固定床反应器为 0.078～0.088MPa（表压），对流化床反应器为 0.049～0.059MPa（表压）。

(5) 接触时间　丙烯氨氧化反应是气固相催化反应，反应是在催化剂表面进行的。因此，原料气和催化剂必须有一定的接触时间，以使原料气能尽量转化成目的产物。一般来说，适当增加接触时间可以提高丙烯转化率和丙烯腈收率，而副产物乙腈、氢氰酸和丙烯醛的收率变化不大，这对生产是有利的。但接触时间过长会使丙烯腈深度氧化的概率增大，反而使丙烯腈收率下降，同时接触时间过长，还会降低设备的生产能力，而且由于尾气中氧含量降低而造成催化剂活性下降。工业生产中接触时间根据所采用反应器的形式而定，流化床一般为 5～8s，固定床一般为 2～4s。

7.4.3.5 丙烯氨氧化生产丙烯腈工艺流程

丙烯氨氧化生产丙烯腈工艺流程大都比较复杂，而且由于各国采用的技术不同而有较大差异，但一般都是由丙烯腈合成、产物和副产物回收分离、产物和副产物精制三部分组成。

图 7-14 所示是一种常用的丙烯氨氧化生产丙烯腈工艺流程。

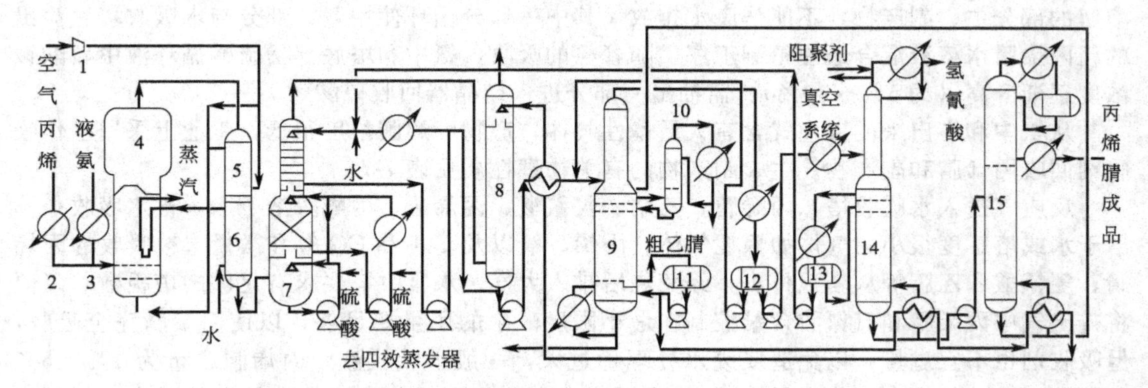

图 7-14 丙烯氨氧化生产丙烯腈工艺流程

1—空气压缩机；2—丙烯蒸发器；3—氨蒸发器；4—反应器；5—热交换器；6—冷却管补给水加热器；7—氨中和塔；8—水吸收塔；9—萃取精馏塔；10—乙腈塔；11—贮罐；12—第一分层器；13—第二分层器；14—脱氢氰酸塔；15—丙烯腈精制塔

(1) 丙烯腈合成部分 丙烯氨氧化是强放热反应，反应温度较高，催化剂的适宜活性温度范围又较窄，固定床反应器很难满足要求，因此工业上一般采用流化床反应器，以便及时移走反应热。尽管近年来新型流化床反应器的研究一直在进行，以达到减少返混、提高单程收率和结构简单的目标，但目前工业上应用较多的仍然是 Sohio 流化床技术。

原料空气经过滤除去灰尘和杂质后，用透平压缩机加压至 250kPa 左右，在空气预热器中与反应器出口物料进行热交换，预热至 300℃左右，然后从流化床底部经空气分布板进入反应器。纯度为 97%～99%的液态丙烯和 99.5%～99.9%的液态氨分别在丙烯蒸发器和氨蒸发器中蒸发，先在管道中混合，再经分布管进入反应器。空气、丙烯和氨按一定配比控制其流量。各原料气管路中均装有止逆阀，以防止发生事故时反应器中的催化剂和气体倒流。

流化床反应器内设置一定数量的 U 形冷却管，管内通入高压热水，通过水的汽化将反应热移出，从而控制反应温度。产生的高压过热蒸汽（4.0MPa 左右）可作为空气压缩机和制冷机的动力，利用后成为低压蒸汽（350kPa 左右），可用作回收和精制工序的热源，从而使能量得以合理利用。反应后的气体从反应器顶部输出，经热交换后冷却至 200℃左右，之后送入回收部分。

(2) 回收分离部分 自反应器流出的物料中含有少量未反应的氨，在碱性介质中会发生一系列副反应，例如氨与丙烯腈反应生成胺类物质 $H_2NCH_2CH_2CN$、$NH(CH_2CH_2CN)_2$、$N(CH_2CH_2CN)_3$，氢氰酸与丙烯腈加成生成丁二腈、与丙烯醛加成为氰醇，氢氰酸自聚，丙烯醛聚合，二氧化碳和氨反应生成碳酸氢铵等。生成的聚合物会堵塞管道；生成的碳酸氢铵在吸收液加热解吸时分解为二氧化碳和氨，然后在冷凝器中又生成碳酸氢铵，造成堵塞；各种加成反应导致产物丙烯腈和氢氰酸的损失，使回收率降低。因此氨必须及时除去。

工业生产中采用硫酸中和法在氨中和塔中除去氨，硫酸质量分数为 1.5%左右，一般 pH 值控制在 5.5～6.0 之间。氨中和塔又称急冷塔，分为三段，上段为多孔筛板，中段装填填料，下段是空塔，设置液体喷淋装置。反应气从氨中和塔下部进入。在下段首先与酸性循环水逆流接触，清洗夹带的催化剂粉末、高沸物和聚合物，并中和大部分氨，反应气温度从200℃左右急冷至84℃左右。然后进入中段，在中段进一步清洗，温度从84℃冷却至80℃左右。此温度不宜过低，以免丙烯腈、氢氰酸、乙腈等组分冷凝较多，进入液相而造成损失，同时会增加废水处理的难度。反应气经中段酸洗后进入上段，与水逆流接触，洗去夹带的硫酸溶液，温度进一步降低至40℃左右后进入水吸收塔。氨中和塔上部的洗涤水含有溶解的部分主、副产物，不能作废水排放，其中一部分循环使用，一部分与水吸收塔底流出的粗丙烯腈水溶液混合送往精制工序。随着氨的吸收，氨中和塔底部稀硫酸循环液中硫酸铵浓度逐渐升高（约5%～30%），需抽出一部分进入结晶器回收硫酸铵。

从氨中和塔出来的反应气含有大量惰性气体，产物丙烯腈浓度很低，工业上采用水作吸收剂回收丙烯腈和副产物。主、副产物的有关物理性质见表7-7。

反应气进入水吸收塔，丙烯腈、乙腈、氢氰酸、丙烯醛、丙酮等溶于水，被水吸收；不溶于水或溶解度很小的气体如惰性气体、丙烯、氧以及CO_2和CO等和微量未被吸收的丙烯腈、氢氰酸和乙腈等从塔顶排出，经焚烧后排入大气。水吸收塔要求有足够的塔板数，以便将排出气中丙烯腈和氢氰酸含量控制在最小限度。水的用量要足够，以使丙烯腈完全吸收，但吸收剂也不宜过量，以免造成废水处理量过大，一般水吸收液中丙烯腈含量为4%～5%（质量分数），其他有机物含量为1%（质量分数）左右。吸收水应保持较低的温度，一般在5～10℃左右。排出的水吸收液送往精制工序处理。

表7-7 丙烯氨氧化主、副产物的有关物理性质

产物及副产物	沸点/℃	熔点/℃	共沸点/℃	共沸组成(质量比)	水中溶解度(以质量计)	水在该物中溶解度(以质量计)
丙烯腈	77.3	−83.6	71	丙烯腈：水＝88：12	7.35%(25℃)	3.1%(25℃)
乙　腈	81.6	−41	76	乙腈：水＝84：16	互溶	互溶
氢氰酸	25.7	−13.2	—	—	互溶	互溶
丙烯醛	52.7	−8.7	52.4	丙烯醛：水＝97.4：2.6	20.8%	6.8%

（3）精制部分　精制的目的是把回收工序得到的丙烯腈与副产物的水溶液进一步分离，以获得聚合级丙烯腈和较高纯度的副产物氢氰酸。

由表7-7丙烯氨氧化反应的主、副产物的相关物理性质数据可知，丙烯腈、氢氰酸和水都很容易分离。丙烯腈和水能形成共沸物，冷凝后产生油水两相；丙烯腈和氢氰酸的沸点相差较大（51.6℃），可用普通精馏方法分离。但丙烯腈和乙腈由于沸点仅相差3.8℃，相对挥发度也非常接近（约为1.15），若采用一般的精馏方法进行分离，精馏塔理论塔板数需要100块以上，难以实现。因此，工业上采用萃取精馏法增大丙烯腈和乙腈的相对挥发度，萃取剂可以采用乙二醇、丙酮和水等，由于水无毒、价廉，故大都采用水作萃取剂。因为乙腈的极性比丙烯腈强，加入水可使丙烯腈对乙腈的相对挥发度大大提高，如在塔顶处水的摩尔分数为0.8时相对挥发度可达1.8，此时只需40块塔板就可实现丙烯腈和乙腈的分离。

精制部分的工艺流程包含在图7-14中，主要由萃取精馏塔、乙腈塔、脱氢氰酸塔、丙烯腈精制塔等组成。从水吸收塔底出来的水溶液进入萃取精馏塔，该塔为一复合塔，萃取剂水与进料中的丙烯腈量之比是萃取精馏塔操作的控制因素，一般萃取用水量是丙烯腈量的8～10倍。萃取精馏塔塔顶馏出的是氢氰酸、丙烯腈和水的共沸物，由于丙烯腈和水部分互溶，冷却后馏出液在第一分层器中分成两相，水相回流入萃取精馏塔。油相含丙烯腈80%以上、氢氰酸10%左右、水8%左右和微量杂质，它们的沸点相差较大，可采用普通精馏法分离精制。油相采出后首先在脱氢氰酸塔中脱除氢氰酸，脱氢氰酸塔塔顶馏出液进入氢氰酸精馏塔（图中未画出），获得99.5%的氢氰酸，塔釜液进入丙烯腈精制塔除去水和高沸点杂质。萃取精馏塔中部侧线采出粗乙腈水溶液，内含少量丙烯腈、氢氰酸以及丙烯醛等低沸点杂质，也需进一步精制，但乙腈的精制比较困难，需物理化学方法并用。萃取精馏塔下部侧线采出一股水，经热交换后送往水吸收塔作吸收用水。萃取精馏塔塔釜出水送往四效蒸发系统，蒸发冷凝液后作氨中和塔的中性洗涤用水，浓缩液少量焚烧，大部分送往氨中和塔中部循环使用，以提高主、副产物的收率，减少含氰废水排放处理量。

丙烯腈精制塔塔顶蒸出的是丙烯腈和水的共沸物，经冷凝分层，油相丙烯腈作回流液，水相采出，产品丙烯腈从塔上部侧线采出，釜液循环回萃取精馏塔作萃取剂。为防止丙烯腈聚合和氰醇分解，该塔需减压操作。

回收和精制部分处理的物料丙烯腈、丙烯醛、氢氰酸等都易于自聚，聚合物会堵塞塔盘和填料、管路，因此处理中需要加入阻聚剂。根据聚合机理不同采用不同的阻聚剂。丙烯腈的阻聚剂可用对苯二酚、连苯三酚或其他酚类，产品中少量水的存在也对丙烯腈有阻聚作用。氢氰酸在碱性条件下易聚合，需加入酸性阻聚剂。在气相和液相中氢氰酸都能聚合，因此都需加入阻聚剂，气相采用二氧化硫作阻聚剂，液相采用醋酸作阻聚剂。氢氰酸的贮槽也应加入少量磷酸作稳定剂。

目前丙烯氨氧化生产丙烯腈的工业化水平为；丙烯转化率达 95％以上，选择性大于 80％；以丙烯腈吨耗计，需液氨 0.50t、硫酸 0.092t、电 164kW・h、最先进技术的丙烯消耗定额为 1.08t。副产物氢氰酸可用于生产氰化钠或与丙酮反应生产丙酮氰醇，后者与甲醇反应可生产有机玻璃单体甲基丙烯酸甲酯。副产物乙腈主要用作萃取剂、溶剂或用于生产乙胺。

7.4.3.6　丙烯腈生产过程中废水和废气的处理

在丙烯腈生产过程中有大量的含氰废水和废气产生，氰化物有剧毒，必须经过处理后才能排放。国家标准规定工业废水中氰化物最高允许排放的质量浓度为 0.5mg/L（以游离氰根计）。

（1）废气处理　丙烯腈生产过程中的废气主要来自水吸收塔顶排放的气体，这些气体中还夹带着未被吸收下来的丙烯腈、乙腈和氢氰酸等有毒物质，如果控制不好，就会造成严重的环境污染。近年来该工艺过程中的废气处理一般采用催化燃烧法，这是一种对含有低浓度可燃性有毒有机废气的重要处理方法。其要点是将废气和空气混合后在低温下通过负载型金属催化剂，使废气中的可燃有毒有机物发生完全氧化，生成 CO_2、H_2O 和 N_2 等无毒物质。催化燃烧后的尾气可用于透平和发电，并进一步利用其余热，随后排入大气。催化燃烧法可节省直接燃烧法所消耗的燃料，因为在直接燃烧时，由于废气中有机物浓度较低，必须添加辅助燃料。

（2）废水处理　丙烯腈生产过程的废水主要由反应系统产生的废水和回收精制系统中的废水两部分组成。这些废水都是高 COD（chemical oxygen demand，化学需氧量）的含氰废水，工业上处理这类废水的有效方法是湿式氧化，特别是近年来催化湿式氧化法处理高 COD 废水得到了长足进步，因此，将催化湿式氧化处理有机废水方法集成到丙烯腈生产工艺中，用以处理全过程的含氰有机废水，是一项比较可行的技术。该工艺技术的优点有是丙烯腈回收率高，生产工艺简化（不再需要四效蒸发），去除了废水烧却炉，大大降低了装置能耗，回收的硫铵结晶品质也较高。

随着含氰废水处理技术的不断改进和发展，近年来广泛采用生物转盘法。方法是转盘上先挂好生物膜，在转盘转动过程中空气中的氧不断溶入水膜中，在酶的催化下有机物氧化分解，同时微生物以有机物为营养物进行自身繁殖，老化的生物膜不断脱落，新的生物膜不断产生。本法不产生二次污染，对于总氰（以—CN 计）含量在 50～60mg/L 的丙烯腈废水用此法处理能达到排放标准。

随着环境保护意识的增强，丙烯腈合成后的无氨工艺日益引人关注。由于氨中和塔得到的硫酸铵含有一定的氰化物，而且易于使土壤板结，利用价值不高。为此，寻求具有更高的氨转化率的催化剂、改进反应器的结构的工作正在进行之中，以期尽量减少以至消除未反应的氨，减少硫酸用量，甚至不用硫酸，这样就有可能取消氨中和塔，简化工艺流程，减少“三废”污染，实现清洁生产。

参考文献

[1] 吴指南．基本有机化工工艺学．北京：化学工业出版社，1990.
[2] 廖巧丽，米镇涛．化学工艺学．北京：化学工业出版社，2001.
[3] 黄仲九，房鼎业．化学工艺学．北京：高等教育出版社，2008.
[4] 韩冬冰．化工工艺学．北京：中国石化出版社，2003.
[5] 曾之平，王扶明．化工工艺学．北京：化学工业出版社，2000.
[6] 崔恩选．化学工艺学．北京：高等教育出版社，1990.
[7] 徐绍平，殷德宏，仲剑初．化工工艺学．大连：大连理工大学出版社，2004.
[8] 张翔宇．环氧乙烷/乙二醇工艺技术比较．化工设计，2006，16（3）：7-12.
[9] 王恒秀．乙醛//化工百科全书．第18卷．北京：化学工业出版社，1998.
[10] 钱延龙，廖世健．均相催化进展．北京：化学工业出版社，1990.
[11] 张旭之，陶志华，王松汉等．丙烯衍生物工学．北京：化学工业出版社，1995.
[12] 徐克勋．精细有机化工原料及中间体手册．北京：化学工业出版社，1998.
[13] 洪仲苓．化工有机原料深加工．北京：化学工业出版社，1998.
[14] 区灿琪，吕德伟．石油化工氧化反应工程与工艺．北京：中国石化出版社，1992.
[15] 魏文德主编．有机化工原料大全．第2卷．北京：化学工业出版社，1989：200-243.
[16] 张旭之，王松汉，戚以政．乙烯衍生物工学．北京：化学工业出版社，1995.
[17] 魏文德主编．有机化工原料大全．第3卷．北京：化学工业出版社，1990：104-125.
[18] 钱伯章．环氧丙烷的生产技术进展．化学推进剂与高分子材料，2006，4（2）：14-18.
[19] 谷玉山．环氧丙烷生产技术的进展．中国氯碱，2004，（4）：5-7.
[20] 吴粮华．丙烯腈生产技术进展．化工进展，2007，26（10）：1369-1372.
[21] 赵震，张惠民，徐春明，邵静．丙烯氨氧化催化剂研究进展．黑龙江大学自然科学学报，2005，22（2）：237-240.

第8章 羰基合成

8.1 概述

羰基合成（oxo synthesis）又称罗兰反应，于1938年首先由德国鲁尔化学公司的奥·罗兰（O. Roulen）发现，是指烯烃与合成气或一定配比的一氧化碳及氢气在过渡金属配合物催化作用下发生加成反应，生成比原料烯烃多一个碳原子的醛。

$$RCH{=}CH_2+CO+H_2 \longrightarrow RCH_2CH_2CHO+\underset{\displaystyle RCHCHO}{\overset{\displaystyle CH_3}{|}} \tag{8-1}$$

反应（8-1）可以看作烯烃双键两端的碳原子分别加上一个氢和一个甲酰基（HCO—），因此又称作氢甲酰化反应。习惯上又将由烯烃与合成气反应生成醛再加氢（或醛先缩合再加氢）生产醇的过程也称作羰基合成。

羰基合成的历史最早可追溯到二战期间德国建设的以费-托合成的C_{11}～C_{18}烯烃为原料生产洗涤剂用醇的第一座羰基合成厂。1948年，美国埃索（Esso）公司基于鲁尔技术建成一座以庚烯为原料、年产2600吨异辛醇的羰基合成装置，并顺利投产，由此开始了羰基合成工业的历史。20世纪50～60年代，石油化工的发展提供了大宗廉价的烯烃原料，聚氯乙烯工业的持续增长又需要大量的增塑剂用醇，两方面的原因促使羰基合成工业在世界范围内高速发展，10年间生产能力增加了10倍。用羰基合成法生产醇，尤其是以丙烯为原料生产丁醇和辛醇，被认为是最经济的生产方法。20世纪70年代中期，羰基合成技术经历了以羰基钴为催化剂的传统高压法向以改性铑为催化剂的低压法的转变。自20世纪70年代开始，羰基合成醇一直占据着增塑剂用醇市场的垄断地位，并提供洗涤用醇的大部分。

羰基合成的初级产品是醛。在有机合成中醛基是最活泼的基团之一，可进行加氢成醇、氧化成酸、氨化成胺以及歧化、缩合、缩醛化等一系列反应，加上原料烯烃的多种多样和醇、酸、胺等产物的后继加工，由此构成以羰基合成为核心的内容十分丰富的产品网络，应用领域涉及化工领域的多个方面。由于羰基合成中许多反应属于“原子经济”型反应，即无副产物和“三废”排放，达到了既充分利用资源又具有环境友好性的目的，使得一些传统的催化氧化过程正在被羰基合成技术逐步替代，羰基合成技术也随之成为催化科技开发中最为活跃的前沿领域之一。

8.1.1 羰基合成反应类型

随着碳一化学的发展，通常把在过渡金属配位化合物（主要是羰基配位化合物）催化剂存在下一氧化碳参与有机合成、分子中引入羰基的反应均归入羰基化反应（亦称羰化反应）的范围，其中主要包括不饱和化合物的羰基化反应和甲醇的羰基化反应两大类。

8.1.1.1 不饱和化合物的羰基化反应

（1）烯烃的氢甲酰化　烯烃的氢甲酰化制备比原料烯烃多一个碳原子的饱和醛或醇，例如：

$$CH_3CH{=}CH_2+CO+H_2 \longrightarrow CH_3CH_2CH_2CHO \xrightarrow{H_2} CH_3CH_2CH_2CH_2OH \tag{8-2}$$

反应（8-2）是一类很重要的羰基化反应，工业化最早，应用最广，其主要产品及用途见表 8-1。

表 8-1 烯烃氢甲酰化主要产品种类及用途

原　料	产　物	主 要 用 途
丙烯	丁醇	溶剂、增塑剂原料
	2-乙基己醇	增塑剂原料
庚烯(丙烯与丁烯低聚产物)	异辛醇	增塑剂原料
三聚丙烯	异癸醇	增塑剂和合成洗涤剂原料
二聚异丁烯	异壬醛	油漆和干燥剂原料
四聚丙烯	十三醇	表面活性剂
α-烯烃(C_6～C_7)(石蜡裂解产物)	C_7～C_8醇	增塑剂
α-烯烃(C_{11}～C_{17})(石蜡裂解产物)	C_{12}～C_{18}醇	洗涤剂、表面活性剂原料

(2) 烯烃衍生物的氢甲酰化　不饱和的醇、酯、醚、醛、缩醛、卤化物、含氮化合物等中的双键都能进行羰基合成反应，但官能团不参与反应。

例如，烯丙醇在一定条件下进行羰基合成反应生成羟基醛，加氢后得到 1,4-丁二醇。

$$\mathrm{HOCH_2CH{=}CH_2 + CO + H_2 \longrightarrow HOCH_2CH_2CH_2CHO + HOCH_2\overset{\overset{\displaystyle CH_3}{|}}{C}HCHO} \tag{8-3}$$

$$\mathrm{HOCH_2CH_2CH_2CHO + H_2 \longrightarrow HOCH_2CH_2CH_2CH_2OH} \tag{8-4}$$

1,4-丁二醇是一种用途广泛的有机化工原料。目前，美国 ARCO 公司已将日本可乐丽公司开发的以铑膦配位化合物为催化剂的烯丙醇羰基合成法生产 1,4-丁二醇的技术实现工业化。

另一个具有工业意义的反应是丙烯腈的羰基合成。

$$\mathrm{NCCH{=}CH_2 + CO + H_2 \longrightarrow NCCH_2CH_2CHO} \tag{8-5}$$

反应产生的氰基醛经进一步加工用于生产 *dl*-谷氨酸。

羰基合成除可采用上述不饱和化合物作为原料外，一些结构特殊的不饱和化合物甚至某些高分子化合物也能进行羰基合成反应，如萜烯类或甾族化合物的羰基合成产物可用作香料或医药中间体。另外，不饱和树脂的羰基合成也是制备特种涂料的方法之一。

(3) 不饱和化合物的氢羧基化　不饱和化合物与 CO 和 H_2O 的反应，例如：

$$\mathrm{CH_2{=}CH_2 + CO + H_2O \longrightarrow CH_3CH_3COOH} \tag{8-6}$$

$$\mathrm{CH{\equiv}CH + CO + H_2O \longrightarrow CH_2{=}CHCOOH} \tag{8-7}$$

反应的结果是在双键两端或叁键两端的碳原子上分别加上一个氢原子和一个羧基，因此称为氢羧基化反应。利用该反应可制得比原料多一个碳原子的饱和酸或不饱和酸。

以乙炔为原料可制得丙烯酸，由它生产的聚丙烯酸酯广泛用作涂料。

(4) 不饱和化合物的氢酯化反应　不饱和化合物与 CO 和 ROH 的反应，例如：

$$\mathrm{RCH{=}CH_2 + CO + R'OH \longrightarrow RCH_2CH_2COOR'} \tag{8-8}$$

$$\mathrm{CH{\equiv}CH + CO + ROH \longrightarrow CH_2{=}CHCOOR} \tag{8-9}$$

(5) 不对称催化合成　某些结构的烯烃进行羰基合成反应能生成含有对映异构体的醛。若使用特殊的催化剂使生成的两种对映体含量不完全相等，理想情况下仅生成某种单一对映体，这样的反应称作催化氢甲酰化反应。

不对称催化合成是在配位催化剂中引入手性配体得到旋光产物后逐渐发展起来的，该反应是当代有机合成的重点研究领域之一。经过使用大量手性催化剂，包括手性膦原子配体、手性碳单膦配体、手性碳双膦配体等反复试验，已发现有两种手性碳双膦配体可使不对称氢甲酰化得到 90%以上的单一对映体。

单一对映体在医药、香料、农药、食品添加剂等领域有着广泛的应用前景。

8.1.1.2　甲醇的羰基化反应

甲醇可以发生多种羰基化反应，生成各种有机化工产品。

(1) 甲醇羰基化合成醋酸　采用孟山都法（Monsanto acetic process）合成醋酸：

$$CH_3OH + CO \longrightarrow CH_3COOH \tag{8-10}$$

(2) 醋酸甲酯羰基化合成醋酐　采用 Tennessce Eastman 法合成醋酐：

$$CH_3COOCH_3 + CO \longrightarrow (CH_3CO)_2O \tag{8-11}$$

醋酸甲酯可由甲醇羰基化再酯化制得：

$$CH_3OH + CO \longrightarrow CH_3COOH \xrightarrow{CH_3OH} CH_3COOCH_3 \tag{8-12}$$

因此，本法实际上是采用甲醇为原料。醋酸甲酯路线合成醋酐比乙烯酮路线在投资、材质选择上均优越。

(3) 甲醇羰基化合成甲酸

$$CH_3OH + CO \longrightarrow HCOOCH_3 \tag{8-13}$$

$$HCOOCH_3 + H_2O \longrightarrow HCOOH + CH_3OH \tag{8-14}$$

(4) 甲醇羰基化氧化合成碳酸二甲酯、草酸或乙二醇等

$$4CH_3OH + 2CO + O_2 \longrightarrow 2CO(OCH_3)_2 + 2H_2O \tag{8-15}$$

$$4CH_3OH + 4CO + O_2 \longrightarrow 2(COOCH_3)_2 + 2H_2O \tag{8-16}$$

$$(COOCH_3)_2 + 2H_2O \longrightarrow (COOH)_2 + 2CH_3OH \tag{8-17}$$

$$(COOCH_3)_2 + 4H_2 \longrightarrow (CH_2OH)_2 + 2CH_3OH \tag{8-18}$$

由上述一系列反应可以看出，羰基化的产物有烯、炔、醇、酸、酯和胺等，因此羰基化反应已成为制备有机化工产品的重要手段。另外，由于参与羰基化反应的 CO、H_2 和 CH_3OH等都是碳一化学工业的主要产品，工业上羰基化往往也是碳一化学工业部门开发下游产品的一个重要手段，并有不少已实现工业化，例如由甲醇合成醋酸、由二甲胺合成二甲基甲酰胺、由丙烯合成丁醛和丁醇等，其中由甲醇经羰基化合成醋酸已成功地与乙醛氧化法相竞争，成为生产醋酸的重要方法。煤化工生产的大宗有机化工产品能和石油化工竞争的不多，但通过羰基合成由甲醇、一氧化碳和氧反应合成草酸二甲酯，进一步加氢合成乙二醇这一原料路线的变化，对今后化学工业的发展有重要的意义。

8.1.2　羰基合成反应催化剂

各种过渡金属羰基配合物催化剂对羰基合成反应均有催化作用。其典型结构是以过渡金属（M）为中心原子的羰基氢化物，它可以被配位体（L）改性，通式为 $H_xM_y(CO)_zL_n$。这类催化剂研究的主要对象是中心金属原子（M）和配位体（L），以及它们之间的相互影响和对催化过程的作用。

例如过渡金属的羰基氰化物，其中一个或几个 CO 基团可以被其他配位体取代：

$$HM(CO)_m + L \longrightarrow HM(CO)_{m-1}L + CO$$

$$HM(CO)_{m-1}L + L \longrightarrow HM(CO)_{m-2}L_2 + CO$$

$$HM(CO)_{m-2}L_2 + L \longrightarrow HM(CO)_{m-3}L_3 + CO$$

利用改变催化剂配体从而改变催化剂性能的方法称为催化剂的改性，引入的新配体叫作改性剂。显然每引入一种新的配体就生成一种新的催化剂，因此改变配位体便构成了羰基合成催化剂的重要研究方向。目前工业上广泛使用是羰基钴和羰基铑两类催化剂。

(1) 羰基钴催化剂　羰基钴催化剂的活性组分是 $HCo(CO)_4$，但 $HCo(CO)_4$不稳定，容易分解，故一般是在生产中用金属钴粉或各类钴盐直接在氢甲酰化反应器中制备。羰基钴催化剂的主要缺点是热稳定性差，容易析出钴而失去活性。为提高其稳定性，往往采用改变配位基和中心原子的方法。例如，膦羰基钴改变的是配位基，膦羰基铑改变的是中心原子。

(2) 膦羰基钴催化剂　以主配位基膦（PR_3）、亚膦酸酯［$P(OR)_3$］、胂（AsR_3）、锑（SbR_3）（各配位基中 R 可以是烷基、芳基、环烷基或杂环基）取代 $HCo(CO)_4$ 中的 CO 基，因为上述配位基的碱性和空间体积大小不同，可以改变金属羰基化合物的性质，而使羰基钴催化剂的性质发生一系列变化。例如，膦羰基钴催化剂与羰基钴催化剂相比，催化剂的热稳定性增加，活性降低，对直链产物的选择性增高，加氢活性较高，副产物少，对于不同原料烯烃的氢甲酰化反应的适应性较差。

(3) 膦羰基铑催化剂　1952 年席勒（Schiller）首次报道羰基氢铑 $HRh(CO)_4$ 催化剂可以用于氢甲酰化反应，其主要优点是选择性好，即产品主要是醛，副反应少，醛醛缩合和醇醛缩合等连串副反应很少发生或根本不发生，活性比羰基氢钴高 10^2～10^4 倍，正/异醛比率也高。早期使用的 $Rh_4(CO)_{12}$ 催化剂是由 Rh_2O_3 或 $RhCl_3$ 在合成气存在下于反应系统中形成的，但氢气和一氧化碳不能过量，前者导致烯烃加氢反应，后者降低反应速率。羰基铑催化剂的主要缺点是异构化活性高，正/异醛比率仅为 50/50。后来用有机膦配位基取代部分羰基，如 $HRh(CO)(Pph_3)_3$（铑胂羰基络合物作用相似），异构化反应可被大大抑制，正/异醛比率达到 15/1，催化剂性能比较稳定，能在比较低的 CO 分压下操作，并能耐受 150℃ 的高温和 1.87 kPa (14 mmHg) 的真空蒸馏，催化剂能反复循环使用。

8.2　甲醇低压羰基化合成醋酸

醋酸是一种重要的基本有机化工原料，由其可衍生出数百种下游产品，如醋酸乙烯、醋酸纤维、醋酐、对苯二甲酸（PTA）、氯乙酸、聚乙烯醇、醋酸酯及金属醋酸盐等。由于醋酸广泛用于基本有机合成、医药、农药、印染、轻纺、食品、造漆、黏合剂等诸多工业部门，醋酸工业发展与国民经济各部门息息相关，其生产与消费也日益引起各国普遍重视，随之生产技术不断得到改进，新工艺、新技术不断研发成功。

8.2.1　醋酸生产方法简介

醋酸的工业生产方法主要有乙醛氧化法、乙烯直接氧化法、丁烷或轻油氧化法、甲醇羰基化法、乙烷直接氧化法。

8.2.1.1　乙醛氧化法

乙醛氧化法按乙醛的来源分为乙炔乙醛氧化法、乙醇乙醛氧化法、乙烯乙醛氧化法。乙醛氧化法生产乙酸有着悠久的历史，由于其原料来源丰富、反应过程简单、反应条件温和而曾经得到世界各国的重视，20 世纪初是乙酸的主要生产方法，目前在部分国家和地区该法仍是乙酸的主要生产方法之一。

乙醛氧化法的核心是乙醛液相氧化制乙酸，其生产工艺是以液态乙醛为原料，采用空气或氧气为氧化剂，在 50～80℃、0.6～1.0MPa 条件下，以醋酸锰为催化剂，在鼓泡床塔式反应器中进行。该法的乙醛转化率 97%，醋酸收率 98%，主要副产物有甲烷、二氧化碳、甲酸、醋酸甲酯等，反应介质对设备有腐蚀性。

8.2.1.2　乙烯直接氧化法

不饱和烃直接气相催化氧化工艺一直被认为是一种可行的醋酸生产工艺。然而在 1997 年以前只有多步法醋酸生产工艺，即乙烯先氧化成乙醛，然后乙醛在贵金属催化剂作用下氧化成醋酸。1997 年日本昭和电工株式会社开发了乙烯直接氧化制醋酸的一步法气相工艺（ShowaDenko 工艺），并实现了工业化。

乙烯直接氧化工艺使用钯基催化剂，在固定床反应器内用一步法通过气相反应制取醋酸，反应温度 150℃，操作压力 0.9MPa。新工艺流程简单且操作压力低，因此投资省，比乙醛氧化法低30%，比甲醇低压羰基化法低50%左右。该工艺的另一大特点是生成废水少，仅为乙醛氧化法的1/10。

8.2.1.3　丁烷或轻油氧化法

该法以正丁烷或轻油为原料、醋酸为溶剂，采用醋酸钴、醋酸铬或醋酸锰催化剂，在170～200℃及5.0MPa左右压力下，用空气为氧化剂进行反应，醋酸收率75%～80%。副产物有甲酸、丁酮、低碳醇及深度氧化物CO和CO_2，产品分离比较复杂，特别是甲酸含量高，对设备腐蚀严重。此法应用不广，有廉价原料的欧美少数厂家采用此法。

8.2.1.4　甲醇羰基化法

以甲醇为原料合成醋酸，不但原料价廉易得，而且生成醋酸的选择性高达99%以上，基本上无副产物，现在世界上有近60%的醋酸是用该法生产的，新建生产装置多考虑采用这一生产方法。

甲醇羰基合成法有高压法和低压法两种工艺技术。

甲醇高压羰基化工艺技术由德国巴斯夫（BASF）公司于1960年开发成功，反应压力65.0MPa，温度210～250℃，以羰基钴和碘组成催化体系。乙酸收率以甲醇计为90%，以CO计为70%。该法存在操作压力高、副产物多及精制复杂等缺点，已逐渐被低压法取代。

甲醇低压羰基化工艺技术于1968年由美国孟山都（Monsanto）公司开发成功，反应压力3～6MPa，温度150～200℃，以铑为主催化剂、碘化物为助催化剂。乙酸收率以甲醇计为99%，以CO计为85%左右。英国石油（BP）公司于1995年开发成功以铱为主催化剂催化甲醇羰基化制乙酸的CativaTM新催化体系，并在许多方面优于Monsanto的铑催化体系，如较高的反应器生产效率、固有的催化剂稳定性、较低的反应体系水浓度等。

低压法由于具有生产能力大、转化率高、选择性能好、能耗低、产品质量稳定等优点，现已成为世界上最具竞争力的醋酸生产方法。

8.2.1.5　乙烷直接氧化法

沙特基础工业公司（SABIC）开发的乙烷催化气相氧化制醋酸Sabox工艺，于2005年在沙特实现工业化。该工艺乙烷转化率为44%～65%，醋酸选择性为30%～60%。采用经磷改进的钼-铌-钒酸盐催化剂（$Mo_{2.5}V_{1.0}Nb_{0.32}P_x$），乙烷和空气（15/85体积比）在260℃、1.38MPa下通过催化剂（$X=0.042$），在转化率为53.5%时生产醋酸和乙烯的选择性分别为49.9%和10.5%。

乙烷制醋酸工艺只有在有廉价乙烷原料的地区才适宜工业化应用。

8.2.2　甲醇低压羰基化合成醋酸

8.2.2.1　甲醇低压羰基化合成醋酸工艺原理

(1) 化学反应　低压法甲醇羰基化反应采用铑-碘催化体系，主要反应如下。

主反应：

$$CH_3OH+CO \longrightarrow CH_3COOH \qquad \Delta H=-138.6\text{kJ/mol} \tag{8-19}$$

副反应：

$$CH_3COOH+CH_3OH \rightleftharpoons CH_3COOCH_3+H_2O \tag{8-20}$$

$$2CH_3OH \rightleftharpoons CH_3OCH_3+H_2O \tag{8-21}$$

$$CO+H_2O \rightleftharpoons CO_2+H_2 \tag{8-22}$$

另外还有少量甲烷、丙酸（由原料甲醇中含有的乙醇羰基化生成）等副产物。

由上列副反应可知，生成醋酸甲酯和二甲醚的反应是可逆反应。因此，在工业生产中可将它们返回反应器，以增产醋酸。反应中有部分CO因副反应转化为CO_2，故以CO为基准生成醋酸的选择性仅为90%。

（2）催化剂　甲醇低压羰基化制醋酸所用的催化剂由可溶性的铑络合物和助催化剂碘化物两部分组成，活性组分是$[Rh(CO)_2I_2]^-$负离子，在反应系统中由Rh_2O_3和Rh_2Cl_3等铑化合物与CO和碘化物作用得到。助催化剂可以是HI、I_2、CH_3I，常用的是HI，在反应过程中HI和CH_3OH作用生成CH_3I。

CH_3I的作用是与铑络合物形成甲基-铑键，以促进CO生成酰基-铑键而少生成或不生成羰基铑（见反应机理），但关键是烷基-卤素键的强度要适宜。对同一个烷基来说，其值与碳-卤键的键能有关。

表8-2给出了碳-卤键的键能数据。可以看出C—I键最容易断裂，C—Cl键最难断裂，所以CH_3I作助催化剂是较好的。NaI或KI不能用作助催化剂，因为在反应过程中这些碘化物不能与CH_3OH反应生成CH_3I。

表8-2　碳-卤键键能

化学键	键能/(kJ/mol)
C—Cl	328.6
C—Br	275.9
C—I	240.3

在反应过程中HI浓度不宜过高，因为HI浓度增高，催化剂活性降低，据研究可能是形成了$[Rh(CO)_2I_4]^-$负离子之故。

（3）反应机理及动力学　由于铑基催化剂比钴基催化剂更易与CH_3I反应，而且由此生成的$[CH_3Rh(CO)_2I_3]^-$比$[CH_3Co(CO)_4]$更不稳定，即CO顺式插入CH_3—Rh键更加容易，最后由于乙酰碘可直接从中消去而使铑基催化剂比钴基催化剂更加有利。

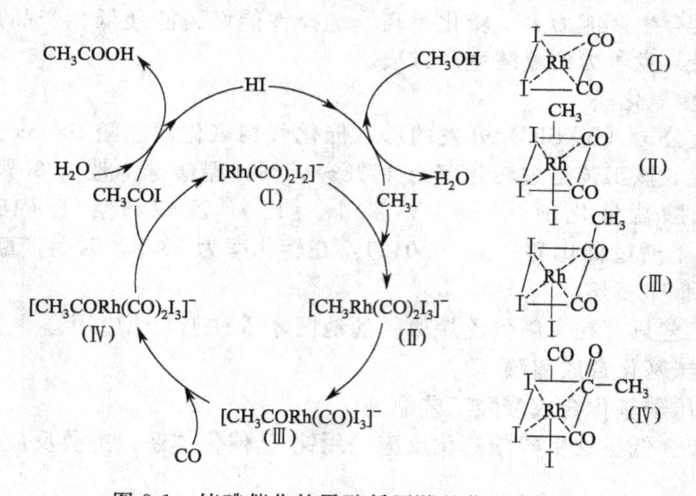

图8-1　铑碘催化的甲醇低压羰基化反应过程

以Rh配合物和HI为催化系统的甲醇低压羰基化反应循环如图8-1所示。整个催化反应方程式如下。

$$CH_3OH + HI \longrightarrow CH_3I + H_2O \tag{8-23}$$

$$[Rh(CO)_2I_2]^- + CH_3I \longrightarrow [CH_3Rh(CO)_2I_3]^- \tag{8-24}$$

$$[CH_3Rh(CO)_2I_3]^- \longrightarrow [CH_3CORh(CO)I_3]^- \tag{8-25}$$

$$[CH_3CORh(CO)I_3]^- + CO \longrightarrow [CH_3CORh(CO)_2I_3]^- \tag{8-26}$$

$$[CH_3CORh(CO)_2I_3]^- \longrightarrow CH_3COI + [Rh(CO)_2I_2]^- \tag{8-27}$$

$$CH_3COI + H_2O \longrightarrow CH_3COOH + HI \tag{8-28}$$

从上述反应可以看出，助催化剂 HI 的作用是使甲醇中键能较高的 C—OH 键转化为 CH_3I 中键能较低的 C—I 键，让其顺利进入后续的氧化加成反应。反应中的该有利条件决定了其工艺条件要缓和得多，反应效率也好得多。反应过程虽然也有副反应发生，但只是生成较多的氢、二氧化碳，其他副产物极少，生产过程的收率很高，产品也较纯。

动力学研究表明。低压法合成醋酸反应对甲醇与一氧化碳为零级，对铑及碘为一级，反应速率的控制步骤为碘甲烷的氧化加成反应。在 150～200℃反应条件下各种铑配合物都有良好的催化作用，各种碘化物都有较高的反应速率。

反应（8-24）为动力学的控制步骤，其动力学方程为：

$$\frac{d[CH_3COOH]}{dr}=k[CH_3I][Rh 配合物]$$

反应速率常数为 $3.5\times10^6 e^{-14.7/RT}$ L/(mol·s)，式中活化能的单位是 kJ/mol。

8.2.2.2　甲醇低压羰基化生产醋酸工艺流程

甲醇低压羰基化生产醋酸工艺流程主要由反应、精制、轻组分回收三部分组成，其流程如图 8-2 所示。

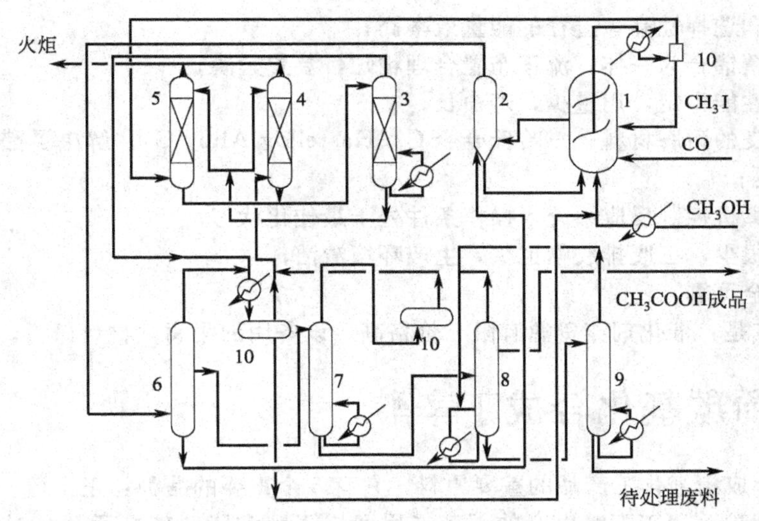

图 8-2　甲醇低压羰基化生产醋酸工艺流程

1—反应釜；2—闪蒸槽；3—解吸塔；4—低压吸收塔；5—高压吸收塔；6—轻组分塔；7—脱水塔；8—重组分塔；9—废酸汽提塔；10—分离塔

（1）反应部分　甲醇加热到 185℃后，与来自压缩机加压至 2.74MPa 的 CO 一并从事先加入催化液的搅拌式反应釜（或鼓泡塔）底部喷入，反应后的物料从塔侧进入闪蒸槽，含有催化剂的溶液从闪蒸槽底流回反应釜，含有醋酸、水、碘甲烷和碘化氢的蒸气从闪蒸槽顶部出来进入精制工序。反应釜顶部排放出来的 CO_2、H_2、CO 和碘甲烷作为弛放气进入冷凝器，凝液重新返回反应釜，不凝性气体送轻组分回收工序。反应温度 130～180℃，以 175℃为最佳，温度过高则副产物甲烷和二氧化碳增多。

（2）精制部分　来自闪蒸槽的气流进入轻组分塔，塔顶蒸出物经冷凝，凝液碘甲烷经闪蒸槽返回反应釜，不凝性尾气送往低压吸收塔。碘化氢、水和醋酸等高沸物和少量铑催化剂从轻组分塔塔底排出，再返回闪蒸槽。含水醋酸由轻组分塔侧线出料，进入脱水塔上部。

脱水塔塔顶馏出的水尚含有碘甲烷、轻质烃和少量醋酸，仍返回低压吸收塔。脱水塔底主要是含有重组分的醋酸，送往重组分塔。

重组分塔塔顶蒸出轻质烃，含有丙酸和重质烃的物料从塔底送入废酸汽提塔，塔侧线采出成品醋酸，其中丙酸小于50mg/kg，水分小于150mg/kg，总碘小于40mg/kg。重组分塔塔底物料进入废酸汽提塔，废酸汽提塔从重组分中蒸出的醋酸返回重组分塔底部。汽提塔底排出的是废料，内含丙酸和重质烃，需做进一步处理。

(3) 轻组分回收部分　从反应釜顶出来的弛放气进入高压吸收塔，用醋酸吸收其中的碘甲烷。吸收在加压下进行，压力为2.74MPa，未被吸收的废气主要含CO、CO_2及H_2，送往火炬焚烧。

从高压吸收塔和低压吸收塔吸收了碘甲烷的两股醋酸富液进入解吸塔汽提解吸，解吸出来的碘甲烷蒸气送到精制工序的轻组分冷却器，冷凝后再返回反应部分。汽提解吸后的醋酸作为吸收循环液，再用作高压和低压吸收塔的吸收液。

8.2.2.3　甲醇低压羰基化生产醋酸工艺的主要优缺点

甲醇低压羰基化生产醋酸工艺在技术上的优越性主要有以下几点：

① 可利用煤、天然气、重质油等作原料，原料路线多样化，可不受原油供应和价格波动影响；

② 转化率和选择性高，过程的能量效率高；

③ 反应与精馏合为一体，流程布置合理精短，装置紧凑；

④ 催化剂性能稳定，用量少，寿命长；

⑤ 选用优良的耐腐材料——哈氏合金C（Hastelloy Alloy C)，解决了醋酸和碘化物对设备的腐蚀问题；

⑥ 采用计算机控制反应系统，操作条件处于最佳化状态；

⑦ 副产物很少，三废排放物也少，生产环境清洁；

⑧ 操作安全可靠。

其主要缺点是：催化剂铑资源有限、价格高，设备用的耐腐蚀材料昂贵。

8.3　丙烯羰基化合成丁辛醇

丁辛醇是合成精细化工产品的重要原料，它有3个重要的品种：正丁醇、异丁醇和辛醇（或称2-乙基己醇)。用正丁醇生产的邻苯二甲酸二丁酯和脂肪族二元酸酯类增塑剂广泛用于各种塑料和橡胶制品的生产；用正丁醇生产的丙烯酸丁酯可用于涂料和黏合剂；正丁醇还是生产丁醛、丁酸、丁胺和醋酸丁酯等有机化合物的原料，可用作树脂、油漆、黏结剂的溶剂及选矿用消泡剂，也可用作油脂、药物（如抗菌素、激素和维生素）和香料的萃取剂及醇酸树脂涂料的添加剂。辛醇主要用于生产对苯二甲酸二辛酯（DOP)，DOP产品素有“王牌增塑剂”之称，广泛用于聚氯乙烯、合成橡胶、纤维素酯的加工等；辛醇还可用作柴油和润滑油的添加剂，以及照相、造纸、涂料和纺织等行业的溶剂，陶瓷工业釉浆分散剂，矿石浮选剂，消泡剂，清净剂等。

8.3.1　丁辛醇生产方法简介

丁辛醇是随着石油化工、聚氯乙烯材料工业以及羰基合成工业技术的发展而迅速发展起来的。丁辛醇的工业化生产方法主要有乙醛缩合法、发酵法、齐格勒法、羰基合成法等。

8.3.1.1　乙醛缩合法

乙醛缩合法是乙醛在碱性条件下进行缩合和脱水生成丁烯醛（巴豆醛)，丁烯醛加氢制得丁醇，然后经选择加氢得到丁醛，丁醛经醇醛缩合、加氢制得2-乙基己醇（辛醇)。由于生产成本高，此方法已基本被淘汰。

8.3.1.2 发酵法

发酵法是粮食或其他淀粉质农副产品经水解得到发酵液，然后在丙酮-丁醇菌作用下经发酵制得丁醇、丙酮及乙醇的混合物，通常的比例为6∶3∶1，再经精馏得到相应产品。由于石油化学工业的迅猛发展，发酵法已很难与以丙烯为原料的羰基合成法竞争，因此近年来已很少采用该方法生产丁辛醇产品。从长远看，发酵法的生存取决于其原料与丙烯的相对价格以及生物工程的发展程度。

8.3.1.3 齐格勒法

齐格勒丁辛醇生产方法是以乙烯为原料，采用齐格勒法生产高级脂肪醇，同时副产丁醇。

8.3.1.4 羰基合成法

羰基合成法是以丙烯、合成气为原料的羰基合成法，该法是当今国际上最为先进的技术之一，目前世界上丁辛醇的70%是由丙烯羰基化法生产的。丙烯羰基合成生产丁辛醇的工艺过程为：首先在金属羰基配合物催化剂存在下丙烯氢甲酰化合成丁醛，粗醛精制得到正丁醛和异丁醛，正丁醛和异丁醛加氢得到产品正丁醇和异丁醇，正丁醛经缩合、加氢得到产品辛醇。丙烯羰基合成法又分为高压法、中压法、低压法。

高压羰基合成技术由于选择性较差、副产品（丙烷和高沸物）多，已被以铑为催化剂的低压羰基合成技术取代。

8.3.2 丙烯羰基化合成丁辛醇

8.3.2.1 丙烯羰基化合成丁辛醇反应原理及催化剂

丙烯羰基化合成丁辛醇的生产过程包括两部分：第一部分是羰基合成，即丙烯氢甲酰化反应得到正丁醛和异丁醛；第二部分是醛类的加氢，即正丁醛和异丁醛加氢得到产品正丁醇和异丁醇，正丁醛经缩合、加氢得到产品辛醇。

(1) 羰基合成反应原理及催化剂

① 羰基合成反应原理　主、副反应如下。

主反应：

$$CH_3CH{=}CH_2+CO+H_2 \longrightarrow CH_3CH_2CH_2CHO \qquad \Delta H^{\ominus}_{298K}=-123.8kJ/mol \tag{8-29}$$

由于原料烯烃和产物醛的反应活性都很高，有许多平行副反应和连串副反应同时发生。

平行副反应：

$$CH_3CH{=}CH_2+CO+H_2 \longrightarrow (CH_3)_2CHCHO \qquad \Delta H^{\ominus}_{298K}=-130kJ/mol \tag{8-30}$$

$$CH_3CH{=}CH_2+H_2 \longrightarrow CH_3CH_2CH_3 \qquad \Delta H^{\ominus}_{298K}=-124.5kJ/mol \tag{8-31}$$

反应（8-30）和反应（8-31）是衡量催化剂选择性的重要指标。

连串副反应：

$$CH_3CH_2CH_2CHO+H_2 \longrightarrow CH_3CH_2CH_2CH_2OH \qquad \Delta H^{\ominus}_{298K}=-61.6kJ/mol \tag{8-32}$$

$$CH_3CH_2CH_2CHO+CO+H_2 \longrightarrow HCOOC_4H_9 \tag{8-33}$$

另外，生成的醛还可以发生缩合反应，生成二聚物、三聚物、四聚物等。

烯烃羰基化合成反应是放热反应，反应热效应较大，反应平衡常数数值也较大。表8-3给出了反应（8-29）～反应(8-32）的 $\Delta G^{\ominus}_T$ 及 K_p 值。可以看出，在常温常压下烯烃羰基合成反应及其副反应的平衡常数都很大，所以在热力学上都是非常有利的，而且副反应比主反应更有利。因此，要获得高的选择性就必须使主反应在动力学上占有优势，关键在于选择适宜的催化剂和控制适宜的反应条件。

表 8-3 主、副反应的 $\Delta G_T^\ominus$ 及 K_p 值

温度/K	主反应(8-29)		副反应(8-30)		副反应(8-31)		副反应(8-32)	
	$\Delta G_T^\ominus$ /(J/mol)	K_p	$\Delta G_T^\ominus$ /(J/mol)	K_p	$\Delta G_T^\ominus$ /(J/mol)	K_p	$\Delta G_T^\ominus$ /(J/mol)	K_p
298	−48400	2.96×10^9	−53700	2.52×10^9	86400	1.32×10^{15}	−94800	3.90×10^{14}
423	−16900	1.05×10^2	−21500	5.40×10^2	—	—	—	—

② 催化剂　各种过渡金属羰基配合物催化剂对氢甲酰反应均有催化作用，工业上常采用的有羰基钴和羰基铑催化剂，现分别讨论如下。

（ⅰ）羰基钴催化剂　各种形态的钴如粉状金属钴、雷尼钴、氧化钴、氢氧化钴和钴盐均可作为制作羰基钴的原料。其中以油溶性钴盐和水溶性钴盐用得最多，如环烷酸钴、油酸钴、硬脂酸钴和醋酸钴等，采用上述钴盐的好处是它们易溶于原料烯烃和溶剂，可使反应在均相系统内进行。

研究认为氢甲酰化的催化活性物种是 $HCo(CO)_4$，但它不稳定，容易分解，故用上述原料先制成 $Co_2(CO)_8$，再让它转化为 $HCo(CO)_4$。

羰基钴催化剂的主要缺点是热稳定性差，为不使催化剂分解须在高的 CO 分压下操作，而且产品中正丁醛/异丁醛比例较低。为提高催化剂的稳定性和选择性，在研究羰基钴催化剂的基础上发展了膦羰基钴催化剂。

（ⅱ）膦羰基钴催化剂　膦羰基钴催化剂是以施主配位基如膦、亚磷酸酯、胂等取代 $HCo(CO)_4$ 中的 CO 基，由于上述配位基的碱性和空间体积的不同，可以改变金属羰基化合物的性质，而使羰基钴催化剂的性质发生一系列变化，一方面可增强催化剂的热稳定性，另一方面又可提高直链正构醛的选择性，此外还具有加氢活性高、生成副产物少等优点，但对不同原料烯烃氢甲酰化的适应性差。

（ⅲ）膦羰基铑催化剂　1952 年席勒首次报道羰基氢铑 $HRh(CO)_4$ 催化剂可用于氢甲酰化反应。其主要优点是选择性好，产品主要是醛，副反应少，醛醛缩合和醇醛缩合等连串副反应很少发生，活性也比羰基氢钴高 $10^2\sim10^4$ 倍。早期使用 $Rh_4(CO)_{12}$ 为催化剂，是由 Rh_2O_3 或 $RhCl_3$ 在合成气存在下于反应系统中形成。羰基铑催化剂的主要缺点是异构化活性很高，后来用有机膦配位基取代部分羰基如 $HRh(CO)(PPh_3)_3$，异构化反应可被大大抑制，催化剂性能稳定，能在较低的 CO 压力下操作，并能耐受 150℃高温和 1.87kPa 真空蒸馏，能反复循环使用。

(2) 醛类气相加氢反应原理及催化剂

① 醛类气相加氢反应原理　醛类在催化剂作用下可加氢还原得到醇，由羰基合成得到的丁醛及由丁醛缩合反应生成的辛烯醛通过加氢生成丁醇和辛醇。其主反应为：

$$CH_3CH_2CH_2CHO + H_2 \longrightarrow CH_3CH_2CH_2CH_2OH \qquad (8\text{-}34)$$

$$CH_3\underset{\displaystyle CH_3}{\underset{|}{C}}HCHO + H_2 \longrightarrow CH_3\underset{\displaystyle CH_3}{\underset{|}{C}}HCH_2OH \qquad (8\text{-}35)$$

$$2CH_3CH_2CH_2CHO \xrightarrow{\text{NaOH 溶液}} CH_3CH_2CH_2CH{=}\underset{\displaystyle CH_2CH_3}{\underset{|}{C}}CHO + H_2O \qquad (8\text{-}36)$$

$$CH_3CH_2CH_2CH{=}\underset{\displaystyle CH_2CH_3}{\underset{|}{C}}CHO + 2H_2 \longrightarrow CH_3CH_2CH_2CH_2\underset{\displaystyle CH_2CH_3}{\underset{|}{C}}HCH_2OH \qquad (8\text{-}37)$$

此类加氢还原反应为放热反应，反应条件随催化剂种类不同而有所不同。

在进行上述反应的同时，还会发生一些副反应：

$$CH_3CH_2CH_2CH{=}\underset{\displaystyle CH_2CH_3}{\underset{|}{C}}CHO + H_2 \longrightarrow CH_3CH_2CH_2CH{=}\underset{\displaystyle CH_2CH_3}{\underset{|}{C}}CH_2OH \quad (8\text{-}38)$$

$$CH_3CH_2CH_2CH{=}\underset{\displaystyle CH_2CH_3}{\underset{|}{C}}CHO + 3H_2 \longrightarrow CH_3CH_2CH_2CH_2\underset{\displaystyle CH_2CH_3}{\underset{|}{C}H}CH_3 + H_2O \quad (8\text{-}39)$$

② 醛类加氢催化剂　为减少副反应发生，加氢过程需采用适宜的催化剂。加氢催化剂有多种，所用催化剂不同，其操作条件也不同。采用镍基催化剂为液相加氢，压力3.9MPa，温度100～170℃；采用铜基催化剂为气相加氢，压力0.6MPa，温度约60℃。后者具有一定的先进性。铜基催化剂的主要成分为CuO和ZnO，真正起催化作用的是还原态Zn和Cu。该催化剂的优点在于副反应少，生产能力大，加氢选择性好；不足之处在于机械性能差，如有液体进入易破碎等。

8.3.2.2　丙烯羰基化合成丁辛醇工艺条件

（1）羰基合成过程工艺条件

① 反应温度　反应温度对反应速率、产物醛的正/异比例和副产物的生成量都有影响。图8-3为以磷羰基铑为催化剂时反应速率及正/异醛比例与反应温度的关系。由图可见，温度升高，反应速率加快，但正/异醛比例却随之降低，所以在较高的温度下反应有利于提高设备的生产能力。但温度过高，副反应加剧，催化剂失活速率快，反应选择性下降。鉴于以上原因，在使用新催化剂时可控制较低的反应温度，而在催化剂使用末期需提高反应温度以提高反应活性。在工业生产中，使用羰基钴催化剂时一般控制温度在140～180℃，使用磷羰基铑催化剂时以100～110℃为宜，并要求反应器具有良好的传热条件。

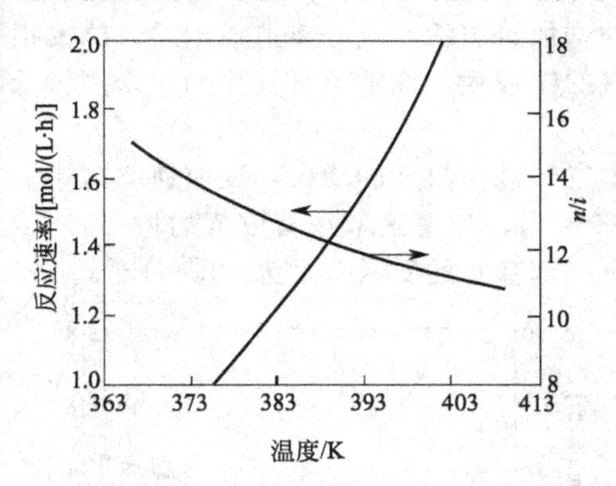

图8-3　温度对总反应速率及正/异醛比例的影响

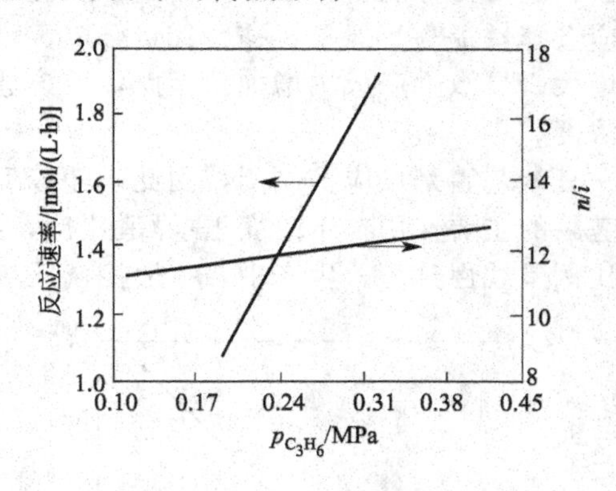

图8-4　丙烯分压对羰基合成反应速率的影响

② 丙烯分压　丙烯分压对反应的影响如图8-4所示。可以看出，反应速率随丙烯分压升高而加快，正/异醛比例随丙烯分压增高而略有增加，因而提高丙烯分压可提高羰基合成的反应速率，并能提高反应的选择性。但是过高的丙烯分压会导致尾气中丙烯含量增加，使丙烯损失加大。因此，为在整个反应过程中保持均衡的反应速率，对新催化剂采用较低的丙烯分压，随着催化剂的老化丙烯分压可逐步提高。低压羰基化法生产中丙烯分压一般控制在0.17～0.38MPa之间。

③ 氢分压　氢分压对反应速率的影响如图8-5所示。随着反应气中氢分压的增高，反应速率是增加的，但在氢分压较高的区域对反应速率的影响不如氢分压较低时明显，正/异醛比例与氢分压的关系较复杂，呈现有一最高点的曲线形状。工业生产中氢分压一般控制在

0.27～0.7MPa之间。

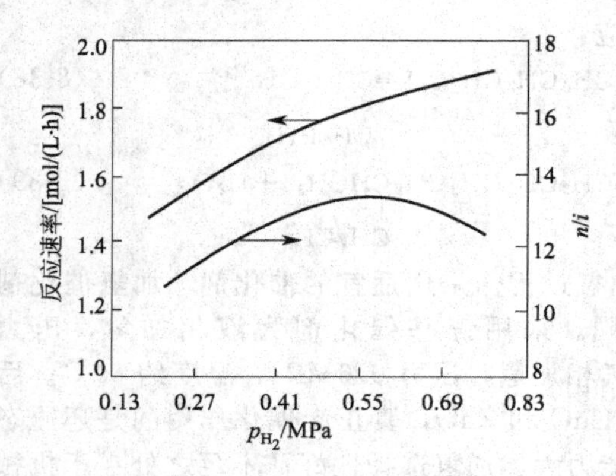

图 8-5　氢分压对反应速率的影响

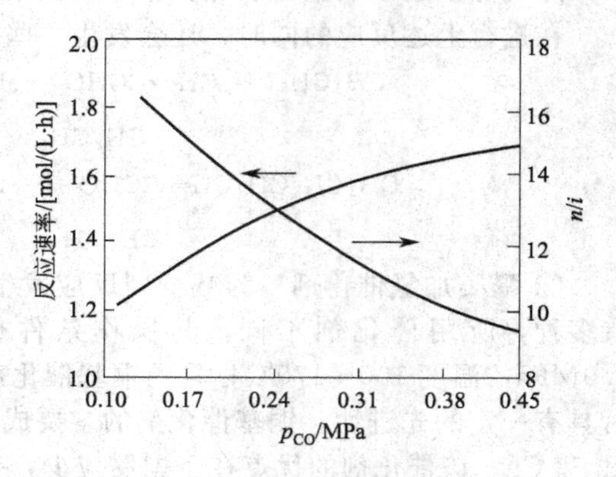

图 8-6　一氧化碳分压对反应速率的影响

④ 一氧化碳分压　一氧化碳分压的影响随所用催化剂不同而异。采用磷羰基铑催化剂时一氧化碳分压对反应速率的影响如图 8-6 所示。可以看出，反应气体中一氧化碳分压增高时反应速率加快，但分压高时对反应速率的影响不如分压低时明显。

一氧化碳分压对正/异醛比例的影响极为明显。一氧化碳分压高时正/异醛比例迅速下降，这是因为一氧化碳会取代催化剂中的三苯基膦而与铑结合，从而减弱了配位体三苯基膦对提高正/异醛比例的作用。但一氧化碳分压过低时总反应速率下降，而且丙烯加氢反应增多，丙烷生成量增加。工业生产中一氧化碳分压一般控制在0.7MPa左右。

⑤ 铑浓度及三苯基膦含量　液相中铑浓度与反应速率及正/异醛比例的关系如图 8-7 所示。由图可见，随着铑浓度的增高，反应速率加快，生产能力增加，而且正/异醛比例增大，反应选择性提高。但是，铑是稀贵金属，铑浓度的增加给铑的回收分离造成困难，铑的损失量增大，导致生产成本增加。因此，应该选择适宜的铑浓度，通常新鲜催化剂应采用较低的铑浓度。

三苯基膦是反应抑制剂，因此，随着反应液中三苯基膦浓度的增大，反应速率减小。三苯基膦的主要作用在于改变正/异醛比例，如图 8-8 所示，随着三苯基膦浓度的增加，正/异醛比例呈线性升高。生产中，一般控制反应液相中三苯基膦的质量分数为8%～12%。

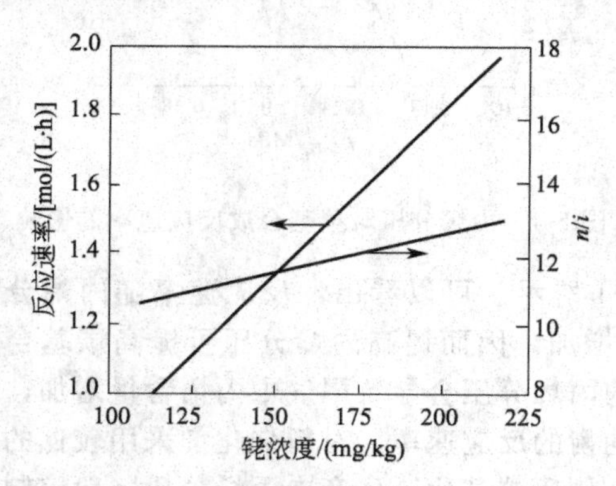

图 8-7　液相中铑浓度与总反应速率及正/异醛比例的关系

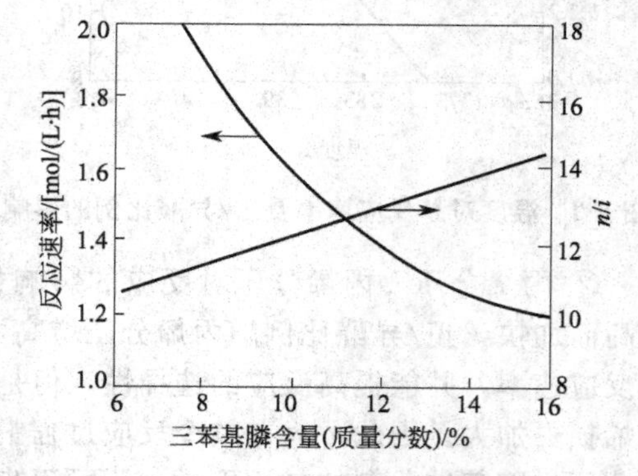

图 8-8　液相中三苯基膦浓度对总反应速率及正/异醛比例的影响

(2) 加氢反应工艺条件　影响加氢过程的主要因素是系统的温度和压力。据研究，正丁醛加氢反应动力学方程可表示为：

$$r=2.8\times10^{8}\exp\left(-\frac{56100}{T}\frac{56100}{T}\right)p_{丁醛}^{0.6}p_{氢}^{0.4} \tag{8-40}$$

式中，T 为反应温度；$p_{丁醛}$、$p_{氢}$ 分别为丁醛和氢气的分压；r 为丁醛反应速率。

由动力学方程可见，温度高，反应速率快；总压力高，丁醛和氢气的分压相应提高，也有利于加快加氢反应速率。另外，氢气浓度高，则总压可适当降低；如氢气浓度低，则需在较高的总压下进行。虽然从动力学方程看氢气的浓度对加氢反应速率影响不大，反应速率仅与氢分压的 0.4 次方成正比，只有在催化剂活性下降较大时才有可能出现转化率下降的问题，但是氢气浓度的提高可以降低动力消耗，减少排放量，降低成本。

另外，对氢气中的杂质应严格控制，如 S、Cl、CO、O_2 等均对反应有不利影响。CO 的存在会使双键加氢受到阻碍；O_2 的存在会使金属型的催化剂氧化而失去活性，并且可在催化剂作用下与氢反应生成水，导致催化剂强度下降。在生产中一般控制 S、Cl 的含量 $<1mg/kg$，CO 含量 $<10cm^3/m^3$，O_2 含量 $<5cm^3/m^3$。

8.3.2.3　丙烯羰基化合成丁辛醇工艺流程

以三苯基膦铑催化剂生产丁辛醇的工艺流程如图 8-9 所示，该流程主要由丙烯羰基合成、正/异丁醛分离及精馏、辛醇制备及精制三部分组成。

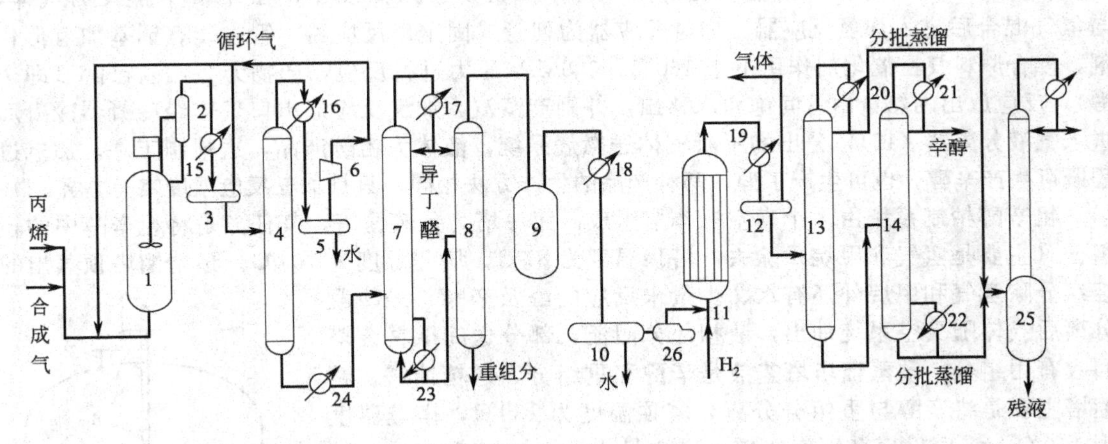

图 8-9　以三苯基膦铑催化剂生产丁辛醇工艺流程

1—羰基合成反应器；2—雾沫分离器；3,5,10,12—气液分离器；4—稳定塔；6—压缩机；7—异构物分离塔；8—正丁醛塔；9—缩合反应器；11—加氢反应器；13—预蒸馏塔；14—精馏塔；15～21—冷凝器；22,23—再沸器；24—冷却器；25—间歇精馏塔；26—蒸发器

净化后的合成气和丙烯与来自循环压缩机的循环气相混合，进入搅拌釜式羰基合成反应器。气体经反应器底部的分布器在反应液中分散成细小的气泡，并形成稳定的泡沫，与溶于反应液中的三苯基膦铑催化剂充分混合，形成有利的传质条件而进行羰基化反应。反应在温度100～110℃和压力 1.7～1.8MPa 下进行。反应放出的热量一部分由反应器内的冷却盘管移出，另一部分由气相物流（产物、副产物及未反应的丙烯和合成气等）以显热的形式带出。

反应器内的液面高度要严格控制，液面过高会加大液体的夹带量而造成催化剂的损耗，液面太低又会减少反应物的实际停留时间，反应效果差。

由反应器出来的气流首先进入雾沫分离器，将夹带出来的极小液滴捕集下来返回反应器，气体进入冷凝器（15），气相产物被冷凝，未冷凝的气体循环回反应器。经冷凝后的液相产物中溶解有大量的丙烷和丙烯，可在稳定塔中蒸馏脱除。稳定塔为板式塔，塔顶压力为 0.62MPa，温度为 93℃，塔釜温度为 140℃左右。塔顶蒸出的气体经冷却分出其中的液滴，并增压后循环回反应器。稳定塔釜的粗产品冷却后送异构物分离工序。异构物分离工序由异构物分离塔和正丁醛塔组成，其任务是在进行缩合加氢前分离出异丁醛，并除去粗产品中的重组分。异构物分离塔塔顶得到质量分数为99%的异丁醛，塔釜得到99.64%的正丁醛，其中异丁醛含量应小于0.2%。由于正/异丁醛的沸点差较小（正、异丁醛沸点分别是75.9℃和63～64℃），异构物分离塔的塔板数较多，而且回流比较大。

异构物分离塔塔釜得到的正丁醛尚含有微量的异丁醛和重组分，故送入正丁醛塔精馏。在正丁醛塔中将重组分从塔釜除去，塔顶得到产品正丁醛。若生产丁醇，则由稳定塔塔釜排出的粗产物可直接送正丁醛塔，从塔釜除去重组分，塔顶分离出来的混合正、异丁醛送加氢工段制得丁醇。

由于辛醇的生产要经过丁醛缩合先制得辛烯醛，由正丁醛塔顶分出的正丁醛送入缩合反应器。反应是在稀氢氧化钠催化下发生缩合脱水，反应温度为120℃，反应压力为0.5MPa。反应生成物辛烯醛水溶液经冷却后进入气液分离器（10），依靠密度差分为油层和水层。油层是含有饱和水的辛烯醛，直接送去加氢，水层送碱性污水池处理。在缩合反应过程中碱浓度的控制十分重要。碱浓度过低，反应速率慢，转化率下降；碱浓度过高，反应速率过快，易生成高沸物。生产实践证明碱的最佳操作浓度为2%。

由缩合反应得到的2-乙基-2-己烯醛（即辛烯醛）进入蒸发器，在64℃下蒸发为气体，与氢气混合后进入加氢反应器。加氢反应器为列管式固定床反应器，管内装有铜基加氢催化剂，混合原料气在催化剂作用下于160℃、0.6MPa压力进行反应，产物为2-乙基己醇（即辛醇）。反应放出的热量由管间饱和水移出，并副产蒸汽。加氢反应器出口气体经冷凝器冷凝后进入气液分离器（12），分出的不凝气体送燃烧系统，液体为粗醇产品，送精制工序。加氢过程既可生产辛醇，也可生产丁醇，两种产品的生产方法相同，只是加氢反应温度略有差异。

粗辛醇精制系统由3个真空操作塔组成。第一塔为预蒸馏塔，其任务是将粗辛醇中的轻组分（主要是氢气和甲烷）除去，塔顶温度为87℃，塔釜温度为164℃。预精馏塔顶蒸出的轻组分除氢气和甲烷外还有水、少量未反应的醛及辛醇，经冷凝分离后气体随真空系统抽出，液相部分回流，部分送间歇精馏塔回收有用组分。预蒸馏塔塔釜液是辛醇和重组分，送精馏塔。精馏塔主要是将辛醇与重组分分离，塔顶温度为139℃，塔釜温度为150℃，塔顶得到高纯度辛醇。塔底排出物为辛醇和重组分的混合物，为减少损失，送间歇精馏塔回收其中有用组分。间歇精馏塔根据进料组分不同可分别回收丁醇、辛烯醛、辛醇，残余的重组分定期排放并作燃料。

粗丁醇的精制与辛醇基本相同。分别经预蒸馏塔和精馏塔后，从塔底得到混合丁醇，再进入异构物分离塔，塔顶得到异丁醇，塔釜得到正丁醇。分离过程中的少量轻组分和重组分也都是送间歇精馏塔回收其中有用组分。

8.3.2.4 丙烯羰基化合成丁辛醇的典型设备——羰基合成反应器

丙烯羰基合成反应器结构如图8-10所示，是一个带有搅拌器、冷却装置（盘管）和气体分布器的不锈钢釜式反应器。搅拌的目的主要是保证冷却盘管有足够的传热系数，使反应釜内溶液分布均匀，并能进一步改善气流分布。搅拌器转速可以调节。开车前，由于丙烯合成气没有投入，即没有气体通过液层，搅拌功率较大，用低速开车。通入气体后改用高速搅拌，一般控制在100r/min左右。

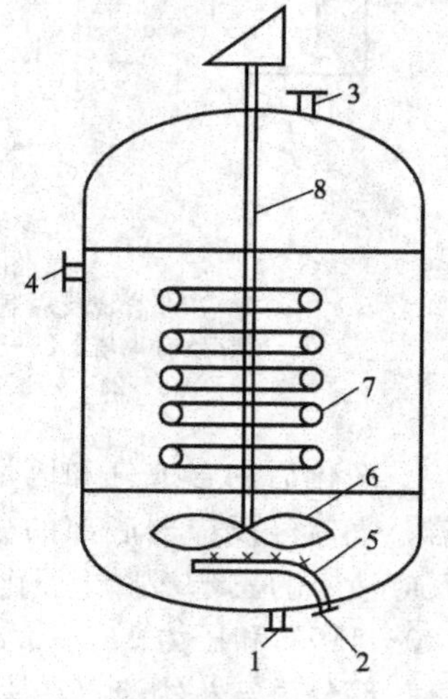

图8-10 丙烯羰基合成反应器结构

1—催化剂进、出口；2—原料进口；3—反应物出口；4—雾沫回流管；5—气体分布板；6—搅拌叶轮；7—冷却盘管；8—搅拌器

参　考　文　献

[1]　米镇涛．化学工艺学．第2版．北京：化学工业出版社，2006.
[2]　曾之平，王扶明．化工工艺学．北京：化学工业出版社，2001.
[3]　黄仲九，房鼎业．化学工艺学．第2版．北京：高等教育出版社，2008.
[4]　徐绍平等．化工工艺学．大连：大连理工大学出版社，2004.
[5]　韩冬冰等．化工工艺学．北京：中国石化出版社，2008.
[6]　周斌等．甲醇低压羰基法合成醋酸的催化剂体系．化学通报，2010，73（12）：1093-1096.
[7]　戴文涛．甲醇低压羰基法合成醋酸的特点及发展．化工生产与技术，1999，（6）：35-42.
[8]　武金峰等．甲醇低压羰基法合成醋酸技术进展．化学工业，2009，（9）：38-42.
[9]　李正西等．甲醇羰基合成制醋酸及市场分析．化工设计，2008，（3）：47-52.
[10]　桑红源等．甲醇羰基化反应在醋酸工业合成中的作用．天津化工，2005，（6）：34-37.
[11]　宋沐．羰基合成脂肪醇工艺路线概述．精细石油化工，1994，（6）：7-11.
[12]　王俐．羰基合成醇生产技术的进展．化工技术经济，2002，（3）：7-12.
[13]　夏春谷等．羰基合成技术在精细化学品中的应用．精细化工原料及中间体，2006，（9）：3-5.

第9章 氯 化

氯化是指在化合物分子中引入氯原子以生产氯的衍生物的反应过程。氯化过程的主要产物是氯代烃，氯代烃是指烃的氯取代化合物，即脂肪烃、脂环烃和芳烃中的一个或多个甚至全部氢原子被氯原子取代生成的化合物。由于氯原子的引入，氯代烃的化学性质比原烃活泼，因此在工业上有着广泛的用途。

氯代烃是科学发现和工业应用较早的化合物。重要的工业氯代脂肪烃主要包括氯乙烯、1,2-二氯乙烷、二氯乙烯、一氯甲烷、二氯甲烷、三氯甲烷、四氯化碳、1,1,1-三氯乙烷、三氯乙烯、四氯乙烯、氯化石蜡、氯乙烷、氯丙烯、氯丁二烯、氯乙醛、氯乙酸等。氯代脂环烃和氯代芳烃主要有六氯环戊二烯、八氯环戊烯、氯代环已烯、氯苯、氯甲苯、氯二甲苯、氯化苄、氯化萘、氯化联苯等，其中最重要的是氯苯。

氯代烃的主要应用领域有两个：一是用作溶剂，如用作干洗剂、电子工业清洗剂、金属清洗剂、黏合剂及涂料的溶剂、萃取剂等，二氯甲烷、1,1,1-三氯乙烷、三氯乙烯、四氯乙烯、氯苯类等都是优良的溶剂；二是用作合成大量有机产品及精细化工产品的中间体和聚合物的单体，如合成制冷剂、烟雾剂、农药、医药、染料、纺织助剂等的中间体和聚合物的单体。

表9-1给出了几种烃类的主要氯化产品及其用途。可以看出，发展氯化工业不仅可以获取许多具有各种重要用途的氯化产品，同时也为制碱工业的副产氯气开辟了重要的利用途径。

9.1 氯代烃的主要生产方法

氯代烃的生产方法有多种，反应可以在气相或液相中进行，原料主要是烃、醇、氯代烃等，氯化剂包括氯、氯化氢和许多有机及无机氯化物（如光气、五氯化磷）。一般使用热、光或催化剂促进反应，工业上使用的催化剂有铁、铜、溴、碘、锑、锡、砷、磷和硫的氯化物。

用于氯代烃生产过程的化学反应主要包括取代氯化、加成氯化、氢氯化、氯解、热裂解、脱氯化氢和氧氯化等，其中取代氯化、加成氯化和氧氯化是最主要的生产方法。另外，氯化物的裂解已成为获取氯代烯烃的重要手段。

9.1.1 取代氯化

烃的取代氯化是工业上制取氯代烃的重要方法之一。取代氯化反应是强放热反应，碳键结构和被取代氢原子的位置对反应热影响不大。取代氯化过程可在气相或液相中完成。

取代氯化是指以氯取代烃分子中的一个或几个氢原子的反应过程。取代可以发生在脂肪烃的氢原子上，也可以发生在芳烃的苯环和侧链的氢原子上。

$$RH + Cl_2 \longrightarrow RCl + HCl$$

$$CH_2{=}CH_2 + Cl_2 \longrightarrow CH_2{=}CHCl + HCl$$

$$C_6H_5CH_3 + Cl_2 \longrightarrow C_6H_5CH_2Cl + HCl$$

$$C_6H_5CH_3 + Cl_2 \longrightarrow CH_3C_6H_4Cl + HCl$$

表9-1　几种烃类的主要氯化产品及其用途

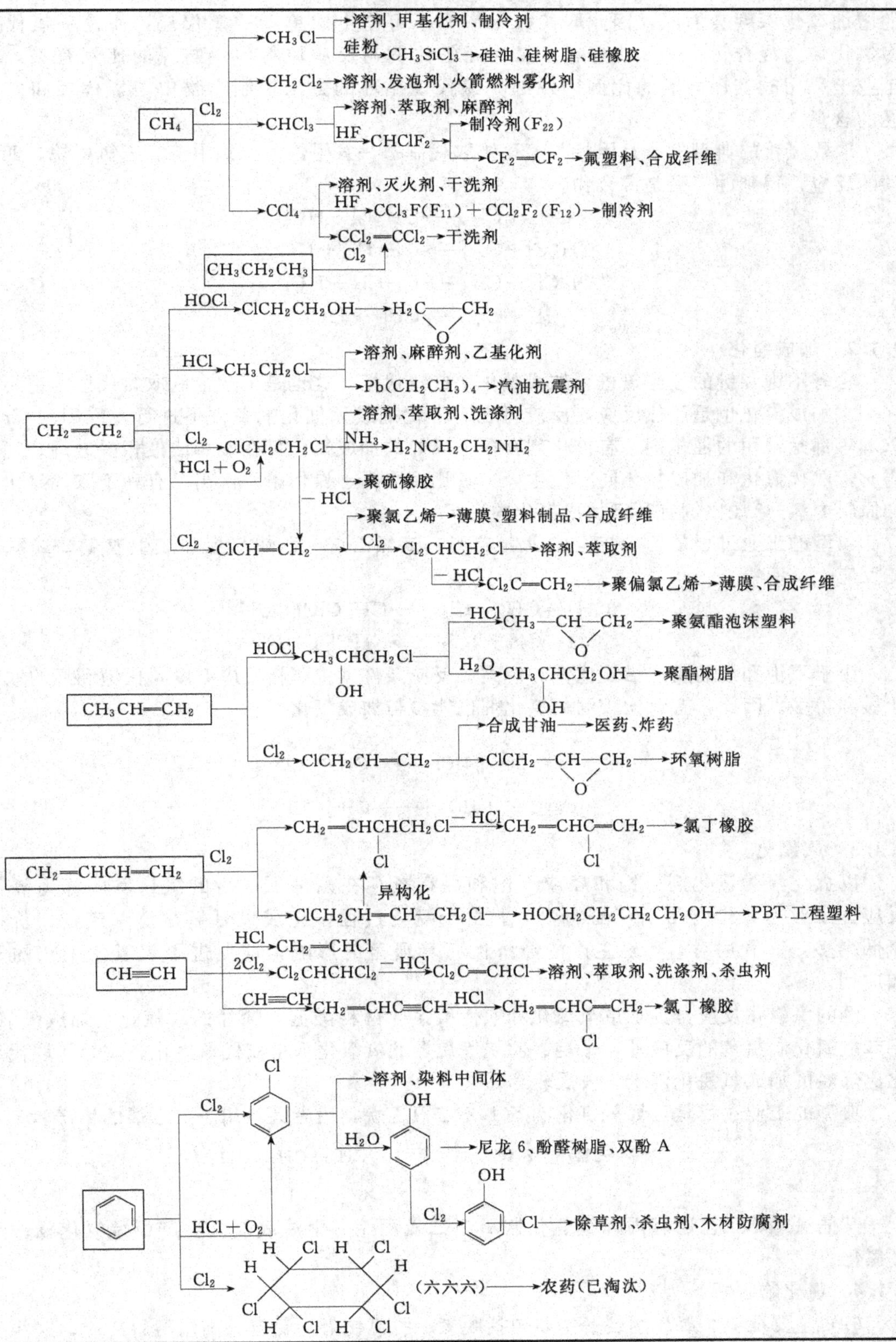

脂肪烃和芳烃取代氯化的共同特点是随着反应时间的延长、反应温度的提高或通氯量的增加氯化深度会加深，因此取代氯化产物不可能生成单一的氯代烃，而是一氯代烃和多氯代烃的混合物。一氯代烃和多氯代烃的比例与反应原料中烃与氯的比例有关，因此工业上采用改变烃与氯的比例以及部分氯代烃循环的方法控制产物中一氯代烃和多氯代烃的含量。

取代氯化的典型例子是甲烷与氯逐级取代制备一氯甲烷、二氯甲烷、三氯甲烷、四氯化碳的反应，得到的产品是混合物。

$$CH_4 + Cl_2 \longrightarrow CH_3Cl + HCl$$
$$CH_3Cl + Cl_2 \longrightarrow CH_2Cl_2 + HCl$$
$$CH_2Cl_2 + Cl_2 \longrightarrow CHCl_3 + HCl$$
$$CHCl_3 + Cl_2 \longrightarrow CCl_4 + HCl$$

9.1.2 加成氯化

含有不饱和键的烃与氯进行加成氯化生成氯代烃，这也是工业上制取氯代烃的重要方法之一。加成氯化也是放热反应，反应可在有催化剂或无催化剂条件下进行，$FeCl_3$、$ZnCl_2$、PCl_3等都是常用的催化剂。有催化剂存在下烯烃的加成氯化可在气相或液相中进行。气相反应时，取代氯化和加成氯化同时发生，二者比例取决于操作条件，高温有利于取代氯化，增加原料中氯/烯烃比例有利于加成氯化的进行。

典型的工业过程是乙烯与氯加成生成1,2-二氯乙烷、乙炔与氯加成生成1,2-二氯乙烯的反应。

$$CH_2{=}CH_2 + Cl_2 \longrightarrow CH_2ClCH_2Cl$$
$$CH{\equiv}CH + 2Cl_2 \longrightarrow CHCl_2CHCl_2$$

由于不饱和烃的反应活性比饱和烃高，反应条件（主要指反应温度）比饱和烃的取代氯化缓和得多。因此，有时比较弱的氯化剂也能参与加成氯化反应。例如：

$$\gt C{=}C\lt + HCl \longrightarrow \gt CH{-}CCl\lt$$
$$-C{\equiv}C- + HCl \longrightarrow -CH{=}CCl-$$

9.1.3 氧氯化

以氯化氢为氯化剂，饱和烃或不饱和烃在氧存在条件下进行的氯化反应称为氧氯化反应。工业上首先应用于苯酚的生产。由于氯化过程中生成大量氯化氢副产物，价格比氯低得多，其利用对氯代烃生产的经济性有着显著的影响，这促进了氧氯化工艺的开发和应用。

烃的氧氯化反应分为加成氧氯化和取代氧氯化两种类型。烯烃的氧氯化为加成氧氯化。除苯氧氯化制氯苯的反应外，甲烷、乙烷等烷烃的氧氯化都是取代氧氯化。烷烃的取代氧氯化比烯烃的加成氧氯化困难，发展较迟。

典型的工业过程是乙烯氧氯化制备1,2-二氯乙烷，后者大量用于氯乙烯的生产。

$$CH_2{=}CH_2 + 2HCl + \frac{1}{2}O_2 \longrightarrow \underset{Cl}{CH_2}{-}\underset{Cl}{CH_2} + H_2O$$

其他氧氯化工艺还有丙烯氧氯化制1,2-二氯丙烷、甲烷氧氯化生产甲烷氯化物、丙烷氧氯化等。

9.1.4 氯化物裂解

(1) 主要反应　氯化物裂解主要包括脱氯、脱氯化氢、氯解、高温裂解反应，这些反应过程也是制备氯代烃的重要手段。

① 脱氯反应

$$CCl_3—CCl_3 \longrightarrow CCl_2═CCl_2+Cl_2$$

② 脱氯化氢反应

$$CH_2Cl—CH_2Cl \longrightarrow CH_2═CHCl+HCl$$

③ 氯解反应（全氯化）　氯解反应是指以烃或氯代烃为原料，在高温（600～900℃）非催化及氯过量的条件下，碳-碳键断裂，得到链较短的全氯代烃。

$$CCl_3—CCl_3+Cl_2 \longrightarrow 2CCl_4$$

④ 高温裂解（热裂解）

$$CCl_3—CCl_2—CCl_3 \xrightarrow{高温} CCl_4+CCl_2═CCl_2$$

（2）工业方法　根据促进氯化反应的方式不同，工业上采用的氯化方法主要有以下3种。

① 热氯化法　热氯化法是以热能激发氯分子，使其解离成氯自由基，进而与烃类分子反应，生成各种氯衍生物。一般在气相中进行，所需反应温度与烃类分子结构（C—H键键能）有关，如丁烷热氯化温度约为250℃，而甲烷热氯化温度为400℃。热氯化的活化能较高，约为125kJ/mol。高温下的气相热氯化反应还伴有诸如分子结构破坏、脱氯化氢和环化等副反应，故副产物品种和数量都较多。工业上甲烷氯化制取甲烷氯衍生物、丙烯氯化制2-氯丙烯等均采用热氯化法。

② 光氯化法　光氯化法是以光子激发氯分子，使其解离成氯自由基，进而实现氯化反应。光氯化反应常在液相中进行，反应条件比较缓和。光源为水银灯、石英灯、日光灯等，光线辐射波长为0.3～0.5μm。反应器常用石英或玻璃制成，考虑到受光照深度限制，常用几台反应器串联，共同完成光氯化反应。光氯化反应的活化能较小，约为42kJ/mol，是热氯化的1/3。工业上采用光氯化的工艺有二氯甲烷在紫外光线照射下氯化生产三氯甲烷和四氯化碳、苯在紫外光线照射下氯化生成“六六六”、甲苯在日光灯照射下氯化生产氯化苄等。

③ 催化氯化法　催化氯化法是利用催化剂降低反应活化能，从而促使氯化反应进行。催化氯化法可分为均相催化氯化和非均相催化氯化两种。所用的催化剂都是金属卤化物，如氯化铁、氯化铜、氯化铝、三氯化锑、五氯化锑、氯化汞等。工业上采用的均相催化氯化工艺有乙烯与氯加成制备二氯乙烷，非均相催化氯化工艺有乙炔与氯化氢加成制备氯乙烯、乙烯氧氯化制备二氯乙烷等。催化氯化反应可在液相中进行，也可在气相中进行。在气相中进行催化氯化时，由于催化剂的作用，与热氯化相比，不但反应条件缓和，而且反应的选择性也高。

氯乙烯不仅是氯代烃中的代表产物之一，其氧氯化生产方法也是氯代烃生产方法中极具工业应用价值的方法之一，本章将做重点讨论。

9.2 氯乙烯

9.2.1 氯乙烯的性质及用途

氯乙烯（vinyl chloride，简称VC）常温、常压下为无色气体，具有微甜气味。微溶于水，溶于乙醇、乙醚、丙酮等有机溶剂。易燃、易爆，与空气混合能形成爆炸性混合物，爆炸极限为体积分数4%～22%。高温或遇明火能引起燃烧、爆炸。

氯乙烯在工业上的主要应用是生产聚氯乙烯树脂，并能与醋酸乙烯、丙烯腈、丙烯酸酯、偏二氯乙烯（1,1-二氯乙烯）等共聚，制得各种性能的树脂。目前用于制造聚氯乙烯树脂的氯乙烯约占其产量的96%。少量氯乙烯用于制备氯化溶剂，主要是1,1,1-三氯乙烷和1,1,2-三氯乙烷。

9.2.2 氯乙烯生产方法简介

氯乙烯经历了较长时间的工业生产和工艺改造，产生了乙炔法、乙烯法、乙炔与乙烯联合法、烯炔法等工艺，发展到目前世界上最先进的平衡氧氯化工艺。

（1）乙炔法　乙炔法是氯乙烯最早工业化的生产方法。其反应原理为：

$$CH{\equiv}CH + HCl \longrightarrow CH_2{=}CHCl$$

乙炔与氯化氢的反应在气相或液相中均可进行，但气相法是主要的工业方法。

乙炔法生产氯乙烯，乙炔转化率达97%～98%，氯乙烯收率为80%～95%，副产物是1,1-二氯乙烷（约1%），还有少量乙烯基乙炔、二氯乙烯、三氯乙烷等。乙炔法具有技术成熟、工艺设备简单、投资低、收率高等优点，但同时存在原料成本高、能耗大、催化剂含汞有毒性等缺点。

工业上乙炔主要是采用电石和水反应的方法生产，此外还可采用烃类高温热裂解或部分氧化法生产。因此，根据乙炔的来源不同乙炔法分为电石乙炔法和石油（或天然气）乙炔法。我国煤炭资源丰富，用价廉的煤炭生产电石继而生成乙炔的氯乙烯生产路线具有明显的成本优势，同时我国中小型氯碱生产企业众多，用乙炔法与之配套生产氯乙烯生产上也相当灵活，因此我国氯乙烯的生产目前仍以电石乙炔法为主，产量约占氯乙烯总产量的70%左右。为了保持电石乙炔法的强大生命力，我国今后必须致力于对传统生产工艺的改进、解决汞催化剂污染、精馏尾气的无害处理、降低能耗及节省资源等方面的研究开发，从而进一步提高生产技术水平，充分利用好资源优势。

（2）乙烯法　乙烯法是20世纪50年代后发展起来的生产方法。该法经过两步反应，首先乙烯与氯经加成反应生成1,2-二氯乙烷（EDC），然后EDC裂解，脱氯化氢，生成氯乙烯。

$$CH_2{=}CH_2 + Cl_2 \longrightarrow CH_2Cl{-}CH_2Cl$$

$$CH_2Cl{-}CH_2Cl \longrightarrow CH_2{=}CHCl + HCl$$

该法的主要原料乙烯是由石油烃热裂解制备的，价格比乙炔便宜，且使用的催化剂其毒害比氯化汞小得多。但从反应式可以看出，氯的利用率只有50%，另一半氯以氯化氢的形式从热裂解气中分离出来后，由于含有有机杂质，色泽和纯度都达不到国家标准，它的销售和利用问题就成为工厂必须解决的技术经济问题。有些生产厂家用空气或氧把氯化氢氧化成氯气重新使用，但设备费和操作费均较高，导致氯乙烯生产成本提高。

（3）乙炔与乙烯联合法　乙炔与乙烯联合法是用乙烯与氯气反应生成二氯乙烷，二氯乙烷裂解生成氯乙烯和氯化氢，氯化氢再与乙炔反应生成氯乙烯。该法是对乙炔法和乙烯法两种方法的改良，目的是用乙炔消耗乙烯法副产的氯化氢。本法等于在工厂中并行建立两套生产氯乙烯的装置，基建投资和操作费用会明显增加，有一半烃进料是价格较高的乙炔，致使生产总成本上升，而且乙炔法的引入仍会带来汞的污染问题。因此，本法也不甚理想，曾在欧美各国作为由电石法转向石油乙烯法的过渡措施采用过，现已被淘汰。

（4）烯炔法　烯炔法是由石脑油裂解得到的含乙炔和乙烯的混合气（接近等摩尔比），经简单净化处理后与氯化氢混合，在氯化汞催化剂作用下乙炔与氯化氢反应生成氯乙烯，分离出氯乙烯后的混合气再与氯气反应生成二氯乙烷，经分离精制后的二氯乙烷热裂解成氯乙烯及氯化氢，氯化氢再循环用于混合气中乙炔的加成。该工艺虽不需分离、提浓，直接用裂解气中的乙烯和乙炔制备氯乙烯，但裂解石脑油需用纯氧，裂解时对乙烯和乙炔的比例要求非常严格，而且氯乙烯的浓度较低，精制费用高，故未广泛应用。

(5) 平衡氧氯化法　该法是用乙烯与氯气反应生成二氯乙烷，二氯乙烷裂解生成氯乙烯和氯化氢，氯化氢再与乙烯和氧气发生氧氯化反应生成二氯乙烷和水。生产中乙烯转化率约为95%，二氯乙烷收率超过90%。采用该法还可副产高压蒸汽供本工艺有关设备利用或用作发电。由于在设备设计和工厂生产中始终需考虑氯化氢的平衡问题，不使氯化氢多余或短缺，故称平衡氧氯化法。

平衡氧氯化法与其他方法相比，原料来源广泛且价格较低，生产工艺合理，生产成本较低。目前世界上采用此工艺生产氯乙烯的产量约占氯乙烯总产量的90%以上。从20世纪70年代开始，国外新建氯乙烯工厂均以本工艺为基础，同时着手对老装置进行技术改造。

9.3 乙炔法生产氯乙烯

9.3.1 乙炔法生产氯乙烯反应原理

乙炔加成氯化氢合成氯乙烯的反应方程式如下：

$$CH\equiv CH + HCl \longrightarrow CH_2=CHCl + 124.8kJ/mol$$

该反应是在气相中进行的放热反应，可能生成的副产物有1,1-二氯乙烷及少量二氯乙烯。从热力学角度分析，乙炔加成氯化氢合成氯乙烯的反应很有利，但由于反应速率慢，必须在催化剂存在下进行。工业上使用的催化剂是氯化汞/活性炭，采用浸渍吸附法制备。催化剂的活性成分为 $HgCl_2$，含量在10%～20%之间。

乙炔和氯化氢加成反应过程包括外扩散、内扩散、表面反应、内扩散、外扩散五个步骤，其机理如下。

乙炔与氯化汞加成生产中间加成产物氯乙烯氯汞：

$$CH\equiv CH + HgCl_2 \longrightarrow ClCH=CH-HgCl$$

因氯乙烯氯汞很不稳定，遇氯化氢分解，生成氯乙烯：

$$ClCH=CH-HgCl + HCl \longrightarrow CH_2=CHCl + HgCl_2$$

所生成的中间产物氯乙烯氯汞也可能再与氯化汞加成，加成物再分解出汞而生成二氯乙烯，但这种可能性较小。

当乙炔与氯化氢的摩尔比小时，所生成的氯乙烯能再与氯化氢加成生成1,1-二氯乙烷；反之，当乙炔与氯化氢的摩尔比大时，过量的乙炔使氯化汞还原成氯化亚汞或金属汞，使催化剂失活，同时生成副产物二氯乙烯。

9.3.2 乙炔法生产氯乙烯工艺条件

乙炔法生产氯乙烯的主要工艺条件包括反应温度、原料配比、原料气纯度等。

(1) 反应温度　乙炔加成氯化氢合成氯乙烯反应是放热反应，因此温度对该反应有较大影响。从热力学角度分析，在25～200℃温度范围内该反应的热力学平衡常数均很高（表9-2），可以获得较高平衡分压的氯乙烯。另外，在25～200℃温度范围内随反应温度升高反应速率常数也是增加的。因此，提高反应温度有利于加快氯乙烯合成反应速率，获得较高的转化率。但温度过高易使催化剂的活性成分氯化汞升华而被气流带走，降低催化剂的活性和使用寿命，同时还会使副产物增加。工业上适宜的反应温度一般控制在130～180℃之间。

表 9-2 热力学平衡常数与温度的关系

温度/℃	25	100	130	150	180	200
K_p	1.318×10^{15}	5.623×10^{10}	2.754×10^{9}	4.677×10^{8}	4.266×10^{7}	1.289×10^{7}

(2) 原料配比 原料 C_2H_2/HCl 的摩尔比对催化剂的活性和反应选择性均有影响。当摩尔比过大时，过量的乙炔会使催化剂中的氯化汞还原成氯化亚汞，甚至析出金属汞，从而使催化剂失活，副产物大量增加。另外，乙炔价格比氯化氢昂贵，如采用乙炔过量，造成很大浪费，经济上不合理，同时还会增加产物氯乙烯分离的负担。摩尔比也不能过小，因为过量的 HCl 会与氯乙烯进一步反应生成 1,1-二氯乙烷，降低反应选择性。综合考虑，工业上一般采用 HCl 稍过量，通常控制 C_2H_2 ∶ HCl =1∶(1.05～1.1)。随着操作技术的熟练、仪表质量的提高及自动化程度的加强，氯化氢的过剩量将逐渐减少。

(3) 原料气纯度 氯乙烯合成反应对原料气乙炔和氯化氢的纯度及杂质含量均有严格要求。

一般要求乙炔纯度≥98.5%。乙炔气中若含磷化氢、硫化氢等杂质，会使催化剂氯化汞中毒失活。

$$HgCl_2 + H_2S \longrightarrow HgS + 2HCl$$
$$3HgCl_2 + PH_3 \longrightarrow P(HgCl)_3 + 3HCl$$

氯化氢纯度≥93%，氯化氢中的游离氯含量控制在 0.002%以下。这是因为乙炔可以和游离氯发生激烈反应生成氯乙炔。

原料气中含水量越低越好，一般控制在 0.03%以下。这是因为氯化氢与水生成盐酸，腐蚀管道及设备；水分还会使催化剂氯化汞结块，导致氯乙烯转化器阻力上升，影响转化器的正常工作；水分还易与乙炔反应生成有害杂质乙醛，降低氯乙烯收率。

原料气中还应严格控制氧含量。这是因为乙炔在氧气中有很宽的爆炸范围，影响工艺过程的安全性。

9.3.3 乙炔法生产氯乙烯工艺流程及反应器

乙炔加成氯化氢生产氯乙烯工艺流程主要由化学反应（转化）及产品的净化分离两部分组成，如图 9-1 所示。

经净化与干燥后的乙炔与干燥的 HCl 以 1∶(1.05～1.1) 的摩尔比混合后进入反应器

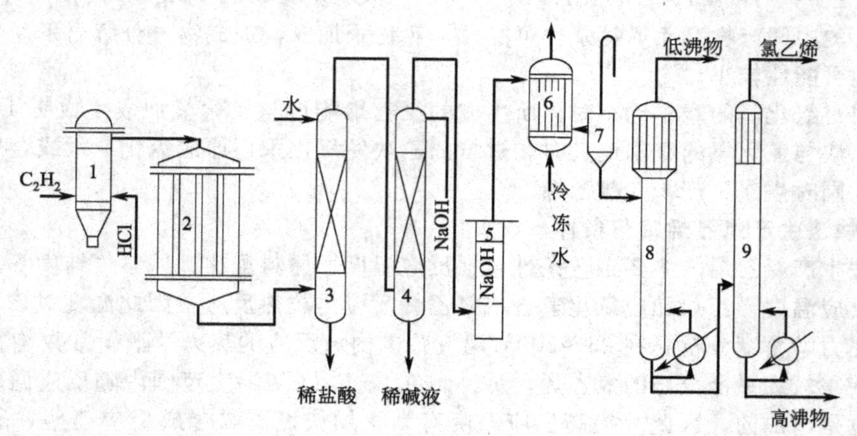

图 9-1 乙炔加成氯化氢生产氯乙烯工艺流程

1—混合器；2—反应器；3—水洗塔；4—碱洗塔；
5—干燥器；6—冷凝器；7—气液分离器；8—低沸塔；9—高沸塔

(又称转化器) 进行加成反应，乙炔转化率可达99%左右。自转化器出来的气体产物中除含有主产物氯乙烯外，还含有1%左右的1,1-二氯乙烷、5%~10%的HCl及少量未反应的乙炔。转化气经水洗除去大部分HCl，再经碱洗和固体碱干燥除去微量的HCl，其他反应产物再经冷却冷凝得到粗氯乙烯凝液。粗氯乙烯送入低沸塔，塔顶蒸出乙炔等低沸物，塔釜液进入高沸塔。高沸塔塔底除去1,1-二氯乙烷等高沸点产物，塔顶得到产品氯乙烯。

乙炔加成氯化氢合成氯乙烯的反应属于气固相催化放热反应，要保证反应正常进行必须及时将反应热移出。工业上常采用列管式固定床反应器（又称转化器）。转化器是一个圆柱形列管式设备，其构造如图9-2所示。列管内装填催化剂，原料混合气自上而下均匀地通过催化剂床层进行反应，管间用加压热水循环进行冷却。为消除径向温度分布给反应带来的不利影响，列管应尽量采用较小的管径，一般采用ϕ57mm×3.5mm的无缝钢管与管板胀接结构。为消除轴向温度分布给反应带来的不利影响，采用列管外侧分层通冷却水的方法。整个圆柱列管部分用两块花板分为3段，每段均可通冷却水带走反应热。

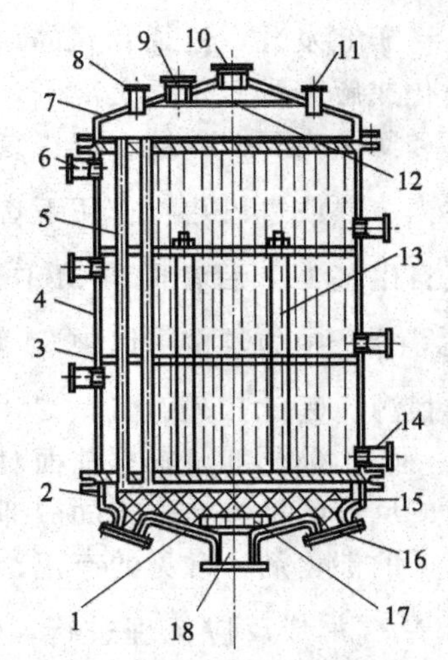

图9-2 转化器结构

1—锥形底盖；2—瓷砖；3—隔板；4—外壳；5—列管；6—冷却水进口；7—大盖；8,11—热电偶插孔；9,16—手孔；10—气体进口；12—气体分配板；13—支撑管；14—冷却水进口；15—填料；17—下花板；18—合成气出口

9.4 平衡氧氯化法生产氯乙烯

平衡氧氯化法生成氯乙烯包括乙烯直接氯化、乙烯与氯化氢的氧氯化、1,2-二氯乙烷的裂解3步反应。此法的原料只需乙烯、氯和空气（或氧），氯可以全部被利用，其关键是要计算好乙烯与氯加成和乙烯氧氯化两个反应的反应量，使1,2-二氯乙烷裂解所生成的氯化氢恰好满足乙烯氧氯化所需的氯化氢，这样才能使氯化氢在整个生产过程中始终保持平衡。

9.4.1 平衡氧氯化法生产氯乙烯反应原理、催化剂及工艺条件

9.4.1.1 乙烯直接氯化

(1) 反应原理 乙烯直接氯化反应体系的主、副反应如下。

主反应：

$$CH_2{=}CH_2+Cl_2 \longrightarrow CH_2Cl{-}CH_2Cl+201kJ/mol$$

副反应：

$$CH_2{=}CH_2+Cl_2 \longrightarrow CH_2{=}CHCl+HCl$$

$$CH_2Cl{-}CH_2Cl+Cl_2 \longrightarrow CH_2Cl{-}CHCl_2+HCl$$

$$CH_2{=}CH_2+HCl \longrightarrow CH_3{-}CH_2Cl$$

$$CH_2{=}CHCl+Cl_2 \longrightarrow CH_2{=}CCl_2+HCl$$

$$CH_2Cl{-}CHCl_2+Cl_2 \longrightarrow CHCl_2{-}CHCl_2+HCl$$

……

由主、副反应可知，除目的产物二氯乙烷外，一般还含有氯乙烷、三氯乙烷、氯乙烯、四氯乙烯、四氯乙烷等多种副产物，这些副产物的含量随反应条件不同而有所不同。副产物的存在不但会降低二氯乙烷的收率，还会影响氯乙烯的质量和氯乙烯的聚合过程。因此，应促进加成反应，抑制取代反应。

研究发现，乙烯和氯的加成机理是亲电加成，即在极性溶剂或催化剂等作用下 Cl_2 发生极化或解离成氯正、负离子，氯正离子 Cl^+ 首先与乙烯分子中的 π 键结合，经过活化络合物再和氯负离子 Cl^- 结合成二氯乙烷。对于乙烯，取代反应的机理是自由基取代机理，即 Cl_2 在光、热或过氧化物作用下首先解离为两个氯原子自由基 $\dot{Cl}$，然后 $\dot{Cl}$ 从乙烯中置换出一个氢自由基 $\dot{H}$，后者再和 Cl_2 作用，又生成 $\dot{Cl}$，形成连锁反应。同乙烯类似，氯乙烯、二氯乙烷等分子中的氢也可以被 $\dot{Cl}$ 取代，形成类似的副产物。由此可见，$\dot{Cl}$ 是产生多氯化副产物的根源。因此，凡能阻止 $\dot{Cl}$ 的产生、利于形成 Cl^+ 的各种因素一般都能减少副产物。

（2）催化剂　根据前面对乙烯直接氯化反应机理的分析可知，在液相条件下，为了加强加成反应的优势，一方面应抑制氯自由基的生成，另一方面可以使用能使氯分子解离为氯正离子的催化剂，常见的有铝、铁、磷、锑、硫的氯化物和碘等。而非催化气相反应一般以自由基 $\dot{Cl}$ 加成反应机理进行，$\dot{Cl}$ 的产生靠热能，需较高温度，因而使反应产物复杂化。因此，虽然直接氯化反应可在无催化剂条件下进行，但为了促进加成反应，抑制多氯化物，还是采用催化剂为好，目前工业上均采用 $FeCl_3$ 催化剂。

由于二氯乙烷的作用，反应过程中 $FeCl_3$ 在溶剂中形成二聚体，该二聚体在铁的中心占有自由配位，使氯在催化剂上的吸附较困难，反应速率降低。添加 NaCl 助催化剂能改善催化剂的性能。NaCl 作用于二聚体，使其破裂后形成 $[FeCl_4]^-$ 配位体，增加主反应的反应速率，减少副反应发生。

一般情况下，催化剂用量越多，反应速率和选择性越高。但催化剂在二氯乙烷中的溶解度有限，过多的催化剂会造成设备堵塞。因此，保持合适的催化剂用量是必要的，同时要保证催化剂在溶剂中分布均匀。

（3）工艺条件

① 原料配比　乙烯直接氯化反应是气液反应，反应物乙烯和氯气需由气相扩散进入二氯乙烷液相，然后在液相中进行反应。乙烯直接氯化的反应速率和选择性取决于乙烯和氯气的扩散溶解特性，液相中乙烯浓度大于氯气的浓度有利于提高反应的选择性。在相同条件下乙烯较氯气难溶于二氯乙烷，因此乙烯稍过量，一般控制乙烯过量 5%～25%。稍过量的乙烯可以保证氯气反应完全，使氯化液中游离氯含量降低，减轻对设备的腐蚀，并有利于后处理，同时可以避免氯气和原料气中的氢气直接接触而引起的爆炸危险。生产中控制尾气中氯含量不大于体积分数 0.5%，乙烯含量小于体积分数 1.5%。

② 反应温度　乙烯氯化反应无论在气相还是在液相，温度越高，越有利于取代氯化反应的发生，多氯化物也会随之增加。其原因是温度越高越有利于 $\dot{Cl}$ 生成，同时使二氯乙烷和乙烯的取代反应活性趋同。对乙烯而言，反应温度低于 250℃ 时主要进行加成氯化反应，反应温度为 250～350℃ 时取代氯化反应剧烈，反应温度高于 400℃ 时主要发生取代氯化反应。由此可知，乙烯由加成氯化反应转为取代氯化反应的温度范围应该在 250～350℃ 之间。但需要强调指出的是乙烯氯化为强放热反应，不仅要注意反应的总平均温度，还要注意反应器内的温度分布和波动情况，防止局部过热或瞬间过热，否则也会增加多氯化物的量。

③ 溶剂　因为在液相条件下容易生成 Cl^+，所以在减少多氯化副产物方面液相反应比气相反应有利，而且乙烯氯化反应是强放热反应，液相反应也比气相反应有利于散热。

在极性溶剂中氯分子易发生极化，因此应选择极性溶剂，一般以主产物 1,2-二氯乙烷本身作溶剂。这是因为 1,2-二氯乙烷具有极性，对中间活性配位化合物的溶剂化作用强，对加成反应有利，而且 1,2-二氯乙烷的介电常数较大，可使氯原子间作用力减弱，有利于氯分子解离，促进亲电加成反应。

另外，在高温氯化反应中氧气可能与乙烯中的氢原子反应生成水，水与三氯化铁反应产生盐酸而使催化剂浓度发生变化，并对设备造成腐蚀；硫酸根和催化组分中的阳离子反应，影响催化剂的用量和反应的选择性。因此，乙烯直接氯化反应中还应严格控制原料气中氧气、水分和硫酸根的含量，要求氧气和水分含量小于 $50cm^3/m^3$、硫酸根含量小于 $2cm^3/m^3$。

9.4.1.2　乙烯的氧氯化

(1) 反应原理　乙烯氧氯化反应体系的主、副反应如下。

主反应：

$$CH_2{=}CH_2+2HCl+\frac{1}{2}O_2 \longrightarrow CH_2Cl{-}CH_2Cl+H_2O$$

副反应：

$$CH_2{=}CH_2+2O_2 \longrightarrow 2CO+2H_2O$$
$$CH_2{=}CH_2+3O_2 \longrightarrow 2CO_2+2H_2O$$
$$CH_2{=}CH_2+HCl \longrightarrow CH_3{-}CH_2Cl$$
$$CH_2{=}CH_2+HCl+\frac{1}{2}O_2 \longrightarrow CH_2{=}CHCl+H_2O$$

……

由此可以看出，反应除生成主产物二氯乙烷外，同时会生成氯乙烷、三氯乙烷、氯乙烯、四氯乙烷、四氯化碳等多种副产物，同时存在深度氧化产物二氧化碳及水等。

通过热力学分析可知，乙烯氧氯化反应体系的主、副反应的平衡常数都很大，在热力学上都是有利的。要使主反应在动力学上占绝对优势，使反应向生成二氯乙烷的有利方向进行，关键在于使用合适的催化剂和控制适宜的反应条件。

关于乙烯氧氯化的反应机理，虽然国内外已做了许多研究，但至今仍未有定论。目前主要有以下两种不同看法。

① 氧化还原机理　该机理认为：氧氯化反应中，通过氯化铜的价态变化向乙烯输送氧。反应过程包括下列 3 步反应。

第一步：吸附的乙烯与催化剂氯化铜反应生成 1,2-二氯乙烷，同时氯化铜被还原为氯化亚铜。该步是反应的控制步骤。

$$CH_2{=}CH_2+2CuCl_2 \longrightarrow CH_2Cl{-}CH_2Cl+Cu_2Cl_2$$

第二步：氯化亚铜被氧气氧化为氯化铜和氧化铜的络合物。

$$Cu_2Cl_2+\frac{1}{2}O_2 \longrightarrow CuCl_2 \cdot CuO$$

第三步：氯化铜和氧化铜的络合物与氯化氢反应，生成氯化铜和水。

$$CuCl_2 \cdot CuO+2HCl \longrightarrow 2CuCl_2+H_2O$$

提出这一机理的主要依据有 3 点：一是乙烯单独通过氯化铜催化剂时有二氯乙烷生成，同时氯化铜被还原成氯化亚铜；二是将空气或氧气通过被还原的氯化亚铜时可将氯化亚铜全部转化为氯化铜；三是乙烯的浓度对氧氯化反应速率影响最大。因此，让乙烯转变为二氯乙烷的氯化剂不是氯，而是氯化铜，后者是通过氧化还原机理将氯不断输送给乙烯的。

② 乙烯氧化机理　该机理包括以下 3 个步骤。

第一步：反应物的吸附（a 表示催化剂表面的吸附中心）。

$$CH_2{=}CH_2+a \rightleftharpoons CH_2{=}CH_2 \cdot a$$
$$O_2+2a \rightleftharpoons 2O \cdot a$$
$$HCl+a \rightleftharpoons HCl \cdot a$$

第二步：表面化学反应。

首先，吸附的乙烯与吸附的氧反应，生成吸附的环氧乙烷中间物。

$$CH_2{=}CH_2\cdot a+O\cdot a \rightleftharpoons \underset{\diagdown O \diagup}{H_2C{-}CH_2}\ \cdot a+a$$

然后，吸附的环氧乙烷中间物和吸附的氯化氢反应，生成吸附的产物。

$$\underset{\diagdown O \diagup}{H_2C{-}CH_2}\ \cdot a+2HCl\cdot a \rightleftharpoons \underset{Cl\quad Cl}{H_2C{-}CH_2}\ \cdot a+H_2O\cdot a+a$$

第三步：产物的脱附。

$$\underset{Cl\quad Cl}{H_2C{-}CH_2}\ \cdot a \rightleftharpoons \underset{Cl\quad Cl}{H_2C{-}CH_2}\ +a$$

$$H_2O\cdot a \rightleftharpoons H_2O+a$$

其中，吸附态乙烯和吸附态氧间的化学反应是控制步骤，即表面反应控制。提出此机理的主要依据是：乙烯氧氯化反应速率随乙烯和氧的分压增大而增大，与氯化氢的分压无关。

对乙烯氧氯化反应的动力学国内外学者研究很多，但所得到的动力学方程的形式各不相同，原因是动力学方程与催化剂的制备方法、催化剂中活性组分的含量、反应条件等多个因素有关。一般动力学方程的共同规律是：乙烯氧氯化反应速率随乙烯浓度的增加而增加，与氯化氢的浓度无关。

(2) 催化剂　根据氯化铜催化剂的组成不同，乙烯氧氯化催化剂分为以下3种类型。

① 单组分催化剂　该催化剂也称为单铜催化剂，其活性组分为$CuCl_2$，载体为$\gamma\text{-}Al_2O_3$，其活性与$CuCl_2$的含量有直接关系。活性组分铜含量增加，催化剂的活性明显提高，但副产物二氧化碳的收率也缓慢增加，即催化剂的选择性逐渐降低。在铜含量为质量分数5%～6%时，氯化氢的转化率接近100%，催化剂的活性达到最高值。继续增加铜含量，催化剂的活性维持不变。因此工业上控制$CuCl_2/\gamma\text{-}Al_2O_3$的铜含量在质量分数5%左右。

$CuCl_2/\gamma\text{-}Al_2O_3$催化剂的缺点是：在反应条件下活性组分$CuCl_2$易升华流失，导致催化剂活性下降，而且反应温度越高$CuCl_2$的升华速度越快，催化剂活性下降越迅速。

② 双组分催化剂　为了改善单组分催化剂的热稳定性和使用寿命，在$CuCl_2/\gamma\text{-}Al_2O_3$催化剂中添加第二组分。常用的为碱金属或碱土金属氯化物，主要是KCl。添加KCl的催化剂，在铜含量相同的条件下，达到最高活性的温度随催化剂中钾含量的增加而提高。实践证明，添加少量KCl，既能维持$CuCl_2/\gamma\text{-}Al_2O_3$原有的低温高活性特点，又能抑制二氧化碳的生成。增加KCl用量，对选择性没有影响，但使催化剂活性迅速下降。

③ 多组分催化剂　为进一步改进催化剂性能，特别是在较低操作温度下具有高活性的催化剂，近年来乙烯氧氯化催化剂向多组分方向发展。较有希望的是在$CuCl_2/\gamma\text{-}Al_2O_3$催化剂基础上同时添加碱金属氯化物和稀土金属氯化物。这种催化剂具有较高的活性和较好的热稳定性，反应温度一般在260℃左右，在此温度下$CuCl_2$很少挥发，没有腐蚀性，而且反应选择性良好。

(3) 工艺条件

① 原料配比　由乙烯氧氯化反应的动力学研究可知，乙烯氧氯化反应速率随乙烯和氧浓度的增加而增加，与氯化氢的浓度无关，因此提高原料气中乙烯和氧的分压对反应有利。乙烯和氧过量，除可增大主反应速率外，还可使氯化氢接近完全转化。若氯化氢转化不完全，未反应的氯化氢一是和乙烯氧氯化反应生成的水结合形成盐酸，造成设备腐蚀；二是未反应的氯化氢会吸附在催化剂表面上，使催化剂颗粒膨胀，密度减小，如果采用流化床反应器，催化剂颗粒的膨胀会使床层迅速升高，甚至会产生“节涌”等不正常现象。但乙烯不可过量太多，否则会加剧乙烯深度氧化反应，使尾气中一氧化碳和二氧化碳含量增多，反应选

择性下降。在原料配比中还要求原料气的组成在爆炸极限范围外，以保证安全生产。因此工业上采用乙烯稍过量，氧气过量大约50%，氯化氢则为限制组分。工业上采用的原料配比为：乙烯：氯化氢：氧=1.05：2：0.75（体积比）。

② 反应温度 温度对乙烯氧氯化反应的选择性有很大影响。实验表明，在温度上升的初始阶段，反应的选择性随温度升高而增大，在250℃左右达到最大值。此后，随着反应温度的升高，乙烯深度氧化副反应速率快速增长，产物中一氧化碳和二氧化碳含量升高，同时副产物三氯乙烷的生成量也增加，致使反应选择性下降。

过高的反应温度对催化剂也有不良影响。这是因为，随温度的升高，催化剂活性组分$CuCl_2$的挥发损失量增加，从而导致催化剂失活速率加快，使用寿命缩短。

乙烯氧氯化反应是强放热反应，从生产安全角度考虑，必须对反应过程的温度进行严格控制。反应温度过高，反应放出的热量增加，若不能及时从反应系统中移走，会促使反应温度进一步升高，形成恶性循环，导致燃烧或爆炸事故发生。

综合分析以上因素，在满足反应活性和选择性的前提下，反应温度控制得低一些为好，但适宜的操作温度范围与使用的催化剂有关。当使用高活性的氯化铜催化剂时，最适宜的温度范围在220～230℃左右。

③ 反应压力 常压或加压反应皆可，一般在0.1～1MPa之间。压力的高低要根据反应器的类型而定。流化床宜于低压操作；固定床为克服流体阻力，操作压力宜高一些。当用空气进行氧氯化时，反应气体中含有大量的惰性气体，为了使反应气体保持一定的分压，常采用加压操作。

④ 原料纯度 氧氯化反应可用浓度较稀的原料乙烯，CO、CO_2和N_2等惰性气体的存在对反应并无太大影响。但原料乙烯中的不饱和烃如乙炔、丙烯和丁烯等的含量必须严格控制，因为这些烃类也会发生氧氯化反应，生成三氯乙烯、四氯乙烯等多氯化物，使主产物二氯乙烷的纯度降低，而且会对二氯乙烷的裂解过程产生抑制作用，同时它们更容易发生深度氧化反应，释放出的热量会使反应温度上升，给反应带来不利影响。

⑤ 停留时间 要使氯化氢接近全部转化，必须有较长的停留时间，但停留时间过长会出现转化率下降的现象。这可能是由于在较长的停留时间里发生了连串副反应，二氯乙烷裂解产生氯化氢和氯乙烯。在低空速下操作时，适宜的停留时间一般为5～10s。

9.4.1.3 二氯乙烷的热裂解

(1) 反应原理 1,2-二氯乙烷热裂解的主、副反应如下。

主反应：1,2-二氯乙烷加热至高温脱去1分子氯化氢转化成氯乙烯。

$$CH_2Cl{-}CH_2Cl \rightleftharpoons CH_2{=}CHCl + HCl - 79.5kJ/mol$$

副反应：高温裂解过程中还会发生若干连串和平行副反应，生成碳、乙炔、偏二氯乙烷、氯甲烷、氯丁二烯等。

$$CH_2{=}CHCl \rightleftharpoons CH{\equiv}CH + HCl$$

$$3CH{\equiv}CH \rightleftharpoons C_6H_6\ (\text{苯环})$$

$$2CH_2Cl{-}CH_2Cl \rightleftharpoons CH_2{=}CH{-}CH{=}CH_2 + 2HCl + Cl_2$$

$$2CH_2Cl{-}CH_2Cl \rightleftharpoons CH_2{=}CCl{-}CH{=}CH_2 + 3HCl$$

$$CH_2Cl{-}CH_2Cl + H_2 \rightleftharpoons 2CH_3Cl$$

$$3CH_2Cl{-}CH_2Cl \rightleftharpoons 2CH_2{=}CHCH_3 + 3Cl_2$$

$$CH_2Cl{-}CH_2Cl \rightleftharpoons 2C + 2HCl + H_2$$

一般认为，1,2-二氯乙烷裂解按自由基链式机理进行。

链引发：$ClCH_2CH_2Cl \longrightarrow \dot{Cl} + \dot{C}H_2CH_2Cl$

链传递：

$$\dot{Cl} + ClCH_2CH_2Cl \longrightarrow HCl + Cl\dot{C}HCH_2Cl$$

$$Cl\dot{C}HCH_2Cl \longrightarrow ClCH{=}CH_2 + \dot{Cl}$$

链终止：自由基的再化合。

（2）工艺条件

① 反应温度　二氯乙烷裂解生成氯乙烯和氯化氢是可逆吸热反应，提高反应温度可使反应向生成氯乙烯的方向移动，同时也有利于反应速率的加快。当温度低于450℃时，裂解反应速率很慢，反应转化率很低；当温度上升至500℃时，转化率明显提高；温度在500～550℃范围内，温度每升高10℃，反应转化率可增加3%～5%。但温度过高，二氯乙烷深度裂解、产物氯乙烯分解和聚合等副反应加速，裂解反应选择性下降。因此，综合考虑二氯乙烷转化率和氯乙烯收率两个因素，通常反应温度控制在500～550℃之间。

② 反应压力　二氯乙烷裂解是体积增大的可逆反应，从热力学方面考虑，提高压力对反应过程不利。但从动力学方面考虑，加压可提高反应速率和设备的生产能力，同时提高压力还有利于抑制二氯乙烷分解析碳副反应发生，从而提高反应的选择性。从整个工艺流程考虑，加压操作还可降低裂解反应产物分离的温度，节省冷量。因此，实际生产中均采用加压操作，分为低压法（约0.6MPa）、中压法（约1.0MPa）、高压法（>1.5MPa）3种工艺。

③ 原料的纯度　原料二氯乙烷含有杂质对裂解反应有不利的影响，其中最有害的杂质是裂解抑制剂，可减慢裂解反应速率和促进结焦。起强抑制作用的是1,2-二氯丙烷，当其含量达0.1%～0.2%时可使二氯乙烷转化率下降4%～10%，如果提高裂解温度以弥补转化率的下降则副反应和生焦量会更多，而且1,2-二氯丙烷的裂解产物氯丙烯具有更强的抑制裂解作用，因此要求原料中二氯丙烷的含量小于0.3%。杂质1,1-二氯乙烷对裂解反应也有较弱的抑制作用。其他杂质如二氯甲烷、三氯甲烷等，对反应基本无影响。铁离子会加速深度裂解副反应，故原料中含铁量要求不大于10^{-4}。水对反应虽无抑制作用，但为了防止对炉管的腐蚀，水分含量控制在5×10^{-6}以下。

④ 停留时间　物料在反应器内的停留时间越长，二氯乙烷的反应转化率越高。但是，停留时间过长会使结焦积炭副反应迅速增加，导致氯乙烯的产量下降。所以，工业生产上常采用较短的停留时间，以获得高的选择性。通常控制停留时间为9s左右，此时转化率可达50%～60%，反应选择性为98%左右。

9.4.2　平衡氧氯化法生产氯乙烯工艺流程及反应器

平衡氧氯化法生产氯乙烯工艺流程由乙烯直接氯化制备二氯乙烷、乙烯氧氯化制备二氯乙烷、二氯乙烷裂解制备氯乙烯3部分组成。

9.4.2.1　乙烯直接氯化制备二氯乙烷

乙烯直接氯化反应在液相、常压下进行，大多采用三氯化铁催化剂，其在氯化液中的质量分数维持在0.025%～0.03%之间。为保证进入反应器的氯气完全转化，控制原料中的乙烯过量3%～5%。根据产物的出料方式不同，直接氯化分为低温氯化、中温氯化、高温氯化3种工艺技术。

乙烯低温氯化反应是在二氧乙烷沸点（83.5℃）以下进行反应，粗二氧乙烷产品液相采出，工艺流程如图9-3所示，该流程主要包括乙烯直接氯化反应、二氧乙烷酸洗和碱洗。乙烯直接氯化反应是在气液塔式反应器（氧化塔）中进行的。氯化塔为内衬瓷砖的钢制设备，中央安装套筒内件，套筒内填装铁环填料。原料乙烯、氯气和循环的二氯乙烷经喷嘴混合后

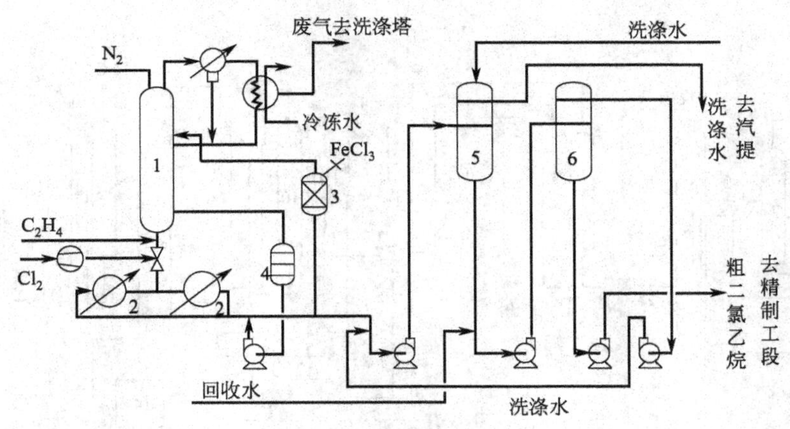

图 9-3 低温氯化法工艺流程

1—氯化塔；2—外循环冷却器；3—催化剂溶解罐；4—过滤器；5，6—洗涤分层器

从氯化塔底部进入套筒内，在二氯乙烷介质中反应。氯化塔外安装两台外循环冷却器将反应热及时移出反应区，补充的三氯化铁催化剂用二氯乙烷溶解后从上部送入氯化塔，塔内催化剂的浓度要求控制在2×10^{-4}左右。随着反应的进行，氯化液不断由内套筒溢流至反应器本体与套筒的环形空隙，再用循环泵将其从氯化塔下部抽出，经过滤器过滤后，一部分冷却降温后循环回塔以保持塔内液面稳定，另一部分进入两级串联的粗二氯乙烷洗涤分层器进行酸洗、碱洗。酸洗的目的是除去产物中的氯化铁，以防止碱洗时形成氢氧化铁，在二氯乙烷精制时堵塞轻组分塔和重组分塔的塔釜；碱洗主要是处理少量的游离氯、氯化氢和三氯乙醛，以防止下游设备的腐蚀及三氯乙醛和二氯乙烷在轻组分塔中形成共沸物。得到的粗二氯乙烷送去精馏。洗涤废水经汽提回收其中少量的二氯乙烷后送废水处理工序。从反应器顶部逸出的惰性气体经冷凝回收夹带的二氯乙烷后送废气处理工序。低温氯化工艺的优点是二氯乙烷纯度高，副产品少。缺点是粗二氯乙烷需经水洗、碱洗处理，废水量大，二氯乙烷损失增加；产品中夹带催化剂，需要不断补充催化剂；反应热未得到充分利用，工艺流程复杂，冷却水和蒸汽耗量大。

中温氯化技术是在二氯乙烷沸点以上进行反应，反应温度通常为90～100℃，生成的二氯乙烷以气相出料，经冷凝器冷凝后大部分回流以移去反应热。中温氯化的优点是反应速率快，基本无催化剂的损耗，反应器不易腐蚀。缺点是大量反应热未能得到利用。

高温氯化技术也是在二氯乙烷沸点以上进行反应，反应温度为120℃左右，反应压力为0.2～0.3MPa。高温氯化采用带分离器的U形管反应器，反应在液相沸腾条件下进行，所形成的气液混合物上升进入分离器。气相二氯乙烷作为出料，液相二氯乙烷循环返回氯化反应器作为溶剂。该工艺借二氯乙烷从液相中蒸出移除反应热，故反应热可得到充分利用；产物二氯乙烷采用气相出料，不会将催化剂三氯化铁带出，可省掉洗涤脱除催化剂的后续工序，而且不需补加催化剂，并减少污水排放。但因反应温度较高，取代反应速率加快，副产物较多。

9.4.2.2 乙烯氧氯化制备二氯乙烷

乙烯氧氯化制备二氯乙烷是强放热的气固相催化氧化反应。过去均采用空气作氧化剂。20世纪70年代开发了以纯氧为氧化剂的生产工艺，由于其在技术经济方面的优势，越来越受到人们的重视。

(1) 以空气作氧化剂的乙烯氧氯化生产二氯乙烷工艺流程　如图9-4所示，该流程主要包括乙烯氧氯化反应、二氯乙烷的分离和精制两大部分。

来自二氯乙烷裂解的氯化氢气体预热至170℃左右，与氢气一起进入加氢反应器，将其

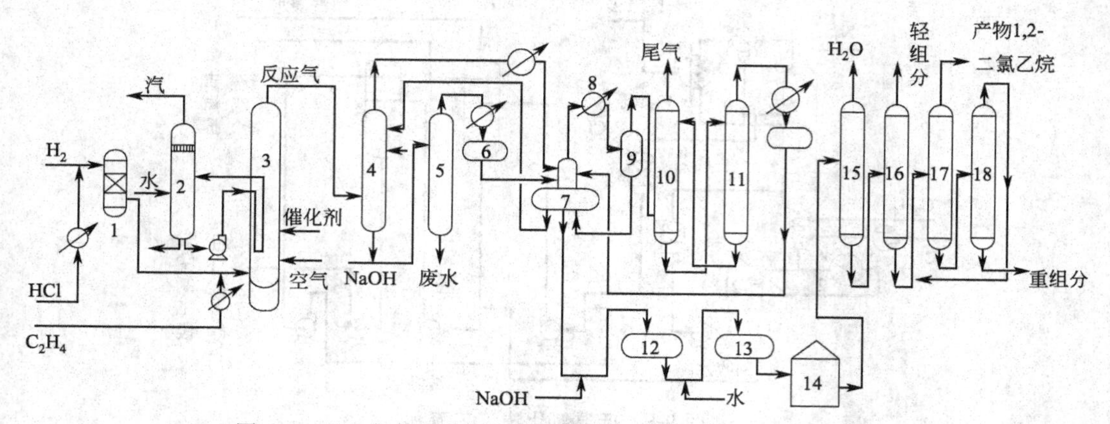

图 9-4 以空气作氧化剂的乙烯氧氯化生产二氯乙烷工艺流程

1—加氢反应器；2—汽水分离器；3—氧氯化反应器；4—骤冷塔；5—废水汽提塔；6—受槽；7—分层器；8—低温冷凝器；9—气液分离器；10—吸收塔；11—解吸塔；12—碱洗罐；13—水洗罐；14—粗二氯乙烷贮槽；15—脱水塔；16—轻组分塔；17—二氯乙烷塔；18—重组分塔

中所含的乙炔加氢生成乙烯。加氢反应器出来的氯化氢与预热到一定温度的乙烯混合后进入氧氯化反应器，空气由空压机从反应器底部送入。反应器内装有负载于微球氧化铝上的氯化铜催化剂，气态乙烯、氯化氢与空气中的氧气在催化剂床层内于一定的反应温度及空速条件下进行氧氯化反应，反应放出的热量借助反应器冷却管内水的汽化移走。自反应器顶部出来的反应混合气中含有二氯乙烷、水、副产物一氧化碳和二氧化碳、其他少量的氯代烃类，以及未转化的乙烯、氧、氯化氢及惰性气体。高温反应混合气从底部进入骤冷塔，用水逆流喷淋骤冷至 90℃并吸收其中的氯化氢，同时除去夹带的催化剂粉末。

骤冷塔塔底排出的水溶液中含有盐酸及少量二氯乙烷，经碱液中和后送入废水汽提塔，回收其中的二氯乙烷，经冷凝后送入分层器。骤冷塔顶部逸出的混合气中含有二氯乙烷、水和其他氯的衍生物，经冷凝后进入分层器。与水层分离后即得粗二氯乙烷，经碱洗、水洗后进入二氯乙烷贮罐，送往二氯乙烷精制系统进行精制，分出的水循环回骤冷塔。

从分层器顶部出来的气体经低温冷凝器以回收二氯乙烷和其他氯的衍生物，不凝气体进入吸收塔，用溶剂吸收其中尚存的二氯乙烷，尾气（含乙烯 1%左右）排出系统，溶有二氯乙烷等的吸收液进行解吸回收，解吸塔回收的二氯乙烷送回分层器。

由乙烯直接氯化及氧氯化过程得到的产物二氯乙烷中含一定数量的杂质，在裂解反应前需精制除去。二氯乙烷精制流程有三塔、四塔、五塔 3 种方案。其中四塔流程是最常见的流程，由脱水塔、低沸塔、高沸塔、回收塔组成，脱水塔是利用少量二氯乙烷和水形成共沸的原理将水从液体中脱除，低沸塔和高沸塔分别将二氯乙烷中的轻、重组分分离，回收塔进一步将高沸物中的二氯乙烷进行回收。三塔流程和五塔流程都是四塔流程的改进。

(2) 以氧气作氧化剂的乙烯氧氯化生产二氯乙烷工艺流程 如图 9-5 所示。新鲜乙烯与自循环压缩机加压后的循环气（主要含未反应的乙烯及惰性气体）混合，再与氯化氢气体混合，最后进入混合器内，与氧气混合后一并进入流化床反应器（反应气体在氧氯化反应器外部混合，可以避免一旦反应气体形成爆炸混合物时对反应器的损坏，有利于安全生产）。反应气体依次通过气体分配器和挡板，进入催化剂床层发生氧氯化反应，反应放出的热量借助反应器冷却管内水的汽化移走，反应温度通过调节气水分离器压力进行控制。

自氧氯化反应器顶部出来的反应混合气中含有主反应生成的二氯乙烷、水、副产物一氧化碳和二氧化碳、其他少量的氯代烃类，以及未反应的乙烯、氧、氯化氢及惰性气体。此反

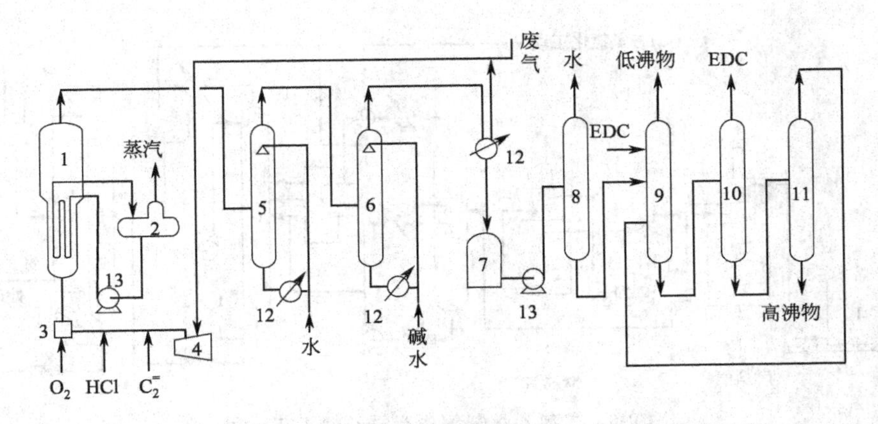

图 9-5 以氧气作氧化剂的乙烯氧氯化生产二氯乙烷工艺流程

1—氧氯化反应器；2—汽水分离器；3—混合器；4—循环气压缩机；5—骤冷塔；6—碱洗塔；7—粗二氯乙烷贮缸；8—脱水塔；9—低沸塔；10—高沸塔；11—二氯乙烷回收塔；12—换热器；13—泵

应混合气从底部进入骤冷器，用水逆流喷淋骤冷至90℃并吸收其中的氯化氢，同时洗去夹带的催化剂粉末。骤冷塔顶不凝气中含有二氯乙烷、水和其他氯的衍生物，送入碱洗塔除去其中的二氧化碳，碱洗塔顶部逸出的气体经冷凝，大部分二氯乙烷和水冷凝下来，与骤冷塔塔底物料混合后送入倾析器，将二氯乙烷分出，送入粗二氯乙烷贮罐。不凝气体（主要含未反应的乙烯及惰性气体）进入循环气体压缩机加压循环，部分送至废气焚烧炉处理，大部分循环至氧氯化反应器作为原料气循环使用。

粗二氯乙烷经换热后进入脱水塔。在常压下二氯乙烷与水形成共沸物，自塔顶逸出，经冷凝将水分出。塔底物料送入低沸塔、高沸塔，分别将二氯乙烷中的轻、重组分脱除。高沸塔顶馏出物为高纯度的二氯乙烷，作为二氯乙烷裂解制氯乙烯的原料。二氯乙烷回收塔在真空状态下从二氯乙烷高沸塔塔釜液中进一步回收二氯乙烷，回收塔塔釜高沸残液进行焚烧处理。

（3）两种工艺方法的比较　以氧气作氧化剂的乙烯氧氯化生产二氯乙烷和以空气作氧化剂的乙烯氧氯化生产二氯乙烷的工艺流程，不同之处主要是氧氯化反应部分。两者相比，前者具有以下优点。

① 由于原料气中不含氮气，乙烯浓度高，有利于提高氧氯化反应速率和催化剂的生产能力。

② 以氧气作氧化剂时，排出系统的废气少，只有空气氧化法的5%，甚至可少至1%。空气氧氯化法排出的废气中乙烯含量低，一般为1%左右，大部分是惰性气体，并含有各种氯化物，使1,2-二氯乙烷损耗增加。同时由于氯乙烯等氯化物对人体十分有害，如直接排入大气将污染环境，需做焚烧处理。但由于可燃物含量低，焚烧处理时需外加燃料。而氧气法排出的废气中乙烯含量高，用焚烧法处理时不需消耗外加燃料。

③ 氯化氢的转化率较高，1,2-二氯乙烷的选择性也较高。

④ 催化剂床层温度分布较好，热点温度较低或不明显，有利于保护催化剂的稳定性。

⑤ 以氧气作氧化剂时，不需用溶剂吸收、深冷等方法回收1,2-二氯乙烷，流程较空气氧化法简单，减少了设备投资费用。现在不少大型化工企业都建有空分装置，氧气的供应已不成问题，这也为以氧气作氧化剂的乙烯氧氯化法提供了更多发展机会。

9.4.2.3　二氯乙烷裂解制备氯乙烯

二氯乙烷裂解生产氯乙烯工艺流程由二氯乙烷的裂解和氯乙烯的精制两部分组成，如图9-6所示。

将精制的二氯乙烷用定量泵送入裂解炉的对流段进行预热，借助裂解炉烟气加热到

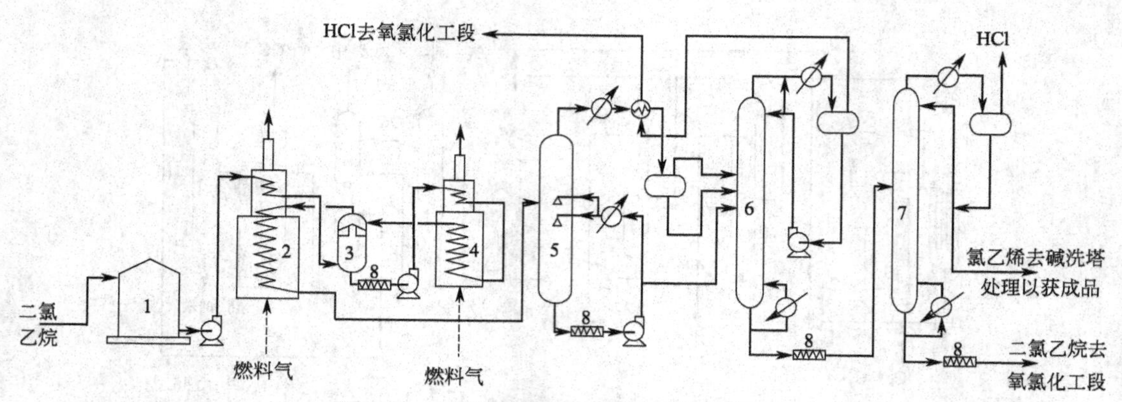

图 9-6 二氯乙烷裂解生产氯乙烯工艺流程

1—二氯乙烷贮罐；2—裂解炉；3—气液分离器；4—二氯乙烷蒸发器；
5—聚冷塔；6—氯化氢塔；7—氯乙烯精馏塔；8—过滤器

220℃左右，部分二氯乙烷汽化。将所形成的气液混合物送入分离器，自分离器底部引出未汽化的二氯乙烷，经过滤进入蒸发炉进行汽化，汽化后的二氯乙烷再经过分离器，分出其中可能夹带的液滴。分离器顶部引出的气体二氯乙烷进入裂解炉的辐射段反应管，于 500～550℃进行裂解反应，生成氯乙烯和氯化氢。为了减少裂解过程的副反应，一般控制二氯乙烷的转化率为 50%～55%，最高 60%。

裂解气（500℃）出炉后，进入骤冷塔迅速降温，其中未反应的二氯乙烷部分冷凝。为了防止盐酸对设备的腐蚀，急冷剂用液态二氯乙烷，而不用水。出骤冷塔的裂解气温度为 89～90℃，主要含氯乙烯和氯化氢，还有少量二氯乙烷，再经水冷和深冷将氯乙烯冷凝，未凝气主要是氯化氢，送氯化氢塔。骤冷塔塔釜液主要是二氯乙烷，并含有少量冷凝的氯乙烯和溶解的氯化氢，经过滤后送氯化氢塔。

氯化氢塔的进料除来自骤冷塔的塔釜液外，还有来自骤冷塔的冷凝液（富氯乙烯）和未凝气体（富氯化氢）。塔顶采出氯化氢，经氟利昂 12 或其他制冷剂冷凝后得到 99.8%的氯化氢，作为氧氯化反应的原料；塔釜出料主要组分为氯乙烯和二氯乙烷，其中约含 0.01%的氯化氢，经过滤后送入氯乙烯精馏塔。氯乙烯精馏塔塔顶馏出氯乙烯，其中含少量氯化氢，经汽提、碱洗中和得到纯度为 99.9%的成品氯乙烯，作为生产聚氯乙烯的原料；塔釜液的主要成分为二氯乙烷，经过滤后送氧氯化工段。

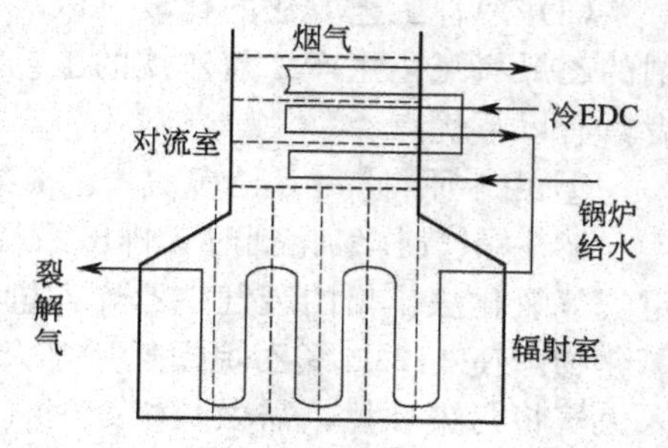

图 9-7 二氯乙烯裂解炉结构

二氯乙烷热裂解在管式炉内进行，裂解炉结构如图 9-7 所示。炉体由对流段和辐射段组成，在对流段设置原料预热管，反应管设置在辐射段。二氯乙烷裂解反应是强吸热反应，靠管外燃料燃烧加热提供反应所需的热量。

9.4.2.4 乙烯氧氯化反应器

不论是空气氧氯化法还是氧气氧氯化法，都可采用固定床反应器或流化床反应器。

(1) 固定床氧氯化反应器 该反应器结构与普通的固定床反应器基本相同，内置多根列管，管内填装颗粒状催化剂，原料气自上而下流经催化剂层进行催化反应，管间为冷却介质。

乙烯氧氯化反应是强放热反应，由于固定床传热较差，容易产生局部温度过高而出现热点，使反应选择性下降，催化剂活性组分流失加快，寿命缩短。为使床层温度分布比较均匀，热点温度降低，工业上通常采用3台固定床反应器串联，氧化剂空气或氧气按一定比例分别通入3台反应器，这样每台反应器的物料中氧的浓度较低，使反应不会太剧烈，也可减少因深度氧化生成的副产物的量，同时也保证了混合气中氧的浓度在可燃范围以下，使反应在安全范围内进行。

（2）流化床氧氯化反应器　目前常用的乙烯氧氯化流化床反应器结构如图9-8所示。设备的主体为不锈钢或钢制的圆柱形筒体，其高度约为直径的10倍左右。反应器底部水平插入空气进气管至中心处，管上方设置一个具有多个喷嘴的板式分布器，用以均匀分布进入的空气。在气体分布器的上方装有乙烯和氯化氢混合气体的进气管，该管连接有与空气板式分布器具有同样多喷嘴的管式分布器，其喷嘴恰好插入空气板式分布器的喷嘴内。该结构可使两股进料气体在进入催化剂床层之前在喷嘴内部混合均匀。反应器采用空气与乙烯-氯化氢分别进料的方式，可防止在操作失误时发生爆炸的危险。

乙烯氧氯化是强放热反应，为了能及时将反应热移除，在反应段内设置了一定数量的立式冷却列管，管内通入加压热水，借助水的汽化移除反应热，同时副产一定压力的蒸汽。

在反应器的上部空间安装了3个串联的旋风分离器，用以分离和回收反应气体中夹带的催化剂颗粒。催化剂的磨损量每天约为0.1%，需补充的催化剂自气体分离器上方用压缩空气向设备内充入。

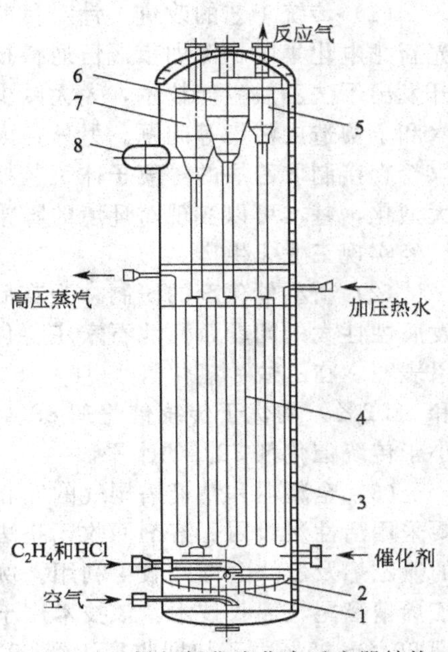

图9-8　乙烯氧氯化流化床反应器结构
1—板式分布器；2—管式分布器；
3—反应器外壳；4—冷凝管组；
5,6,7—第三、第二、第一级旋风分离器；
8—人孔

氧氯化反应过程中有水生成，如果反应器的某些部位保温不好，温度过低，当达到露点温度时水蒸气就会凝结，溶入氯化氢气体生成盐酸，将导致设备的严重腐蚀。因此，操作时反应器各部位的温度必须保持在水的露点温度以上。

流化床反应器具有传热传质优良、床层内温度分布均匀、不产生热点、控温容易等优点。缺点是催化剂的磨损较大，物料返混严重。在初期使用时转化率仅达70%～80%，随着催化剂的改进和流化床技术的进步其转化率已达到或超过固定床水平，氯化氢和乙烯转化率均可达到99%，成为氧氯化反应器的发展方向。

9.5　氯乙烯生产工艺研究进展

氯乙烯早期的生产方法是采用电石为原料的乙炔法路线，电石水解生成乙炔，乙炔与氯化氢反应生成氯乙烯。随着氯乙烯生产工艺的发展，乙炔法已经逐步被先进的乙烯法路线取代，目前乙烯法已经占到氯乙烯生产工艺的93%。近年来，欧洲乙烯公司（EVC）又开发成功了以乙烷为原料的氯乙烯工艺路线。

9.5.1　电石乙炔法路线的工艺改进

电石乙炔法路线是生产氯乙烯最早的工业化方法，设备工艺简单，但耗电量大，对环境污染严重。目前该方法在国外基本上已经被淘汰。我国由于具有相对丰富廉价的煤炭资源，用煤炭和石灰石生成碳化钙（电石）、电石加水生成乙炔的乙炔法路线具有明显的成本优势，国内生产目前仍以电石乙炔法工艺路线为主。为了保持电石乙炔法具有较强的市场竞争力，目前我国生产技术主要集中于改进传统的生产工艺、解决汞催化剂污染、回收利用氯乙烯尾气、降低能耗及节省资源等方面。

（1）传统工艺的改进　针对目前电石乙炔法传统工艺的不足，北京瑞思达公司和山东寿光新龙电化集团、深圳市冠恒通科技发展有限公司、四川宜宾天原股份有限公司等先后研究开发出干法乙炔生产技术，大大减少了传统生产方法存在的电石渣浆回收利用困难易对地下水和土壤造成污染等问题。另外，太原理工大学等单位合作开发成功具有自主知识产权的由煤粉直接制取乙炔的等离子体工艺技术，该工艺能耗低、流程简单，适用于生产的连续化和大型化，基本可以实现对环境的零排放，是一条煤洁净高效生产乙炔的新路线，目前该技术已经实现工业化生产。

（2）新型催化剂的研制　为克服乙炔法工艺中氯化汞-活性炭催化剂消耗大、氯化汞挥发腐蚀性大的问题，河北石家庄科创助剂有限公司开发出新型的汞-分子筛催化剂。中试结果表明，在乙炔∶氯化氢为51∶56条件下，该新型催化剂的转化率和选择性分别为99.5%和98.2%，均优于传统催化剂88.4%和94.0%的水平。该新型催化剂损失仅为6.5%，远小于传统催化剂32%的水平。

（3）全凝器和精馏塔尾气的回收利用　在全凝器和精馏塔尾气的回收利用方面，国内主要采用活性炭吸附、溶剂回收、膜法回收、活性炭纤维吸附等改进方法，基本可以将尾气中的氯乙烯及乙炔全部回收再利用。例如大连欧科膜技术工程有限公司开发的有机蒸气膜法氯乙烯精馏尾气回收技术，该技术用于沈阳化工股份有限公司的扩能装置上，氯乙烯回收率达到90%～95%，乙炔回收率达到89.1%，尾气中氯乙烯质量分数降低到0.5%～2.0%，投资回收期仅为6～12个月；四川天一科技股份有限公司开发的变压吸附（PSA）技术净化氯乙烯尾气及回收氯乙烯和乙炔新工艺，在太化集团公司实现工业化应用；成都华西化工研究所与西安西化热电化工有限责任公司合作开发的回收精馏尾气氯乙烯工艺，已经用于西化年产5.5万吨聚氯乙烯（PVC）工业化装置。河北中环环保设备有限公司开发的活性炭纤维吸附氯乙烯尾气技术，由传统的5个工序简化为2个工序，大幅度降低了投资和运行费用，改善了吸附性能，提高了吸附容量，吸附周期由原来的14h缩短到35min。

另外，上海工程化学设计院有限公司发明了一种用于氯乙烯合成的转化器，以达到提高转化器的生产能力、转化效率和生产周期的效果，并且将反应热用于预热原料气，做到能量充分利用。

9.5.2　平衡氧氯化法生产工艺研究进展

平衡氧氯化法生产氯乙烯工艺尽管生产技术比较成熟，但各国生产厂家仍在新合成工艺路线、催化剂、反应器和能量综合利用等方面进行积极的探索和研究，竞相开发先进的生产技术。目前，对平衡氧氯化法生产氯乙烯装置在催化剂的开发应用和工艺改进方面已取得了很大进展。

（1）新型高效催化剂的开发研制

① 乙烯氧氯化催化剂　乙烯氧氯化制备二氯乙烷是平衡氧氯化法生产氯乙烯的关键，而乙烯氧氯化法生产氯乙烯的关键是选择合适的二氯乙烷合成催化剂，所选择催化剂的性能和活性直接影响到二氯乙烷的收率。

近年来，美国Geon公司对添加助催化剂的多组分乙烯氧氯化催化剂进行了大量研究，研制出了以γ-Al_2O_3为载体，负载Cu 4.0%（质量分数，下同）、K 1.0%、Ce 2.3%、Mg 1.3%的多组分催化剂，相比于工业上正在使用的单组分铜催化剂乙烯利用率高、活性高，而且随着反应温度的提高其活性下降趋势慢。

意大利 Montecatini 公司研制的中空圆柱状催化剂和三通道中空圆柱状催化剂均具有较好的催化反应性能。欧洲乙烯公司开发了新型固定床氧氯化催化剂，该催化剂由铜、碱金属、碱土金属、ⅢB 族金属和镧系元素组成，采用特殊技术（浇铸）制成空心圆柱形，具有传热性能好、流动阻力低的特点。德古赛（Degussa）公司也开发了一种乙烯氧氯化制二氯乙烷的催化剂，该催化剂含有 Cu^{2+} 化合物、一种或多种碱金属化合物、原子序数为 57～62 的稀土金属氧化物、氧化锆四组分，载体为 γ-Al_2O_3。这种催化剂具有热稳定性好、低温活性高、选择性好、机械强度高的特点。

国内中国石化石油化工科学研究院、北京化工研究院、上海氯碱公司等多家单位也在研究乙烯氧氯化单铜和多组分催化剂，其中一些催化剂的性能与国外水平相近。北京化工研究院制备出新一代添加有助催化剂的乙烯氧氯化 BC-2-002A 催化剂，并将其应用于年产 20 万吨乙烯氧氯化制氯乙烯工业装置，该催化剂与进口催化剂相比具有活性好、转化率高、副产物少、产品二氯乙烷纯度高等优点。

② 二氯乙烷裂解反应中催化剂的应用　向二氯乙烷裂解反应中加入催化剂可以大幅提高氯乙烯的收率。向 1,2-二氯乙烷中混合加入质量分数为 1%～10%的 1，1-二氯乙烷，其氯乙烯的收率大大提高。在温度 300～600℃、压力 1～4MPa 下向二氯乙烷热解为氯乙烯的反应中加入氯化添加剂三氯甲苯，可大幅提高氯乙烯的收率。

裂解温度为 450～550℃ 时向裂解反应中加入质量分数为 0.3%～2.0%（最佳为 0.4%～1.5%）的三氯乙烯作为催化剂，可以有效抑制二氯乙烷裂解副反应发生，减少副产物产生，能够提高在相同温度下过程的裂解率（转化率），或者能够降低达到相同裂解率时的反应温度。

(2) 工艺改进

① 直接氯化工艺和反应器　最近，德国维诺里特（Vinnolit）公司通过其工程合作伙伴乌德（Uhde）公司对外公布了一种“沸腾床反应器”（UVBR）新工艺，用于乙烯直接氯化生产二氯乙烷。在新型反应器中，氯化反应主要发生在 U 形外循环回路的提升段。新工艺的特点是副产物少，无需对二氯乙烷产品进一步处理或提纯即可获得极好的二氯乙烷质量，直接用作裂解原料，明显降低电力成本和蒸汽成本，节省设备投资。

德国 Vinnolit 公司、美国西方化学公司（Oxyvinyls）和 EVC 公司开发了两种高温直接氯化新工艺。第一种直接氯化新工艺自闪蒸罐闪蒸产生的气相二氯乙烷不经冷凝而直接送往后续单元的二氯乙烷精馏塔，为精馏塔提供部分热源，减少了精馏塔再沸器相应的蒸汽消耗，实现了热量的回收利用。第二种直接氯化工艺的反应器采用热虹吸式反应釜，自反应釜产出的气相二氯乙烷全部进入精馏塔，精馏塔的塔底液体作为循环二氯乙烷进入反应釜。反应产生的热量即作为二氯乙烷精馏塔的热源，省去了精馏塔再沸器以及反应器顶部用于吸收反应热的水冷器或空冷器。这两种直接氯化工艺技术通过精馏与反应的有机结合部分或全面利用了直接氯化反应热。经过比较，第二种高温氯化工艺节能效果更为明显，该工艺全面利用了直接氯化反应热，能大量减少氯乙烯装置的蒸汽和冷却水（或空冷器电力）的消耗。

我国上海氯碱化工股份有限公司完善了中温直接氯化技术，采用添加微量反应助催化剂和在塔内增加规整金属波纹填料等方法，在不增加设备的情况下进行直接氯化反应，使单元生产能力提高 20%，反应产物纯度提高 0.14%左右，并开发出直接氯化尾气回收利用装置工艺，降低了装置物耗。

② 氧氯化反应器　目前固定床氧氯化体系正由三级串联向两级串联和单反应器形式发展。

采用两级串联或单个固定床反应器的最大难点是如何控制反应器的热点温度。欧洲EVC公司采用新型催化剂填充方式，在总物料配比相同条件下调整每级反应器进料气中氧气浓度和加入惰性气体的方法，实现了两级固定床串联和单个固定床反应器氧氯化反应工艺。在两级串联工艺中，每级反应器的催化剂分为三段装填：第一段为高活性层，目的是获得较高的反应速率；第二段为低活性层，目的是控制热点温度；第三段中采用高活性催化剂，可获得较高的反应总转化率。因此，三层催化剂的高度需要严格控制，以保证每个反应器的热点温度均不超过允许值。

采用单个固定床进行氧氯化反应，除催化剂活性需沿物流方向合理分布外，还需调整原料配比，使乙烯相对于氯化氢大大过量，这样有利于反应热的移除和提高选择性。过量的乙烯可循环利用，或用于直接氯化反应。

流化床反应器操作弹性大，床层内反应温度分布均匀，但催化剂易产生“黏性”而影响其流化质量和活性，反应段内设置的冷却列管可加剧催化剂的磨损，严重影响其寿命。伍德公司研究了一种新型流化床反应器，其反应段分为两部分，下段为绝热反应段，上段是换热反应段。这样的结构既可满足换热需要又可减少催化剂的结垢和磨损，同时换热反应段内的特殊结构还可改善气泡尺寸。

另外，德国赫斯特公司的贫氧乙烯氧氯化工艺，先进的设计避免了氧氯化反应器的腐蚀问题。反应器的冷却水管材料可由碳钢取代不锈钢，并在反应器内部不设挡板。同样的生产能力，造价只有原来的12.5%左右，同时设备不容易损坏，产物的收率也得到提高。

国外采用膜渗透设备对氧气法氧氯化反应器排放废气中的乙烯进行回收利用，效果良好。北京化二股份有限公司氧氯化装置采用空气法，利用活性炭纤维成功地对排放废气中的二氯乙烷进行回收，取得了较好的经济效益。

③ 二氯乙烷裂解工艺　Borsa等利用各种仪器分析手段研究了二氯乙烷裂解过程中焦体的生成机理，发现二氯乙烷裂解结焦是由于二氯乙烷汽化过程中在气相主体中形成了高沸点的结焦前驱体和焦油液滴，这些高沸点物质凝结并碰撞到炉管壁面造成结焦。同时，由于二氯乙烷的部分汽化，使液相二氯乙烷中杂质浓度增加，也能加速结焦。就是说，如果在二氯乙烷裂解过程中不形成气相二氯乙烷，则可有效地减少结焦。伍德公司开发了一种新的二氯乙烷裂解工艺，先将二氯乙烷加压到临界压力（5.36MPa），然后在临界压力下将二氯乙烷加热到临界温度（288℃），这样在整个二氯乙烷预热过程中始终不产生相变，而且液相中溶解的杂质浓度没有变化，有效地避免了结焦的生成。

④ 其他　在平衡氧氯化法中，直接氯化和氧氯化都是强放热反应，合理利用反应热是平衡氧氯化法的一个研究热点。

为解决合理利用低温氯化反应热的问题，伍德公司开发了低温氯化利用反应热的技术，在该技术中靠二氯乙烷的汽化移出反应热，气相二氯乙烷压缩后用于轻组分塔、重组分塔和真空塔再沸器的热源。该公司还在乙烯氧氯化单元中，在氧氯化反应器和急冷塔间设置换热器，用反应器出口气体预热原料气，这样不仅可回收反应热，同时还可减少急冷塔顶冷凝系统的负荷。

国内对二氯乙烷精制过程的反应热合理利用研究较多。例如在五塔流程基础上形成了节能的新三塔精制工艺流程，流程中包括一个脱水塔、一个脱轻组分塔、A和B两个脱重组分塔。其特点是A、B两个脱重组分塔构成双效节能组合，利用两塔塔釜存在的温差，以A脱重组分塔塔顶的冷凝器作为B脱重组分塔塔釜的再沸器。这种操作减少了设备投资，并降低了能耗。从理论上计算，二氯乙烷精制所需要的设备投资约为原来投资费用的90%，水耗约为原来的55%，蒸汽消耗约为原来的48%。

另外，中国石化齐鲁股份公司利用河北工业大学的新型垂直筛板技术对二氯乙烷精制单元和 VCM（氯乙烯单体）精制单元塔板进行了改造，提高了单元生产能力，降低了物耗和能耗。上海氯碱化工股份有限公司采用华东理工大学的导向浮阀塔板技术对二氯乙烷精制单元和 VCM 精制单元塔板进行了改造，提高了单元生产能力 15%左右，降低了物耗和能耗。

（3）新合成路线

① 乙烷直接氧氯化工艺　为充分利用富含乙烷的天然气资源，降低原料成本，世界各大化学公司如古德里奇公司（B. F Goodrich）、鲁姆斯公司（Lummus）、孟山都化学公司（Monsanto）、英国帝国化学公司（ICI）和欧洲乙烯公司（EVC）等都在研究开发乙烷氧氯化制氯乙烯的新工艺。因为乙烷分子的反应能力弱，活化乙烷需要高温，导致反应选择性下降，并使设备腐蚀严重。因此，乙烷氧氯化制氯乙烯的技术关键是开发高活性和高选择性的催化剂。

据报道，EVC 公司 2000 年在德国 Wilhelmshafen 兴建了一套年产 1000 吨乙烷氧氯化法中试装置，并连续运转了几年，乙烷转化率为 92%～95%。另外，该公司一套规模为年产 1 万吨的装置已在 2003 年建成并正式投入运转，并且还在筹建一套年产 3 万吨的新装置。

原料气乙烯在我国一直很短缺，但我国具有丰富的天然气和油气资源，其中乙烷含量很大，因此乙烷法生产氯乙烯在我国不但具有很大的潜力和竞争力，而且还为综合利用油气和天然气开辟了更为广阔的途径，可降低氯乙烯的生产成本。吉林大学与大庆油田有限责任公司天然气利用研究所合作研究出一种乙烷氧氯化催化剂。研究人员以 γ-Al_2O_3 为载体，采用常规浸渍法制备了负载型 $CuCl_2$-KCl-$LaCl_3$ 三组分催化剂，并研究了其对乙烷氧氯化反应的催化性能。结果表明，在铜含量为 7%、钾含量为 6%时乙烷转化率可达 94%，氯乙烯选择性超过 62%。该结果对催化剂的改进及乙烷氧氯化制氯乙烯的工业化进程提供了必要的依据。

② 乙烯直接氯化/氯化氢氧化工艺　为了解决平衡氧氯化工艺副产大量废水和腐蚀问题，美国 Monsanto 和 Kellogg 公司合作开发了基于氯化氢氧化的氯乙烯生产新工艺（Partec 工艺）。新工艺采用乙烯直接氯化生成二氯乙烷，在二氯乙烷裂解生产氯乙烯过程中副产的氯化氢经氧化生成氯，再返回到直接氯化工段使用，去掉了氧氯化单元，节约了大量的工艺操作和维护费用。由于二氯乙烷都是在直接氯化反应段生成，氯乙烯总收率高，产品纯度高，不需碱洗和精制就可以进行热裂解，生产成本较低，而且反应过程不产生水，避免了设备的腐蚀问题，对环境更加友好。

近年来，氯化氢氧化法取得了重大进展。南加利福尼亚大学在 Raytheon Co. 公司的支持下合作开发了一种氯化氢两段催化氧化工艺，并建成了一套半工业化生产装置。该工艺在催化剂和反应器方面均有独到之处。催化剂方面，以分子筛为载体、氯化铜和氧化铜为活性组分，提高了催化剂的活性和寿命；反应器方面，采用两段沸腾床反应器。另外，该工艺反应温度低，氯化氢转化率高（可达 99%），产品成本也较低。

清华大学反应工程实验室开发了氯化氢两段催化氧化的挡板流化床工艺。该工艺在流化床提升管中设置气液分布板，形成两段流化床反应器，上段进行氯化反应，下段进行氧化反应。这样的结构使反应器内形成两个密相区，创造了反应所需的温度和浓度条件，并限制了气体的轴向返混，对提高转化率有较好的效果。该工艺具有氯化氢转化率高、流程短、操作平稳等特点。

③ 其他方法　乙烯也能够与氯气发生取代反应，直接生成氯乙烯。该法的优点是反应步骤比加成氯化少，不需要二氯乙烷裂解反应，直接可得氯乙烯。但需提高转化率和选择性，才具有工业利用价值。另外，该法也存在氯化氢的平衡利用问题，需要与乙烯氧氯化工

艺或氯化氢氧化工艺相结合。

陶氏化学公司（Dow）研究以氯化氢代替氯气作氯源制氯乙烯。采用的催化剂为MOCl，其中M为Sc、Y或镧系金属。反应温度400～420℃，氯乙烯选择性最高可达到77%。

陶氏化学公司在研究乙烷氧氯化制乙烯的同时，还致力于研究用乙烷/乙烯混合物直接制备氯乙烯。烷/烯法所用的催化剂也是MOCl，反应温度400～420℃，产物氯乙烯选择性约为68%，除目的产物外还有二氯乙烷及少量高氯副产物。

日本学者曾提出将放热的乙烯加成氯化反应与吸热的二氯乙烷裂解反应合并在一个反应器中进行，即氯化裂解反应，从而缩短工艺流程，合理利用反应热。但氯化裂解反应需在410～480℃下进行，高反应温度使结焦等副反应增加，氯乙烯收率下降。

参考文献

[1] 吴指南．基本有机化工工艺学．第2版．北京：化学工业出版社，2008.
[2] 米镇涛．化学工艺学．第2版．北京：化学工业出版社，2006.
[3] 黄仲九，房鼎业．化学工艺学．第2版．北京：高等教育出版社，2008.
[4] 曾繁芯．化工工艺学概论．第2版．北京：化学工业出版社，2007.
[5] 曾之平，王扶明．化工工艺学．北京：化学工业出版社，2001.
[6] 徐绍平等．化工工艺学．大连：大连理工大学出版社，2004.
[7] 陈五平．无机化工工艺学．第3版．北京：化学工业出版社，2010.
[8] 钱伯章，朱建芳．二氯乙烷和氯乙烯单体的生产技术与市场分析．中国氯碱，2008，(1)：1-5.
[9] 李雅丽．氯乙烯生产技术进展概述．中国化工信息，2006，(9)：A15.
[10] 吕学举，刘杰，周光标等．$CuCl_2$-KCl-$LaCl_3$/γ-Al_2O_3对乙烷氧化反应的催化性能．催化学报，2005，26 (7)：587-590.
[11] 王俐．二氯乙烷/氯乙烯生产技术进展．化学工业，2007，25 (4)：31-35，39.
[12] 董国胜，蔡振华，冯文军等．新一代乙烯氧氯化催化剂的工业应用．石油化工，2006，35 (9)：868-871.
[13] 刘焕举，周双然，李海青．电石法氯乙烯生产技术总结．聚氯乙烯，2007，(2)：45-46.
[14] 易小云．国内外氯乙烯（VCM）生产技术的初步研究．广东化工，2007，25 (4)：37-39.
[15] 易华，徐明霞，景晓燕．氯乙烯的生产技术及产需现状．化学工程师，2001，85 (4)：63-64.
[16] 黄凤刚．氯乙烯生产工艺的比较．聚氯乙烯，1999，(2)：1-6，34.
[17] 明芳．氯乙烯生产技术的研究开发进展．精细化工原料及中间体，2009，(5)：36-39.
[18] 李玉芳，伍小明．氯乙烯生产技术的研究开发进展．江苏氯碱，2010，6 (3)：3-7.
[19] 郭亚军，代少勇，董红星，龚凡．氯乙烯制备工艺研究进展．化学与粘合，2002，(6)：277-279.
[20] 韦海鸥，王志萍，项曙光，韩方煜．平衡氧氯化法生产VCM的工艺研究进展．河北化工，2008，31 (3)：10-13.
[21] 孙兰涛．平衡氧氯化法生产VCM乙烯单耗的分析及降低措施．中国氯碱，2009，(2)：18-21.
[22] 刘岭梅．乙烯氧氯化法氯乙烯技术进展．中国氯碱，2007，(4)：14-15.
[23] 徐恒津．直接氯化工艺在氯乙烯技术改造中的应用．现代化工，2002，22 (5)：42-44.